Lehrbuch des Stahlbetonbaues

Grundlagen und Anwendungen im Hoch- und Brückenbau

Von

Diplom-Ingenieur
Prof. Dr. techn. Adolf Pucher
Graz

Dritte, verbesserte und erweiterte Auflage

Mit 324 Textabbildungen

Wien
Springer-Verlag
1961

Alle Rechte, insbesondere das der Übersetzung
in fremde Sprachen, vorbehalten.

Ohne ausdrückliche Genehmigung des Verlages
ist es auch nicht gestattet, dieses Buch oder Teile
daraus auf photomechanischem Wege (Photo-
kopie, Mikrokopie) oder sonstwie zu vervielfältigen.

© 1949, 1953 and 1961 by Springer-Verlag
in Vienna
Softcover reprint of the hardcover 1961

ISBN-13: 978-3-7091-8078-5   e-ISBN-13: 978-3-7091-8077-8
DOI: 10.1007/ 978-3-7091-8077-8

Vorwort zur ersten Auflage.

Die rasche Entwicklung, die die Stahlbetonbauweise seit der Mitte der Zwanziger-Jahre erfuhr, hat auf die Theorie und Praxis von Entwurf und Berechnung außerordentlich befruchtend gewirkt. Der wirtschaftliche Wettkampf, in dem sich die Bauweise durchsetzen und immer aufs Neue bewähren mußte, hat eine Fülle konstruktiver Ideen hervorgebracht, zu deren Verwirklichung eine Vertiefung unserer Erkenntnisse sowohl über die Baustoffeigenschaften, als auch eine Erweiterung und Verbesserung der statischen Methoden zur Berechnung der vielfach ganz neuen Tragwerksformen notwendig war. Diese Entwicklung hat nunmehr — allerdings noch weit entfernt von der Vollendung — eine Stufe erreicht, von der aus rückschauend sich die gesicherten Ergebnisse bereits ordnen und auswählen lassen. In dem vorliegenden Buch ist der Versuch gemacht, aus der Fülle des neu Entwickelten das Notwendigste und in der Praxis Bewährte darzubieten und sowohl den Studierenden als auch den planenden Ingenieuren Mittel und Hinweise in die Hand zu geben, die ihnen bei den alltäglichen Aufgaben des Stahlbetonbaues und auch etwas darüber hinaus wertvolle Hilfe leisten werden.

Der erste Teil befaßt sich mit den Baustoffen und deren physikalischen Eigenschaften nur soweit, als es für das Verständnis des Folgenden und für das Entwerfen und Berechnen der Bauwerke unumgänglich notwendig ist. Eine weitergehende, durch eingehende Versuchsergebnisse belegte Darstellung würde den in Aussicht genommenen Umfang des Buches überschreiten.

Die dargestellten Berechnungsverfahren entsprechen dem derzeitigen Stande der Bestimmungen in den meisten Staaten. Es sind möglichst wenige, dafür aber umso umfassender anwendbare Bemessungsbehelfe entwickelt, die vom Maßsystem und jedem absoluten Festigkeitswert unabhängig sind. Ihre Anwendung ist durch zahlreiche Beispiele erläutert.

Die Bemessungsbehelfe enthalten als einzigen Festwert die Verhältniszahl $n = 15$. In dem Kapitel „Die erweiterte Anwendung der Bemessungsbehelfe" ist ein sehr einfaches Verfahren entwickelt, das ihre Anwendung auch bei $n \neq 15$ ermöglicht und dies ist durch ein Beispiel erläutert. Die entwickelten Bemessungsbehelfe sind daher überall dort anwendbar, wo geradlinige Druckspannungsverteilung im Beton für die Berechnung anzunehmen ist.

Der Schluß des ersten Teiles ist Betrachtungen über die Biegung im plastischen Bereich gewidmet, um dieses für die Beurteilung des tatsächlichen Tragvermögens so wichtige Gebiet dem Verständnis des Lesers näher zu bringen.

Der zweite und dritte Teil ist dem Stahlbetonhoch- und Brückenbau gewidmet. Für das Entwerfen der Stahlbetonbauwerke ist die Kenntnis der statischen Methoden und die Erkenntnis über den Kräftezustand in den verschiedenen Tragwerken ebenso notwendig, als die Beherrschung der

Bemessungsmethoden und der Gestaltungsgrundsätze. Es sind daher bei allen Tragwerksformen die statischen Methoden, die sich zu deren Berechnung besonders gut eignen, zuerst kurz dargestellt und dann erst die Gestaltung und die hiebei zu beachtenden Gesichtspunkte behandelt. Den Stabtragwerken, die aus Stäben mit veränderlichem Trägheitsmoment zusammengesetzt sind, ist besondere Aufmerksamkeit gewidmet, da bei größeren Konstruktionen durch Variation der Steifigkeit die Schnittkräfte sehr stark beeinflußt werden können. Durch Anwendung der einfachsten Verfahren der praktischen Analysis und der numerischen Integration wird die Berechnung solcher Tragwerke kaum mühevoller als die Anwendung der vielfach bekannten Rahmenformeln.

Alle Probleme sind so einfach als möglich dargestellt. Der größte Teil des Buches setzt keine größeren mathematischen und statischen Kenntnisse voraus, als sie von einem Hörer der ersten Semester einer Technischen Hochschule oder einem Absolventen einer höheren technischen Lehranstalt erwartet werden dürfen. Naturgemäß muß bei der Behandlung der schwierigeren Abschnitte, etwa der Probleme der Flächentragwerke oder der Theorie zweiter Ordnung der Bogenbrücken, das angemessene mathematische Rüstzeug eingesetzt werden, wenn man zu quantitativen Methoden kommen will, die für die Berechnung solcher Bauwerke anwendbar sind. Diese Abschnitte, deren Verständnis etwas größere mathematische Vorkenntnisse erfordern, gehören jedoch nicht zu den alltäglichen Aufgaben des Stahlbetonbaues. So wird nicht nur der Studierende, sondern auch der Fortgeschrittene manche Anregung finden.

Langjährige Erfahrungen als Ingenieur der Praxis, als Gutachter und akademischer Lehrer haben mich gelehrt, wo die Studenten und auch viele Ingenieure „der Schuh drückt". Möge dieses Buch dazu beitragen, diese Schwierigkeiten zu überwinden.

Die Niederschrift des Manuskriptes, das zunächst in viel kleinerem Umfang für einen anderen Rahmen bestimmt war, wurde vor Jahren begonnen und durch die umwälzenden Ereignisse der verflossenen Pentade oft unterbrochen. Dem verständnisvollen Entgegenkommen des Springer-Verlages verdanke ich es, daß das Werk in einem so befriedigenden Umfang erscheinen kann. Hiefür und für die sorgfältige Ausstattung bin ich ihm sehr zu Dank verpflichtet.

Bei dem Lesen der Korrekturen haben mich die Herren Dipl.-Ing. *V. Jeremejeff* und Dr. techn. *G. Nitsiotas* unterstützt, wofür ich ihnen ebenfalls meinen Dank ausspreche.

Graz, im Mai 1949.

A. Pucher.

Vorwort zur zweiten Auflage.

Die zweite Auflage bringt Verbesserungen und Ergänzungen des Stoffes, die sich als wünschenswert herausgestellt haben. Besondere Aufmerksamkeit wurde hiebei allen Vorgängen im plastischen Bereich gewidmet. Im Abschnitt über mittig gedrückte Säulen wurde eine ausführliche Darstellung der Theorie von *Engesser* aufgenommen. Darauf aufbauend wurde auch die Stabilität der schlanken Bogen im plastischen Bereich im Abschnitt „Brückenbau" eingehend untersucht und bis zur Durchführung des rechnerischen Stabilitätsnachweises solcher Bauwerke entwickelt.

Die Theorie der Biegung im plastischen Bereich war schon in der ersten Auflage enthalten. Sie findet nun die Ergänzung durch Bemessungstafeln nach dem „Traglastverfahren", deren Aufbau und Verwendung sich eng an die Bemessung nach dem „n-Verfahren" anlehnt und damit die Umstellung auf das neue Bemessungsverfahren sehr erleichtert. Diese Bemessungstafeln haben die Festlegungen der neu erschienenen, österreichischen Norm B 4200, 4. Teil „Berechnung und Ausführung der Stahlbetontragwerke" zur Grundlage und sind daher im Geltungsbereich dieser Norm für die Bemessung der Bauwerke zugelassen.

Die Önorm B 4200, 4. Teil erlaubt erstmalig in Mitteleuropa die Verwendung des „Traglastverfahrens" im Bauwesen. Voraussetzung ist, daß der planende Ingenieur sich mit den Grundlagen dieses Verfahrens und seiner Durchführung gründlich vertraut macht, bevor er zu dessen Anwendung schreitet. Er findet in den Kapiteln über die „Grundzüge der Theorie der Biegung im plastischen Bereich" und über die „Bemessung nach Önorm B 4200" alles Wissenswerte hierüber.

Die endgültige Fassung der Önorm B 4200, 4. Teil wurde erst nach Beginn des Satzes der zweiten Auflage veröffentlicht. Es war daher leider nicht mehr möglich, in den einzelnen Abschnitten neben den Hinweisen auf die Bestimmungen des deutschen Ausschusses für Stahlbeton, Teil A" (DIN 1045) auch solche auf die Önorm B 4200, 4. Teil aufzunehmen. Die Grundlagen für die Bemessung nach dem „Traglastverfahren" wurden mir jedoch vom österreichischen Fachnormenausschuß für Stahlbeton freundlicherweise schon früher mitgeteilt, so daß ich die Bemessungstafeln bereits in Übereinstimmung mit dieser Norm entwickeln konnte.

Seit dem Erscheinen der ersten Auflage hat ein Sondergebiet des Stahlbetonbaues, der Spannbeton, eine stürmische Entwicklung erfahren und sich vielfach durchgesetzt. Es wäre verlockend gewesen, dem Lehrbuch einen vierten Teil über Spannbeton hinzuzufügen. Ich habe jedoch davon abgesehen; eine kurze und nur grundsätzliche Darstellung wäre wenig befriedigend, während eine eingehende Behandlung den Umfang des Buches zu sehr vergrößert hätte.

Bei den Ergänzungen und Verbesserungen habe ich die zahlreichen Leserzuschriften, die ich erhielt, verwertet. Ich spreche für das rege

Interesse das seitens der Leserschaft der ersten Auflage meines bescheidenen Werkes entgegengebracht wurde, meinen besten Dank aus.

Für die Unterstützung bei der Berechnung der neuen Bemessungstafeln habe ich Herrn Dipl.-Ing. *F. Neumayer*, für die verständnisvolle Förderung der Bauunternehmung *Ed. Ast & Co.*, Ingenieure, ebenso zu danken, wie dem Springer-Verlag für das bereitwillige Eingehen auf meine Wünsche und die gewohnt sorgfältige Ausstattung des Werkes.

Graz, im November 1953.

A. Pucher.

Vorwort zur dritten Auflage.

In der dritten Auflage sind einige Erweiterungen vorgenommen, die der technischen Entwicklung gerecht zu werden versuchen.

In den Betrachtungen über das Knicken im plastischen Bereich ist neben der schon in der zweiten Auflage enthaltenen, eingehenden Darstellung der *Engesser*schen Auffassung nun auch die Theorie von *Shanley* berücksichtigt und die sich für die Berechnung der Tragwerke daraus ergebenden Folgerungen gezogen.

Es zeigt sich, daß nach der Theorie von *Shanley* das Knickkriterium für Stäbe und Bogen in Form einer algebraischen Gleichung darstellbar ist, wenn man für die $\sigma - \varepsilon$-Linie des Betons eine Parabel höherer Ordnung gelten läßt.

Eine solche Parabel zweiten Grades sehen die österreichischen Normen nun schon seit Jahren vor. In den deutschen und schweizerischen Normen sind hingegen unstetig differenzierbare $\sigma - \varepsilon$-Linien des Betons angegeben, die sich, wie gezeigt wird, sehr gut durch Parabeln dritten, bzw. vierten Grades ersetzen lassen. Bei Einführung dieser stetig differenzierbaren Linien können auch im Geltungsbereich dieser Normen die Knickkriterien in algebraischen Gleichungen dargestellt werden.

Der rasche Fluß, in dem sich die Entwicklung der Stahlbeton-Bauweise befindet, spiegelt sich auch in den einschlägigen Bestimmungen der verschiedenen Staaten. Da es kaum möglich ist, mit den Auflagen des „Lehrbuches" dieser raschen Entwicklung zu folgen, wurden die Hinweise auf die Bestimmungen und Normen unter Weglassung der Paragraphen nur mehr allgemein gehalten.

Der Beseitigung der Druckfehler, sowie der Verbesserung einiger Unklarheiten im Text der zweiten Auflage galt meine besondere Aufmerksamkeit.

Der Bauunternehmung *Ed. Ast & Co.*, Ingenieure, habe ich für das verständnisvolle Entgegenkommen und dem Springer-Verlag für die sorgfältige Betreuung des Werkes meinen besonderen Dank auszusprechen.

Graz, im Feber 1961.

A. Pucher.

Inhaltsverzeichnis.

Erster Teil.

Die Grundlagen der Bauweise.

Zweiter Teil

Stahlbeton-Hochbau.

Dritter Teil

Massiv-Brückenbau.

Tabellenverzeichnis.

Die Grundlagen der Bauweise.

Einleitung.

Die Stahlbetonbauweise gehört zu den erst in dem letzten Jahrhundert entwickelten, modernen Bauweisen, die ihr Entstehen dem allgemeinen Aufschwung der Industrie in der zweiten Hälfte des vorigen Jahrhunderts verdanken. Sie ist heute im Bauwesen unentbehrlich geworden und übertrifft in der Vielseitigkeit der Verwendungsmöglichkeiten jede andere Bauweise. Nicht nur im Hoch-, Industrie- und Brückenbau, sondern auch im Wasser-, Straßen- und Tunnelbau finden Bauteile aus bewehrtem und unbewehrtem Beton weitgehende Verwendung. Insbesondere für schwere Gründungen ist die Bauweise unersetzbar geworden. Diese vielseitige Anwendbarkeit verdankt der Verbund-Baustoff Beton und Stahl zwei Eigenschaften, die kein anderer Baustoff in diesem Grade aufweist, nämlich der Eignung zur Erzeugung erstens großer fugenloser Baukörper und zweitens von Baukörpern jeder beliebigen Gestalt, vom globigsten Grundkörper oder der massigen Talsperre bis zur feingliedrigen Dachkonstruktion. Der Baustoff eignet sich ebenso gut für die einfachen Stabtragwerke wie irgend ein anderer. Sein eigentlichstes Anwendungsgebiet, bei dem die oben erwähnten Eigenschaften erst voll ausgenützt werden, sind jedoch neben den Bogenbrücken die ebenen und räumlichen Flächentragwerke und die massiven, fugenlosen Baukörper größerer Abmessungen bei Gründungen und Talsperren.

Der Beton hat, wie alle steinartigen Stoffe, eine im Verhältnis zu seiner Druckfestigkeit kleine Zugfestigkeit. Mit Beton kann man daher in gleichen oder ähnlichen Formen bauen, wie mit Mauerwerk aus Steinen oder Ziegeln. Der Anwendungsbereich des unbewehrten Betons ist somit beschränkt.

Bettet man jedoch Stahlstäbe in einen Betonkörper, so können diese im Körper entstehenden Zugkräften Widerstand leisten, soferne sie am Orte und in der Richtung der Zugkräfte liegen. Man gewinnt auf diese Weise Bauelemente, die man durch Druck- und Zugkräfte in erheblichem Maße beanspruchen kann, bevor sie zu Bruch gehen. Diese Eigenschaft verdankt der Stahlbeton dem Zusammenwirken des Betons mit den einbetonierten Stahlstäben, das man die Verbundwirkung nennt.

Da die bewehrten Betonkörper auch Zugkräften Widerstand leisten, kann man solche Körper auch mit Biegungsmomenten belasten, d. h. man kann aus Stahlbeton auch Balken und Träger formen, zum Unterschied von den anderen Massivbauweisen, die nur für vorwiegend auf Druck beanspruchte Bauelemente, — Pfeiler, Wände und Gewölbe, — verwendet werden können. Man gewinnt daher mit Stahlbeton eine Freiheit in der Gestaltung der Bauwerke, die in keiner anderen Massivbauweise möglich ist, und die die vielseitige Verwendbarkeit des Stahlbetons begründet.

Die großen Möglichkeiten, die die Stahlbetonbauweise eröffnet, können nur dann voll ausgeschöpft werden, wenn man mit den physikalischen Eigenschaften der Baustoffe vertraut ist, und die durch zahlreiche Versuche und theoretische Forschungen gewonnenen Ergebnisse richtig anzuwenden versteht. Es sind daher die physikalischen und technologischen Grundlagen der Bauweise an die Spitze gestellt und daraus eine Festigkeitslehre des Stahlbetons entwickelt. Die Beherrschung dieser Wissensgebiete in Verbindung mit den wichtigsten Kenntnissen der Statik ist unumgänglich notwendig, wenn man den Überlegungen folgen will, die für die Gestaltung der Stahlbeton-Bauwerke maßgebend sind.

A. Die Baustoffe der Stahlbetonbauweise und deren Verarbeitung.

a) Der Stahl.

In der Regel wird der Stahl bei der Stahlbetonbauweise in Form von Rundeisen verwendet. Im Stahlbetonbau wird, wie im ganzen Bauwesen, hohe Bruchdehnung gefordert. Beim Betonstahl ist darauf besonders zu achten, da die Endhaken und Abbiegungen der Stähle kalt gebogen werden und bei diesem Vorgang keine Risse im Stahl entstehen dürfen.

Je nach der Festigkeit unterscheidet man nach der Önorm B 4200, 4. Teil, Stahlbetontragwerke, Berechnung und Ausführung (im folgenden mit „Best." bezeichnet) die fünf Stahlsorten, Betonstahl I, II, III, IV und V, deren Mindestfestigkeiten, Streckgrenzen und Bruchdehnungen Tab. 1 zeigt.

Tabelle 1. *Festigkeitseigenschaften der Betonstähle.*

Betonstahl		Dicke d mm	Streckgrenze kg/cm² mind.	Zugfestigkeit kg/cm² mind.	Bruchdehnung		Biegeversuch Biegewinkel 180° Dorndurchmesser
					δ_5 % mind.	δ_{10} % mind.	
Gruppe	Zustand						
0	naturhart	—	ohne Gewährleistung			—	2 d
0/I	naturhart	$\leqq$ 10 $\leqq$ 18	1850 1700	3400 3200	— —	25 27	2 d 2 d
I	naturhart	$\leqq$ 30 $>$ 30	2200 2000	3700	22	—	0,5 d 1,0 d
II	naturhart	$<$ 20 $<$ 30 $\geqq$ 20	— 3300 —	— 5200 —	— 17 —	— — —	3 d — 4 d
III	kaltverwunden, nur als Betonformstahl	—	4000	10% über Streckgrenze	—	8	2 d
IV	kaltgezogen, nur als Bewehrungsmatten mit unverschieblichen Knoten	—	5000	6000	—	8	4 d
V	kaltverwunden, nur als Betonformstahl	—	6000	10% über Streckgrenze	—	8	5 d

Die Betonstähle IIa, IIIa und IVa sind durch Legierung veredelt und dürfen die Festigkeitseigenschaften bei Wärmebehandlung nicht verlieren. Sie müssen schweißbar sein (elektr. Abbrenn-Stumpfschweißung). Die Betonsonderstähle IIb, IIIb und IVb sind durch Kaltreckung (z. B. durch Torsion) vergütet. Bei Erwärmung geht die Kaltvergütung wieder verloren.

Von besonderer Bedeutung für die Verwendbarkeit im Stahlbetonbau ist die Oberflächenbeschaffenheit der Betonstähle.

Je größer die Stahlbeanspruchung und der Querschnitt sind, desto größer werden die Haftspannungen zwischen Stahl und Beton. Daher dürfen glatte Rundstähle aus Betonstahl III bis V nicht verwendet werden. Bei größeren Querschnitten müssen ausschließlich Beton-Formstähle (Drillwulststahl, Torstahl, Knotenstahl usw.) oder verschweißte Matten (Baustahlgitter) verwendet werden, die im Beton besser haften als glatte Rundstähle. Den Beton-Formstählen können daher auch bei entsprechend hochliegender Streckgrenze und Zerreißfestigkeit höhere Beanspruchungen zugemutet werden. In verschiedenen Staaten sind tatsächlich erheblich höhere Spannungen für solche Stähle zugelassen.

Glatte Betonstähle der Gruppen II, III und IV bis 26 mm Durchmesser müssen durch aufgewalzte Zeichen oder durch Farbzeichen kenntlich gemacht sein, um Verwechslungen mit Betonstahl I auszuschließen.

b) Der Zement.

Wenn Zement mit Wasser zu einem Brei vermischt wird, so gehen chemische Umsetzungen vor sich, die nach einiger Zeit den Brei zu Stein erhärten lassen, also in den festen Aggregatzustand überführen. Man nennt diesen Vorgang das Abbinden; er darf bei allen Zementen, die für Bauzwecke verwendet werden, nicht sofort nach dem Benetzen des Zements beginnen.

Für Stahlbetonbauwerke darf nur normal abbindender Zement verwendet werden. Das Abbinden darf nicht früher als eine Stunde nach der Wasserzugabe beginnen und soll nach längstens 12 Stunden beendet sein. Es darf nur raumbeständiger (nicht treibender) Zement verwendet werden (Kaltwasserprobe und Kochprobe).

Nach dem Abbinden, d. h., wenn bereits ein fester Körper entstanden ist, bei dem Gestaltsänderungen nur mehr durch Bruch vor sich gehen, ist die Festigkeit zunächst noch klein. Sie nimmt im Laufe der Zeit zu. Diesen Vorgang nennt man die Erhärtung. Der Höchstwert der Festigkeit wird erst nach Jahren erreicht. Jedoch sollen nach 28 Tagen rund 70% der Endfestigkeit, nach 90 Tagen etwa 90% derselben erreicht sein.

In der Regel wird in Österreich Zement 275, d. h. der Normen-Probewürfel hat nach 28 Tagen mindestens 275 kg/cm² Druckfestigkeit, verwendet. Soll Beton von besonders hoher Druckfestigkeit erzeugt werden, so verwendet man Zement 375 oder 475. Dieser hochwertige Zement erhärtet auch viel rascher als Zement 275. Die Ausschalfristen können daher bei günstiger Witterung erheblich verkürzt werden.

Die höherwertigen Zemente entwickeln zu Beginn der Erhärtung während einiger Tage erheblich größere Wärmemengen als der Normalzement. Auf diesen Umstand ist sowohl beim Entwurf, als auch bei der Baudurchführung zu achten, da sonst sehr leicht Risse im jungen Beton entstehen können.

c) Sand, Kies und Wasser.

Sand und Kies dürfen keine schädlichen Beimischungen enthalten. Solche sind u. a. Kohle und ockerhältige Gesteine, ferner alle Steine ohne ausreichende eigene Druckfestigkeit, z. B. Schiefergesteine oder solche, die im Wasser ihre Festigkeit verlieren, z. B. Urtonschiefer usw. Mit größter Sorgfalt ist zu prüfen, ob die Zuschlagstoffe frei von Lehm und organischen humusartigen Stoffen sind. Die Beimischung von Lehm in Form von feinem Staub ist weniger bedenklich und bis zu 3% unschädlich, soferne man nicht die höchsten Anforderungen an den zu erzeugenden Beton stellt. Wesentlich schlechter sind feinste Lehmhäutchen, die an den Steinchen haften. Bei Kalksand und Kalkkies ist bei der Wasserzugabe darauf zu achten, daß diese Gesteine Wasser aufnehmen. Es ist bei Verwendung kalkhaltiger Zuschlagstoffe die Wasserzugabe daher etwas größer zu bemessen als bei anderen Zuschlagstoffen.

Die mineralische Zusammensetzung von Sand und Kies hat jedoch weniger Einfluß auf die Güte des Betons, als die Kornzusammensetzung (vgl. hiezu A. e, Festigkeit, S. 10).

Die Kornzusammensetzung der Zuschlagstoffe wird durch den Siebversuch bestimmt.

Eine abgewogene Menge G des getrockneten Zuschlagstoffes wird auf einen Siebsatz geschüttet und durch Rütteln nach Korngrößen getrennt. Die Rückstände g_n auf jedem Sieb sind der Anteil des Kornes, dessen Größe zwischen den beiden Sieblochdurchmessern d_n und d_{n+1} liegt. Man nennt die in einem Diagramm dargestellte Linie, deren Abszisse die Lochdurchmesser, und deren Ordinaten die Siebdurchgänge in Hundertteilen des Gesamtgewichtes, also $\sum\limits_{i=0}^{i=n-1} 100\, g_i\,/G$ sind, die Siebkurve des Sand-Kies-Gemisches.

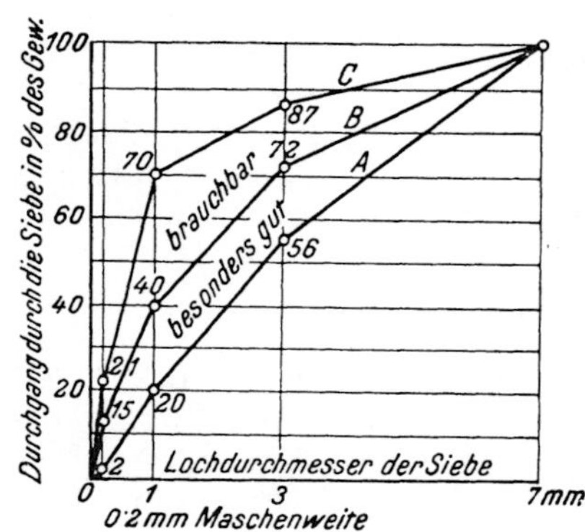

Abb 1. Normen-Sieblinie für das Gemisch Betonsand-Zement.

Die Bezeichnung der Zuschlagstoffe je nach der Korngröße ist aus folgender Zusammenstellung zu entnehmen:

Rückstand auf dem Sieb mit mm Lochdurchmesser	Durchgang durch das Sieb	Bezeichnung	
		Natürliches Vorkommen	Zerkleinerte Stoffe
—	1	Betonfeinsand ⎫ Betonsand	Betonfeinsand ⎫ Beton-
1	7	Betongrobsand ⎭	Betongrobsand ⎭ brechsand
7	30	Betonfeinkies ⎫ Betonkies	Betonsplitt
30	70	Betongrobkies ⎭	Betonsteinschlag

Die Siebkurve des Betonsandes bis zu 7 mm Korngröße soll in den Bereichen A und C der Normensiebkurve (Abb. 1) liegen, die Siebkurve des

Betonkiessandgemisches im Bereiche zwischen D und F (Abb. 2). Für die Erzeugung hochwertigen Betons sollen die Siebkurven im Bereich zwischen A und B, bzw. D und E liegen.

Die Zuschlagstoffe sollen nach Korngrößen getrennt zur Mischanlage kommen, da nur in diesem Falle die Gleichmäßigkeit der Kornzusammensetzung zu gewährleisten ist. Selbst wenn der Betonkiessand schon in der richtigen Kornzusammensetzung aus dem Boden gewonnen wird, was selten vorkommt, soll das Korn getrennt werden, da beim Transport Entmischung eintritt und der Grobkies sich absondert.

Verunreinigte Zuschlagstoffe werden durch Waschen gereinigt. Hierbei geht jedoch meistens der Feinsand verloren und muß nach Erfordernis wieder zugesetzt werden.

Da jedoch die Beschaffenheit und der Gehalt an Feinstsanden für die Verarbeitbarkeit, die Festigkeit und Wasserdichtheit sowie die Verwitterungsbeständigkeit des Betons von großer Bedeutung sind, sind in den letzten Jahren besondere Verfahren entwikkelt worden, mit deren Hilfe man aus dem Waschwasser den Feinstsand zurückgewinnen und nach Korngrößen trennen kann. Diese Verfahren arbeiten naß als Schlemmverfahren und machen sich die Erfahrungen anderer Erzeugungszweige z. B. der Porzellan-Industrie zunutze. Bei höherwertigen Betonen darf man heute die Feinstsandtechnik nicht mehr vernachlässigen. Näher darauf einzugehen, fehlt hier der Raum.

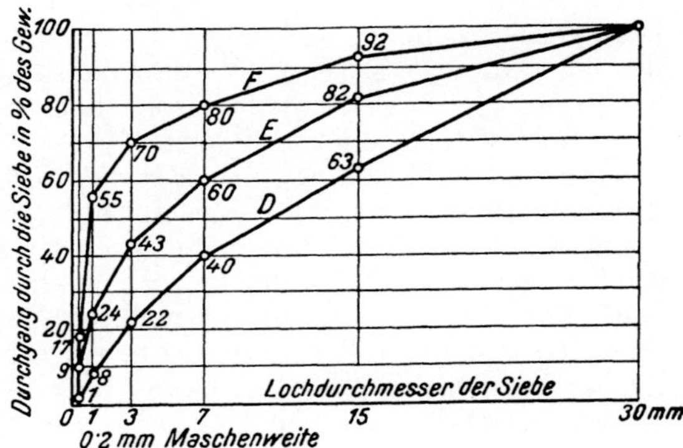

Abb. 2. Normen-Sieblinie für das Gemisch Beton-kiessand-Zement.

Als Anmachwasser sind alle in der Natur vorkommenden, nicht verunreinigten Wässer geeignet, soferne sie nicht den Abbinde- und Erhärtungsvorgang schädigende Bestandteile enthalten. Natürliche Härte des Wassers ist unschädlich. Jedoch sind Meerwasser, natürliche Säuerlinge und Mineralwässer unbrauchbar.

d) Die Bereitung des Betons.

Der Beton entsteht durch das Erhärten des innigen Gemisches von Zement mit Sand, Kies und Wasser.

Die *Menge des Zementes* pro Raumeinheit des Betons nennt man das Mischungsverhältnis. Es soll immer als Gewicht des Zementes je Raumeinheit des *fertigen* Betons (z. B. 300 kg Zement/m³ Beton) angegeben werden. Das Mischungsverhältnis richtet sich nach der zu erzeugenden Betongüte. Bei Bauwerken aus unbewehrtem Beton wird es bedingt durch die zu erzielende Festigkeit, die Verwitterungsbeständigkeit und gegebenen Falles die Wasserdichtigkeit. Bei Bauwerken aus Stahlbeton ist außerdem noch die Rostsicherheit der Bewehrung sicherzustellen.

Da die für die Beton- und Stahlbetonbauwerke erforderlichen Beton-Festigkeiten, wenn die Bauwerke nicht besonderen Beanspruchungen ausgesetzt sind, bereits mit so kleinen Zementbeigaben erreicht werden können, daß ein wenig dichter Beton entsteht, bzw. die Rostsicherheit der Bewehrung nicht gewährleistet ist, darf bei der Bemessung der Zementbeigabe nicht die Festigkeit allein berücksichtigt werden. Aus diesem Grunde sind im allgemeinen Mindest-Zementmengen für Stahlbeton verlangt, die 240 bis 300 kg Zement/m³ Beton betragen.

Die *Beigabe des Wassers* richtet sich nach der vorgesehenen Verarbeitungsweise des Betons und nach der Art und der Wasseraufnahmefähigkeit der Zuschlagstoffe. Der Abbindevorgang des Zementes allein erfordert rund 20% des Zementgewichtes an Wasser. Diese Menge ist aber zur Beton-Bereitung zu klein, da ein erheblicher Teil des Wassers zur Benetzung der inneren Oberfläche der Zuschlagstoffe verbraucht wird. Überdies muß der Beton eine solche Steife haben, daß er in der Schalung noch gut verdichtet werden kann und daß er die Bewehrung satt umschließt. Aus diesem Grunde hat man mehr Wasser zuzusetzen, jedoch nicht mehr, als eben für den vorgesehenen Zweck erforderlich ist.

Die steifste Mischung, der *erdfeuchte Beton*, enthält gerade soviel Wasser, als zum Abbinden und Benetzen notwendig ist, das sind etwa 6—8% Wasser, auf die Raumeinheit des losen Mischgutes bezogen. Dessen Raumgewicht beträgt rund 1800 kg/m³. Daher braucht der erdfeuchte Beton 110—140 Liter Wasser auf den m³ loser Masse. Die erdfeuchte Betonmasse ist matt, erst beim Verdichten entsteht durch Wasseraustritt an der Oberfläche ein schwacher Glanz. Der erdfeuchte Beton ist nur für unbewehrten Beton verwendbar. Er ist zu sperrig, um die Bewehrung satt zu umhüllen, auch ist die Haftung der Stahlstäbe im umgebenden Beton mangelhaft.

Der *steife Beton* ist für Stahlbeton mit nicht zu kleinen Abmessungen und weitmaschiger Bewehrung geeignet. Er braucht 8—9% Wasser (140—160 l/m³). Die beste Verdichtung des steifen Betons erzielt man mit Rüttelgeräten, das sind elektrisch oder durch Preßluft angetriebene Geräte, die durch ausmittig gelagerte, rotierende Massen in Schwingungen von mindestens 50 Hertz (3000 pro Minute), versetzt werden. Das dichteste Gefüge entsteht, wenn die groben Kiesel allein ein festes Gerippe bilden, dessen Hohlräume durch Sand und Zementleim ausgefüllt sind. Diesen Idealzustand erreicht man nur bei Verwendung von Zuschlagstoffen mit bester Kornzusammensetzung und sorgfältigster Verdichtung mit Rüttelgeräten.

Der *weiche Beton* für feingliedrige Stahlbetonwerke mit engliegender Bewehrung entsteht bei Zugabe von 9—11% Wasser (160—200 l/m³). Er hat bereits teigartiges Aussehen und kann durch Stochern und Klopfen an der Schalung gut verdichtet werden. Tauchrüttler dürfen nur vorsichtig verwendet werden, da sie leicht Entmischung des weichen Betons herbeiführen können. Hingegen haben sich an der Schalung angesetzte Außenrüttler gut bewährt.

Während bei erdfeuchtem und steifem Beton noch kein Ausbreitmaß feststellbar ist, kann man die Steife des weichen Betons bereits durch den Ausbreitversuch bestimmen; es soll nicht größer als 50 cm sein.

Flüssiger Beton entsteht bei einer Wasserzugabe von 11 — 14% (200—250 l/m³). Das Ausbreitmaß darf 65 cm nicht überschreiten. Flüssigen Beton hat man vor Jahren häufig als Gußbeton verwendet, indem man das Mischgut durch Rinnen in die Schalung fließen ließ. Um bei diesem Vorgang das Entmischen zu verhindern, müssen die Zuschlagstoffe mehr Sand enthalten als sonst, etwa der Sieblinie *F* entsprechend. Da hiedurch und durch die hohe Wasserbeigabe die Festigkeit und der Elastizitätsmodul des Betons erheblich vermindert werden, verwendet man heute kaum mehr flüssigen Beton.

In den angegebenen Wassermengen ist auch die Eigenfeuchtigkeit des Sand-Kiesgemisches enthalten. Diese kann 8% und mehr betragen; sie ist daher bei der Wasserzugabe unbedingt zu beachten.

Wenn für ein Bauwerk die Zementbeigabe und entsprechend der Sieblinie die Anteile der nach Korngrößen getrennten Fraktionen der Zuschlagstoffe festgesetzt sind und die Wasserzugabe nach den erörterten Gesichtspunkten angenommen wird, müssen die Teilmengen für eine Charge der Mischmaschine daraus berechnet werden. Das Mischungsverhältnis ist in kg Zement pro m³ fertigen Betons angegeben, die Anteile der Kornfraktionen, der Sieblinie entsprechend, in Gewichtsverhältnissen, der Wasserzusatz in Liter pro m³ des losen Sand-Kiesgemisches.

Für die Beschickung der Mischmaschine werden die Zuschlagstoffe vielfach im Raummaß (m³ oder l) loser Masse, der Zement nach Gewicht oder nach Raummaß (Liter), das Wasser in Liter abgemessen. Es sollte jedoch die Zugabe aller Zuschlagstoffe nach Gewicht als einzig verläßliches Verfahren angestrebt werden. Werden die Zuschlagstoffe nach Raummaß gemessen, so hat man die Anteile im Raummaß zu berechnen. Hiebei ist zu berücksichtigen, daß das Volumen des losen Mischgutes kleiner ist als die Summe der Volumina der einzelnen Fraktionen und daß weiters das Volumen des verdichteten, fertigen Betons wiederum kleiner ist als das Volumen des hiefür verwendeten losen Mischgutes. Es sei:

Z = Zementmenge in kg pro m³ fertigen Betons.

W = Wasserzusatz in l pro m³ losen Mischgutes.

R_{SK} = Raumgewicht des losen Sand-Kiesgemisches in der richtigen Kornzusammensetzung, in kg/m³.

R_i = Raumgewicht der Kornfraktion i in kg/m³.

μ_i = Verhältnismäßiger Anteil der Kornfraktion i, in Gewichtsteilen von R_{SK}, der Sieblinie entnommen ($\Sigma\mu_i = 1$).

R_B = Raumgewicht des verdichteten Frischbetons.

Man erhält 1 m³ des Sand-Kiesgemisches in der richtigen Zusammensetzung, wenn man von jeder Fraktion das Gewicht $\mu_i R_{SK}$ zusetzt. Das Volumen einer Fraktion ist somit $\mu_i \dfrac{R_{SK}}{R_i}$. Da in der Regel $R_{SK} > R_i$ ist, wird

$$\sum_i \mu_i \frac{R_{SK}}{R_i} = 1/\alpha_1 > 1. \tag{1}$$

Daraus folgt, daß die Summe der Volumina der Fraktionen größer als das Volumen des Gemisches ist. Die Ursache für diese Tatsache ist das vollständige oder teilweise Verschwinden der kleineren Körner in den Hohlräumen zwischen den größeren Körnern. Aus insgesamt 1 m³ der Fraktionen erhält man demnach nur α_1 m³ ($\alpha_1 < 1$) Sand-Kiesgemisch. Man nennt α_1 die Ausbeutezahl der Zuschlagstoffe. Um 1 m³ des losen Sand-Kiesgemisches zu erhalten, braucht man demnach in Summa $1/\alpha_1$ m³ der Fraktionen.

Das Beton-Mischgut, bestehend aus 1 m³ des Sand-Kiesgemisches, einer noch zu bestimmenden Zementmenge Z' und W Liter Wasser erfordert die Stoffmengen in kg: $R_{SK} + Z' + W$.

Bei der Verdichtung des Beton-Mischgutes in der Schalung tritt eine neuerliche Volumsverminderung von 1 m³ Sand-Kiesgemisch $+ Z' + W$ auf α_2 m³ verdichteten fertigen Beton ein ($\alpha_2 < 1$). Sei R_B das Raumgewicht des verdichteten Frischbetons, so folgt aus der Gewichtsgleichheit

$$R_{SK} + Z' + W = \alpha_2 R_B \qquad (2)$$

einerseits die Beziehung zwischen der Zementmenge Z kg pro m³ verdichteten Beton und Z' kg pro m³ Sand-Kies-Gemisch, anderseits die Größe α_2, die Ausbeutezahl des Beton-Mischgutes.

Da für 1 m³ verdichteten Beton nach (2) $1/\alpha_2 (R_{SK} + Z' + W)$ Beton-Mischgut erforderlich ist, muß

$$Z'/\alpha_2 = Z,$$

bzw.

$$Z' = \alpha_2 Z \qquad (3)$$

sein.

Aus (2) berechnet man anderseits

$$\alpha_2 = \frac{R_{SK} + Z' + W}{R_B}. \qquad (4)$$

Die beiden Gleichungen (3) und (4) sind nicht voneinander unabhängig. Um α_2 zu bestimmen, wird man zunächst Z' mit Hilfe eines geschätzten Wertes von α_2 ermitteln und dann R_B durch Wägung eines aus dem Gemisch hergestellten Probekörpers aus Frischbeton bestimmen. In (4) hat Z' keinen großen Einfluß auf das Ergebnis, so daß in der Regel keine Wiederholung des Versuches mit dem verbesserten Wert von α_2 notwendig ist, da α_2 zwischen verhältnismäßig engen Grenzen liegt ($0.9 < \alpha_2 < 1.0$).

Die Ermittlung der Zusammensetzung des losen Mischgutes und der Ausbeutezahlen ist nach dem angegebenen Verfahren auf die einfachste Versuchsabwicklung zurückzuführen, die in folgender Reihenfolge vor sich geht:

1. Bestimmung der Raumgewichte R_i der Kornfraktionen.

2. Herstellung des Sand-Kiesgemisches aus Gewichtsanteilen.

3. Bestimmung des Raumgewichtes R_{SK} des Sand-Kiesgemisches.

4. Berechnung der Volumsprozente und der Ausbeutezahl α_1 der Zuschlagstoffe nach (1).

5. Schätzung von α_2 und vorläufige Berechnung von $Z' = \alpha_2 Z$.

6. Herstellung einer Betonmischung $R_{SK} + Z' + W$ in der vorgeschriebenen Zusammensetzung.

7. Betonierung eines Probekörpers von bekanntem Volumen, z. B. eines Probewürfels, und Bestimmung seines Gewichtes.

8. Berechnung des Raumgewichtes R_B des verdichteten Frischbetons aus Gewicht und Volumen des Probekörpers.

9. Berechnung von α_2 nach (4).

10. Berichtigung von Z' nach (3) mit dem richtigen Wert von α_2 und Abschätzung des Fehlers von R_B, gegebenen Falles Wiederholung der Bestimmung von α_2.

Die ganze Versuchsdurchführung ist demnach auf die Bestimmung von Hohlraumgewichten und die Betonierung eines Probewürfels reduziert, eine Aufgabe, die man auch mit primitiven Geräten, nämlich mit einer Waage, einem Gefäß von 5 bis 10 Liter Inhalt und einer Würfelform durchführen kann. Man ist nun auch in der Lage, den Stoffbedarf anzugeben.

Wird dieser auf 1 m³ des losen Sand-Kiesgemisches bezogen, dient er zur Ermittlung der Anteile für eine Charge an der Mischmaschine; auf 1 m³ fertigen, verdichteten Beton bezogen, gibt er die Grundlage zur Ermittlung des Stoffbedarfes für ein ganzes Bauwerk.

Man braucht für das lose Mischgut:

$$\text{pro m}^3 \text{ Sand-Kies-Gemisch} \quad \begin{cases} \mu_i \dfrac{R_{SK}}{R_i} \text{ m}^3 \text{ pro Fraktion der Zuschlagstoffe,} \\[2mm] \alpha_2 Z \text{ kg Zement} \\[2mm] W \text{ l Wasser;} \end{cases} \quad (5)$$

für den fertigen Beton:

$$\text{pro m}^3 \text{ fertigen Beton} \quad \begin{cases} \dfrac{1}{\alpha_2} \mu_i \dfrac{R_{SK}}{R_i} \text{ m}^3 \text{ pro Fraktion der Zuschlagstoffe,} \\[2mm] Z \text{ kg Zement,} \\[2mm] \dfrac{1}{\alpha_2} W \text{ l Wasser.} \end{cases} \quad (6)$$

Das folgende Beispiel zeigt, wie die maßgebenden Werte auf Grund der gemessenen Hohlraumgewichte berechnet werden.

Es soll die Mischung und der Stoffbedarf für einen Beton aus 35% Feinsand 0—3 mm, 15% Grobsand 3—7 mm und 50% Kies 7—30 mm (Gewichtsprozente) mit 300 kg Zement pro m³ fertigem Beton angegeben werden. Die Bestimmung der Hohlraumgewichte der einzelnen Fraktionen ergab:

$$R_{0-3} = 1510 \text{ kg/m}^3, \quad R_{3-7} = 1520 \text{ kg/m}^3, \quad R_{7-30} = 1610 \text{ kg/m}^3.$$

Das Hohlraumgewicht des nach Gewichtsanteilen zusammengesetzten Kies-Sand-Gemisches wurde mit

$$R_{SK} = 1850 \text{ kg/m}^3$$

bestimmt.

Demnach sind nach (1) die Raumanteile der Fraktionen, aus denen das Gemisch zusammengesetzt wird:

$$0 - 3 \text{ mm} : 0,35 \frac{1850}{1510} = 0,429$$

$$3 - 7 \text{ mm} : 0,15 \frac{1850}{1520} = 0,183$$

$$7 - 30 \text{ mm} : 0,50 \frac{1850}{1610} = 0,575$$

$$1/\alpha_1 = 1,187$$

Somit ist die Ausbeute der Zuschlagstoffe

$$\alpha_1 = 1/1,187 = 0,843.$$

Zur Bestimmung der Zementbeigabe auf 1 m³ Sand-Kiesgemisch wird die Ausbeute des Mischgutes zunächst mit 0,90 geschätzt. Daher beträgt bei $Z = 300$ kg pro m³ fertigem Beton und einem Wasserzusatz von 190 l pro m³ losen Sand-Kies-Gemisch,

$$R_{SK} + \alpha_2 Z + W = 1850 + 0,90 \cdot 300 + 190 = 2310 \text{ kg.}$$

Die Betonierung eines Probewürfels dieser Zusammensetzung ergab das Raumgewicht des verdichteten Frischbetons mit

$$R_B = 2410 \text{ kg.}$$

Somit wird nach (4)

$$\alpha_2 = \frac{2310}{2410} = 0,96.$$

Nun muß noch die Zementbeigabe berichtigt werden. Es muß $Z' = \alpha_2 Z = 0,96 \cdot 300 = 287$ kg sein. Man kann annehmen, daß die $287 - 270 = 17$ kg Zement mehr pro m³ Beton dessen Volumen kaum ändern, sondern im wesentlichen in den Hohlräumen aufgenommen werden. Daher wird bei Berücksichtigung der richtigen Zementmenge

$$\alpha_2 = \frac{2310 + 17}{2410 + 17} = 0,96.$$

Die Berichtigung von Z' kann das Ergebnis nicht mehr beeinflussen.

Für 1 m³ fertigen Betons braucht man demnach an Zuschlagstoffen nach (6):

$$\text{Feinsand } 0-\ 3 \text{ mm} : \frac{1}{0,96}\ 0,429 = 0,447 \text{ m}^3,$$

$$\text{Grobsand } 3-\ 7 \text{ mm} : \frac{1}{0,96}\ 0,183 = 0,191 \text{ m}^3,$$

$$\text{Kies } 7-30 \text{ mm} : \frac{1}{0,96}\ 0,575 = 0,598 \text{ m}^3$$

$$\overline{1,236 \text{ m}^3.}$$

Da beim Auf- und Abladen, Verführen usw., auf der Baustelle auch noch mit Verlusten zu rechnen ist, ist die übliche Annahme, daß für 1 m³ Beton 1,25 m³ Zuschlagstoffe gebraucht werden, bei Anlieferung der Zuschlagstoffe in getrennten Körnungen zu niedrig angesetzt.

Die Mischung der Zuschlagstoffe mit Zement und Wasser wird nahezu ausschließlich maschinell betrieben. Die Dosierung von Zement, Sand und Kies erfolgt, wie bereits erwähnt, nach Gewicht oder nach verläßlichen Hohlmaßen. Die richtige Wasserzugabe *muß* mittels einer Wassermeßvorrichtung gewährleistet sein. Lediglich bei Beton B 120 (vgl. den nächsten Abschnitt: Die Festigkeit des Betons) darf Sand und Kies gemischt angeliefert werden. Beim Beton B 160 und B 225 muß Sand bis 7 mm und Kies getrennt angeliefert werden, bei Beton B 300 muß Feinsand bis 3 mm, Grobsand von 3 bis 7 mm und Kies getrennt an die Maschine gebracht werden.

Die Steife des Mischgutes hat sich nach dem Verwendungszweck und nach der Art der Beförderung zu richten. Erdfeuchter und steifer Beton kann in Gefäßen (Aufzüge, Betonkarren, Muldenkipper auf Geleisen, Kabelkran) und mit Bändern befördert werden. Weicher Beton eignet sich neben der Beförderung in Gefäßen für die Pumpenförderung; es eignet sich jedoch nicht jedes Gemisch hiefür, meist muß die Zementbeigabe vergrößert werden, um eine pumpbare Betonmasse zu erhalten. Weicher Beton kann mit Bändern nur horizontal befördert werden. Auf geneigten Bändern rutscht er ab.

Flüssiger Beton eignet sich nur zur Förderung in Gefäßen oder in Rinnen als Gußbeton. Man sollte die Anwendung von flüssigem Beton überhaupt vermeiden, da er im Verhältnis zum Zementaufwand zu schlechte Festigkeitseigenschaften hat.

e) Die Festigkeit des Betons.

Die Festigkeit des Betons wird auf verschiedene Weise geprüft. Die Druckfestigkeit wird an Würfeln oder an Prismen festgestellt.

Die Würfelfestigkeit wird mit W_n bezeichnet. Der Index n gibt das Alter des Betons in Tagen an. Die Würfelfestigkeit ist um 20 bis 25% größer als die Prismenfestigkeit K_n, und zwar wegen der Reibung zwischen den Druckplatten der Presse und der gedrückten Oberfläche des Probekörpers, die die Querdehnung behindert. Beim Würfel macht sich diese Behinderung über die ganze Länge bemerkbar; beim Prisma hingegen, das mindestens dreimal so hoch als breit sein muß, geht in der Mitte die Querdehnung ungehindert vor sich.

Als Normenprobe gilt die Würfelfestigkeit an Würfeln mit 20 cm Seitenlänge nach 28 Tagen (W_{28}), bei Verwendung von hochwertigem Zement auch nach 7 Tagen (W_7).

Die Zugfestigkeit des Betons wird als Balkenzugfestigkeit an unbewehrten Probebalken bestimmt. Die Zugfestigkeit beträgt nur einen Bruchteil der Druckfestigkeit (1/10 bis 1/20).

Die Güteklassen des Betons richten sich ausschließlich nach der Würfelfestigkeit. Es wird unterschieden:

$$B\ 120\ \text{mit}\ 120 \leqq W_{28} < 160\ \text{kg/cm}^2$$
$$B\ 160\ \text{mit}\ 160 \leqq W_{28} < 225\ \text{kg/cm}^2$$
$$B\ 225\ \text{mit}\ 225 \leqq W_{28} < 300\ \text{kg/cm}^2$$
$$B\ 300\ \text{mit}\ 300 \leqq W_{28} < 400\ \text{kg/cm}^2\ \text{usw.}$$

Die Festigkeit des Betons hängt ab:

vom Mischungsverhältnis und der Normfestigkeit des Zementes,

von der Kornzusammensetzung der Zuschlagstoffe,

vom Wasserzusatz,

von der Verarbeitung, der Nachbehandlung und dem Alter.

Je mehr und je besserer Zement verwendet wird, um so höher wird die Druckfestigkeit des Betons. Es wäre aber verfehlt, hohe Festigkeit nur durch große Zementbeigaben erreichen zu wollen. Im allgemeinen wird mit den vorgeschriebenen Mindestmengen von Zement $W_{28} = 160$ kg/cm² erreicht werden.

Die Festigkeit des Betons wird entscheidend beeinflußt von der Kornzusammensetzung der Zuschlagstoffe und vom Verhältnis der beigegebenen Wassermenge

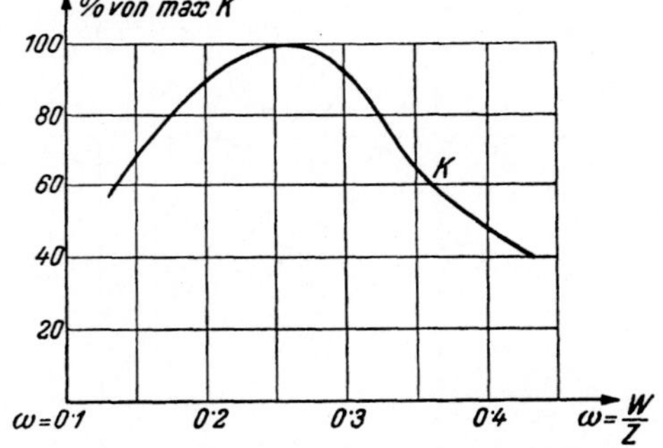

Abb. 3. Abhängigkeit der Zementfestigkeit vom Wasserzusatz.

zum Zementgewicht. Man nennt den Bruch $\omega = W/Z$ ($W =$ Wassermenge pro Raumeinheit fertigen Betons, $Z =$ Zementgewicht) den Wasser-Zementfaktor. In ω ist nicht nur die beim Mischen zugegebene Wassermenge, sondern auch der Feuchtigkeitsgehalt des Kiessandes enthalten.

Man hat gefunden, daß innerhalb gewisser Grenzen, die durch die vorgeschriebenen Mindest-Zementmengen noch nicht erreicht sind, die Festigkeit des Betons aus gleichen Zuschlagstoffen nicht vom Zement-Mischverhältnis, sondern vom Wasser-Zementfaktor abhängt, der die Verdünnung des Zementleimes durch Wasser angibt. Der Festigkeitszuwachs infolge größeren Zementgehaltes geht bei größerer Wasserzugabe wieder verloren. Die Abhängigkeit der Zementfestigkeit K von ω ist in Abb. 3 dargestellt.

Die größte Festigkeit wird bei $\omega = 20 - 25\%$ erhalten. Ein mit so wenig Wasser bereitetes Mischgut ist jedoch in der Regel zu sperrig und läßt sich in der Schalung schlecht verarbeiten. Auch haften die Bewehrungsstäbe in einem solchen Beton sehr schlecht. Man muß daher mit größeren

Wasserzusätzen arbeiten, soll sie aber so klein halten, als es die Verarbeitung noch zuläßt. Bei richtiger Wahl der Kornzusammensetzung (Sieblinien im Bereich zwischen D und E!) wird die richtige Steife der Betonmasse mit kleinerem Wasserzusatz erreicht, als bei weniger guter Kornzusammensetzung.

Aus diesen Ausführungen geht die große Bedeutung der Kornzusammensetzung der Zuschlagstoffe hervor. Infolge der Verkleinerung der inneren Oberfläche bei guter Kornverteilung wird der Zementleim viel wirksamer ausgenützt. Gleichzeitig kann die Masse mit weniger Wasser verarbeitet werden. Das sind die Gründe für die großen Festigkeitssteigerungen, die man unter Beibehaltung des Mischungsverhältnisses durch richtige Kornzusammensetzung und Wasserzugabe erzielen kann.

Die Abhängigkeit der Betondruckfestigkeit von der Normenfestigkeit N des Zementes und vom Wasserzementfaktor ω zeigt Abb. 4. Die angegebenen Festigkeiten sind die Würfelfestigkeiten des 20 cm Würfels nach 28 Tagen, die bei guter Kornzusammensetzung einwandfreier Zuschlagstoffe und sehr guter Frischbetonverdichtung *erreichbar* sind.

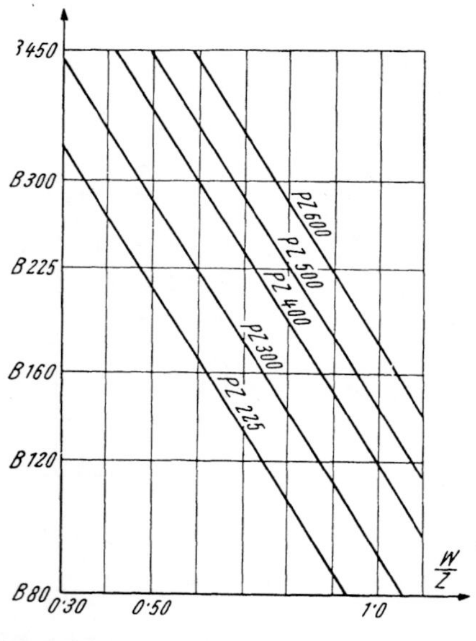

Die Festigkeit des Betons nimmt jahrelang zu. Man kann jedoch annehmen, daß nach 4 Wochen 70% und nach 3 Monaten 90 bis 95% der Endfestigkeit erreicht werden.

Durch sachgemäße Nachbehandlung des Betons kann man die Druckfestigkeit erheblich verbessern. Man darf den Beton nicht der direkten Sonnenbestrahlung aussetzen und muß darauf achten, daß die Austrocknung möglichst langsam vor sich geht. Bei heißem und trockenem Wetter muß der junge Beton mit Wasser berieselt oder besprengt werden oder mit feuchten Tüchern oder Sand bedeckt werden.

Abb. 4. 28 Tage-Würfelfestigkeit in Abhängigkeit von Zement-Normenfestigkeit und Wasser-Zementfaktor.

Bei der Herstellung massiger Betonkörper (z. B. Talsperren) ist auf die erhebliche Temperatursteigerung infolge der Abbindewärme zu achten. Bei raschem Baufortschritt reicht die natürliche Abkühlung nicht aus. Man muß besondere Kühlanlagen im Betonkörper vorsehen, da sonst durch große Temperatursteigerungen im Inneren der Beton Schaden leidet (Verbrennen des Betons).

Auch vor Frost ist der Beton zu schützen. Friert die Betonmasse während des Abbindevorganges (die ersten 24 Stunden) ein, so ist der Beton endgiltig verdorben und muß wieder entfernt werden. Der *Erhärtungs*vorgang wird durch Frost lediglich verzögert. Daher sind die Ausschalfristen um die Frosttage zu verlängern.

B. Die physikalischen Grundlagen der Stahlbetonbauweise.

Die Spannungsverteilung im Verbundkörper Stahl und Beton bei der Belastung wird durch zwei physikalische Tatsachen bestimmt: Die elastischen Eigenschaften der beiden Baustoffe und die Haftung der Bewehrung im umgebenden Beton. Der Berechnungsweise der Stahlbetonbauten müssen diese beiden Tatsachen zugrunde gelegt werden. Es ist daher von höchster Wichtigkeit, wenigstens das Allernotwendigste darüber zu wissen.

a) Die Formänderungen des Stahles.

Die Formänderungen des Stahles sind im allgemeinen bekannt, so daß hier nur in Kürze das für die Verbundwirkung Wichtigste wiederholt wird.

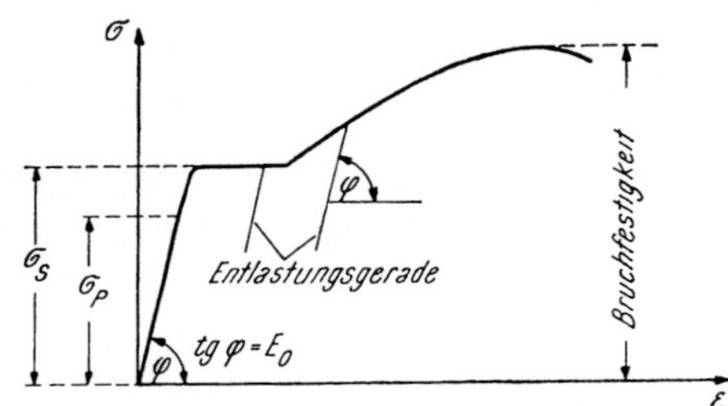

Abb. 5. Spannungs-Dehnungslinie von naturhartem Betonstahl.

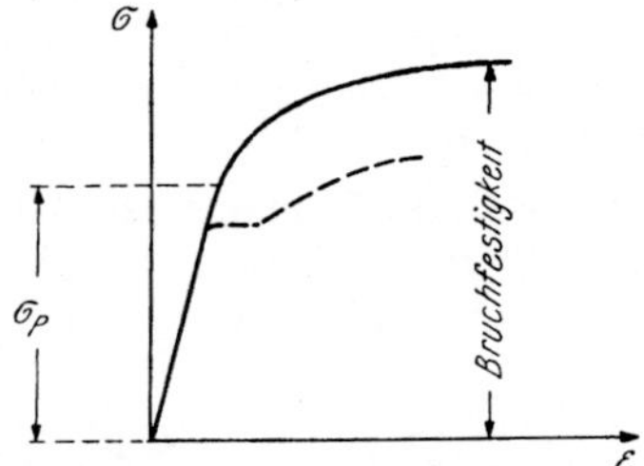

Abb. 6. Spannungs-Dehnungslinie von kaltvergütetem Betonstahl.

Das Verhalten eines Werkstoffes unter Belastung wird durch die Spannungs-Dehnungslinie beschrieben. Diese hat bei allen, nicht kalt vorgereckten Stählen die in Abb. 5 dargestellte Form. Im Bereich niederer Spannungsstufen $0 < \sigma < \sigma_P$ wachsen die Dehnungen verhältnisgleich den Spannungen (Proportionalitätsbereich). Es gilt das *Hooke*'sche Elastizitätsgesetz. σ_P liegt nahe an der Streckgrenze σ_S. Man kann vereinfachend $\sigma_P = \sigma_S$ setzen.

Ist σ_S erreicht, so wachsen die Dehnungen ohne Laststeigerung (Fließ- oder Streckbereich) recht erheblich, kommen jedoch wieder zum Stillstand. Weitere Laststeigerungen sind jetzt zwar möglich (Verfestigungsbereich), jedoch gilt das *Hooke*'sche Gesetz nicht mehr. Endlich tritt der Trennungsbruch ein, nachdem die Höchstlast bereits überschritten ist.

Die bei den Betonstählen vorgeschriebenen Streck- oder Fließgrenzen, Bruchfestigkeiten und Bruchdehnungen sind in Tab. 1 (S. 2) bereits angegeben.

Durch die Kaltvorreckung der Beton-Sonderstähle wird die Spannungs-Dehnungslinie grundlegend verändert. Der ausgesprochene Fließbereich verschwindet, die Spannungs-Dehnungslinie verläuft über der Proportionalitätsgrenze hinaus monoton gekrümmt bis zum Bruch (Abb. 6). σ_P liegt nun wesentlich höher als beim Ausgangsstoff, ebenso die Bruchfestigkeit. Dafür ist die Bruchdehnung kleiner, der Werkstoff ist spröder geworden. Je mehr vorgereckt wird, desto spröder wird der Werkstoff, d. h. desto näher rückt σ_P an die Bruchfestigkeit heran. Spröde Stähle sind besonders im Stahlbetonbau unbrauchbar, da die Bewehrung kalt gebogen wird und dabei keinen Schaden erleiden darf. Es darf daher bei Sonder-Betonstählen das Vorrecken nicht zu weit getrieben werden. Streckgrenze, Bruchfestigkeit und Bruchdehnung dieser Stähle sind ebenfalls Tab. 1 (S. 2) zu entnehmen.

Das Verhalten des Stahles bei der Formänderung hängt nur von der Spannung ab; die mit der Zeit vor sich gehenden Änderungen sind gegenüber den sofort auftretenden Formänderungen sehr klein und daher, ausgenommen bei Spannbeton, unwesentlich.

Der analytische Ausdruck des elastischen Verhaltens eines Werkstoffes ist der Elastizitätsmodul. Er wird auf zweierlei Art definiert. Der Modul der Gesamtverformung ist $E^* = \sigma/\varepsilon$; er stellt die Neigung der Sehne vom Ursprung zum Punkt (σ, ε) dar. Der Modul der Änderung der Verformung wird mit $E = d\sigma/d\varepsilon$ als die Neigung der Tangente an die Spannungs-Dehnungslinie definiert. Beide Moduli sind innerhalb des Proportionalitätsbereiches gleich groß und konstant. Sie seien in diesem Bereich mit E_0 bezeichnet. Beim Überschreiten von σ_P ist sowohl E^*, als auch E veränderlich mit σ, bzw. ε.

Es ist die hervorragendste Eigenschaft sämtlicher Stähle und Stahllegierungen, daß deren Anfangsmodul E_0 nur um einige Prozente vom Mittelwert 2 150 000 kg/cm² abweicht.

b) Die bei der Belastung des Betons sofort entstehenden Formänderungen.

Die Formänderungen des Betons, die unmittelbar bei der Belastung entstehen, sind nicht so gleichartig wie die des Stahles. Während bei allen Stahlsorten der Anfangsmodul nur ganz unbedeutend vom Mittelwert 2 150 000 kg/cm² abweicht, ist der Anfangsmodul E_0, d. h. der Elastizitätsmodul im Bereich kleiner Spannungen, bei den verschiedenen Betonen sehr verschieden groß. Seine Größe wird in erster Linie von der Druckfestigkeit beeinflußt. Da die Druckfestigkeit mit dem Alter des Betons zunimmt, so ist auch E_0 vom Alter des Betons abhängig und strebt, so wie diese, einem Grenzwert zu. Das Gesetz der Abhängigkeit von E_0 von der Druckfestigkeit kann nur mit statistischen Methoden aus einer großen Zahl von Versuchen gewonnen werden.

Nach den Versuchen von *Bach*, *Schüle*, *Graf* und *Ros* wird

$$E_0 = \frac{588\,000}{1 + \dfrac{177}{W_n}}, \quad (W_n = \text{Würfelfestigkeit nach } n \text{ Tagen}). \tag{1}$$

Daraus ergibt sich für

$W_n = $ 120   160   225   300   450   600 kg/cm²

$E_0 = $ 238   280   333   370   422   455 · 10³ kg/cm²

Nach anderen Angaben wird E_0 in Beziehung zur Prismenfestigkeit gebracht, z. B. nach *Saliger*[1]:

$$E_0 = 23\,000 \sqrt{K_b} \tag{2}$$

---

[1] *Saliger*: „Die Neue Theorie des Stahlbetons". Wien: Deuticke, 1947, S. 2.

Da die Prismenfestigkeit $K_b < W_n$, muß diese mit W_n verglichen werden, wenn man die Übereinstimmung der beiden Formeln prüfen will. Es wird

$$W_n = 120 \quad 160 \quad 225 \quad 300 \quad 450 \quad 600 \ \text{kg/cm}^2$$
$$K_b = 108 \quad 144 \quad 195 \quad 240 \quad 300 \quad 360 \ \text{kg/cm}^2$$
$$E_0 = 240 \quad 275 \quad 320 \quad 355 \quad 400 \quad 435 \cdot 10^3 \ \text{kg/cm}^2$$

Die beiden Gesetze weichen erst bei höheren Werten von W_n wesentlich voneinander ab.

Es liegt in der Natur solcher, auf statistischem Wege gefundenen Gesetzmäßigkeiten, daß sie nur in beschränktem Bereiche Geltung haben.

Da die Druckfestigkeit mit dem Alter des Betons zunimmt, so beschreiben diese beiden Gesetze auch gleichzeitig die Veränderlichkeit von E_0 mit der Zeit.

Noch größeren Spielraum als E_0 zeigt die Bruchdehnung ε_p des Betons, die nur beim Prismenversuch gemessen werden kann. Sie ist ganz besonders vom Gefüge des Betons abhängig und kann auch bei Betonen gleicher Druckfestigkeit noch erheblich streuen. Leider ist ε_p auch von der Versuchsdurchführung, — der Geschwindigkeit der Laststeigerung —, abhängig, so daß Vergleiche verschiedener Versuchsreihen schwierig werden.

Die Spannungs-Dehnungslinie ist bei allen betonartigen Stoffen eine monoton gekrümmte Linie (Abb. 7). Im Bereiche kleiner Spannungen kann mit genügender Genauigkeit das *Hooke*sche Gesetz als gültig angesehen werden, obwohl genaue Dehnungsmessungen zeigen, daß auch in diesem Bereiche die Dehnungen stärker wachsen als die Spannungen.

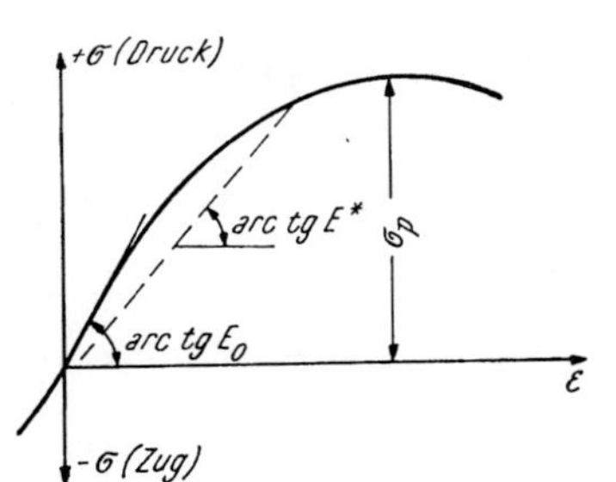

Abb. 7. Spannungs-Dehnungslinie von Beton.

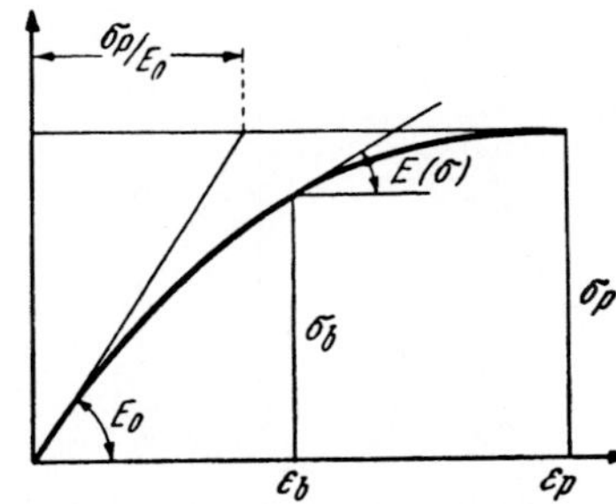

Abb. 8. σ-ε-Linie von Beton nach dem allgemeinen Gesetz (3).

Die einfache Gestalt der Spannungs-Dehnungslinie, die durch die drei Größen E_0, σ_p und ε_p gekennzeichnet ist, legt die Ersetzung des Diagrammes durch einen anlytischen Ausdruck nahe. Es ist zweckmäßig, ε als unabhängige Variable zu wählen.

Die Spannungs-Dehnungslinie des Betons ist immer eine monoton gekrümmte Linie, die am Ort des Größtwertes σ_p eine horizontale Tangente hat. Die Dehnung bei der σ_p erreicht wird, wird als Bruchdehnung ε_p bezeichnet, obwohl in diesem Zustand noch kein Trennungsbruch eintritt, sondern lediglich die Gefügeauflockerung, die eine weitere Laststeigerung verhindert. Der Wert ε_p folgt noch einigermaßen einer Gesetzmäßigkeit, während für die Dehnung ε_p^*, bei der Trennungsbruch eintritt, kaum mehr eine Gesetzmäßigkeit zu erkennen ist. Es wird daher in den weiteren Betrachtungen ε_p als die Dehnung, bei der die Höchstlast erreicht wird, im Vordergrund stehen.

Die Spannungs-Dehnungslinie ist durch drei Kennwerte bedingt: E_0, σ_p und ε_p. Ein einfaches Gesetz, mit dem diese drei voneinander unabhängigen beim Prismenversuch gemessenen Werte erfaßt werden, lautet mit

$$\varphi = \frac{\varepsilon_b}{\varepsilon_p} \quad (\varepsilon_b = \text{beliebige Betondehnung,})$$

$$\sigma_b = \sigma_p \left[1 - (1 - \varphi)^n\right], \qquad n = \frac{\varepsilon_p}{\sigma_p} E_0. \tag{3}$$

Daraus folgt durch Differentiation

$$E(\sigma) = \frac{d\sigma}{d\varepsilon} = E_0 (1 - \varphi)^{n-1}. \tag{4}$$

Dieses sehr anpassungsfähige Gesetz, das den wichtigsten physikalischen Tatsachen — monoton negative Krümmung und die gemessenen Werte E_0, σ_p, ε_p — gerecht wird, wird in der allgemeinen, in (3) angegebenen Form, wohl nur für Versuchsauswertungen in Frage kommen. Für die Bemessungsaufgaben wird ein genügend vorsichtig gewählter Standardwert von n festzusetzen sein. Das ist auch schon geschehen. Die eidgenössischen und die neuen österreichischen Vorschriften für das Knicken von Stahlbeton-Säulen sind auf dem Gesetz

$$E(\sigma) = E_0 (1 - \varphi)$$

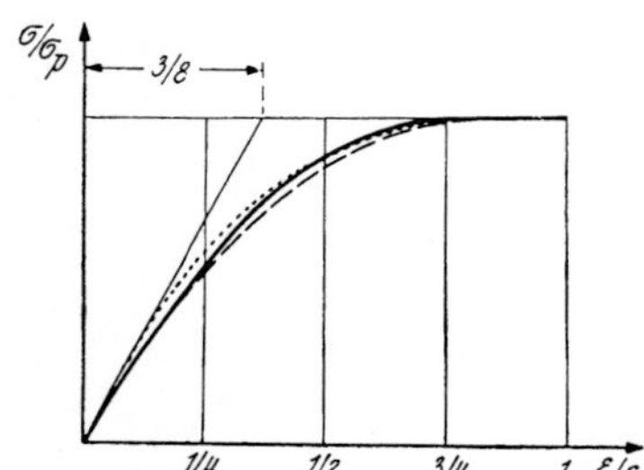

Abb. 9. Beton-Spannungs-Dehnungslinie der Deutschen Richtlinien für Spannbeton (Din 4227).

aufgebaut; es ist also in (4) $n = 2$ gesetzt. Die neuen österreichischen Vorschriften (Önorm B 4200, 4. Teil, sehen für die Biegung im plastischen Bereich

$$\sigma_b = \sigma_p \, \varphi \, (2 - \varphi)$$

vor; setzt man in (3) $n = 2$, so wird obige Beziehung erhalten.

Die deutschen Richtlinien für Spannbeton (Din 4227) sehen eine in Abb. 9 dargestellte Spannungs-Dehnungslinie vor, die aus einer quadratischen Parabel und einer Geraden zusammengesetzt ist (in Abb. 9 voll ausgezogen). In diesem Diagramm beträgt der E-Modul als Parabeltangente im Ursprung:

$$E_0 = \frac{3}{8} \frac{\sigma_p}{\varepsilon_p}.$$

Ersetzt man die unstetig differenzierbare Linie durch eine stetig differenzierbare, die die Kennwerte E_0, ε_p und σ_p beibehält, so wird nach (3) und (4)

$$n = \frac{8}{3}, \qquad \sigma = \sigma_p \left[1 - (1 - \varphi)^{8/3}\right], \qquad E = E_0 (1 - \varphi)^{5/3}.$$

Diese Linie ist in Abb. 9 strichliert eingetragen; sie deckt sich recht gut mit der voll ausgezogenen. Übrigens ist auch die einfachere Annahme

$$n = 3, \qquad E_0 = 3 \frac{\sigma_p}{\varepsilon_p}, \qquad E = E_0 (1 - \varphi)^2$$

in Abb. 9 punktiert) in ausreichender Übereinstimmung mit der in DIN 4227 vorgeschriebenen Linie. Die nachfolgende Tabelle gibt zum Vergleich die Ordinaten der drei Linien an:

$\varphi = \dfrac{\varepsilon}{\varepsilon_p}$	σ/σ_p		
	DIN 4227	$n = 8/3$	$n = 3$
0	0	0	0
1/4	0,555	0,536	0,578
1/2	0,888	0,842	0,875
3/4	1	0,975	0,984
1	1	1	1

Sowohl $n = 8/3$ als auch $n = 3$ sind, wenn man die starke Streuung der $\sigma - \varepsilon$-Linie bei den verschiedenen Betonen berücksichtigt, ein vollwertiger Ersatz für die DIN-Linie. Die stetigen Linien bieten jedoch den Vorteil, alle Berechnungen im plastischen Bereich sowohl bei Biegung, als auch bei Knickung besser durchführen zu können, da bei ersteren nur *eine stetige* Funktion zu integrieren ist und die Knickbedingung in *einer* algebraischen Gleichung darstellbar ist. Auf diese Umstände wird später hingewiesen werden.

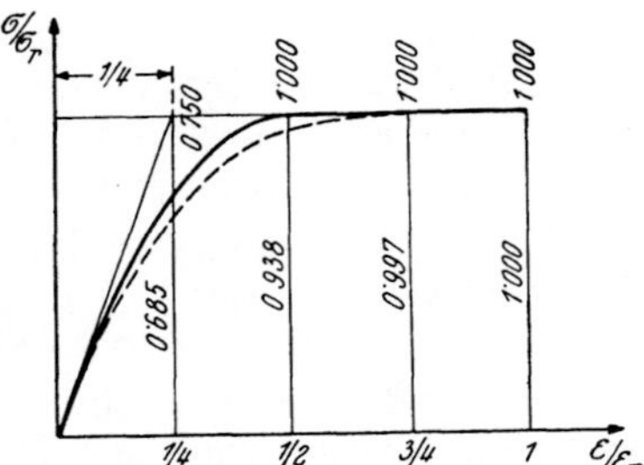

Abb. 10. Beton-Spannungs-Dehnungslinie nach den Schweizerischen Bestimmungen für Spannbeton.

Auch die in der Schweiz für den Bruchsicherheitsnachweis im Spannbeton vorgeschriebene $\sigma - \varepsilon$-Linie (Abb. 10) ist unstetig. Beim Ersatz durch eine stetige Linie folgt aus (3) und (4):

$$E_0 = 4\,\frac{\sigma_p}{\varepsilon_p}, \qquad n = 4; \qquad \sigma = \sigma_p\,[1 - (1-\varphi)^4], \qquad E = E_0\,(1-\varphi)^3.$$

Diese Linie ist in Abb. 10 strichliert eingetragen. Die unter den Kurven liegenden Zahlen geben die Ordinaten der stetigen Linien an, die oben liegenden die der $\sigma - \varepsilon$-Linie nach den schweizerischen Spannbeton-bestimmungen. Für Übereinstimmung und Vorteile der stetigen Linie gelten die vorigen Ausführungen.

Die Formänderungen des Betons bestehen, wie bei allen Werkstoffen aus den bei der Entlastung wieder verschwindenden, federnden Formänderungen und den bleibenden Formänderungen. Im Bereiche kleiner Spannungen sind die bleibenden Formänderungen sehr klein. Bei wachsender Spannung wird ihr Anteil an der Gesamtformänderung größer, um bei weiterer Belastungssteigerung immer mehr anzuwachsen. Wird in diesem Zustand entlastet, so bilden sich nur die federnden Formänderungen zurück. Die Linie der Entlastung ist, ebenso wie bei Stahl, eine Gerade, deren Neigung dem Anfangsmodul E_0 entspricht (Abb. 5). Man nennt diese Gerade nach *Engesser* die Entlastungsgerade. Während demnach bei Belastungssteigerung von σ nach $\sigma + d\sigma$ für die Dehnungsänderungen der Modul $E(\sigma) = d\sigma/d\varepsilon$ maßgebend ist, ist für die Entlastung von σ nach $\sigma - d\sigma$ in jeder Laststufe der Anfangsmodul E_0 für die Dehnungsänderung gültig.

Auf dieser Tatsache hat *Engesser* die Theorie der Knickung im plastischen Bereich aufgebaut, die auch bei den Stahlbetonsäulen Gültigkeit hat.

c) Die vom Alter des Betons abhängigen Formänderungen.

Neben den im vorigen Abschnitt beschriebenen Formänderungen, die unmittelbar bei Änderungen des Belastungszustandes entstehen, werden bei Beton auch Formänderungen beobachtet, die sich bei unveränderter Belastung als von der Zeit abhängiger Prozeß vollziehen. Diese Formänderungen sind für den Bestand der Bauwerke von großer Bedeutung; ihre Kenntnis ist daher für den planenden und den ausführenden Ingenieur unerläßlich.

Die mit der Zeit vor sich gehenden Formänderungen bilden zwei Gruppen:

1. Formänderungen, die der unbelastete Beton erfährt, insbesondere in den ersten Monaten nach der Erzeugung. Man nennt diese Erscheinung das Schwinden.

2. Formänderungen, die der einer unveränderten Belastung ausgesetzte Beton im Laufe von Monaten und Jahren nach der Aufbringung der Last erleidet. Diese Erscheinung heißt das Kriechen.

Beide Phänomene sind auf die gleichen Ursachen zurückzuführen. Während das Schwinden schon lange bekannt ist, wurde das Kriechen erst sehr spät beobachtet. Die ersten Messungen hierüber dürften wohl von *Glanville* und *Davis* vorgenommen worden sein. Weitere Beobachtungen stellten *Withney* und *Freyssinet* an. Letzterer hat eine physikalische Erklärung gegeben, die heute als allgemein gültig anerkannt wird[1]. Der Erforschung des Einflusses des Kriechens und Schwindens auf die Standsicherheit der Bauwerke, insbesondere auf die statisch unbestimmten Systeme und die Stabilität, sind Arbeiten *Dischingers*[2] gewidmet, der als erster die Zeit als unabhängige Variable in diese Betrachtungen eingeführt hat und damit das Problem im wesentlichen lösen konnte. Eine eingehende Behandlung der sehr schwierigen Fragen überschreitet den Rahmen dieses Buches. Es wird versucht, ohne auf Einzelheiten einzugehen, die Erscheinung zu beschreiben, zu erklären und die grundlegenden Ansätze zur weiteren theoretischen Behandlung abzuleiten, um auf diese Weise wenigstens die notwendigsten Grundbegriffe zu entwickeln.

Zunächst sei wiederholt: „*Schwinden*" nennt man die Formänderungen (Verkürzungen), die der unbelastete Beton während des Erhärtungsvorganges erleidet. Mit Kriechen bezeichnet man die bei unveränderter Belastung im Laufe der Zeit vor sich gehenden Formänderungen.

Das *Schwinden* dauert bei gleichbleibendem hygroskopischem Zustand der Luft einige Monate, jedoch entsteht der größte Teil der Formänderung während der ersten 6 Wochen. Das Maß des Schwindens, das bis zu 1,0 mm je m des Frischbetons betragen kann, ist abhängig von dem Mischungsverhältnis, den Zuschlagstoffen und dem Wassergehalt des Frischbetons. Ferner ist die Art der Lagerung der Probekörper, bzw. der hygroskopische Zustand der das Bauwerk umgebenden Luft und die Nachbehandlung des Betons (Schutz vor direkter Sonnenbestrahlung, Bedecken mit feuchtem Sand oder Tüchern, Besprengen mit Wasser) von

---

[1] *Freyssinet*, Une révolution dans les techniques de béton; Paris 1936.
[2] Vgl. Bau-Ing. XVIII (1937) und XIX (1939).

großem Einfluß. Bei Lagerung im Wasser tritt überhaupt kein Schwinden ein. Man erkennt bereits an den das Schwinden beeinflussenden Umständen, daß es mit dem Wassergehalt des Betons, bzw. mit dessen Austrocknung in ursächlichem Zusammenhang steht.

Das *Kriechen* des Betons wird an Betonkörpern beobachtet, die unter Dauerbelastung stehen. Wird ein Betonkörper belastet, so tritt unmittelbar mit der Belastung eine Formänderung ein, die den im Abschnitt B, b beschriebenen Gesetzen folgt. Mit der Zeit wird diese Formänderung jedoch größer und kann bei unveränderter Belastung bis zum 4- bis 5-fachen Wert anwachsen.

Das Kriechen wird von den gleichen Umständen beeinflußt wie das Schwinden.

1. Je dichter der Beton ist, um so kleiner werden Kriechen und Schwinden. Betone mit guter Kornverteilung, hohem Zementgehalt, kleinem Wassergehalt und sorgfältiger Verdichtung bei der Herstellung haben daher kleine Kriech- und Schwindmaße.

2. Je länger der junge Beton feucht gehalten wird, desto kleiner wird Kriechen und Schwinden.

3. Je älter der Beton vor der Belastung wird (Schonzeit), um so kleiner wird das Kriechen.

Das Kriechen und Schwinden wird durch die Änderung des Spannungszustandes des im Beton enthaltenen Porenwassers verursacht und durch die physikalischen und chemischen Vorgänge beim Erhärten des Betons beeinflußt. Das Kriechen des Betons hat ähnliche Ursachen wie die Setzung der Tonböden infolge einer Belastungsänderung. Man kann die Erkenntnisse der Bodenmechanik daher auch der Erklärung des Kriechens nutzbar machen.

Der Beton ist kein hohlraumloser Körper, wie etwa ein Kristall oder Metall, sondern er ist von kleinsten unregelmäßigen Kanälchen, den Poren durchzogen, die mehr oder weniger mit Wasser gefüllt sind. In diesen engen Kanälen muß sich natürlich die Kapillarität und damit der Spannungszustand, in dem sich das Porenwasser befindet, bemerkbar machen.

Zum Verständnis des Folgenden muß man sich einige physikalische Tatsachen ins Gedächtnis rufen. Das Wasser hat nicht nur eine, — sozusagen unbegrenzte, — Druckfestigkeit (bei allseitigem Druck), sondern unter bestimmten Bedingungen auch eine Zugfestigkeit, deren Größenordnung Tonnen pro cm^2 ist. Die Oberflächenspannung und der Zugspannungszustand, in dem sich das Wasser in Kapillaren befindet, sind Beispiele hiefür. Die zweite Tatsache ist die Erniedrigung des Dampfdruckes des Wassers an der konkaven Oberfläche (Meniscus) in einer Kapillare. Und schließlich ist der Dampfdruck an der Oberfläche des Kapillarwassers von deren mittleren Krümmung und diese von der Porenweite abhängig.

Ist ein Betonkörper genügend lange konstanten, hygroskopischen Verhältnissen ausgesetzt gewesen, d. h. es blieben Druck, Temperatur und Feuchtigkeitsgehalt der umgebenden Luft unverändert, so wurde ein Gleichgewichtszustand erreicht, derart, daß der Dampfdruck der Wasseroberfläche in den Kapillaren dem Feuchtigkeitsgehalt der Luft entspricht, was möglich ist, da sich wegen der veränderlichen Porenweite immer eine dem Gleichgewicht entsprechende Krümmung des Meniscus an einer Stelle passender Porenweite einstellen kann. Dieser Einstellung der Menisci entspricht aber immer eine bestimmte, mittlere Krümmung und in Verbindung mit der Oberflächenspannung eine bestimmte, allseitige Zugspannung im Porenwasser. Diese Zugspannung ruft im festen Skelett des Betonkörpers Druckspannungen hervor, mit denen sie im Gleichgewicht steht. Ändert sich der hygroskopische Zustand der Umgebung ,so wird das Gleichgewicht an der Oberfläche des Porenwassers gestört und die Menisci werden sich infolge Verdunstung oder Kondensation so weit in den Poren verschieben, bis die neue Einstellung wieder hygroskopisches Gleichgewicht herbeiführt. Mit der geänderten Krümmung ändert sich aber auch die Zugspannung im Porenwasser und damit auch die Druckspannung, unter der das feste Skelett steht; es wird sich elastisch deformieren. Wenn der neue Gleichgewichtszustand durch Verdunstung (Austrocknung) entstanden ist, so wandern die Menisci nach engeren Stellen der Poren, die Krümmung und die Zugspannung im Porenwasser wachsen, daher auch die Druckspannungen im festen Skelett und der ganze Körper wird kleiner. *Freyssinet* errechnet bei einer Schwindung von 0,5 mm je Meter und einer Änderung der relativen Luftfeuchtigkeit vom Zustand der Sättigung (100%) bis zu 40% einen Schwinddruck von 50 kg/cm² auf das feste Skelett. Die Verdunstung des Porenwassers braucht natürlich Zeit, daher die lange Dauer des Schwindprozesses.

Das Schwinden ist demnach die Formänderung des festen Skelettes, die infolge der Änderungen im Spannungszustand des Porenwassers während des Austrocknens des Betons entsteht. Da die Abgabe des Porenwassers im Beton in dem Augenblick einsetzt, in dem die umgebende Luft einen kleineren Feuchtigkeitsgehalt hat als es dem Dampfdruck an der freien Oberfläche des Porenwassers entspricht, werden bei Trockenlagerung auf das in der Erhärtung noch nicht sehr fortgeschrittene Betonskelett eines jungen Betons erhebliche Kräfte ausgeübt. Die dadurch ausgelösten Formänderungen sind in diesem Falle nicht nur federnd, sondern zu einem erheblichen Teil bleibend, die durch die noch fortschreitende Verfestigung des Skelettes stabilisiert werden. Tatsächlich beobachtet man auch, daß das Schwindmaß um so kleiner ist, je länger der Beton nach dem Abbinden feucht gehalten wird. Solange er im Wasser gelagert ist, tritt überhaupt kein Schwinden ein.

Ein weiterer Schluß wird ebenfalls durch die Beobachtung bestätigt. Auch bereits vollkommen erhärteter Beton schwindet, wenn er in trockenere Umgebung gebracht wird und er quillt, wenn er feuchter gelagert wird. Diese Formänderungen sind aber in gewissen Grenzen federnd, da die im festen Skelett entstehenden Spannungen im Elastizitätsbereich liegen. Bei einem vollständig erhärteten Beton kann demnach das durch Austrocknung hervorgerufene Schwinden durch Feuchtlagerung wieder vollständig beseitigt werden. Das beim Erhärten des Betons eingetretene Schwinden kann jedoch wegen der hiebei entstehenden bleibenden Formänderung nur teilweise durch Feuchtlagerung wieder rückgängig gemacht werden.

Auch an den natürlichen Steinen kann das Schwinden und Quellen beobachtet werden, nur ist es im allgemeinen wesentlich kleiner als beim Beton.

Es wird nunmehr die Bedeutung der sorgfältigen Nachbehandlung des Betons, d. h. der Schutz vor direkter Sonnenbestrahlung und Wind und das möglichst lange Feuchthalten der Oberfläche für die Verringerung des Schwindens der Betonbauwerke klar sein.

Das Kriechen hängt, so wie das Schwinden, mit dem Spannungszustand des Porenwassers zusammen. Während als Ursache des Schwindens die

Änderung des Spannungszustandes des Porenwassers, hervorgerufen durch die Austrocknung des Betons infolge des hygroskopischen Gefälles zur Umgebung erkannt wurde, wird beim Kriechen der Spannungszustand des Porenwassers durch die äußere Belastung verändert.

Wird auf einen Betonkörper eine Last aufgebracht, so wird sich zunächst die ganze Last in einem Querschnitt auf das feste Skelett und das Porenwasser verteilen. Da sich in den sehr engen Poren die Zähigkeit des Wassers schon erheblich bemerkbar macht, kann dieses dem Druck nicht durch sofortiges Abströmen ausweichen. Die Last wird daher zunächst vom festen Skelett und vom Porenwasser gemeinsam getragen. Infolge des geänderten Spannungszustandes des Porenwassers wird aber das hygroskopische Gleichgewicht an den Menisci gestört, es wird Porenwasser verdunsten. Während dieses Vorganges wird die Druckspannung im Porenwasser infolge der Belastung kleiner werden und zum Schlusse ganz verschwinden. Infolgedessen wandert die Belastung auf das feste Beton-Skelett ab, das bei Erreichung des hygroskopischen Gleichgewichtes die äußere Last allein zu tragen hat, während das Porenwasser wieder den Spannungszustand angenommen hat, den es vor der Belastung hatte.

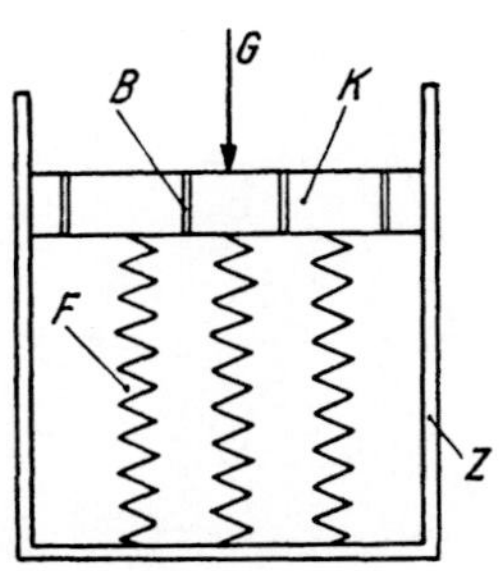

Abb. 11. Modell zur Erklärung des Kriechvorganges.

Da die Setzung der Tonböden auf die gleichen Ursachen zurückgeführt wird, wie das Kriechen des Betons, wird ein von *Terzaghi* angegebenes Modell des Kriechmechanismus (Abb. 11) auch hier das Verständnis für den physikalischen Vorgang fördern. In einem Zylinder Z sei ein Kolben K wasserdicht eingeschliffen, der einige feine Bohrungen B hat. Der Kolben ist mit mehreren Federn F abgestützt und der Raum unter dem Kolben ist mit Wasser gefüllt. In diesem Zustand wird das Gewicht des Kolbens von den Federn getragen, das Wasser im Kolben ist spannungsfrei. Wenn man den Kolben mit einem Gewicht G belastet, so wird sich zunächst wegen der Unzusammendrückbarkeit des Wassers der Kolben nicht bewegen und das Wasser in Druckspannung versetzt werden, während die Federn spannungslos bleiben. Das Wasser wird sofort durch die Bohrungen abzuströmen beginnen und der Kolben wird sich in dem Maße setzen und die Federn zusammendrücken, als das Wasser abfließt. Die Last geht allmählich auf die Federn über und am Ende des Prozesses wird das Wasser wieder, so wie am Anfang, spannungsfrei sein und das ganze Gewicht G von den Federn allein getragen.

Die Kenntnis der Ursachen des Kriechens erlaubt bereits verschiedene Folgerungen daraus zu ziehen.

Es ist klar, daß sich das Beton-Skelett um so weniger verformen wird, je fester es ist. Das Kriechmaß wird daher sehr von dem Alter des Betons abhängen, bei dem er belastet wird. Lange Schonzeiten verkleinern das Kriechen, frühzeitige Belastung bedingt große Kriechverformung.

Der Endwert des Kriechens ist offenbar von der Geschwindigkeit der Wasserabgabe unabhängig, wird aber vom hygroskopischen Dauerzustand der Umgebung maßgebend beeinflußt. Man hat beobachtet, daß Beton-Bauwerke in Gegenden mit trockenem Klima viel stärkere Kriechverformungen erleiden als solche in Gegenden mit feuchtem Klima.

So weit die Theorie von *Freyssinet*. Mit den Erkenntnissen über die physikalische Natur des Kriechens kann sich aber der Ingenieur nicht zufrieden geben. Er muß vielmehr den Einfluß, den diese Naturerscheinung auf den Kräfte- und Formänderungszustand der Beton- und Stahlbetonbauwerke ausübt, auch quantitativ ermitteln. Den Weg hiezu hat *Dischinger* bereitet. Die grundlegenden Überlegungen über den Einfluß des Kriechens auf die Formänderungen werden hier wiedergegeben.

Auf Grund sehr eingehender Versuche wurde festgestellt, daß für das Kriechen des Betons das *Hooke*sche Gesetz genau gilt, d. h. die mit der Zeit entstehenden Längenänderungen sind unter sonst gleichen Umständen verhältnisgleich den Normalspannungen. In Abb. 12 sind die Ergebnisse der Versuche von *Glanville* und *Davis* dargestellt, die neben dem zeitlichen Verlauf des Kriechvorganges im Laboratorium die Gültigkeit des *Hooke*schen Gesetzes zeigen. Man kann daher das Kriechen in Beziehung zur elastischen Dehnung setzen, solange die Spannungen im Proportionalitätsbereich des Betons bleiben, was im folgenden vorausgesetzt sei.

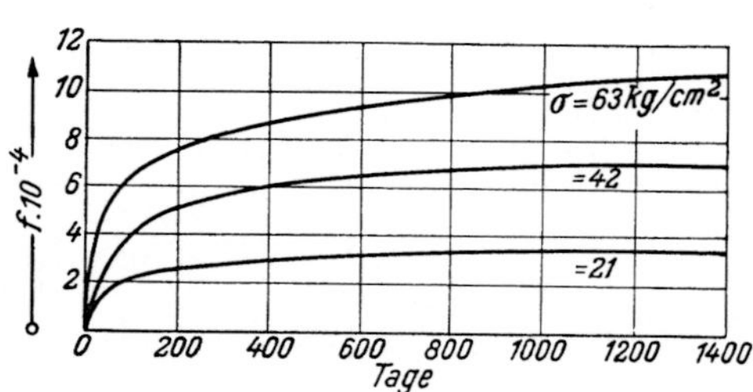

Abb. 12. Die Abhängigkeit des Kriechens von der Spannung und der Zeit.

Zur elastischen Dehnung ε, die sich unmittelbar bei der Belastung einstellt, tritt infolge des Kriechens die von der Zeit abhängige Kriechdehnung $f(t)$. Somit wird die ganze Dehnung $\varepsilon + f(t)$.

Da für die Kriechdehnung $f(t)$ das *Hooke*sche Gesetz ebenso gilt, wie für die elastische Dehnung ε, darf diese auf ε bezogen werden; $\varphi(t) = f(t)/\varepsilon$ ist eine von der Spannung selbst unabhängige Zeitfunktion. Demnach wird die Gesamtdehnung im Zeitpunkt t:

$$\varepsilon + f(t) = \varepsilon \left[1 + \varphi(t)\right].$$

$\varphi(t)$ strebt monoton einem Festwert m zu. Man kann daher, wie für viele aperiodische Vorgänge in der Natur

$$\varphi(t) = m \left(1 - e^{-\varrho t}\right) \tag{5}$$

setzen. Die Größe m gibt an, um das Wievielfache die elastische Dehnung infolge des Kriechens nach längerer Zeit vergrößert wird. Die Größe von m hängt von der Beschaffenheit des Betons und dem Klima des Standortes des Bauwerkes ab. Als noch vorkommender Größtwert kann max $m = 4$ angenommen werden. In $\varphi(t)$ ist die Zeit t vom Zeitpunkt der Belastbarkeit des Betons, also einige Tage oder Wochen nach der Betonierung, zu zählen.

Mit dem Alter des Betons ändert sich auch der Elastizitätsmodul für die sofort entstehenden Formänderungen (vgl. hiezu B, b, S. 14). Wir nennen $E(t)$ den im Zeitpunkt t vorhandenen Elastizitätsmodul des Proportionalitätsbereiches.

Wird auf den Beton im Zeitpunkt $t = 0$ eine Last σ_0 aufgebracht, so entsteht bis zum Zeitpunkt $t = t_1$ folgende Dehnung:

$$\varepsilon(0, t_1) = \frac{\sigma_0}{E(0)} \left[1 + \varphi(t_1)\right]. \tag{6}$$

Das erste Argument von ε gibt den Zeitpunkt der Lastaufbringung an, das zweite Argument den Zeitpunkt, in dem die Dehnung beobachtet wird.

Aus (6) folgt die Zunahme der Dehnung infolge der im Zeitpunkt $t = 0$ aufgebrachten Last in der Zeitspanne von t_1 bis t_2:

$$\varepsilon\,(0,\,t_2) - \varepsilon\,(0,\,t_1) = \frac{\sigma_0}{E(0)}\,[\varphi(t_2) - \varphi(t_1)]. \tag{7}$$

Für die Änderung der Dehnung ist demnach nur die Änderung der Kriechfunktion $\varphi(t)$ im betrachteten Zeitintervall maßgebend (Abb. 13).

Nun sei eine Variation des Lastzustandes betrachtet. Entsteht im Zeitpunkt t_1 eine zusätzliche Spannung $\delta\sigma$, so entsteht die zusätzliche elastische Dehnung

$$\delta\varepsilon(t_1,\,t_1) = \frac{\delta\sigma}{E(t_1)}.$$

In diesem Zeitpunkt ist die Gesamtspannung $\sigma + \delta\sigma$ und die Gesamtdehnung ist

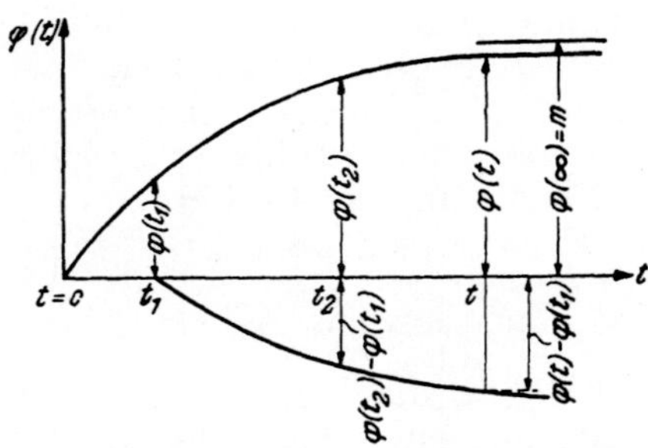

Abb. 13. Das Kriechmaß bei spät eintretender Belastung. (Schonzeit.)

$$\varepsilon(0,\,t_1) + \delta\varepsilon(t_1,\,t_1) = \frac{\sigma_0}{E(0)}\,[1 + \varphi(t_1)] + \frac{\delta\sigma}{E(t_1)}.$$

Die Spannung $\sigma + \delta\sigma$ bleibe weiterhin konstant. Dann ändert sich wegen der Gültigkeit des *Hooke*schen Gesetzes für das Kriechen $\delta\varepsilon$ infolge $\delta\sigma$, so wie ε infolge σ. Nach (7) wird daher

$$\delta\varepsilon(t_1,\,t_2) - \delta\varepsilon(t_1,\,t_1) = \frac{\delta\sigma}{E(0)}\,[\varphi(t_2) - \varphi(t_1)]$$

und die Summe aus der elastischen und der Kriechdehnung infolge $\delta\sigma$ wird bis zum Zeitpunkt t_2:

$$\delta\varepsilon(t_1,\,t_2) = \delta\sigma\left[\frac{1}{E(t_1)} + \frac{\varphi(t_2) - \varphi(t_1)}{E(0)}\right] = \frac{\delta\sigma}{E(0)}\left[\frac{E(0)}{E(t_1)} + \varphi(t_2) - \varphi(t_1)\right].$$

Mithin wird die Gesamtdehnung bis t_2:

$$\varepsilon(0,\,t_2) + \delta\varepsilon(t_1,\,t_2) = \frac{\sigma_0}{E(0)}\,[1 + \varphi(t_2)] + \frac{\delta\sigma}{E(0)}\left[\frac{E(0)}{E(t_1)} + \varphi(t_2) - \varphi(t_1)\right]. \tag{8}$$

Für die Betrachtung aller Kriechvorgänge ist die Änderung der Gesamtdehnung mit der Zeit maßgebend. Betrachtet man in (8) t_1 als Festwert und $t_2 = t$ als variabel, so gilt für $t > t_1$:

$$\frac{d}{dt}\,[\varepsilon(0,\,t) + \delta\varepsilon(t_1,\,t)] = \frac{\sigma_0}{E(0)}\,\frac{d\varphi}{dt} + \frac{\delta\sigma}{E(0)}\,\frac{d\varphi}{dt} = \frac{\sigma_0 + \delta\sigma}{E(0)} \cdot \frac{d\varphi}{dt}.$$

Die linke Seite ist die auf die Zeiteinheit bezogene Änderung der Gesamtdehnung ε; da $\sigma_0 + \delta\sigma$ die im Zeitpunkt t vorhandene Gesamtspannung σ ist, gilt somit für die Änderung der Dehnung mit der Zeit, wenn im Zeitpunkt t die Spannung $\sigma = $ const. ist:

$$\frac{d\varepsilon}{dt} = \frac{\sigma}{E(0)}\,\frac{d\varphi(t)}{dt}. \tag{9}$$

Diese Gleichung besagt folgendes: Für die zeitliche Änderung des Dehnungszustandes durch das Kriechen ist es gleichgültig, wann die Spannungen σ entstanden sind. Es ist hiefür stets der Modul $E(0)$ des jungen Betons maßgebend. Der Einfluß des hygroskopischen Zustandes der Umgebung wird durch $d\varphi/dt$ dargestellt.

Für die Gesamtdehnung ist der Zeitpunkt und die Reihenfolge der Lastaufbringung natürlich nicht ohne Einfluß. In (8) ist $\varepsilon(0,t_2) + \delta\varepsilon(t_1,t_2)$ gleich der Gesamtdehnung im Zeitpunkt t_2 und der Zeitpunkt t_1 der Belastungsänderung in den Größen $E(t_1)$ und $\varphi(t_1)$ enthalten.

(8) und (9) beziehen sich auf unstetige, stufenweise Laststeigerungen, die im betrachteten Zeitpunkt $t = t_2$ bereits abgeschlossen sind. Es soll nun noch der Einfluß einer stetigen Belastungsänderung auf die Formänderung untersucht werden.

Es sei angenommen, daß sich die Spannung $\sigma = \sigma(t)$ stetig ändere. Der Spannungszuwachs im Zeitdifferentiale dt ist $d\sigma = \dfrac{d\sigma}{dt}dt$. Die Dehnung $\varepsilon = \varepsilon(t)$ ist die Summe aller Dehnungsdifferentiale, die infolge der Spannungsdifferentiale $d\sigma$, die im Zeitpunkt t_1 aufgebracht werden, bis zum Zeitpunkt $t > t_1$ entstehen.

Nach (8) wird offenbar:

$$d\varepsilon = \frac{1}{E(0)} \frac{d\sigma}{dt_1} dt_1 \left[\frac{E(0)}{E(t_1)} + \varphi(t) - \varphi(t_1) \right]$$

und die ganze Dehnung vom Beginn der Belastung ($t_1 = 0$) bis zum betrachteten Zeitpunkt $t_1 = t$ wird

$$\varepsilon(t) = \int_{t_1=0}^{t_1=t} \frac{1}{E(0)} \frac{d\sigma}{dt_1} dt_1 \left[\frac{E(0)}{E(t_1)} + \varphi(t) - \varphi(t_1) \right]. \tag{10}$$

Nun ist die Änderung der Dehnung mit der Zeit leicht zu ermitteln. Man hat (10) nach t zu differenzieren. Es ist zu beachten, daß die Größe, nach der zu differenzieren ist, nicht nur im Integranden als Parameter erscheint, sondern auch in der oberen Grenze enthalten ist. Es wird

$$\frac{d\varepsilon}{dt} = \int_{t_1=0}^{t_1=t} \frac{1}{E(0)} \frac{d\varphi}{dt} \frac{d\sigma}{dt_1} dt_1 + \frac{1}{E(t)} \frac{d\sigma}{dt} .$$

Es ist sowohl $E(0)$, als auch $\dfrac{d\varphi}{dt}$ von t_1 unabhängig; ferner ist

$$\int_{t_1=0}^{t} \frac{d\sigma}{dt_1} dt_1 = \sigma(t).$$ Daher wird

$$\frac{d\varepsilon}{dt} = \frac{\sigma}{E(0)} \frac{d\varphi}{dt} + \frac{1}{E(t)} \frac{d\sigma}{dt} . \tag{11}$$

Das ist der allgemeine Ausdruck über die auf die Zeit bezogene Änderung des Dehnungszustandes infolge des Kriechens bei stetig veränderlicher Belastung. (11) steht mit (9) in Übereinstimmung und geht in diese über, wenn im betrachteten Zeitpunkt $\sigma = \text{const.} \left(\dfrac{d\sigma}{dt} = 0 \right)$ ist.

Aus (11) geht hervor, daß für Dehnungsänderungen infolge von Belastungen, die in der Vergangenheit entstanden sind, der Elastizitätsmodul $E(0)$ des Zeitpunktes $t = 0$ maßgebend ist, für alle im betrachteten Augenblick entstehenden Belastungen jedoch der diesem Zeitpunkt entsprechende Modul $E(t)$. Dieses Ergebnis ist einleuchtend, da die Kriechfunktion $\varphi(t)$ auf den Anfangsmodul $E(0)$ bezogen ist. In (11) stellt der erste Ausdruck der rechten Seite das eigentliche Kriechen dar, das nur von den in der Vergangenheit liegenden Belastungen verursacht wird, während der zweite Ausdruck die augenblicklich infolge des Lastzuwachses entstehende, elastische Dehnungsänderung darstellt, für die naturgemäß $E(t)$ maßgebend ist.

Setzt man in den entwickelten Beziehungen für $\sigma = \dfrac{N}{F} + \dfrac{M}{J}\,y$ ein, so erhält man Ausdrücke für die Längenänderungen $d\Delta l$, und die Winkeländerungen $d\Delta\vartheta$ von Stabelementen infolge des Kriechens. Diese Größen bilden den Ausgangspunkt für die Untersuchung des Einflusses des Kriechens auf den Kräfte- und Formänderungszustand der Tragwerke.

d) Die Haftung zwischen Beton und Stahl und die Verbundwirkung.

Ein im Beton eingebetteter Stahlstab setzt dem Herausziehen einen erheblichen Widerstand entgegen. Bei mit frischem Beton umhülltem Stahl entstehen an der Grenzfläche zwischen den beiden Baustoffen während des Abbindevorganges Bindungen, die während des Erhärtens noch stärker werden und dauernd erhalten bleiben. Innerhalb einer gewissen Grenze, der Haftfestigkeit, widerstehen diese Bindungen Scherspannungen, den sogenannten Haftspannungen.

Daß die Verbindung Beton-Stahl dauerhaft ist, verdanken wir einer Laune der Natur, da Beton und Stahl nahezu die gleiche Temperaturausdehnung haben. Nur infolge dieses glücklichen Umstandes ist die Verbundbauweise auch für Temperaturänderungen ausgesetzte Bauwerke verwendbar.

Die Haftfestigkeit wird von der Betongüte und der Oberflächenbeschaffenheit des Stahls stark beeinflußt. Die beste Haftung wird mit Stahlstäben erreicht, die eine festsitzende Walzhaut oder eine festsitzende dünne Oxydationsschichte haben; blanker Stahl haftet schlecht. Unbedingt schädlich ist Blätterrost.

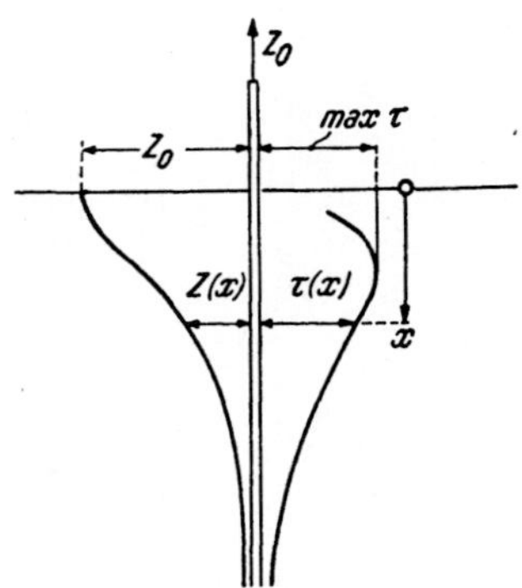

Abb. 14. Haftspannung und Verankerungskraft eines langen Stahlstabes im Beton.

Die wirkliche Größe der Haftfestigkeit τ_H läßt sich im Versuchswege allein nicht bestimmen. Wird ein sehr langer Stahlstab, der in einen beliebig großen Block einbetoniert ist, einer Zugkraft Z_0 ausgesetzt, so entstehen Haftspannungen $\tau = \tau(x)$, die von der Oberfläche an anwachsend, einen Größtwert $max\ \tau$ erreichen und dann asymptotisch gegen Null abnehmen (Abb. 14). Die Zugkraft im Stab $Z = Z(x)$ sinkt monoton von Z_0 gegen Null ab. Solange bei anwachsendem Z_0 $max\ \tau < \tau_H$ ist, wachsen die $\tau(x)$ verhältnisgleich Z_0. Wird jedoch $max\ \tau = \tau_H$, so tritt örtliche Ablösung des Stahles vom Beton ein und es entsteht ein laufender Bruch. Erreicht dieser das Ende des Stabes, so löst sich der Stab aus dem Betonblock. Man kann nur die Bruchlast $\max Z_0$ messen, jedoch nicht $\max \tau$. Die Bruchlast ist, wie aus diesen Darlegungen hervorgeht, von der Länge des einbetonierten Endes abhängig, kann jedoch durch Verlängern desselben nicht beliebig gesteigert werden.

Da der wirkliche Größtwert der Haftfestigkeit, deren Größenordnung nach verschiedenen Versuchen mit etwa 20 bis 40 kg/cm² angenommen werden kann, nicht nur schwer bestimmbar ist, sondern auch von der Oberflächenbeschaffenheit des verwendeten Stahles außerordentlich stark beeinflußt wird, sind die zugelassenen Haftspannungen mit hohem Sicherheitsgrad angesetzt.

Die Verbundwirkung von Stahl und Beton beruht auf der Haftfestigkeit. Solange diese nicht überwunden wird, erleidet der Stahlstab an jeder Stelle dieselben Formänderungen, wie der umgebende Beton. Beide Baustoffe müssen daher auch an jeder Stelle dieselben Dehnungen erleiden:

$$\varepsilon_e \equiv \varepsilon_b.$$

Das ist der allgemein in jeder Spannungsstufe solange gültige, analytische Ausdruck der Verbundwirkung, als an keiner Stelle eine Ablösung des Stahles infolge Überwindung der Haftfestigkeit eintritt.

Wegen $\varepsilon_e = \dfrac{\sigma_e}{E_e{}^*}$ und $\varepsilon_e = \dfrac{\sigma_b}{E_b{}^*}$ wird mit

$$\sigma_e = \frac{E_e{}^*}{E_b{}^*}\,\sigma_b = n(\varepsilon)\,\sigma_b \qquad (12)$$

eine Beziehung zwischen der Stahlspannung und der Betonspannung benachbarter Fasern gewonnen.

Das Verhältnis $n(\varepsilon) = \dfrac{E_e{}^*}{E_b{}^*}$ ist nicht nur von der Dehnungsstufe, sondern auch von der Betongüte abhängig, daher sehr veränderlich. Selbst im Bereich $\sigma_e < \sigma_S$ mit $E_e{}^* \to E_{0e} =$ const. schwankt es noch, je nach der Größe von $E_b{}^*$, zwischen $21 \geqq n(\varepsilon) \geqq 4{,}8$, da $E_b{}^*$ im Bruchzustand etwa bis zu 100 000 kg/cm² absinkt.

Die Größe n ist eine für den Standsicherheitsnachweis und die Bemessung der Stahlbetontragwerke wichtige Hilfsgröße. Es ist praktisch noch nicht versucht worden, sie jedesmal den gegebenen Verhältnissen entsprechend anzusetzen.

Die Vorschriften der meisten Länder setzen vielmehr für n einen Festwert an, so z. B. in Deutschland, Frankreich und Österreich $n = 15$, in der Schweiz $n = 10$, in Großbritannien $n = 13{,}5$. Dieser Festwert ist — von einigen Ausnahmen abgesehen — bei Bemessung und Standsicherheitsnachweis zu verwenden.

Es ist durch langjährige Erfahrung nachgewiesen, daß bei den üblichen Bauaufgaben bei Verwendung eines solchen Festwertes Bauwerke mit ausreichender Sicherheit gewährleistet sind. Bei Bauwerken mit hochwertigem und hochbeanspruchtem Beton ($W_{28} = > 300$ kg/cm²) allerdings ist ein solcher Festwert unzweckmäßig; derartige Bauwerke sollen daher nach einem der neuen Bemessungsverfahren berechnet werden, die das plastische Verhalten der Baustoffe erfassen. Solche Verfahren sind z. B. in Österreich zugelassen (siehe S. 105) und in den Spannbeton-Bestimmungen vieler Länder enthalten.

C. Festigkeitslehre des Stahlbetons.

a) Die Begriffe Standsicherheit und Bemessung.

Beim Entwurf eines Bauwerkes wird der Nachweis einer bestimmten Standsicherheit gefordert. Man hat nachzuweisen, daß die Belastung, die an einer beliebigen Stelle des Bauwerkes auftritt, einen bestimmten Bruchteil der Bruchlast nicht überschreitet. Um diesen Nachweis unmittelbar zu führen, hätte man die Bruchlast durch Versuch vorherzubestimmen und mit der gegebenen Belastung zu vergleichen. In anderen Sparten der Technik, bei der oftmalige Erzeugung gleichartiger Werkstücke vorkommt, insbesondere in der Serienfertigung im Maschinenbau, wird dieser Weg beschritten. Da Bauwerke in der Regel einmal herzustellende Objekte sind, so kommt der Versuch zur Bestimmung der Bruchlast ganzer Bauteile nicht in Frage. Es muß hier die Berechnung der Bruchlast, aufbauend auf den Festigkeitseigenschaften der Baustoffe und unter Berücksichtigung der Form des Bauteiles, an die Stelle des Versuches treten.

Es ist jedoch allgemein üblich, an die Stelle der Bruchfestigkeiten und der vorgeschriebenen Sicherheit „zulässige Spannungen" zu setzen und statt der wirklichen Bruchlast die „zulässige Belastung" eines Tragwerkes mit der gegebenen Belastung zu vergleichen. Man spricht dann von einem Spannungsnachweis. Dieses Wort führt leicht zu Irrtümern. Beim Nachweis der Standsicherheit hat man immer das Verhalten der Werkstoffe in der Nähe des Bruchzustandes in Rechnung zu stellen, auch wenn man die Rechnung rein formal vereinfacht, indem man die Bruchfestigkeiten gleich durch die geforderte Sicherheit teilt und von den zulässigen Spannungen spricht. Will man einen Spannungsnachweis im physikalischen Sinne führen, etwa um die Formänderungen im Bereiche der Gebrauchslast zu berechnen, so hat man bei der Berechnung das elastische Verhalten des Werkstoffes in der auftretenden Spannungsstufe zu betrachten. Es wird später auf die Verschiedenheit der beiden Aufgaben hingewiesen werden.

Der entwerfende Ingenieur wird jedoch viel öfter vor die Frage gestellt, welche Abmessungen er einem bestimmten Bauteil geben muß, damit bei der gegebenen Belastung die geforderte Standsicherheit erreicht wird. Diese Aufgabe nennt man die Bemessung.

Der Unterschied zwischen den beiden Verfahren ist folgender: Bei dem Standsicherheitsnachweis sind neben der Belastung auch die Abmessungen des Bauwerkes bekannt und es ist der Sicherheitsgrad nachzuweisen; die Aufgabe ist eindeutig. Bei der Bemessung ist neben der Belastung die geforderte Sicherheit bekannt und es ist nach den Abmessungen gefragt, die diese gewährleisten. Diese Aufgabe ist nicht mehr eindeutig. Beide Aufgaben sind im Stahlbetonbau gleich wichtig; jedoch sind die Wege der Lösungen voneinander oft recht abweichend.

b) Bezeichnungen.

In den folgenden Abschnitten sind folgende Bezeichnungen verwendet:
1. Die einheitlichen Bezeichnungen der DIN 1044.

x = Abstand der Nullinie vom gedrückten Rand.

y = Abstand des Druckmittelpunktes von der Nullinie.

z = Abstand des Druckmittelpunktes vom Zugmittelpunkt.

F_b = Betonquerschnitt ohne Abzug der Stahleinlagen, geometrischer Querschnitt.

F_e = Gesamtquerschnitt der Stäbe eines Druckgliedes, besonders der Längsstäbe mittig belasteter Säulen.

F_l = rechnungsmäßiger Querschnitt von Säulen mit einfacher Bügelbewehrung
unter Berücksichtigung der Längsstäbe.

F_{ls} = rechnungsmäßiger Querschnitt umschnürter Säulen mit Berücksichtigung der Längs- und Umschnürungsstäbe.

F_K = Querschnitt des umschnürten Betonkerns (durch die Mitte der Quer-
bewehrungsstäbe begrenzt) bei umschnürten Säulen.

F_S = Querschnitt der in Längsstäbe umgerechneten Umschnürung.

E_b = Elastizitätsmaß des Betons.

E_e = Elastizitätsmaß des Stahles.

$n = \dfrac{E_e}{E_b}$ = Verhältnis der beiden Elastizitätsmaße.

F_e = Querschnitt der Zugstäbe bei Biegung.

$F_e{'}$ = Querschnitt der Druckstäbe bei Biegung.

σ_b = Druckspannung des Betons bei Biegung und in Säulen.

σ_e = Zugspannung des Stahles bei Biegung ⎫ im Zustand II, Ausschluß

$\sigma_e{'}$ = Druckspannung des Stahles bei Biegung ⎭ der Betonzugspannungen.

σ_{bz} = Zugspannung des Betons ⎫

σ_{bd} = Druckspannung des Betons ⎪ im Zustand I

σ_{ez} = Zugspannung des Stahles ⎬ (Mitwirkung der Beton-

σ_{ed} = Druckspannung des Stahles ⎭ zugspannungen).

τ_0 = Schubspannung des Betons im Zustand II.

τ_1 = Haftspannung zwischen Beton und Stahl.

d = Gesamthöhe bei Rechteckquerschnitten, kleine Seite rechteckiger Säulen-
querschnitte.

d_0 = Gesamthöhe der Plattenbalken.

D = Durchmesser des Kernquerschnitts F_k umschnürter Säulen.

h = Abstand des Schwerpunktes der gezogenen Stäbe vom gedrückten Rand,
Nutzhöhe.

h' = Abstand des Schwerpunktes der gedrückten Stäbe vom gedrückten Rand.

b = Breite von Rechteckquerschnitten, nutzbare Druckgurtbreite bei Rippendecken und Plattenbalken.

b_0 = Rippenbreite bei Rippendecken und Plattenbalken.

u = Umfang der Stäbe.

$f_e = \dfrac{F_e}{b}$ = Zugstäbequerschnitt je Breiteneinheit.

$f_e{'} = \dfrac{F_e{'}}{b}$ = Druckstäbequerschnitt je Breiteneinheit.

2. Ferner sind folgende Bezeichnungen eingeführt:

$\left.\begin{array}{l} \mu = F_e/bh \\ \mu' = F_e{'}/bh \end{array}\right\}$ Bewehrungsverhältnis.

$m = \sigma_b/\sigma_e$ Verhältnis der Randspannungen.

$\xi = x/h.$

$\zeta = z/h.$

c) Stützen bei mittigem Druck.

Die Säule oder Stütze ist ein vorwiegend oder ausschließlich auf Druck
beanspruchter, gerader, schlanker Stab. Der Querschnitt ist meistens
rechteckig, achteckig oder rund. Die Bewehrung besteht aus Längseisen,
die an den Enden Rundhaken haben und aus geschlossenen Bügeln
(Abb. 15 a). Bei den achteckigen und kreisrunden Säulen können die Bügel
kreisrund als Spirale oder verschweißte Ringe ausgebildet und in engem
Abstand angeordnet sein. Solche Säulen nennt man umschnürt (Abb. 15 b);
sie haben eine größere Tragfähigkeit als die Säulen mit einfacher Bügelbewehrung.

Für die Säulen aus Stahlbeton bestehen bauliche Vorschriften, in
denen Mindestabmessungen, Mindestbewehrung und die Bügelabstände,
bzw. die Ganghöhe der Spiralen bei umschnürten Säulen festgelegt sind.

1. Stützen mit Bügelbewehrung.

Es wird vorausgesetzt, daß die Mittelkraft der äußeren Kräfte senkrecht auf den betrachteten Querschnitt wirkt und eine solche Lage hat, daß im ganzen Verbundquerschnitt die gleiche Dehnung entsteht.

Das Gleichgewicht in der Richtung von P fordert:

$$P = \sigma_b F_b + \sigma_e F_e = \sigma_b \left(F_b + \frac{\sigma_e}{\sigma_b} F_e \right).$$

σ_b und σ_e sind nicht voneinander unabhängig, da wegen der Verbundwirkung $\varepsilon_e = \varepsilon_b = \varepsilon$ sein muß.

Bleibt P so klein, daß die Spannungen innerhalb des Proportionalitätsbereiches beider Baustoffe liegen, so gilt das *Hooke*sche Gesetz

$$\varepsilon = \frac{\sigma_e}{E_{0e}} = \frac{\sigma_b}{E_{0b}}.$$

Damit wird

$$P = \sigma_b \left(F_b + n F_e \right),$$

$$n = \frac{E_{0e}}{E_{0b}}.$$

In diesem Falle ist n ein Festwert. Mit dieser Beziehung kann man im Bereich der Gebrauchsspannungen die tatsächliche Spannungsverteilung nachweisen.

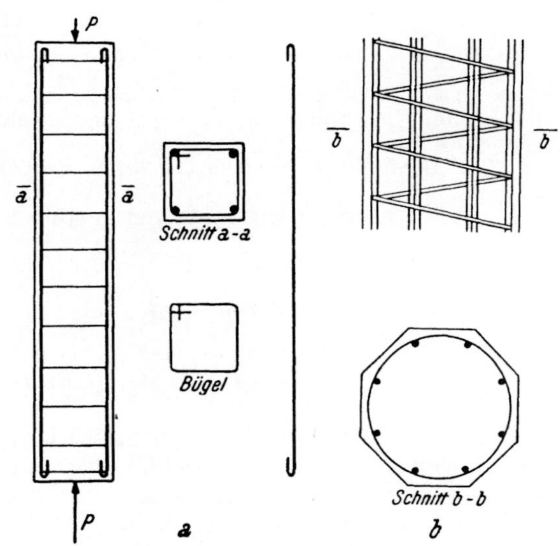

Abb. 15. Mittig gedrückte Säule. *a)* mit Bügelbewehrung. *b)* mit Umschnürung.

Beim Nachweis der Standsicherheit hat man aber vom Bruchzustand auszugehen. Die Bruchdehnung des Betons beträgt etwa 0,0015 bis 0,003. Diese Dehnung liegt im Fließbereich von Stahl. Wenn daher die Belastung bis zum Bruch der bewehrten Säule gesteigert wird, entsteht im Beton eine Druckspannung in der Nähe der Prismenfestigkeit K_b, gleichzeitig muß wegen der Verbundwirkung der Stahl dieselbe Dehnung erfahren, wie der Beton. Da diese im Fließbereich des Stahles liegt, wird im Stahl die Spannung gleich σ_S sein. Die Gleichgewichtsbedingung wird daher im Bruchzustand

$$P_{Bruch} = \sigma_b F_b + \sigma_S F_e$$

lauten. Dieses Gesetz wird das Additionsgesetz der Bruchfestigkeiten genannt. Bei s-facher Sicherheit gegen Bruch wird die zulässige Belastung somit

$$P_{zul} = \frac{\sigma_P}{s} \left(F_b + \frac{\sigma_S}{\sigma_P} F_e \right). \tag{1}$$

σ_S/σ_P ist eine nur von den Festigkeiten der verwendeten Baustoffe abhängige Konstante. Je nach deren Güte sind σ_S und s_P nach den jeweils geltenden Bestimmungen anzusetzen. Tabelle 2 zeigt beispielsweise die Werte der deutschen Bestimmungen.

Tabelle 2

Beton-güte	σ_p	Quetschgrenze σ_s der Längseinlagen bei Betonstahl der Gruppen			Streckgrenzen σ_s' der Umschnürung bei Betonstahl der Gruppen		
		I	II	III u. IV	I	II	III u. IV
B 120	108	2400	—	—	—	—	—
B 160	144	2400	3600	—	—	—	—
B 225	195	2400	3600	4200	2400	3600	4200
B 300	240	2400	3600	4200	2400	3600	4200

Beispiel 1. Wie groß ist die zulässige Belastung einer Säule aus Beton B 160 von 40×40 cm² Querschnitt und einer Längsbewehrung von 4 $\varnothing$ 24 (18,2 cm²) aus Betonstahl I $(s = 3)$?

$P_{zul} = 144/3 \,(40 \cdot 40 + 2400/144 \cdot 18,2) = 48\,(1600 + 16,7 \cdot 18,2) = 91\,500$ kg.

Diese Rechnung kann einfacher gestaltet werden. Man nennt $\dfrac{\sigma_p}{s} = \sigma_{zul}$, die zulässige Beanspruchung. Ferner führt man das Bewehrungsverhältnis $\mu = \dfrac{F_e}{F_b}$ ein. Dann wird aus (1)

$$P_{zul} = \sigma_{b\,zul} F_b \left(1 + \frac{\sigma_s}{\sigma_p}\,\mu\right). \tag{1 a}$$

Diese Form ist auch für die Bemessung brauchbar, bei der bei gegebenen Werkstoffen und bekannter Belastung nach F_b und F_e gefragt wird. Da μ nach den Bestimmungen zwischen bestimmten Grenzen liegen muß, wird es zweckmäßig vorweg angenommen. Damit wird die Bemessungsaufgabe mit (1 a) eindeutig lösbar.

$$F_b = \frac{P}{\sigma_{b\,zul}\left(1 + \dfrac{\sigma_s}{\sigma_p}\,\mu\right)}. \tag{1 b}$$

Es ist bei Bemessungsaufgaben zu empfehlen, sich der Maßeinheiten Tonnen und Meter zu bedienen, weil die Stellenwertbestimmung dadurch in der Regel am einfachsten wird.

Beispiel 2. Welchen Querschnitt muß eine Stütze (B 300, B.St. III) bekommen, die mit 192 t belastet wird? Aus der Tab. 2 folgt: $\sigma_s = 4200$ kg/cm², $\sigma_p = 2400$ kg/cm², $\sigma_{b\,zul} = 240/3 = 80$ kg/cm². Man wählt im Hinblick auf sparsamen Stahlverbrauch den kleinsten Bewehrungsgehalt $\mu = 0,008$.

$$F_b = \frac{192\,t}{800\,t/m^2\,(1 + 4200/240 \cdot 0,008)} = \frac{192\,t}{800 \cdot 1,14} = 0,21\,m^2 = 2100\,cm^2,$$

$$d = \sqrt{F_b} = \sqrt{0,21} = 0,46\,m = 46\,cm$$

$$F_e = 0,008 \cdot 2100\,cm^2 = 16,8\,cm^2.$$

Die Gleichung (1 a) läßt eine weitere Deutung zu. Der Inhalt der Klammer ist eine dimensionslose Größe. Man kann $F_b \left(1 + \dfrac{\sigma_s}{\sigma_p}\,\mu\right) = F_i$ als ideelle Querschnittsfläche betrachten und hat damit den Anschluß an die allgemeine Festigkeitslehre gefunden. Denn dort gilt das Gesetz: „Kraft gleich Spannung mal Fläche." Die ideelle Fläche ist die Betonfläche, vermehrt um die $\dfrac{\sigma_s}{\sigma_p}$-fache Fläche der Bewehrung.

Anderseits kann man auch $\sigma_{b\,zul}\left(1 + \dfrac{\sigma_s}{\sigma_p}\,\mu\right) = \sigma_i$ als ideelle Druckspannung auffassen, deren Verhältnis zur Betondruckspannung neben der Werkstoffgüte vom Bewehrungsverhältnis abhängt. Diese Formulierung ist besonders handlich bei der Bemessung, weil man sehr einfach $F_b = P/\sigma_i$ ermittelt.

Bei der Ableitung von (1) ist vorausgesetzt, daß der Bewehrungsstahl eine echte Fließgrenze und einen ausgesprochenen Fließbereich hat. Es werden jedoch im Stahlbeton vielfach hochwertige Stähle ohne solche Merkmale verwendet, wie z. B. die kaltvergüteten Stähle. Für solche Stähle hat (1) nur eingeschränkte Gültigkeit. Die Bestimmungen nehmen hierauf jedoch keine Rücksicht und ersetzen in (1) die echte Fließgrenze durch die „technische Fließgrenze", eine willkürliche Festlegung, nämlich die Stahlspannung, bei der $0,2^0/_{00}$ bleibender Dehnung eintreten.

2. Umschnürte Stützen.

Die Umschnürung behindert die Querdehnung des Betons bei der Belastung und damit wird, ähnlich wie bei der Würfeldruckprobe im Vergleich zum Prismenversuch, die Bruchlast der Säule bedeutend erhöht. Man kann diese Erscheinung mit der Tragfähigkeit eines mit Wasser gefüllten Stahl-Zylinders, in dem ein dicht eingeschliffener Kolben sitzt, vergleichen. Wird der Kolben belastet, so wird die Tragfähigkeit dieses Modelles erst erschöpft, wenn der Zylindermantel zu fließen beginnt und der Kolben undicht wird. Diese Belastung kann man aus den Abmessungen und der Fließgrenze berechnen.

Es sei D der Durchmesser des Zylinders und σ_d der hydrostatische Druck, unter dem die Flüssigkeit steht, F_q der Querschnitt des Mantels pro Längeneinheit (Abb. 16). Die Zugkraft, die im Mantel längs der Höhe h entsteht, ist $Z = \sigma_d\,h\,D/2$. Die Grenze der Tragfähigkeit ist erreicht, wenn im Mantel die Streckgrenze σ_s' erreicht wird, d. h. wenn $F_q\,h\,\sigma_s' = \sigma_d\,h\,D/2$, bzw.

$$\sigma_d = \frac{2\,F_q\,\sigma_s'}{D}$$

ist.

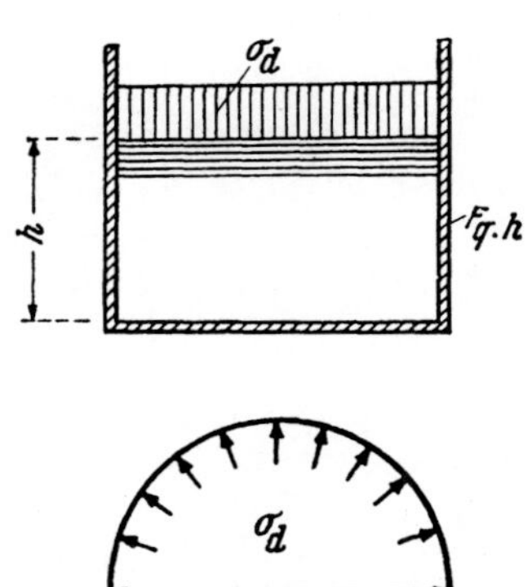

Abb. 16. Modell zur Erklärung der Wirkung der Umschnürung.

Da die Belastung $P = \sigma_d\,\pi\,D^2/4$ ist, kann der Zylinder bis zu $P = \frac{1}{2}\,\pi\,D\,F_q\,\sigma_s'$ belastet werden. $\pi\,D$ ist der Umfang des Zylinders, daher ist $\pi\,D\,F_q = F_s$ der Inhalt des Mantels pro Längeneinheit der Erzeugenden; demnach wird die Tragfähigkeit des Zylinders

$$P = \frac{1}{2}\,F_s\,\sigma_s'.$$

Versuche haben gezeigt, daß die Tragkraft einer umschnürten Stütze erst dann erschöpft ist, wenn die Umschnürung gerissen ist. Im Wasserzylinder ist der Druck auf den Mantel gleich σ_d. In der umschnürten Säule entsteht der Druck des Betonkernes auf die Umschnürung infolge der Querdehnung des Betons. Da die Querdehnungszahl für Beton mit $m = 5$ angesetzt werden kann, wird erst der 5-fache Druck σ_d die Umschnürung zerreißen. Man kann daher den Tragfähigkeits-Zuwachs einer Stahlbeton-Stütze infolge der Umschnürung mit der 5-fachen Tragfähigkeit des Wasserzylinders ansetzen:

$$\Delta P = 2{,}5\, F_S\, \sigma_S'.$$

Demnach beträgt die Bruchlast einer umschnürten Säule

$$P_{Bruch} = \sigma_p F_K + \sigma_S F_e + 2{,}5\, \sigma_S'\, F_S. \tag{2}$$

Die Streckgrenze σ_S' der Umschnürung muß von der Streckgrenze σ_S der Längsbewehrung unterschieden werden, da die dünneren Umschnürungs-eisen meist eine höhere Streckgrenze haben, als die dickeren Längs-bewehrungsstäbe.

Für die Bruchlast ist nicht der ganze Betonquerschnitt F_b, sondern nur der Kernquerschnitt F_K maßgebend, da die umhüllende Betonschale, wie die Versuche zeigen, lange vor Erreichen der Höchstlast abplatzt. Für F_S ist der Inhalt der Umschnürung pro Längeneinheit zu setzen; mit dem Querschnitt f der Spirale und deren Gang-höhe s ist (Abb. 17)

$$F_S = \frac{\pi D}{s}\, f. \tag{3}$$

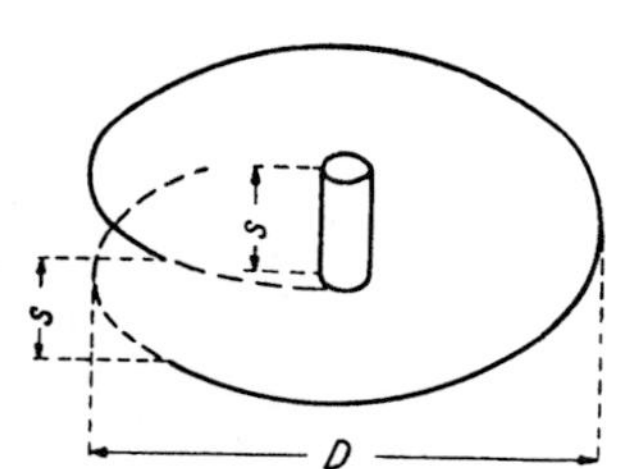

Abb. 17. Bewehrungsgleich-wert F_S der Umschnürung.

Zahlreiche Versuche haben die für die Bruchlast angegebene Formel im großen und ganzen bestätigt.

Aus der Bruchlast (2) berechnet man die zulässige Belastung

$$P_{zul} = \frac{\sigma_p}{s}\left(F_K + \frac{\sigma_S}{\sigma_p} F_e + 2{,}5\, \frac{\sigma_S'}{\sigma_p} F_S\right). \tag{4}$$

Man führt auch hier zur Vereinfachung der Rechnung den ideellen Quer-schnitt F_{iS} der umschnürten Säule ein.

$$F_{iS} = F_K + \frac{\sigma_S}{\sigma_p} F_e + 2{,}5\, \frac{\sigma_S'}{\sigma_p} F_S. \tag{5}$$

Die Längsbewehrung muß zwischen den in den Bestimmungen an-gegebenen Grenzen liegen und es muß $F_S \leq 3\, F_e$ sein. Ferner fordert man 1,5-fache Sicherheit gegen das Abplatzen der Schale. Das tritt dann ein, wenn sich die Umschnürung zu dehnen beginnt und wirksam wird, also in dem Augenblick, in dem das Tragvermögen der Stütze ohne Um-schnürung erschöpft ist. Man erhält

$$\frac{\sigma_p}{1{,}5}\left(F_b + \frac{\sigma_S}{\sigma_p} F_e\right) \geq \frac{\sigma_p}{3}\left(F_K + \frac{\sigma_S}{\sigma_p} F_e + 2{,}5\, \frac{\sigma_S'}{\sigma_p} F_S\right).$$

Daraus folgt

$$F_b + \frac{\sigma_S}{\sigma_p} F_e \geq \frac{1}{2}\left(F_K + \frac{\sigma_S}{\sigma_p} F_e + 2{,}5\, \frac{\sigma_S'}{\sigma_p} F_S\right),$$

oder mit den bereits eingeführten Abkürzungen:

$$F_i \geq \frac{1}{2} F_{iS}.$$

(4) dient vornehmlich zur Berechnung des Tragvermögens.

Beispiel 3. Wie groß ist das Tragvermögen einer achteckigen Stütze von $d = 60$ cm Breite aus Beton B 225, mit B.St. I, 8 $\varnothing$ 24 bewehrt, die eine Umschnürung von $\varnothing$ 12 mit 6 cm Ganghöhe hat? (1 $\varnothing$ 24 = 4,53 cm², 1 $\varnothing$ 12 = 1,13 cm², $s = 3$). Bei 60 cm äußerem Durchmesser ist $D = 55$ cm.

$$F_K = \frac{\pi}{4} 55^2 = 2380 \text{ cm}^2 \qquad \sigma_p = 195 \text{ kg/cm}^2$$

$$F_e = 8 \cdot 4,53 = 36,2 \text{ cm}^2, \qquad \sigma_s = \sigma_s' = 2400 \text{ kg/cm}^2$$

$$F_s = \frac{3,14 \cdot 55 \cdot 1,13}{6} = 32,6 \text{ cm}^2$$

$$P_{zul} = \frac{195}{3} \left(2380 + \frac{2400}{195} 36,2 + 2,5 \frac{2400}{195} 32,6 \right) = \frac{195}{3} 3827 = 249\,000 \text{ kg}.$$

Die Bedingung $F_S < 3\,F_e$ ist erfüllt. Für die zweite Bedingung braucht man die Fläche F_b des ganzen Betonquerschnittes. Die Fläche des Achteckes ist $3,31 \dfrac{d^2}{4}$.

Es ist demnach $F_b = 2980$ cm². Somit wird $F_i = 2980 + \dfrac{2400}{195} 36,2 = 3425$ cm²

Es ist auch die zweite Bedingung erfüllt, da

$$F_i = 3425 > \frac{1}{2} F_{SK} = \frac{1}{2} 3827.$$

Für die Bemessung empfiehlt sich eine Umformung von (4) mit Einführung der „zulässigen Spannung" $\sigma_{b\,zul} = \dfrac{\sigma_p}{s}$ und der Bewehrungsverhältnisse $\mu = \dfrac{F_e}{F_K}$ und $\mu_S = \dfrac{F_S}{F_K}$.

$$P_{zul} = \sigma_{b\,zul} F_K \left(1 + \frac{\sigma_S}{\sigma_p} \mu + 2,5 \frac{\sigma_S'}{\sigma_p} \mu_S \right). \tag{4 a}$$

Man wird auch hier μ und μ_S bei der Bemessung innerhalb der zulässigen Grenzen annehmen und (4 a) nach F_K auflösen.

Beispiel 4. Es ist eine achteckige umschnürte Stütze (B 225, B.St. II) für 200 t Belastung zu bemessen.

Wir wählen, um Stahl zu sparen, $\mu = 0,01$ (untere Grenze) und $\mu_S = 3\,\mu$. Aus Tab. 2 folgt:

$$\sigma_p = 195 \text{ kg/cm}^2, \qquad \sigma_p/3 = 65 \text{ kg/cm}^2 = \sigma_{b\,zul}.$$

$$\sigma_S = \sigma_S' = 3600 \text{ kg/cm}^2, \qquad \frac{\sigma_S}{\sigma_p} = 18,45.$$

$$\text{Somit wird } F_K = \frac{200 \text{ t}}{650 \text{ t/m}^2 \, (1 + 18,45 \cdot 0,01 + 2,5 \cdot 18,45 \cdot 0,03)} =$$

$$= \frac{200 \text{ t}}{650 \text{ t/m}^2 \, 2,565} = 0,1200 \text{ m}^2 = 1200 \text{ cm}^2.$$

$$D = 2 \sqrt{\frac{F_K}{\pi}} = 2 \sqrt{\frac{0,1200}{3,14}} = 0,39 \text{ m}, \qquad d = 0,45 \text{ m}$$

$$F_e = 0,01 \cdot 1200 = 12,0 \text{ cm}^2, \quad 8 \varnothing 14 = 12,3 \text{ cm}^2$$

$$F_S = 0,03 \cdot 1200 = 36,0 \text{ cm}^2.$$

Aus $F_S = \dfrac{\pi D f}{s}$ folgt $s = \dfrac{\pi D}{F_S} f = \dfrac{3,14 \cdot 39}{36,0} f = 3,50\,f.$

Man wählt $\varnothing$ 14 ($f = 1,54$ cm²) und daraus $s = 5,4 \cong 5,5$ cm.

Es ist noch nachzuprüfen, ob $F_i > \dfrac{1}{2} F_{iS}$ ist.

$$F_b = \frac{3{,}31}{4}\, d^2 = \frac{3{,}31}{4}\, 45^2 = 1680 \text{ cm}^2$$

$$F_i = 1680 + 18{,}45 \cdot 12{,}3 = 1911 \text{ cm}^2$$

$$F_{iS} = 2{,}565 \cdot 1200 = 3080 \text{ cm}^2$$

$$F_i = 1911 > \frac{1}{2}\, 3080 = \frac{1}{2}\, F_{iS}$$

3. Die Knicksicherheit der Stützen.

Bei schlanken Stahlbetonstützen ist neben der Standsicherheit auf Druck auch noch die Standsicherheit gegenüber Knicken nachzuweisen.

Die Stahlbetonstützen sind im allgemeinen gedrungener als Stützen aus Stahl oder Holz. Daher ist für die Stahlbetonstützen das Knicken im plastischen Bereich von viel größerer Bedeutung, als bei Stützen aus Holz oder Stahl.

Die Theorie des Knickens von Stahlstützen im plastischen Bereich wurde von *Engesser* auf Grund der Tatsache entwickelt, daß die Dehnungsänderungen $\Delta\varepsilon$ des Stahles bei der Entlastung den Spannungsänderungen $\Delta\sigma$ proportional sind und daß das Verhältnis $\dfrac{\Delta\sigma}{\Delta\varepsilon} = E_0$ gleich dem Elastizitätsmodul des Proportionalitätsbereiches ist (Entlastungsgerade, Abb. 5). (Eine eingehende Darstellung der Theorie *Engessers* findet man u. a. bei *F. Hartmann:* „Knicken, Kippen, Beulen", S. 9. Wien: Deuticke 1937.)

Das elastische Verhalten des Betons ist bei der Entlastung dem des Stahles ähnlich. Auch bei Beton liefern die im Spannungs-Dehnungsdiagramm eingetragenen Beobachtungen für den Entlastungsvorgang eine „Entlastungsgerade". Es kann daher die *Engesser*sche Theorie auch auf die Beton- und Stahlbetonstützen angewendet werden.

Die Theorie der Knickung im plastischen Bereich berücksichtigt das Verhalten des Baustoffes bei höheren Laststufen. Sei in einem Stabquerschnitt durch eine im Schwerpunkt angreifende Kraft P die Spannung $\sigma_D = P/F$ vorhanden, so wird dieser Stab bei einem hinzutretenden, beliebig kleinen Biegungsmoment M zusätzliche, ebenfalls kleine Biegungsspannungen σ_B erhalten, die, soferne σ_D über der Proportionalitätsgrenze liegt, nicht mehr dem einfachen Gesetz $\sigma_B = M/J\, y$ folgen. Es werden vielmehr bei einer gegenseitigen Verdrehung $d\varphi$ zwei benachbarter Stabquerschnitte wohl die Querschnitte eben bleiben, jedoch die Spannungen $\sigma = E \cdot \varepsilon$ auf der Druckseite, dem Modul $E(\sigma) = d\sigma/d\varepsilon$ entsprechend,

$$\sigma_1 = + E(\sigma_D) \cdot x\, \frac{d\varphi}{ds} = + E(\sigma_D)\, \frac{x}{r} \tag{5 a}$$

(r = Krümmungsradius des verbogenen Stabes),
und auf der Zugseite, der Entlastungsgeraden entsprechend,

$$\sigma_2 = - E_0(d - x)\, \frac{d\varphi}{ds} = - E_0\, \frac{d - x}{r} \tag{5 b}$$

betragen (Abb. 18).

Der Abstand x der neutralen Achse von der gedrückten Kante wird aus der Gleichgewichtsbedingung für die Biegungsspannungen

$$\sum N = \int \sigma_B\, df = 0$$

gewonnen.

Auf der Druckseite im Abstand y_1 von der neutralen Achse ist $\sigma_B = \sigma_1 \dfrac{y_1}{x}$; auf der Zugseite im Abstand y_2 wird $\sigma_B = -\sigma_2 \dfrac{y_2}{d-x}$. Man bildet das Integral über die ganze Querschnittsfläche:

$$\int_F \sigma_B \, df = \frac{\sigma_1}{x} \int_{F_1} y_1 \, df - \frac{\sigma_2}{d-x} \int_{F_2} y_2 \, df = 0,$$

worin mit F_1 die Teilfläche auf der Seite der Spannungssteigerung, mit F_2 die Teilfläche auf der Seite der Entlastung bezeichnet wird (Abb. 19).

Da die beiden Integrale die statischen Momente S_1 und S_2 der beiden Teilflächen um die neutrale Achse darstellen, gilt unter Beachtung von (5 a) und (5 b)

$$E(\sigma_D) \cdot S_1 = E_0 S_2. \tag{6}$$

(6) ist die Bedingung für die Lage der neutralen Achse.

Nun kann auch das der gegenseitigen Verdrehung zugeordnete Biegungsmoment M angegeben werden.

$$M = \int_F \sigma \, y \, df =$$

$$= \frac{\sigma_1}{x} \int_{F_1} y_1{}^2 \, df + \frac{\sigma^2}{d-x} \int_{F_2} y_2{}^2 \, df.$$

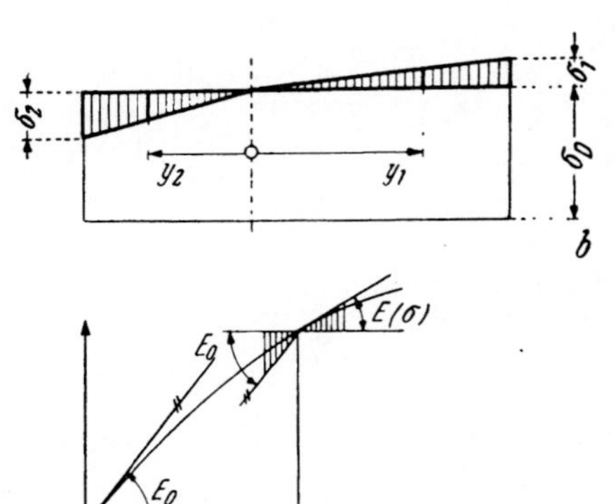

Abb. 18. Formänderung des Stabelementes, Überlagerung von σ_B über σ_D und σ-ε-Linie bei der Knickung im plastischen Bereich.

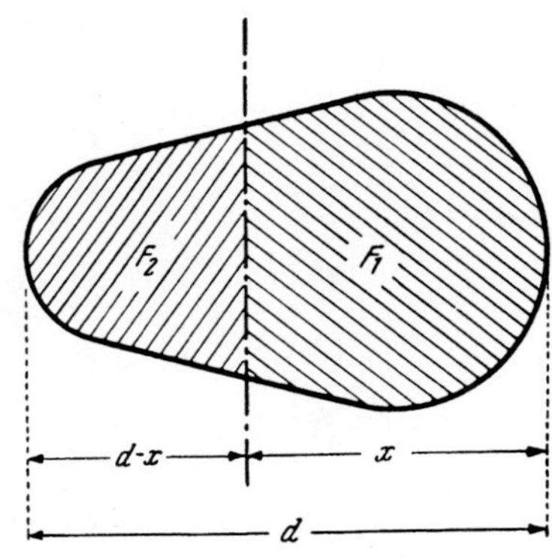

Abb. 19. Neutrale Achse und Flächenanteile F_1 und F_2 bei der Knickung im plastischen Bereich.

Die beiden Integrale sind die Trägheitsmomente J_1 und J_2 der Teilflächen F_1 und F_2 um die neutrale Achse. Mit (5 a) und (6 a) wird

$$M = \frac{E(\sigma_D)\, J_1 + E_0\, J_2}{r}. \tag{7}$$

(7) stellt die Beziehung zwischen dem Biegungsmoment und dem Krümmungsradius r im plastischen Bereich dar und ist der Ersatz für $M = E\,J/r$ oder $\dfrac{1}{r} = \dfrac{M}{E\,J}$ des elastischen Bereiches.

Setzt man

$$T = T(\sigma_D) = \frac{E(\sigma_D)\,J_1 + E_0\,J_2}{J} = \frac{1}{J}\left[\frac{E(\sigma_D)}{E_0}J_1 + J_2\right]E_0, \qquad (8)$$

worin J das Trägheitsmoment der ganzen Querschnittsfläche um deren Schwerpunkt bedeutet, so erhält man mit

$$\frac{1}{r} = \frac{M}{T\,J} \qquad (9)$$

die maßgebende Beziehung zwischen Biegungsmoment und Krümmung. Man nennt T den *Engesser*schen Knickmodul, der für jede Querschnittsform und Laststufe σ_D bei Kenntnis der $\sigma - \varepsilon$-Linie des Baustoffes ermittelt werden kann.

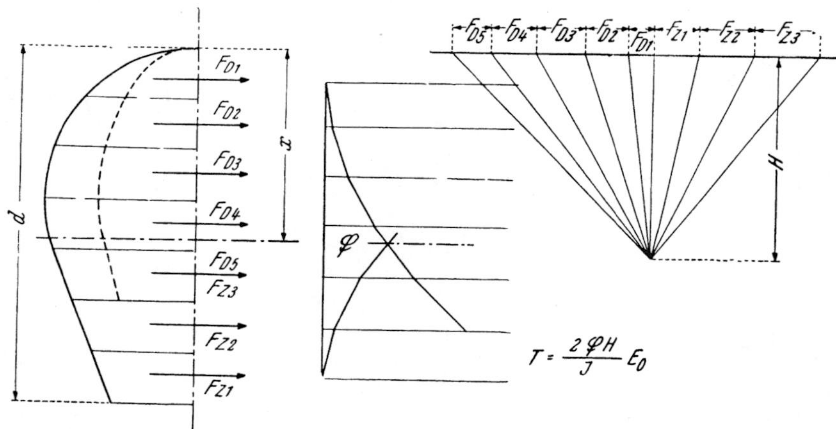

Abb. 20. Graphische Bestimmung der neutralen Achse und des Knickmoduls T bei der Knickung im plastischen Bereich.

Für das *Rechteck* kann T leicht berechnet werden; nach (6) wird:

$$E(\sigma_D)\,b\,\frac{x^2}{2} = E_0\,b\,\frac{(d-x)^2}{2}.$$

Daraus folgt:

$$x = \frac{\sqrt{E_0}}{\sqrt{E_0} + \sqrt{E(\sigma_D)}}\cdot d = \frac{1}{1 + \sqrt{\dfrac{E(\sigma_D)}{E_0}}}\cdot d \qquad (10)$$

und nach (8) wird

$$T = \left(\frac{2}{1 + \sqrt{\dfrac{E_0}{E(\sigma_D)}}}\right)^2 E_0. \qquad (11)$$

Für eine allgemeine Querschnittsform, deren Symmetrieachse in der Knickebene liegt, wird die neutrale Achse und der Knickmodul T am mühelosesten graphisch bestimmt. Man geht von (6) aus, das in der Form

$$\frac{E(\sigma_D)}{E_0} S_1 = S_2$$

aussagt, daß die neutrale Achse die Schwerachse des gegebenen Stabquerschnittes ist, dessen Breite auf der „gedrückten" Seite mit $E(\sigma_D)/E_0$ reduziert wurde. Die graphische Lösung dieser Aufgabe ähnelt sehr den im Stahlbeton seit langem eingeführten Verfahren zur Bestimmung der neutralen Achse bei symmetrischer Biegung. Man verzerrt, von der gedrückten Seite ausgehend, die Breite mit $\dfrac{E(\sigma_D)}{E_0}$ (in Abb. 20 die strichlierte Linie), teilt sodann die Fläche in Parallelstreifen, in deren Schwerpunkten man den Flächeninhalt als Kraft anbringt, und zwar auf der gedrückten Seite der verzerrten Flächen, auf der gezogenen Seite der vollen, und zeichnet den Kraftplan in der in Abb. 20 angegebenen Reihenfolge und das zugehörige Seileck. Im Schnittpunkt der beiden letzten Seilstrahlen liegt die neutrale Achse. Sei $\mathfrak{F}$ die Fläche des Seileckes und H die Polweite, so wird nach *Mohr* das Trägheitsmoment des auf der „Druckseite" mit $E(\sigma_D)/E_0$ verzerrten Querschnittes

$$2\,\mathfrak{F}\,H = \frac{E(\sigma_D)}{E_0}\,J_1 + J_2.$$

Unter Beachtung von (8) erhält man demnach

$$T = \frac{2\,\mathfrak{F}\,H}{J}\,E_0. \tag{12}$$

Mit diesem graphischen Verfahren kann man für jede einfach symmetrische Querschnittsform und für jede Laststufe σ_D den Knickmodul ermitteln.

Der von der Laststufe σ_D abhängige Knickmodul ermöglicht die mathematische Erfassung der Stabilitätsprobleme im plastischen Bereich. Der Ausgangspunkt hiefür ist die Beziehung (9) zwischen Krümmungsradius und Biegungsmoment, die, — auf kleine Ausbiegungen beschränkt —, die Differentialgleichung des Stabknickens (in der einfachsten Form) liefert; da $M = P \cdot y$ (Abb. 21), wird

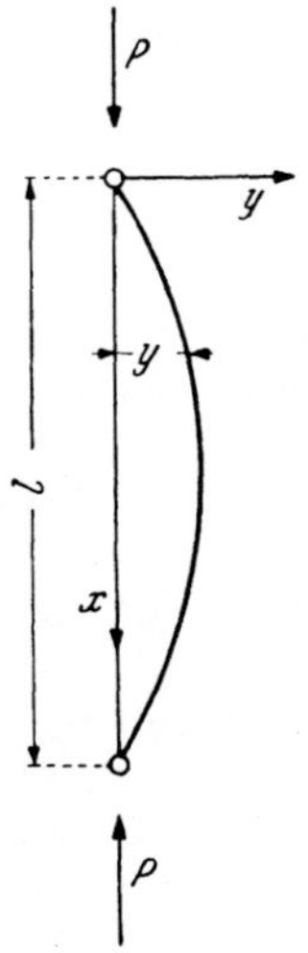

Abb. 21. Knickung des geraden, gelenkig gelagerten Stabes, Abmessungen und Bezeichnungen.

$$\frac{d^2 y}{dx^2} + k^2\,y = 0, \qquad k^2 = \frac{P}{T\,J}. \tag{13 a}$$

(13 a) ist formal gleich die Differentialgleichung für das Knicken im Bereich der Gültigkeit des *Hooke*schen Gesetzes; dort steht jedoch die Konstante E an Stelle des von der Laststufe abhängigen Parameters $T(\sigma_D)$. Für die weiteren Betrachtungen nehmen wir $F = $ const. und $I = $ const. an. Dann ist auch $\sigma_D = P/F = $ const. und damit $T(\sigma_D)$ von der Integrationsvariablen unabhängig. Das allgemeine Integral von (13 a) ist

$$y = C \sin k\,x. \tag{13 b}$$

Bei Grenzbedingungen für den beidseitig gelenkig gelagerten Stab,

$$y(0) = y''(0) = 0, \qquad y(l) = y''(l) = 0, \tag{14}$$

ist (13 b) nur dann ein Integral von (13 a), wenn

$$k\,l = l\,\sqrt{\frac{P}{T\,J}} = n\,\pi \tag{15}$$

ist.

Die Folge $n\,\pi$ enthält alle Eigenwerte von (13 a) mit den Grenzbedingungen (14). Diese Eigenwerte sind die gleichen, wie im elastischen Bereich. Man erhält für die kritische Last P_k, die aus dem kleinsten Eigenwert π folgt:

$$P_K = \pi^2\,\frac{T(\sigma_D)\,J}{l^2}. \tag{16}$$

Ersetzt man in (16) $T(\sigma_D)$ durch die Konstante E_0, so erhält man die kritische Last im elastischen Bereich. Während man in diesem zu jedem Stab sofort die Knicklast $\pi^2\dfrac{E_0\,J}{l^2}$ berechnen kann, geht das in (16) nicht mehr, da T von $\sigma_K = \dfrac{P}{F}$ abhängig ist. Führt man jedoch $i = \sqrt{\dfrac{J}{F}}$, die Schlankheit $\lambda = l/i$ und die Knickspannung σ_K ein, so ermöglicht

$$\sigma_K = \frac{P_K}{F} = \left(\frac{\pi}{\lambda}\right)^2 T(\sigma_K)$$

die sofortige Ermittlung der Schlankheit λ, die einer Knickspannung σ_K zugeordnet ist,

$$\lambda = \pi\,\sqrt{\frac{T(\sigma_K)}{\sigma_K}}, \tag{17}$$

da für jede Laststufe σ_K auch $T(\sigma_K)$ ermittelt werden kann.

Die Zuordnung der Schlankheit zur Knickspannung σ_K wird durch die Gestalt der $\sigma - \varepsilon$-Linie des Werkstoffes bedingt. Für den Beton — das ist der hier in erster Linie interessierende Werkstoff —, ist die $\sigma - \varepsilon$-Linie bereits im Abschnitt B b, S. 14 eingehend behandelt worden. Für die weiteren Untersuchungen wird Rechteckquerschnitt und $E(\sigma) = E_0\,(1 - \varphi)$ angenommen. Dieses Gesetz liegt den schweizerischen und österreichischen Bestimmungen zugrunde. In diesem Fall wird nach (8)

$$T = \left(\frac{2}{1 + \sqrt{\dfrac{E_0}{E(\sigma)}}}\right)^2 E_0 = \left(\frac{2}{1 + \sqrt{\dfrac{1}{1 - \varphi}}}\right)^2 E_0$$

und nach (6)

$$\sigma = \sigma_p\,\varphi\,(2 - \varphi);$$

ferner sei $\varepsilon_p = 2{,}0\,^0/_{00}$ und $E_0 = 1000\,\sigma_p$. Die folgende Tabelle gibt die diesen Annahmen folgende Zuordnung von Schlankheit zu Knickspannung für Rechteckquerschnitte an.

Aus dieser Tabelle entnimmt man auch den jeder Schlankheit λ zugeordneten Quotienten $\omega = \dfrac{\sigma_p}{\sigma_K} = \dfrac{1}{\varphi\,(2 - \varphi)}$, mit dem die Bemessung der Säulen auf Knickung am zweckmäßigsten vorgenommen wird.

Tabelle 3. *Knickspannung und Schlankheit für Rechteckquerschnitte.*

$\varphi = \dfrac{\varepsilon_b}{\varepsilon_p}$	0	0,1	0,2	0,3	0,4	0,5	0,6	0,7	0,8	0,9	1,0	
$\sigma_K = \varphi\,(2 - \varphi)\,\sigma_p$	0	0,19	0,36	0,51	0,64	0,75	0,84	0,91	0,96	0,99	1,00	$\cdot\,\sigma_p$
$E(\sigma) = (1 - \varphi)\,E_0$	1,0	0,9	0,8	0,7	0,6	0,5	0,4	0,3	0,2	0,1	0	$\cdot\,E_0$
$T(\sigma) = \left(\dfrac{2}{1 + \sqrt{\dfrac{1}{1 - \varphi}}}\right)^{2} E_0$	1,00	0,97	0,89	0,83	0,76	0,69	0,60	0,50	0,38	0,23	0	$\cdot\,E_0$
$\lambda = \pi\,\sqrt{\dfrac{T}{\sigma_K}}$	∞	225	158	127	109	91	85	74	63	48	0	
$\omega = \dfrac{1}{\varphi\,(2 - \varphi)}$	∞	5,25	2,78	1,96	1,56	1,33	1,18	1,10	1,04	1,01	1,00	

Bevor jedoch auf die Berechnung der Säulen auf Knickung näher eingegangen wird, soll der Einfluß der Gestalt der $\sigma - \varepsilon$-Linie und der Querschnittsform auf die Knickung im plastischen Bereich noch näher betrachtet werden.

Es werden zwei Betone verglichen, die gleichen Modul E_0 und gleiche Prismenfestigkeit σ_p haben, deren Bruchdehnung jedoch verschieden sei, nämlich $2^0/_{00}$ und $3^0/_{00}$. Für den ersten Beton wird nach (3) $n = 2$, für den zweiten $n = 3$ (Abb. 22). Es werden je zwei Laststufen gleicher Knickspannung σ_D betrachtet:

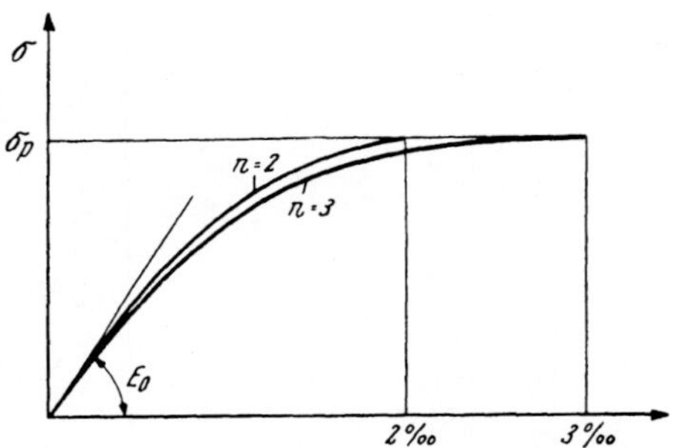

Abb. 22. σ-ε-Linie zweier Betone mit gleichem σ_p und E_0, jedoch verschiedener Bruchdehnung ε_p.

σ_K/σ_p	n	φ	$E(\sigma)/E_0$	$T(\sigma)/E_0$	λ
0,6	2	0,37	0,63	0,79	114
	3	0,27	0,53	0,71	108
0,8	2	0,55	0,45	0,65	90
	3	0,42	0,38	0,54	82

Die kleinere Schlankheit zeigt die Minderung der kritischen Last zufolge der höheren Bruchdehnung an. Der Einfluß der Gestalt der $\sigma - \varepsilon$-Linie ist demnach nicht allzu groß und kann in Anbetracht des Umstandes, daß die $\sigma - \varepsilon$-Linie nach (3) mit $n = 3$ schon eine ziemlich extreme Linie sein dürfte, wegen der vorgeschriebenen Mindest-Sicherheiten hingenommen werden. Immerhin ist zu beachten, daß eine stärker überkrümmte $\sigma - \varepsilon$-Linie eine Minderung der Stabilität bedeutet.

Tabelle 4. *Knickmoduli für verschiedene Querschnittsformen bei $E(\sigma)/E_0 = 0,3$ und $0,5$ (Biegungsdruckspannung oben).*

Querschnittsform	$E(\sigma)/E_0 = 0,3$		$E(\sigma)/E_0 = 0,5$	
	x	T	x	T
Rechteck	$0,646\ d$	$0,502\ E_0$	$0,586\ d$	$0,686\ E_0$
Hohlquerschnitt	$0,616\ d$	$0,473\ E_0$	$0,535\ d$	$0,668\ E_0$
Quadrat	$0,598\ d$	$0,500\ E_0$	$0,561\ d$	$0,682\ E_0$
Hohl-Quadrat	$0,625\ d$	$0,496\ E_0$	$0,580\ d$	$0,652\ E_0$
Kreis	$0,625\ d$	$0,500\ E_0$	$0,575\ d$	$0,676\ E_0$
Kreisring	$0,675\ d$	$0,497\ E_0$	$0,600\ d$	$0,680\ E_0$
„T"-Querschnitt	$0,417\ d$	$0,672\ E_0$	$0,345\ d$	$0,842\ E_0$
„⊥"-Querschnitt	$0,765\ d$	$0,394\ E_0$	$0,726\ d$	$0,630\ E_0$
Dreieck	$0,511\ d$	$0,570\ E_0$	$0,350\ d$	$0,740\ E_0$
Dreieck	$0,780\ d$	$0,448\ E_0$	$0,730\ d$	$0,641\ E_0$

Der Einfluß der Querschnittsform ist aus der folgenden Zusammenstellung des Ergebnisses der graphischen Bestimmung der Knickmoduli verschiedener im Stahlbetonbau vorkommender Querschnittsformen zu erkennen. Tabelle 4 zeigt, daß die Werte von T bei einfach symmetrischen Querschnitten viel stärkere Abweichungen vom Standardwert des Rechteckes zeigen, als bei doppelt symmetrischen Querschnitten. Sie wird jeweils den Einfluß der Querschnittsform abschätzen lassen und gegebenen Falles bei doppelt symmetrischen Querschnitten und bei Berechnungen, an die nicht die höchsten Anforderungen gestellt werden, die genauen Werte durch die Standardwerte vom Rechteck zu ersetzen erlauben.

Die Einleitung des Knickvorganges ist auch noch auf andere Weise möglich als es die auf Seite 34 dargestellte *Engesser*sche Theorie annimmt. Bei dieser Theorie wird bei einer bereits erreichten Laststufe $\sigma_D = \dfrac{P}{F}$ ein störendes Moment ΔM, das beliebig klein angenommen werden kann, wirksam. Es gehen die Randspannungen im Querschnitt von $\dfrac{P}{F}$ auf $\dfrac{P}{F} \pm \dfrac{\Delta M}{W}$ über (Abb. 23 a).

ΔM bringt eine „Störung" des Spannungszustandes hervor und kann gegebenenfalls den Knickvorgang einleiten. Hiebei wird jedoch in einem Teil des Querschnittes die Druckspannung kleiner und die *Engesser*sche Entlastungsgerade wirksam.

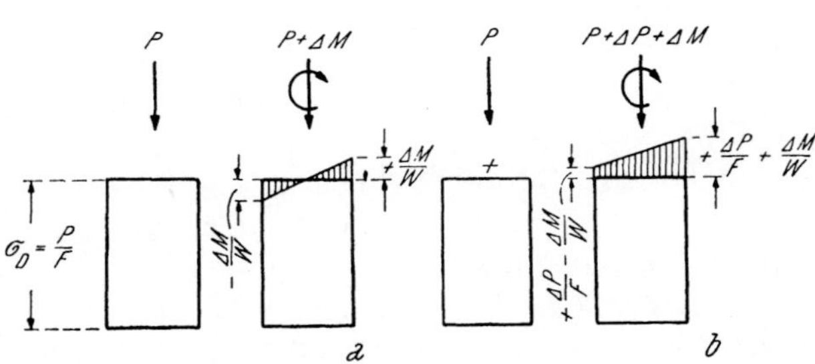

Abb. 23. Einleitung des Knickvorganges *a*) nach *Engesser*, *b*) nach *Shanley*.

Der Knickvorgang kann aber auch noch auf eine andere Art entstehen, nämlich während der *Laststeigerung*. Wenn vom Lastzustand P auf einen Lastzustand $P + \Delta P + \Delta M$ übergegangen wird, so tritt, solange $\dfrac{\Delta M}{\Delta P} < k$, der Kernweite des Querschnittes ist, an allen Punkten eine Spannungssteigerung, an den Rändern um $\dfrac{\Delta P}{F} \pm \dfrac{\Delta M}{W}$ ein. In diesem Falle ist für den ganzen Querschnitt der E-Modul $E(\sigma)$ maßgebend und die *Engesser'*sche Entlastungsgerade kommt nicht zur Wirkung. Es ist daher für den ganzen Querschnitt, wenn $(\Delta P + \Delta M)$ genügend klein gegenüber P ist, der einheitliche, der Laststufe $\sigma = \dfrac{P}{F}$ zugeordnete Modul $\dfrac{d\sigma}{d\varepsilon}$ maßgebend.

Bei dieser Betrachtungsart, die vor wenigen Jahren von *Shanley* angegeben wurde (sie dürfte jedoch auch bereits von *Engesser* stammen), ändert sich bei der Durchführung der Knickberechnung wenig; an die Stelle der Biegesteifigkeit $T(\sigma) \cdot J$ tritt der Ausdruck $E(\sigma)\,J$. Es muß jedoch erwähnt werden, daß $E(\sigma) \cdot J < T(\sigma) \cdot J$ ist, daß daher die *Shanley*sche Vorstellung von der Einleitung des Knickvorganges kleinere Knicklasten liefert, also vorsichtiger ist.

Rein rechnerisch bietet die *Shanley*sche Auffassung eine Vereinfachung: Der Modul $E(\sigma)$ ist nur abhängig vom Werkstoff und der zentrischen

Druckspannung $\dfrac{P}{F}$, während der „*Engesser*sche Knickmodul T" außerdem noch von der Querschnittsform abhängt. Dieser Umstand ermöglicht eine klare Formulierung der Knickbedingungen, die besonders dann vorteilhaft ist, wenn die $\sigma - \varepsilon$-Linie des Werkstoffes, z. B. von Beton, durch ein analytisches Gesetz darstellbar ist. So erhält bei Verwendung der in den österreichischen Vorschriften festgelegten Beziehungen (3) und (4) (siehe S. 15) die Knickbedingung $\sigma = \sigma_K$ des einfachen Stabes folgende Form:

$$\sigma = \frac{P}{F} = \frac{\pi^2}{\lambda^2} E(\sigma).$$

Mit dem Dehnungsgrad $\varphi = \dfrac{\varepsilon}{\varepsilon_p}$ und mit $\sigma = \sigma_p\, \varphi(2-\varphi)$ und $E(\sigma)=E_0(1-\varphi)$ lautet die Knickbedingung

$$\sigma_p\, \varphi\, (2-\varphi) = \frac{\pi^2}{\lambda^2}(1-\varphi)\, E_0,$$

eine quadratische Gleichung

$$\varphi^2 - \left(\frac{\pi^2}{\lambda^2}\frac{E_0}{\sigma_p} + 2\right)\varphi + \frac{\pi^2}{\lambda^2}\frac{E_0}{\sigma_p} = 0,$$

in der nur φ unbekannt ist. Die positive Wurzel φ_K dieser Gleichung liefert die Knickspannung

$$\sigma_K = \sigma_p\, \varphi_K\, (2-\varphi_K)$$

mit der Knicklast $P_K = F \cdot \sigma_K$.

Das plastische Knicken von Stahlbetonstützen wurde u. a. vom Eidgen. Materialprüfungsamt und dem Deutschen Ausschuß für Stahlbeton nachgeprüft. Das Ergebnis dieser Untersuchungen sind die Knickzahlen, mit deren Hilfe der Nachweis der Standsicherheit auf einfachste Weise erbracht werden kann. Die zulässige Belastung einer Stütze darf, mit der vorgeschriebenen Sicherheitszahl s vervielfältigt, keine größere Spannung als die Knickspannung verursachen. Demnach wird nach (1) mit $\sigma_K = \dfrac{\sigma_p}{\omega}$

$$\omega\, P_{zul} = \frac{\sigma_p}{s}\left(F_b + \frac{\sigma_S}{\sigma_p} F_e\right). \qquad (18)$$

Es ist somit bei Knickgefahr lediglich in (1) P_{zul} durch $\omega \cdot P_{zul}$ zu ersetzen. Allerdings muß ω der Schlankheit der Stütze entsprechen.

Die Knickzahlen ω sind in Abhängigkeit von der Schlankheit des Stabes $\lambda = \dfrac{h_K}{i}$ angegeben. Es bedeutet h_K die Knicklänge und $i = \sqrt{\dfrac{J}{F}}$ den Trägheitshalbmesser der Querschnittsfläche. Bei der Berechnung von J und F dürfen lt. Bestimmungen die Stahleinlagen nicht berücksichtigt werden. Die Knickzahlen entnimmt man Tab. 5 bzw. 6. Da jedoch die meisten Stützen mit einfacher Bügelbewehrung rechteckig, die Stützen mit Umschnürung ausschließlich achteckig oder kreisrund sind, so kann man in diesem Falle die Knickzahlen in Abhängigkeit von $\dfrac{h_K}{d}$, bzw. $\dfrac{h_K}{D}$ setzen. Diese Zahlen sind ebenfalls der Tab. 5 und 6 zu entnehmen. Für d ist die kleinere Seite des rechteckigen Querschnittes bügelbewehrter Stützen, für D der Durchmesser des Kernes bei umschnürten Stützen zu setzen.

Tabelle 5. *Knickzahlen ω nach den Deutschen Bestimmungen.* (*Sicherheit s = 3*).

Beliebiger Querschnitt, einfache Bügelbewehrung			Rechteckquerschnitt, einfache Bügelbewehrung			Vieleck- oder Kreisquerschnitt, umschnürte Säule		
$\lambda = \dfrac{h_K}{i}$	ω	$\dfrac{\Delta\omega}{\Delta\lambda}$	$\dfrac{h_K}{d}$	ω	$\dfrac{\Delta\omega}{\Delta\lambda}$	$\dfrac{h_K}{D}$	ω	$\dfrac{\Delta\omega}{\Delta\lambda}$
50	1,00		15	1,00		10	1,00	
		0,004			0,016			0,034
70	1,08		20	1,08		15	1,17	
		0,016			0,048			0,066
85	1,32		25	1,32		20	1,50	
		0,020			0,080			0,100
105	1,72		30	1,72		25	2,00	
		0,037			0,112			
120	2,28		35	2,28				
		0,036			0,144			
140	3,00		40	3,00				

Tabelle 6. *Knickzahlen ω nach Önorm B 4200, 4. Teil.* (*Sicherheit s = 2,5*).

Säulen mit Längs- und Bügelbewehrung			Längsbewehrte und umschnürte Säulen	
$\dfrac{l_K}{i}$	ω	$\dfrac{l_K{}^1}{d}$	$\dfrac{l_K}{i}$	ω
10	1,00	2,9	10	1,01
20	1,02	5,8	20	1,04
30	1,05	8,7	30	1,09
40	1,10	11,6	40	1,16
50	1,15	14,5	50	1,26
60	1,23	17,4	60	1,37
70	1,32	20,3	70	1,51
80	1,42	23,3	80	1,68
90	1,55	26,1	90	1,87
100	1,70	29,0	100	2,10
110	1,87	31,9	110	2,36
120	2,07	34,8	120	2,65
130	2,30	37,7	130	2,98
140	2,56	40,6	140	3,34

[1] l_K/d gilt nur für Rechteckquerschnitt!

Bei Stützen, deren Schlankheit kleiner ist, als die angegebenen Kleinstwerte, ist kein Knickzuschlag in Rechnung zu stellen.

An die Stelle der Belastung P tritt in (1) und (4) bei schlanken Stützen die mit dem Knickzuschlag vervielfachte Belastung. Beim Nachweis der zulässigen Belastung oder der Standsicherheit geht man nach Beispiel 1 vor und setzt ωP statt P. Da die Abmessungen der Stützen beim Standsicherheitsnachweis bereits festliegen, ist ω in Abhängigkeit von der Schlankheit bekannt. Hat man jedoch die Säule erst zu *bemessen*, so ist, da d noch nicht bekannt ist, neben F_b auch ω unbekannt. Man hat zunächst ω zu schätzen und damit F_b zu ermitteln und nachträglich zu prüfen, ob das geschätzte ω der Schlankheit der Säule entspricht; ist das nicht der Fall, so hat man die Rechnung mit einem verbesserten Wert von ω zu wiederholen.

Beispiel 5. Es ist eine quadratische Säule, deren Höhe von Stockwerk zu Stockwerk 9,50 m ist, für eine Last von 75 t zu bemessen (B 225, B.St. I, Deutsche Best., $s = 3$).

Man wählt den kleinstmöglichen Bewehrungsanteil $\mu = 0,008$. Damit wird nach (1 a)

$$75\ \omega = \frac{1950}{3} F_b \left(1 + \frac{2400}{195}\ 0,008\right) = 713\ F_b$$

$$F_b = \frac{75}{713}\ \omega = 0,105\ \omega.$$

Als erste Schätzung sei $\omega = 1,20$ angenommen. Es wird

$$F_b = 0,105 \cdot 1,20 = 0,126\ \text{m}^2, \qquad d_1 = \sqrt{0,126} = 0,355\ \text{m}.$$

Für die Knicklänge ist die Stockwerkshöhe zu setzen. Daher

$$\frac{h_K}{d_1} = \frac{9,5}{0,355} = 27.$$

Diesem Wert entspricht nach Tab. 5 ein $\omega_1 = 1,32 + 2 \cdot 0,08 = 1,48$. Als verbesserten Wert nimmt man das arithmetische Mittel $\omega_2 = \dfrac{1,20 + 1,48}{2} = 1,34$. Es wird

$$F_b = 0,105 \cdot 1,34 = 0,141, \quad \text{daraus}$$

$$d_2 = \sqrt{0,141} = 0,375\ \text{m}, \qquad \frac{h_K}{d_2} = \frac{9,50}{0,375} = 24, \qquad \omega_3 = 1,32.$$

Man erhält endgültig

$$\omega_4 = \frac{1,32 + 1,34}{2} = 1,33, \qquad F_b = 0,105 \cdot 1,33 = 0,140\ \text{m}^2,$$

$$d_3 = \sqrt{0,140} = 0,375\ \text{m}.$$

Man wird die Stütze 38 cm oder, — abgerundet —, 40 cm stark machen. Die Bewehrung berechnet man aus F_b und μ: $F_e = 0,008 \cdot 1400 = 11,2\ \text{cm}^2$.

Die Ermittlung des Stützenquerschnittes unter Berücksichtigung der Knickung geht zwar nach dem im Beispiel 5 gezeigten Verfahren ziemlich rasch, doch kann man mit Hilfe eines von *Dohmke* entwickelten Verfahrens ohne Annäherungsrechnung, also noch schneller, zum Ziel kommen.

Sei $F_b = \omega \dfrac{P}{\sigma_i}$ der notwendige Beton-Querschnitt und $F_0 = \dfrac{P}{\sigma_i}$ ein dazu ähnlicher, so folgt $\omega = \dfrac{F_b}{F_0}$. Da sich die Flächen wie die Quadrate von Längen verhalten und F_b und F_0 als ähnlich vorausgesetzt sind, gilt mit i als Trägheitshalbmesser und mit h_K als Knicklänge

$$\omega = \frac{i^2}{i_0^2} = \frac{i^2}{h_K^2}\ \frac{h_K^2}{i_0^2} = \frac{\lambda_0^2}{\lambda^2}.$$

Daraus folgt $\lambda_0 = \lambda \sqrt{\omega}$.

Es ist einleuchtend, daß man an Stelle der Trägheitshalbmesser i auch die Rechteckseite setzen kann und damit zur gleichen Beziehung kommt. Man braucht daher nur die Tabelle der ω-Werte, deren Gesetzmäßigkeit hiebei ganz gleichgültig ist, durch eine Spalte $\dfrac{h_K}{d_0} = \dfrac{h_K}{d} \sqrt{\omega}$ zu ergänzen und kann damit die Bemessung der Stützen bei Knickung sofort vornehmen.

In Tab. 7 sind die Werte von $\dfrac{h_K}{d_0}$ neben denen von ω in Abhängigkeit von $\dfrac{h_K}{d}$ mit dem Tabellensprung „1" angegeben. Es erübrigt sich damit jede Interpolation. Im nächsten Beispiel wird das Verfahren gezeigt.

Tabelle 7. *Bemessung der Stahlbeton-Säulen auf Knickung nach den deutschen Bestimmungen (nach Dohmke).*

Bügelbewehrt						Umschnürt		
h_K/d	ω	h_K/d_0	h_K/d	ω	h_K/d_0	h_K/D	ω	h_K/D_0
15	1,000	15,00				10	1,000	10,00
16	1,016	16,15	31	1,832	41,90	11	1,034	11,20
17	1,032	17,25	32	1,944	44,60	12	1,068	12,40
18	1,048	18,45	33	2,056	47,30	13	1,102	13,64
19	1,064	19,60	34	2,168	50,10	14	1,136	15,90
20	1,080	20,80	35	2,280	52,90	15	1,170	16,22
21	1,128	22,30	36	2,424	56,00	16	1,236	17,78
22	1,176	23,90	37	2,568	59,30	17	1,302	19,40
23	1,224	25,42	38	2,712	62,60	18	1,368	21,10
24	1,272	27,00	39	2,856	66,00	19	1,434	22,70
25	1,320	28,75	40	3,000	69,20	20	1,500	24,50
26	1,400	30,80				21	1,600	26,60
27	1,480	32,90				22	1,700	28,70
28	1,560	35,00				23	1,800	30,90
29	1,640	37,10				24	1,900	33,10
30	1,720	39,40				25	2,000	33,55

Tabelle 8. *Bemessung der Stahlbeton-Säulen auf Knickung nach der Önorm B 4200, 4. Teil (nach Dohmke).*

Säulen mit Längs- und Bügelbewehrung					Längsbewehrte und umschnürte Säulen		
$\dfrac{l_K}{i}$	$\dfrac{l_K}{i_0}$	ω	$\dfrac{l_K}{d_0}$	$\dfrac{l_K}{d}$	$\dfrac{l_K}{i}$	$\dfrac{l_K}{i_0}$	ω
10	10	1,00	2,90	2,9	10	10,0	1,01
20	20,2	1,02	5,85	5,8	20	20,4	1,04
30	30,8	1,05	8,92	8,7	30	31,3	1,09
40	42,0	1,10	12,17	11,6	40	43,1	1,16
50	53,8	1,15	15,58	14,5	50	56,1	1,26
60	66,5	1,23	19,30	17,4	60	70,3	1,37
70	80,4	1,32	23,30	20,3	70	86,0	1,51
80	95,3	1,42	27,60	23,2	80	103,6	1,61
90	112,0	1,55	32,50	26,1	90	123,1	1,87
100	130,3	1,70	37,80	29,0	100	145,0	2,10
110	150,5	1,87	43,60	31,9	110	168,7	2,36
120	172,8	2,07	50,10	34,8	120	195,4	2,65
130	197,1	2,30	57,20	37,7	130	224,8	2,98
140	223,8	2,56	64,80	40,6	140	256,0	3,34

Beispiel 5 a. Wiederholung der Aufgabe von Beispiel 5 mit Verwendung des Verfahrens von *Dohmke.*

$$\sigma_i = \frac{\sigma_p}{s}\left(1 + \frac{\sigma_S}{\sigma_p}\mu\right) = \frac{1950}{3}\left(1 + \frac{2400}{195}\,0,008\right) = 713\,\text{t/m}^2.$$

$$F_0 = \frac{75}{713} = 0,105\,\text{m}^2, \qquad d_0 = \sqrt{0,105} = 0,324, \qquad \frac{h_K}{d_0} = \frac{9,50}{0,324} = 29,3.$$

Aus Tab. 7 folgt für bügelbewehrte Stützen

$$\frac{h_K}{d_0} = 29,3, \qquad \frac{h_K}{d} = 25,5, \qquad \omega = 1,36$$

$$F = \omega F_0 = 1,36 \cdot 0,105 = 0,143\,\text{m}^2, \qquad d = \sqrt{0,143} = 0,378\,\text{m}.$$

Die weitere Rechnung wie bei Beispiel 5.

d) Mittiger Zug.

Ist die Mittelkraft Z der Belastung eine in der Stabachse wirkende Zugkraft, so liegt mittiger Zug vor. Wenn die Kraft von Null bis zur Bruchlast anschwillt, werden folgende Zustände durchlaufen:

Zuerst sind die Spannungen so klein, daß auch für den Beton im Zugbereich noch das *Hooke*sche Gesetz Gültigkeit hat. Die Dehnungen im Beton und Stahl sind gleich groß ($\varepsilon_e = \varepsilon_b$) und das Gleichgewicht fordert die Beziehung

$$Z = \sigma_{bz}\left(F_b + \frac{E_e}{E_{0b}}F_e\right) = \sigma_{bz}\,(F_b + n\,F_e). \tag{19}$$

Steigt Z an, so wird zunächst im Beton die Zugspannung hinter der Dehnung zurückbleiben, dann werden Risse im Beton entstehen und schließlich wird bei weiterer Laststeigerung der Beton vollkommen gerissen sein und die Last nur von der Bewehrung getragen. Da die Bruchdehnung des Betons auf Zug nur ein Bruchteil der auf Druck ist, so liegt in diesem Zustand die Dehnung der Bewehrung noch immer im Proportionalitätsbereich des Stahles. Auf die Bruchlast hat der Beton bei den üblichen Bewehrungsverhältnissen überhaupt keinen Einfluß, sondern es ist nur die Stahlbewehrung maßgebend. Es gilt daher

$$Z_{Bruch} = F_e\,\sigma_S.$$

Für die Bruchlast ist die Streckgrenze des Stahles maßgebend, da bei eingetretenem Fließen die Formänderung so groß wird, daß man die Tragfähigkeit als erschöpft ansehen kann.

Da beim Standsicherheitsnachweis die Sicherheit gegen Bruch ermittelt werden soll, ist nachzuweisen, daß bei mittigem Zug die *Bewehrung allein* die Belastung innerhalb der zulässigen Stahlspannung tragen kann.

$$Z_{zul} = F_e\,\sigma_{e\,zul}. \tag{20}$$

Häufig, z. B. im Behälterbau, muß gefordert werden, daß der Beton auch frei von Rissen bleibt. Dann muß neben dem Nachweis der Standsicherheit nach (20) noch ein Spannungsnachweis nach (19) erbracht werden oder man macht diese Gleichung zum Ausgangspunkt einer Bemessungsformel.

Wir bezeichnen mit σ_{bz} die Betonzugspannung, die die Rißfreiheit mit genügender Sicherheit gewährleistet. Bei gleich großer Sicherheit gegen Bruch und gegen das Auftreten von Rissen besteht die Beziehung

$$Z_{zul} = F_e\,\sigma_e = \sigma_{bz}\,(F_b + n\,F_e), \qquad n = \frac{E_e}{E_{0b}}.$$

Für die Risse-Sicherheit ist das Bewehrungsverhältnis $\mu = \dfrac{F_e}{F_b}$ maßgebend, denn es gilt: $\mu\,\sigma_e = \sigma_{bz}(1 + n\,\mu)$. Man erhält

$$\sigma_e = \frac{1 + n\,\mu}{\mu}\,\sigma_{bz} \qquad \text{oder} \qquad \mu = \frac{\sigma_{bz}}{\sigma_e - n\,\sigma_{bz}}. \tag{21}$$

Man kann σ_{bz} mit 10 bis 15 kg/cm² annehmen; für $n = \dfrac{E_e}{E_{0b}}$ ist, da es sich hier um Formänderungen handelt, mit $E_{0b} = 210\,000$ kg/cm² der Wert 10 einzusetzen.

Tabelle 9. *Abhängigkeit des σ_e vom Bewehrungsverhältnis und von der zuzulassenden Betonzugspannung.*

σ_{bz}	μ in %	0,80	1,00	1,25	1,50	2,00	3,00	4,00
10	$\sigma_e =$	1350	1100	900	767	600	433	350
15	$\sigma_e =$	2025	1650	1350	1150	900	650	525

σ_e und σ_{bz} in kg/cm².

In Tab. 9 ist (21) ausgewertet. Man kann die zulässige Stahlspannung nur bei kleinem Bewehrungsgehalt, also großen Betonquerschnitten, einigermaßen ausnützen; anderseits ist es sinnlos, in Bauteilen, bei denen es auf Rissefreiheit ankommt, insbesondere im Wasserbau, hochwertige Bewehrungsstähle zu verwenden.

Beispiel 6. Es ist die Wand eines zylindrischen Wasserbehälters zu bemessen. Die Zugkraft beträgt $Z = 26,5$ t/m ($\sigma_{bz} = 15$ kg/cm², B.St. I). B.St. I kann mit $\sigma_e = 1400$ kg/cm² ausgenützt werden. Aus Tab. 9 folgt $\mu = 1,25\%$ bei $\sigma_e = 1350$ kg/cm² Nach (20) wird

$$f_e = \frac{Z}{\sigma_e} = \frac{26,5 \text{ t/m}}{1,35 \text{ t/cm}^2} = 19,7 \text{ cm}^2/\text{m}.$$

Die Wandstärke berechnet man aus dem Bewehrungsgehalt:

$$d = \frac{f_e \text{ cm}^2/\text{m}}{100\,\mu} = \frac{19,7}{1,25} = 15,8 \cong 16 \text{ cm}.$$

e) Balken bei symmetrischer Biegung.

Der Balken oder Träger ist ein schlanker Stab, der vorwiegend durch Biegungsmomente belastet ist. Die Bewehrung, deren Verankerung im

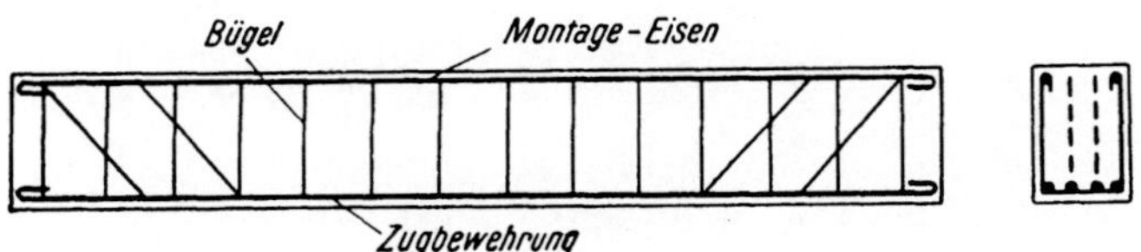

Abb. 24. Bewehrungsschema eines vorwiegend auf Biegung beanspruchten Balkens.

Beton neben den Haftspannungen noch durch Rundhaken gewährleistet ist, liegt auf der gezogenen Seite des Balkens. Außerdem sind Bügel und Schrägeisen als Schubbewehrung und Montageeisen vorhanden, die die Bügel in der richtigen Lage halten (Abb. 24).

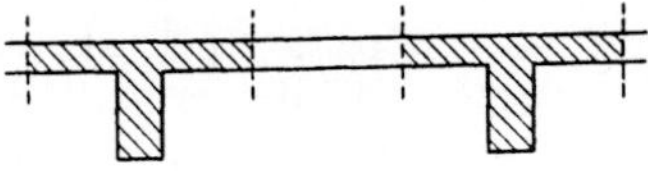

Abb. 25. Plattenbalken (Querschnitt).

Eine nur dem Stahlbetonbau eigentümliche Form ist der Plattenbalken, der die fugenlose Verbindung der Rippe mit der raumabschließenden Platte dem Tragvermögen dienstbar macht, solange die Platte an der gedrückten Seite des Balkens liegt. Sie muß infolge des monolithischen Verbandes die Formänderungen der Rippe mitmachen. Es entstehen daher auch in der Platte Druckspannungen, die eine erhebliche Verstärkung der Druckzone des Balkens bedeuten (Abb. 25).

Man kann gegebenen Falles die Druckzone der Balken auch durch eine Druckbewehrung verstärken, die dann eine ähnliche Wirkung hat, wie die Bewehrung der Säulen. Infolge des höheren Elastizitätsmoduls des Stahles entstehen in der Druckbewehrung bei gleicher Dehnung größere Spannungen als im benachbarten Beton, die somit die in der Druckzone entstehende Druckkraft vergrößern.

Es wird vorausgesetzt, daß der Betonquerschnitt einschließlich der Bewehrung einfach symmetrisch sei und daß die Wirkungsebene der äußeren Kräfte mit der Symmetrie-Ebene zusammenfalle. Ferner sollen die äußeren Kräfte keine Komponente in der Richtung der Stabachse liefern, sondern durch ein in der Symmetrieebene wirkendes Moment und eine normal auf die Stabachse wirkende Querkraft ersetzbar sein. In diesem Abschnitt (e) wird lediglich die Wirkung des Momentes auf den Querschnitt betrachtet.

1. Die Zustände der Formänderung.

Je nach der Größe der Belastung zeigt der Verbundbalken bei der Biegung verschiedenes elastisches Verhalten.

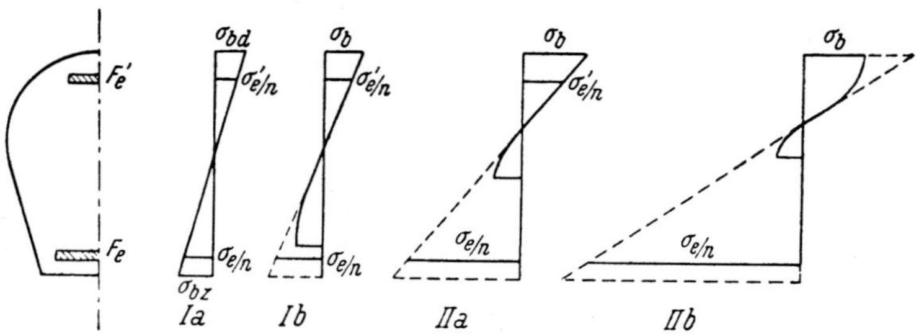

Abb. 26. Die Zustände der Formänderung eines Stahlbetonbalkens bei der Biegung

So lange das äußere Moment sehr klein ist, liegen alle Formänderungen innerhalb des Proportionalitätsbereiches. Bei diesen kleinen Laststufen gilt somit das *Hooke*sche Gesetz auch noch im gezogenen Bereich des Betons. Daher sind im ganzen Querschnitt die Spannungen proportional den Dehnungen. Da man auch bei den Stahlbetonbalken, soferne sie schlank genug sind, durch Versuche das Ebenbleiben der Querschnitte (Gesetz von *Bernoulli*) sogar bis zum Bruch als gültig festgestellt hat, verteilen sich die Dehnungen linear über die Querschnittshöhe und das Spannungsdiagramm ist in diesem Lastbereich gradlinig. Wegen der Verbundwirkung muß in zwei benachbarten Fasern $\varepsilon_e = \varepsilon_b$ sein, daher gilt $\sigma_e = n \sigma_b$. Wir lesen im Spannungsdiagramm die Betonspannung im richtigen Maßstab, die Stahlspannungen mit dem $1/n$-fachen Betrag ab (Abb. 26). Man nennt den Zustand, bei dem das *Hooke*sche Gesetz noch im ganzen Querschnitt gilt, den Zustand I a.

Wird die Last gesteigert, so wird zunächst die Betonzugspannung die Proportionalitätsgrenze überschreiten, die Betonspannungen werden auf der Zugseite hinter den Dehnungen zurückbleiben und es werden sich an der gezogenen Kante Risse im Beton zeigen. In der Betondruckzone und in der Bewehrung ist jedoch die Proportionalitätsgrenze noch nicht erreicht.

Es beginnt der Beton nur im Zugbereich sich der Mitwirkung zu entziehen. Die Stahlzugspannung liest man nicht mehr aus dem Spannungsdiagramm (volle Linie), sondern aus dem Dehnungsdiagramm (gestrichelte Linie) ab. Das ist der Zustand I b.

Bei weiterer Laststeigerung wird der Beton auf der Zugseite bis in die Nähe der neutralen Achse gerissen sein, jedoch im Beton-Druck-Bereich gilt annähernd noch das *Hooke*sche Gesetz, ebenso für die Stahlbewehrung. An wirksamen Querschnittsflächen ist neben der Bewehrung der unter Druck stehende Bereich des Betonquerschnittes vorhanden. Man nennt dies den Zustand II a. Ist der Bewehrungsgehalt nicht allzu groß, so wird bei weiterer Laststeigerung die Streckgrenze der Bewehrung erreicht. In diesem Zustand tritt das Auseinanderbrechen des Balkens noch nicht ein. Es entstehen jedoch so große, bleibende Durchbiegungen, daß der Balken unbrauchbar geworden ist. Man kann daher mit Recht bereits von der Erschöpfung des Tragvermögens sprechen.

Ist jedoch im Verhältnis zum Betonquerschnitt eine starke Bewehrung vorhanden, so werden bei weiterer Laststeigerung die Betonspannungen sehr groß und die Nähe der Bruchfestigkeit erreichen. Das *Hooke*sche Gesetz gilt dort auch nicht mehr annähernd. Daher bleiben jetzt auch im Druckbereich die Spannungen hinter den Dehnungen zurück und das bisher dreieckige Betondruckspannungsdiagramm wird vollere Gestalt annehmen. Der Bruch des Balkens wird durch die Zerstörung des Betons, von der gedrückten Kante ausgehend, eingeleitet. Das ist der Zustand II b.

Da beim Standsicherheitsnachweis vom Bruchzustand auszugehen ist, ist den Berechnungen Zustand II zugrunde zu legen, also mit total gerissener Zugzone zu rechnen. Bei kleinerem Bewehrungsgehalt ist Zustand II a maßgebend, erst bei sehr starker Bewehrung ist Zustand II b in Betracht zu ziehen.

Um die Rechnung zu vereinfachen, führt man statt der Bruchfestigkeiten der Werkstoffe und der geforderten Sicherheit die „zulässigen Spannungen" ein. Man muß sich jedoch darüber klar sein, daß man damit trotzdem keinen Spannungsnachweis in eigentlichem Sinne, sondern einen Standsicherheitsnachweis führt.

Man verlangt in Anbetracht der Streuungen der Betonfestigkeiten im Bauwerk nach den derzeit geltenden Bestimmungen eine annähernd dreifache Sicherheit gegen die Zerstörung des Betons durch Druck, bezogen auf die Würfelfestigkeit, und eine ungefähr 1,7-fache Sicherheit gegen das Erreichen der Streckgrenze der gezogenen Bewehrung. Daher wird

$$\sigma_{b\,zul} = \frac{W_{28}}{3},$$

$$\sigma_{e\,zul} = \frac{\sigma_S}{1,7}.$$

Die für die verschiedenen Güteklassen und die Betonstähle geltenden zulässigen Spannungen sind den deutschen Bestimmungen gemäß der Tabelle 27 auf Seite 255, den österreichischen Bestimmungen entsprechend der Tabelle 28, Seite 257, zu entnehmen.

2. Der Rechteckquerschnitt.

Wegen der Symmetrie des Zustandes ist die neutrale Achse senkrecht zur Symmetrie-Achse.

Im Zustand II a ist das Spannungsdiagramm geradlinig. Denkt man sich die Kraftdifferentiale $\sigma\,df$, die die Betonnormalspannungen bilden, als Prismen, deren Höhe ein Maß für die Größe der Spannung ist, in der Betondruckfläche senkrecht zur Querschnittsfläche aufgetragen, so bildet die Gesamtheit dieser Prismen einen Körper, den „Betondruckkeil", dessen Inhalt gleich der Betondruckkraft ist (Abb. 27);

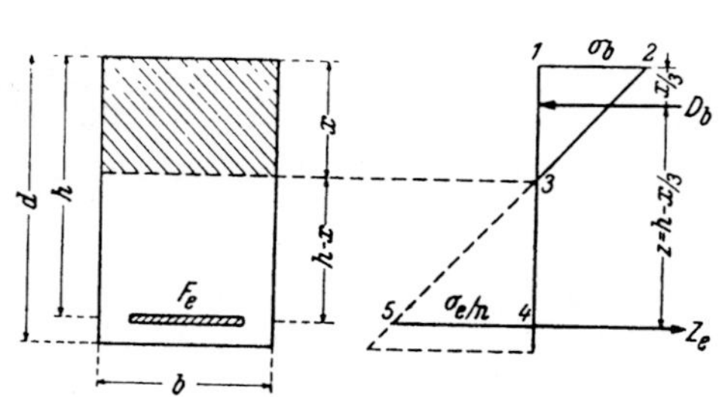

Abb. 27. Der Rechteckquerschnitt im Zustand IIa.

$$D_b = \frac{1}{2}\,\sigma_b\,b\,x.$$

Die Zugkraft in der Bewehrung ist $Z_e = F_e\,\sigma_e$.

Das Gleichgewicht der inneren und äußeren Kräfte bedingt, da die äußere Normalkraft $N = 0$ ist, daß

1. die Summe der Normalkräfte verschwindet:

$$D_b - Z_e = 0, \qquad D_b = Z_e;$$

2. das Moment der inneren Kräfte gleich dem angreifenden Moment ist. Man bildet das Moment um die Zugkraft Z_e:

$$D_b\left(h - \frac{x}{3}\right) = \frac{1}{2}\,\sigma_b\,b\,x\left(h - \frac{x}{3}\right) = M,$$

oder um die Druckkraft D_b:

$$Z_e\left(h - \frac{x}{3}\right) = F_e\,\sigma_e\left(h - \frac{x}{3}\right) = M.$$

Aus dem Spannungsdiagramm folgt wegen

$$\sigma_b : x = \frac{\sigma_e}{n} : (h - x)$$

die Beziehung

$$\sigma_e = n\,\sigma_b\,\frac{h - x}{x}.$$

Die erste Gleichgewichtsbedingung liefert nach dem Einsetzen der Ausdrücke für D_b, Z_e und σ_e:

$$\frac{b\,x^2}{2} - n\,F_e\,(h - x) = 0, \tag{22}$$

eine quadratische Gleichung für x, die aufgelöst nach x

$$x = \frac{n\,F_e}{b}\left(-1 + \sqrt{1 + \frac{2\,b\,h}{n\,F_e}}\right) \tag{22 a}$$

den Abstand der neutralen Achse vom gedrückten Rand durch die Querschnitts-Abmessungen ausdrückt.

(22) hat folgenden Satz zum Inhalt: *Die neutrale Achse ist die Schwerachse des ideellen Querschnittes.* Der ideelle Querschnitt besteht aus dem

wirksamen Betonquerschnitt, — im Zustand II a ist das die gedrückte Betonfläche —, vermehrt um die n-fache Bewehrungsfläche. Man gewinnt mit dieser Auslegung den Anschluß an die allgemeine Festigkeitslehre. Alle Sätze der Festigkeitslehre haben auch für den Verbundquerschnitt Gültigkeit, wenn man sie auf den ideellen Querschnitt anwendet. (In Abschnitt c — Mittiger Druck — wurde in besonderem Fall schon darauf hingewiesen.) Mit den Begriffen ideelle Fläche, ideeles Trägheitsmoment usw. kann man die bekannten Formeln der Spannungsberechnung auf den Verbundquerschnitt anwenden. Man erhält dann die Betonspannungen σ_b in wahrer Größe, die Stahlspannungen jedoch im $1/n$-fachen Betrag.

Aus der zweiten Gleichgewichtsbedingung folgt mit dem nunmehr bekannten x:

$$\sigma_b = \frac{M}{\dfrac{b\,x}{2}\left(h - \dfrac{x}{3}\right)}, \tag{23}$$

$$\sigma_e = \frac{M}{F_e\left(h - \dfrac{x}{3}\right)}. \tag{24}$$

(22), (23) und (24) dienen zum Standsicherheitsnachweis bei gegebenem Querschnitt. Bei der *Bemessung* der Stahlbetonquerschnitte, d. h. bei der Ermittlung der Querschnittsabmessungen bei gegebenem Biegungsmoment, sind sie nicht verwendbar. Um die Rechenarbeit bei der Bemessung möglichst einfach zu machen, hat man Zahlentabellen entwickelt.

Zunächst folgt aus der geradlinigen Spannungsverteilung wegen der Ähnlichkeit der beiden Dreiecke $\varDelta$ 123 und $\varDelta$ 345 (Abb. 27, S. 50):

$$x = \frac{\sigma_b}{\sigma_b + \dfrac{\sigma_e}{n}}\, h = \xi\, h. \tag{25}$$

Es sei $m = \dfrac{\sigma_e}{\sigma_b}$; dann wird

$$\xi = \frac{\sigma_b}{\sigma_b + \sigma_e/n} = \frac{n}{n + m}, \tag{25 a}$$

eine nur von dem Verhältnis der Randspannungen abhängige Größe. *(25) gilt ganz allgemein für jede Querschnittsform im Zustand IIa.*

Nach Abb. 27 ist der Hebelarm der inneren Kräfte $z = h - x/3$. Mit $\zeta = (1 - \xi/3)$ wird

$$z = \zeta\, h. \tag{26}$$

Weiters liefert die erste Gleichgewichtsbedingung aus

$$\frac{1}{2}\,\sigma_b\, b\, x = \frac{1}{2}\,\sigma_b\, \xi\, b\, h = F_e\,\sigma_e \text{ die Beziehung}$$

$$F_e = \mu\, b\, h \qquad \text{mit} \qquad \mu = \frac{\xi}{2\,m}. \tag{27}$$

Diese Gleichung lehrt, daß das Bewehrungsverhältnis nur vom Verhältnis der Randspannungen abhängt.

Aus der Gleichgewichtsbedingung $D_b\,(h - x/3) = M$, ausführlich geschrieben

$$\frac{1}{2}\,\sigma_b\,\xi\,(1 - \xi/3)\,b\,h^2 = M,$$

folgt

$$h = r\sqrt{\frac{M}{b}} \qquad \text{mit} \qquad r = \sqrt{\frac{2}{\xi\,(1 - \xi/3)\,\sigma_b}}. \tag{28}$$

Ferner liefert $F_e\,\sigma_e\,(h - x/3) = M$, ausführlich geschrieben

$$F_e\,\sigma_e\,(1 - \xi/3)\,h = F_e\,\sigma_e\,\zeta\,h = M,$$

die Beziehung

$$F_e = \frac{M}{\sigma_e\,\zeta\,h}. \tag{29}$$

Eine andere Formel für F_e erhält man, indem man in (27) $h = r\sqrt{\dfrac{M}{b}}$ setzt:

$$F_e = \frac{\xi}{2\,m}\,b\,r\sqrt{\frac{M}{b}} = t\,\sqrt{M}\,b$$

mit

$$t = \frac{\xi\,r}{2\,m} = \mu\,r.$$

Mit Hilfe von Zahlentabellen für $\xi,\,\zeta,\,\mu,\,r$ und t kann jede Bemessungsaufgabe auf die einfachste Weise gelöst werden. $\xi,\,\zeta$ und μ sind dimensionslose Größen, die nur vom Spannungsverhältnis $m = \dfrac{\sigma_e}{\sigma_b}$ abhängen; r und t sind hingegen nicht dimensionslos. Ihre Tabulierung ist daher vom Maßsystem und von einem Spannungs-Parameter abhängig, für den meist σ_e gewählt wird. Die Tabulierung von r und t wird daher umständlich, da für jede Richtspannung σ_e eine eigene Tabelle erforderlich wird.

Um diese Nachteile zu beseitigen, wird (28) mit $\sqrt{\dfrac{\sigma_e}{\sigma_e}}$ erweitert:

$$h = \sqrt{\frac{2}{\xi\,(1 - \xi/3)\,\sigma_b}}\sqrt{\frac{M}{b}} = \sqrt{\frac{2\,\sigma_e}{\xi\,(1 - \xi/3)\,\sigma_b}}\sqrt{\frac{M}{\sigma_e\,b}}.$$

Man erhält

$$h = \gamma_E\sqrt{\frac{M}{\sigma_e\,b}} \qquad \text{mit} \qquad \gamma_E = \sqrt{\frac{2\,m}{\xi\,(1 - \xi/3)}}. \tag{28 a}$$

γ_E ist dimensionslos und so wie $\xi,\,\zeta$ und μ nur von m abhängig.

Aus (28) gewinnt man durch Umgruppierung noch eine andere, dimensionslose Bemessungszahl:

$$h = \gamma_B\sqrt{\frac{M}{\sigma_b\,b}} \qquad \text{mit} \qquad \gamma_B = \sqrt{\frac{2}{\xi\,(1 - \xi/3)}}. \tag{28 b}$$

Zur Berechnung von F_e verwendet man besser (29) statt (27), da diese weniger fehlerempfindlich ist.

Mit den Hilfszahlen $\gamma_E,\,\gamma_B,\,\zeta$ und μ, die in Tab. 10 zusammengestellt sind, kann jede Bemessung in jedem beliebigen Maßsystem auf kurzem Wege gelöst werden.

Tabelle 10. *Biegung des Rechteck-Querschnittes.*
(Zustand II a, n = 15)

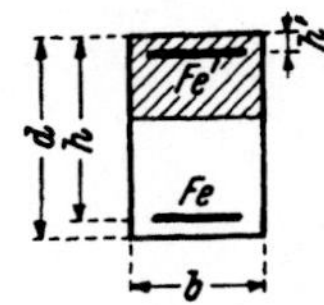

Ohne Druckbewehrung: $m = \dfrac{\sigma_e}{\sigma_b}$, $\quad h = \gamma_E \sqrt{\dfrac{M}{\sigma_e\,b}} = \gamma_B \sqrt{\dfrac{M}{\sigma_b\,b}}$,

$$F_e = \frac{M}{\sigma_e\,\zeta\,h} = \mu\,b\,h$$

$$x = \xi\,h, \qquad z = \zeta\,h$$

m	ξ	γ_E	γ_B	ζ	100μ	m	ξ	γ_E	γ_B	ζ	100μ	m	ξ	γ_E	γ_B	ζ	100μ
1	0,937	1,76	1,76	0,688	46,85	26	0,366	12,73	2,50	0,878	0,704	52	0,224	22,41	3,11	0,925	0,216
2	0,883	2,53	1,79	0,706	22,08	27	0,357	13,10	2,52	0,881	0,662	54	0,217	23,16	3,15	0,927	0,201
3	0,833	3,16	1,83	0,722	13,88	28	0,349	13,48	2,55	0,884	0,623	56	0,211	23,91	3,19	0,930	0,189
4	0,790	3,71	1,86	0,737	9,87	29	0,341	13,86	2,58	0,886	0,588	58	0,206	24,65	3,24	0,932	0,177
5	0,750	4,22	1,89	0,750	7,50	30	0,333	14,24	2,60	0,889	0,556	60	0,200	25,38	3,28	0,933	0,167
6	0,714	4,70	1,92	0,762	5,95	31	0,326	14,62	2,63	0,891	0,526	62	0,195	26,11	3,31	0,935	0,157
7	0,682	5,16	1,95	0,773	4,87	32	0,319	14,99	2,65	0,894	0,498	64	0,190	26,84	3,35	0,936	0,148
8	0,652	5,60	1,98	0,783	4,08	33	0,313	15,36	2,67	0,896	0,473	66	0,185	27,57	3,39	0,938	0,140
9	0,625	6,03	2,01	0,792	3,47	34	0,306	15,73	2,70	0,898	0,450	68	0,180	28,30	3,43	0,940	0,133
10	0,600	6,46	2,04	0,800	3,00	35	0,300	16,10	2,72	0,900	0,429	70	0,176	29,03	3,47	0,941	0,126
11	0,577	6,87	2,07	0,808	2,62	36	0,294	16,48	2,75	0,902	0,408	72	0,173	29,76	3,51	0,942	0,120
12	0,556	7,28	2,10	0,815	2,32	37	0,288	16,85	2,77	0,904	0,389	74	0,169	30,50	3,55	0,944	0,114
13	0,536	7,69	2,13	0,821	2,062	38	0,283	17,22	2,80	0,906	0,372	76	0,165	31,23	3,58	0,945	0,109
14	0,517	8,09	2,16	0,828	1,845	39	0,278	17,59	2,82	0,908	0,355	78	0,161	31,97	3,60	0,946	0,103
15	0,500	8,49	2,19	0,834	1,666	40	0,273	17,96	2,84	0,909	0,341	80	0,158	32,71	3,65	0,947	0,099
16	0,484	8,88	2,22	0,839	1,512	41	0,268	18,34	2,86	0,911	0,327	82	0,154	33,45	3,70	0,949	0,094
17	0,469	9,27	2,25	0,844	1,380	42	0,263	18,72	2,89	0,912	0,313	84	0,152	34,18	3,73	0,950	0,090
18	0,455	9,66	2,28	0,848	1,264	43	0,258	19,09	2,91	0,914	0,300	86	0,148	34,91	3,77	0,951	0,086
19	0,442	10,04	2,31	0,853	1,160	44	0,254	19,46	2,94	0,915	0,289	88	0,146	35,64	3,79	0,952	0,083
20	0,429	10,43	2,34	0,857	1,072	45	0,250	19,83	2,96	0,917	0,278	90	0,143	36,37	3,83	0,952	0,079
21	0,417	10,82	2,36	0,861	0,992	46	0,246	20,20	2,98	0,918	0,267	92	0,140	37,10	3,87	0,953	0,076
22	0,405	11,20	2,39	0,865	0,921	47	0,242	20,57	3,00	0,919	0,257	94	0,137	37,83	3,91	0,954	0,073
23	0,395	11,58	2,42	0,868	0,858	48	0,238	20,94	3,02	0,920	0,248	96	0,135	38,56	3,93	0,955	0,070
24	0,385	11,97	2,44	0,872	0,803	49	0,234	21,31	3,05	0,922	0,239	98	0,133	39,29	3,97	0,955	0,068
25	0,375	12,35	2,47	0,875	0,750	50	0,231	21,67	3,07	0,923	0,231	100	0,130	40,01	4,01	0,956	0,065

*Mit Druck-
bewehrung:*

M_B und F_{eB} aus
der Zahlen-
tabelle für die
zulässigen
Spannungen,

$\Delta M = M - M_B,$

$$\Delta F_e = \frac{\Delta M}{(h - h')\,\sigma_e},$$

$F_e = F_{eB} + \Delta F_e,$

$\quad F_e' = \varphi\,\Delta F_e,$

$$\sigma_e' = \frac{\sigma_e}{\varphi}.$$

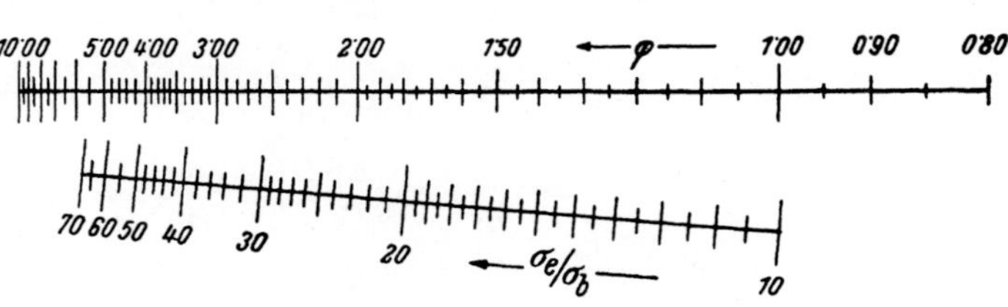

Die erste Entwicklung dimensionsloser Bemessungszahlen stammt von *Saliger*, der die hier mit γ_B bezeichnete Größe als dimensionslose Höhenziffer a' erstmalig definiert und berechnet hat.

Bei den meisten Bemessungen wird γ_B nicht gebraucht. Diese Hilfszahl bekommt erst Bedeutung bei der Biegung mit Längskraft (vgl. C, 1, S. 85).

Beim *Standsicherheitsnachweis* wird bei Benützung der Tab. 10 die Auflösung der quadratischen Gleichung (22) überflüssig. Man geht mit dem Bewehrungsverhältnis μ in die Tabelle ein und findet das zugeordnete m und ζ. Man berechnet damit $\sigma_e = \dfrac{M}{\zeta\,h\,F_e}$ und $\sigma_b = \dfrac{\sigma_e}{m}$.

Beispiel 7. Standsicherheitsnachweis für einen Rechteckquerschnitt, 50×30 cm² ($h = 46$ cm), bewehrt mit $4 \varnothing 22 = 15{,}21$ cm², der mit $M = 6{,}3$ tm belastet ist. Man bildet $\mu = \dfrac{15{,}21}{30 \cdot 46} = 0{,}011$. Aus Tab. 10 folgt $m = 20$, $\zeta = 0{,}857$. Eine genauere Interpolation ist unnötig, da sich ζ mit m sehr wenig ändert. Es ist

$$\sigma_e = \frac{6{,}3 \text{ tm}}{0{,}857 \cdot 0{,}46 \text{ m } 15{,}21 \text{ cm}^2} = 1{,}05 \text{ t/cm}^2, \qquad \sigma_b = \frac{1050}{20} = 52{,}5 \text{ kg/cm}^2.$$

Bei der *Bemessung* sind zwei Fälle zu unterscheiden. Sind lediglich die Belastung (M) und die zulässigen Randspannungen (σ_b und σ_e) bekannt, der Betonquerschnitt und die Bewehrungen zu bestimmen, so spricht man von *freier Bemessung*.

Ist jedoch der Betonquerschnitt festgelegt und es ist nur mehr die Bewehrung zu bestimmen und gleichzeitig nachzuprüfen, welche Betondruckspannung in diesem Zustand entsteht, so spricht man von *gebundener Bemessung*.

Schließlich hat man noch das Tragvermögen eines gegebenen Querschnittes bei gegebenen zulässigen Spannungen zu berechnen.

Bei der freien Bemessung geht man von (28 a) aus. Darin ist neben M noch γ_E bekannt, das man der Tab. 10 entnimmt. Eine der beiden Abmessungen b und h ist frei wählbar; in der Regel wählt man b, weil die Breite aus baulichen Gründen meist festgelegt ist.

Beispiel 8. Gegeben: $M = 18{,}3$ tm, $\sigma_{b\,zul}/\sigma_{e\,zul} = 60/1800$. Gewählt: $b = 35$ cm; gesucht h und F_e. Nach Tab. 10 ist bei $m = 1800/60 = 30$.

$$\gamma_E = 14{,}24, \qquad \zeta = 0{,}889$$

$$h = 14{,}24 \sqrt{\frac{18{,}3 \text{ tm}}{1{,}8 \text{ t/cm}^2 \, 0{,}35 \text{ m}}} = 77 \text{ cm}.$$

$$F_e = \frac{18{,}3 \text{ tm}}{0{,}889 \cdot 0{,}77 \text{ m } 1{,}8 \text{ t/cm}^2} = 14{,}9 \text{ cm}^2.$$

(Man beachte die gewählten Maßeinheiten!)

Bei der gebundenen Bemessung ist, da b und h vorgegeben sind, in (28 a) γ_E die einzig unbekannte Größe. Man berechnet daher $\gamma_E = h : \sqrt{\dfrac{M}{\sigma_e\,b}}$ und entnimmt der Tab. 10 die zugeordneten m und ζ, mit denen man die Bewehrung $F_e = M/\sigma_e\,\zeta\,h$ und die entstehende Betonspannung $\sigma_b = \dfrac{\sigma_e}{m}$ berechnet.

Beispiel 9. Gegeben: $b = 0,25$ m, $d = 0,60$ m ($h = 0,56$ m), $M = 7,9$ tm.
$$\sigma_{b\,zul}/\sigma_{e\,zul} = 75/1400.$$
Gesucht: F_e, σ_b.

$$\gamma_E = \frac{56\ \text{cm}}{\sqrt{\dfrac{7,9\ \text{tm}}{1,4\ \text{t/cm}^2\ 0,25\ \text{m}}}} = 11,78.$$

Aus Tab. 10 folgt: $m = 23,5$, $\sigma_b = \dfrac{1400}{23,5} = 60\ \text{kg/cm}^2 < \sigma_{b\,zul}$

$$\zeta = 0,870, \qquad F_e = \frac{7,9}{1,40 \cdot 0,870 \cdot 0,56} = 11,6\ \text{cm}^2.$$

Das Betontragmoment berechnet man aus (28 a) mit $M_B = \left(\dfrac{h}{\gamma_E}\right)^2 \sigma_e\, b$ und die zur Aufnahme dieses Momentes notwendige Bewehrung aus

$$F_{eB} = \frac{M_B}{\sigma_e\, \zeta\, h}.$$

Beispiel 10. Gegeben: $b = 0,45$ m, $d = 1,80$ ($h = 1,72$ m) 90/1800.
Gesucht: M_B, F_{eB}.
Aus Tab. 10 für $m = 1800/90 = 20$ folgt:
$$\gamma_E = 10,43, \qquad \zeta = 0,857.$$
Es wird

$$M_B = \left(\frac{172}{10,43}\right)^2 1,8 \cdot 0,45 = 219\ \text{tm}, \qquad F_{eB} = \frac{219}{1,8 \cdot 0,857 \cdot 1,72} = 82,4\ \text{cm}^2.$$

Sucht man das Tragmoment M_E, das der vorhandenen Bewehrung zugemutet werden kann, so bestimmt man über $\mu = \dfrac{F_e}{b\,h}$ wieder mit Hilfe der Tab. 10 die Größen ζ und m und berechnet sodann $M_E = F_e\, \sigma_e\, \zeta\, h$ und die durch dieses Moment verursachte Betondruckspannung $\sigma_b = \dfrac{\sigma_e}{m}$.

Beispiel 11. Gegeben: $b = 0,80$ m, $d = 0,50$ m ($h = 0,46$ m),
$\qquad\qquad F_e = 30,4\ \text{cm}^2$ (8 $\varnothing$ 22), $\qquad \sigma_e = 1500\ \text{kg/cm}^2$.
Gesucht: M_E, σ_b.

$$\mu = \frac{30,4}{80 \cdot 46} = 0,0083; \quad \text{aus Tab. 10:} \quad m = 23,5, \quad \zeta = 0,870$$

$$M_E = 30,4\ \text{cm}^2\ 1,5\ \text{t/cm}^2\ 0,870 \cdot 0,46\ \text{m} = 18,25\ \text{tm}, \qquad \sigma_b = \frac{1500}{23,5} = 64\ \text{kg/cm}^2.$$

Die Beispiele 7 bis 11 sind so ausführlich behandelt, weil sie die verschiedenen kennzeichnenden Fragestellungen bei der Biegung behandeln, die sich bei allen Querschnittsformen wiederholen. Außerdem ist die zweckmäßige Anwendung der Maßeinheiten gezeigt, die die einfachste Stellenwertbestimmung herbeiführt.

Wo man die Wahl zwischen (27) und (29) zur Berechnung von F_e hat, verwende man immer die letztere Formel, da sie weniger fehlerempfindlich ist.

3. Der Rechteckquerschnitt mit Druckbewehrung.

Ist bei der gebundenen Bemessung das äußere Moment größer als das Betontragmoment bei gegebenen zulässigen Spannungen, so gibt es zwei Wege, ohne Vergrößerung der Betonabmessungen das gegebene Moment innerhalb der zulässigen Spannungen aufzunehmen.

1. Man setzt σ_e herab ($\sigma_e < \sigma_{e\,zul}$). Man berechnet hiezu statt γ_E die Hilfszahl $\gamma_B = \dfrac{h}{\sqrt{\dfrac{M}{\sigma_b\,b}}}$ und erhält damit m aus Tab. 10 und $\sigma_e = m\,\sigma_b < \sigma_{e\,zul}$, ferner wie früher ζ und F_e. Dieser Weg ist nur möglich, wenn das äußere Moment das Betontragmoment nur wenig überschreitet. Andern Falles erfordert er viel zu große Bewehrung.

2. Man verstärkt die Betondruckzone durch eine Bewehrung in der Nähe der gedrückten Kante (Abb. 28).

Der Betonquerschnitt ohne Druckbewehrung kann mit dem Moment

$$M_B = \left(\frac{h}{\gamma_E}\right)^2 \sigma_e\,b$$

belastet werden. Zu diesem Moment gehört die Zugbewehrung $F_{eB} = \dfrac{M_B}{\sigma_e\,\zeta\,h}$. Im Betondruckquerschnitt entsteht die Druckkraft $D_b = \tfrac{1}{2}\,\sigma_b\,b\,x$, in der Bewehrung die Zugkraft $Z_e = F_{eB}\,\sigma_e$. Diese beiden Kräfte sind entgegengesetzt gleich groß und bilden das Moment $D_b\,z = Z\,z = M_B$. Ist das äußere Moment $M > M_B$, so kann die Differenz

$$\Delta M = M - M_B \qquad (30)$$

durch das zusätzliche Kraftpaar $D_e(h - h') = \Delta Z_e(h - h')$, (Abb. 28), das in der in der Druckzone angeordneten Bewehrung F_e' und einer entsprechenden Vermehrung der Zugbewehrung ΔF_e entsteht, im Gleichgewicht gehalten werden. Da die Randspannungen $\sigma_{b\,zul}$ und $\sigma_{e\,zul}$ bei diesem Vorgang erhalten bleiben sollen, behält die neutrale Achse ihre Lage bei. Aus den beiden Gleichgewichtsbedingungen

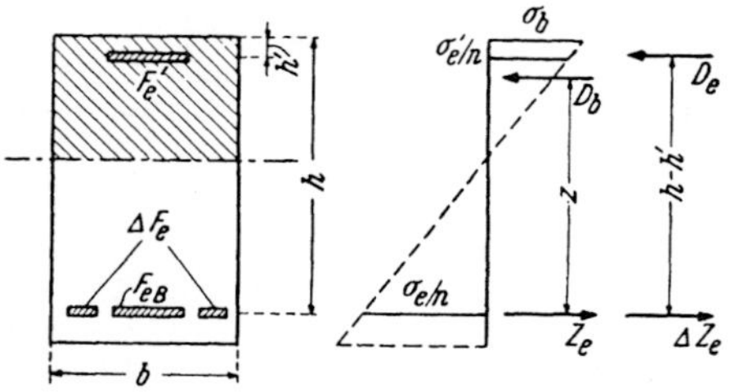

Abb. 28. Rechteckquerschnitt mit Druckbewehrung.

$$\Delta M = \Delta Z_e\,(h - h') = \Delta F_e\,\sigma_e(h - h'),$$
$$\Delta Z_e = D_e', \qquad \Delta F_e\,\sigma_e = F_e'\,\sigma_e'$$

und der aus dem geradlinigen Spannungsdiagramm folgenden Beziehung

$$\sigma_e' = \sigma_e\,\frac{x - h'}{h - x} = \sigma_e\,\frac{\xi - h'/h}{1 - \xi}$$

erhält man die Bemessungsformeln:

$$\Delta F_e = \frac{\Delta M}{\sigma_e\,(h - h')}, \qquad F_e = F_{eB} + \Delta F_e \qquad (31)$$

$$F_e' = \Delta F_e\,\frac{1 - \xi}{\xi - h'/h}. \qquad (32)$$

Beispiel 12. Gegeben: $M = 138$ tm, $b = 0,45$ m, $d = 1,25$ m ($h = 1,18$ m)
B 300, B.St. III (100/2000)
Gesucht: F_e und F_e'.

$$m = \frac{2000}{100} = 20, \quad \gamma_E = 10,43, \quad \zeta = 0,857, \quad \xi = 0,429,$$

$$M_B = \left(\frac{118}{10,43}\right)^2 2,0 \cdot 0,45 = 115 \text{ tm}, \qquad F_{eB} = \frac{115}{2,0 \cdot 0,857 \cdot 1,18} = 56,8 \text{ cm}^2.$$

$$\Delta M = 138 - 115 = 23 \text{ tm}.$$

$$\Delta F_e = \frac{23}{2,0\,(1,18 - 0,05)} = 10,2 \text{ cm}^2, \qquad F_e = 56,8 + 10,2 = 67,0 \text{ cm}^2.$$

$$h'/h = 5/118 = 0,042, \qquad F_e' = 10,2\,\frac{1 - 0,429}{0,429 - 0,042} = 15,1 \text{ cm}^2.$$

Die Bestimmung von F_e' aus ΔF_e nach (32) wird bei Benützung des der Tab. 10 beigegebenen Nomogrammes noch vereinfacht; die drei zugeordneten Werte m, h'/h und $\varphi = F_e'/\Delta F_e$ liegen auf einer Geraden. Man berechnet somit auf einfachstem Wege

$$F_e' = \varphi\,\Delta F_e.$$

Um den Standsicherheitsnachweis bei vorhandener Druckbewehrung zu führen, hat man zunächst die Lage der neutralen Achse als Schwerachse des ideellen Querschnittes zu ermitteln. Man setzt das statische Moment um die neutrale Achse gleich Null (Abb. 29):

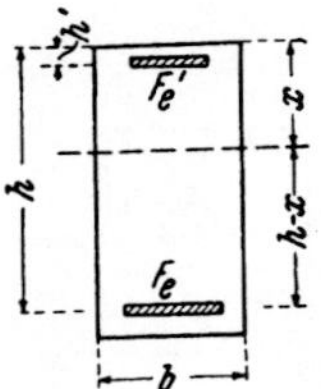

Abb. 29. Rechteckquerschnitt mit Druckbewehrung.

$$\frac{b\,x^2}{2} - n\,F_e\,(h - x) + n\,F_e'\,(x - h') = 0.$$

Nach Division durch $\dfrac{b\,h^2}{2}$ erhält man die Normalform der quadratischen Gleichung für ξ:

$$\xi^2 + 2\,n\,(\mu + \mu')\,\xi - 2\,n\,(\mu + \mu'\,h'/h) = 0 \qquad (33)$$

Daraus folgt $x = \xi\,h$.

Das ideelle Trägheitsmoment um die neutrale Achse ist

$$J_{ix} = \frac{b\,x^3}{3} + n\,F_e\,(h - x)^2 + n\,F_e'\,(x - h')^2,$$

bzw. nach Division durch $b\,h^3$:

$$J_{ix} = b\,h^3\,[\xi^3/3 + n\,\mu\,(1 - \xi)^2 + n\,\mu'\,(\xi - h'/h)^2]. \qquad (34)$$

Die Spannungen folgen aus

$$\sigma_b = \frac{M}{J_{ix}}\,x, \qquad \sigma_e = n\,\frac{M}{J_{ix}}\,(h - x), \qquad \sigma_e' = n\,\frac{M}{J_{ix}}\,(x - h'). \qquad (35)$$

(33), (34), (35) sind übersichtlicher und einfacher anzuwenden als explizite Formeln.

Beispiel 13. Es soll für den im Beispiel 12 bemessenen Querschnitt der Standsicherheitsnachweis erbracht werden.

Es ist $\mu = \dfrac{67}{45 \cdot 118} = 0,01263,$ $\qquad \mu' = \dfrac{15,1}{45 \cdot 118} = 0,00285,$ $\qquad \dfrac{h'}{h} = 0,042.$

$$\xi^2 + 30\,(0,01263 + 0.00285)\,\xi - 30\,(0,01263 + 0.00285 \cdot 0,042) = 0.$$

$$\xi^2 + 0,465\,\xi - 0,383 = 0, \qquad \xi = 0,428, \qquad x = 0,505 \text{ m}.$$

$$J_{ix} = 0,45 \cdot 1,18^3 \left(\frac{0,428^3}{3} + 15 \cdot 0,01263 \cdot 0,572^2 + 15 \cdot 0,00258 \cdot 0,386^2\right) =$$

$$= 0,0702 \text{ m}^4$$

$$\sigma_b = \frac{138}{0,0702}\,0,505 = 990 \text{ t/m}^2 = 99 \text{ kg/cm}^2.$$

$$\sigma_e = 15 \, \frac{138}{0,0702} \, 0,675 = 19\,900 \text{ t/m}^2 = 1990 \text{ kg/cm}^2.$$

$$\sigma_e' = 15 \, \frac{138}{0,0702} \, 0,455 = 13\,400 \text{ t/m}^2 = 1340 \text{ kg/cm}^2.$$

4. Beliebige, einfach symmetrische Querschnitte.

Man kann für jede Folge ähnlicher, einfach symmetrischer Querschnitte die gleichen Hilfsmittel der Bemessung entwickeln, wie für den Rechteckquerschnitt. Die Hilfsgrößen ξ, γ_E, γ_B, ζ und μ sind allgemein als Funktion der Randspannungen und der Querschnittsform darstellbar.

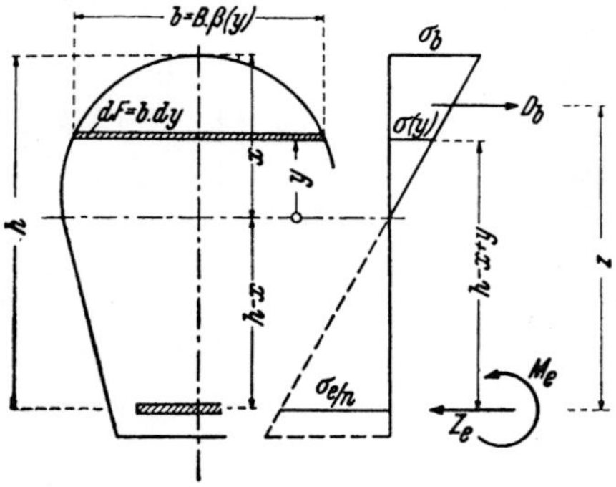

Die Beziehung $x = \dfrac{n}{n+m} \cdot h = \xi h$ ist unabhängig von der Querschnittsform, da sie nur von dem Verhältnis m der Randspannungen abhängt. Sie kann allgemein verwendet werden.

Die Querschnittsform sei gegeben durch $b = B \cdot \beta(y)$; die Breite des Querschnittes gibt die Vergleichsbreite B an, die Funktion $\beta(y)$ bestimmt die Form (Abb. 30).

Abb. 30. Beliebiger, einfach symmetrischer Querschnitt bei symmetrischer Biegung.

Aus dem Spannungsdiagramm folgt

$$\sigma(y) = \sigma_b \, \frac{y}{x}, \qquad \sigma_e = n \, \sigma_b \, \frac{h-x}{x}.$$

Die Gleichgewichtsbedingungen drückt man durch Integrale aus:

$$\Sigma N = \int_{y=0}^{x} \sigma(y)\, dF - F_e \, \sigma_e = 0,$$

$$\Sigma M = \int_{y=0}^{x} \sigma(y)\,(h-x+y)\, dF = M_e.$$

(M_e = Moment der äußeren Kräfte um die Zugbewehrung).

Mit den linearen Spannungsbeziehungen folgt aus $\Sigma N = 0$:

$$\int_{y=0}^{x} y\, dF - n\, F_e (h-x) = 0.$$

Daraus folgt der allgemein gültige Satz: *Bei reiner Biegung ist die neutrale Achse Schwerachse des ideellen Querschnittes.*

Mit Einführung der dimensionslosen Koordinate $\eta = \dfrac{y}{h}$, des Flächenelementes $dF = b\, dy = B\, h\, \beta(\eta)\, d\eta$ und der Abkürzung

$$J_1 = \int_{\eta=0}^{\xi} \eta\, \beta(\eta)\, d\eta \tag{36}$$

wird aus $\Sigma N = 0$ mit $x = \xi h$

$$D_b = \sigma_b \frac{B h}{\xi} J_I = F_e \sigma_e = Z_e.$$

Daraus folgt das Bewehrungsverhältnis in Abhängigkeit von der Querschnittsform:

$$\mu = \frac{F_e}{B h} = \frac{J_I}{m \xi}. \tag{37}$$

Aus der zweiten Gleichgewichtsbedingung $\Sigma M = 0$ wird mit der Abkürzung

$$J_{II} = \int\limits_{\eta = 0}^{\xi} \eta \, (1 - \xi + \eta) \, \beta(\eta) \, d\eta, \tag{38}$$

$$M_e = \sigma_b \frac{B h^2}{\xi} J_{II}.$$

Man erhält daraus die allgemeine Bemessungsformel in der bekannten Form

$$h = r \sqrt{\frac{M_e}{B}} \qquad \text{mit} \qquad r = \sqrt{\frac{\xi}{\sigma_b J_{II}}}. \tag{39}$$

Aus dieser Beziehung gewinnt man, so wie beim Rechteck, durch Erweiterung, bzw. Umgruppierung die dimensionsunabhängige Bemessungsformel:

$$h = \gamma_E \sqrt{\frac{M_e}{\sigma_b B}} \qquad \text{mit} \qquad \gamma_E = \sqrt{\frac{\xi m}{J_{II}}} \tag{40 a}$$

und

$$h = \gamma_B \sqrt{\frac{M_e}{\sigma_b B}} \qquad \text{mit} \qquad \gamma_B = \sqrt{\frac{\xi}{J_{II}}}. \tag{40 b}$$

Der Hebelarm der inneren Kräfte ist $z = \dfrac{M_e}{D_b}$; wegen

$$\frac{M_e}{D_b} = \frac{\sigma_b \dfrac{B h^2}{\xi} J_{II}}{\sigma_b \dfrac{B h}{\xi} J_I}$$

wird

$$z = \zeta h \qquad \text{mit} \qquad \zeta = \frac{J_{II}}{J_I}. \tag{41}$$

Auch für t $(F_e = t \sqrt{M B})$ läßt sich ein allgemeiner Ausdruck entwickeln. Man kann sich jedoch auf die angegebenen Hilfsgrößen beschränken, da sie, ebenso wie beim Rechteckquerschnitt, für alle in Frage kommenden Aufgaben ausreichen und die beste Rechnungsgenauigkeit gewährleisten.

Mit den gegebenen Formeln kann man für jede Querschnittsform Bemessungsbehelfe entwickeln. Ist die, die Querschnittsform beschreibende Funktion $\beta(\eta)$ parameterfrei, wie z. B. beim Rechteck, so sind Zahlentabellen recht handlich. Enthält β *einen* Parameter (z. B. Plattenbalken ohne Stegspannungen, mit dem Parameter d/h), so kann man auch noch

Zahlentabellen verwenden. Bei mehr als einem Parameter (z. B. Plattenbalken mit Stegspannungen mit den Parametern d/h und b_0/b) werden
Zahlentabellen schon sehr unhandlich. Man benützt in diesem Falle Flucht-
linientabellen (Nomogramme).

5. Der Plattenbalken.

Wie bereits erwähnt, bezeichnet man als Plattenbalken das durch den
fugenlosen Verband zwischen Platte und Rippe entstehende Tragwerk.
Infolge der Durchbiegung der Rippe muß sich deren obere Faser verkürzen.
Da die Platte in der Nachbarschaft der Rippe deren Formänderung folgen
muß, wird auch sie Verkürzungen erfahren. Wo aber Formänderungen
sind, da entstehen auch Spannungen. Es werden daher auch in der Platte
in der Nähe der Rippe Druckspannungen auftreten, die jedoch mit wachsender Entfernung von der Rippe kleiner werden.

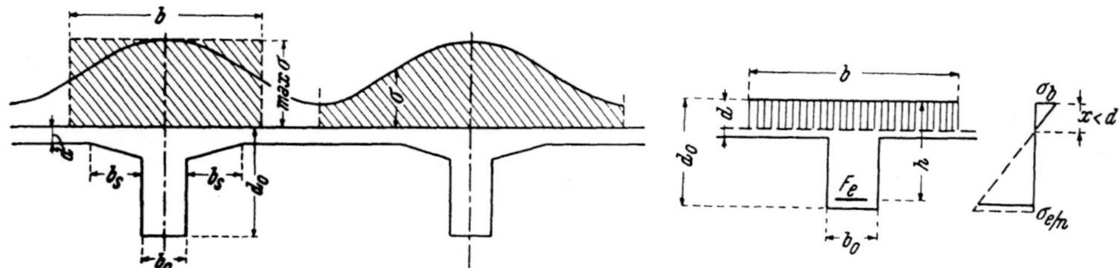

Abb. 31. Spannungsverteilung in der Platte
eines Plattenbalkens und die mitwirkende
Plattenbreite.

Abb. 32. Plattenbalken mit
verhältnismäßig dicker Platte
$(x < d)$.

Die Abb. 31 zeigt den ungefähren Verlauf der Druckspannung in der
Platte zwischen zwei Rippen. Das Druckverteilungsgesetz genau zu ermitteln, ist Gegenstand der Elastizitätstheorie. Man definiert die „mitwirkende Plattenbreite b" als jene Strecke, längs der die über der Rippe
auftretende größte Druckspannung $\max \sigma_b$ in voller Größe wirken müßte,
um eine gleich große Druckkraft zu erzeugen, wie die in der Platte zwischen
zwei Rippen nach der tatsächlichen Spannungsverteilung entstehende.

In den Stahlbeton-Bestimmungen der verschiedenen Länder ist —
meist durch eine einfache Formel — angegeben, wie groß die mitwirkende Plattenbreite für die Bemessung anzunehmen ist. Man kann daher die mitwirkende Breite als bekannt ansehen.

Fällt bei einem Plattenbalken die neutrale Achse noch in die Platte
$(x < d$, Abb. 32), so ist der Querschnitt wie ein Rechteckquerschnitt zu
berechnen, da der Betondruckkeil die gleiche Gestalt hat, wie beim Rechteckquerschnitt. Es sind alle Formeln und Hilfsmittel des Rechteckquerschnittes verwendbar, sofern man für b die mitwirkende Plattenbreite
setzt.

Fällt jedoch die neutrale Achse in den Steg $(x > d)$, so entsteht ein
Beton-Druckkeil, dessen Gestalt in Abb. 33 dargestellt ist.

Solange die neutrale Achse in der Nähe der Plattenunterkante liegt
oder bei schmalen Stegen, sind die Stegspannungen klein und tragen wenig
zur Beton-Druckkraft D_b, gleich dem Inhalt des Spannungskeiles, bei.

Man kann sie in diesem Falle vernachlässigen und rechnet nach Abb. 34 mit einem Beton-Druckkeil einfacherer Gestalt.

Infolge der Vernachlässigung der Stegspannungen werden von Anfang an Ungenauigkeiten in der Berechnung zugelassen. Es hat keinen Zweck, die weitere Rechnung unter dieser Voraussetzung genauer aufzuziehen, als es die vereinfachenden Annahmen rechtfertigen.

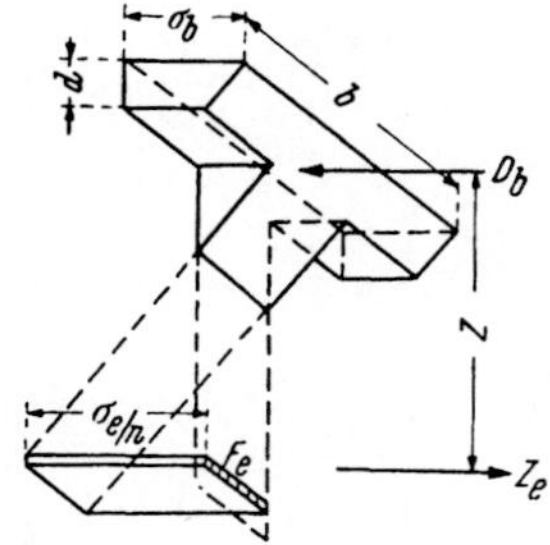

Abb. 33. Druck- und Zugkraft in einem Plattenbalken.

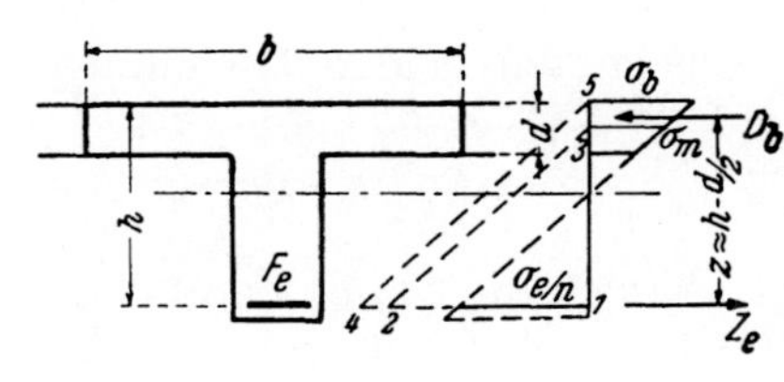

Abb. 34. Plattenbalken bei Vernachlässigung der Steg-Druckspannungen.

Beim *Standsicherheitsnachweis* hat man zunächst die neutrale Achse als Schwerachse des ideellen Querschnittes zu suchen. Man setzt dessen statisches Moment um die neutrale Achse gleich Null:

$$b\, d \left(x - \frac{d}{2} \right) - n\, F_e\, (h - x) = 0;$$

Daraus berechnet man

$$x = \frac{\frac{1}{2}\, b\, d^2 + n\, F_e\, h}{b\, d + n\, F_e}. \tag{42}$$

Mit genügender Genauigkeit nimmt man den Angriffspunkt von D_b in der Mitte der Platte an; dann ist

$$z = h - \frac{d}{2} \tag{43}$$

und aus der Momentensumme um D_b folgt $M = Z_e\, z = F_e\, \sigma_e \left(h - \frac{d}{2} \right).$
Man erhält

$$\sigma_e = \frac{M}{F_e\,(h - d/2)}. \tag{44}$$

Schließlich liefert das lineare Spannungsdiagramm

$$\sigma_b = \frac{1}{n}\, \sigma_e\, \frac{x}{h - x}. \tag{45}$$

Da der Hebelarm der inneren Kräfte bei Vernachlässigung der Stegspannungen genügend genau aus den Betonabmessungen allein zu berechnen und von der Größe der Bewehrung unabhängig ist, kann man durch Umkehrung von (44) auch die *gebundene Bemessung* durchführen. Man ermittelt zuerst

$$F_e = \frac{M}{\sigma_e\,(h - d/2)}, \tag{46}$$

bestimmt dann mit Hilfe von (42) das x und prüft mit (45), ob die Betondruckspannung nicht größer als die zulässige Spannung wird.

Den Umweg über x zur Ermittlung von σ_b bei der gebundenen Bemessung kann man vermeiden. Aus der Ähnlichkeit der beiden Dreiecke 123 und 145 (Abb. 34) folgt $(\sigma_m + \sigma_e/n) : (h - d/2) = (\sigma_b + \sigma_e/n) : h$; ferner ist wegen $D_b = Z_e$

$$F_e \sigma_e = b\, d\, \sigma_m, \qquad \text{bzw.} \qquad \sigma_m = \frac{F_e \sigma_e}{b\, d}.$$

Aus diesen beiden Gleichungen entsteht

$$\sigma_b = \sigma_e \frac{h}{h - d/2} \left(\frac{F_e}{b\, d} + \frac{d}{2\, n\, h} \right), \tag{47}$$

eine Formel, die nur bereits bekannte Größen enthält, mit der man daher σ_b unmittelbar berechnet.

Bei der freien Bemessung berechnet man die Höhe aus der genügend genauen Näherungsformel

$$h = \frac{M}{b\, d\, \sigma_b} + \frac{d}{2} \frac{1 + \xi}{\xi}, \tag{48}$$

die man aus (47) gewinnt, indem man in dieser für $F_e \sigma_e = \dfrac{M}{h - d/2}$ setzt und nach Ordnung der quadratischen Gleichung für h das Glied mit $\dfrac{d^2}{4\, \xi}$ als bedeutungslos vernachlässigt.

Die Bewehrung folgt sodann, wie bei der gebundenen Bemessung, aus (46).

Bei Vernachlässigung der Druckzone im Steg ist die Berechnung so einfach und ohne Hilfsmittel durchführbar, weil der Hebelarm der inneren Kräfte im Rahmen der Genauigkeit unabhängig von der Bewehrung ist und aus den Betonabmessungen allein berechnet wird.

Aus Gründen der Stahleinsparung geht man bei Plattenbalken im allgemeinen nicht bis $\sigma_{b\,zul}$, sondern man wählt die Balkenhöhe so groß, daß etwa

$$\text{bei Nebenträgern } \sigma_b = 15 - 25 \text{ kg/cm}^2,$$
$$\text{bei Hauptträgern } \sigma_b = 25 - 40 \text{ kg/cm}^2,$$

bei schweren Unterzügen und Hauptträgern von Brücken mit bedeutendem Eigengewicht $\sigma_b = 40 \text{ kg/cm}^2 - \sigma_{b\,zul}$ wird.

Beispiel 14. Gegeben: $M = 6{,}9$ tm, $d = 12$ cm, $b_0 = 20$ cm,
$$B\ 160, \text{ B.St. I } (50/1400).$$

Gesucht: h, bzw. d_0, F_e (freie Bemessung)
$$b = b_0 + 12\, d = 0{,}20 + 12 \cdot 0{,}12 = 1{,}64 \text{ m}.$$

Es soll $\sigma_b = 25 \text{ kg/cm}^2$ werden. Aus Tab. 10 entnimmt man für $m = 1400/25 = 56$ den Wert $\xi = 0{,}211$. Nach (48) wird

$$h = \frac{6{,}9 \text{ tm}}{1{,}64 \text{ m} \cdot 0{,}12 \text{ m} \cdot 250 \text{ t/m}^2} + \frac{0{,}12 \text{ m}}{2} \cdot \frac{1 + 0{,}211}{0{,}211} = 0{,}48 \text{ m}, \; d_0 = 0{,}53 \text{ m}.$$

$$F_e = \frac{6{,}9}{1{,}4\,(0{,}48 - 0{,}06)} = 11{,}7 \text{ cm}^2.$$

Beispiel 15. Gegeben $M = 19{,}5$ tm, $d = 10$ cm, $b_0 = 30$ cm,
$$h = 75 \text{ cm}, \; B\ 225, \text{ B.St. II } (70/1800).$$

Gesucht: F_e, σ_b (gebundene Bemessung).

$$b = 0{,}30 + 12 \cdot 0{,}10 = 1{,}50 \text{ m.}$$

$$F_e = \frac{19\ 5}{1{,}8\,(0{,}75 - 0{,}05)} = 15{,}4 \text{ cm}^2.$$

$$\sigma_b = 1800\,\frac{75}{75 - 5}\left(\frac{15{,}4}{150 \cdot 10} + \frac{10}{2 \cdot 15 \cdot 75}\right) = 28{,}5 \text{ kg/cm}^2.$$

Die Vernachlässigung der Stegspannungen ist nur solange angebracht, als $\sigma_b < \sigma_{b\,zul}$ ist, bzw. solange das äußere Moment M kleiner als das Betontragmoment M_B ist.

Das Betontragmoment M_B des Plattenbalkens ist mit Hilfe der Bemessungstafel für das Rechteck verhältnismäßig einfach zu berechnen. Das gesuchte Tragmoment M_B ist offenbar das Tragmoment M_1 des vollen Rechteckes $b\,h$ (Abb. 35) mit den Randspannungen σ_b und σ_e, vermindert um das Tragmoment M_2 des Rechteckes $(b - b_0)$ $(h - d)$ (in Abb. 35 schraffiert), mit den Randspannungen σ_b' und σ_e.

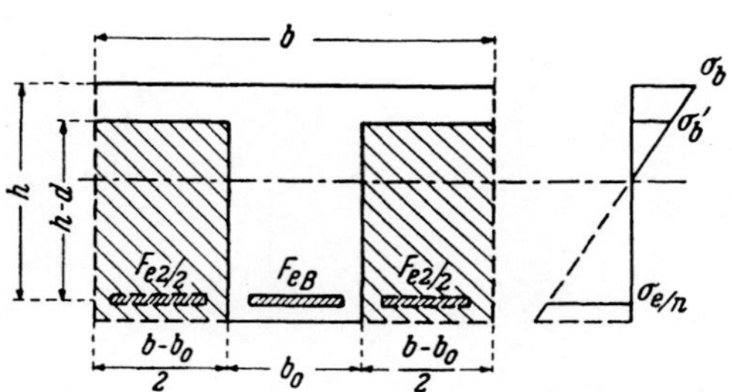

Abb. 35. Plattenbalken bei Berücksichtigung der Steg-Druckspannungen.

Die Bewehrung F_e wird ebenfalls als Differenz der Bewehrungen F_{e1} und F_{e2}, die den Momenten M_1 und M_2 zugeordnet sind, zu berechnen sein. M_1 und F_{e1} ermittelt man mit Hilfe der Tab. 10 für σ_e und σ_b. Mit σ_e und der reduzierten Spannung

$$\sigma_b' = \sigma_b\,\frac{x - d}{x} \tag{49}$$

berechnet man M_2 und F_{e2}. Die Differenzen $M_1 - M_2 = M_B$ und $F_{e1} - F_{e2} = F_{eB}$ liefern die gesuchten Werte.

Der richtige Hebelarm der inneren Kräfte bei Berücksichtigung der Stegspannungen ist kleiner als der mit $h - d/2$ geschätzte. Man gewinnt ihn sehr einfach aus der Gleichgewichtsbedingung

$$M = Z_e\,z = F_e\,\sigma_e\,z \quad \text{mit}$$

$$z = \frac{M_B}{\sigma_e\,F_{eB}}. \tag{50}$$

Stellen die Stegspannungen einen erheblichen Anteil der ganzen Betondruckkraft dar, so wird F_e, da $z < h - d/2$, mit der Formel (44) zu klein berechnet, worauf gegebenenfalls zu achten ist.

Beispiel 16. Gegeben: $d = 0{,}12$ m, $h = 1{,}30$ m, $b = 0{,}40$ m, $B\ 300$, B.St. III (90/2000).

Gesucht: M_B, F_{eB}.

$$b = 0{,}40 + 12 \cdot 0{,}12 = 1{,}84 \text{ m,} \quad m = 2000/90 = 22{,}2.$$

Aus Tab. 10 für $m = 22$: $\xi = 0{,}405$, $\gamma_E = 11{,}20$, $\zeta = 0{,}865$;

$$x = 0{,}405 \cdot 1{,}30 = 0{,}527 \text{ m,} \quad \sigma_b' = 90\,\frac{0{,}407}{0{,}527} = 69{,}5 \text{ kg/cm}^2.$$

$$m' = 2000/69{,}5 = 28{,}8, \quad \gamma_E' = 13{,}86, \quad \zeta' = 0{,}886.$$

Es wird

$$M_1 = \left(\frac{130}{11,20}\right)^2 2,0 \cdot 1,84 = \qquad 495,0 \text{ tm}, \quad F_{e1} = \frac{495,0}{2,0 \cdot 0,865 \cdot 1,30} = 220 \text{ cm}^2.$$

$$M_2 = -\left(\frac{130-12}{13,86}\right)^2 2,0\,(1,84-0,40) = -209,0 \text{ tm}, \quad F_{e2} = \frac{-209,0}{2,0 \cdot 0,886 \cdot 1,18} = -100 \text{ cm}^2.$$

$$\overline{M_B = 286,0 \text{ tm.}} \qquad\qquad \overline{F_{eB} = 120 \text{ cm}^2.}$$

$$z = \frac{286}{120 \cdot 2,0} = 1,19 < 1,30 - 0,06 = 1,24 \text{ m.}$$

Ausgehend von (36) bis (40) kann man Bemessungsbehelfe entwickeln, mit deren Hilfe die Bemessung der Plattenbalken mit Stegspannungen ebenso einfach wird, wie die des Rechteckes mit Hilfe der Tab. 10.

Da die Funktion $\beta(\eta)$ beim Plattenbalken zweiparametrig ist, muß man sich der nomographischen Darstellung bedienen.

Im folgenden wird ein von *G. Nouackh* entwickeltes Nomogramm für den Plattenbalken mit Stegspannungen wiedergegeben und seine vielseitige Verwendbarkeit an Beispielen gezeigt.

Um die maßgebenden Beziehungen zu gewinnen, hat man nach (36) und (38) die Integrale J_I und J_{II} für die für den Plattenbalken mit Stegspannungen geltende Funktion $\beta(\eta)$ zu berechnen.

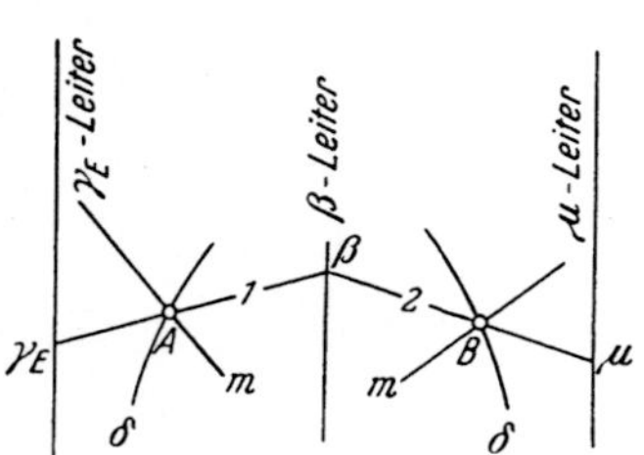

Abb. 36. Schematische Darstellung des Plattenbalken-Nomogrammes von *G. Nouackh*.

Mit $\delta = \dfrac{d}{h}$ und $B = b$, bzw. $\beta = \dfrac{b_0}{b}$ wird:

im Bereich: $0 < \eta < \xi - \delta \ldots \ldots \beta(\eta) = \beta$,

im Bereich: $\xi - \delta < \eta < \xi \ldots \ldots \beta(\eta) = 1$.

Die beiden Integrale werden somit

$$J_I = \frac{\xi^2}{2} - \frac{1}{2}\,(1-\beta)\,(\xi-\delta)^2$$

und

$$J_{II} = \frac{\xi^2}{2}\,(1-\xi) + \frac{\xi^3}{3} - (1-\beta)\left[(1-\xi)\,\frac{(\xi-\delta)^2}{2} + \frac{(\xi-\delta)^3}{3}\right];$$

mit diesen Ausdrücken berechnet man die zur nomographischen Darstellung am besten geeigneten Bemessungszahlen γ_E und μ als Funktion der Variablen $m = \dfrac{\sigma_e}{\sigma_b}$ und der Parameter $\delta = \dfrac{d}{h}$ und $\beta = \dfrac{b_0}{b}$. Das Nomogramm (Tab. 11) ist in Abb. 36 schematisch dargestellt.

Bei der *gebundenen Bemessung* geht man von γ_E aus und liest am Schnittpunkt A der Geraden 1 durch die Punkte γ_E und β mit der mit δ bezifferten Leitkurve das Spannungsverhältnis m ab. Sodann legt man durch den Punkt β und den Schnittpunkt B auf der rechten Hälfte die Gerade 2 und liest an der μ-Leiter das Bewehrungsverhältnis ab. Es sei noch bemerkt, daß man den Hebelarm der inneren Kräfte aus $z = \dfrac{M}{F_e\,\sigma_e}$ ermitteln kann.

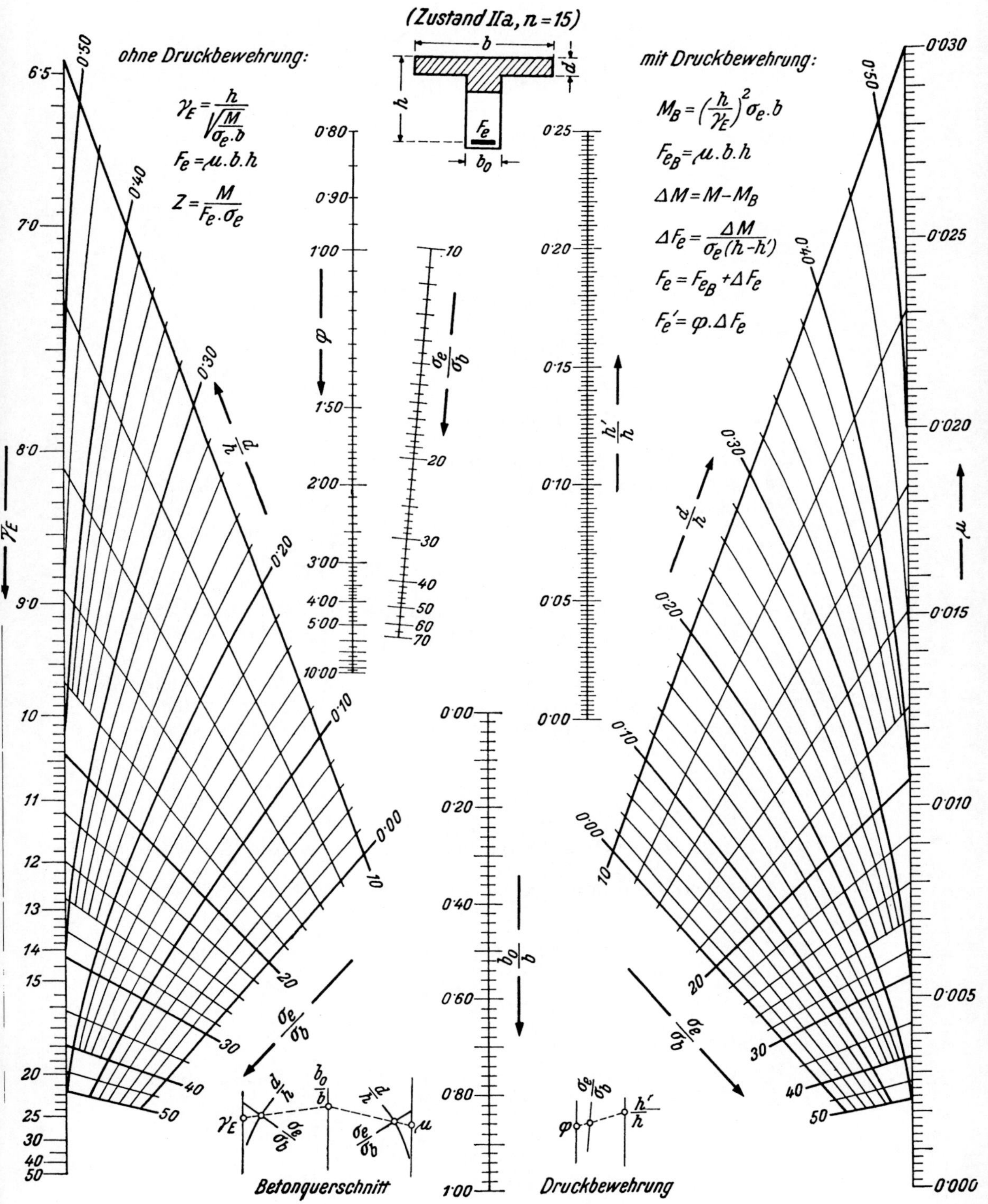

Entwurf: G. *Nouackh* †, Wien.

Beispiel 17. Gegeben: $M = 390$ tm, $d = 0,15$ m, $d_0 = 1,80$ m, $(h = 1,65)$,
$$b_0 = 0,45 \text{ m}.$$
B 225, B.St. II (70/1800).
Bemessung mit Hilfe von Tab. 11.

Gesucht: F_e, σ_b.

$$b = 0,45 + 12 \cdot 0,15 = 2,25 \text{ m}, \quad \beta = \frac{0,45}{2,25} = 0,20, \quad \delta = \frac{0,15}{1,65} = 0,09,$$

$$\gamma_E = \frac{165}{\sqrt{\dfrac{390}{1,80 \cdot 2,25}}} = 16,8.$$

Die Gerade 1 liefert $\sigma_e/\sigma_b = 26,0$, daraus $\sigma_b = \dfrac{1800}{26,0} = 69$ kg/cm².

Die Gerade 2 bringt $\mu = 0,38\%$. Daher

$$F_e = 0,0038 \cdot 225 \cdot 165 = 141 \text{ cm}^2.$$

Schließlich berechnet man noch $z = \dfrac{390}{141 \cdot 1,8} = 1,54$ m.

(Zum Vergleich: $h - d/2 = 1,575$ m.)

Bei der *freien Bemessung* muß man zunächst die Nutzhöhe schätzen und einen Näherungswert d/h berechnen. Man bestimmt dann mit Hilfe des Nomogrammes mit den Bestimmungsgrößen β, δ und m die Bemessungs-

zahlen γ_E und μ und berechnet daraus in gewohnter Weise $h = \gamma_E \sqrt{\dfrac{M}{\sigma_e \, b}}$

und $F_e = \mu \, b \, h$. War der erste Näherungswert von d/h unzutreffend, so hat man die Berechnung von h mit einem verbesserten Verhältnis d/h zu wiederholen, bevor man F_e bestimmt.

Um das *Tragmoment* des Betonquerschnittes M_B und die zugehörige Bewehrung zu ermitteln, bestimmt man mit den Betonabmessungen und dem Verhältnis der Randspannungen mit Hilfe des Nomogrammes γ_E und μ und erhält

$$M_B = \left(\frac{h}{\gamma_E}\right)^2 \sigma_e \, b \quad \text{und} \quad F_e = \mu \, b \, h.$$

Ist das *Tragvermögen* der Bewehrung zu berechnen, so geht man von

$\mu = \dfrac{F_e}{b \, h}$ aus und bestimmt über m das γ_E und berechnet daraus wie

oben das M_E.

Beim *Standsicherheitsnachweis* geht man ebenfalls von μ aus und ermittelt über das m das γ_E. Man erhält daraus

$$\sigma_e = \frac{M}{b} \left(\frac{\gamma_E}{h}\right)^2 \quad \text{und} \quad \sigma_b = \frac{\sigma_e}{m}.$$

Beispiel 18. Wiederholung des Beispieles 16 mit Hilfe des Nomogrammes.

$$h = 1,30, \quad b = 1,84 \text{ m}, \quad \beta = \frac{0,40}{1,84} = 0,216, \quad \delta = \frac{0,12}{1,30} = 0,092.$$

$$m = 2000/90 = 22,2.$$

Aus dem Nomogramm erhält man $\gamma_E = 14,9$, $\mu = 0,49\%$;

$$M_B = \left(\frac{130}{14,9}\right)^2 2,0 \cdot 1,84 = 282 \text{ tm}, \quad F_e = 0,0049 \cdot 184 \cdot 130 = 118 \text{ cm}^2.$$

Sind statt 118 cm² nur 90 cm² vorhanden, so folgt das Tragvermögen M_E dieser Bewehrung aus

$$\mu = \frac{90}{184 \cdot 130} = 0{,}375\%, \text{ daraus } m = 27{,}0, \ \gamma_E = 16{,}9,$$

$$M_E = \left(\frac{130}{16{,}9}\right)^2 2{,}00 \cdot 1{,}84 = 218 \text{ tm}, \ \sigma_b = \frac{2000}{27{,}0} = 74 \text{ kg/cm}^2.$$

Den *Standsicherheitsnachweis* führt man ohne Bemessungsbehelfe wieder mit Hilfe des „ideellen Querschnittes" durch. Es wird zunächst x als dessen Schwerachse aus der quadratischen Gleichung

$$\frac{b\,x^2}{2} - \frac{(b - b_0)\,(x - d)^2}{2} - n\,F_e\,(h - x) = 0 \text{ gewonnen.}$$

Mit $\beta = b_0/b$ und $\delta = d/h$ führt man diese Gleichung in eine für die Rechnung zweckmäßige Form über:

$$\xi^2 - (1 - \beta)\,(\xi - \delta)^2 - 2\,n\,\mu\,(1 - \xi) = 0. \tag{51}$$

Mit dem daraus berechneten ξ erhält man das Trägheitsmoment des ideellen Querschnittes:

$$J_{\iota x} = b\,h^3\,[\xi^3/3 - 1/3\,(1 - \beta)\,(\xi - \delta)^3 + n\,\mu\,(1 - \xi)^2] \tag{52}$$

und die Spannungen nach den Formeln (35) (S. 57).

6. Der Plattenbalken mit Druckbewehrung.

Die grundlegenden Überlegungen, die für den druckbewehrten Rechteckquerschnitt entwickelt wurden, gelten auch für den Plattenbalken, dessen Betontragmoment M_B kleiner ist, als das äußere Moment M. Durch die Anordnung der Druckbewehrung F_e' und der zusätzlichen Zugbewehrung ΔF_e entsteht ein Kraftpaar, das mit $\Delta M = M - M_B$ im Gleichgewicht steht.

Die Berechnung der Druckbewehrung geht genau so vor sich, wie beim Rechteck. Man ermittelt zuerst mit den gegebenen Randspannungen und Abmessungen M_B und F_{eB}, natürlich unter Berücksichtigung der Stegspannungen, also wie im Beispiel 16 oder mit Benützung des Nomogrammes. Die zusätzliche Zugbewehrung und die Druckbewehrung F_e' folgt sodann aus $\Delta M = M - M_B$ mit Hilfe der beim druckbewehrten Rechteck bereits angegebenen Formeln (31) und (32). Man kann auch hier die Druckbewehrung aus $F_e' = \varphi \Delta F_e$ ermitteln. Zu diesem Zweck ist das Nomogramm für φ auch auf Tab. 11 dargestellt.

Beim Standsicherheitsnachweis eines druckbewehrten Plattenbalkens berechnet man die Lage der neutralen Achse ($x = \xi\,h$) als Schwerachse des ideellen Querschnittes, dessen Trägheitsmoment $J_{\iota x}$ und daraus die Randspannungen. Es wird nach den bisherigen Ausführungen nicht schwer sein, die entsprechenden Ansätze gleich in besonderen Zahlen zu machen.

7. Querschnitt mit dreieckiger Druckzone.

Diese Querschnittsform kommt im Behälterbau vor; außerdem lassen sich Aufgaben der schiefen Biegung auf sie beziehen.

Die Höhe der Spitze sei c und $2\,\omega$ deren Öffnungswinkel (Abb. 37).

Es wird das allgemeine Bemessungsverfahren (vgl. C, e, 4, S. 58) auf diese Querschnittsform angewendet. Da die Form nur einen Parameter, das Verhältnis c/h, enthält, können die Bemessungszahlen noch in einer Zahlentabelle dargestellt werden.

Die Breite des Flächenelementes im Spitzenbereich ist $b = 2\,(x-y)\cdot\mathrm{tg}\,\omega =$
$= B\dfrac{x-y}{h}$ (Abb. 37). Im Bereich unterhalb der Spitze $0 < y < x - c$

ist $b = B\dfrac{c}{h} = b_0 = $ const. Mithin ist die Vergleichsbreite B die Basisbreite des bis zur Zugbewehrung verlängerten Spitzendreieckes. Es gilt,
auf dimensionslose Koordinaten bezogen, mit dem Parameter $c/h = \alpha$:

$$\text{im Bereich } 0 < \eta < \xi - \alpha \ldots \ldots \beta(\eta) = \alpha = \text{const.,}$$
$$\text{im Bereich } \xi - \alpha < \eta < \xi \ldots \ldots \beta(\eta) = \xi - \eta.$$

Bei der Berechnung der Integrale J_I und J_{II} muß man unterscheiden,
ob die neutrale Achse ober ($\xi < \alpha$) oder unter ($\xi > \alpha$) dem Spitzenansatz
liegt. Es wird bei $\xi < \alpha$:

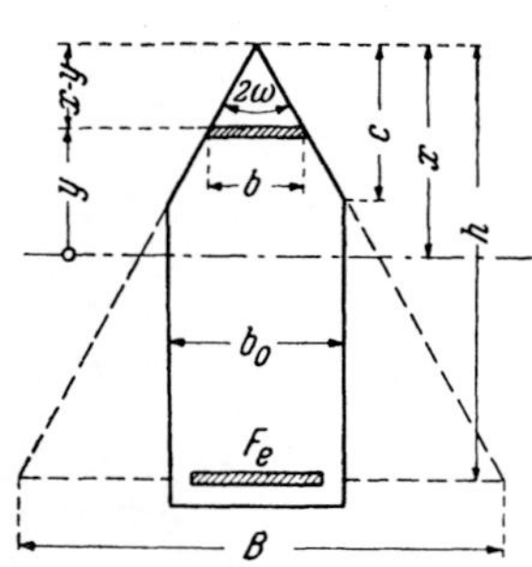

Abb. 37. Der Querschnitt
mit dreieckiger Druckzone.

$$J_I = \frac{\xi^3}{6},$$

$$J_{II} = \frac{\xi^3}{6}\,(1 - \xi/2)$$

und bei $\xi > \alpha$:

$$J_I = 1/2\,\xi\,\alpha\,(\xi - \alpha) + \frac{\alpha^3}{6},$$

$$J_{II} = \frac{\xi^2}{2}\,(1 - \xi/3)\,\alpha -$$

$$- \frac{\xi}{2}\,\alpha^2 + 1/6\,(1 + \xi)\,\alpha^3 - 1/12\,\alpha^4.$$

Die mit J_I und J_{II} berechneten Bemes-
sungszahlen γ_E, γ_B, ζ und μ sind der Tab. 15
(S. 102) zu entnehmen und für die gebundene Bemessung nach den
gewohnten Formeln bestimmt.

Bei der freien Bemessung mit gegebenem Spitzenwinkel ist, solange man
die Höhe nicht kennt, die Basisbreite B und $\alpha = c/h$ zunächst unbekannt.

Für den Fall $\xi < \alpha$ (neutrale Achse im Spitzenbereich) erhält man aus

der gewohnten Formel $h = \gamma_E \sqrt{\dfrac{M}{\sigma_e\,B}}$ mit $B = 2\,h\,\mathrm{tg}\,\omega$, für die freie Be-

messung brauchbar:

$$h = \sqrt[3]{\gamma_E{}^2\,\frac{M}{2\,\sigma_e\,\mathrm{tg}\,\omega}}, \qquad \text{bzw.} \qquad h = \sqrt[3]{\gamma_B{}^2\,\frac{M}{2\,\sigma_b\,\mathrm{tg}\,\omega}}. \tag{53}$$

Ist $\xi > \alpha$ (neutrale Achse unter dem Spitzenansatz), so muß zunächst α
geschätzt und nachträglich verbessert werden.

Die Tab. 15 ist auch die Grundlage für die Bemessung des Rechteckes bei
schiefer Biegung und ist daher im Abschnitt C, p, 2 (S. 99) eingeschaltet.

8. Die graphische Methode bei beliebiger Querschnittsform im Zustand II a.

Bei der symmetrischen Biegung von Querschnittsformen, für die keine
Formeln und sonstige Behelfe entwickelt sind, führt man den Standsicherheitsnachweis mit Vorteil graphisch durch.

Man teilt die Fläche in Parallelstreifen ein, deren Begrenzung normal
zur Symmetrieachse liegt (Abb. 38). Sodann faßt man diese Flächenelemente F_{bi} und die auf der Druckseite liegenden n-fachen Bewehrungen

$n\,F_{ei}'$, sowie die auf der Zugseite liegenden Bewehrungen $n\,F_{ei}$ als Kräfte auf und bestimmt deren Schwerachse als neutrale Achse mit Hilfe eines Seileckes. Es ist allerdings zunächst nicht bekannt, wieviele Flächenelemente F_{bi} auf der Druckseite mitwirken. Man umgeht diese Schwierigkeit durch besondere Anordnung des Kraft- und Seileckes, indem man die Druckseite von der Zugseite trennt. Auf der Druckseite trägt man im Krafteck in richtiger Reihenfolge die Flächen F_{bi} und $n\,F_{ei}'$ ein, auf der Zugseite nur die $n\,F_{ei}$. Sodann zeichnet man das Druckseileck von der oberen Kante beginnend und das Zugseileck von der untersten Bewehrung an. Im Schnitt beider Seilecke liegt die neutrale Achse.

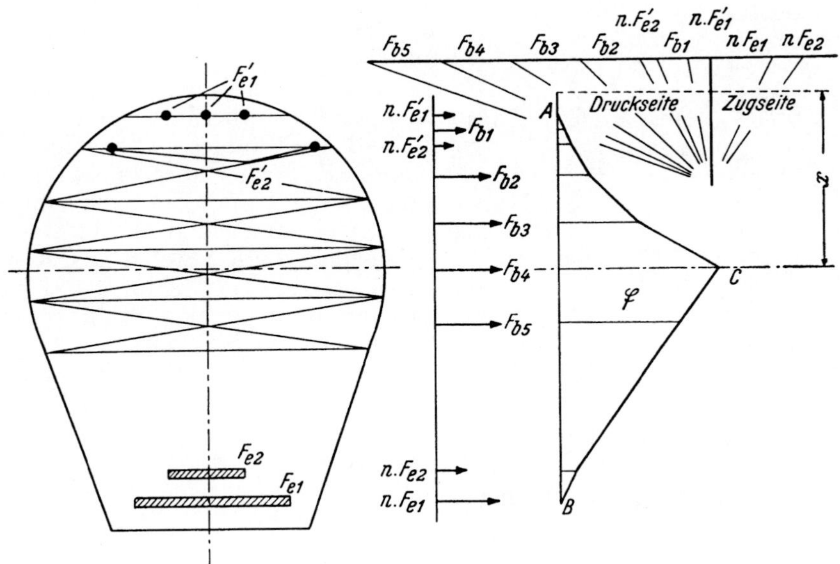

Abb. 38. Graphischer Standsicherheitsnachweis bei symmetrischer Biegung.

Das Trägheitsmoment des ideellen Querschnittes ist nach *Mohr* die doppelte Fläche $\mathfrak{F}$ des Seileckes ABC, multipliziert mit der Polweite H.

$$J_{ix} = 2\,H\,\mathfrak{F}. \tag{54}$$

Die Randspannungen liefern die Formeln (35). Die gebundene Bemessung kann ebenfalls auf graphischem Wege vorgenommen werden. Man bedient sich hiebei eines vom Verfasser entwickelten Verfahrens (vgl. A. *Pucher*, B. u. E. XXX (1931), S. 298).

f) Die erweiterte Anwendung der Bemessungsbehelfe.

Die bisher entwickelten Berechnungsverfahren sind auf den derzeit in Österreich, Deutschland, Frankreich und vielen anderen Staaten geltenden, amtlich festgelegten Grundlagen aufgebaut. Es sind dies die Annahme eines festen Verhältnisses $\dfrac{E_e}{E_b} = n = 15$ und die geradlinige Spannungsverteilung in der Betondruckzone.

Wie aus den Darlegungen über die physikalischen Grundlagen hervorgeht, sind beide Annahmen in der Nähe des Bruchzustandes sehr wenig zutreffend.

Es bestehen in einigen Staaten andere Festlegungen über die Voraussetzungen, unter denen Bemessung und Standsicherheitsnachweis vorzunehmen sind. So sind z. B. in Großbritannien, den USA., der Schweiz u. a. für n andere Werte anzusetzen. Die Schweiz und Italien setzen $n = 10$ fest, in Großbritannien und USA. ist n ein von der Betondruckfestigkeit und der Streckgrenze des Stahles abhängiger, also von Fall zu Fall verschiedener Wert. Am geradlinigen Spannungsdiagramm im Betondruckbereich wird jedoch in den meisten Staaten festgehalten.

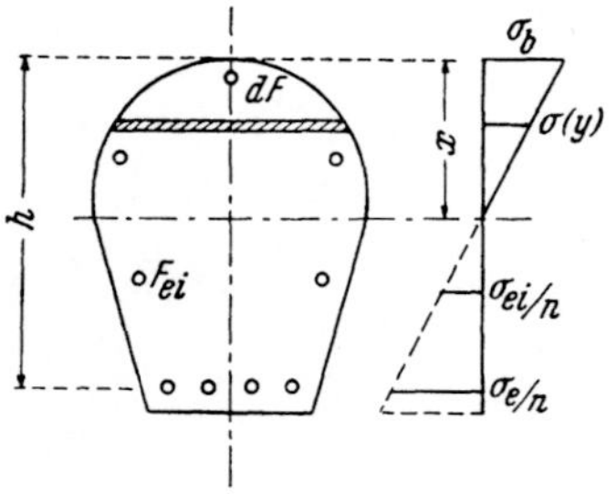

Man kann, wie im folgenden gezeigt wird, alle Bemessungsbehelfe durch eine kleine Umrechnung für jeden beliebigen Wert von n verwenden. Da die Bemessungszahlen überdies dimensionslos sind, sind sie für jedes beliebige Maßsystem, z. B. auch Pfund und Zoll, verwendbar. Mit Hilfe dieses Kunstgriffes ist der Anwendungsbereich der Bemessungsbehelfe auf alle Staaten ausgeweitet, die das geradlinige Gesetz für die Betondruckspannungen den Stahlbeton-Bemessungen zugrunde legen.

Abb. 39. Spannungsverteilung bei einfacher Symmetrie.

Bei der folgenden Ableitung wird einfache Symmetrie vorausgesetzt. Zwischen den Spannungen (Abb. 39) bestehen die bekannten Beziehungen

$$\frac{\sigma_b}{x} = \frac{\sigma(y)}{y} = \frac{\sigma_{ei}}{n\,y_i} = \frac{\sigma_e}{n\,(h-x)}\,.$$

Die Gleichgewichtsbedingungen lauten

$$\int_0^x \sigma\,dF + \sum_i \sigma_{ei}\,F_{ei} = N$$

und

$$\int_0^x \sigma\,y\,dF + \sum_i \sigma_{ei}\,y_i\,F_{ei} = M\,.$$

Nach Einführung der Spannungsbeziehungen wird

$$\frac{\sigma_b}{x} \int_0^x y\,dF + \frac{\sigma_e}{n\,(h-x)} \sum_i y_i\,n\,F_{ei} = N,$$

$$\frac{\sigma_b}{x} \int_0^x y^2\,dF + \frac{\sigma_e}{n\,(h-x)} \sum_i y_i{}^2\,n\,F_{ei} = M\,.$$

Wir multiplizieren mit λ und erweitern die Summenausdrücke mit $\varkappa$; λ und $\varkappa$ seien beliebige, jedoch konstante Zahlen.

$$\frac{\lambda\,\sigma_b}{x} = \frac{\lambda\,\varkappa\,\sigma_e}{\varkappa\,n\,(h-x)}\,,$$

$$\frac{\lambda \sigma_b}{x} \int_0^x y \, dF + \frac{\lambda \varkappa \sigma_e}{\varkappa n (h - x)} \sum_i y_i \varkappa n \frac{F_{ei}}{\varkappa} = \lambda N,$$

$$\frac{\lambda \sigma_b}{x} \int_0^x y^2 \, dF + \frac{\lambda \varkappa \sigma_e}{\varkappa n (h - x)} \sum_i y_i^2 \varkappa n \frac{F_{ei}}{\varkappa} = \lambda M.$$

Setzt man für

$$\lambda \sigma_b = \bar{\sigma}_b, \qquad \lambda N = \bar{N}, \qquad \varkappa n = \bar{n},$$

$$\lambda \varkappa \sigma_e = \bar{\sigma}_e, \qquad \lambda M = \bar{M}, \qquad \frac{F_e}{\varkappa} = \bar{F}_e,$$

so erhält man mit

$$\frac{\bar{\sigma}_b}{x} \int_0^x y \, dF + \frac{\bar{\sigma}_e}{\bar{n} (h - x)} \sum_i y_i \bar{n} \, \bar{F}_{ei} = \bar{N},$$

$$\frac{\bar{\sigma}_b}{x} \int_0^x y^2 \, dF + \frac{\bar{\sigma}_e}{\bar{n} (h - x)} \sum_i y_i^2 \bar{n} \, \bar{F}_{ei} = \bar{M},$$

und

$$\frac{\bar{\sigma}_b}{x} = \frac{\bar{\sigma}_e}{\bar{n} (h - x)} = \frac{\bar{\sigma}(y)}{y} = \frac{\bar{\sigma}_{ei}}{\bar{n} \, y},$$

offenbar richtige Gleichgewichtsbedingungen und Spannungsbeziehungen desselben Betonquerschnittes mit dem Elastizitätsverhältnis $\bar{n}$, der Bewehrung $\bar{F}_e$, den äußeren Kräften $\bar{M}$ und $\bar{N}$ und den Randspannungen $\bar{\sigma}_b$ und $\bar{\sigma}_e$.

Sind die ursprünglichen Größen n, F_e, M, σ_b und σ_e (Bemessungsbasis) gegeben, die Bemessungsbehelfe jedoch für $\bar{n}$, $\bar{\sigma}_b$, $\bar{\sigma}_e$ (Berechnungsbasis) aufgestellt, so kann man mit den Hilfswerten

$$\varkappa = \frac{\bar{n}}{n}, \qquad \lambda = \frac{\bar{\sigma}_e}{\varkappa \, \sigma_e} \tag{55}$$

und der Umwandlung

$$\bar{M} = \lambda M, \qquad \bar{N} = \lambda N,$$
$$\bar{\sigma}_b = \lambda \sigma_b, \qquad \bar{\sigma}_e = \varkappa \lambda \sigma_e, \tag{56}$$
$$\bar{F}_e = F_e / \varkappa$$

von der Bemessungsbasis auf die Berechnungsbasis übergehen, mit den vorhandenen Bemessungsbehelfen die Aufgabe durchführen und mit

$$\sigma_b = \frac{\bar{\sigma}_b}{\lambda}, \qquad F_e = \varkappa \bar{F}_e \tag{57}$$

das Ergebnis auf die Bemessungsbasis zurückführen.

Beispiel 19. Es wird eine Bemessung in englischem Maßsystem mit $n = 13,5$ durchgeführt.

Gegeben: $b = 16''$, $d = 30''$ ($h = 28''$),
$$M = 170\,000 \text{ ft. lb } (23,5 \text{ tm}).$$
$$\sigma_e = 20\,000 \text{ lb/sq. inch } (1404 \text{ kg/cm}^2).$$

Gesucht: F_e, σ_b.

Es ist zunächst das Moment auf Pfund (lb) und Zoll (inch) zu beziehen.
$M = 170\,000$ ft. lb $= 12 \times 170\,000 = 2\,040\,000$ inch. lb,

$\bar{n} = 15$, $\varkappa = \dfrac{15}{13,5} = 1,11$; man kann $\lambda = 1$ setzen, da die Bemessungstabelle 10 keinen Festwert für σ_e enthält.

$$\bar{M} = M, \quad \bar{\sigma}_e = 1,11 \times 20\,000 = 22\,200 \text{ lb/sq. inch.}$$

$$\gamma_E = \frac{28}{\sqrt{\dfrac{2\,040\,000}{22\,200 \cdot 16}}} = 11,65, \quad m = 23, \quad \zeta = 0,868;$$

Wegen $\lambda = 1$ ist $\sigma_b = \bar{\sigma}_b = \dfrac{22\,200}{23} = 965$ lb/sq. inch (71,3 kg/cm²),

$$\bar{F}_e = \frac{2\,040\,000}{22\,200 \cdot 0,868 \cdot 28} = 3,80 \text{ sq. inch.},$$

$F_e = 1,11 \cdot 3,80 = 4,24$ sq. inch. (27,3 cm²), $\quad 7 \oslash 7/8'' = 4,22$ sq. inch.

Will man einen Bemessungsbehelf benützen, der einen Festwert von σ_e enthält, so kann man λ nicht mehr willkürlich ansetzen, sondern muß es nach (55) berechnen.

g) Momentendeckung und Biegebewehrung.

Ein Balken wird an den Stellen, an denen das Biegemoment am größten ist, so bemessen, daß die zulässigen Spannungen möglichst ausgenützt werden. An den Stellen, wo das Biegemoment kleiner ist, kann der Querschnitt im allgemeinen nicht mehr voll beansprucht werden. Man kann jedoch die Bewehrung so abstufen, daß wenigstens σ_e so gut als möglich ausgenützt wird.

Das Tragmoment der Zugbewehrung ist $M_E = F_e\,\sigma_e\,z$. Diese Formel gilt allgemein, soferne der Hebelarm der inneren Kräfte z der Querschnittsform und dem Bewehrungsverhältnis entsprechend eingesetzt wird. Der vorhergehende Abschnitt lehrt, daß sich $\zeta = z/h$ bei den üblichen Querschnittsformen, Rechteck und Plattenbalken, weder mit μ stark ändert, noch von einer etwa vorhandenen Druckbewehrung stark beeinflußt wird. Man kann daher ζ für ein und denselben Balken als Festwert ansehen. Vorsichtshalber wird man für den ganzen Balken den Kleinstwert von ζ ansetzen, das ist der des Rechteckquerschnittes ohne Druckbewehrung mit dem größten Bewehrungsverhältnis μ. Man setzt daher

$$M_E = F_e\,\sigma_e\,\zeta\,h \quad \text{und entnimmt } \zeta \text{ der Tab. 10 als Festwert für } m = \frac{\sigma_{ezul}}{\sigma_{bzul}}$$

Ist Druckbewehrung vorhanden, so braucht man auch noch das Betontragmoment. Bei Rechteckquerschnitten berechnet man es nach Beispiel 12: $M_B = \left(\dfrac{h}{\gamma_E}\right)^2 \sigma_e\,b$, bei Plattenbalken nach Beispiel 16 oder 18. Das Tragmoment der Druckbewehrung folgt aus der Umkehrung von (31) mit $M_E' = F_e'\,\sigma_e'\,(h - h')$.

1. Balken mit konstanter Höhe.

In diesem Fall ist, da σ_e ausgenützt werden soll, M_E proportional F_e. Bei konstantem F_e ist die Tragmomentenlinie parallel zur Bezugsachse. Der Vergleich mit der Linie der äußeren Momente gibt die Stellen an, an denen ein Bewehrungsstab entbehrlich wird und, wie später gezeigt wird, zur Schubbewehrung herangezogen werden kann (Abb. 40).

Wenn eine Druckbewehrung vorhanden ist, so ist festzustellen, wie weit diese reichen muß. Mit der M_B-Linie bestimmt man die $\varDelta M$-Fläche (in Abb. 40 schraffiert), die man mit dem Stechzirkel wegen der besseren Übersicht nach oben überträgt. Da man, solange σ_b ausgenützt ist, $\sigma_e{}'$ im Rahmen der gebotenen Genauigkeit als konstant ansehen kann, ist $M_E{}'$ verhältnisgleich dem $F_e{}'$. Die Parallelen zur Bezugsachse geben daher das Tragmoment der Druckbewehrung und im Vergleich mit der $\varDelta M$-Linie die notwendigen Längen der Bewehrungsstäbe an.

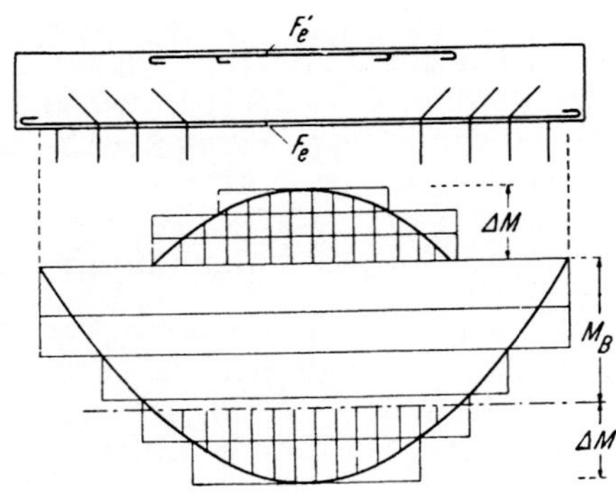

Abb. 40. Momentendeckung, Zug- und Druckbewehrung in Balken mit konstanter Höhe.

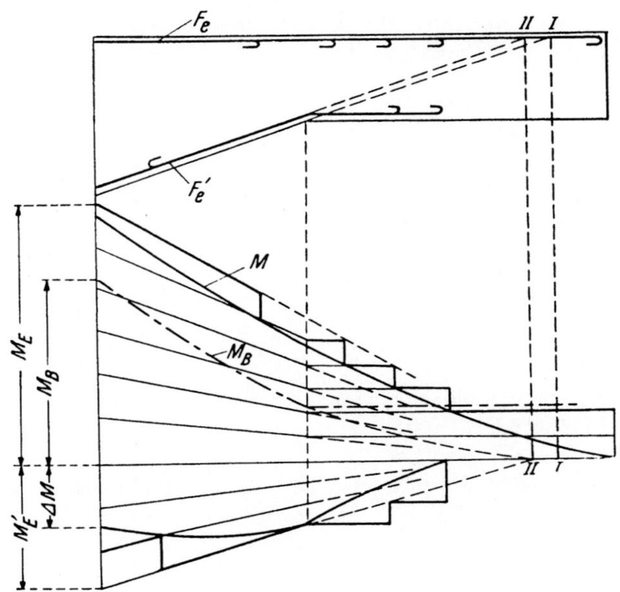

Abb. 41. Momentendeckung, Zug- und Druckbewehrung in Balken mit veränderlicher Höhe.

2. Balken mit veränderlicher Höhe.

Bei veränderlicher Höhe ist M_E außer zu F_e auch noch verhältnisgleich zu h. Die Tragmomentenlinien der einzelnen Stäbe sind affin zur Nutzhöhe. Das Tragmoment der Druckbewehrung $M_E{}'$ wird verhältnisgleich dem Abstand $h - h'$. Das Betontragmoment ist verhältnisgleich dem Quadrat der Nutzhöhe.

Bei geradlinig begrenzten Balken veränderlicher Höhe (z. B. im Bereich der Balkenschrägen) (Abb. 41) sind die M_E-Linien Gerade mit dem gemeinsamen Schnittpunkt I an der Stelle $h = 0$, desgleichen die M_E'-Linien mit dem Schnittpunkt II an der Stelle $h = h' = 0$. Die M_B-Linie wird jedoch eine Parabel 2. Grades, deren Scheitel bei I ($h = 0$) liegt. In Abb. 41 ist gezeigt, wie die Momentendeckung bei einem Balken mit veränderlicher Höhe ermittelt wird. Im Bereich $h = $ const. werden die Tragmomentenlinien wieder parallel zur Bezugsachse.

Bei krummlinig begrenzten Balken hat man die Tragmomentenlinien punktweise zu bestimmen.

h) Schubspannung und Schubbewehrung.

Mit der Betrachtung des Biegemomentes allein kann man sich nicht begnügen. Veränderliche Biegemomente verursachen Schubspannungen, die mit der Querkraft im Gleichgewicht stehen. Der Beton ist besonders empfindlich für die im Gefolge dieser Schubspannungen entstehenden Hauptzugspannungen. Daher sind den Schubspannungen und der Schubbewehrung die größte Aufmerksamkeit zuzuwenden.

1. Die Schubspannung.

Im Schnitt 1 — 1 (Abb. 42) eines Stahlbetonstabes wirken infolge des Biegemomentes die inneren Kräfte D_b und Z_e, die ein Kraftpaar mit dem Hebelarm z bilden und mit dem äußeren Moment im Gleichgewicht stehen.

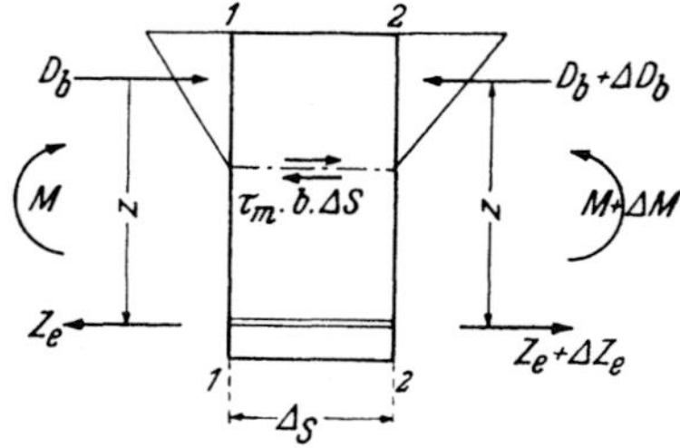

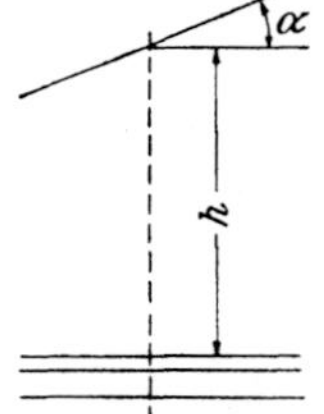

Abb. 42. Die an einem Balkenelement   Abb. 43. Balken mit veränderlicher
          angreifenden Kräfte.   Höhe.

In einem um die Strecke Δs längs der Stabachse verschobenen Schnitt 2—2 ändern sich diese Kräfte, soferne M in $M + \Delta M$ übergeht, um die Beträge ΔD_b und ΔZ_e. Denkt man sich den unter der neutralen Achse liegenden Teil des Trägers abgeschnitten, so lehrt die Betrachtung des Gleichgewichtes in der Richtung der Stabachse, daß in der neuen Schnittfläche Schubspannungen τ wirksam sein müssen, die das Gleichgewicht herstellen. τ_m sei der Mittelwert der in der Schnittfläche $b \, \Delta s$ wirksamen Schubspannungen. Die Kraft in der Schnittfläche ist sodann $\tau_m \, b \, \Delta s$. Es wird

$$Z_e - (Z_e + \Delta Z_e) + \tau_m \, b \, \Delta s = 0; \qquad \tau_m = \frac{\Delta Z_e}{b \, \Delta s}.$$

Wegen $Z_e = \dfrac{M}{z}$ wird $\Delta Z_e = \Delta \left(\dfrac{M}{z} \right)$ und $\tau_m = \dfrac{1}{b} \dfrac{\Delta \left(\dfrac{M}{z} \right)}{\Delta s}$. Beim Grenzübergang $\Delta s \to ds \to 0$ geht der Mittelwert τ_m in die örtlich im Beton wirkende Schubspannung τ_0 über und der Differenzenquotient in den

Differentialquotienten $\dfrac{d}{ds}\left(\dfrac{M}{z}\right)$. Es wird $\tau_0 = \dfrac{1}{b}\dfrac{d}{ds}\left(\dfrac{M}{z}\right)$. Ist die Nutz-

höhe h und die Bewehrung konstant, so wird mit genügender Genauigkeit

$z = \zeta\, h = \text{const.}$ und $\dfrac{d}{ds}\left(\dfrac{M}{z}\right) = \dfrac{1}{z}\dfrac{dM}{ds} = \dfrac{Q}{z}$. Man erhält demnach bei

gleichbleibender Trägerhöhe und Bewehrung

$$\tau_0 = \frac{Q}{b\,z}\,. \tag{58}$$

Bei veränderlicher Trägerhöhe wird, soferne man den Einfluß des Bewehrungs-
verhältnisses auf z als geringfügig unter-
drückt,

$$\frac{d}{ds}\left(\frac{M}{z}\right) = \frac{Q\,z - M\dfrac{dz}{ds}}{z^2}\,.$$

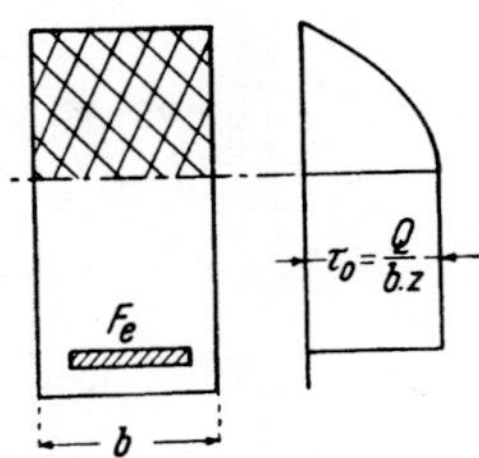

Abb. 44. Die Schubspannungsverteilung im Rechteckbalken (Zustand II a).

Wegen $z = \zeta\, h$ wird $\dfrac{dz}{ds} = \zeta\dfrac{dh}{ds} = \zeta\,\operatorname{tg}\alpha$ (Abb. 43). Somit wird die

Schubspannung bei veränderlicher Trägerhöhe

$$\tau_0 = \frac{1}{b}\left(\frac{Q}{z} \mp \frac{M}{h\,z}\operatorname{tg}\alpha\right)\,. \tag{59}$$

Das negative Vorzeichen in (59) gilt, wenn der Betrag $|M|$ in derselben Richtung größer wird, wie die Trägerhöhe; im anderen Falle ist das positive Vorzeichen zu setzen.

In (58) und (59) ist gleichmäßige Verteilung der Schubspannungen über die Breite des Querschnittes vorausgesetzt, was bei schlanken Stäben wohl immer angenommen werden kann.

(59) gilt für jeden Schnitt zwischen Null-Linie und der Zugbewehrung. Betrachtet man einen, ober einem Schnitt zwischen der Null-Linie und der gedrückten Kante liegenden Teil des Trägers, so muß der ober dem Schnitt liegende Anteil der Betondruckkräfte in die Gleichgewichts-Betrachtung einbezogen werden. Da für die Betondruckspannungen das geradlinige Verteilungsgesetz angenommen wird, liegen in der Betondruckzone die gleichen Verhältnisse vor, wie bei der Schubspannung eines Trägers aus homogenem, elastischem Baustoff.

Längs der Querschnittshöhe eines Rechteckes haben daher die Schubspannungen den in Abb. 44 dargestellten Verlauf. Sie wachsen von Null an der gedrückten Kante parabolisch bis zum Größtwert τ_0 in der neutralen Achse und bleiben dann in jedem Horizontalschnitt zwischen dieser und der Bewehrung von gleicher Größe.

Bei Querschnitten veränderlicher Breite, z. B. Plattenbalken, verläuft die Schubspannung in der Druckzone nach dem aus der allgemeinen

Festigkeitslehre bekannten Gesetz $\tau_0 = \dfrac{Q\,S_i(y)}{b\,J_{ix}}$; $S_i(y)$ und J_{ix} sind die

ideellen Größen nach Zustand II a. Es besteht in der Druckzone kein

Unterschied gegenüber den Stäben aus homogenem Baustoff. In der Zugzone $(y < 0)$ gilt bei Zustand II a (58), bzw. (59):

$$\tau_0(y) = \frac{1}{b(y)}\left(\frac{Q}{z} \mp \frac{M}{h\,z}\,\text{tg}\,\alpha\right).$$

Die größte Schubspannung entsteht demnach am Ort der kleinsten Breite der Zugzone:

$$\max \tau_0 = \frac{1}{\min b}\left(\frac{Q}{z} \mp \frac{M}{h\,z}\,\text{tg}\,\alpha\right).$$

In Abb. 45 ist das Schubspannungsdiagramm an einem Plattenbalken mit veränderlicher Stegbreite dargestellt.

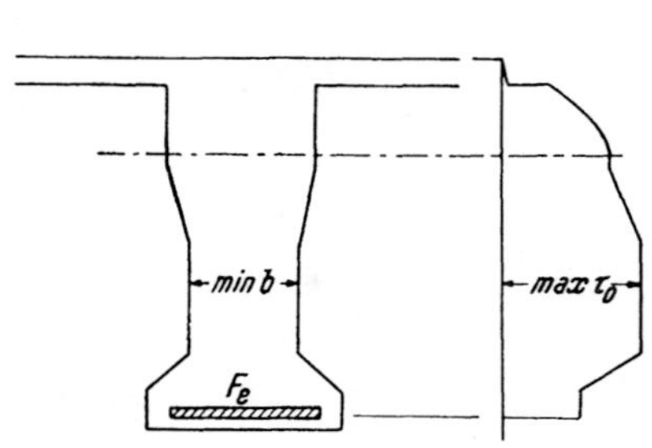

Abb. 45. Die Schubspannungen im Balken mit veränderlicher Stegbreite (Zustand II a).

Nach den Bestimmungen der verschiedenen Länder darf τ_0 je nach der Betongüte Höchstwerte nicht überschreiten. Anderen Falles sind die Betonabmessungen zu vergrößern.

2. Schubkraft und bezogene Schubkraft.

Die Schubspannungen haben in statischer Hinsicht eine zweifache Aufgabe zu erfüllen. Wegen der Dualität der Schubspannungen hat jede in der Schnittebene parallel zur Stabachse entstehende Schubspannung eine gleich große im Schnitt normal darauf im Gefolge. Diese im Stabquerschnitt wirkenden Schubspannungen stehen mit der äußeren Kraft im Gleichgewicht. Die zweite Aufgabe wird deutlich bei der Betrachtung einer Trägerhälfte. Denkt man sich einen Träger in der Mitte und längs der neutralen Achse zerschnitten und an den Schnittflächen die Schnittkräfte als äußere Kräfte angebracht (Abb. 46), so fordert das Gleichgewicht jedes Trägerviertels, daß die Gesamtheit aller Schubspannungen in der neutralen Ebene mit D_b, bzw. mit Z_e im Gleichgewicht stehen. Die Schubspannungen haben dieselbe Aufgabe wie die Verdübelungskräfte in einem zusammengesetzten Holzbalken.

$$T_A^M = \int_A^M \tau_0\,b\,ds = D_b = Z_e.$$

Man nennt T_A^M die Schubkraft, die längs der Strecke $\overline{A\,M}$ entsteht. Aus der oben stehenden Gleichung folgt:

$$\frac{dT}{ds} = T' = \tau_0\,b = \frac{dZ_e}{ds}.$$

Daher wird nach (59)

$$T' = \frac{Q}{z} \mp \frac{M}{h\,z}\,\text{tg}\,\alpha. \tag{60}$$

Man nennt $T' = b\,\tau_0$, gleich der ersten Ableitung von T, die bezogene Schubkraft, deren Dimension t/m ist, während T die Dimension einer Kraft (t) hat. Das T'-Diagramm wird aus der Querkraft und dem Moment berechnet; bei konstanter Trägerhöhe ist es affin zur Querkraftlinie.

Das T'-Diagramm ist die Grundlage zur Bemessung der Schubbewehrung,

da die Fläche $\int_a^b T'\,ds = T_a^b$ gleich der Schubkraft ist, die in der neutralen

Ebene zwischen a und b entsteht. Da die bezogene Schubkraft nach (60) außerdem von der Breite des Querschnittes unabhängig ist, tritt sie im Zustand II a bei jeder Querschnittsform in jedem Schnitt zwischen neutraler Achse und Zugbewehrung in gleicher Größe auf.

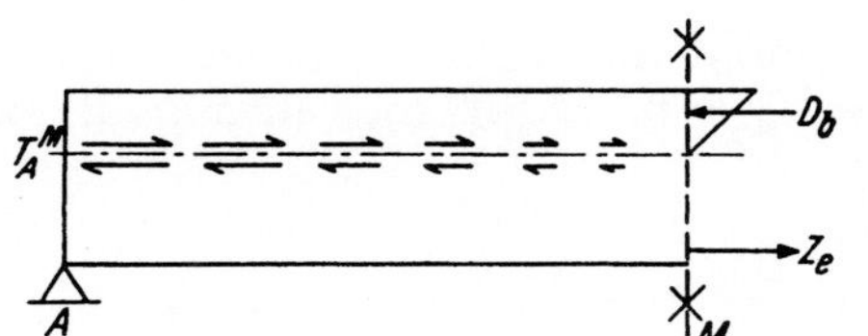

Abb. 46. Die an einem Trägerviertel angreifenden Kräfte.

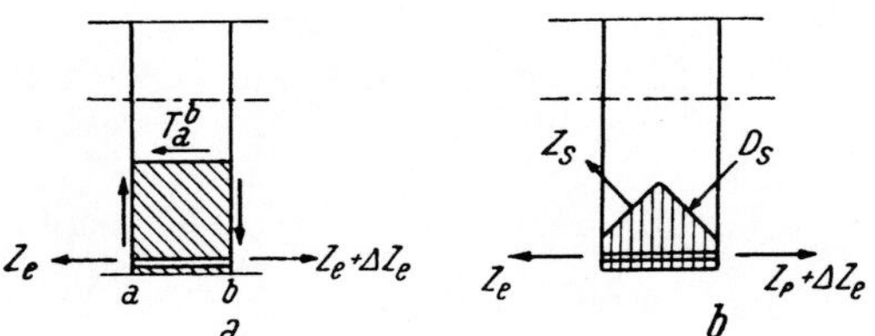

Abb. 47. Die in der Zugzone eines Balkens wirksamen Kräfte.

3. Schubbewehrung.

Zwischen neutraler Achse und der Zugbewehrung sind unter Zugrundelegung des Zustandes II a nur Schubspannungen vorhanden, die statisch gleichwertig ersetzt werden durch gleich große Hauptzug- und Hauptdruckspannungen in den Schnitten unter 45^0 Neigung. Es ist daher τ_0 ein Maß für die Beanspruchung des Betons im Zugbereich. In Abb. 47 a wird in dem schraffierten, aus dem Balken herausgeschnittenen Element das Gleichgewicht in der Richtung der Stabachse durch $T_a^b = \Delta Z_e$ bedingt. In Abb. 47 b herrscht Gleichgewicht, wenn sich das Kraftdreieck der drei Kräfte ΔZ_e, D_S (schräge Hauptdruckkraft im Beton) und Z_S (schräge Hauptzugkraft) schließt. Beide Zustände sind statisch gleichwertig, jedoch nur der zweite erlaubt Rückschlüsse auf die Anstrengung des Baustoffes.

Solange die schräge Hauptzugkraft klein bleibt, kann man sie dem Beton zumuten. Wird sie jedoch größer, so hat man eine entsprechend reichliche Bewehrung vorzusehen. Nach den verschiedenen Bestimmungen wird der rechnerische Nachweis, daß die Bügel und Schrägeisen die Schubkraft aufzunehmen vermögen, erst dann verlangt, wenn τ_0 dort angegebene Werte überschreitet (z. B. S. 255 bis 277).

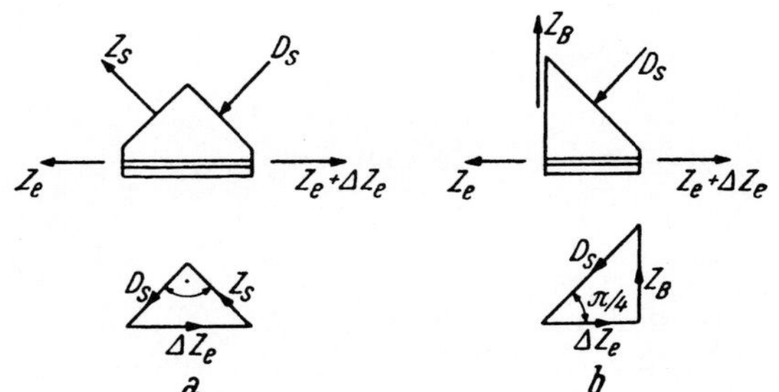

Abb. 48. Kräftezerlegung in der Zugzone.

Bei der Kräftezerlegung nach Abb. 48 a folgt aus dem Kraftdreieck

$$Z_S = \frac{\Delta Z_e}{\sqrt{2}}.$$ Bei der Kraftzerlegung nach Abb. 48 b, die einen ebenfalls

möglichen Gleichgewichtszustand darstellt, bei dem der Beton nur Druckkräfte in der Richtung der Hauptdruckspannungen bekommt, wird
$Z_b = \Delta Z_e$.

Nach den vorhergegangenen Entwicklungen ist $\Delta Z_e = T_a^b = \int\limits_a^b T' \, ds$,

d. h. die Zunahme der Zugkraft zwischen zwei beliebigen Punkten a und b
des Trägers ist gleich der auf dieser Strecke wirksamen Schubkraft. Diese
ist wiederum gleich der Fläche des T'-Diagrammes, das nach (60) aus der
Querkraftlinie abzuleiten ist.

Die schräg gerichtete Zugkraft Z_S nimmt man durch Schrägeisen auf,
die senkrechte Z_b durch Bügel. Es wäre bei Schrägbewehrung allein

$$F_{eS}\, \sigma_e = Z_S = \frac{T_a^b}{\sqrt{2}}, \quad \text{bei Bügel allein } F_{eb}\, \sigma_e = Z_b = T_a^b.$$

In der Regel wird die Bügelbewehrung mit den Schrägeisen kombiniert.
Man berechnet die auf eine Strecke zwischen a und b erforderliche Bewehrung aus der Formel

$$T_a^b = \int\limits_a^b T' \, ds = F_{eb}\, \sigma_e + F_{bS}\, \sigma_e \sqrt{2}. \tag{61}$$

Da die Grenzen a und b willkürlich sind, gibt (61) nicht nur das Ge-
samterfordernis an Schubbewehrung für eine Trägerhälfte an, soferne man
a an das Trägerende und b in die Trägermitte legt, sondern sie schreibt
auch die richtige Verteilung der Schubbewehrung innerhalb der Trägerhälfte vor, da sie für jede Lage von a und b befriedigt sein muß.

Aus praktischen Gründen ordnet man die Bügel meist in gleichen Abständen an. Man kann dann den Streifen des Schubkraftdiagrammes den
Bügeln zuweisen, der der Tragkraft der Bügel entspricht (Abb. 49). Bei
n-schnittigen Bügeln mit der Querschnittsfläche $\varnothing$, die im Abstand a
verlegt sind, wird die auf die Längeneinheit bezogene Tragkraft der Bügel

$$T_b' = \frac{n \; \varnothing \; \sigma_e}{a}. \tag{62}$$

Der Inhalt der in der Abb. 49 schräg schraffierten Restfläche T_s ist durch
Schrägeisen zu decken:

$$F_{es} = \frac{T_s}{\sigma_e \sqrt{2} \cos \beta}. \tag{63}$$

β ist der um 45^0 verminderte Winkel, den die Schrägeisen mit der Zugbewehrung einschließen. Die Abbiegung unter 45^0 ($\beta = 0$) ist die Regel.

Die Schrägeisen sind so auszuteilen, daß jeder Aufbiegung ein dem
Rundeisenquerschnitt entsprechender Anteil von T_s zugeteilt wird. Im allgemeinen Fall löst man diese Aufgabe mit der Summenlinie (Integral-

kurve). Man bildet aus $T' - T_b'$ die Summenlinie $T_s(u) = \int\limits_{s=a}^{u} (T' - T_b') \, ds$,

indem entweder die Restfläche durch Ordinaten in Flächenstreifen zerlegt
wird, deren Inhalt elementar bestimmt werden kann oder indem man ein
zeichnerisches Verfahren anwendet. Da man T_s bereits bei der Ermittlung

von F_{es} berechnet hat, sind die Elemente zur Bestimmung der Summenlinie schon bekannt. Die Endordinate der Summenlinie teilt man im Verhältnis der Querschnittsflächen der vorhandenen Schrägeisen und zieht durch die Teilungspunkte Parallele zur Bezugsachse, die die Summenlinie in den Trennungsordinaten der gesuchten Flächenanteile schneiden. Die geschätzten Schwerpunkte der Flächenteile geben die Schnittpunkte der Schrägeisen mit der Trägermitte an.

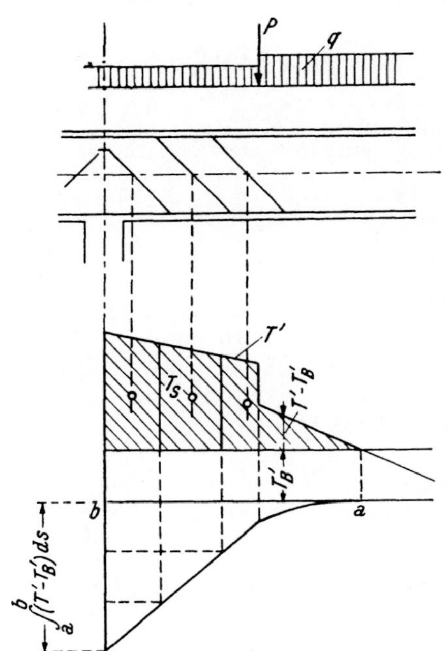

Abb. 49. Die Teilung der Schubkraftfläche mit Hilfe der Summenlinie (Integralkurve).

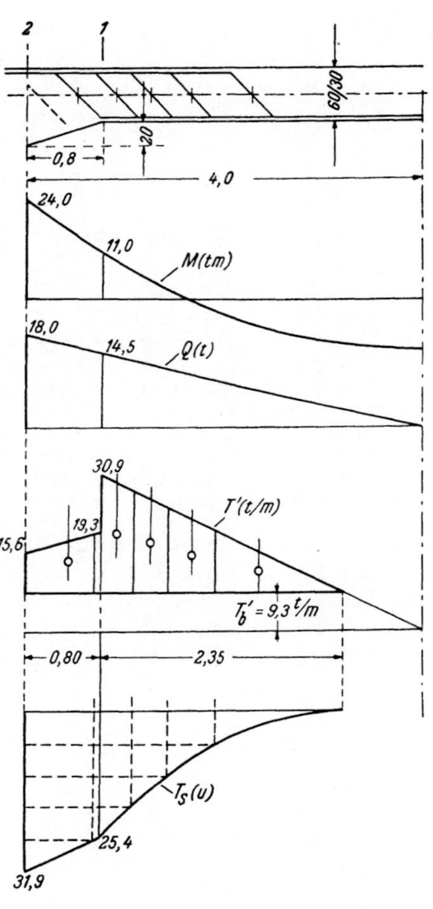

Abb. 50. Ermittlung der Schubbewehrung (Beispiel 20).

Da die bezogene Schubkraft in jedem Punkt zwischen neutraler Achse und Zugbewehrung die gleiche Größe hat, muß im großen und ganzen die für die Trägermitte gefundene Schrägeisenverteilung in jedem dieser Schnitte vorhanden sein. Man muß aus diesem Grunde manchmal mehr Schrägeisen anordnen als mit (63) berechnet wurde.

Beispiel 20. Für die in Abb. 50 gegebenen Trägerabmessungen, Momente und Querkräfte ist die Schubbewehrung zu berechnen und auszuteilen.

Man nimmt für die ganze Trägerhälfte den kleinsten Wert von z, d. i. der den größten Randspannungen entsprechende, als Festwert an. (Bei 75/1400 wird $\zeta = 0,852$, $z_{0-1} = 0,852 \cdot 55 = 0,47$ m, $z_2 = 0,852 \cdot 0,75 = 0,64$ m. Solange $h = $ const., also von 0 bis unmittelbar rechts von 1, ist $T' \sim Q$. $T_{1r}' = \dfrac{14,5}{0,47} = 30,9$ t/m. Unmittelbar links von 1 ist $\operatorname{tg}\alpha = {}^1/_4$. Daher ist $T_{1l'} = \dfrac{Q}{z} - \dfrac{M}{h\,z}\operatorname{tg}\alpha = \dfrac{14,5}{0,47} -$

$- \dfrac{11,0}{0,55\cdot 0,47}\dfrac{1}{4} = 30,9 - 11,6 = 19,3\ \text{t/m}. \qquad T_2' = \dfrac{18,0}{0,64} - \dfrac{24,0}{0,75\cdot 0,64}\dfrac{1}{4} = 15,6\ \text{t/m}.$

Die größte Schubspannung entsteht bei $1\,r$: $\quad \max\tau_0 = \dfrac{\max T'}{b} = \dfrac{30,9}{0,30} =$

$= 103\ \text{t/m}^2 = 10,3\ \text{kg/cm}^2.$

Bügelbewehrung $\varnothing$ 8 mm, $a = 15$ cm, zweischnittig:

$$T_b' = \frac{2\cdot 0,50\ \text{cm}^2\ 1,4\ \text{t/cm}^2}{0,15\ \text{m}} = 9,3\ \text{t/m}.$$

Die Schubkraftfläche berechnet man aus dem Trapez von 2 bis 1 und dem restlichen Dreieck.

$$T_s = \frac{1}{2}\,(6,3 + 10,0)\,0,80 + \frac{1}{2}\,21,6\cdot 2,35 = 6,5 + 25,4 = 31,9\ \text{t},$$

$$F_{es} = \frac{31,9}{1,4\,\sqrt{2}} = 16,1\ \text{cm}^2, \qquad 5\ \varnothing\ 20 = 15,7\ \text{cm}^2.$$

Die Summenlinie wird von der Dreieckspitze aus gezeichnet. Bis zum Punkt 1 ist sie eine Parabel. Die Ordinate in 1 ist gleich dem Inhalt des Dreieckes (25,4 t), von 1 bis 2 ist sie ebenfalls eine Parabel, jedoch mit entgegengesetzter Krümmung. Es ist hier genau genug, diese Parabel durch eine Gerade zu ersetzen. Die Waagrechten durch die Fünftelpunkte der Endordinate geben die Teilung der T_s-Fläche in fünf gleiche Teile an. Die Lage der Schrägeisen in den Schwerpunkten der Flächenteile zeigt, daß die Anordnung eines zusätzlichen Schrägeisens (in Abb. 50 gestrichelt) in der Nähe des Auflagers zweckmäßig ist.

Wenn der Träger durchwegs konstante Höhe hat, ist das T'-Diagramm affin zur Querkraftlinie. Die Schubkraftfläche ist dann meist ein Dreieck oder Trapez. In diesem Falle teilt man T_s statt mit der Summenlinie mit der in Abb. 51 gezeigten Konstruktion unter Verwendung von Zirkel und Lineal in die gewünschte Anzahl von gleichen Teilen.

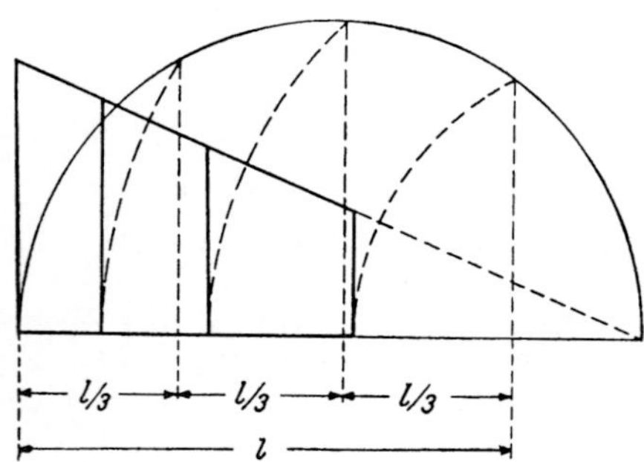

Abb. 51. Teilung eines Trapezes in gleiche Teile.

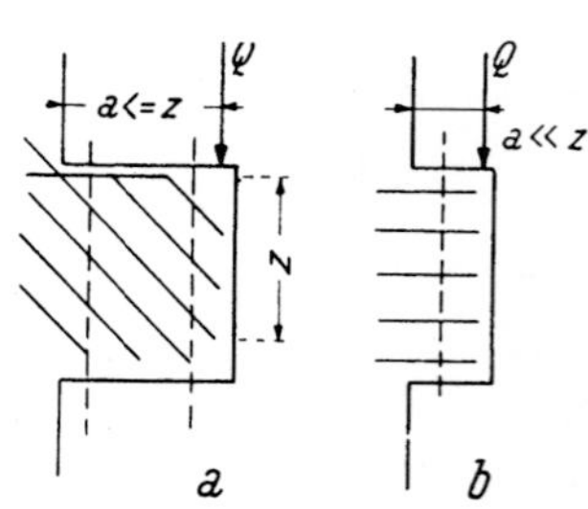

Abb. 52. Scherbewehrung von kurzen Trägern durch a) Schrägbewehrung, b) Waagerechte Bügel.

4. Bewehrung auf Abscheren.

Bei sehr gedrungenen Trägern, z. B. Krankonsolen (Abb. 52), bei denen der Hebelarm der inneren Kräfte gleich oder größer als die Trägerlänge ist, sind senkrechte Bügel allein wirkungslos. Nimmt man die Schubkraft durch Schrägeisen allein auf (Abb. 52 a), so ist

$$F_{es} = \frac{Q}{\sigma_e\sqrt{2}} \tag{64}$$

die Schrägeisenfläche, die in jedem senkrechten Schnitt vorhanden sein
muß. Bei sehr hohen Konsolen kann man statt der Schrägeisen waagrechte
Bügel anordnen (Abb. 52 b). In diesem Falle wird die Fläche aller Bügel

$$F_{eb} = \frac{Q}{\sigma_e}. \tag{65}$$

Bei so kurzen Konsolen, wie in Abb. 52, spricht man von Scherbean-
spruchung und von der Bewehrung gegen Abscheren.

i) Haftspannungen.

Die Änderung der Zugkraft ΔZ_e wird durch die Schubspannungen, die
in der Berührungsfläche zwischen Beton und Rundeisenstäben wirken, den
Haftspannungen τ_1, in die Bewehrung eingeleitet: $\Delta Z_e = u\,\tau_{1m}\,\Delta s$;
u ist der Umfang aller vorhandenen Bewehrungsstäbe an der betrachteten

Stelle. Der Grenzübergang $\Delta s \to 0$ bringt $\dfrac{dZ_e}{ds} = u\,\tau_1$. Nach früherem

war bei konstanter Trägerhöhe und konstanter Bewehrung $\dfrac{dZ_e}{ds} = \dfrac{Q}{z}$.
Daher wird die Haftspannung

$$\tau_1 = \frac{Q}{u\,z}. \tag{66}$$

(66) gilt nur, wenn keine Schrägeisen im Balken vorhanden sind, d. h.
die Schubbewehrung nur aus Bügeln besteht. Jedes zur Schubbewehrung
herangezogene Schrägeisen steht schon unter Spannung. Die Kraft braucht
nicht erst mittels Haftspannungen eingetragen werden. (66) liefert dann
zu große Werte von τ_1. In den deutschen und österr. Bestimmungen ist
daher festgelegt, daß bei voller Schubdeckung durch Schrägeisen und
Bügel bei der Berechnung der Haftspannungen nach (66) nur die halbe
Querkraft anzusetzen ist.

$$\tau_1 = \frac{Q}{2\,u\,z}. \tag{66 a}$$

Die Haftspannungen sind nur für die geraden Bewehrungsstäbe nachzuweisen, soferne sie dicker als 26 mm sind; überschreiten sie die in den
Bestimmungen festgesetzten Grenzwerte, so ist entweder durch
bessere Anordnung der Bewehrung der Umfang u an der kritischen
Stelle zu vergrößern oder durch Ankerplatten oder Querstäbe
und Umschnürung der Endhaken die Verankerung der Zugbewehrung
zu gewährleisten. Eine genauere Berechnung der Haftspannungen bei
vorhandenen Schrägeisen als nach (66 a) wurde von *Dischinger* angegeben
(vgl. Bau-Ing. XXIII, 1942, S. 259).

k) Verdrehung (Torsion).

Bei der Verdrehung eines Stahlbetonstabes entstehen Schubspannungen
in der Querschnittsebene und in den Ebenen durch die Stablängsachse
(Abb. 53), die in den Eckpunkten verschwinden und in der Mitte der Recht-
eckseiten Größtwerte erreichen, solange Zustand I a besteht, also bei genügend kleinen äußeren Kräften. Wird die Belastung gesteigert, so bilden
sich Risse. Wie Versuche beweisen, ist für die Bruchlast die längs der
Staboberfläche verteilte Bewehrung maßgebend. Am widerstandsfähigsten
ist die Bewehrung mittels Spiralen mit 45° Steigung, deren Drehsinn mit

dem des äußeren Momentes übereinstimmt (Abb. 54 a). Diese Art der Bewehrung eignet sich jedoch nur für Kreis- oder Vieleckquerschnitte und Rohre. Bei Rechteckquerschnitten werden geschlossene Bügel und Längseisen angeordnet. Das Verhältnis der Spiralbewehrung zur Bügel- und Längseisenbewehrung ist dasselbe wie das der Schrägeisen zu den Bügeln bei der Schubbewehrung. Die Spirale liegt in der Richtung der Hauptzugkräfte, normal dazu entstehen gleich große Druckkräfte im Betonmantel (Abb. 54 a). Bei der Bewehrung mit Bügel und Längseisen werden diese durch das Verdrehen auf Zug beansprucht, während der Betonmantel Druckkräfte in 45° Neigung erhält (Abb. 54 b).

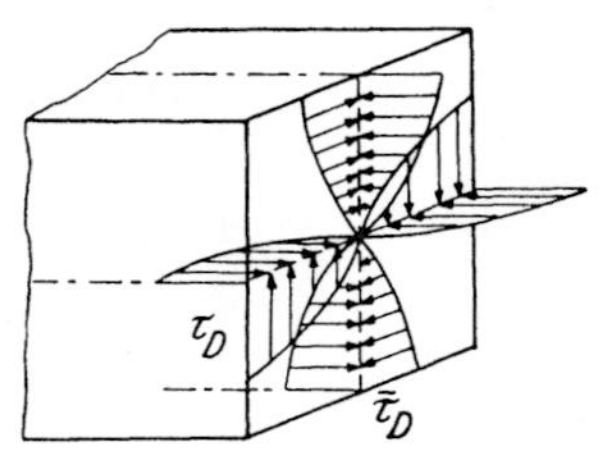

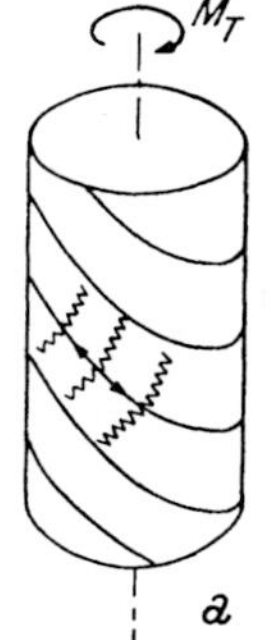

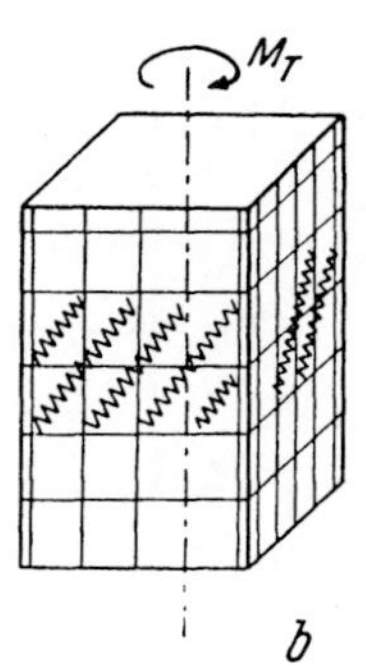

Abb. 53. Schubspannungen infolge Verdrehung (Torsion) in einem Rechteckbalken (Zustand I a).

Abb. 54. Verdrehungsbewehrung durch a) Schrägbewehrung (Spiralen), b) Längs- und Bügelbewehrung.

Die Schubspannungen infolge der Verdrehung überlagern sich im Mittelschnitt, der parallel der neutralen Achse infolge Biegung ist, denen infolge Biegung. Man hat daher zuerst zu prüfen, ob die Summe beider Schubspannungen nicht unzulässig groß ist, da dann die Rissesicherheit im Bereich der Gebrauchslast nicht mehr gegeben ist. Zu diesem Zweck weist man die Verdrehungsspannungen des Betonstabes im Zustand I a nach.

Bei rechteckigem Querschnitt tritt die größte Verdrehungsspannung in der Mitte der längeren Seite auf. Sei b die kürzere Seite und d die längere Seite des Querschnittes, so wird

$$\tau_D = \eta_1 \frac{M_T}{b^2 d} \quad \text{in der Mitte der Langseite,} \tag{67}$$

$$\bar{\tau}_D = \eta_2 \tau_D \quad \text{in der Mitte der Kurzseite.}$$

und der Drehwinkel je Einheit der Stablänge wird

$$\vartheta = \eta_3 \frac{M_T}{b^3 dG} \tag{68}$$

(G = Schubmodul). Die Vorzahlen η_1, η_2, η_3 entnimmt man der folgenden Tabelle.

Tabelle 12. *Verdrehungsspannungen des Rechteckes im Zustand Ia.*

d/b	1	1,5	2	3	4	6	8	10	> 10
η_1	4,81	4,33	4,07	3,74	3,55	3,35	3,32	3,19	3,00
η_2	1,000	0,858	0,796	0,753	0,745	0,743	0,743	0,743	0,743
η_3	7,14	5,10	4,36	3,81	3,56	3,35	3,32	3,19	3,00

Für andere Querschnittsformen findet man Angaben in den Lehrbüchern der Statik und Elastizitätslehre oder in Taschenbüchern, z. B. *Hütte* I, 27. Auflage, S. 686 oder *Schleicher*, Taschenbuch für Bau-Ingenieure, I. Bd., S. 220.

Solange τ_D die in den Bestimmungen angegebenen Werte nicht überschreitet, ist kein Nachweis für die Verdrehungsbewehrung zu erbringen. Werden jedoch diese Werte überschritten, dann sind die Betonabmessungen zu vergrößern.

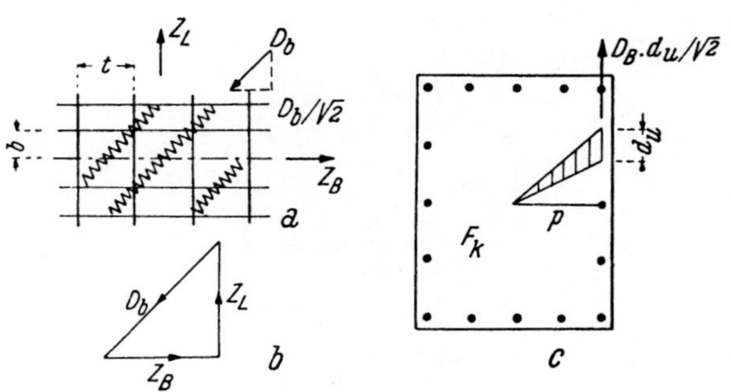

Abb. 55. Ermittlung der Verdrehungsbewehrung.

Bei der Berechnung der Verdrehungsbewehrung hat man vom Bruchzustand II a auszugehen. Die längs des Umfangs gleichmäßig verteilt gedachten Bügel und Längseisen von je f_e cm² Querschnitt je m Länge, bzw. Umfang werden durch die im Beton entstehende Druckkraft D_b in Zugspannungen versetzt (Abb. 55 a). Aus dem Kraftdreieck (Abb. 55 b) folgt $Z_b = Z_l = \dfrac{D_b}{\sqrt{2}} = f_e \, \sigma_e$. Anderseits ist die in die Umfangsrichtung fallende Komponente des Kraftdifferentials $D_b \, du$, das mit dem Moment dM_T um die Stabachse dreht, gleich $\dfrac{D_b \, du}{\sqrt{2}}$. Es ist $dM_T = \dfrac{1}{\sqrt{2}} D_b \, p \, du$ ($p = $ Lot von der Stabmitte auf du, Abb. 55 c).

Das Produkt $p \, du$ stellt den doppelten Flächeninhalt des in Abb. 55 c geschrafften Flächendifferentiales dF der Kernfläche F_K dar. Das Gleichgewicht fordert $M_T = \displaystyle\int_u dM_T = \frac{1}{\sqrt{2}} D_b \int_u p \, du = \sqrt{2} \, D_b \int_{F_K} dF$.

Das Flächenintegral ist offenbar der Inhalt der innerhalb der Bügel gelegenen Kernfläche F_K. Daher wird $M_T = \sqrt{2} \, D_b F_K$. Da $\dfrac{1}{\sqrt{2}} D_b = Z_l = Z_b$ war, folgt

$$f_e = \frac{M_T}{2 \, \sigma_e F_k}. \tag{69}$$

Diese Bewehrungsfläche muß je Einheit der Oberfläche vorhanden sein. Bei einem Bügelabstand a muß demnach der Querschnitt eines Bügels

$$F_{eb} = \frac{M_T \, a}{2 \, \sigma_e F_K} \tag{70}$$

betragen. Der Querschnitt der Längseisen mit dem Abstand t muß

$$F_{el} = \frac{M_T\,t}{2\,\sigma_e F_K} \tag{71}$$

sein, bzw. längs des ganzen Umfanges U muß

$$\Sigma F_{el} = \frac{M_T\,U}{2\,\sigma_e F_K} \tag{71 a}$$

vorhanden sein.

Bei Spiralbewehrung wird $D_b = Z_S$. Längs des Umfanges U ist der Querschnitt F_{es} aller Spiraleisen nach

$$\Sigma F_{es} = \frac{M_T\,U}{2\,\sqrt{2}\,\sigma F_K} \tag{72}$$

zu bemessen.

Beispiel 21. Ein nur auf Verdrehung durch $M_T = 3{,}50$ tm beanspruchter Rechteckstab von 40×60 cm² ist zu bewehren.
(B 225, B.St. I.)

$$\frac{d}{b} = \frac{60}{40} = 1{,}5, \quad \tau_D = 4{,}33\,\frac{3{,}50}{0{,}40^2 \cdot 0{,}60} = 158{,}5 \text{ t/m}^2 = 15{,}9 \text{ kg/cm}^2.$$

τ_D ist kleiner als $\tau_{D\,zul}$ (18 kg/cm²), jedoch ist die Verdrehungsbewehrung nachzuweisen. Bei 3 cm Betondeckung ist $F_K = (0{,}60 - 0{,}06) \cdot (0{,}40 - 0{,}06) = 0{,}1836$ m² und $U = 2\,[(0{,}60 - 0{,}06) + (0{,}40 - 0{,}06)] = 1{,}76$ m.

Nach (69) wird $f_e = \dfrac{3{,}5}{2 \cdot 1{,}4 \cdot 0{,}1836} = 6{,}8$ cm²/m.

Bei einem Bügelstand von $a = 16$ cm wird $F_{eb} = 6{,}8 \cdot 0{,}16 = 1{,}09$ cm²; es genügt ⌀ 12 (1,13 cm²). Längs des ganzen Umfanges sind $\Sigma F_{el} = f_e\,U = 6{,}8 \cdot 1{,}76 = 12{,}0$ cm² zu verteilen, z. B. 6 ⌀ 16.

Wenn bei gleichzeitigem Auftreten von Schubspannungen infolge Biegung *und* Verdrehung die Summe beider Schubspannungen die in den Bestimmungen angegebenen Werte überschreitet, so ist bei der Ermittlung der Schub- und Verdrehungsbewehrung auf die Gleichzeitigkeit beider Kraftwirkungen Rücksicht zu nehmen. Wie Abb. 56 zeigt, verringern im Zustand I a bei der Überlagerung beider Kraftwirkungen die Verdrehungsschubspannungen (Abb. 56 *b*) die Biegungsschubspannungen (Abb. 56 *a*) auf der einen Seite, auf der anderen Seite werden sie vergrößert. Maßgebend für die Stand- und Rissesicherheit ist naturgemäß jene Seite, an der sich die Vergrößerung von τ ergibt. Das gleiche gilt auch für die Bewehrung, da es praktisch kaum durchführbar ist, auf einer Balkenseite die Bügelbewehrung zu verstärken, auf der anderen zu vermindern. Da der Biegungsschub im allgemeinen durch Bügel und Schrägeisen aufgenommen wird, der Verdrehungsschub nur durch an der Oberfläche liegende Bügel und Längseisen, stehen für das Zusammenwirken nur die Bügel zur Verfügung; die Schrägeisen — im Balkeninneren liegend — sind nur auf Biegungsschub zu bemessen und zusätzliche Längseisen an den Seitenflächen nach (71) und (71 a) nur auf Verdrehung.

Nach (69) muß bei Verdrehung allein eine Bügelquerschnittsfläche

$f_{eT} = \dfrac{M_T}{2\,\sigma_e F_K}$ pro Längeneinheit vorhanden sein. Aus dieser Formel läßt sich ein Anteil der bezogenen Verdrehungs-Schubkraft $T_T{}'$ ableiten, der auf der ungünstigeren Balkenseite die Biegungsschubkraft $T_B{}'$ vergrößert. Da aus konstruktiven Gründen die Bügelverstärkung auf *beiden*

Balkenseiten gleich groß vorgenommen wird, muß, zur Zusammensetzung

mit $T_B' = \dfrac{Q}{Z} \mp \dfrac{M}{h\,z}$ tg α, das auf die ganze Balkenbreite bezogen ist,

für T_T' das Doppelte der auf einer Seite entstehenden Kraft angesetzt
werden:

$$T_T' = 2\,f_{eT} \cdot \sigma_e = \frac{M_T}{F_K}. \tag{73}$$

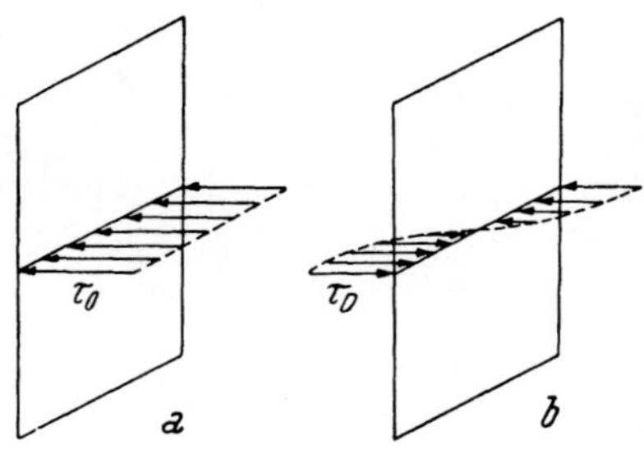

Abb. 56. Schubspannungen infolge
Biegung und Verdrehung gleichzeitig.

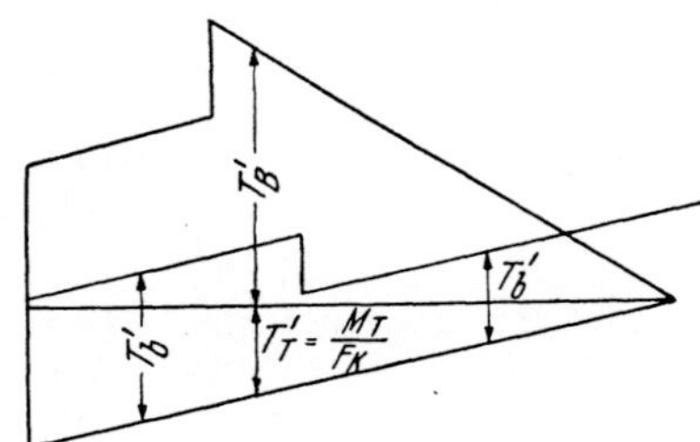

Abb. 57. Schubkraft-Diagramm und Schubbewehrung bei Biegung und Verdrehung
gleichzeitig.

Dieser Anteil der ganzen bezogenen Schubkraft $T_B' + T_T'$ muß *nur*
durch Bügel aufgenommen werden, da die im Balkeninneren liegenden
Schrägeisen bei Verdrehung praktisch unwirksam sind. Man deutet daher
diese besondere Stellung des Verdrehungsanteiles der Bügel auch im
Schubkraftdiagramm an.

Da nur die absolute Zunahme der bezogenen Schubkraft betrachtet
wird und der Torsionsanteil — wie in (73) bereits berücksichtigt — auf
beiden Seiten hinzugefügt wird, ist dieser ohne Rücksicht auf das Vorzeichen von T_B' so aufzutragen, daß T_T' auf alle Fälle T_B' vergrößert. Es
ist zweckmäßig, wie in Abb. 57 gezeigt ist, den Torsionsanteil und den
Biegungsanteil der Gesamtschubkraft auf verschiedenen Seiten der Bezugsachse aufzutragen. Die Bügelbewehrung muß so reichlich gewählt werden,

daß durch $T_b' = \dfrac{n \; \varnothing \; \sigma_e}{a}$ mindestens der Torsionsanteil $\dfrac{M_T}{F_K}$ allein ge-

deckt wird. Durch Änderung von Abstand und Bügelquerschnitt kann eine
Abstufung von T_b' herbeigeführt werden. Die über der Bezugsachse
liegenden Flächenanteile von T_b' verringern die zur Deckung der restlichen
Fläche des Schubkraftdiagrammes erforderliche Schrägbewehrung.

1) Biegung mit Längskraft (große Ausmittigkeit).

Bisher wurde vorausgesetzt, daß die äußeren Kräfte entweder eine im
Stabmittelpunkt wirkende Normalkraft als Mittelkraft besitzen (siehe c, d)
oder daß sie durch ein in der Symmetrieebene wirkendes Kraftpaar und
eine Querkraft normal zur Stabachse gleichwertig ersetzt werden (siehe
e, f, g, h). Nun soll zu Biegemoment und Querkraft noch eine gleichzeitig
wirkende Längskraft hinzukommen.

Im allgemeinsten Fall einfach symmetrischer Belastung kann man die
Kräfte in drei Komponenten zusammenfassen, in eine in die Stabachse

fallende Normalkraft N, in ein in der Symmetrieebene wirkendes Kraftpaar M und in eine normal zur Stabachse in der Symmetrieebene wirkende Querkraft Q. Die Schnittkräfte müssen mit diesen drei Komponenten im Gleichgewicht stehen. Die Querkraft und die damit im Gleichgewicht stehenden Schubspannungen können, wie bei der Biegung ohne Längskraft, gesondert betrachtet werden. Das Biegemoment kann jedoch nicht von der Längskraft getrennt werden, da beide die Normalspannungen beeinflussen und, soferne wir nicht Zustand I a annehmen können, das Überlagerungsgesetz nicht gilt.

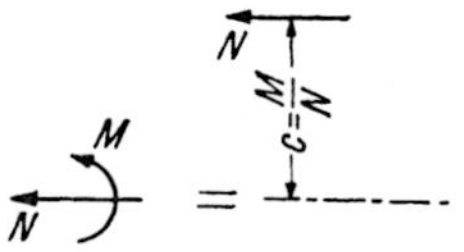

Die Kräftegruppe Moment M und Normalkraft N ist statisch gleichwertig der Mittelkraft N allein, die um $c = M/N$ parallel verschoben ist (Abb. 58).

Zunächst sei angenommen, daß die Mittelkraft N außerhalb des Querschnittes angreift. Man spricht in diesem Falle von großer Ausmittigkeit oder von Biegung mit Längskraft, weil das Biegungsmoment von überwiegendem Einfluß ist.

Abb. 58. Einer ausmittigen Kraft gleichwertige Gruppe Kraft und Moment.

Gegenüber den bei Biegung ohne Längskraft angestellten Überlegungen ändert sich erstens die Gleichgewichtsbedingung für die Summe der Längskräfte, die nicht mehr verschwindet, sondern gleich N wird. Zweitens sind in der Momentengleichung die Momente der inneren Kräfte auf die Zugkraft Z_e als Pol bezogen, daher sind auch die äußeren Kräfte darauf zu beziehen. Man hat an Stelle von M das Moment der äußeren Kräfte um die Zugbewehrung zu setzen. Mit dem Abstande e (vgl. Abb. 59, 60 usw.) wird

$$M_e = M + N\,e. \tag{74}$$

In dieser Formel ist N als Druckkraft angenommen. Ist N eine Zugkraft, so ist in (74) und im folgenden N durch $-N$ zu ersetzen.

Die Ausdrücke für die Spannungen und inneren Kräfte bleiben dieselben, wie bei Biegung ohne Längskraft. Es gilt daher: $D_b - Z_e = N$ und

$D_b\,z = M_e,\quad \sigma_e = n\,\sigma_b\,\dfrac{h-x}{x}$. Aus diesen drei Bedingungen kann man

sowohl die Bemessung als auch den Standsicherheitsnachweis ableiten.

Zunächst die *Bemessung*. Da die Momentengleichung $D_b\,z = M_e$ identisch ist mit der bei reiner Biegung (auch dort wurden die Momente um die Zugkraft gebildet), so schließt man daraus, daß offenbar die Bemessungsformeln, die für reine Biegung aus der Momentengleichung abgeleitet wurden, auch für Biegung mit Längskraft gelten, soferne man M durch $M_e = M + N\,e$ ersetzt.

Aus der Gleichung $D_b - Z_e = N$ folgt $D_b = Z_e + N$. Führt man dies in die Momentengleichung ein, so erhält man $z\,(Z_e + N) = M_e$; unter

Beobachtung von $Z_e = F_e\,\sigma_e$ folgt daraus: $F_e = \dfrac{M_e}{z\,\sigma_e} - \dfrac{N}{\sigma}$. In Übereinstimmung mit Abschnitt e 4 schreibt man:

$$F_e = \frac{M_e}{\sigma_e\,\zeta\,h} - \frac{N}{\sigma_e}. \tag{75}$$

oder

$$F_e = \mu\, b\, h - \frac{N}{\sigma_e}. \tag{76}$$

Es gilt demnach folgender Satz: *Die für Biegung ohne Längskraft ent-wickelten Bemessungsbehelfe sind ausnahmslos auch für die Biegung mit Längskraft verwendbar, soferne man M durch M_e ersetzt und die Bewehrungs-fläche um den Betrag N/σ_e berichtigt, u. z. bei Druck verkleinert, bei Zug vergrößert.*

Es ist leicht einzusehen, daß auch die Berechnung einer gegebenenfalls notwendigen Druckbewehrung mit den Hilfsmitteln der reinen Biegung durchführbar ist, soferne man die oben angegebene Regel beachtet. Bei Rechteckquerschnitten verwen-det man die Tab. 10 und bei Druckbewehrung (30) bis (32). Bei Plattenbalken rechnet man, solange $\sigma_b < \sigma_{bzul}$ bleibt, nach (42) bis (46) oder man benützt das Platten-balken-Nomogramm (Tab. 11). Bei Plattenbalken mit Druckbewehrung ermittelt man nach Beispiel 16 oder 18 das Betontragmoment, die Druckbewehrung wie beim Recht-eck. Einige Beispiele werden den Vorgang erläutern.

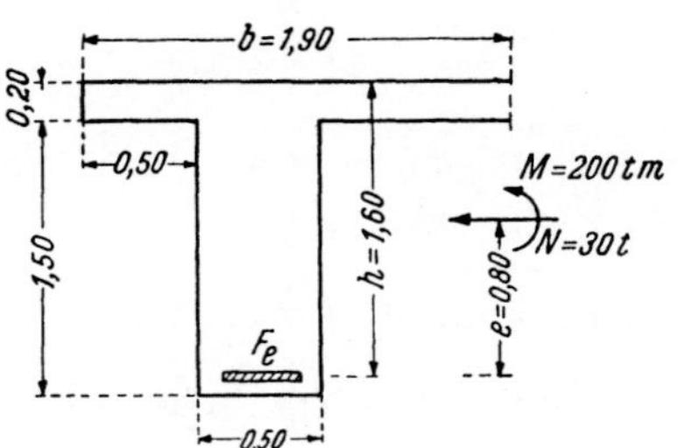

Abb. 59. Plattenbalken, belastet durch Biegungsmoment und Normalkraft.

Beispiel 22. Gegeben: Plattenbalken und Belastung nach Abb. 59; B 225, B.St. II (80/1800).
Gesucht: F_e und σ_b.

$$M_e = 200 + 30 \cdot 0{,}80 = 224 \text{ tm.}$$

Bei Vernachlässigung der Stegspannungen ist $z = 1{,}60 - 0{,}10 = 1{,}50$ m,

$$F_e = \frac{224}{1{,}8 \cdot 1{,}50} - \frac{30}{1{,}8} = 83 - 16{,}7 = 66{,}3 \text{ cm}^2.$$

Bei der Ermittlung von σ_b mittels der Gl. (47) muß bei Biegung mit Längskraft F_e durch $\dfrac{M_e}{\sigma_e\, z}$ ersetzt werden, daher:

$$\sigma_b = 1800 \frac{160}{150} \left(\frac{83}{190 \cdot 20} + \frac{20}{2 \cdot 15 \cdot 160} \right) = 50 \text{ kg/cm}^2 < \sigma_{bzul}.$$

Beispiel 23. Gegeben: Rechteckquerschnitt und Belastung nach Abb. 60; B 160, B.St. I (70/1400).
Gesucht: F_e und F_e'.

$$M_e = 45 + 20{,}0 \cdot 0{,}45 = 54 \text{ tm,}$$

$$\gamma_E = \frac{95}{\sqrt{\dfrac{54}{1{,}40 \cdot 0{,}40}}} = 9{,}67, \qquad m = 18, \qquad \sigma_b = \frac{1400}{18} = 78 > \sigma_{bzul};$$

daher Druckbewehrung: Bei 70/1400 wird nach Tab. 10

$$m = 20, \qquad \gamma_E = 10{,}43, \qquad \zeta = 0{,}857;$$

$$M_B = \left(\frac{95}{10{,}43} \right)^2 1{,}40 \cdot 0{,}40 = 46{,}3 \text{ tm,} \qquad F_{eB} = \frac{46{,}3}{1{,}4 \cdot 0{,}857 \cdot 0{,}95} = 40{,}6 \text{ cm}^2,$$

$$\Delta M = 54 - 46{,}3 = 7{,}7 \text{ tm,} \qquad \Delta F_e = \frac{7{,}7}{1{,}4 \cdot 0{,}90} = 6{,}12 \text{ cm}^2,$$

$$F_e = F_{eB} + \Delta F_e - \frac{N}{\sigma_e} = 40,6 + 6,12 - \frac{20,0}{1,4} = 32,5 \text{ cm}^2.$$

Mit $h'/h = 0,0527$ und $m = 20$ wird: $F_e' = 1,52 \cdot 6,12 = 9,30 \text{ cm}^2.$

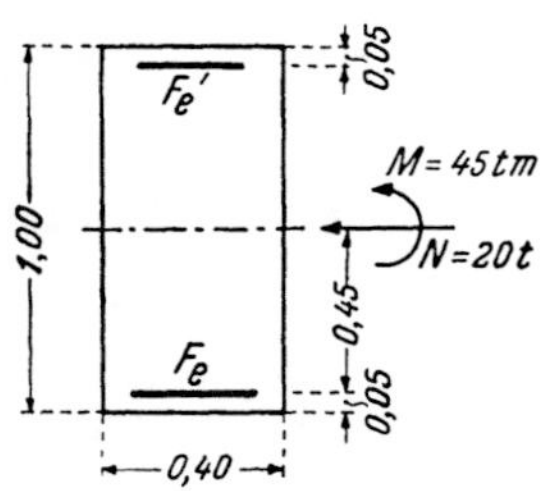

Abb. 60. Rechteck, belastet durch Biegungsmoment und Normalkraft.

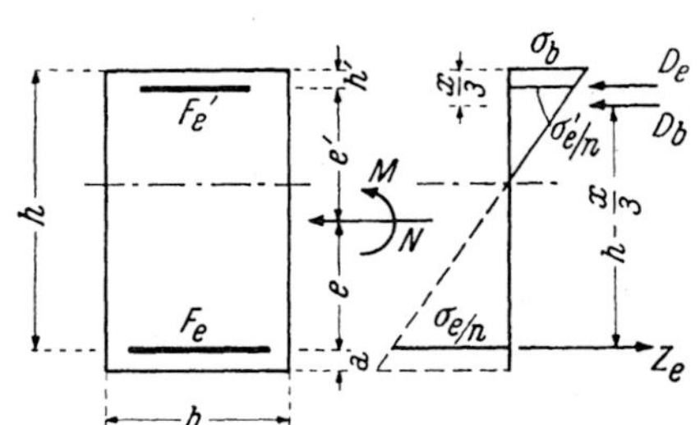

Abb. 61. Die Schnittkräfte eines durch Biegungsmoment und Normalkraft belasteten Rechteckes (Zustand II a).

Es kommt vor, daß F_e nach (75) oder (76) berechnet, negativ wird, ein physikalisch sinnloses Ergebnis. Setzt man in $F_e = \dfrac{M_e}{z\,\sigma_e} - \dfrac{N}{\sigma_e}$ für

$$M_e = N\,(c + e), \quad \text{so wird } F_e = \frac{N}{\sigma_e}\left(\frac{c+e}{z} - 1\right).$$

Solange $(c + e) > z$ ist, d. h. solange die Mittelkraft N über dem Druckmittelpunkt D_b liegt, wird F_e positiv sein. Nun wird z kleiner, wenn σ_e bei festgehaltenem σ_b kleiner wird. Man kann daher bei kleineren Ausmitten die Stahlspannung σ_e nicht mehr ausnützen, sondern muß die zulässige Beanspruchung unterschreiten. Die Aufgabe ist nicht mehr eindeutig.

Man könnte nun mit Hilfe der Tab. 10 jenes m suchen, für das $c + e = z$, bzw. $(c + e)/h = \zeta$ wird. Die Bemessung bei diesem Wert würde genau $F_e = 0$ ergeben, entweder bei $\sigma_b = \sigma_{b\,zul}$ oder sogar mit einer Druckbewehrung F_e'. Im Hinblick auf die Standsicherheit ist aber auf alle Fälle an der gezogenen Seite eine Bewehrung vorzusehen. Man braucht nur σ_e genügend klein anzunehmen, damit ein positives F_e von gewünschter Größe errechnet wird. Mit den bisher zur Verfügung stehenden Hilfsmitteln kann diese Aufgabe nur im Probierverfahren gelöst werden. Sie wird besonders umständlich, wenn Druckbewehrung notwendig ist. Man bedient sich zur einfachen und übersichtlichen Lösung dieser Aufgabe des im folgenden entwickelten Bemessungsbehelfes.

Zunächst bildet man das Moment der äußeren Kräfte um die Zugbewehrung und das Moment M_e' um die Druckbewehrung (Abb. 61):

$$M_e = M + N\,e, \qquad M_e' = M - N\,e' \tag{77}$$

und setzt sie mit den inneren Kräften ins Gleichgewicht:

$$M_e = D_b\left(h - \frac{x}{3}\right) + D_e\,(h - h'),$$

$$M_e' = Z_e\,(h - h') - D_b\left(\frac{x}{3} - h'\right).$$

Mit den bekannten Ausdrücken für D_b, Z_e und D_e und den linearen Beziehungen zwischen den Spannungen σ_b, σ_e und σ_e' berechnet man aus diesen beiden Gleichungen:

$$F_e = \left[M_e' + \frac{1}{2}\sigma_b\, b\, x\left(\frac{x}{3} - h'\right) \right] : n\,\sigma_b\, \frac{h-x}{x}\,(h - h').$$

$$F_e' = \left[M_e - \frac{1}{2}\sigma_b\, b\, x\left(h - \frac{x}{3}\right) \right] : n\,\sigma_b\, \frac{x-h'}{x}\,(h - h').$$

Nach Division dieser Gleichungen durch $b\,h$ und Erweiterung der Zähler und Nenner der rechten Seite mit $\dfrac{1}{\sigma_b\, h}$ wird:

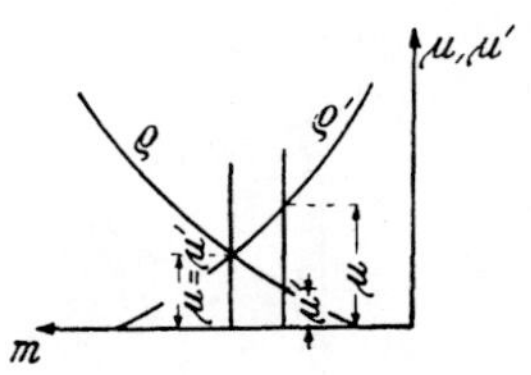

$$\mu = \left[\varrho' + \frac{1}{2}\xi\left(\frac{\xi}{3} - \frac{h'}{h}\right) \right] : n\,\frac{1-\xi}{\xi}\left(1 - \frac{h'}{h}\right).$$

$$\mu' = \left[\varrho - \frac{1}{2}\xi\left(1 - \frac{\xi}{3}\right) \right] : n\,\frac{\xi - h'/h}{\xi}\left(1 - \frac{h'}{h}\right)$$

mit $\varrho = \dfrac{M_e}{\sigma_e\, b\, h^2}$ und $\varrho' = \dfrac{M_e'}{\sigma_b\, b\, h^2}$.

Abb. 62. Schematische Darstellung der Bemessungstabelle 13 für Rechtecke bei Biegung mit Längskraft (Zustand II a).

In diesen Gleichungen sind neben den gegebenen Abmessungen und Kräften (ϱ und ϱ') zwei Parameter enthalten. Der eine h'/h ist durch die Lage der Druckeisen gegeben, der zweite Parameter ξ hängt vom Verhältnis $m = \dfrac{\sigma_e}{\sigma_b}$ ab. Wählt man dieses, so sind μ und μ' in eindeutiger Weise bestimmt.

In Tab. 13 ist die gesetzmäßige Abhängigkeit von μ und μ' von ϱ, ϱ' und m für $\dfrac{h'}{h} = 0,05$ und $\dfrac{h'}{h} = 0,10$ graphisch dargestellt. Im kartesischen Koordinatensystem mit den Achsen μ, μ' und m sind die Linien $\varrho = \text{const.}$ und $\varrho' = \text{const.}$ eingetragen (Abb. 62). An jeder senkrechten Kennlinie m liest man an der ϱ'-Linie μ und an der ϱ-Linie μ' ab. Der Schnittpunkt der ϱ-Linie mit der ϱ'-Linie liefert die symmetrische Bewehrung $\mu = \mu'$. Die Kleinstbewehrung $\mu + \mu' = \text{Min.}$ kann man leicht bestimmen, indem man die Summe $\mu + \mu'$ an verschiedenen Kennlinien m bestimmt und den Ort des Minimums empirisch ermittelt.

Beispiel 24. Gegeben: Betonquerschnitt und Belastung nach Abb. 63; B 160, B.St. I (70/1400). Gesucht: F_e und F_e'.
Aus der Abbildung folgt $e = 34$ cm, $e' = 36$ cm, $h = 74$ cm.

$$M_e = 18 + 65 \cdot 0,34 = 40,1\ \text{tm}, \qquad M_e' = 18 - 65 \cdot 0,36 = -5,4\ \text{tm};$$

$$\sigma_b\, b\, h^2 = 700 \cdot 0,35 \cdot 0,74^2 = 134\ \text{tm},$$

$$\varrho = \frac{40,1}{134} = 0,300; \qquad \varrho' = -\frac{5,4}{134} = -0,04.$$

Da $\dfrac{h'}{h} = \dfrac{4}{74} = 0,054,$ verwendet man das obere Diagramm der Tab. 13. Der Schnittpunkt der $\varrho = 0,30$-Linie mit der $\varrho' = -0,04$-Linie liefert $\mu = \mu' = 0,0028$ und $m = 7$. Es ist bei symmetrischer Bewehrung $F_e = F_e' = 0,0028 \cdot 35 \cdot 74 = 7,24\ \text{cm}^2$; hierbei wird $\sigma_e = m\,\sigma_b = 7 \cdot 70 = 490\ \text{kg/cm}^2$. Die Kleinstbewehrung findet man bei $m = 9$ mit $\mu = 0,1\%$ und $\mu' = 0,4\%$. Dieses rechnerische richtige Ergebnis

Tabelle 13. *Rechteck bei Biegung mit Längskraft (σ_b maßgebend).*

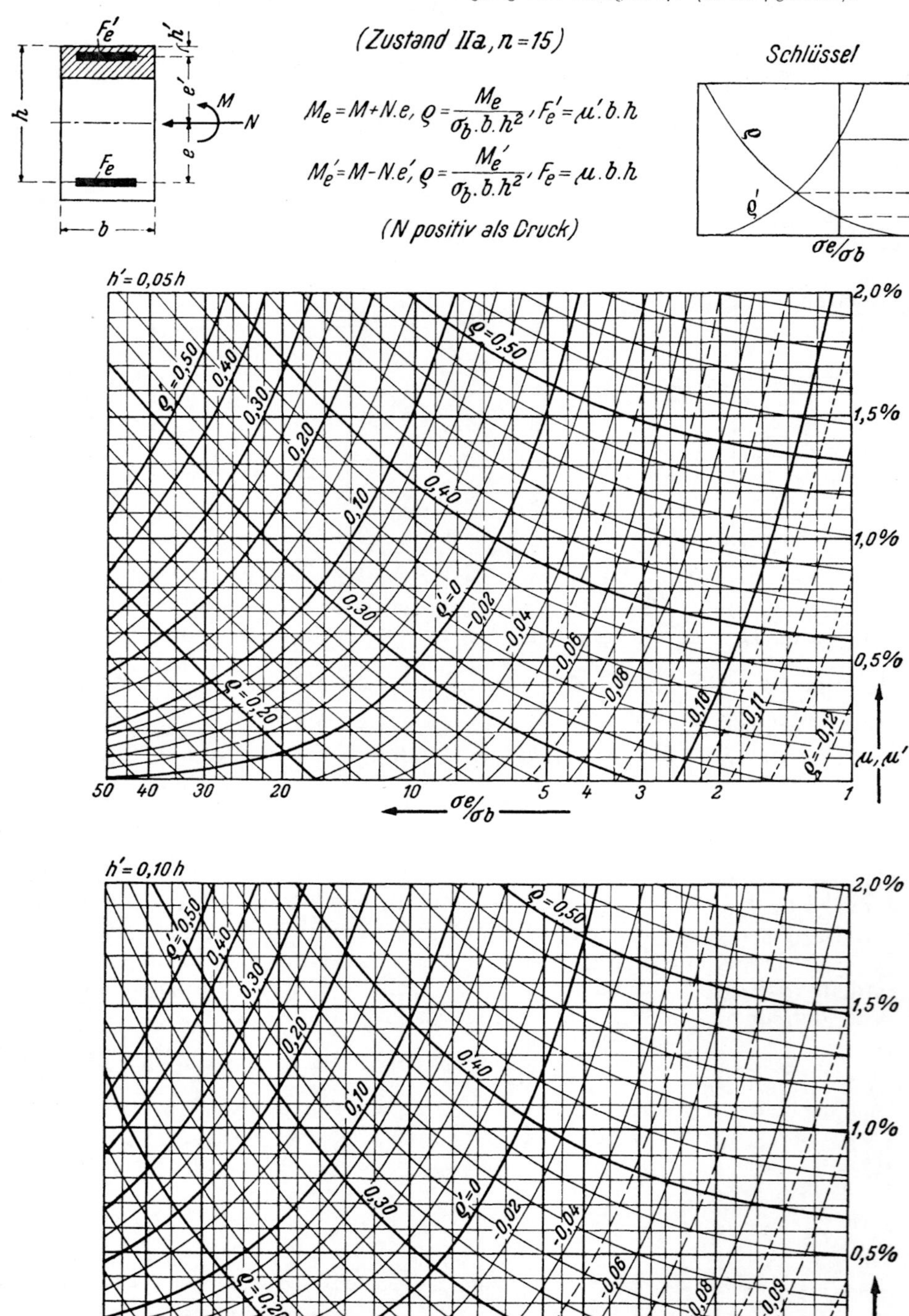

soll aber nicht zur Grundlage der Ausführung gemacht werden, da bei so kleiner Zugbewehrung die Standsicherheit zu wünschen übrig läßt.

Man kann in Tab. 13 sofort bestimmen, bei welchem m keine Druckbewehrung erforderlich ist. Hierzu sucht man den Schnitt der ϱ-Linie mit der m-Achse auf; dort ist $\mu' = 0$. Man findet $m = 3$, $\mu = 1,95\%$; wegen des bei dieser Lösung zu großen Stahlverbrauches wird man beim vorliegenden Beispiel kaum auf eine Druckbewehrung verzichten.

Bei Benützung der Tab. 13 hat man darauf zu achten, daß $\sigma_e \leqq \sigma_{e\,zul}$ ist, d. h. man darf bei der Bemessung nur solche Wertepaare annehmen, die einem $m \leqq \dfrac{\sigma_{e\,zul}}{\sigma_{b\,zul}}$ entsprechen, also im Diagramm rechts von diesem Wert liegen.

Es kommt vor, daß die ϱ-Linie innerhalb des Diagrammes überhaupt keine m-Linie schneidet, die auch von der ϱ'-Linie geschnitten wird (z. B. $\varrho = 0,22$, $\varrho' = -0,04$). In diesem Falle kann das der Bemessung zugrunde gelegte σ_b nicht erreicht werden. Man erhält sofort Lösungen, wenn man σ_b entsprechend verkleinert. (Wird z. B. σ_b gegenüber oben auf die Hälfte herabgesetzt, gibt $\varrho = 0,44$, $\varrho' = -0,08$ eine Reihe brauchbarer Wertepaare μ und μ'.)

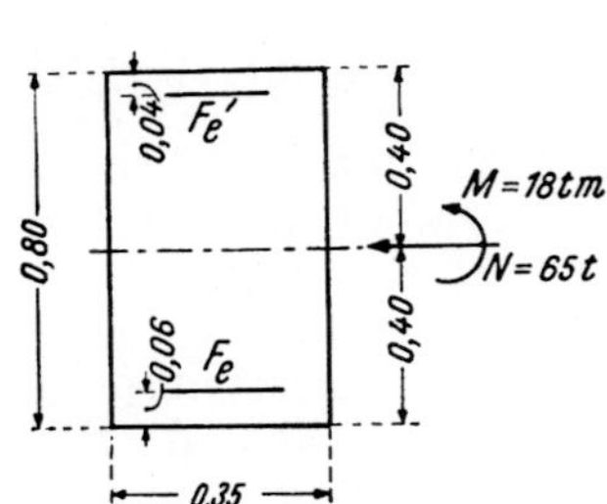

Abb. 63. Rechteck, belastet durch Biegungsmoment und Normalkraft.

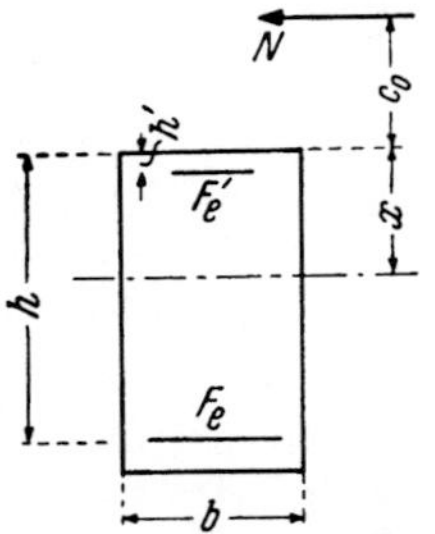

Abb. 64. Zum Standsicherheitsnachweis für ein Rechteck bei Biegung mit Längskraft (Zustand II a).

Um den *Standsicherheitsnachweis* zu führen, hat man zuerst die Lage der neutralen Achse (x) zu ermitteln. Man erhält eine Bestimmungsgleichung für x, bzw. ξ, in dem man in der Momentengleichung um den oberen, gedrückten Rand $M = N\,c_0$ (Abb. 64) die Schnittkräfte durch die Spannungen ausdrückt. Der Abstand c_0 der Kraft N vom gedrückten Rand ist positiv, wenn N über dem Querschnitt angreift. Es ergibt sich folgende kubische Gleichung

$$b\,x^3 + 3\,b\,x^2\,c_0 + 6\,n\,x\,[c_0\,(F_e + F_e') + (F_e\,h + F_e'\,h')] - 6\,n\,[c_0\,(F_e\,h + F_e'\,h') +$$
$$+ (F_e\,h^2 + F_e'\,h'^2)] = 0.$$

Man führt dimensionslose Größen ein, indem man durch $b\,h^3$ dividiert:

$$\xi^3 + 3\,\xi^2\,\frac{c_0}{h} + 6\,n\,\xi\left[\frac{c_0}{h}\,(\mu + \mu') + \left(\mu + \mu'\,\frac{h'}{h}\right)\right] -$$
$$- 6\,n\left[\frac{c_0}{h}\left(\mu + \mu'\,\frac{h'}{h}\right) + \left(\mu + \mu'\,\frac{h'^2}{h^2}\right)\right] = 0. \tag{78}$$

Die Lösung der kubischen Gleichung kann mit Hilfe eines Nomogrammes erfolgen (vgl. *E. Friedrich*, B. u. E. XXXII (1933), S. 183). Steht dieses nicht zur Verfügung, so löst man (78) mit schrittweiser Annäherung. Nachdem ξ bekannt ist, berechnet man die Spannungen aus folgenden Formeln:

$$\sigma_b = \frac{N\,c_0}{b\,h^2\left(n\,\mu\,\dfrac{1-\xi}{\xi} - n\,\mu'\,\dfrac{h'}{h}\,\dfrac{\xi - h'/h}{\xi} - \dfrac{1}{6}\,\xi^2\right)}, \tag{79 a}$$

bzw.

$$\sigma_b = \frac{N}{b\,h\left(\dfrac{\xi}{2} - n\,\mu\,\dfrac{1-\xi}{\xi} + n\,\mu'\,\dfrac{\xi - h'/h}{\xi}\right)} \tag{79 b}$$

und

$$\sigma_e = -\,n\,\sigma_b\,\frac{1-\xi}{\xi}, \qquad \sigma_e' = n\,\sigma_b\,\frac{\xi - h'/h}{\xi}; \tag{79 c}$$

(79 a) verwendet man mit Vorteil, wenn $c_0 > 0$, (79 b) hingegen bei $c_0 < 0$.

Der Standsicherheitsnachweis erübrigt sich, wenn die vorgesehene Bewehrung gleich oder größer ist, als die Berechnung nach einem einwandfreien Bemessungsverfahren ergeben hat.

m) Ausmittiger Druck (kleine Ausmittigkeit).

Greift die resultierende äußere Druckkraft noch innerhalb des Kernes an, so steht der ganze Querschnitt unter Druckspannungen. In diesem Falle ist nach Zustand I a zu rechnen. Fällt die Druckkraft zwar außerhalb des Kernes, aber in dessen Nähe, so entstehen im Verhältnis zur größten Druckspannung nur kleine Zugspannungen. Die Bestimmungen erlauben, daß so lange nach Zustand I a gerechnet werden darf, als die Betonzugspannung σ_{bz} kleiner oder gleich $\frac{1}{4}$ der gleichzeitig auftretenden, größten Betondruckspannung σ_{bd} ist.

Im Zustand I a gelten alle Formeln der allgemeinen Festigkeitslehre auch für den Verbundkörper Stahlbeton, soferne man in diese die ideellen Querschnittsgrößen F_i, W_i, J_i, das sind die um die n-fachen Bewehrungsflächen vermehrten Größen des Betonquerschnittes, einführt. Man bezieht die äußeren Kräfte auf die Hauptträgheitsachsen des ideellen Querschnittes. Es sei einfache Symmetrie des Querschnittes und des Kräftezustandes vorausgesetzt. Das auf den Schwerpunkt des ideellen Querschnittes bezogene Moment der äußeren Kräfte sei $M_m = N\,c_m$ (Abb. 65). Die Spannungen im Abstand y vom Schwerpunkt sind

$$\sigma_b(y) = \frac{N}{F_i} + \frac{M_m}{J_{is}}\,y, \tag{80}$$

$$\sigma_e(y) = n\,\sigma_b(y).$$

Die Kantenspannungen werden mit $W_{io} = \dfrac{J_{is}}{y_0}$, $W_{iu} = \dfrac{J_{is}}{y_u}$,

$$\max \sigma_b = \frac{N}{F_i} + \frac{M_m}{W_{io}} = \sigma_{bd},$$

$$\min \sigma_b = \frac{N}{F_i} - \frac{M_m}{W_{iu}} = \sigma_{bz}. \tag{81}$$

Für den wichtigsten Fall des symmetrisch bewehrten Rechteckes werden die Formeln weiter entwickelt. Man vereinfacht sich die Rechnung sehr, wenn man neben den Abmessungen b und d nur dimensionslose Größen verwendet.

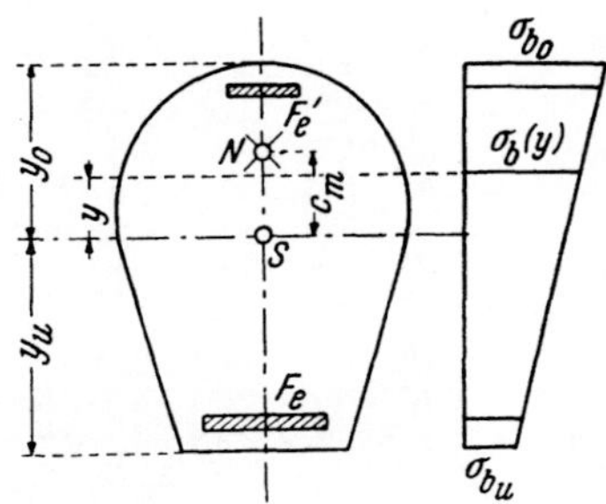

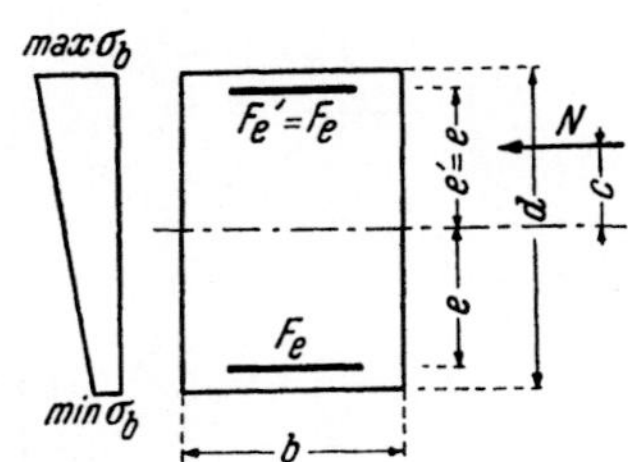

Abb. 65. Spannungsverteilung bei ausmittigem Druck (Zustand I a).

Abb. 66. Rechteck unter ausmittigem
Druck (Zustand I a).

Mit $\mu = \mu' = F_e/b\,d$ und $\varepsilon = e/d$ (Abb. 66) wird

$$F_i = b\,d\,(1 + 2\,n\,\mu), \qquad J_{is} = \frac{b\,d^3}{12}\,(1 + 24\,n\,\mu\,\varepsilon^2), \qquad W_i = \frac{b\,d^2}{6}\,(1 + 24\,n\,\mu\,\varepsilon^2).$$

Sei N die angreifende äußere Kraft mit der Ausmitte c_m vom Schwerpunkt, so werden die Randspannungen

$$\begin{aligned}
\max \sigma_b &= \frac{N}{b\,d}\left(\frac{1}{1 + 2\,n\,\mu} + \frac{6}{1 + 24\,n\,\mu\,\varepsilon^2}\,\frac{c_m}{d}\right), \\
\min \sigma_b &= \frac{N}{b\,d}\left(\frac{1}{1 + 2\,n\,\mu} - \frac{6}{1 + 24\,n\,\mu\,\varepsilon^2}\,\frac{c_m}{d}\right),
\end{aligned} \qquad (82)$$

Mit diesen Formeln kann man wohl den Standsicherheitsnachweis führen, die gebundene Bemessung, d. h. die Ermittlung der notwendigen Bewehrung, wenn der Betonquerschnitt und die äußeren Kräfte gegeben sind, ist auf einfache Weise nicht möglich. Man entwickelt daher aus (82) Bemessungsdiagramme (Tab. 14), mit deren Hilfe beide Aufgaben mit einem Minimum an Rechenarbeit gelöst werden können, soferne die Bewehrung symmetrisch ist ($\mu = \mu'$), was in der Regel anzustreben ist.

Ähnlich wie bei Tab. 13 ist die Größe $\varepsilon = e/d$ als Festwert zu betrachten, d. h. man braucht für jeden Wert von ε ein Diagramm. Es genügt für die in der Praxis gebotene Genauigkeit im allgemeinen mit dem Festwert $\varepsilon = 0{,}45$ bei größeren Querschnittsdicken, $\varepsilon = 0{,}40$ bei kleineren Querschnittsdicken zu rechnen. In Ausnahmsfällen kann man das Bemessungsergebnis immer mit (82) überprüfen.

Die folgenden Beispiele werden die einfache Anwendung bei Standsicherheitsnachweis und Bemessung zeigen.

Beispiel 25. Gegeben: $b = 40$ cm, $d = 90$ cm, $F_e = F_e' = 4 \oslash 24$ (19,2 cm²), $N = 95$ t, $c_m = 0{,}20$ m.
Gesucht: $\max \sigma_b$ und $\min \sigma_b$ (Standsicherheitsnachweis).

$$\mu = \mu' = \frac{19{,}2}{40 \cdot 90} = 0{,}0053, \qquad e = \frac{d}{2} - h' = 41 \text{ cm},$$

$$\varepsilon = \frac{41}{90} = 0{,}455 \simeq 0{,}45.$$

Tabelle 14. *Rechteck, symmetrisch bewehrt, bei ausmittigem Druck. (Zustand I a, $n = 15$.)*

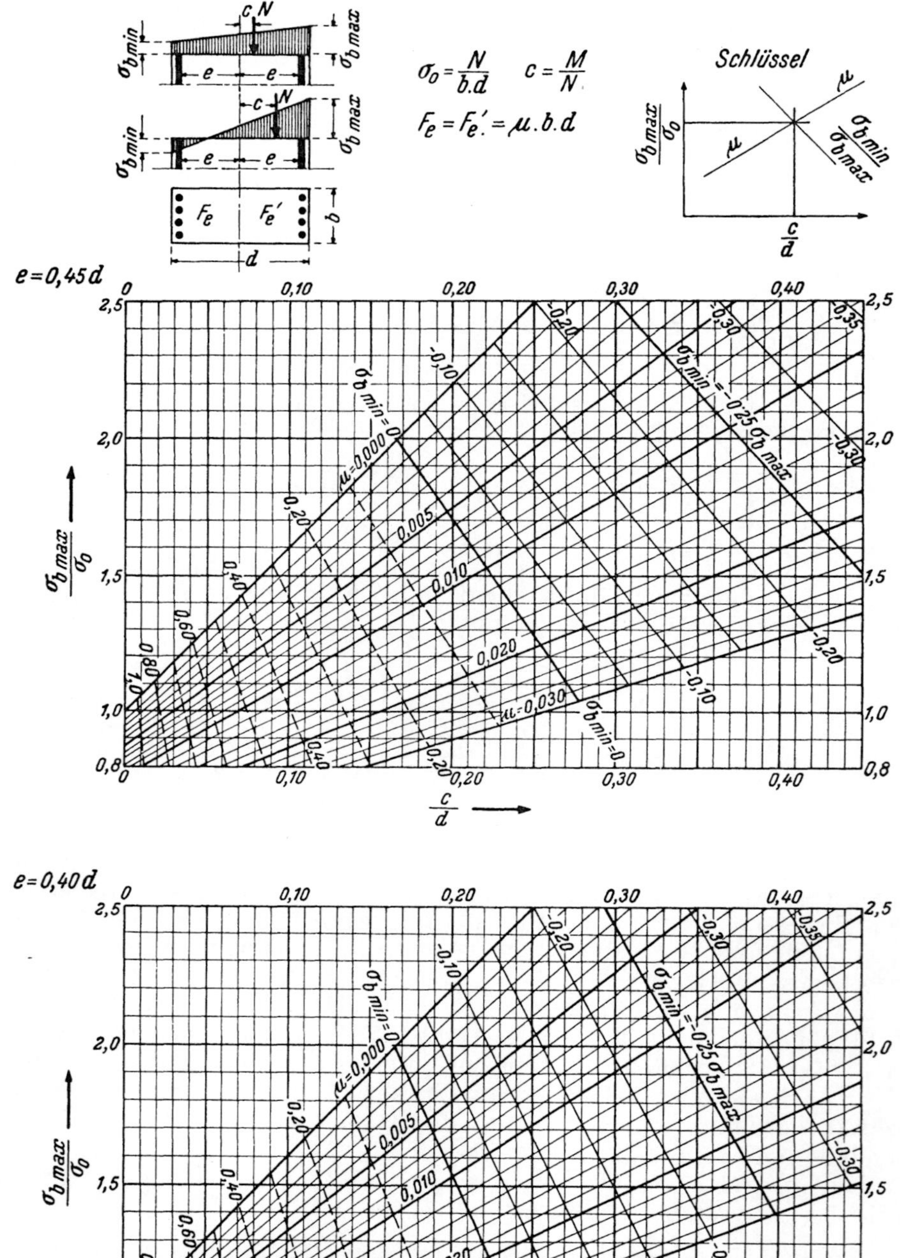

$$\sigma_0 = \frac{N}{b\,d} = \frac{95}{0,40 \cdot 0,90} = 264 \text{ t/m}^2, \qquad \frac{c}{d} = \frac{20}{90} = 0,222.$$

Aus Tab. 14: $\dfrac{\max \sigma_b}{\sigma_0} = 1,75, \quad \dfrac{\max \sigma_b}{\min \sigma_b} = -0,04;$

somit: $\max \sigma_b = 1,75 \cdot 264 = 462 \text{ t/m}^2 = \sigma_{bd}$

$$\sigma_{bz} = \min \sigma_b = -0,04 \cdot 462 = -18,5 \text{ t/m}^2 < \tfrac{1}{4}\,\sigma_{bd}.$$

Beispiel 26. Gegeben: $b = 25$ cm, $d = 30$ cm, $N = 38$ t, $c_m = 6,6$ cm; B 225, B.St. I. ($\sigma_{b\,zul} = 90$ kg/cm².

Gesucht: $F_e = F_e'$, $\min \sigma_b$ (Bemessung).

$$\sigma_0 = \frac{N}{b\,d} = \frac{38}{0,25 \cdot 0,30} = 508 \text{ t/m}^2, \qquad \frac{c}{d} = \frac{6,6}{30} = 0,22,$$

$$e = \frac{d}{2} - h' = 15 - 3 = 12 \text{ cm}, \qquad \varepsilon = \frac{12}{30} = 0,40, \qquad \frac{\max \sigma_b}{\sigma_0} = \frac{900}{508} = 1,77;$$

Aus Tab. 14: $\mu = \mu' = 0,007, \quad \dfrac{\min \sigma_b}{\max \sigma_b} = -0,065.$

$$F_e = F_e' = 0,007 \cdot 25 \cdot 30 = 5,3 \text{ cm}^2.$$
$$\sigma_{bz} = -0,065 \cdot 900 = -59 \text{ t/m}^2 < \tfrac{1}{4}\,\sigma_{bd}.$$

n) Ausmittiger Zug (kleine Ausmittigkeit).

Ist die äußere Kraft eine innerhalb des Kernes angreifende Zugkraft, so entstehen im ganzen Querschnitt nur Zugspannungen. Wird die Last entsprechend gesteigert, so zerreißt der Beton und entzieht sich damit der Mitwirkung. Im Bruchzustand wird die äußere Kraft nur von der Bewehrung aufgenommen. Deshalb ist bei der Bemessung die Zugkraft nur der Bewehrung zuzuweisen und der Beton als nicht mitwirkend anzunehmen. Die beiden Zugkräfte $Z_e = F_e\,\sigma_e$ und $Z_e' = F_e'\,\sigma_e'$ müssen der äußeren Kraft N mit der Ausmittigkeit c das Gleichgewicht halten. Es wird (Abb. 67)

$$F_e = \frac{N\,(c + e')}{(h - h')\,\sigma_e}, \qquad F_e' = \frac{-N\,(c - e)}{(h - h')\,\sigma_e}. \tag{83}$$

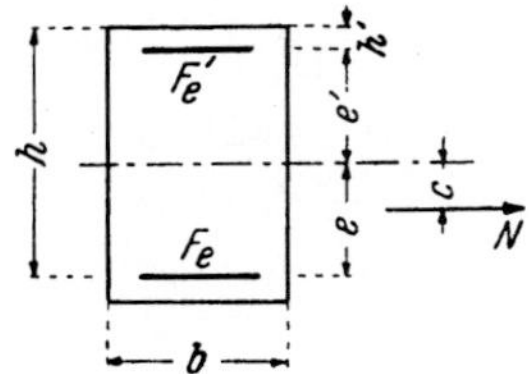

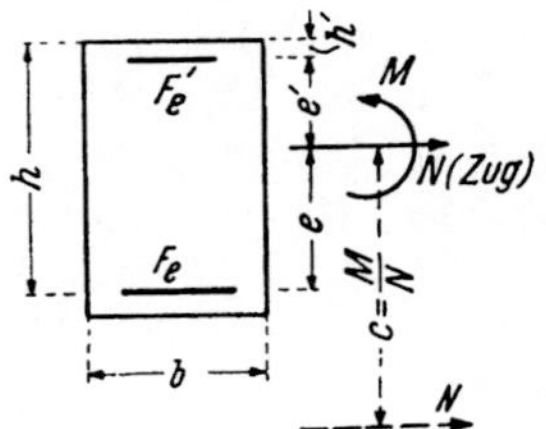

Abb. 67. Rechteck unter ausmittigem   Abb. 68. Rechteck bei Biegung mit
Zug. (Zustand II a.)   Zugkraft. (Zustand II a.)

Die Formeln haben solange Gültigkeit, als die Kraft N innerhalb der beiden Bewehrungen angreift. Liegt ihr Angriffspunkt außerhalb der Bewehrung ($c > e$), so hat man das Moment $M_e = M - N\,e$ um die Zugbewehrung zu bilden (Abb. 68) und mit diesem so wie für reine Biegung zu bemessen und die Zugbewehrung $\dfrac{M_e}{\sigma_e\,z}$ um den Betrag N/σ_e zu vergrößern. Es gelten alle Entwicklungen der Biegung mit Längskraft (große

Ausmittigkeit), wenn man, wie bereits erwähnt, in den angegebenen Formeln (74) bis (76) N durch $-N$ ersetzt. Auch die Tab. 13 ist anwendbar. Während jedoch bei Biegung mit Druckkraft $M_e > M_e'$, bzw. $\varrho > \varrho'$ ist, wird bei Biegung mit Zugkraft $M_e < M_e'$, bzw. $\varrho < \varrho'$. In der Regel wird das Bewehrungsminimum bei voller Ausnützung von σ_e erhalten.

o) Schubspannung und Schubbewehrung bei Biegung mit Längskraft.

In jedem Schnitt $a - a$ unter der neutralen Achse (Abb. 69) sind im Zustand II a Schubspannungen τ_0 wirksam, die im Gleichgewicht mit der Änderung der Zugkraft stehen. Es ist die bezogene Schubkraft $T' = b_0 \tau_0 = dZ_e/ds$. Bei Biegung mit Längskraft erhält man aus (75) bei Beachtung von $M_e = M + N e$ für die Zugkraft $Z_e = F_e \sigma_e = M_e/z - N = M/z - N(1 - e/z)$. Die Differentiation dieser Gleichung nach s liefert die bezogene Schubkraft. Hierbei bringt das erste Glied M/z den bereits in (59) abgeleiteten Ausdruck. Es wird erhalten:

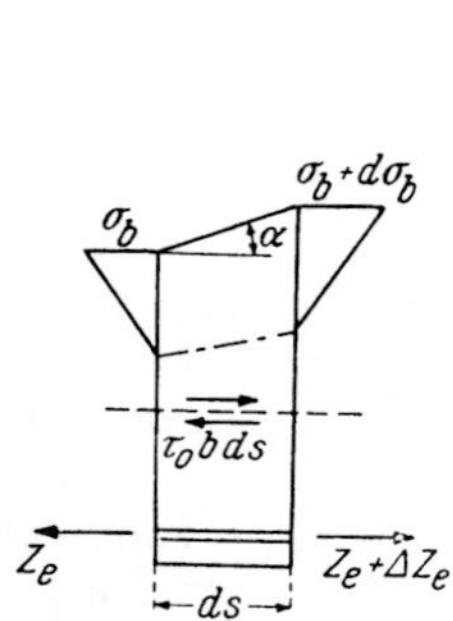
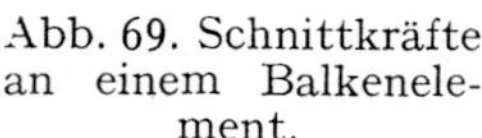

Abb. 69. Schnittkräfte an einem Balkenelement.

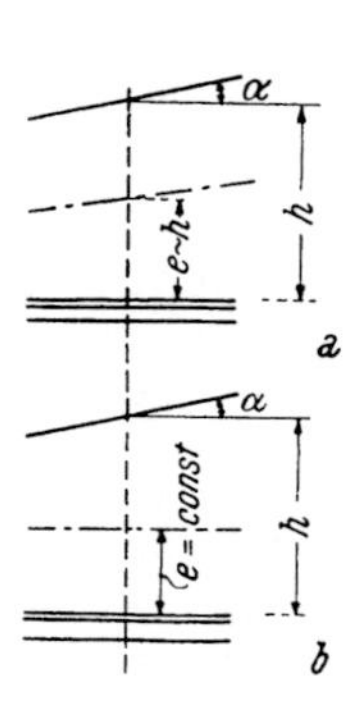

Abb. 70. Die Grenzlagen der Stabachse bei Stäben mit veränderlicher Höhe.

$$\frac{dZ_e}{ds} = \frac{Q}{z} - \frac{M}{h\,z}\operatorname{tg}\alpha -$$

$$- \frac{dN}{ds}\left(1 - \frac{e}{z}\right) +$$

$$+ \frac{N}{z^2}\left(z\frac{de}{ds} - e\frac{dz}{ds}\right).$$

Je nach der Lage der Stabachse wird der letzte Teil verschiedene Form annehmen. Man kann typische Grenzfälle für die Lage der Stabachse annehmen: 1. Die Stabachse liegt affin zu den Stabrändern, d. h. es ändert sich deren Abstand e von der Zugbewehrung proportional der Nutzhöhe ($e \sim h$, Abb. 70 a). In diesem Fall wird $dz/ds = z/h \operatorname{tg}\alpha$, $de/ds = e/h \operatorname{tg}\alpha$ und $z\dfrac{de}{ds} - e\dfrac{dz}{ds} = 0$. 2. Die Stabachse ist parallel zur Zugbewehrung ($e = $ const., Abb. 70 b). Es wird $de/ds = 0$ und $z\,de/ds - e\,dz/ds = \dfrac{e\,z}{h}\operatorname{tg}\alpha$.

Es ergeben sich damit folgende Formeln für die bezogene Schubkraft, bzw. für die Schubspannung:

Bei veränderlichem e ($e \sim h$):

$$T' = \tau_0 b_0 = \frac{Q}{z} - \frac{M}{h\,z}\operatorname{tg}\alpha - \frac{dN}{ds}\left(1 - \frac{e}{z}\right). \tag{84}$$

Bei konstantem e:

$$T' = \tau_0 b_0 = \frac{Q}{z} - \frac{M}{h\,z}\operatorname{tg}\alpha - \frac{dN}{ds}\left(1 - \frac{e}{z}\right) - \frac{N\,e}{h\,z}\operatorname{tg}\alpha. \tag{85}$$

Bei veränderlichem e und unveränderlicher Längskraft ($N = $ const., $dN/ds = 0$) geht (84) in (59) über, d. h. es hat dann die Längskraft keinen Einfluß auf die Schubspannung.

(84) und (85) dienen sowohl zum Nachweis der Schubspannung, als auch zur Ermittlung der Schubbewehrung, indem man aus T' nach den schon früher abgeleiteten Formeln (61) bis (63) die notwendigen Bügel und Schrägeisen berechnet. Man wird zu deren Verteilung am besten wieder das T'-Diagramm heranziehen.

In (84) und (85) ist N als Druckkraft positiv eingesetzt; tg α ist positiv, wenn die Trägerhöhe in derselben Richtung größer wird wie der Absolutbetrag des Biegungsmomentes.

p) Schiefe Biegung mit und ohne Längskraft.

Bei allen bisherigen Entwicklungen war einfache Symmetrie des Querschnittes und der Bewehrung sowie das Zusammenfallen der Kraftebene mit der Symmetrieebene angenommen. Diese einschränkende Voraussetzung soll nun entfallen.

Solange die äußere Druckkraft N innerhalb des Kernes angreift, steht der ganze Querschnitt unter Druckspannungen. Greift N außerhalb des Kernes, jedoch in dessen Nähe an, so entstehen im Vergleich zu den Druckspannungen nur sehr kleine Zugspannungen; es ist auch in diesem Falle noch Zustand I a maßgebend. Man darf die Spannungen bei unsymmetrisch ausmittigem Druck nach Zustand I a nachweisen, solange die größte Betonzugspannung σ_{bz} nicht größer als 0,35 der gleichzeitig auftretenden Betondruckspannung σ_{bd} ist. Ansonsten ist der Standsicherheitsnachweis nach Zustand II a zu führen.

1. Berechnung nach Zustand Ia.

Solange man nach Zustand I a rechnet, haben die Gesetze der allgemeinen Festigkeitslehre Gültigkeit, soferne man die ideellen Querschnittsgrößen einführt, d. h. bei Fläche und Trägheitsmoment die ganze Betonfläche, vermehrt um die n-fachen Bewehrungsflächen in Rechnung stellt.

Bei beliebiger Querschnittsform hat man zuerst den Schwerpunkt und die Hauptträgheitsachse des ideellen Querschnittes zu bestimmen. Man berechnet zu diesem Zwecke zunächst F_i und, auf ein beliebiges Koordinatensystem xy bezogen, die statischen Momente St_{ix} und St_{iy} und die Flächenmomente 2. Ordnung

$$F_i = F_b + n \sum_r F_{er}, \qquad J_{ix} = J_{bx} + n \sum_r F_{er} y_r^2,$$

$$St_{ix} = St_{bx} + n \sum_r F_{er} y_r, \qquad J_{iy} = J_{by} + n \sum_r F_{er} x_r^2, \tag{86}$$

$$St_{iy} = St_{by} + n \sum_r F_{er} x_r, \qquad J_{ixy} = J_{bxy} + n \sum_r F_{er} x_r y_r.$$

Sodann ermittelt man die Schwerpunktskoordinaten x_s und y_s aus

$$x_s = \frac{St_{iy}}{F_i}, \qquad y_s = \frac{St_{ix}}{F_i} \tag{87}$$

und die Trägheitsmomente, bezogen auf die Achsen $\bar{x}$ und $\bar{y}$, deren Ursprung im Schwerpunkt liegt und die parallel zu den Achsen x und y (Abb. 71) sind. Es ist

$$\bar{J}_{ix} = J_{ix} - y_s^2 F_i, \qquad \bar{J}_{iy} = J_{iy} - x_s^2 F_i, \qquad \bar{J}_{ixy} = J_{ixy} - x_s\, y_s\, F_i. \qquad (88)$$

Mit diesen Größen berechnet man nun die Richtung der Haupt-Trägheitsachsen u und v, die Hauptträgheitsmomente und die Trägheitsradien mit Hilfe der bekannten Formeln:

$$\operatorname{tg} 2\,\alpha = \frac{2\,\bar{J}_{ixy}}{\bar{J}_{ix} - \bar{J}_{iy}}\,,$$

$$J_{iu} = \frac{\bar{J}_{ix} + \bar{J}_{iy}}{2} + \sqrt{\left(\frac{\bar{J}_{ix} - \bar{J}_{iy}}{2}\right)^2 + \bar{J}_{ixy}{}^2}\,,$$

$$i_u^2 = \frac{J_{iu}}{F_i}\,, \qquad (89)$$

$$J_{iv} = \frac{\bar{J}_{ix} + \bar{J}_{iy}}{2} - \sqrt{\left(\frac{\bar{J}_{ix} - \bar{J}_{iy}}{2}\right)^2 + \bar{J}_{ixy}{}^2}\,,$$

$$i_v^2 = \frac{J_{iv}}{F_i}\,.$$

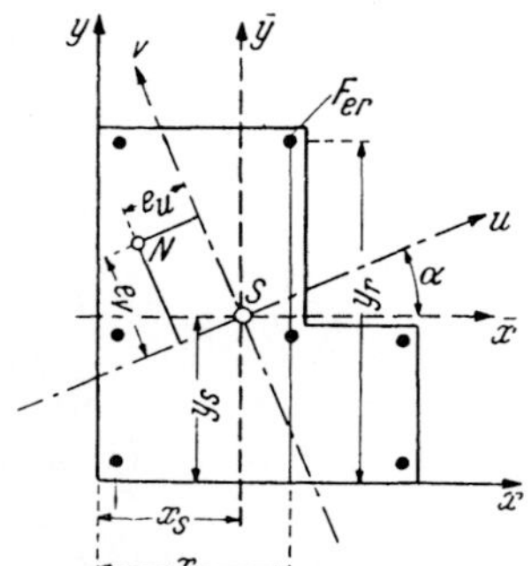

Abb. 71. Hauptachsen eines unsymmetrischen Querschnittes. (Zustand Ia.)

Man hat nun die äußere Kraft auf die Hauptträgheitsachsen u und v zu beziehen. Seien c_u und c_v die Koordinaten des Angriffspunktes von N im uv-System, so wird

$$\sigma_b\,(u, v) = \frac{N}{F_i}\left(1 + c_u\,\frac{u}{i_v{}^2} + c_v\,\frac{v}{i_u{}^2}\right), \qquad \sigma_e\,(u, v) = n\,\sigma_b\,(u, v). \qquad (90)$$

Ist einfache Symmetrie des Querschnittes und der Bewehrung vorhanden, so kennt man die Richtungen der Hauptachsen vorweg und man kann die Lage des Schwerpunktes bereits mit einer Koordinate angeben. Man berechnet in diesem Falle sofort die Hauptträgheitsmomente J_{iu} und J_{iv}. Ist Querschnitt und Bewehrung zweifach symmetrisch, so ist auch die Lage des Schwerpunktes bereits bekannt und die Rechnung wird entsprechend kürzer.

Bei Rechteckquerschnitten, bei denen die Bewehrung $1/2 \cdot \mu \cdot b \cdot d$ in jeder Ecke konzentriert ist, kann der Spannungsnachweis und die gebundene Bemessung mit Verwendung der Tab. 14 vorgenommen werden, indem man statt c/d die Summe $c_x/d + c_y/b$ setzt.

Beispiel 27.
Gegeben: $b = 40$ cm, $d = 80$ cm,
$\qquad M_x = 26{,}2$ tm, $\qquad M_y = 7{,}8$ tm, $\qquad N = 131$ t, $\qquad \sigma_{b\,zul} = 100$ kg/cm².
Gesucht: Die Bewehrung (gebundene Bemessung),

$$\frac{c_x}{d} = \frac{26{,}2}{131 \cdot 0{,}80} = 0{,}25, \qquad \frac{c_y}{b} = \frac{7{,}8}{131 \cdot 0{,}40} = 0{,}149,$$

$$\frac{c_x}{d} + \frac{c_y}{b} = 0{,}399, \qquad \sigma_0 = \frac{131}{0{,}40 \cdot 0{,}80} = 410 \text{ t/m}^2, \qquad \frac{\sigma_{b\,zul}}{\sigma_0} = \frac{1000}{410} = 2{,}44.$$

Aus Tab. 14 für $e = 0{,}40\,d$: $\mu = \mu' = 0{,}008$
$\qquad\qquad$ min. $\sigma_b = -\,0{,}34 \cdot 1000 = -\,340$ t/m² $< 0{,}35 \cdot 1000$.
In jeder Ecke: $F_e = 1/2 \cdot 0{,}008 \cdot 40 \cdot 80 = 12{,}8$ cm²
$\qquad\qquad 1 \varnothing 26 + 2 \varnothing 22 = 12{,}9$ cm².

2. Berechnung nach Zustand II a.

Die Berechnung bei schiefer Biegung im Zustand IIa ist umständlicher als bei symmetrischer Biegung, da man die neutrale Achse zunächst weder der Richtung noch der Lage nach kennt. Bei der Bemessung muß zuerst die Richtung der neutralen Achse, beim Standsicherheitsnachweis auch noch deren Lage ermittelt werden, was nur im Wege der schrittweisen Annäherung möglich ist.

Für den *Standsicherheitsnachweis* sind verschiedene Verfahren bekannt. Das allgemeinste, für jede Querschnittsform und Bewehrungsverteilung und bei Biegung mit und ohne Längskraft anwendbar, ist vom Verfasser entwickelt worden (Bau-Ing. XXI, 1940, S. 131). Für Rechteckquerschnitte bei Biegung mit Längskraft gibt u. a. *Löser* (Bemessungsverfahren, 12. Auflage, S. 131) Verfahren an, deren Durchführung mit Hilfe mehrerer Zahlentabellen erleichtert wird.

Bei allen Verfahren muß zunächst Richtung und Lage der neutralen Achse angenommen und dann durch Rechnung verbessert werden. Die unmittelbare Berechnung der Lage der neutralen Achse ist bei symmetrischer Biegung deshalb möglich, da deren Richtung, normal zur Symmetrieachse, festliegt, führt jedoch unter Umständen z. B. bei (68) bereits auf eine Gleichung 3. Grades. Bei der schiefen Biegung führt der einfachste Fall bereits auf drei algebraische Gleichungen 5. Grades, die nur mehr im Näherungsverfahren gelöst werden können.

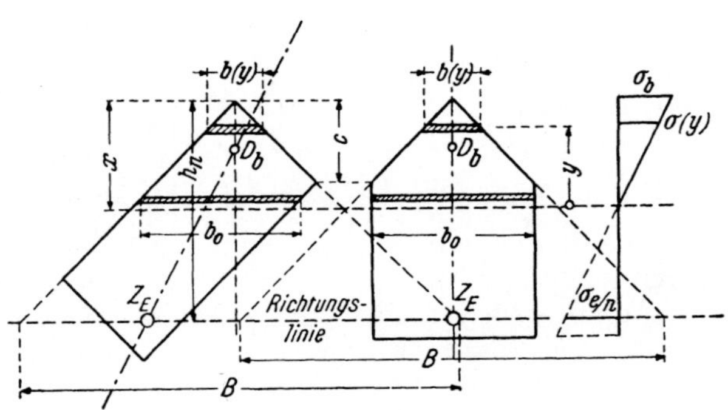

Abb. 72. Zuordnung der schiefen Biegung eines Rechteckes zur symmetrischen Biegung eines Balkens mit dreieckiger Druckzone.

Die *Bemessung* des Rechteckes bei schiefer Biegung mit und ohne Längskraft kann auf die Bemessung eines einfach symmetrischen Querschnittes nach Abb. 37 (S. 68) zurückgeführt werden. Bei den in Abb. 72 gezeigten beiden Querschnitten ist im Bereich $x \geq y \geq x - c$ die Breite des Flächenelementes $dF = b\,dy$ gleich groß und linear anwachsend, nämlich

$$b = B\,\frac{x-y}{h}, \quad \text{im Bereich } x - c \geq y \geq 0 \text{ ist } b = B\,\frac{x-c}{h} = \text{const.}$$

Es ist auch $\sigma_b(y)$ und damit das Kraftdifferential dD_b in je zwei Flächenelementen beider Querschnitte gleich groß. Daher sind die Betondruckkraft D und deren Moment um die als „Richtungslinie" bezeichnete, zur neutralen Achse Parallele durch den Zugmittelpunkt bei beiden Querschnitten dieselben. Es gelten demnach für die schiefe Biegung des Rechtecks die im Abschnitt (e, 4) entwickelten allgemeinen Bemessungsformeln (36) bis (41), in die für J_I und J_{II} die für den symmetrischen Querschnitt angegebenen Ausdrücke einzusetzen sind. In Tab. 15 sind die dimensionslosen Bemessungszahlen γ_E, γ_B, μ und ζ in Abhängigkeit von m und dem Parameter $\alpha = \dfrac{c}{h} = \dfrac{b}{p}$ zusammengestellt (vgl. Abb. 75). Man hat bei ihrer Anwendung das Moment der äußeren Kräfte M_R um die Richtungslinie, deren Lage zunächst als bekannt vorausgesetzt wird, die Nutzhöhe h_b, d. h. den Normalabstand der Ecke, in der max σ_b entsteht, von der Richtungslinie und die Breite B (Abb. 72) in die Berechnung einzuführen.

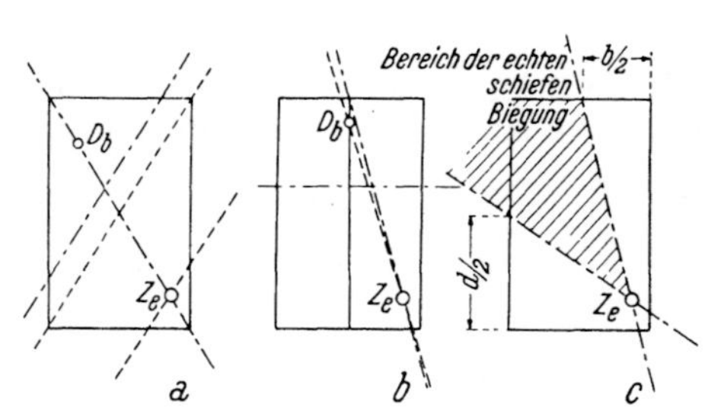

Abb. 73. Die schiefe Biegung des Rechteckes. a) Der Idealfall. b) Die Grenzlagen der echten schiefen Biegung. c) Der Bereich der echten schiefen Biegung.

Jeder Lage der neutralen Achse ist eine Wirkungsebene der inneren Kräfte zugeordnet, deren Spur mit der Querschnittsebene, kurz die Kraftspur genannt, durch den Zugmittelpunkt Z_E und den Druckmittelpunkt D_b geht. Gleichgewicht zwischen inneren und äußeren Kräften kann nur bestehen, wenn beide Kraftgruppen in derselben Ebene liegen. Bei der symmetrischen Biegung steht die neutrale Achse senkrecht zur Kraftspur, bei der schiefen Biegung ist das Gesetz der Zuordnung der Richtung der neutralen Achse zur gegebenen Kraftspur nur in besonderen Fällen bekannt.

Man muß daher bei der gebundenen Bemessung bei schiefer Biegung zunächst den Zugmittelpunkt und die Richtungslinie annehmen. Sodann berechnet man mit den Größen h_n, B, p und q und aus M_R die Größe von γ_E und bestimmt mit dem Parameter $\alpha = b/p$ mit Hilfe der Tab. 15 das Spannungsverhältnis m sowie η_1 und η_2. Nun ist die Kraftspur der inneren Kräfte zu bestimmen. Die Lage des Zugmittelpunktes Z_E hat man schon vor der Bemessung angenommen. Die Lage von D_b ermittelt man, indem man dessen Abstände $e_1 = \eta_1\,p$ und $e_2 = \eta_2\,q$ von den gedrückten Kanten berechnet (η_1 und η_2 aus Tab. 15).

Liegt auch N auf der Kraftspur, bzw. hat bei Biegung ohne Längskraft die Kraftspur dieselbe Richtung wie die Spur der Momentenebene, so besteht Gleichgewicht. Anderenfalls ist die Richtung der neutralen Achse zu verbessern, d. h. die Richtungslinie zu verschwenken.

Die erste Einschätzung der Richtungslinie wird durch die folgende Überlegung sehr vereinfacht. Fällt die Kraftspur mit einer Diagonale des Rechteckes zusammen, so ist die neutrale Achse und die Richtungslinie parallel zur anderen Rechteckdiagonale (Abb. 73 a). Das ist der Idealfall der schiefen Biegung. Ist die neutrale Achse zu einer Rechteckseite parallel, so hat die Kraftspur die in Abb. 73 b angegebene Lage. Im Grenzfall $M \rightarrow 0$ kann D_b in die Mitte der Rechteckseite fallen. Man kennt daher den in Abb. 73 c angegebenen Bereich der echten schiefen Biegung.

Liegt die Kraftspur außerhalb dieses Bereiches, so kann man wie bei symmetrischer Biegung bemessen, hat jedoch durch unsymmetrische Anordnung der Zugbewehrung für die richtige Lage des Zugmittelpunktes zu sorgen.

Liegt die Kraftspur innerhalb des Bereiches der echten schiefen Biegung, so gibt die Proportion (Abb. 74)

$$\Delta b : b/2 = \Delta\varphi : \varphi \tag{91}$$

eine gute Näherung für die Richtungslinie an. Eine Verbesserung der Richtungslinie, die eine Wiederholung der Bemessung zur Folge hat, wird im Rahmen der erforderlichen Genauigkeit nicht allzuoft notwendig sein.

Die Größen B, p, q und h_n entnimmt man am besten einer maßstäblichen Zeichnung, ebenso den Normalabstand c_n der äußeren Kraft N von der Richtungslinie, um damit $M_R = N c_n$ zu berechnen.

Zwei Beispiele werden den Bemessungsvorgang am besten erläutern.

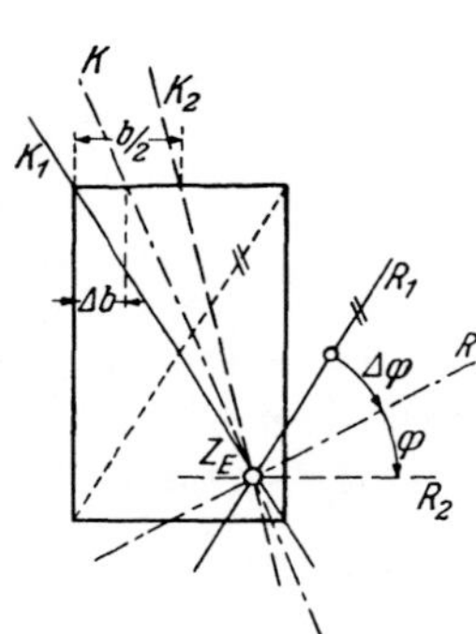

Abb. 74. Ungefähre Gesetzmäßigkeit der Zuordnung der Richtungslinie zur Kraftspur bei schiefer Biegung.

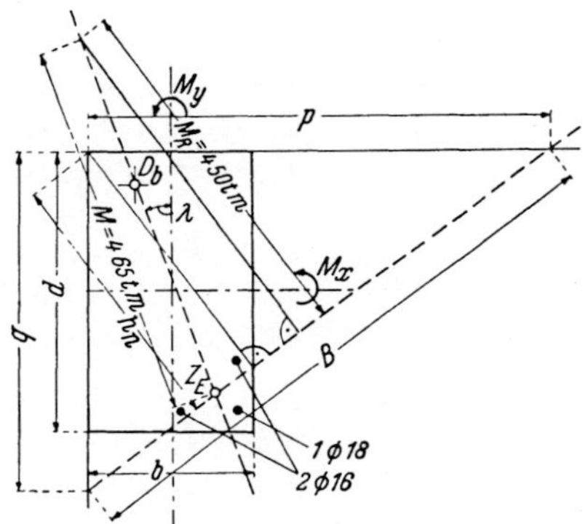

Abb. 75. Schiefe Biegung eines Rechteckes.

Beispiel 28. Es ist ein auf schiefe Biegung beanspruchter Kranbahnträger, $b = 0,30$ m, $d = 0,60$ m, für die Momente $M_x = 4,35$ tm, und $M_y = 1,60$ tm zu bewehren. B 225 und B.St. II (80/1800).

In einer maßstäblichen Zeichnung (Abb. 75) nimmt man den Zugmittelpunkt Z_e an, legt durch diesen die Kraftspur, deren Neigung man aus $\operatorname{tg} \lambda = M_y/M_x$ erhält und bestimmt nach (91) die Richtungslinie. Sodann mißt man ab: $B = 1,04$ m, $p = 0,84$ m, $q = 0,61$ m und $h_n = 0,50$ m. Das Gesamtmoment ist $M = \sqrt{M_x{}^2 + M_y{}^2} = 4,65$ tm. Die für die Bemessung einzuführende Komponente ist $M_R = 4,50$ tm.

Mit $\alpha = \dfrac{0,30}{0,84} = 0,36$ und $\gamma_E = \dfrac{50}{\sqrt{\dfrac{4,50}{1,80 \cdot 1,04}}} = 32,2$ liefert Tab. 15: $m = 23$,

$\eta_1 = 0,097$, $\eta_2 = 0,099$. Die Koordinaten des Druckmittelpunktes sind somit $e_1 = 0,097 \cdot 0,84 = 0,082$ m, $e_2 = 0,099 \cdot 0,60 = 0,060$ m. Durch Eintragung von D_b in die Zeichnung überzeugt man sich, daß der Druckmittelpunkt hinreichend genau auf der Kraftspur liegt, die Richtungslinie somit richtig angenommen wurde.

Man beendet die Bemessung. Es wird $\sigma_b = \dfrac{\sigma_e}{m} = \dfrac{1800}{23} = 78,3$ kg/cm². Die

Tab. 15 liefert $\zeta = 0,805$, somit $F_e = \dfrac{4,50}{1,8 \cdot 0,805 \cdot 0,50} = 6,2$ cm²; man wählt $2 \varnothing 16 + 1 \varnothing 18 = 6,61$ cm². Die ermittelte Bewehrung hat man so anzuordnen, daß der angenommene Zugmittelpunkt mit dem tatsächlichen übereinstimmt.

Tabelle 15. *Schiefe Biegung des Rechteckquerschnittes (Zustand IIa, $n = 15$).*

Maßgrößen.   Näherungsweise Bestimmung der Richtungslinie.

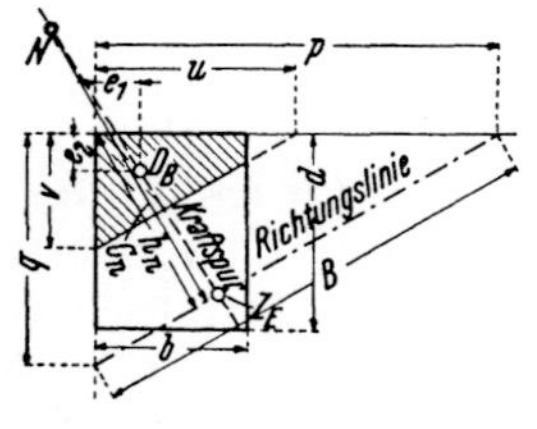

$$\alpha = \frac{b}{p}, \qquad m = \frac{\sigma_e}{\sigma_b}$$

$$M_R = N\,c_n,$$

$$h_n = \gamma_E \sqrt{\frac{M_R}{\sigma_e B}} = \gamma_B \sqrt{\frac{M_R}{\sigma_b B}},$$

$$F_e = \frac{M_R}{\sigma_e\,\zeta\,h_n} - \frac{N}{\sigma_e} = \mu\,B\,h - \frac{N}{\sigma_e},$$

$$e_1 = \eta_1\,p, \quad e_2 = \eta_2\,q; \quad u = \xi\,p, \quad v = \xi\,q.$$

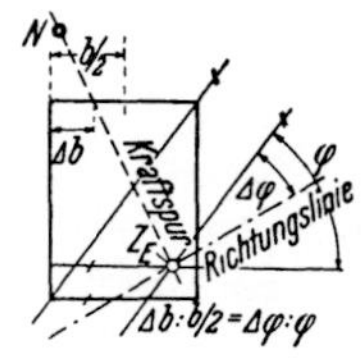

m	ξ	α	γ_E	γ_B	100μ	ζ	η_1	η_2
5	0,750	0,1	14,57	6,52	0,653	0,718	0,048	0,234
		0,2	11,29	5,05	1,135	0,690	0,090	0,220
		0,3	10,10	4,52	1,469	0,667	0,125	0,209
		0,4	9,56	4,28	1,683	0,648	0,154	0,199
		0,5	9,35	4,18	1,805	0,635	0,173	0,192
		0,6	9,25	4,14	1,858	0,628	0,184	0,189
		0,7	9,23	4,13	1,872	0,626	0,187	0,188
		$\lessgtr\xi$	9,23	4,13	1,875	0,625	0,188	0,188
6	0,714	0,1	16,30	6,65	0,517	0,730	0,048	0,222
		0,2	12,66	5,17	0,887	0,702	0,098	0,209
		0,3	11,37	4,64	1,142	0,680	0,124	0,198
		0,4	10,80	4,41	1,295	0,662	0,150	0,188
		0,5	10,58	4,32	1,381	0,650	0,168	0,182
		0,6	10,51	4,29	1,412	0,644	0,177	0,179
		0,7	10,41	4,25	1,416	0,643	0,179	0,179
		$\lessgtr\xi$	10,33	4,22	1,416	0,643	0,179	0,179
7	0,682	0,1	17,93	6,78	0,419	0,740	0,048	0,211
		0,2	13,99	5,29	0,722	0,713	0,088	0,198
		0,3	12,61	4,76	0,912	0,692	0,123	0,188
		0,4	12,01	4,54	1,029	0,675	0,147	0,178
		0,5	11,77	4,45	1,086	0,666	0,164	0,173
		0,6	11,74	4,44	1,105	0,661	0 170	0,171
		$\lessgtr\xi$	11,72	4,43	1,107	0,659	0,171	0,170
8	0,652	0,1	19,55	6,91	0,348	0,751	0,048	0,201
		0,2	15,30	5,41	0,591	0,724	0,088	0,188
		0,3	13,84	4,89	0,746	0,703	0,121	0,178
		0,4	13,20	4,67	0,834	0,689	0,141	0,169
		0,5	12,98	4,59	0,874	0,679	0,158	0,165
		0,6	12,95	4,58	0,885	0,676	0,163	0,163
		$\lessgtr\xi$	12,95	4,58	0,886	0,674	0,163	0,163
9	0,625	0,1	21,13	7,04	0,295	0,762	0,048	0,193
		0,2	16,58	5,53	0,496	0,733	0,087	0,179
		0,3	15,05	5,02	0,622	0,713	0,119	0,169
		0,4	14,39	4,80	0,691	0,700	0,141	0,161

m	ξ	α	γ_E	γ_B	100μ	ζ	η_1	η_2
9	0,625	0,5	14,20	4,74	0,719	0,692	0,153	0,158
		0,6	14,17	4,73	0,723	0,690	0,156	0,156
		$\lessgtr\xi$	14,17	4,73	0,724	0,687	0,156	0,156
10	0,600	0,1	22,68	7,17	0,253	0,769	0,047	0,184
		0,2	17,86	5,65	0,422	0,742	0,087	0,171
		0,3	16,25	5,14	0,525	0,721	0,118	0,161
		0,4	15,58	4,93	0,578	0,711	0,139	0,154
		0,5	15,46	4,89	0,597	0,704	0,148	0,151
		$\lessgtr\xi$	15,43	4,88	0,600	0,700	0,150	0,150
11	0,577	0,1	24,22	7,30	0,220	0,777	0,047	0,177
		0,2	19,14	5,77	0,364	0,750	0,087	0,163
		0,3	17,45	5,26	0,449	0,730	0,116	0,154
		0,4	16,81	5,07	0,491	0,722	0,135	0,147
		0,5	16,71	5,04	0,503	0,716	0,143	0,145
		$\lessgtr\xi$	16,68	5,03	0,504	0,711	0,144	0,144
12	0,556	0,1	25,76	7,43	0,193	0,786	0,047	0,170
		0,2	20,42	5,89	0,317	0,758	0,086	0,157
		0,3	18,69	5,39	0,387	0,739	0,114	0,147
		0,4	18,05	5,22	0,420	0,732	0,132	0,141
		0,5	17,98	5,19	0,429	0,727	0,138	0,139
		$\lessgtr\xi$	17,95	5,18	0,430	0,722	0,139	0,139
13	0,536	0,1	27,30	7,57	0,170	0,792	0,047	0,163
		0,2	21,70	6,02	0,277	0,765	0,085	0,151
		0,3	19,95	5,53	0,337	0,748	0,113	0,141
		0,4	19,32	5,36	0,364	0,741	0,129	0,135
		0,5	19,27	5,35	0,367	0,736	0,133	0,134
		$\lessgtr\xi$	19,25	5,34	0,368	0,732	0,134	0,134
14	0,517	0,1	28,80	7,70	0,151	0,798	0,047	0,157
		0,2	22,98	6,14	0,245	0,772	0,084	0,145
		0,3	21,22	5,67	0,295	0,756	0,111	0,135
		0,4	20,62	5,51	0,315	0,750	0,126	0,130
		0,5	20,60	5,50	0,317	0,745	0,129	0,129
		$\lessgtr\xi$	20,60	5,50	0,318	0,741	0,129	0,129

m	ξ	α	γ_E	γ_B	100μ	ζ	η_1	η_2
15	0,500	0,1	30,32	7,83	0,135	0,804	0,046	0,151
		0,2	24,28	6,27	0,218	0,779	0,083	0,139
		0,3	22,50	5,81	0,260	0,763	0,110	0,130
		0,4	21,95	5,67	0,275	0,756	0,123	0,126
		$\gtreqless\xi$	21,93	5,66	0,278	0,750	0,125	0,125
16	0,484	0,1	31,84	7,96	0,122	0,809	0,046	0,146
		0,2	25,59	6,40	0,195	0,786	0,083	0,134
		0,3	23,76	5,94	0,230	0,769	0,108	0,125
		0,4	23,28	5,82	0,243	0,763	0,120	0,122
		$\gtreqless\xi$	23,23	5,81	0,244	0,758	0,121	0,121
17	0,469	0,1	33,36	8,09	0,111	0,813	0,046	0,141
		0,2	26,90	6,53	0,175	0,792	0,082	0,129
		0,3	25,07	6,08	0,205	0,775	0,106	0,121
		0,4	24,65	5,98	0,214	0,770	0,116	0,118
		$\gtreqless\xi$	24,60	5,97	0,215	0,765	0,117	0,117
18	0,455	0,1	34,87	8,22	0,107	0,818	0,046	0,136
		0,2	28,20	6,65	0,158	0,798	0,082	0,124
		0,3	26,38	6,22	0,184	0,781	0,105	0,117
		0,4	26,05	6,14	0,190	0,777	0,113	0,114
		$\gtreqless\xi$	26,00	6,13	0,190	0,773	0,114	0,114
19	0,442	0,1	36,37	8,34	0,092	0,823	0,045	0,131
		0,2	29,55	6,78	0,143	0,803	0,081	0,120
		0,3	27,70	6,36	0,166	0,786	0,103	0,113
		0,4	27,47	6,30	0,171	0,783	0,110	0,110
		$\gtreqless\xi$	27,32	6,27	0,172	0,779	0,110	0,110
20	0,429	0,1	37,90	8,47	0,084	0,828	0,045	0,127
		0,2	30,90	6,91	0,130	0,807	0,080	0,116
		0,3	29,06	6,50	0,149	0,791	0,101	0,109
		0,4	28,90	6,46	0,152	0,788	0,107	0,107
		$\gtreqless\xi$	28,80	6,44	0,153	0,785	0,107	0,107
22	0,405	0,1	40,95	8,74	0,071	0,837	0,045	0,120
		0,2	33,70	7,19	0,108	0,816	0,079	0,109
		0,3	31,90	6,80	0,122	0,801	0,097	0,103
		0,4	31,80	6,78	0,124	0,798	0,101	0,102
		$\gtreqless\xi$	31,75	6,77	0,124	0,798	0,101	0,101
24	0,385	0,1	44,05	8,99	0,061	0,843	0,045	0,113
		0,2	36,55	7,46	0,091	0,823	0,077	0,102
		0,3	34,82	7,11	0,102	0,810	0,093	0,097
		$\gtreqless\xi$	34,73	7,09	0,103	0,807	0,096	0,096
26	0,366	0,1	47,22	9,26	0,053	0,849	0,045	0,107
		0,2	39,42	7,73	0,078	0,830	0,076	0,096
		0,3	37,87	7,43	0,085	0,819	0,090	0,092
		$\gtreqless\xi$	37,80	7,41	0,086	0,817	0,091	0,091

m	ξ	α	γ_E	γ_B	100μ	ζ	η_1	η_2
28	0,349	0,1	50,40	9,52	0,046	0,854	0,044	0,102
		0,2	42,33	8,00	0,067	0,837	0,075	0,091
		0,3	40,95	7,74	0,071	0,828	0,087	0,087
		$\gtreqless\xi$	40,90	7,73	0,072	0,825	0,087	0,087
30	0,333	0,1	53,60	9,77	0,040	0,859	0,044	0,097
		0,2	45,30	8,27	0,057	0,843	0,073	0,087
		0,3	44,10	8,05	0,060	0,837	0,083	0,083
		$\gtreqless\xi$	44,05	8,04	0,061	0,834	0,083	0,083
32	0,319	0,1	56,80	10,03	0,036	0,864	0,044	0,092
		0,2	48,35	8,55	0,050	0,848	0,072	0,083
		0,3	47,34	8,37	0,052	0,843	0,080	0,080
		$\gtreqless\xi$	47,30	8,36	0,053	0,841	0,080	0,080
34	0,306	0,1	60,10	10,30	0,032	0,869	0,044	0,087
		0,2	51,55	8,84	0,044	0,852	0,070	0,079
		0,3	50,75	8,70	0,045	0,849	0,077	0,077
		$\gtreqless\xi$	50,70	8,69	0,046	0,847	0,077	0,077
36	0,294	0,1	63,40	10,57	0,029	0,873	0,043	0,083
		0,2	54,90	9,15	0,039	0,857	0,068	0,075
		$\gtreqless\xi$	54,20	9,03	0,040	0,853	0,074	0,073
38	0,283	0,1	66,80	10,83	0,026	0,878	0,043	0,080
		0,2	58,25	9,44	0,034	0,862	0,067	0,072
		$\gtreqless\xi$	57,62	9,35	0,035	0,859	0,071	0,071
40	0,273	0,1	70,20	11,09	0,023	0,882	0,043	0,077
		0,2	61,65	9,73	0,030	0,867	0,065	0,069
		$\gtreqless\xi$	61,18	9,67	0,031	0,864	0,068	0,068
42	0,263	0,1	73,60	11,35	0,021	0,885	0,042	0,074
		0,2	65,05	10,03	0,026	0,872	0,063	0,067
		$\gtreqless\xi$	64,80	10,00	0,027	0,869	0,066	0,066
44	0,254	0,1	77,10	11,62	0,019	0,888	0,042	0,071
		0,2	68,65	10,34	0,024	0,876	0,063	0,064
		$\gtreqless\xi$	68,45	10,32	0,025	0,873	0,064	0,064
46	0,246	0,1	80,60	11,88	0,017	0,891	0,042	0,068
		0,2	72,30	10,66	0,021	0,879	0,061	0,062
		$\gtreqless\xi$	72,15	10,63	0,022	0,877	0,062	0,062
48	0,238	0,1	84,00	12,13	0,016	0,894	0,041	0,066
		0,2	76,10	10,98	0,019	0,882	0,059	0,060
		$\gtreqless\xi$	75,90	10,95	0,020	0,881	0,060	0,060
50	0,231	0,1	87,60	12,38	0,014	0,895	0,041	0,064
		0,2	79,90	11,30	0,018	0,885	0,057	0,058
		$\gtreqless\xi$	79,70	11,27	0,018	0,885	0,058	0,058

Beispiel 29. Es ist ein auf schiefe Biegung mit Längskraft beanspruchter Rahmenstiel von 60/80 cm² Querschnitt zu bewehren. $M_x = 39{,}0$ tm, $M_y = 17{,}50$ tm, $N = 67{,}0$ t; B 300, B.St.II (120/1800).

Man berechnet zuerst die Lage der Gesamtresultierenden N. Es ist $c_y = \dfrac{M_x}{N} = 0{,}58$ m,

$c_x = \dfrac{M_y}{N} = 0{,}26$ m (Abb. 76). Die Kraftspur geht durch N und den angenommenen Zugmittelpunkt Z_E. Nach (91) bestimmt man die Richtungslinie. Es wird $B = 1{,}98$ m, $p = 1{,}71$ m, $q = 1{,}05$ m, $h_n = 0{,}87$ m und der Normalabstand c_n des Angriffspunktes von N von der Richtungslinie ist $c_n = 1{,}00$ m; somit ist $M_R = N\,c_n = 67{,}00$ tm.

Man berechnet $\alpha = 0{,}60/1{,}71 = 0{,}35$ und $\gamma_E = \dfrac{87}{\sqrt{\dfrac{67{,}00}{1{,}8 \cdot 1{,}98}}} = 20{,}00$. Die Tab. 15

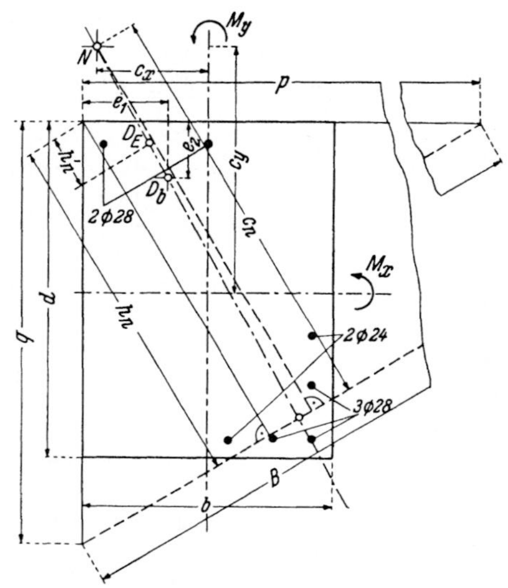

Abb. 76. Schiefe Biegung mit Normalkraft
eines Rechteckes.

liefert $m = 13{,}5$, d. h. $\sigma_b = 1800/13{,}5 = 133$ kg/cm² $> \sigma_{bzul}$. Es ist daher Druckbewehrung vorzusehen. Das auf die Richtungslinie bezogene Betontragmoment M_{BR} berechnet man für die zulässigen Randspannungen mit $m = 15$, $\alpha = 0{,}35$ und

$\gamma_E = 22{,}20$. $M_{BR} = \left(\dfrac{h_n}{\gamma_E}\right)^2 \sigma_e\, B =$

$= \left(\dfrac{87}{22{,}2}\right)^2 1{,}8 \cdot 1{,}98 = 55{,}0$ tm; ferner ist $e_1 = 0{,}111 \cdot 1{,}71 = 0{,}198$ m, $e_2 = 0{,}128 \cdot 1{,}05 = 0{,}134$ m. Der Druckmittelpunkt D_b liegt hinreichend genau auf der Kraftspur, daher kann die Richtungslinie beibehalten werden. Man hat nun die Zug- und Druckbewehrung zu ermitteln, die genau so wie bei der symmetrischen Biegung zu berechnen ist. Die M_{BR} entsprechende Bewehrung F_{eB} wird mit $\zeta = 0{,}760$:

$$F_{eB} = \frac{55{,}0}{1{,}80 \cdot 0{,}760 \cdot 0{,}87} = 46{,}3 \text{ cm}^2.$$

Der Mittelpunkt der Druckbewehrung D_e muß ebenfalls auf der Kraftspur liegen. Der Zeichnung entnimmt man $h_n' = 0{,}13$ m; so wie bei symmetrischer Biegung wird

$$\Delta F_e = \frac{\Delta M_R}{\sigma_e(h_n - h_n')} = \frac{12{,}0}{1{,}8\,(0{,}87 - 0{,}13)} = 9{,}00 \text{ cm}^2.$$

Somit wird

$$F_e = F_{eB} + \Delta F_e - \frac{N}{\sigma_e} = 46{,}3 + 9{,}00 - \frac{67{,}0}{1{,}8} = 28{,}00 \text{ cm}^2,$$

$$3 \oslash 28 + 2 \oslash 24 = 27{,}55 \text{ cm}^2.$$

Die Druckbewehrung wird mit $\dfrac{h'}{h} = \dfrac{0{,}13}{0{,}87} = 0{,}15$ und $\xi = 0{,}500$:

$$F_e' = \Delta F_e \frac{1 - \xi}{\xi - h'/h} = 9{,}00 \frac{1 - 0{,}500}{0{,}500 - 0{,}150} = 12{,}8 \text{ cm}^2,$$

$$2 \oslash 28 = 12{,}3 \text{ cm}^2.$$

Die Bewehrung ist so zu verteilen, daß Z_E und D_E mit den angenommenen Lagen übereinstimmen.

Eine ausführliche Darstellung der Bemessung bei schiefer Biegung ist in der „Österr. Bauzeitschrift" II (1947), S. 127 zu finden.

q) Grundzüge der Theorie der Biegung im plastischen Bereich.

Im Kapitel über die physikalischen Grundlagen der Stahlbetonbauweise sind die Formänderungen der Baustoffe Beton und Stahl beim Durchlaufen aller Spannungsstufen bis zum Bruch eingehend beschrieben. Bei höheren Spannungsstufen ist das *Hooke*sche Gesetz bei beiden Baustoffen auch nicht annähernd gültig. Es ist daher nicht überraschend, daß Berechnungen über die Tragfähigkeit, etwa eines einfachen Trägers, die von diesem Gesetz, dem sogenannten „n-Verfahren" als Grundlage ausgehen, von den im Festigkeitsversuch gewonnenen Ergebnissen erheblich abweichen. Da jedoch die auf diese Weise berechneten Tragfähigkeiten im allgemeinen kleiner sind, als die tatsächlichen, so liegt der Fehler auf der sicheren Seite und kann vom Gesichtspunkt der *Standfestigkeit* hingenommen werden. Tatsächlich ist in nahezu allen Ländern die Berechnungsweise des Stahlbetons bei Biegung auf dem n-Verfahren gleiche oder ähnliche Weise vorzunehmen: neben der Hypothese von *Bernoulli* (Ebenbleiben der Querschnitte) ein festes Verhältnis $n = \dfrac{E_e}{E_b}$ und das Versagen der Zugzone des Betons. Aus diesen Festlegungen folgt, daß für Bemessung und Standsicherheitsnachweis der Zustand IIa (vgl. S. 48) maßgebend ist.

Da bei der in den verflossenen vier Dezennien erfolgten, stetigen Erhöhung der „zulässigen Spannungen" bei gleichzeitiger Steigerung der Festigkeiten der Baustoffe immer mehr in ein Gebiet vorgestoßen wurde, wo auch im Bereich der Gebrauchslast die Verhältnisgleichheit von Dehnung zu Spannung angezweifelt werden mußte, sind die Bestrebungen immer häufiger geworden, eine Berechnungsweise zu entwickeln, die dem tatsächlichen Verhalten der Baustoffe besser gerecht wird, als die bisher übliche. Zahlreiche theoretische Untersuchungen und Versuchsreihen haben sich in den verflossenen drei Dezennien mit dem Problem der Biegung des Stahlbetons im plastischen Bereich befaßt; die weitgehende theoretische und versuchsmäßige Klärung, die sie gebracht haben, läßt die Absicht gerechtfertigt erscheinen, eine solche neue Berechnungsweise auch in der Praxis zu erproben. Aus diesem Grunde sieht die neue österreichische Vorschrift, die Ö-Norm B 4200, 4. Teil, auch die wahlweise Zulassung der Berechnung nach dem „Traglast-Verfahren" vor und legt die Grundlagen hierfür fest.

Da nunmehr die „Biegung des Stahlbetons im plastischen Bereich" den Rahmen theoretischer Erörterungen verläßt und sich in der Praxis bewähren soll, hat dieses Wissensgebiet auch für den nur praktisch interessierten Ingenieur Bedeutung erlangt.

In den folgenden Betrachtungen wird, um zunächst einen Einblick in den Bruchvorgang und die Gültigkeit der verschiedenen Berechnungsmethoden zu bekommen, eine sehr allgemeine Biegungstheorie entwickelt, die auf dem physikalischen Verhalten der Baustoffe Stahl und Beton über dem Proportionalitätsbereich aufgebaut ist. Auf Grund der gewonnenen Ergebnisse werden sodann Bemessungsbehelfe in Form von Zahlentafeln und Diagrammen entwickelt, mit deren Hilfe die Bemessung auf eine sehr übersichtliche und sich eng an die bislang erforderlichen Rechenoperationen anlehnende Weise vorgenommen werden kann. Diese Behelfe sind dort, wo auf die Allgemeingültigkeit verzichtet werden muß, auf die in der oben erwähnten Ö-Norm B 4200, 4. Teil festgelegten Grundlagen abgestimmt.

1. Die bei der Biegung maßgebenden physikalischen Grundgesetze.

Für das Verhalten des auf Biegung beanspruchten Stahlbetonbalkens während der Formänderung sind drei physikalische Gesetze maßgebend:

1. Die Abhängigkeit der Spannung von der Dehnung des Betons, Formänderungslinie des Betons genannt. Diese Gesetzmäßigkeit wird durch Dehnungsmessungen an Betonprismen während des Druckversuches gewonnen.

2. Die Abhängigkeit der Spannung von der Dehnung des Bewehrungsstahles (Formänderungslinie des Stahles), gewonnen durch Dehnungsmessungen beim Zugversuch.

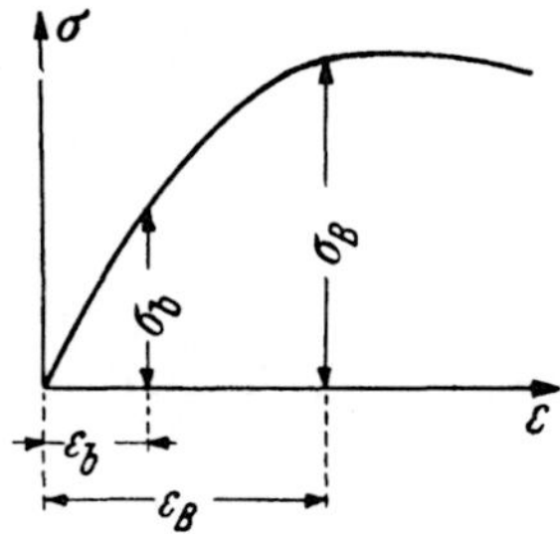

<table>
<tr><td>

Abb. 77. Formänderungslinie des Betons und willkürlich angenommene Festwerte σ_B und ε_B.

</td><td>

Abb. 78. Formänderungslinie des Stahles und willkürlich angenommene Festwerte σ_E und ε_E.

</td></tr>
</table>

3. Das Gesetz vom Ebenbleiben der Querschnitte während der Biegung (Hypothese von *Bernoulli*). Dieses Gesetz ist für schlanke Balken bei querkraftfreier Biegung theoretisch streng gültig und gilt auch beim Auftreten einer Querkraft noch genügend genau. Dehnungsmessungen, die *Brandtzaeg* vorgenommen hat, zeigen, daß dieses Gesetz auch für den Stahlbetonbalken Gültigkeit hat.

Wir führen die Formänderungslinien des Betons und des Stahles, die je nach der Zusammensetzung dieser Baustoffe verschiedene Formen haben, als allgemeine Gesetze in die weiteren Untersuchungen ein.

Wir nehmen an der Formänderungslinie des Betons eine *beliebige* Dehnung ε_B und die hiebei entstehende Spannung σ_B als Festwerte an und setzen die bei einer veränderlichen Dehnung ε_b entstehende Spannung σ_b in Beziehung zu den Festwerten (Abb. 77). Es sei bei

$$\varepsilon_b = \varphi\,\varepsilon_B, \qquad \sigma_b = \bar\varphi\,\sigma_B, \qquad \bar\varphi = \frac{\sigma_b}{\sigma_B} = \bar\varphi(\varphi). \tag{92}$$

Analog beziehen wir auch beim Stahl die veränderliche Dehnung ε_e und die dieser zugeordnete Spannung σ_e auf *beliebige* Festwerte ε_E und σ_E (Abb. 78):

$$\varepsilon_e = \psi\,\varepsilon_E, \qquad \sigma_e = \bar\psi\,\sigma_E, \qquad \bar\psi = \frac{\sigma_e}{\sigma_E} = \bar\psi(\psi). \tag{93}$$

Über die willkürlich wählbaren Festwerte-Paare ε_B und σ_B, bzw. ε_E und σ_E wird später verfügt. Durch Einführung der Parameter φ und ψ, die den Dehnungszustand festlegen, und der dimensionslosen Funktionen $\bar\varphi$ und $\bar\psi$, die nur von der Form der Spannungs-Dehnungslinien und nicht von absoluten Größen abhängen, werden die weiteren Betrachtungen sehr übersichtlich, ohne spezielle Annahmen über die Formänderungslinien der Werkstoffe treffen zu müssen. Die Funktionen $\bar{\varphi} = \bar{\varphi}(\varphi)$ und $\bar{\psi} = \bar{\psi}(\psi)$ können als „reduzierte Formänderungslinien" bezeichnet werden.

Durch Festlegung des Formänderungszustandes (φ und ψ) ist in Verbindung mit der *Bernoulli*schen Hypothese die Lage der neutralen Achse im Querschnitt gegeben. Wenn die Querschnitte während der Belastung eben bleiben, verteilen sich die Dehnungen linear über die Querschnittshöhe (Abb. 79). Daher ist, wie bekannt

$$x = \frac{\varepsilon_b}{\varepsilon_b + \varepsilon_e}\, h = \frac{\varphi\,\varepsilon_B}{\varphi\,\varepsilon_B + \psi\,\varepsilon_E}\, h = \frac{\varphi}{\varphi + \dfrac{\varepsilon_E}{\varepsilon_B}\,\psi}\, h.$$

Sei

$$\xi = \frac{\varphi}{\varphi + \dfrac{\varepsilon_E}{\varepsilon_B}\,\psi} = \xi\left(\frac{\varepsilon_E}{\varepsilon_B}; \varphi, \psi\right), \qquad (94)$$

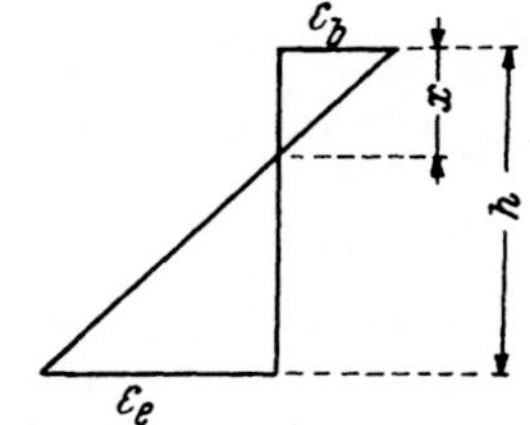

Abb. 79. Randdehnungen und neutrale Achse.

so wird

$$x = \xi\, h. \qquad (95)$$

Die Lage der Nullinie ist demnach abhängig von den Dehnungsfestwerten ε_B und ε_E im Verein mit dem Formänderungszustand (φ und ψ), jedoch unabhängig von der Gestalt der Formänderungslinien von Stahl und Beton.

2. Die inneren Kräfte.

Infolge der eindeutigen Zuordnung der Spannung zur Dehnung sind die in einem Querschnitt des Balkens wirkenden, inneren Kräfte für jeden Formänderungszustand gegeben, soferne die Arbeitslinien der Baustoffe bekannt sind. Wir betrachten die Druckzone eines Balkenquerschnittes, an dessen Rand die Dehnung $\varepsilon_b = \varphi\,\varepsilon_B$ entstanden ist. Da die Dehnungen dem Abstand von der neutralen Achse verhältnisgleich sind (*Bernoulli*sche Hypothese), ist das zugeordnete Spannungsbild eine *affine Verzerrung* der Beton-Formänderungslinie (Abb. 80). Die Betondruckkraft D_b ist daher der Größe und Lage nach als die Resultierende der Kraftdifferentiale $dD = \sigma\, df$ gegeben.

Wir setzen bei den weiteren Betrachtungen einfache Symmetrie der Querschnittsform und des Lastangriffes voraus. Die Form des Querschnittes sei gegeben in Abhängigkeit von u:

$$b(u) = B\,\frac{b(u)}{B};$$

B ist ein beliebiger Festwert, $\dfrac{b(u)}{B}$ dimensionslos. Für Rechtecke ist $\dfrac{b(u)}{B} = \text{const.}$ und wird mit $B = b$ gleich der Einheit.

Ferner wird eine dimensionslose Integrationsvariable α eingeführt und für

$$u = \frac{\alpha}{\varphi}\, x = \alpha\,\frac{\xi}{\varphi}\, h, \qquad du = \frac{\xi}{\varphi}\, h\, da$$

gesetzt. Somit wird unter Beachtung von (92)

$$D_b = \int\limits_{u=0}^{x} \sigma\, b\, du = \frac{\xi}{\varphi}\, \sigma_B\, B\, h \int\limits_{\alpha=0}^{\varphi} \bar{\varphi}(\alpha)\, \frac{b(\alpha)}{B}\, d\alpha.$$

Das Integral

$$\varkappa = \frac{1}{\varphi} \int\limits_{\alpha=0}^{\varphi} \bar{\varphi}(\alpha)\, \frac{b(\alpha)}{B}\, d\alpha \qquad (96)$$

hängt von dem Dehnungsgrad (φ) und von der Form der Formänderungslinie $(\bar{\varphi})$ sowie von der Form der Beton-Druckzone $\dfrac{b(u)}{B}$ ab. Es ist dimensionslos und kann immer berechnet werden. Da die numerische Auswertung sehr einfach und genügend genau ist, kann gegebenenfalls auch auf jedes analytische Gesetz für $\bar{\varphi}$ verzichtet werden. Mithin ist die Betondruckkraft

$$D_b = \varkappa\, \xi\, \sigma_B\, B\, h. \qquad (97)$$

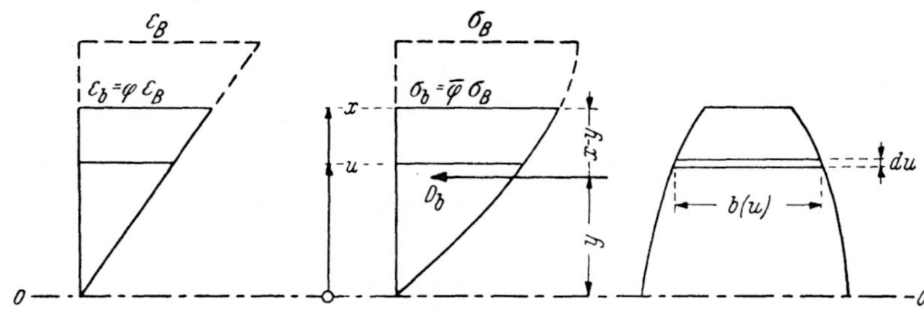

Abb. 80. Dehnungs- und Spannungsverteilung in der Druckzone eines Querschnittes mit veränderlicher Breite b.

Die Lage der Druckkraft ist durch ihren Abstand von der Nullachse (Abb. 80) gegeben. Es ist

$$y = \frac{M_0}{D_b} = \frac{1}{D_b} \int\limits_{u=0}^{x} \sigma\, b\, u\, du = \left(\frac{\xi}{\varphi}\right)^2 \frac{\sigma_B\, B\, h^2}{D_b} \int\limits_{\alpha=0}^{\varphi} \alpha\, \bar{\varphi}(\alpha)\, \frac{b(\alpha)}{B}\, d\alpha$$

und unter Beachtung von (96) und (97) wird

$$x - y = \xi\, h - y = \xi\, h \left[1 - \frac{1}{\varphi^2\, \varkappa} \int\limits_{\alpha=0}^{\varphi} \alpha\, \bar{\varphi}(\alpha)\, \frac{b(\alpha)}{B}\, d\alpha \right].$$

Die dimensionslose Funktion

$$\lambda = 1 - \frac{1}{\varphi^2\, \varkappa} \int\limits_{\alpha=0}^{\varphi} \alpha\, \bar{\varphi}(\alpha)\, \frac{b(\alpha)}{B}\, d\alpha \qquad (98)$$

ist, so wie $\varkappa$, jederzeit berechenbar.

Der Hebelarm der inneren Kräfte $z = h - (x - y)$ wird demnach:

$$z = h\,(1 - \lambda\, \xi) = \zeta\, h, \qquad \zeta = 1 - \lambda\, \xi. \qquad (99)$$

Beschränken wir die weiteren Betrachtungen auf rechteckige Balken, so haben wir $B = b$, $b/B = 1$ zu setzen; die angegebenen Formeln vereinfachen sich damit zu

$$\varkappa = \frac{1}{\varphi} \int\limits_{\alpha=0}^{\varphi} \bar{\varphi}(\alpha)\, d\alpha, \qquad (96\,a)$$

$$\lambda = 1 - \frac{1}{\varphi^2 \varkappa} \int\limits_{\alpha=0}^{\varphi} \alpha\, \bar{\varphi}(\alpha)\, d\alpha; \qquad (98\,a)$$

(97) und (99) bleiben unverändert.

Die Zugkraft Z_e in der Bewehrung ist stets

$$Z_e = F_e\, \sigma_e = \bar{\psi}\, F_e\, \sigma_E. \qquad (100)$$

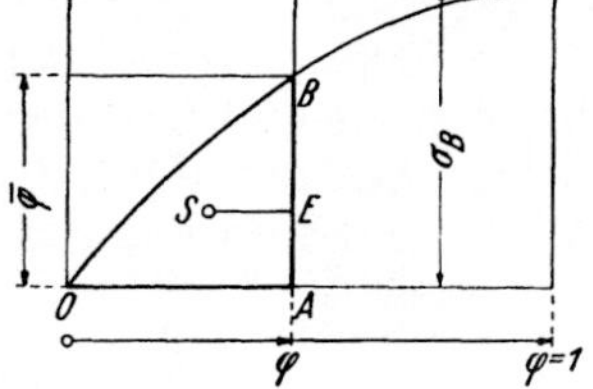

Abb. 81. Geometrische Deutung der Größen $\varkappa(\varphi)$ und $\lambda(\varphi)$.

Die Größen $\varkappa$ und λ lassen sich im Falle rechteckigen Querschnittes auch geometrisch deuten.

Es stellt $\varkappa$ das Verhältnis der Fläche $O\,A\,B$ zum Rechteck $O\,A\,C\,D$ dar; λ gibt die Lage des Schwerpunktes der Fläche $O\,A\,B$ an und ist durch das Verhältnis der Strecke $\dfrac{\overline{S\,E}}{\overline{O\,A}}$ gegeben (Abb. 81). Diese geometrische Deutung der Formeln (96 a) und (98 a) ermöglicht deren Auswertung auch durch geometrische oder numerische Methoden.

Bei Kenntnis der reduzierten Formänderungslinien der Baustoffe sind mithin die inneren Kräfte in Abhängigkeit von φ und ψ und den Festwerten ε_E, σ_E; ε_B, σ_B bekannt.

3. Die Gleichgewichtsbedingungen.

Da im Querschnitt Gleichgewicht zwischen den äußeren Kräften und den Schnittkräften herrscht, müssen die Gleichgewichtsbedingungen $\Sigma N = 0$, $\Sigma M = 0$ erfüllt sein.

Bei reiner Biegung verschwindet die Komponente der Resultierenden der äußeren Kräfte in Richtung der Stabachse. Daher gilt

$$D_b = Z_e, \qquad \text{bzw.} \qquad \varkappa\, \xi\, \sigma_B\, b\, h = F_e\, \bar{\psi}\, \sigma_E;$$

daraus folgt

$$\frac{F_e}{b\,h}\, \frac{\sigma_E}{\sigma_B} = \mu\, \beta_E = \frac{\varkappa\, \xi}{\bar{\psi}}. \qquad (101)$$

Das Verhältnis $\beta_E = \sigma_E/\sigma_B$ ist ein nur von den Baustoffwerten und nicht vom Formänderungszustand abhängiger Festwert.

Das Gleichgewicht zwischen äußerem und innerem Moment liefert

$$D_b\, z = Z_e\, z = M.$$

Man erhält daraus unter Verwendung von (97) und (99)

$$M = \varkappa\, \xi\, (1 - \lambda\, \xi)\, \sigma_B\, b\, h^2,$$

bzw. die „bezogene Tragfähigkeit"

$$m = \frac{M}{\sigma_B\, b\, h^2} = \varkappa\, \xi\, (1 - \lambda\, \xi) \qquad (102)$$

und mit Hilfe von (100) und (99)

$$M = F_e\, \bar{\psi}\, \sigma_E\, \zeta\, h = F_e\, \sigma_e\, \zeta\, h,$$

bzw.

$$F_e = \frac{M}{\bar{\psi}\,\sigma_E\,\zeta\,h} = \frac{M}{\sigma_e\,\zeta\,h}. \tag{103}$$

(102) und (103) sind formal in Übereinstimmung mit bekannten Formeln. Die Anpassung der Größen ξ, $\varkappa$ und λ entsprechend (94), (96) und (98) an die verschiedenen Baustoffeigenschaften befähigt sie jedoch, den Einfluß der Gestalt der Formänderungslinie und der Größe der Baustoff-Festwerte des Betons und des Stahles auf die Tragfähigkeit quantitativ zu erfassen.

4. Die Entwicklung von „Bemessungsformeln".

Aus den Gleichungen (101), (102) und (103) können in Verbindung mit (104) und (98) Bemessungsformeln entwickelt werden, deren Anwendung sich von den Formeln, denen der Zustand IIa unterlegt ist (n-Verfahren), kaum unterscheidet, wenn auch ihr Gehalt ein anderer ist. Allerdings tritt an Stelle des Festwertes $n = E_e/E_b$ das Verhältnis $\varepsilon_E/\varepsilon_B$, das je nach den Baustoff-Eigenschaften veränderlicher Größe ist und zunächst als Parameter in Erscheinung tritt.

Die weiteren Betrachtungen werden auf den Rechteckquerschnitt beschränkt. Sie gelten sinngemäß für jede parameterfreie Querschnittsform, z. B. das vollständige Dreieck oder den Kreis, bzw. die Ellipse. Prinzipiell können auch für Querschnittsformen mit Formparametern z. B. Plattenbalken oder Querschnitte entsprechend Abb. 37 (S. 68), durch Einführung der auf eine Vergleichsbreite B bezogenen Querschnittsform Bemessungstabellen entwickelt werden, die jedoch durch die Mehrzahl der Parameter schon recht umständlich zu verwenden und noch umständlicher zu berechnen sind.

Aus (102) folgt

$$h = \gamma\,\sqrt{\frac{M}{\sigma_B\,b}} \qquad \text{mit} \qquad \gamma = \sqrt{\frac{1}{\varkappa\,\xi\,(1 - \lambda\,\xi)}}. \tag{104}$$

Ferner gilt unverändert

$$z = \zeta\,h \qquad \text{mit} \qquad \zeta = 1 - \lambda\,\xi, \tag{99}$$

$$F_e = \frac{M}{\bar{\psi}\,\sigma_E\,\zeta\,h} = \frac{M}{\sigma_e\,\zeta\,h}, \qquad \text{da nach (93) } \bar{\psi}\,\sigma_E = \sigma_e \text{ und} \tag{103}$$

$$\beta_E\,\mu = \frac{\xi\,\varkappa}{\bar{\psi}} \qquad \text{mit} \qquad \beta_E = \frac{\sigma_E}{\sigma_B} \qquad \text{und} \qquad \mu = \frac{F_e}{b\,h}. \tag{101}$$

Schließlich gilt

$$x = \xi\,h \qquad \text{mit} \qquad \xi = \frac{\varphi}{\varphi + \varepsilon_E/\varepsilon_B \cdot \psi}. \tag{94}$$

Die ersten vier Bemessungsformeln sind von ξ abhängig; dieses enthält $\varepsilon_E/\varepsilon_B$ als Parameter. Daher sind auch γ, ζ und $\beta_E\,\mu$ von diesem Parameter abhängig.

Mit den drei Größen γ, ζ und $\beta_E\,\mu$ können alle Bemessungsaufgaben genau so gelöst werden, wie mit den entsprechenden Größen des „n-Verfahrens", soferne hiefür Tabellen berechnet sind, deren Tafeleingang φ und ψ ist und die den Parameter $\varepsilon_E/\varepsilon_B$ enthalten.

Eine solche Tafel gilt jedoch nur für eine bestimmte Form $\bar{\varphi} = \bar{\varphi}(\varphi)$ der reduzierten Formänderungslinie des Betons. Die Gestalt der reduzierten

Formänderungslinie des Stahles ($\bar{\psi}$) hat nur auf die Werte $\beta_E\,\mu$ einen Einfluß.

Um daher zu brauchbaren Bemessungstabellen zu kommen, muß man erstens eine reduzierte Formänderungslinie des Betons, d. h. eine spezielle Funktion φ wählen und zweitens überlegen, innerhalb welcher Grenzen das Verhältnis $\varepsilon_E/\varepsilon_B$ liegen kann.

Des weiteren ist zu überlegen, wie die Festwerte ε_E und ε_B und die zugeordneten Spannungen σ_E und σ_B zu wählen sind.

Will man für die Bemessung eine vorgeschriebene Sicherheit gegenüber dem tatsächlichen Bruch als maßgebend annehmen, so hat man für ε_B die Bruchstauchung ε_p am Prisma und für σ_B die Prismenfestigkeit σ_p zu setzen; für ε_E ist sinngemäß die Bruchdehnung ε_z und für σ_E die Zerreißfestigkeit σ_z zu setzen.

Vor dem tatsächlichen Bruch eines Stahlbetonbalkens entstehen aber nicht nur sehr große Durchbiegungen, sondern auch weitklaffende Risse. Daher ist es besser, die Sicherheit auf einen Belastungszustand zu beziehen, in dem gerade klaffende Risse oder große Formänderungen zu entstehen beginnen, also der Balken unbrauchbar zu werden beginnt. Dieser Grenzzustand wird maßgebend von der Dehnung der Bewehrung beeinflußt; man wird daher für die Festwerte ε_E und σ_E etwa den Beginn des Fließens des Stahles oder eine bestimmte Zugdehnung ansetzen, bei der das Aufklaffen der Zugrisse schon zu erwarten ist.

Die auf den Bruchzustand bezogenen Festwerte dienen zur Untersuchung des Bruchvorganges. Um solche Berechnungen anstellen zu können, muß vorerst ein näherer Einblick in die reduzierte Formänderungslinie des Betons und dessen Bruchdehnung gewonnen werden. Die Bruchdehnung und die Gestalt der Formänderungslinie des Stahles können als bekannt vorausgesetzt werden.

5. Die Formänderungslinie und die Bruchstauchung des Betons.

Die Formänderungslinie des Betons wurde bereits im Kapitel B, b (S. 15) behandelt. Für die Betrachtung des Bruchzustandes und die Ab-

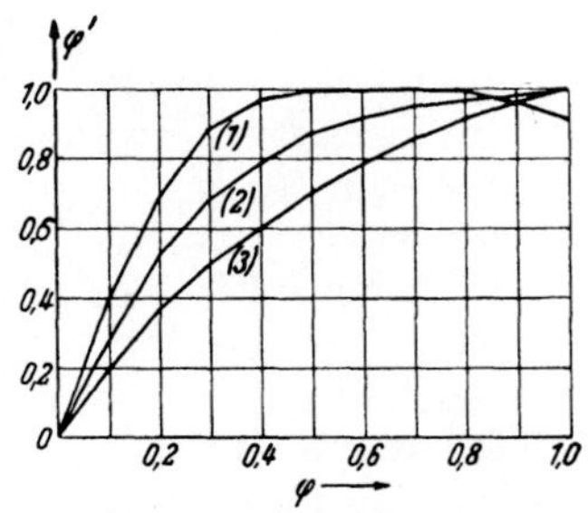

Abb. 82. Bezogene Formänderungslinien des Betons nach *Bach* (*1*) und *Brandtzaeg*(*2*), (*3*).

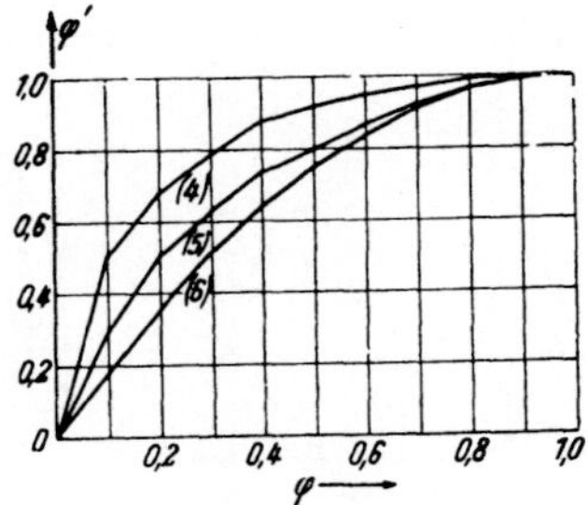

Abb. 83. Bezogene Formänderungslinien des Betons nach Prismenversuchen von *H. Uregg*

leitung von Berechnungsformeln im plastischen Bereich sind jedoch noch einige Ergänzungen über die Form von Formänderungslinien, die an Betonprismen beim Druckversuch gemessen wurden, erforderlich.

In Abb. 82 sind zwei extreme und eine mittlere reduzierte Formänderungslinie dargestellt, die dem Schrifttum entnommen sind. Die mit

(*1*) bezeichnete, sehr volle Linie wurde von *Bach* gemessen, die mittlere Linie (*2*) und die sehr flache Linie (*3*) stammen aus Versuchen von *Brandtzaeg*. In Abb. 83 sind die extremen Linien (*4*) und (*5*) dargestellt, die bei Prismenversuchen gefunden wurden, die von *H. Uregg* an der Technischen Hochschule Graz durchgeführt wurden. Die Linie (*6*) ist eine der Formel (3), $n = 2$, S. 16, entsprechende, reduzierte Formänderungslinie, eine quadratische Parabel, die sich in den Bereich der möglichen Linien noch gut einfügt, wie der Vergleich mit den Linien (*2*) und (*3*) lehrt. Jedenfalls nähert sich (*6*) der unteren Grenze.

Zur tabellarischen Auswertung der entwickelten Formeln braucht man $\varkappa$ und λ als Funktion von φ im Bereich $0 \leq \varphi \leq 1$. Diese Werte können analytisch, numerisch oder geometrisch ermittelt werden. Die folgende Tabelle gibt die Werte von $\varkappa$ und λ für die Linien (*1*) als extrem „volle" Linie und für die Parabel (*6*) als sich der unteren Grenze nähernden Linie an.

Werte von $\overline{\varphi}$, $\varkappa$ und λ für zwei typische reduzierte Formänderungslinien des Betons.

φ	„Bach-Linie" (*1*)			Parabel (*6*)		
	$\overline{\varphi}$	$\varkappa$	λ	$\overline{\varphi}$	$\varkappa$	λ
0	0	0	0	0	0	0
0,2	0,684	0,368	0,346	0,360	0,187	0,339
0,4	0,975	0,613	0,367	0,640	0,347	0,346
0,6	1,000	0,740	0,390	0,840	0,480	0,354
0,8	0,985	0,804	0,408	0,960	0,587	0,363
1,0	0,878	0,833	0,428	1,000	0,667	0,375

Für die Linie (*6*) — Parabel — gelten die Formeln

$$\overline{\psi} = \varphi\,(2 - \varphi), \qquad \varkappa = \varphi\,(1 - \varphi/3), \qquad \lambda = \frac{1}{3}\,\frac{1 - \varphi/4}{1 - \varphi/3}.$$

Die Auswertung der Linie (*1*) erfolgte numerisch.

Die Bruchstauchung des Betons ist nach dem Stande unserer derzeitigen Erkenntnisse durch ein einfaches empirisches Gesetz kaum mit genügender Genauigkeit zu erfassen. Eine Reihe von solchen Gesetzen sind aufgestellt worden, die ε_p in Beziehung zur Prismenfestigkeit σ_p setzen. Im folgenden werden einige dieser Gesetze mit den Messungsergebnissen von Versuchen verglichen, die deren beschränkte Gültigkeit zeigen.

Bei vielen Versuchen ergab sich bei Erreichen der höchsten Laststufen ein ausgesprochenes Fließen des Betons, d. h. die Stauchung nimmt nach Erreichen der Höchstlast noch beträchtlich zu, bevor der Bruch eintritt. Die „Bach-Linie" (*1*) der Abb. 82 zeigt eine solche Erscheinung. Dort wird die Höchstlast schon beim halben Wert *der* Stauchung erreicht, bei der erst der Trennungsbruch eintritt. Der Zustand, Erreichen der Höchstlast, sozusagen der Fließbeginn, ist von der Stauchung beim Trennungsbruch zu unterscheiden. Es sei der „Fließbeginn" nach *Jäger* mit ε_p und die eigentliche Bruchstauchung mit ε_p^* bezeichnet (Abb. 84).

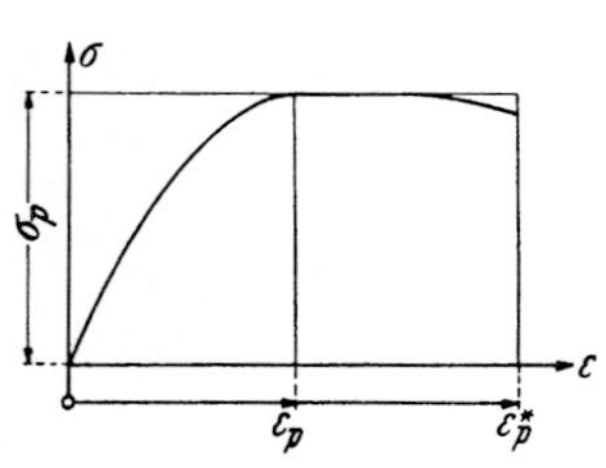

Abb. 84. Fließbeginn ε_p und Bruchstauchung ε_p^* des Betons.

Bei den folgenden Betrachtungen werden diese beiden Werte, soferne es möglich ist, auseinander gehalten.

Die Linien (2), (3), (4), (5) zeigen, daß nicht immer das Fließen beobachtet werden kann. Nach den Erfahrungen, die bei den Grazer Versuchen von *H. Uregg* und von Wiener Versuchen von *St. Soretz* gewonnen wurden, wird die Gestalt der Formänderungslinie von der Geschwindigkeit der Belastungssteigerung stark beeinflußt. Es lassen sich daher die bisher vorliegenden Versuchsergebnisse nicht gut vergleichen. Dies wird erst möglich sein, wenn Prismenversuche vorliegen, die nach einheitlichen Richtlinien gleichartig durchgeführt wurden. Daher dienen die in diesem Kapitel angestellten Betrachtungen weniger der Gewinnung von endgültigen Ergebnissen, als vielmehr der theoretischen Klärung des Problems.

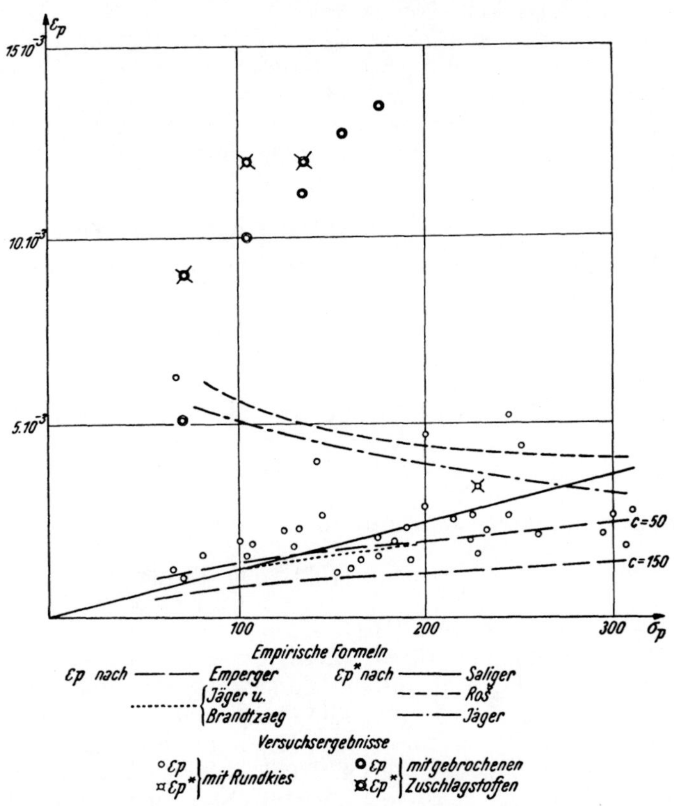

Abb. 85. Beziehungen zwischen Prismenfestigkeit und Bruchdehnung.

In Abb. 85 sind die folgenden Beziehungen zwischen σ_p und ε_p, bzw. ε_p^* mit Versuchsergebnissen verglichen.

Für den Fließbeginn wird angegeben:

von *Emperger*: $\varepsilon_p = 10^{-3} \cdot \sqrt{\dfrac{\sigma_p}{C}}, \quad 50 \leqq C \leqq 150 \text{ kg/cm}^2,$

von *Brandtzaeg*: $\varepsilon_p = \dfrac{2\,\sigma_p}{(95\,500 + 520\,\sigma_p)}$, gültig für $100 < W_{28} < 300 \text{ kg/cm}^2,$

von *Jäger*: $\varepsilon_p = 1{,}4 \cdot 10^{-4} \sqrt{\sigma_p}.$

Für den Trennungsbruch:

von *Saliger*: $\varepsilon_p{}^* \geqq 12{,}5 \cdot 10^{-6}\, \sigma_p,$

von *Roš*: $\varepsilon_p{}^* = \left(3{,}50 + \dfrac{200}{\sigma_p}\right) 10^{-3},$

von *Jäger*: $\varepsilon_p{}^* \geqq \dfrac{0{,}056}{\sqrt{\sigma_p}}\, .$

Die Abb. 85 zeigt, daß die Bruchstauchung sehr stark streut, auch bei Betonen gleicher Würfelfestigkeit. Die hohen Werte von ε_p, die die gebrochenen Zuschlagstoffe liefern, weisen darauf hin, daß ε_p von der Art der Zuschlagstoffe außerordentlich stark beeinflußt wird. Eine gesetzmäßige Abhängigkeit von σ_p allein ist jedenfalls nicht zu erkennen. Es kann daher vorläufig auch bei den Berechnungen der Tragfähigkeit von Stahlbetonbalken keine einfache Relation zwischen σ_p und ε_p in die Rechnung eingeführt werden. Das Verhältnis $\varepsilon_E/\varepsilon_p$ ist daher eine mit σ_E/σ_p gleichberechtigte Baustoffkonstante. Sie muß mit dem richtigen Wert in die Berechnung eingeführt werden, wenn man zuverlässige Ergebnisse erhalten will.

6. Die Bruchmomente des Rechteckbalkens.

Zur Berechnung der Bruchmomente setzt man die Festwerte folgendermaßen an:

$$\varepsilon_E = \varepsilon_z \ = \text{Bruchdehnung des Stahles beim Zugversuch,}$$
$$\sigma_E = \sigma_z \ = \text{Zugfestigkeit des Stahles beim Zugversuch,}$$
$$\varepsilon_B = \varepsilon_p{}^* = \text{Bruchstauchung des Betons,}$$
$$\sigma_B = \sigma_p \ = \text{Prismenfestigkeit des Betons,}$$

$$\beta_E = \beta_z = \frac{\sigma_z}{\sigma_p}\, .$$

Einen unmittelbaren Aufschluß über die Bruchlast gibt die bezogene Tragfähigkeit $m = \dfrac{M}{\sigma_p\, b\, h^2}$ nach (102). Die dieser Belastung zugeordnete Bewehrungsstärke folgt aus (101).

Die Beobachtung des Bruchvorganges lehrt, daß fast immer der Zusammenbruch des Balkens infolge Zerstörung der Beton-Druckzone eintritt. Dieser Vorgang wird durch die starke Dehnung der Bewehrung nach Überschreiten der Streckgrenze und die dadurch bedingte Einengung der Betondruckzone eingeleitet. Der Bruch infolge Reißens der Bewehrung wurde vom Verfasser nur einmal beobachtet und ist in den Versuchsberichten kaum zu finden. Immerhin beweist dieser einzige Fall die Möglichkeit des Reißens der Bewehrung.

Um Einblick in den Bruchvorgang zu bekommen, wurden in der folgenden Tabelle die bezogene Tragfähigkeit und die Bemessungszahlen für folgende Baustoffe ermittelt:

Beton: $\varepsilon_p{}^* = 3{,}6 \cdot 10^{-3}$, reduzierte Formänderungslinie nach (*1*), Abb. 82, die Werte von $\bar{\varphi}$, $\varkappa$ und λ hiefür sind in der Tabelle S. 112 angegeben.

Stahl: Beton-Stahl II, naturhart, mit ausgesprochenem Fließbereich

$$\varepsilon_z = 18\% = 180 \cdot 10^{-3},$$
$$\varepsilon_s = 1{,}8 \cdot 10^{-3}, \qquad \varepsilon_s{}' = 3{,}6 \cdot 10^{-3}$$

(ε_s = Dehnung am Beginn des Streckbereiches,
ε_s' = Dehnung am Beginn des Verfestigungsbereiches),
$\bar{\psi}$ aus der reduzierten Formänderungslinie (letzte Spalte der folgenden Tabelle).

Bezogene Bruchmomente von Rechteckquerschnitten bei $\dfrac{\varepsilon_z}{\varepsilon_p} = 50$.

φ	$\overline{\varphi}$	ψ	$m=\dfrac{M}{\sigma_p\,bh^2}$	ξ	„Bemessung"				Anmerkung
					γ	ζ	$\beta_z\,\mu$	$\overline{\psi}$	
0,2	0,684	1,000	0,00147	0,00398	26,20	0,999	0,00147	1,000	Beim Bruch reißt
0,4	0,975	1,000	0,00485	0,00794	14,39	0,997	0,00487	1,000	die Bewehrung;
0,6	1,000	1,000	0,00875	0,0119	10,70	0,995	0,00879	1,000	sehr schwache Be-
0,8	0,995	1,000	0,01252	0,0157	8,95	0,993	0,01262	1,000	wehrung.
1,0	0,878	1,000	0,01618	0,0196	7,87	0,991	0,01633	1,000	
1,00	0,878	1,000	0,0162	0,0196	7,87	0,991	0,0163	1,000	
1,00	0,878	0,800	0,0207	0,0244	6,95	0,989	0,0206	0,990	
1,00	0,878	0,600	0,0265	0,0323	6,15	0,986	0,0281	0,960	
1,00	0,878	0,400	0,0390	0,0477	5,07	0,980	0,0442	0,900	Bewehrung beim
1,00	0,878	0,200	0,0728	0,0909	3,71	0,961	0,0993	0,764	Bruch im Ver-
1,00	0,878	0,100	0,1292	0,1667	2,79	0,929	0,2040	0,680	festigungsbe-
1,00	0,878	0,080	0,1522	0,2000	2,56	0,914	0,2484	0,671	reich; schwache
1,00	0,878	0,060	0,1862	0,2500	2,32	0,893	0,3137	0,663	Bewehrung.
1,00	0,878	0,040	0,238	0,3333	2,05	0,857	0,4250	0,654	
1,00	0,878	0,020	0,327	0,5000	1,76	0,786	0,646	0,645	
1,00	0,878	0,018	0,340	0,5265	1,72	0,774	0,682	0,645	Bewehrung beim
1,00	0,878	0,016	0,353	0,5550	1,69	0,762	0,718	0,645	Bruch im Fließ-
1,00	0,878	0,014	0,366	0,5880	1,65	0,748	0,759	0,645	bereich; mittlere
1,00	0,878	0,012	0,382	0,6250	1,62	0,732	0,809	0,645	Bewehrung.
1,00	0,878	0,010	0,397	0,6667	1,59	0,714	0,862	0,645	Bewehrung beim
1,00	0,878	0,008	0,412	0,7135	1,56	0,694	1,152	0,516	Bruch unterhalb
1,00	0,878	0,006	0,430	0,7680	1,53	0,671	1,660	0,387	der Streck-
1,00	0,878	0,004	0,447	0,8333	1,50	0,643	2,690	0,258	grenze, bzw. im
1,00	0,878	0,002	0,463	0,9090	1,47	0,611	5,882	0,129	Proportionalitäts-
1,00	0,878	0,001	0,470	0,9521	1.45	0,592	12,220	0,065	bereich; starke Bewehrung.

(Randvermerk über den letzten beiden Gruppen: Beim Bruch wird die Betondruckzone zerstört!)

Demnach sind die Formeln für $\dfrac{\varepsilon_z}{\varepsilon_p} = \dfrac{180}{3,6} = 50$ auszuwerten. Für das Verhältnis $\beta_z = \dfrac{\sigma_z}{\sigma_p}$ braucht jedoch kein besonderer Wert festgelegt werden. Daher gelten die nachstehend berechneten Tragfähigkeiten für alle die Fälle, in denen $\dfrac{\varepsilon_z}{\varepsilon_p} = 50$ ist und die reduzierte Formänderungslinie des Betons der „*Bach*-Linie" entspricht.

Die reduzierte Formänderungslinie des Stahles — die $\bar{\psi}$-Werte — haben nur auf die Werte von $\beta_z\,\mu$ Einfluß. Diese Spalte gilt somit nur für Bewehrungen, deren reduzierte Formänderungslinie den angegebenen $\bar{\psi}$-Werten entspricht.

Da für die Betrachtung des Bruchzustandes die Dehnungsfestwerte $\varepsilon_E = \varepsilon_z$ und $\varepsilon_B = \varepsilon_p$ auf den Bruchzustand der Baustoffe bezogen sind, wird offenbar der Bruch im Verbundbalken durch Reißen der Bewehrung eintreten, wenn $\psi = 1$ und gleichzeitig $\varphi < 1$ ist, der Bruch durch Zerstörung der Betondruckzone hingegen bei $\varphi = 1$, $\psi < 1$. Demnach werden alle Bruchzustände ermittelt, wenn man zunächst bei $\psi = 1$ den Stauchungszustand der Druckzone den Bereich $0 < \varphi \leq 1$ durchlaufen läßt und dann $\varphi = 1$ festhält und den Dehnungszustand der Bewehrung im Bereiche $1 \geq \psi > 0$ betrachtet.

Die Tabelle zeigt die Abhängigkeit des Bruchvorganges von der Bewehrungsstärke $\beta_z \mu$.

Das Reißen der Bewehrung kann nur bei sehr schwacher Bewehrung erfolgen. Bei der einzigen, dem Verfasser bekannten Versuchsbeobachtung des Reißens der Bewehrung war der Versuchskörper eine Rippenplatte, deren Querschnitt in Abb. 86 dargestellt ist. Die Bewehrung (Torstahl) entspricht einem Bewehrungsverhältnis $\mu = \dfrac{0{,}5}{62{,}5 \cdot 10{,}5} = 0{,}000\,762$; der Beton hatte eine Festigkeit von annähernd 300 kg/cm², seine Bruchstauchung wurde nicht ermittelt. Angenommen, daß für die verwendeten Baustoffe $\dfrac{\varepsilon_z}{\varepsilon_p} = 50$ annähernd gilt, ist bei $\varphi = 1$, $\psi = 1$, die Bewehrungsstärke laut vorstehender Tabelle $\beta_z \mu = 0{,}016\,33$, daher müßte $\beta_z = \dfrac{0{,}016\,33}{0{,}000\,762} = 21{,}5$ sein. Die Zerreißfestigkeit von Torstahl ist rund $\sigma_z = 5000$ kg/cm²; somit wäre $\sigma_p = \dfrac{\sigma_z}{\beta_z} = 232$ kg/cm². Dieser Wert ist bei $W_{28} = 300$ kg/cm² durchaus wahrscheinlich.

Von der rechnerischen Ermittlung der Bewehrungsstärke, unterhalb der die Bewehrung reißt, bevor die Betondruckzone zerstört wird, kann man keine große Genauigkeit erwarten, da in diesem Falle einige Einflüsse, die für den Bruchzustand mit maßgebend sind, durch die Rechnung nicht erfaßt sind. Es sind dies die starke örtliche Dehnung und Einschnürung der Bewehrung vor dem Bruch, der Umstand, daß der Beton in der außerordentlich schmalen Betondruckzone ($x \leq 0{,}02\,h$) nicht mehr als quasi-isotroper Stoff betrachtet werden darf, u. a. mehr. Das Beispiel zeigt jedoch, daß die Größenordnung dieser Bewehrungsstärke immerhin erfaßt werden kann.

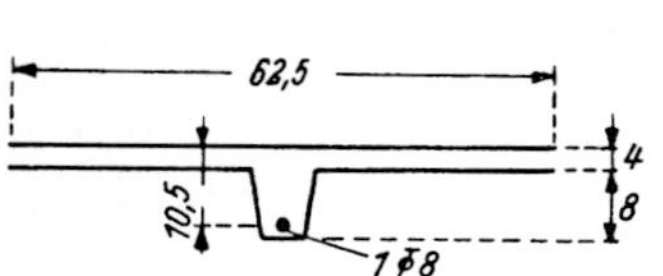

Abb. 86. Querschnitt einer Rippenplatte, bei der der Bruch infolge Reißens der Bewehrung eintrat.

Bei schwacher und mittlerer Bewehrungsstärke wird der Bruch durch die große Dehnung an der Zugseite eingeleitet. Die neutrale Achse rückt gegen die Druckkante und die eingeengte Druckzone kann der Druckkraft, die bei reiner Biegung immer gleich der Zugkraft in der Bewehrung ist, nicht mehr standhalten, sie bricht zusammen. Mit wachsender Bewehrungsstärke wird beim Bruch die Stahldehnung immer kleiner. Sie liegt zunächst im Verfestigungsbereich, bei mittlerer Bewehrung wird der Fließbereich erreicht und schließlich wird jene Bewehrungsgrenze erhalten, über der der Stahl auch beim Bruch der Betondruckzone unterhalb der Streckgrenze beansprucht wird.

Die Grenzen, die diese verschiedenen Stadien voneinander trennen, hängen von den Verhältnissen $\varepsilon_z/\varepsilon_p$ und β_z ab. Sei z. B. $\sigma_z = 6500$ kg/cm² (B.St. III) und $\sigma_p = 195$ kg/cm² (B. 225), somit $\beta_z = \dfrac{6500}{195} = 33{,}3$ und $\varepsilon_z/\varepsilon_p = 50$, so ergeben sich folgende Bewehrungsgrenzen:

bei $\psi = 1 : \mu \leqq \dfrac{0{,}0163}{33{,}3} = 0{,}05\%$, die Bewehrung reißt,

bei $\psi = 0{,}02 : \mu = \dfrac{0{,}646}{33{,}3} = 1{,}94\%$, die Bewehrung erreicht beim Bruch den Wert $\varepsilon_s{}'$,

bei $\psi = 0{,}01 : \mu = \dfrac{0{,}862}{33{,}3} = 2{,}59\%$, die Bewehrung erreicht beim Bruch den Wert ε_s.

Demnach wird bei

$0{,}05\% < \mu < 1{,}94\%$ die Bewehrung beim Bruch den Verfestigungsbereich erreichen,

$1{,}94\% < \mu < 2{,}59\%$ die Bewehrung beim Bruch im Streckbereich liegen,

$2{,}59\% < \mu$ die Bewehrung die untere Streckgrenze nicht mehr erreichen.

Bei Stählen ohne ausgesprochenem Fließbereich, wie etwa kalt vergütete oder hochlegierte und warm vergütete Stähle, kann eine Abgrenzung des Bruchvorganges naturgemäß nur in zwei Bereiche, nämlich Bruch der Bewehrung und Bruch der Betondruckzone, stattfinden. Es sind auch die Schlüsse, die das Vorhandensein eines ausgesprochenen Fließbereiches voraussetzen, auf solche Bewehrungen nicht mehr übertragbar. Daher sind die reinen Plastizitätstheorien, die über der Streckgrenze einen nicht begrenzten Fließbereich annehmen, auf solche Stähle nicht anwendbar und die Ersetzung der physikalischen Streckgrenze durch die „technische Fließgrenze", einem Gütebegriff, der für andere Zwecke geschaffen wurde, nicht statthaft.

Die Betrachtung der bezogenen Bruchmomente und der zugeordneten Bewehrungsverhältnisse zeigen, daß im Bereich der üblichen und wirtschaftlichen Bewehrung deren Dehnung beim Bruch im Streckbereich oder sogar im Verfestigungsbereich liegt. Damit sind sehr große Formänderungen und klaffende Risse verbunden, die den Balken im Bauwerk schon weit vor dem Bruch für Bauzwecke unbrauchbar machen. Es ist daher nicht zweckmäßig, sich bei der Bemessung der Bauwerke mit der Sicherheit gegen Bruch zu begnügen. Vielmehr erscheint es geboten, darüber hinaus eine ausreichende Sicherheit gegenüber großen Formänderungen und klaffenden Rissen zu fordern. Man wird daher für diesen Zweck Bemessungsbehelfe zu entwickeln haben, die nicht vom Bruchzustande ausgehen, sondern die Sicherheit auf einen Grenzzustand beziehen, in dem man das Bauwerk gerade noch als brauchbar ansehen kann.

7. *Bemessung auf Grund eines Grenzzustandes.*

Um unerwünschte Formänderungen und klaffende Risse an den Bauwerken auszuschließen, hat man deren Sicherheit gegenüber einem Grenzzustand nachzuweisen, bei dem die Formänderungen groß zu werden beginnen. Einen solchen Grenzzustand kann man in verschiedener Weise festlegen. Es ist naheliegend, für die Betondruckzone als Grenze ε_p (Abb. 84), sozusagen die „Fließgrenze" des Betons anzunehmen. Das bedingt die Annahme einer nicht zu vollen, reduzierten Formänderungslinie des Betons, deren Scheitel bei $\varphi = 1$ liegt, etwa der Linie (*3*), Abb. 82, entsprechend. Auch die Parabel-Linie (*6*) der Abb. 83 entspricht dieser Forderung. Sie wird den weiteren Entwicklungen zugrunde gelegt.

Die Dehnung der Zugbewehrung kann mit dem Fließbeginn des Stahles begrenzt werden. Im Rahmen der gebotenen Genauigkeit kann im allgemeinen — ausgenommen sind naturharte oder kalt vorgereckte hochwertige Stähle ohne ausgesprochene Fließgrenze — die Proportionalitätsgrenze mit der Fließgrenze zusammenfallend angenommen werden; es werden dadurch Erleichterungen in der Berechnung geschaffen, ohne unzulässige Fehler zu machen.

Man erhält demnach die bezogenen Momente, bei denen der Grenzzustand ε_p und (oder) ε_s erreicht wird, durch folgende Festsetzung der Festwerte und bezogenen Formänderungslinien:

$\varepsilon_B = \varepsilon_p$,   die Dehnung des Betons, bei der σ_p erreicht wird,

$\varepsilon_E = \varepsilon_s$,   Fließbeginn des Stahles,

$$\beta_E = \beta_s = \frac{\sigma_s}{\sigma_p},$$

$\bar{\varphi} = \varphi\,(2 - \varphi)$ reduzierte Formänderungslinie des Betons als Parabel, $\bar{\psi} = \psi$, reduzierte Formänderungslinie des Stahles als Gerade, da näherungsweise die Proportionalitätsgrenze gleich der Fließgrenze gesetzt wird.

Da ε_s und ε_p sich mit den Baustoffen ändern und $\varepsilon_s/\varepsilon_p$ daher kein Festwert ist, enthält die nachfolgende Bemessungstabelle das Verhältnis $\varepsilon_s/\varepsilon_p$ als Parameter. Mit den angegebenen, dimensionslosen Bemessungszahlen γ, ζ, $\beta_s\mu$ und ξ können die vier grundlegenden Bemessungsaufgaben in ebenso einfacher Weise durchgeführt werden, wie beim n-Verfahren. Vorausgesetzt ist allerdings, daß die Baustoff-Kennziffern ε_p, σ_p; ε_s, σ_s bekannt sind.

Bei der Benützung der Bemessungstabelle hat man die äußeren Kräfte M und N, für die bemessen werden soll, mit der Sicherheit s zu vervielfachen. Demnach hat man bei den vier Bemessungsaufgaben folgendermaßen vorzugehen:

Freie Bemessung: Man berechnet $h = \gamma\,\sqrt{\dfrac{s\,M}{\sigma_p\,b}}$ und $F_e = \dfrac{s\,M}{\bar{\psi}\,\sigma_s\,\zeta\,h}$; γ und ζ entnimmt man der Tabelle für den zutreffenden Parameter $\varepsilon_s/\varepsilon_p$ und die Größen $\varphi = 1$, $\psi = 1$, wenn man Beton und Stahl gleichzeitig ausnützen will. Andernfalls ist entweder $\varphi < 1$, $\psi = 1$ zu wählen, soferne die Betondruckzone nicht voll beansprucht werden soll oder es ist $\varphi = 1$, $\psi < 1$ anzunehmen, wenn die Beanspruchung der Bewehrung zu vermindern ist.

Gebundene Bemessung: Da b, h und M gegeben sind, berechnet man $\gamma = \dfrac{h}{\sqrt{\dfrac{s\,M}{\sigma_p\,b}}}$ und erhält aus der Tabelle, dem Parameter $\varepsilon_s/\varepsilon_p$ entsprechend, die Dehnungsgerade φ und ψ und ζ, bzw. $\beta_s\mu$. Damit kann die erforderliche Bewehrung ermittelt werden.

Bemessungstabelle für Rechtecke bei Biegung und Biegung mit Längskraft, bezogen auf den Grenzzustand ε_p und ε_s; $\overline{\varphi} = \varphi\,(2 - \varphi)$.

$\varepsilon_s/\varepsilon_p$		$\psi = 1$				$\varphi = 1$ $\psi = 1$	$\varphi = 1$ $\psi = \overline{\psi} =$				
	$\varphi =$	0,2	0,4	0,6	0,8		0,8	0,6	0,4	0,2	0,1
	$\overline{\varphi} =$	0,36	0,64	0,84	0,96						
0,50	γ	4,595	2,775	2,178	1,890	1,731	1,689	1,656	1,618	1,581	1,564
	ζ	0,903	0,846	0,807	0,777	0,751	0,733	0,711	0,687	0,659	0,644
	$\beta_s\,\mu$	0,052	0,154	0,262	0,361	0,445	0,597	0,857	1,389	3,035	6,350
	ξ	0,286	0,444	0,564	0,615	0,667	0,714	0,770	0,833	0,909	0,951
1,00	γ	5,839	3,379	2,521	2,139	1,950	1,845	1,756	1,695	1,627	1,585
	ζ	0,943	0,904	0,867	0,839	0,813	0,792	0,766	0,733	0,688	0,659
	$\beta_s\,\mu$	0,031	0,099	0,180	0,261	0,333	0,463	0,707	1,189	2,764	6,070
	ξ	0,167	0,287	0,375	0,444	0,500	0,555	0,625	0,714	0,833	0,911
1,50	γ	6,897	3,849	2,862	2,176	2,100	2,020	1,884	1,773	1,662	1,600
	ζ	0,969	0,927	0,898	0,884	0,850	0,811	0,803	0,766	0,701	0,674
	$\beta_s\,\mu$	0,021	0,072	0,136	0,240	0,267	0,377	0,585	1,040	2,580	5,800
	ξ	0,117	0,210	0,285	0,347	0,400	0,452	0,527	0,625	0,770	0,870
2,00	γ	7,797	4,285	3,135	2,580	2,268	2,135	1,994	1,847	1,694	1,618
	ζ	0,969	0,942	0,918	0,896	0,875	0,855	0,829	0,792	0,732	0,688
	$\beta_s\,\mu$	0,017	0,058	0,111	0,168	0,222	0,320	0,559	0,945	0,381	5,560
	ξ	0,091	0,167	0,231	0,286	0,333	0,386	0,454	0,556	0,714	0,833
2,50	γ	8,639	4,778	3,398	2,762	2,419	2,270	2,109	1,929	1,735	1,635
	ζ	0,974	0,952	0,931	0,912	0,893	0,875	0,850	0,813	0,750	0,700
	$\beta_s\,\mu$	0,013	0,047	0,092	0,143	0,192	0,278	0,445	0,832	2,220	5,340
	ξ	0,074	0,138	0,193	0,242	0,286	0,334	0,400	0,500	0,667	0,800
3,00	γ	9,418	5,429	3,659	2,960	2,568	2,399	2,209	2,000	1,769	1,656
	ζ	0,979	0,959	0,941	0,923	0,906	0,890	0,867	0,830	0,766	0,710
	$\beta_s\,\mu$	0,011	0,040	0,079	0,123	0,167	0,245	0,397	0,758	2,170	5,140
	ξ	0,062	0,117	0,166	0,210	0,250	0,294	0,357	0,455	0,625	0,770

$$\beta_s = \frac{\sigma_s}{\sigma_p}; \quad x = \xi\,h, \quad z = \zeta\,h; \quad h = \gamma\,\sqrt{\frac{s\,M}{\sigma_p\,b}}; \quad F_e = \frac{s\,M}{\overline{\psi}\,\sigma_s\,\zeta\,h} = \mu\,b\,h \quad (s = \text{Sicherheit}).$$

Tragfähigkeit des Betonquerschnittes: Man entnimmt der Tabelle für $\varphi = 1$, $\psi = 1$ die Größen γ und $\beta_s\,\mu$ oder ζ und ermittelt $s\,M = \left(\dfrac{h}{\gamma}\right)^2 \sigma_p\,b$ und die Bewehrung $F_e = \mu\,b\,h$ oder $F_e = \dfrac{s\,M}{\overline{\psi}\,\sigma_e\,\zeta\,h}$.

Tragfähigkeit der Bewehrung: In diesem Falle ist b, h und F_e gegeben. Man ermittelt $\mu = \dfrac{F_e}{b\,h}$ und $\beta_s\,\mu$ und geht mit diesem Wert in die Tabelle ein, erhält φ, ψ und γ und damit $s\,M = \left(\dfrac{h}{\gamma}\right)^2 \sigma_p\,b$.

Man sieht, daß der Gebrauch der Bemessungstabelle formal dem n-Verfahren sehr ähnlich ist, da die gleichen Rechnungsoperationen durchzuführen sind; es treten lediglich an die Stelle der Spannungen σ_b und σ_e die Dehnungsgrade φ und ψ. Da in allen Formeln das Produkt $s\,M$ in linearer Beziehung zu den Festigkeitswerten σ_p und σ_s steht, kann man sich bei wiederholter Bemessung mit gleichen Baustoffen die Rechnung auch vereinfachen, indem man vorerst σ_p und σ_s durch s dividiert und dann M und σ_p/s, bzw. σ_s/s in die Bemessungsformeln einführt. Man muß sich aber darüber klar sein, daß damit keine „zulässigen Spannungen" im physikalischen Sinne entstehen, sondern lediglich die Rechnung vereinfachende Größen, die die Dimension einer Spannung haben.

In der vorstehend angegebenen Bemessungstabelle ist vorausgesetzt, daß die Stahldehnung die Proportionalitätsgrenze nicht überschreitet und für die Bewehrung daher das *Hooke*sche Gesetz gilt. Die Bemessungstabelle ist mit Ausnahme der Proportionalitätsgrenze unabhängig von den Güteeigenschaften der Stähle und allgemein verwendbar. Bei den später auf Grund der Önorm B 4200, 4. Teil, entwickelten Bemessungstafeln ist diese Voraussetzung nicht mehr gegeben. Die Bemessungsbehelfe werden demgemäß etwas komplizierter und es ist nicht zu vermeiden, einen Teil derselben auf bestimmte Stahlsorten abzustimmen.

Die Bemessung im plastischen Bereich erfordert die Kenntnis der Bruchdehnung des Betons, eine Größe, deren zuverlässiger Wert meist nicht bekannt ist und nur umständlich ermittelt werden kann.

Man kann diese Schwierigkeit umgehen, indem man, einem Vorschlag von *K. Jäger* entsprechend, für ε_p einen Kleinstwert einsetzt, der bei jedem Beton mit Gewißheit zu erwarten ist, etwa $\varepsilon_p = 2{,}00^0/_{00}$. In diesem Falle wird bei der Bemessung eine kleinere Tragfähigkeit, bzw. eine kleinere Sicherheit errechnet als tatsächlich vorhanden ist. Der Fehler liegt daher auf der sicheren Seite und kann hingenommen werden.

Um die Veränderlichkeit des Parameters $\varepsilon_E/\varepsilon_p$ zu beseitigen, genügt allerdings die Annahme eines Minimalwertes für ε_p noch nicht; es müßte auch ε_E noch als Festwert eingeführt werden. Nach *E. Bittner* soll hiefür diejenige Dehnung angenommen werden, bei der die zu erwartende Rißbreite noch klein bleibt; es wurde $\varepsilon_E = 4{,}00^0/_{00}$ vorgeschlagen.

Bei Annahme dieser beiden Festwerte ergibt sich für den Parameter der

Festwert $\varepsilon_E/\varepsilon_p = \dfrac{4{,}00}{2{,}00} = 2{,}00$. Die Bemessungstabelle wird dementsprechend weniger umfangreich. Die Festlegung von $\varepsilon_E = 4{,}0^0/_{00}$ gäbe ferner die Möglichkeit, die hochwertigen Stähle mit hoher Beanspruchung auszunützen, während die normalen Baustähle nur bis zur Streckgrenze σ_s beansprucht werden können. Demnach eröffnete die Festsetzung des maßgebenden Grenzzustandes mit $\varepsilon_p = 2{,}00^0/_{00}$ und $\varepsilon_E = 4{,}00^0/_{00}$ besonders für hochwertige Stähle neue Möglichkeiten. Die Berechnung der Bemessungszahlen hiefür ist ohne weiteres möglich. Eine solche Bemessungstabelle enthält drei allgemein gültige Spalten für ξ, ζ und γ, während die vierte Spalte für $\beta_E\mu$, ergänzt durch eine Spalte für $\bar\psi$, nur für bestimmte reduzierte Stahl-Formänderungslinien gilt, da ε_E über der Proportionalitätsgrenze liegt. Durch Einführung *normierter* reduzierter Formänderungslinien für die Beton-Stähle I bis IV kann jedoch auch den Tabellen für $\beta_E\mu$ eine allgemeinere Gültigkeit gegeben werden. Allerdings muß die Tabelle für jede Stahlsorte besondere Spalten für $\beta_E\mu$ und $\bar\psi$ enthalten.

Die Bemessungstabelle (S. 119) kann auch bei Biegung mit Längskraft benützt werden. Man hat, ähnlich wie bei der Bemessung nach dem „n-Verfahren", das Moment M_e der äußeren Kräfte um den Zugmittelpunkt zu ermitteln, bemißt sodann für das mit der Sicherheit vervielfachte Moment $s\,M_e$ und vermindert die so ermittelte Bewehrung um den Betrag $\dfrac{s\,N}{\psi\,\sigma_s}$. Die Bemessung bei stark verminderter Stahlbeanspruchung hat nur für Biegung mit Längskraft Bedeutung, da die hohen rechnungsmäßigen Werte der Bewehrungsverhältnisse im Bereich $\psi < 0,5$ durch die Verminderung infolge der Längskraft wieder in den Bereich des technisch Möglichen fallen.

8. Querschnitte mit Druckbewehrung.

Das Tragvermögen eines Querschnittes wird — wie die zahlreichen Versuche lehren — durch Anwendung einer Druckbewehrung gesteigert. Selbstverständlich kann diese von der Berechnungsweise unabhängige Tatsache auch im plastischen Bereich rechnungsmäßig erfaßt werden.

Das Tragmoment M_B und die dazugehörende Bewehrung F_{eB} kann mit Hilfe der abgeleiteten Formeln (96) bis (103) für jede Querschnittsform und den Grenzzustand $\varphi = 1$, $\psi = 1$ berechnet werden. Das dieses Tragmoment übersteigende Moment $\Delta M = s \cdot (M - M_B)$ ist durch das Kraftpaar $D_e'\,(h - h') = \Delta Z_e\,(h - h')$ aufzunehmen, das durch eine zusätzliche Zugbewehrung ΔF_e und die Druckbewehrung F_e' entsteht. Die Dehnung ε_e' der Druckbewehrung F_e' folgt aus h, h' und x (Abb. 87):

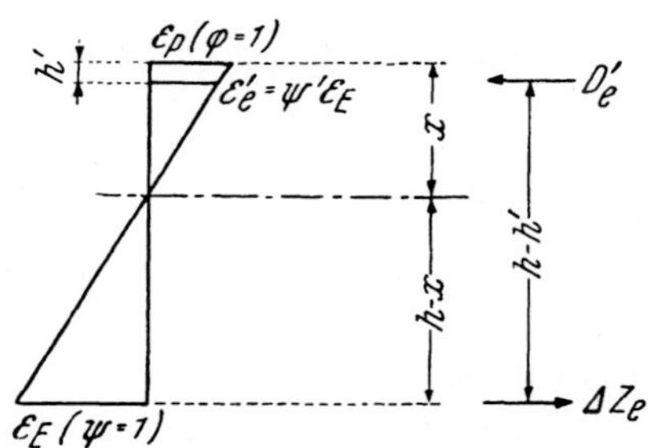

Abb. 87. Dehnungen und zusätzliche Kräfte bei druckbewehrten Querschnitten.

$$\varepsilon_e' = \varepsilon_E\,\frac{x - h'}{h - x} = \varepsilon_E\,\frac{\xi - h'/h}{1 - \xi},$$

bzw.

$$\psi' = \frac{\varepsilon_e'}{\varepsilon_E} = \frac{\xi - h'/h}{1 - \xi}. \tag{105}$$

Aus dem Momentengleichgewicht

$$\Delta M = \Delta Z_e\,(h - h') = \Delta F_e\,\sigma_E\,(h - h')$$

erhält man

$$\Delta F_e = \frac{\Delta M}{\sigma_E\,(h - h')}. \tag{106}$$

Da (105) die Dehnungsstufe der Druckbewehrung liefert, kennt man auch die Spannung σ_e', unter der die Druckbewehrung steht: $\sigma_e' = \bar{\psi}' \cdot \sigma_E$; somit liefert

$$\Delta M = D_e'\,(h - h') = F_e' \cdot \sigma_e'\,(h - h')$$

die Größe der Druckbewehrung

$$F_e' = \frac{\Delta M}{\sigma_e'\,(h - h')}. \tag{107}$$

Es sei noch bemerkt, daß die Beziehung (105) auch durch ein Nomogramm ausgedrückt werden kann, das dem auf S. 53 dargestellten des „n-Verfahrens" sehr ähnlich ist. Zwischen $\varDelta F_e$ und F_e' gibt es über der Proportionalitätsgrenze jedoch keine so einfache Beziehung, wie (32) des „n-Verfahrens".

Da die Berücksichtigung der plastischen Eigenschaften des Betons in den höheren Spannungsstufen sowieso schon eine bedeutende Steigerung der Belastbarkeit gegenüber dem bisher Zugelassenen bringt, wird die Anordnung einer Druckbewehrung bei reiner Biegung schon aus wirtschaftlichen Erwägungen einen Ausnahmsfall darstellen. Besondere Beachtung wird man hiebei der sorgfältigen Verbügelung der Druckzone widmen müssen, damit die Querdehnung der Druckbewehrung keine Schäden verursachen kann.

9. Diskussion der bisher gewonnenen Ergebnisse.

Die Einführung der dimensionslosen, „reduzierten Formänderungslinien" für Beton und Stahl $\bar\varphi = \bar\varphi(\varphi)$ und $\bar\psi = \bar\psi(\psi)$, sowie der bestimmten Integrale $\varkappa$ und λ ermöglichen es, für jede Gestalt der Spannungs-Dehnungslinie von Beton und Stahl Formeln für die Bruchmomente, das Tragvermögen und die Bemessung aufzustellen. Damit ist das mathematische Rüstzeug geschaffen, um einerseits das Problem ohne einschränkende Voraussetzungen zu behandeln, anderseits weniger allgemein gehaltene Methoden einer kritischen Betrachtung zu unterziehen. Daß die Formeln auch die Auswertung von Versuchen auf Grund der tatsächlichen Spannungs-Dehnungslinien der verwendeten Baustoffe erleichtern, wurde bereits gezeigt.

Die entwickelte, sehr allgemeine Methode liefert mit Hilfe von Grenzübergängen die bekannten Berechnungsverfahren.

Man erhält mit den angegebenen Formeln (96), (98), (101), (102) und (103) die Beziehungen des „n-Verfahrens", wenn man für Beton und Stahl das *Hooke*sche Gesetz unbegrenzt gelten läßt, d. h. indem man $\bar\varphi = \varphi$ und $\bar\psi = \psi$ setzt. Dann wird $\varkappa = \varphi/2$, $\lambda = 1/3$ und alle Ausdrücke gehen in die im Kapitel C 3 abgeleiteten Beziehungen über.

Die bei vielen Untersuchungen über die Biegung im bildsamen Zustand angenommene Rechteck-Verteilung der Spannungen in der Betondruckzone wird erhalten, indem man $\bar\varphi = 1$ setzt; daraus folgt $\varkappa = 1$, $\lambda = 1/2$. Diese Annahmen gelten näherungsweise, wie weiter unten noch gezeigt wird, nur in einem beschränkten Bereich.

Die rechteckige und die dreieckige Spannungsverteilung stellen Grenzfälle dar. Die dreieckige Verteilung kann bei sehr schwacher Bewehrung ($\varphi \ll 1$) sogar im Bruchzustand eintreten, wenn der Bruch durch Reißen der Bewehrung entsteht. Die rechteckige Spannungsverteilung ist immer nur eine Annäherung an den Bruchzustand beim Zusammenbrechen der Beton-Druckzone. Alle dazwischen liegenden Zustände, insbesondere die Grenzzustände vor großen Formänderungen, können durch keine dieser vereinfachenden Annahmen einigermaßen zutreffend erfaßt werden.

Die Betrachtung der Bemessungstabelle S. 119 lehrt, daß unterhalb der Bewehrungsgrenze, das ist im Zustand $\varphi < 1$, $\psi = 1$, die bezogenen Momente im wesentlichen nur von der Bewehrungsstärke $\beta_s \mu$ abhängen und daß der Parameter $\varepsilon_s/\varepsilon_p$ in diesem Bereich darauf keinen nennenswerten Einfluß hat. Dieser Einfluß macht sich erst über der Bewehrungsgrenze

$(\varphi = 1,\ \psi < 1)$ bemerkbar, wie auch die Bewehrungsgrenze selbst in hohem Maße von $\varepsilon_s/\varepsilon_p$ beeinflußt wird.

Der geringfügige Einfluß des Parameters $\varepsilon_s/\varepsilon_p$ auf das Grenzmoment im Zustand $\varphi < 1,\ \psi = 1$ kann leicht erklärt werden. Nach (104) wird mit den Festwerten $\sigma_B = \sigma_p$ und $\sigma_E = \sigma_s$ das Grenzmoment

$$M = \sigma_p\, \varkappa\, \xi\, (1 - \lambda\, \xi)\, b\, h^2.$$

Da ferner wegen $\psi = 1$ auch $\bar{\psi} = 1$ ist und daher nach (101) $\varkappa\, \xi = \mu\, \sigma_s/\sigma_p$ ist, wird das Grenzmoment auch durch

$$M = \sigma_s\, \mu\, (1 - \lambda\, \xi)\, b\, h^2 = F_e\, \sigma_s\, (1 - \lambda\, \xi)h$$

ausgedrückt, d. h. das Grenzmoment hängt von der Größe der Bewehrung und wegen $(1 - \lambda\, \xi)\, h = \zeta\, h = z$ von der Größe des Hebelarmes der inneren Kräfte ab. Da nun, wie man sich an Hand der Bemessungstabelle überzeugen kann, ζ für kleine Bewehrungsstärken von $\varepsilon_s/\varepsilon_p$ sehr wenig beeinflußt wird, ist der kleine Einfluß dieses Verhältnisses auf das Grenzmoment erklärt.

Auch die Formel für das bezogene Bruchmoment

$$m = \frac{M}{\sigma_p\, b\, h^2} = \varkappa\, \xi\, (1 - \lambda\, \xi)$$

kann mit Hilfe der Gleichgewichtsbedingung (101)

$$\beta_z\mu = \frac{\sigma_z}{\sigma_p}\, \mu = \frac{\varkappa\, \xi}{\bar{\psi}}$$

anders ausgedrückt werden. Da $\bar{\psi}\, \sigma_z = \sigma_e$ gleich der Stahlspannung beim Bruch ist, gilt $\mu\, \sigma_e/\sigma_p = \varkappa\, \xi$. Sei

$$\beta = \frac{\sigma_e}{\sigma_p}, \tag{108}$$

so wird

$$m = \beta\, \mu\left(1 - \frac{\lambda}{\varkappa}\, \beta\, \mu\right). \tag{109}$$

Die Gleichung gibt die Abhängigkeit des bezogenen Bruchmomentes von der Bewehrungsstärke an. Da in β neben dem Festwert σ_p die von dem Bewehrungsverhältnis abhängige, zunächst nicht bekannte Stahlspannung $\sigma_e = \bar{\psi}\, \sigma_z \leq \sigma_z$ enthalten ist, kann mit (109) allein das bezogene Bruchmoment im allgemeinen nicht berechnet werden.

Beschränkt man sich jedoch auf mittlere Bewehrungsstärken und Stähle mit ausgesprochenem Streckbereich, so befindet sich im Bruchzustand die Bewehrung im Zustande σ_s und $\varepsilon_s \leq \varepsilon_e \leq \varepsilon_s{}'$. In diesem Falle geht wegen $\sigma_e = \sigma_s = $ const. die Veränderliche $\beta = \sigma_e/\sigma_p$ in den Festwert $\beta_s = \sigma_s/\sigma_p$ über. Außerdem sind bei mittleren Bewehrungsstärken wegen $\varphi = 1$ auch λ und $\varkappa$, bzw. $\dfrac{\lambda}{\varkappa}$ Festwerte. In diesem Falle kann daher tatsächlich das Bruchmoment unter Außerachtlassung der Formänderungen der Baustoffe nur aus Gleichgewichtsbedingungen berechnet werden, da dann alle Größen in (106) bekannt sind. Demnach wird unter diesen Voraussetzungen

$$m = \beta_s\, \mu\left(1 - \frac{\lambda}{\varkappa}\, \beta_s\, \mu\right). \tag{109 a}$$

Um den Gültigkeitsbereich dieser vereinfachten Formel abzugrenzen, muß man jedoch die Formänderungen heranziehen. Die Bewehrungsgrenze μ_g an der beim Bruch die Dehnung ε_s am Beginn des Streckbereiches erreicht wird, ist wegen

$$\xi_g = \frac{\varepsilon_p}{\varepsilon_p + \varepsilon_s} = \frac{1}{1 + \varepsilon_s/\varepsilon_p} \qquad \text{und} \qquad \mu_g = \varkappa\, \xi\, \frac{\sigma_p}{\sigma_s}:$$

$$\mu_g = \varkappa\, \frac{\sigma_p}{\sigma_s}\, \frac{1}{1 + \varepsilon_s/\varepsilon_p}; \tag{110}$$

die obere Bewehrungsgrenze $\mu_g{}'$ an der beim Bruch die Stahldehnung $\varepsilon_s{}'$ am Beginn des Verfestigungsbereiches entsteht, wird analog:

$$\mu_g{}' = \varkappa\, \frac{\sigma_p}{\sigma_s}\, \frac{1}{1 + \varepsilon_s{}'/\varepsilon_p}. \tag{111}$$

Die vereinfachte Beziehung (109 a) für das Bruchmoment gilt somit nur für Bewehrungsverhältnisse, die innerhalb der Grenzen $\mu_g{}' < \mu < \mu_g$ liegen. Deren Ermittlung nach (110) und (111) erfordert die Kenntnis der Baustoffkonstanten ε_s, ε_p; σ_s, σ_p und der reduzierten Formänderungslinien $\bar{\varphi}(\varphi)$ und $\bar{\psi}(\psi)$. Damit kann man aber ebensogut alle bezogenen Bruchmomente nach (101) und (102) berechnen.

Bei Bewehrungen, die außerhalb der Grenzen $\mu_g{}'$ bis μ_g liegen, und bei Stählen ohne ausgesprochenem Fließbereich kann das Bruchmoment jedoch nur unter Berücksichtigung der Formänderungseigenschaften der Baustoffe ermittelt werden. Das gilt ganz besonders für den für die Biegung mit Längskraft so wichtigen Bereich $\mu > \mu_g$, in dem die Stahlspannung beim Bruch unterhalb der Streckgrenze ($\sigma_e < \sigma_s$) bleibt.

Die Formeln (96) und (98) für $\varkappa$ und λ gelten für jede Querschnittsform, da sie diese mit dem Breitenverhältnis $\dfrac{b\,(u)}{B}$ berücksichtigen. Es ist daher theoretisch möglich, für jede Querschnittsform, auch für die schiefe Biegung, und für jede Gestalt die Formänderungslinien von Beton und Stahl, ebensolche Bemessungsbehelfe zu entwickeln, wie beim n-Verfahren. Ja, es wird sogar deren Anwendung formal dem n-Verfahren sehr ähnlich sein. Die tatsächliche Berechnung dieser Bemessungsbehelfe ist aber viel mühevoller, da die Ersetzung der geradlinigen Spannungsverteilung durch eine krummlinige und das Hinzutreten des Parameters $\varepsilon_E/\varepsilon_B$ selbstverständlich erhebliche rechnerische Erschwernisse zur Folge hat.

r) Die Bemessung nach Önorm B 4200, vierter Teil.

1. Die Grundlagen.

Die Önorm B 4200, 4. Teil sieht die wahlweise Anwendung des „Traglastverfahrens" vor. Sie geht hiebei nicht vom Bruchzustand aus, sondern von einem Grenzzustand, bei dem — wie bereits dargelegt — die Formänderungen und die Rißbildung das Bauwerk bereits als unbrauchbar erscheinen lassen. Die tatsächliche Belastung, die Gebrauchslast, darf höchstens einen Bruchteil der Belastung betragen, bei der der Grenzzustand erreicht wird. Der Quotient Grenzlast durch Gebrauchslast, der als Sicherheit s bezeichnet wird, beträgt bei Biegung im allgemeinen 1,7.

Der Grenzzustand wird durch die Grenzdehnung bestimmt, die beim Beton die Bruchdehnung (der Fließbeginn) ε_p und beim Stahl eine durch die Stahlfestigkeit bedingte Größe ε_E ist.

Da die Bruchdehnung des Betons ε_p eine auch bei Betonen gleicher Festigkeit schwankende Größe ist, wird im Sinne der Vorschläge von *K. Jäger* ε_p so festgelegt, daß es einen auf alle Fälle vorhandenen Kleinstwert darstellt:

$$\text{Beton B 160:} \qquad \varepsilon_p = 1{,}5^0/_{00},$$
$$\text{Beton B 225, 300, 400:} \quad \varepsilon_p = 2{,}0^0/_{00}.$$

Für die Prismenfestigkeit ist $\sigma_p = \dfrac{3}{4}\,W_b$ anzunehmen. Die Form der Spannungs-Dehnungslinie ist — für alle Betonsorten gleich — als quadratische Parabel anzunehmen; die reduzierte Formänderungslinie folgt damit dem Gesetz $\bar{\varphi} = \varphi\,(2 - \varphi)$.

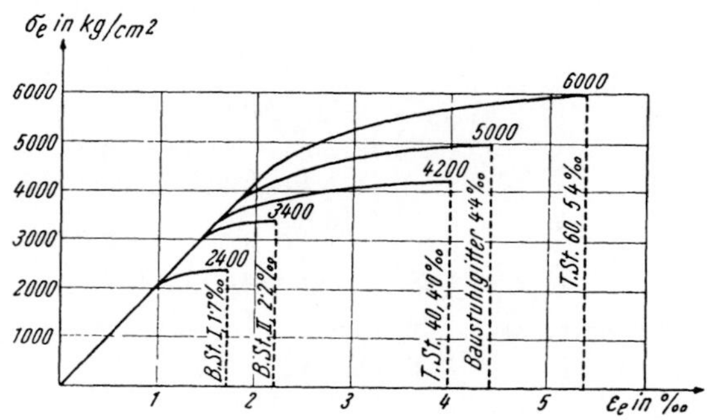

Abb. 88. Normierte σ-ε-Linien österreichischer Bewehrungsstähle nach dem Entwurf zur Önorm B 4200, 4. Teil.

Für die wichtigsten, in Österreich in Verwendung stehenden Stahlsorten sind die normierten Formänderungslinien in Abb. 88 dargestellt, aus denen die Grenzdehnungen ε_E und die Grenzspannungen σ_E zu entnehmen sind. Die normierten Formänderungslinien sind aus zahlreichen Versuchen abgeleitet. Sie erlauben es, die „reduzierten Formänderungslinien" $\bar{\psi} = \bar{\psi}(\psi) = \bar{\psi}\left(\dfrac{\varepsilon_e}{\varepsilon_E}\right)$ zahlenmäßig zu ermitteln und in die weitere Berechnung einzuführen. Wie bereits ausgeführt wurde, sollen die für die Bemessung maßgebenden Werte ε_p, σ_p; ε_E, σ_E auf alle Fälle zu erwartende Werte sein, da anderen Falles die tatsächliche Sicherheit leiden würde. Somit sind alle Baustoffwerte bekannt, um die Bemessungsbehelfe zu entwickeln; man hat lediglich in den Formeln (92) bis (108) zu setzen:

für den Beton: $\varepsilon_p = 1{,}5^0/_{00}$, bzw. $2{,}0^0/_{00}$; $\sigma_p = 3/4\,W_b$, $\bar{\varphi} = \varphi\,(2 - \varphi)$;
für den Stahl: ε_E und σ_E die aus Abb. 88 zu entnehmenden Werte:

	Beton-Stahl I	Beton-Stahl II	Torstahl 40	Baustahlgitter	Torstahl 60
ε_E	1,7	2,2	4,0	4,4	$5{,}4^0/_{00}$
σ_E	2400	3400	4200	5000	6000 kg/cm²

Bei den im folgenden entwickelten Bemessungstabellen ist für Baustahlgitter in Abweichung von der Vorschrift $\varepsilon_E = 4{,}0^0/_{00}$ gesetzt. Diese Änderung ist für das Ergebnis bedeutungslos und trägt zur Vereinfachung der Bemessungsbehelfe bei.

Die Entwicklung der Bemessungsbehelfe macht von der Tatsache Gebrauch, daß es verhältnismäßig einfach ist, zu einem angenommenen Dehnungszustand (φ, ψ) mit Hilfe der Formänderungslinien der Baustoffe die Schnittkräfte zu ermitteln, mit denen die äußeren Lasten im Gleichgewicht stehen müssen. Der umgekehrte Vorgang, zu den äußeren Lasten den Dehnungszustand und die Schnittkräfte zu suchen, ist recht beschwerlich und wurde anscheinend noch gar nicht versucht. Man geht daher bei der Entwicklung der Bemessungsbehelfe immer vom Dehnungszustand aus, berechnet dazu die Schnittkräfte, versucht im Interesse allgemeiner Gültigkeit dimensionslose Beziehungen zu schaffen und stellt den funktionalen Zusammenhang in einem Diagramm, einem Nomogramm oder einer Zahlentafel dar. Bei der Bemessung geht man dann von der Seite der äußeren Lasten in die Tafel ein und gewinnt durch Einschaltung die Daten des Spannungs- und Dehnungszustandes.

Die folgenden Bemessungsbehelfe sind den Bemessungstafeln für das „n-Verfahren" sehr ähnlich. Es war auch hier das Bestreben leitend, möglichst wenige, dafür aber vielseitig verwendbare Tafeln zu schaffen, deren Anwendung sich außerdem an die bisher verwendeten Bemessungsbehelfe so weit als möglich angleichen sollte.

2. Die Bemessung bei Biegung.

Für die Bemessung auf Biegung braucht man die dimensionslosen Werte ξ, γ, ζ, $\beta_E\mu$ und σ_e, die in Tafel 16 für alle Stahlsorten und $\varepsilon_p = 2{,}0^0/_{00}$, also für die Betone B 225, 300, 400 zu finden sind. Tab. 17 gilt für Beton B 160 mit $\varepsilon_p = 1{,}5^0/_{00}$.

Diese beiden Bemessungstabellen unterscheiden sich von der auf S. 119 angegebenen durch das Überschreiten der Proportionalitätsgrenze der Stahlbewehrung. Daher muß für jede Stahlsorte, den normierten Formänderungslinien der Abb. 88 entsprechend, die Zuordnung von σ_e zum Dehnungsgrad ψ angegeben werden. Infolge der zahlreichen Kombinationen von σ_E und σ_p werden die Tabellen umfangreicher, als etwa die analoge Tab. 10 des „n-Verfahrens". Die Anwendung ist jedoch ebenso einfach, wie bei dieser; in den folgenden Beispielen wird sie an den vier Grundaufgaben der freien und gebundenen Bemessung, dem Tragmoment des Betonquerschnittes und dem der Bewehrung erläutert.

Beispiel 30. Freie Bemessung: Gegeben: B 225, B.St.II:

$$\left(\sigma_p = \frac{3}{4}\,225 = 170\ \text{kg/cm}^2, \qquad \sigma_E = 3400\ \text{kg/cm}^2, \qquad \frac{\varepsilon_E}{\varepsilon_p} = 1{,}1 \right);$$

$$M = 65\ \text{tm}, \qquad b = 0{,}35\ \text{m}; \qquad s = 1{,}7.$$

Nach Tab. 16 für $\dfrac{\varepsilon_E}{\varepsilon_p} = 1{,}1$ und bei Ausnützung beider Werkstoffe ($\varphi = 1$, $\psi = 1$) wird $\gamma = 1{,}96$ und $\zeta = 0{,}822$, daher

$$h = \gamma \sqrt{\frac{s \cdot M}{\sigma_p\, b}} = 1{,}96 \sqrt{\frac{1{,}7 \cdot 65}{1700 \cdot 0{,}35}} = 0{,}84\ \text{m},$$

$$F_e = \frac{s \cdot M}{\sigma_e\, \zeta\, h} = \frac{1{,}7 \cdot 65}{3{,}4 \cdot 0{,}822 \cdot 0{,}84} = 47{,}2\ \text{cm}^2.$$

Tabelle 16. *Rechteck bei Biegung und Biegung mit Längskraft.*

Zustand IIb: $\sigma_b = \sigma_p \cdot \dfrac{\varepsilon_b}{\varepsilon_p} \cdot \left(2 - \dfrac{\varepsilon_b}{\varepsilon_p}\right)$

Grenzdehnungen und Beanspruchungen nach Önorm B 4200, 4. Teil.
Gültig für Beton B 225, B 300, B 400; $\varepsilon_p = 2{,}0^0/_{00}$, $\sigma_p = 3/4\,W_{28}$.

$\varepsilon_E/\varepsilon_p$	φ ($\bar\varphi$)	$\psi=1$ — 0,1 (0,19)	0,2 (0,36)	0,3 (0,51)	0,4 (0,64)	0,5 (0,75)	0,6 (0,84)	0,7 (0,91)	0,8 (0,96)	0,9 (0,99)	$\varphi=1$, $\psi=1$	$\varphi=1$ — 0,9	0,8	0,7	0,6	0,5	0,4	0,3	0,2	0,1	ψ
0,85	ξ	0,105	0,190	0,261	0,320	0,370	0,414	0,452	0,485	0,514	0,541	0,567	0,595	0,627	0,662	0,702	0,746	0,797	0,855	0 922	ξ
	γ	10,091	5,483	3,948	3,166	2,728	2,429	2,219	2,066	1,952	1,866	1,834	1,801	1,769	1,736	1,703	1,671	1,639	1,607	1,577	γ
	ζ	0,965	0,935	0,911	0,899	0,870	0,853	0,838	0,824	0,810	0,797	0,787	0,777	0,765	0,752	0,737	0,720	0,701	0,679	0,654	ζ
St. I	σ_e	2400	2400	2400	2400	2400	2400	2400	2400	2400	2400	2381	2335	2246	2083	1786	1428	1071	714	357	σ_e
	$\beta_E \cdot \mu$	0,010	0,036	0,070	0,111	0,154	0,199	0,242	0,284	0,324	0,360	0,381	0,408	0,447	0 509	0 629	0,836	1,190	1,915	4,129	$\beta_E \cdot \mu$
1,10	ξ	0,083	0,154	0,214	0,267	0,312	0,353	0,389	0,421	0,450	0,476	0,502	0,532	0,565	0,602	0,645	0,694	0,752	0,820	0,901	ξ
	γ	11,308	6,062	4,319	3,452	2,936	2,597	2,359	2,186	2,056	1,958	1,918	1,877	1,835	1,793	1,751	1,709	1,667	1,625	1,586	γ
	ζ	0,972	0,948	0,927	0,908	0,891	0,875	0,860	0,847	0,834	0,821	0,812	0,800	0,788	0,774	0,758	0,740	0,718	0,693	0,662	ζ
St. II	σ_e	3400	3400	3400	3400	3400	3400	3400	3400	3400	3400	3380	3322	3128	2772	2310	1848	1386	924	462	σ_e
	$\beta_E \cdot \mu$	0,008	0,029	0,058	0,092	0,130	0,169	0,209	0,247	0,283	0,317	0,337	0,363	0,409	0,493	0,633	0,852	1,230	2,011	4,419	$\beta_E \cdot \mu$
2,00	ξ	0,048	0,091	0,130	0,167	0,200	0,231	0,259	0,286	0,310	0,333	0,357	0,385	0,417	0,454	0,500	0,556	0,625	0,714	0,833	ξ
	γ	14,858	7,797	5,452	4,285	3,592	3,135	2,815	2,580	2,403	2,268	2,202	2,135	2,066	1,994	1,921	1,847	1,770	1,694	1,618	γ
	ζ	0,984	0,969	0,955	0,942	0,930	0,918	0,907	0,896	0,885	0,875	0,866	0,856	0,844	0,830	0,812	0,792	0,766	0,732	0,687	ζ
T.St. 40	σ_e	4200	4200	4200	4200	4200	4200	4200	4200	4200	4200	4160	4100	4000	3880	3700	3330	2520	1680	840	σ_e
	$\beta_E \cdot \mu$	0,005	0,017	0,035	0,058	0,083	0,111	0,139	0,168	0,195	0,222	0,240	0,263	0,292	0,328	0,378	0,467	0,694	1,190	2,778	$\beta_E \cdot \mu$
Baustahl-gitter	σ_e	5000	5000	5000	5000	5000	5000	5000	5000	5000	5000	4855	4710	4575	4400	4150	3360	2520	1680	840	σ_e
	$\beta_E \cdot \mu$	0,005	0,017	0,035	0,058	0,083	0,111	0,139	0,168	0,195	0,222	0,243	0,267	0,297	0,337	0,396	0,551	0,827	1,417	3,307	$\beta_E \cdot \mu$
2,70	ξ	0,036	0,069	0,100	0,129	0,156	0,182	0,206	0,229	0,250	0,270	0,292	0,316	0,346	0,382	0,426	0,481	0,552	0,649	0,787	ξ
	γ	17,125	8,919	6,193	4,838	4,031	3,500	3.126	2 852	2,645	2,485	2,403	2,319	2,232	2,142	2,048	1,951	1,850	1,747	1,644	γ
	ζ	0,988	0,977	0,966	0,955	0,945	0,936	0,926	0,917	0,908	0,899	0,891	0,881	0,870	0,857	0,840	0,820	0,793	0,756	0,705	ζ
T.St. 60	σ_e	6000	6000	6000	6000	6000	6000	6000	6000	6000	6000	5814	5628	5406	5142	4812	4368	3402	2268	1134	σ_e
	$\beta_E \cdot \mu$	0,003	0,013	0,027	0,045	0,065	0,087	0,110	0,134	0,157	0,180	0,198	0,219	0,241	0,284	0,336	0,428	0,650	1,145	2,778	$\beta_E \cdot \mu$

$$\beta_E = \frac{\sigma_E}{\sigma_p}; \quad x = \xi \cdot h; \quad z = \zeta \cdot h; \quad h = \gamma \cdot \sqrt{\frac{s \cdot M}{\sigma_p \cdot b}}, \quad F_e = \frac{s \cdot M}{\sigma_e \cdot \zeta \cdot h} = \mu \cdot b \cdot h \quad (s = \text{Sicherheit}).$$

128

Festigkeitslehre des Stahlbetons.

Tabelle 17. *Rechteck bei Biegung und Biegung mit Längskraft.*

Zustand IIb: $\sigma_b = \sigma_p \cdot \dfrac{\varepsilon_b}{\varepsilon_p} \cdot \left(2 - \dfrac{\varepsilon_b}{\varepsilon_p}\right)$

Grenzdehnungen und Beanspruchungen nach Önorm B 4200, 4. Teil.
Gültig für Beton B 160; $\varepsilon_p = 1{,}5^0/_{00}$, $\sigma_p = 3/4 \cdot 160 = 120\ \text{kg/cm}^2$.

$\dfrac{\varepsilon_E}{\varepsilon_p}$	φ	\$\psi=1\$									$\varphi=1$ $\psi=1$	\$\varphi=1\$									ψ
	$\overline{\varphi}$	0,1	0,2	0,3	0,4	0,5	0,6	0,7	0,8	0 9		0,9	0,8	0,7	0,6	0,5	0,4	0,3	0,2	0,1	
		0,19	0,36	0,51	0,64	0,75	0,84	0,91	0,96	0,99											
1,13	ξ	0,081	0,150	0,209	0,261	0,306	0,346	0,382	0,414	0,443	0,469	0,495	0,524	0,558	0,595	0,638	0,688	0,746	0,815	0,898	ξ
	γ	11,456	6,135	4,366	3,486	2,963	2,619	2,378	2,202	2,070	1,970	1,929	1,887	1,844	1,801	1,758	1,714	1,671	1,628	1,587	γ
	ζ	0,973	0,949	0,928	0,910	0,893	0,877	0,863	0,849	0,837	0,824	0 814	0 803	0,791	0,777	0,761	0,742	0,720	0,694	0,663	ζ
St. I	σ_e	2400	2400	2400	2400	2400	2400	2400	2400	2400	2400	2381	2335	2246	2083	1786	1428	1071	714	357	σ_e
	$\beta_E \cdot \mu$	0,008	0,028	0,057	0,090	0.128	0,166	0,205	0,243	0,279	0,313	0,333	0,359	0,397	0,457	0,572	0,771	1,115	1,826	4,024	$\beta_E \cdot \mu$
1,47	ξ	0,064	0,120	0,170	0,214	0,254	0,290	0,323	0,353	0,380	0,405	0,431	0,460	0,493	0,532	0,577	0,630	0,694	0,773	0,872	ξ
	γ	12,867	6,821	4,812	3,813	3,219	2,828	2,554	2,354	2,203	2,089	2,037	1,985	1,931	1,877	1,821	1,765	1,709	1,653	1,599	γ
	ζ	0,979	0,959	0,942	0,926	0,911	0,897	0,884	0,872	0,860	0,848	0,838	0,827	0,815	0,801	0,784	0,764	0,740	0,710	0,673	ζ
St. II	σ_e	3400	3400	3400	3400	3400	3400	3400	3400	3400	3400	3380	3322	3128	2772	2310	1848	1386	924	462	σ_e
	$\beta_E \cdot \mu$	0,006	0,022	0,046	0,074	0,106	0,139	0,173	0,207	0,240	0,270	0,289	0,314	0,358	0,435	0,566	0,773	1,136	1,897	4,278	$\beta_E \cdot \mu$
2,67	ξ	0,036	0,070	0,101	0,130	0,158	0,184	0,208	0,231	0,252	0,273	0,294	0,319	0,349	0,385	0,429	0,484	0,555	0,652	0,789	ξ
	γ	17,026	8,867	6,158	4,813	4,011	3,483	3,112	2,840	2,634	2,475	2,394	2,311	2,224	2,135	2,042	1,946	1,847	1,745	1,643	γ
	ζ	0,988	0,976	0,965	0,955	0,945	0,935	0,925	0,916	0,907	0,898	0,890	0,880	0,869	0,856	0,839	0,819	0,792	0,755	0,704	ζ
T.St 40	σ_e	4200	4200	4200	4200	4200	4200	4200	4200	4200	4200	4160	4100	4000	3880	3700	3330	2520	1680	840	σ_e
	$\beta_E \cdot \mu$	0,003	0,013	0,027	0,045	0,066	0,088	0,112	0,135	0,159	0,182	0,198	0,218	0,244	0,278	0,324	0,407	0,617	1,087	2,632	$\beta_E \cdot \mu$
Baustahl-gitter	σ_e	5000	5000	5000	5000	5000	5000	5000	5000	5000	5000	4900	4810	4680	4500	4220	3360	2520	1680	840	σ_e
	$\beta_E \cdot \mu$	0,003	0,013	0,027	0,045	0,066	0,088	0,112	0,135	0,159	0,182	0,200	0,221	0,248	0,285	0,339	0,480	0,735	1,294	3,133	$\beta_E \cdot \mu$
3,60	ξ	0,027	0,053	0,077	0,100	0,122	0,143	0,163	0,182	0,200	0,217	0,236	0,258	0,284	0,316	0,357	0,410	0,481	0,581	0,735	ξ
	γ	19,649	10,180	7,032	5,466	4,534	3,919	3,486	3,168	2,927	2,741	2,641	2,538	2,431	2,319	2,202	2,080	1,951	1,816	1,678	γ
	ζ	0,991	0,982	0,974	0,965	0,957	0,949	0,942	0,934	0,926	0,918	0,912	0,903	0,893	0,881	0,866	0,846	0,820	0,782	0,724	ζ
T.St. 60	σ_e	6000	6000	6000	6000	6000	6000	6000	6000	6000	6000	5920	5770	5600	5380	5070	4500	3402	2268	1134	σ_e
	$\beta_E \cdot \mu$	0,003	0,010	0,021	0,035	0,051	0,069	0,087	0,107	0,126	0,145	0,159	0,178	0,203	0,235	0,283	0,364	0,565	1,025	2,594	$\beta_E \cdot \mu$

$$\beta_E = \frac{\sigma_E}{\sigma_p}; \quad x = \xi \cdot h; \quad z = \zeta \cdot h; \quad h = \gamma \cdot \sqrt{\frac{s \cdot M}{\sigma_p \cdot b}}; \quad F_e = \frac{s \cdot M}{\sigma_e \cdot \zeta \cdot h} = \mu \cdot b \cdot h \qquad (s = \text{Sicherheit}).$$

Beispiel 31. Gebundene Bemessung, Bewehrung voll ausgenützt.
Gegeben: Beton B 300, T.St. 40

$$\left(\sigma_p = \frac{3}{4}\,300 = 225\ \text{kg/cm}^2,\quad \sigma_E = 4200\ \text{kg/cm}^2,\quad \frac{\varepsilon_E}{\varepsilon_p} = 2,0\right);$$

$$b = 0,40\ \text{m},\qquad h = 1,20\ \text{m};\qquad M = 96\ \text{tm};\qquad s = 1,7.$$

$$\gamma = \frac{h}{\sqrt{\dfrac{s \cdot M}{\sigma_p\,b}}} = \frac{1,20}{\sqrt{\dfrac{1,7 \cdot 96}{2250 \cdot 0,40}}} = 2,81.$$

Aus $\gamma = 2,81$ folgt mit $\sigma_e = 4200\ \text{kg/cm}^2$ ($\psi = 1$) aus Tab. 16: $\varphi = 0,7$ und $\zeta = 0,907$, d. h. die Betondruckzone ist noch nicht voll ausgenützt. Weiter wie bei Beispiel 30

$$F_e = \frac{s \cdot M}{\sigma_e \cdot \zeta \cdot h} = \frac{1,7 \cdot 96}{4,2 \cdot 0,907 \cdot 1,20} = 35,6\ \text{cm}^2.$$

Beispiel 32. Tragvermögen des Betonquerschnittes.
Gegeben: Beton B 225, T.St. 60

$$\left(\sigma_p = 170\ \text{kg/cm}^2,\quad \sigma_E = 6000\ \text{kg/cm}^2,\quad \frac{\varepsilon_E}{\varepsilon_p} = 2,7\right);$$

$$b = 0,30\ \text{m},\qquad h = 0,90\ \text{m};\qquad s = 1,7.$$

Für $\varphi = 1$, $\psi = 1$ ist nach Tab. 16, $\gamma = 2,485$, $\xi = 0,899$, daher

$$s \cdot M_B = \left(\frac{h}{\gamma}\right)^2 \sigma_p\,b = \left(\frac{0,90}{2,485}\right)^2 \cdot 1700 \cdot 0,30 = 66,7\ \text{tm},$$

$$M_B = \frac{66,7}{1,7} = 39,3\ \text{tm}.$$

Zu diesem Moment gehört die Bewehrung

$$F_{eB} = \frac{s \cdot M_B}{\sigma_e\,\xi \cdot h} = \frac{1,7 \cdot 39,3}{6,0 \cdot 0,899 \cdot 0,90} = 13,8\ \text{cm}^2.$$

Beispiel 33. Tragvermögen der Bewehrung.
Gegeben: Beton B 160, B.St. II

$$\left(\sigma_p = 120\ \text{kg/cm}^2,\quad \sigma_E = 3400\ \text{kg/cm}^2;\quad \frac{\varepsilon_E}{\varepsilon_p} = 1,47\right),$$

$$b = 0,30\ \text{m},\qquad h = 0,90\ \text{m},\qquad F_e = 13,2\ \text{cm}^2;\qquad s = 1,7.$$

$$\beta_E = \frac{\sigma_E}{\sigma_p} = \frac{3400}{120} = 28,3,\qquad \mu = \frac{13,2}{30 \cdot 90} = 0,0049,\qquad \beta_E\,\mu = 0,139.$$

Aus Tab. 17 folgt mit $\beta_E\mu$ als Eingang: $\varphi = 0,6$, $\psi = 1,0$, d. h. die Betondruckzone kann bei der vorhandenen Bewehrung nicht ausgenützt werden.
Tab. 17 liefert ferner

$$\gamma = 2,828,\qquad s \cdot M_E = \left(\frac{h}{\gamma}\right)^2 \sigma_p \cdot b = \left(\frac{0,90}{2,828}\right)^2 \cdot 1200 \cdot 0,30 = 36,6\ \text{tm},$$

$$M_E = \frac{36,6}{1,7} = 21,5\ \text{tm}.$$

Wäre z. B. $\mu = 0,011$ und damit $\beta_E \cdot \mu = 0,314 > 0,27$, so ergäbe sich $\psi = 0,8$, d. h. die Bewehrung wäre größer als die „Grenzbewehrung" und könnte nicht voll beansprucht werden: man erhielte

$$\gamma = 1,985,\qquad s \cdot M = \left(\frac{h}{\gamma}\right)^2 \sigma_p \cdot b = \left(\frac{0,90}{1,985}\right)^2 \cdot 1200 \cdot 0,30 = 73,8\ \text{tm},\qquad M = \frac{73,8}{1,7} = 43,3\ \text{tm};$$

$$\sigma_e = 3322\ \text{kg/cm}^2.$$

Die Bemessungstafel für Rechteckquerschnitte kann man auch zur Ermittlung des Betontragmomentes für Plattenbalken benützen. Der Vorgang ist analog dem beim n-Verfahren bereits angegebenen (Beispiel 16, S. 63).

Beispiel 34. Tragvermögen eines Plattenbalkenquerschnittes.

Gegeben: $d = 0,12$ m, $h = 1,20$ m, $b_0 = 0,40$ m, $b = 1,30$ m. B 225, T.St.40

$$\left(\sigma_p = 170 \text{ kg/cm}^2, \qquad \sigma_E = 4200 \text{ kg/cm}^2, \qquad \frac{\varepsilon_E}{\varepsilon_p} = 2,0\right); \qquad s = 1,70.$$

Für den Grenzzustand $\varphi = 1$, $\psi = 1$ liefert Tab. 16 $\xi = 0,333$ und $x = 0,333 \cdot 1,20 = 0,400$ m.

Demnach ist der Dehnungsgrad an der Plattenunterseite

$$\varphi = 1,0 \frac{x - d}{d} = \frac{0,400 - 0,120}{0,400} = 0,700.$$

Die zugeordneten Größen sind für

$$\varphi = 1: \qquad \gamma = 2,268, \qquad \xi = 0,875,$$
$$\varphi = 0,7: \qquad \gamma = 2,815, \qquad \xi = 0,907.$$

Damit wird

$$s \cdot M_1 = \left(\frac{1,20}{2,268}\right)^2 \cdot 1,30 \cdot 1700 = \qquad 618,0 \text{ tm}$$

$$- s \cdot M_2 = \left(\frac{1,20 - 0,12}{2,815}\right)^2 \cdot (1,30 - 0,40) \cdot 1700 = -225,0 \text{ tm}$$

$$s \cdot M_B = \qquad 393,0 \text{ tm,}$$

$$M_B = \frac{393,0}{1,7} = 231 \text{ tm.}$$

$$F_{e1} = \frac{618}{4,2 \cdot 0,875 \cdot 1,20} = \qquad 140 \text{ cm}^2,$$

$$- F_{e2} = \frac{-225}{4,2 \cdot 0,907 \cdot 1,08} = -55 \text{ cm}^2$$

$$F_{eB} = \qquad 85 \text{ cm}^2$$

Der Hebelarm z der inneren Kräfte folgt aus

$$z = \frac{s \cdot M_B}{\sigma_E \cdot F_{eB}} = \frac{393,0}{4,2 \cdot 85} = 1,10 \text{ m.}$$

3. Biegung mit Längskraft.

Tritt neben dem Biegungsmoment M auch eine Normalkraft N (bei Druck positiv) auf, so wird diese so wie beim n-Verfahren berücksichtigt. Man bildet nach (74) das Moment um die Zugbewehrung $M_e = M + N \cdot e$ (Abb. 58, S. 86) und führt für das Moment $s \cdot M_e$ die Bemessung so wie bei Biegung allein durch. Die Zugbewehrung erhält man aus (75):

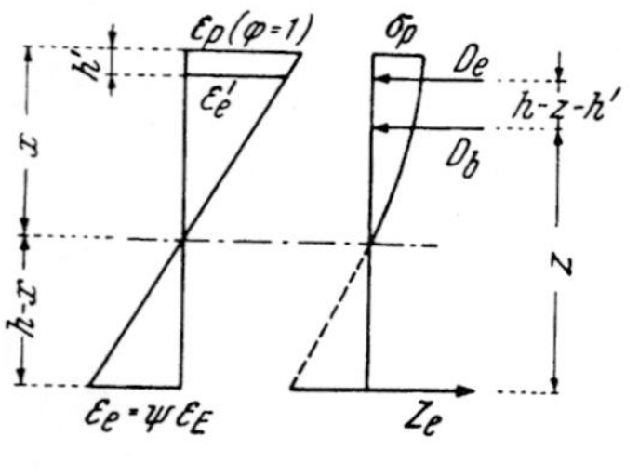

$$F_e = \frac{s \cdot M_e}{\sigma_e \, \xi \, h} - \frac{s \cdot N}{\sigma_e}$$

oder

$$F_e = \mu \, b \, h - \frac{s \cdot N}{\sigma_e}.$$

Abb. 89. Dehnungen, Spannungen und Schnittkräfte bei Biegung mit Längskraft und voll beanspruchter Beton-Druckzone.

Wenn — wie auf S. 88 bereits dargelegt wurde —, $\dfrac{M_e}{N} < z$ wird, kann die Stahlbewehrung nicht mehr voll beansprucht werden. Beim n-Verfahren ist in diesem Falle die Verwendung von Tab. 13 zu empfehlen. Auch beim Traglastverfahren kann ein ähnliches Bemessungsdiagramm verwendet werden.

Tabelle 18. *Rechteck bei Biegung mit Längskraft (σ_p maßgebend), nach Önorm B 4200, 4. Teil (Traglastverfahren).*

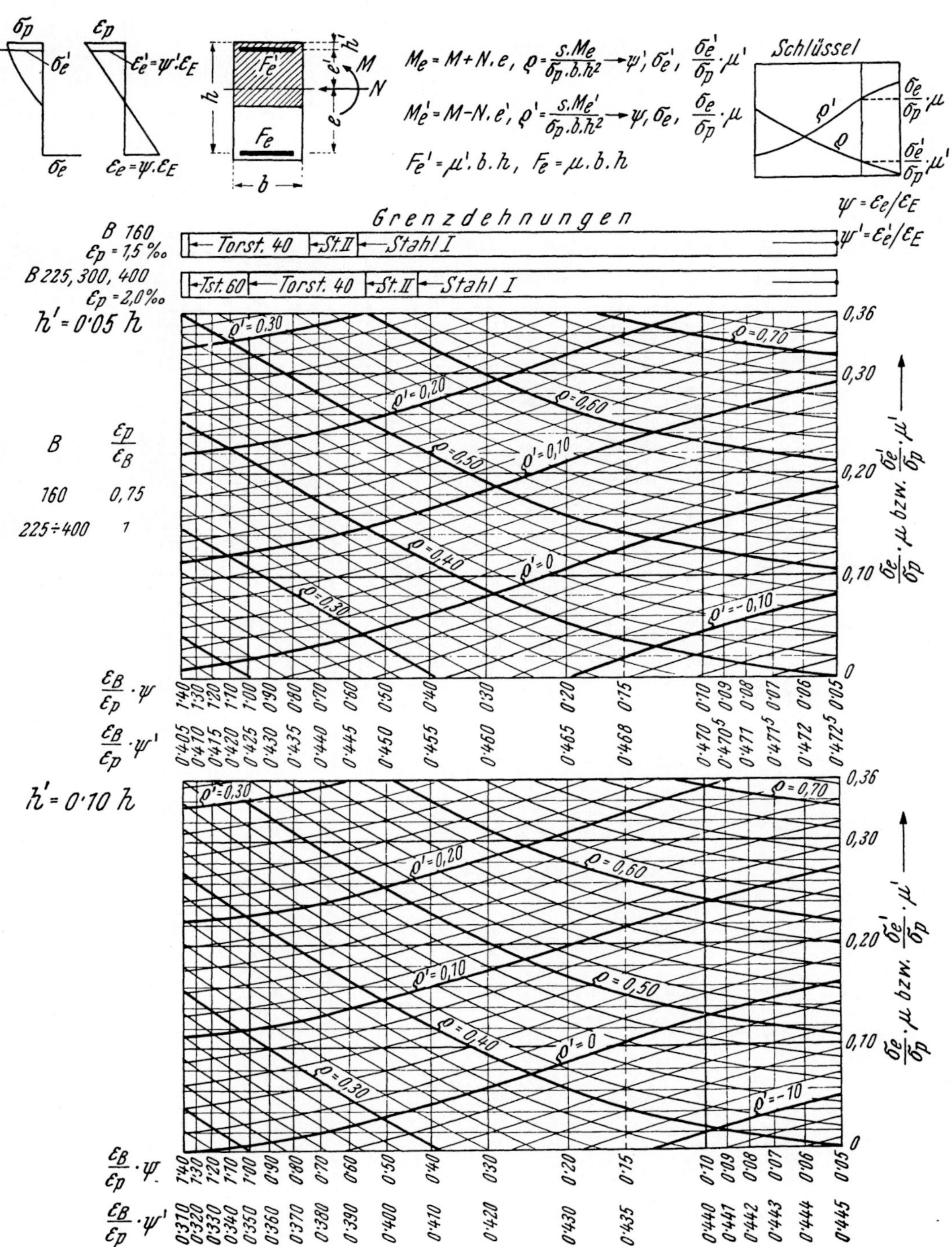

Wir nehmen an, daß die Betondruckzone voll ausgenützt werde und gegebenen Falles sogar eine Druckbewehrung erforderlich wird. Der Dehnungszustand sei gegeben durch $\varphi = 1$, $\psi' < - 1$. Damit sind alle Spannungen und Kräfte bekannt. Es wird

$$\xi = \frac{1}{1 + \dfrac{\varepsilon_E}{\varepsilon_p}\,\psi}\cdot \qquad \varepsilon_e' = \varepsilon_e\,\frac{x - h'}{h - x}, \qquad \text{bzw.} \qquad \psi' = \frac{\varepsilon_e'}{\varepsilon_E} = \psi\,\frac{\xi - h'/h}{1 - \xi}\cdot$$

Tabelle 18 a. *Stahlspannungen σ_e zu Tabelle 18 nach Önorm B 4200, 1. Teil (Traglastverfahren).*

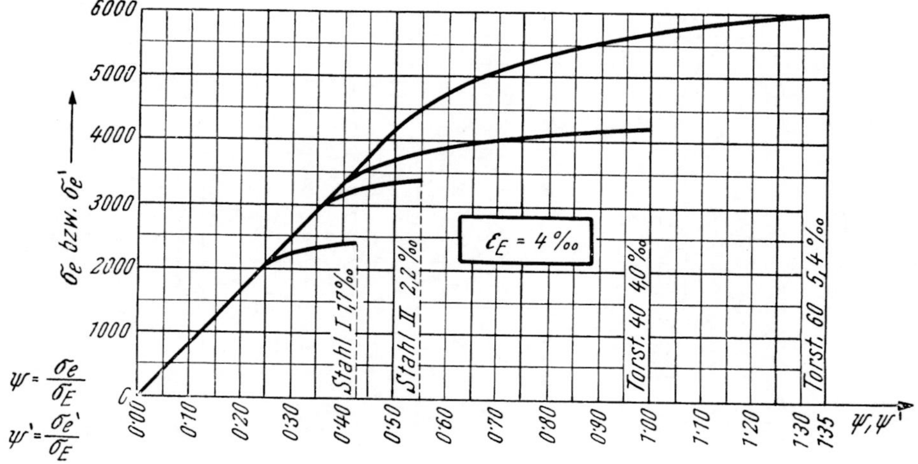

Die Schnittkräfte sind

$$D_b = \varkappa\,\xi\,\sigma_p\,b\,h, \qquad Z_e = F_e \cdot \sigma_e = F_e\,\bar{\psi}\cdot\sigma_E, \qquad D_e = F_e' \cdot \sigma_e' = F_e' \cdot \psi' \cdot \sigma_E$$

Mit diesen Kräften können die Gleichgewichtsbedingungen aufgestellt werden:

$$s\cdot M_e = D_b\cdot z + D_e\,(h - h') = \varkappa\,\xi\,\sigma_p\,b\,h^2\,(1 - \lambda\,\xi) + F_e'\,\bar{\psi}'\,\sigma_E\,h\left(1 - \frac{h'}{h}\right)$$

$$s\cdot M_e' = Z_e\,(h - h') - D_b\,(h - z - h') =$$

$$= F_e\,\bar{\psi}\,\sigma_E\,h\left(1 - \frac{h'}{h}\right) - \varkappa\,\xi\,\sigma_p\,b\,h^2\left(\lambda\,\xi - \frac{h'}{h}\right).$$

In diesen beiden Gleichungen sind mit einem Festwert $\dfrac{h'}{h}$ im Zustand $\varphi = 1$, $\psi < = 1$ nur F_e und F_e' unbekannt und können daraus berechnet werden:

$$\bar{\psi}'\cdot\sigma_E\,F_e'\cdot h = \left[s\cdot M_e - \varkappa\,\xi\,\sigma_p\,b\,h^2\,(1 - \lambda\,\xi)\right] : \left(1 - \frac{h'}{h}\right),$$

$$\bar{\psi}\,\sigma_E\,F_e\,h = \left[s\cdot M_e' + \varkappa\,\xi\,\sigma_p\,b\,h^2\left(\lambda\,\xi - \frac{h'}{h}\right)\right] : \left(1 - \frac{h'}{h}\right).$$

Nach Division durch $\sigma_p\,b\,h^2$ wird, da $\bar{\psi}\,\sigma_E = \sigma_e$ und $\bar{\psi}'\,\sigma_E = \sigma_e'$,

$$\frac{\sigma_e'}{\sigma_p}\,\mu' = \left[\varrho - \varkappa\,\xi\,(1 - \lambda\,\xi)\right] : \left(1 - \frac{h'}{h}\right), \qquad \varrho = \frac{s\cdot M_e}{\sigma_p\,b\,h^2},$$

$$\frac{\sigma_e}{\sigma_p} \cdot \mu = \left[\varrho' + \varkappa \xi \left(\lambda \xi - \frac{h'}{h} \right) \right] : \left(1 - \frac{h'}{h} \right), \qquad \varrho' = \frac{s \cdot M_e}{\sigma_p \, b \, h^2}.$$

Diese beiden Gleichungen kann man, genau so wie die beiden Gleichungen für μ und μ' beim n-Verfahren (S. 89), zu einem Diagramm verarbeiten, das für einen Festwert h'/h gilt (Tab. 18).

Die Kurventafel der Tab. 18 gilt für alle Betone in Kombination mit allen Stahlsorten. Die als Funktion des Dehnungsgrades ψ, bzw. ψ' der Zug- und Druckbewehrung aufgetragenen Stahl-Formänderungslinien der Tab. 18 a liefern zu jeder Stahldehnung die Stahlspannung σ_e, bzw. σ_e' und damit die Ermittlung der Bewehrung. Die Anwendung ist ganz ähnlich wie die der Tab. 13 (S. 90) des „n-Verfahrens" und wird durch ein Beispiel erläutert.

Beispiel 35. Gegeben: Betonquerschnitt und Belastung nach Abb. 90, B 160, B.St. II ($\sigma_p = 120$ kg/cm²; $\varepsilon_p = 1{,}5^0/_{00}$). Aus den gegebenen Abmessungen folgt:

$$e = 0{,}365 \, \text{m}, \quad e' = 0{,}385 \, \text{m}, \quad \frac{h'}{h} = \frac{4}{85} \doteq 0{,}05;$$

$$M_e = 35 + 0{,}365 \cdot 100 = 71{,}5 \, \text{tm},$$

$$M_e' = 35 - 0{,}385 \cdot 100 = -3{,}5 \, \text{tm},$$

$$\sigma_p \, b \, h^2 = 1200 \cdot 0{,}35 \cdot 0{,}79^2 = 263 \, \text{tm},$$

$$\varrho = \frac{1{,}7 \cdot 71{,}5}{263} = +0{,}462,$$

$$\varrho' = \frac{-1{,}7 \cdot 3{,}5}{263} = -0{,}023.$$

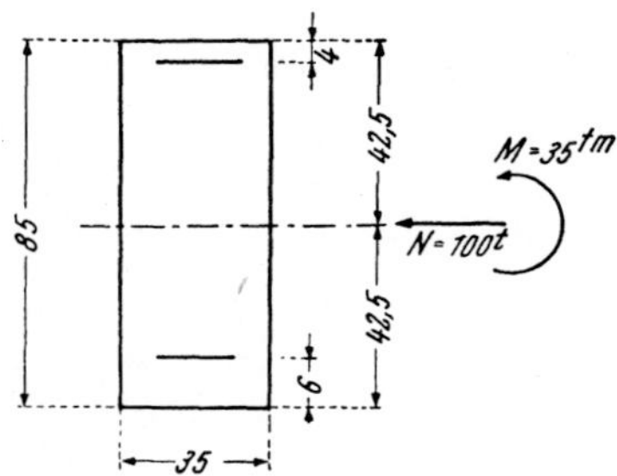

Abb. 90. Rechteck, belastet durch Biegungsmoment und Normalkraft (Beispiel 35).

In Tab. 18 liegen zugeordnete Wertepaare von $\dfrac{\sigma_e}{\sigma_p} \mu$ und $\dfrac{\sigma_e'}{\sigma_p} \mu'$ auf einer senkrechten Kennlinie $\psi = $ const., bzw. $\psi' = $ const. und werden von der ϱ-Linie und der ϱ'-Linie daran abgeschnitten. Die Festwerte des Bemessungsdiagrammes sind $\varepsilon_B = 2{,}00^0/_{00}$ und $\varepsilon_E = 4{,}00^0/_{00}$. Da für B 160 die Bruchdehnung $\varepsilon_p = 1{,}5^0/_{00}$ festgesetzt ist, wird

$$\varepsilon_p / \varepsilon_B = \frac{1{,}7}{2{,}0} = 0{,}75;$$ mit diesem Wert sind die Tafelablesungen zu multiplizieren, um die Dehnungsgrade ψ und ψ' zu erhalten. (Bei B 225, B 300 und B 400 mit $\varepsilon_p = 2{,}0^0/_{00}$ wird $\varepsilon_p/\varepsilon_B = 1{,}0$; in diesem Fall liefert das Diagramm ψ und ψ' ohne Umrechnung.) Die ψ und ψ' zugeordneten Spannungen liefert Tab. 18 a. Man wählt z. B. die Kennlinie $\dfrac{\varepsilon_B}{\varepsilon_p} \cdot \psi = 0{,}30$ als maßgebend und liest aus dem Diagramm ab:

$$\frac{\varepsilon_B}{\varepsilon_p} \psi = 0{,}30, \qquad \psi = 0{,}75 \cdot 0{,}30 = 0{,}225, \qquad \sigma_e = 1800 \, \text{kg/cm}^2,$$

$$\frac{\varepsilon_B}{\varepsilon_p} \psi' = 0{,}46, \qquad \psi' = 0{,}75 \cdot 0{,}46 = 0{,}345, \qquad \sigma_e' = 2900 \, \text{kg/cm}^2;$$

$$\frac{\sigma_e}{\sigma_p} \mu = 0{,}055, \qquad \mu = \frac{120}{1800} \, 0{,}055 = 0{,}0037, \qquad F_e = 0{,}0037 \cdot 35 \cdot 79 = 10{,}2 \, \text{cm}^2,$$

$$\frac{\sigma_e'}{\sigma_p} \mu' = 0{,}155, \qquad \mu' = \frac{120}{2900} \cdot 0{,}155 = 0{,}0063,$$

$$F_e' = 0{,}0063 \cdot 35 \cdot 79 = 17{,}4 \, \text{cm}^2.$$

Die große Druckbewehrung weist darauf hin, daß der Betonquerschnitt etwas zu klein ist; es wäre wirtschaftlich, die Querschnittsabmessungen etwas zu vergrößern, etwa die Höhe von 85 cm auf 90 cm abzuändern.

Bei der Anwendung von Tab. 18 ist darauf zu achten, daß die am oberen Rand der Tafel angegebenen Grenzdehnungen der verschiedenen

Stahlsorten nicht überschritten werden.   Man muß bei der Bemessung
rechts von diesen ψ-Linien bleiben.

Tabelle 19. *Rechteck bei Biegung mit Längskraft (σ_p maßgebend), für Beton B 225,
B 300, B 400 und Torstahl 40 nach Önorm B 4200, 4. Teil (Traglastverfahren).*

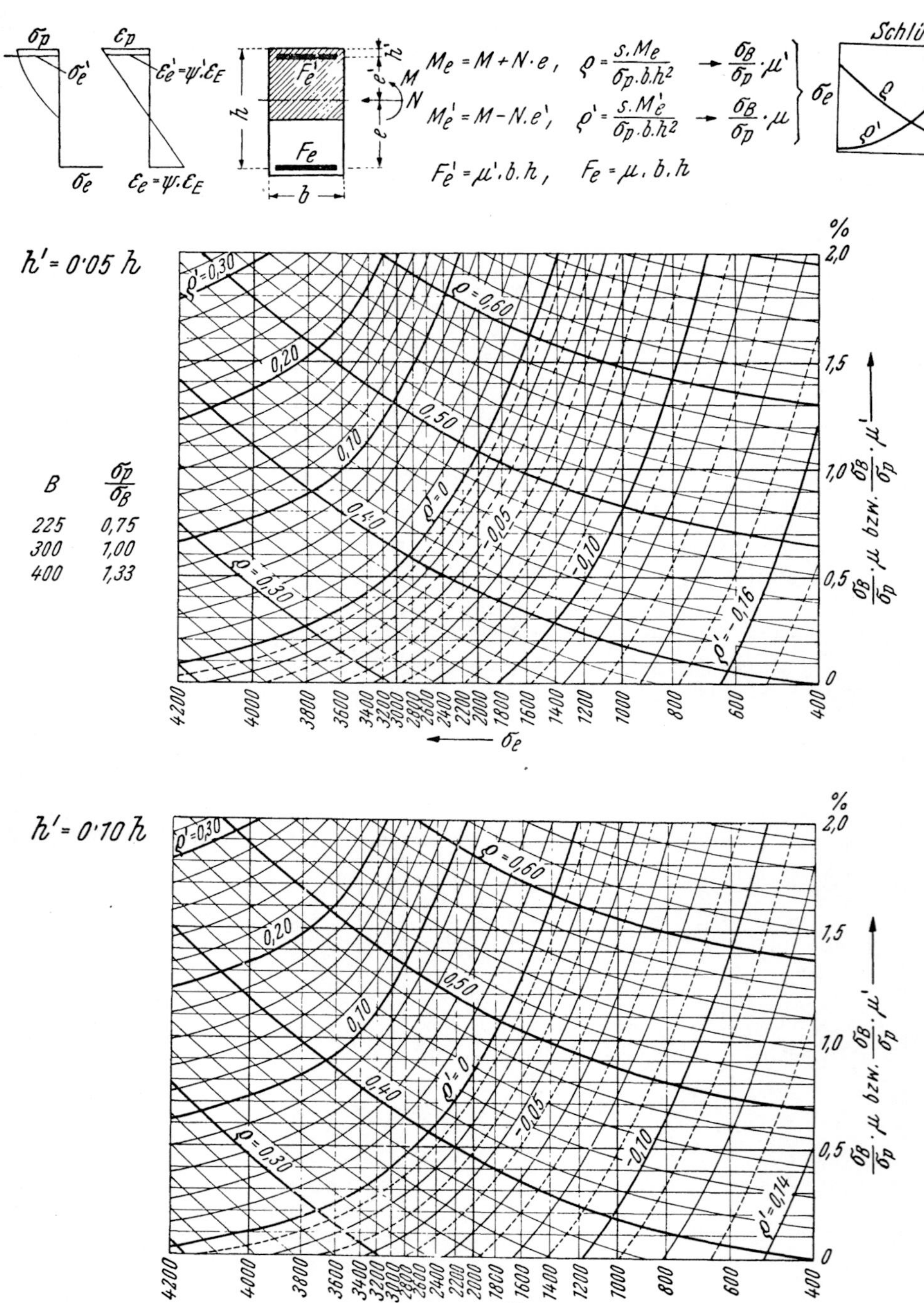

Während bei der analogen Bemessungstabelle 13 des n-Verfahrens die symmetrische Bewehrung am Schnittpunkt der μ- und μ'-Linie sofort abgelesen werden kann, ist das bei Tab. 18 nicht mehr möglich, da die Stahlbewehrung bis über die Proportionalitätsgrenze beansprucht wird. Man kann jedoch diesen Vorteil wieder gewinnen, wenn man den Geltungsbereich der Bemessungstafel einschränkt auf Betone gleicher Bruchdehnung und eine bestimmte Stahlsorte (z. B. B 225, 300, 400 mit $\varepsilon_p = 2\,^0/_{00}$ und Torstahl 40, Tab. 19) abstimmt. Die Anwendung einer solchen Bemessungstafel unterscheidet sich von der der Tab. 13 nur dadurch, daß $s \cdot M_e$ und $s \cdot M_e'$ statt M_e und M_e', sowie σ_p statt σ_b zu setzen ist. Ein Anwendungsbeispiel erübrigt sich daher.

4. Ausmittiger Druck.

Bei kleiner Ausmitte der resultierenden Druckkraft, also vorwiegend bei Säulen, ist nachzuprüfen, welche Bewehrung unter Berücksichtigung der vorgeschriebenen Sicherheit notwendig ist, damit an der Seite der größeren Beanspruchung der Grenzzustand ε_p, σ_p im Beton nicht überschritten wird. Gleichzeitig muß man die Beanspruchung an der anderen Seite kennen. Bei kleiner Ausmittigkeit steht der ganze Querschnitt unter Druckspannung oder es ergeben sich nur ganz kleine Betonzugspannungen, die man bis zu einem gewissen Betrag in die Gleichgewichtsbedingung miteinbeziehen darf. Der Bemessung unter diesen Voraussetzungen dient Tab. 20. Da bei Stützen der Fall symmetrischer Bewehrung meist angestrebt wird, ist diese Tabelle für eine solche aufgestellt. Bei symmetrischer Bewehrung ist es nicht möglich, eine solche Bemessungstabelle allgemein gültig zu machen, wie etwa Tab. 18. Sie gilt nur mehr für eine Stahlsorte und Betone gleicher Bruchdehnung ε_p. Die Tab. 20 gilt für Torstahl 40 und Betone B 225, 300, 400 mit $\varepsilon_p = 2{,}0\,^0/_{00}$ als häufigst verwendete Baustoffe.

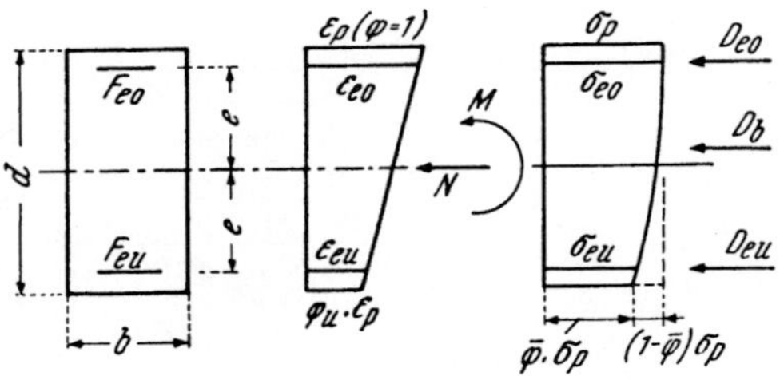

Abb. 91. Rechteck, belastet durch Normalkraft mit kleiner Ausmittigkeit.

Zunächst sei ein Dehnungszustand betrachtet, bei dem im Querschnitt nur Druckspannungen entstehen (Abb. 91). Die Dehnung am „oberen Rand" sei ε_p, die Spannung σ_p. Am „unteren Rand" entsteht die Dehnung $\varphi_u\,\varepsilon_p$ $(0 < = \varphi_u < = 1)$ und die Spannung $\bar{\varphi}_u \cdot \sigma_p = \sigma_p\,\varphi_u\,(2 - \varphi_u)$. Die Dehnung am Ort der Bewehrung ist

$$\varepsilon_{eo,u} = \varepsilon_p \left(\frac{1 + \varphi_u}{2} \pm \frac{2\,e}{d}\,\frac{1 - \varphi_u}{2} \right),$$

daher die Dehnungsstufe der Bewehrung

$$\psi_o = \frac{\varepsilon_p}{\varepsilon_E} \left(\frac{1 + \varphi_u}{2} + \frac{2\,e}{d}\,\frac{1 - \varphi_u}{2} \right),$$

$$\psi_u = \frac{\varepsilon_p}{\varepsilon_E} \left(\frac{1 + \varphi_u}{2} - \frac{2\,e}{d}\,\frac{1 - \varphi_u}{2} \right).$$

Stahlsorten nicht überschritten werden. Man muß bei der Bemessung rechts von diesen ψ-Linien bleiben.

Tabelle 19. *Rechteck bei Biegung mit Längskraft (σ_p maßgebend), für Beton B 225, B 300, B 400 und Torstahl 40 nach Önorm B 4200, 4. Teil (Traglastverfahren).*

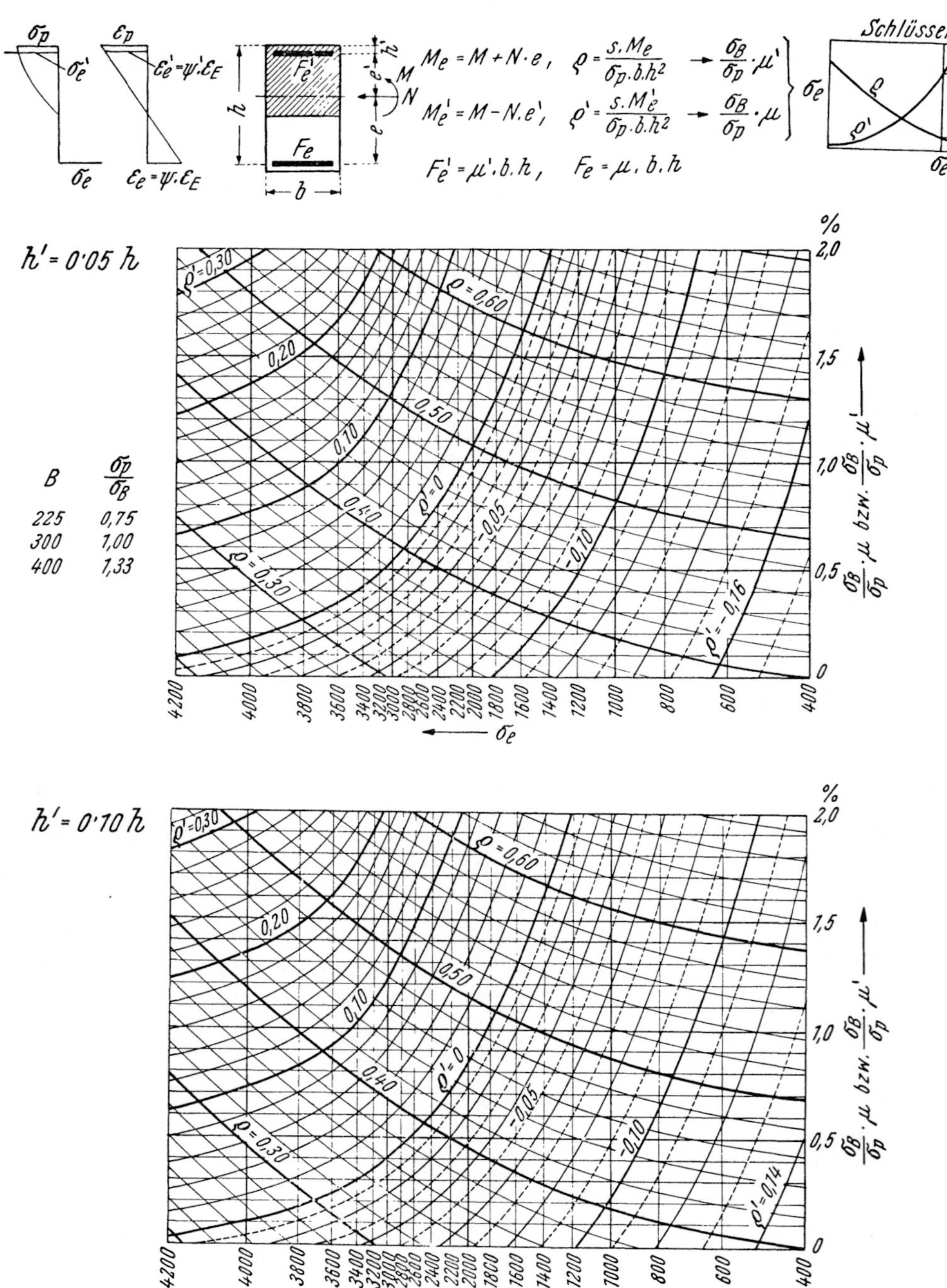

Bei bekannten Abmessungen und Dehnungen sind auch die inneren Kräfte und deren Angriffspunkte bekannt: die Betondruckkraft D_b und deren Moment M_b

$$D_b = \sigma_p\, b\, d \left[1 - \frac{1}{3}\{1 - \varphi_u\,(2 - \varphi_u)\} \right], \qquad M_b = \frac{1}{12}\,\sigma_p\, b\, d^2\,[1 - \varphi_u\,(2 - \varphi_u)].$$

Die Druckkraft in der Bewehrung $D_e = D_{eo} + D_{eu}$ und deren Moment M_e:

$$D_e = \sigma_E\,\mu\, b\, d(\bar\psi_o + \bar\psi_u), \qquad M_e = \sigma_E\,\mu\, b\, d\, e\,(\bar\psi_o - \bar\psi_u).$$

Da die Formänderungslinie der Stähle nicht durch ein analytisches Gesetz ausgedrückt ist, sondern durch ein Diagramm oder eine Folge von Zahlenpaaren, muß $\bar\psi_o$ und $\bar\psi_u$ dem jeweiligen Dehnungsgrad ψ_o und ψ_u entsprechend eingesetzt werden. Die Größen $\bar\psi_o + \bar\psi_u$ und $\bar\psi_o - \bar\psi_u$ sind für die verschiedenen Stahlsorten ganz verschieden und ohne einfache gesetzmäßige Beziehung. Aus diesem Grunde gilt ein Bemessungsdiagramm immer nur für eine bestimmte Stahlsorte in Kombination mit Betonen gleicher Bruchdehnung ε_p.

Die Resultierende der inneren Kräfte wird

$$N = D_b + D_e = \sigma_p\, b\, d\left\{1 - \frac{1}{3}\,[1 - \varphi_u\,(2 - \varphi_u)]\right\} + \mu\, b\, d\,\sigma_E\,(\bar\psi_o + \bar\psi_u),$$

$$M = M_b + M_e = \frac{1}{12}\,\sigma_p\, b\, d^2\,[1 - \varphi_u\,(2 - \varphi_u)] + \mu\, b\, d\, e\,\sigma_E\,(\bar\psi_o - \bar\psi_u) = N \cdot c.$$

Um dimensionslose Beziehungen zu bekommen, bildet man durch Division

$$\left.\begin{aligned}\frac{N}{\sigma_p\, b\, d} &= 1 - \frac{1}{3}\,[1 - \varphi_u\,(2 - \varphi_u)] + \frac{\sigma_E}{\sigma_p}\,\mu\,(\bar\psi_o + \bar\psi_u)\\[2mm]\frac{M}{\sigma_p\, b\, d^2} &= \frac{1}{12}\,[1 - \varphi_u\,(2 - \varphi_u)] + \frac{\sigma_E}{\sigma_p}\,\mu\,\frac{e}{d}\,(\bar\psi_o - \bar\psi_u) = \frac{N}{\sigma_p\, b\, d}\cdot\frac{c}{d}\end{aligned}\right\} \quad 0 <= \varphi_u <= 1.$$

Bei wachsender Ausmitte werden im Beton Zugspannungen entstehen, die beim Standsicherheitsnachweis in Rechnung gestellt werden dürfen, wenn sie genügend klein sind. Unter dieser Voraussetzung kann die Beton-Formänderungslinie im Zugbereich als stetige Fortsetzung des Druckbereiches angenommen werden, d. h. es folgen die Betonzugspannungen dem Gesetz $\sigma_{bz} = -\,\sigma_p\,\varphi\,(2 - \varphi)$. Nehmen wir wieder den Dehnungszustand ε_p an der „gedrückten Seite" und $-\varphi_u \cdot \varepsilon_p$ an der gezogenen an, so gelten die vorhin verwendeten Formeln für ψ_o und ψ_u, soferne man φ_u durch $-\varphi_u$ ersetzt (Abb. 92). Ferner wird

$$x = d\,\frac{1}{1 + \varphi_u} = \xi \cdot d.$$

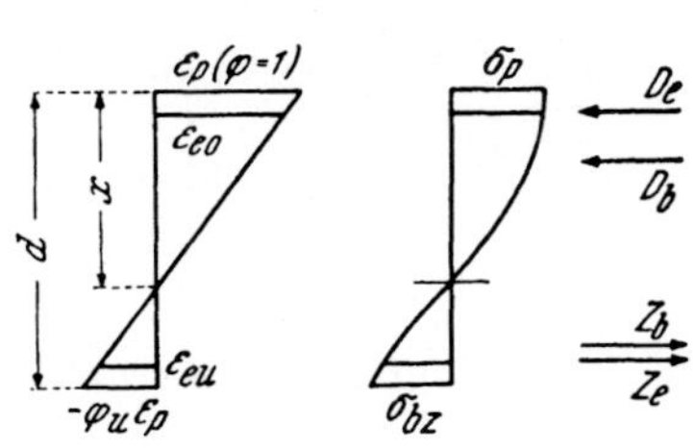

Abb. 92. Berücksichtigung kleiner Beton-Zugspannungen.

Die inneren Kräfte sind somit:
die Betondruckkraft D_b und deren Moment M_{bd}

$$D_b = +\frac{2}{3}\,\xi\,\sigma_p\, b\, d, \qquad M_{bd} = +\frac{2}{3}\,\xi\left(\frac{1}{2} - \frac{3}{8}\,\xi\right)\sigma_p\, b\, d^2,$$

die Betonzugkraft Z_b und deren Moment M_{bz}

$$Z_b = -\varkappa\,(1-\xi)\,\sigma_p\,b\,d, \qquad M_{bz} = +\varkappa\,(1-\xi)\left[\frac{1}{2} - \lambda\,(1-\xi)\right]\sigma_p\,b\,d^2,$$

die Kraft in der Bewehrung D_e und deren Moment M_e

$$D_e = F_{eo}\,\sigma_{eo} - F_{eu}\,\sigma_{eu} = \mu\,b\,d\,\sigma_E\,(\bar{\psi}_o - \bar{\psi}_u), \qquad M_e = +\mu\,b\,d\,e\,\sigma_E\,(\bar{\psi}_o + \bar{\psi}_u).$$

In dieser Beziehung sind ξ, $\varkappa$ und λ Funktionen von φ_u:

$$\xi = \frac{1}{1+\varphi_u}, \qquad \varkappa = \varphi_u\,(1-\varphi_u/3), \qquad \lambda = \frac{1}{3}\frac{1-\varphi_u/4}{1-\varphi_u/3}.$$

Die Schnittkräfte werden somit:

$$N = D_b - Z_b + D_e = \frac{2}{3}\,\xi\,\sigma_p\,b\,d - \varkappa\,(1-\xi)\,\sigma_p\,b\,d + \mu\,b\,d\,\sigma_E\,(\bar{\psi}_o - \bar{\psi}_u),$$

$$M = M_{bd} + M_{bz} + M_e = \frac{2}{3}\,\xi\left(\frac{1}{2} - \frac{3}{8}\,\xi\right)\sigma_p\,b\,d^2 +$$

$$+\varkappa\,(1-\xi)\left[\frac{1}{2} - \lambda\,(1-\xi)\right]\sigma_p\,b\,d^2 + \mu\,b\,d\,e\,\sigma_E\,(\bar{\psi}_o + \bar{\psi}_u) = N \cdot c.$$

Durch Division erhält man die dimensionslosen Beziehungen:

$$\left.\begin{aligned}\frac{N}{\sigma_p\,b\,d} &= \frac{2}{3}\,\xi - \varkappa\,(1-\xi) + \frac{\sigma_E}{\sigma_p}\,\mu\,(\bar{\psi}_o - \bar{\psi}_u), \\[2mm]\frac{M}{\sigma_p\,b\,d^2} &= \frac{2}{3}\,\xi\left(\frac{1}{2} - \frac{3}{8}\,\xi\right) + \varkappa\,(1-\xi)\left[\frac{1}{2} - \lambda\,(1-\xi)\right] + \\[2mm]&\quad + \frac{\sigma_E}{\sigma_p}\,\mu\,\frac{e}{d}\,(\bar{\psi}_o + \bar{\psi}_u) = \frac{N}{\sigma_p\,b\,d} \cdot \frac{c}{d}\end{aligned}\;\right\} \quad \varphi_u < 0.$$

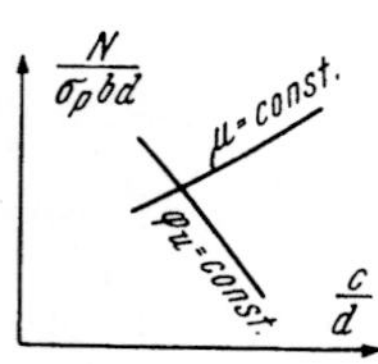

Abb. 93. Koordinatensystem zum Diagramm, Tab. 20.

Die Gleichungen für $\dfrac{N}{\sigma_p\,b\,d}$ und $\dfrac{M}{\sigma_p\,b\,d^2}$, sowohl für $\varphi_u > 0$ als auch $\varphi_u < 0$ enthalten nur dimensionslose Größen, von denen $\dfrac{e}{d}$ und $\dfrac{\sigma_E}{\sigma_p}$ als Festwerte anzusehen sind, μ als Parameter und ξ, $\varkappa$, λ, $\bar{\psi}_o$ und $\bar{\psi}_u$ als Funktionen von φ_u. Man kann demnach $\dfrac{N}{\sigma_p\,b\,d}$ und $\dfrac{c}{d}$, als von φ_u und μ abhängig berechnen und graphisch darstellen.

In einem Koordinatensystem $\dfrac{c}{d}$ und $\dfrac{N}{\sigma_p\,b\,d}$ (Abb. 93) entspricht jeder Punkt einem bestimmten Wertepaar von $\dfrac{\sigma_E}{\sigma_p}\,\mu$ und φ_u. Man kann daher die $\dfrac{\sigma_E}{\sigma_p}\,\mu = $ const.-Linien und die $\varphi_u = $ const.-Linien berechnen. Statt der Größe von φ_u wird jedoch das Verhältnis $\dfrac{\min \sigma_b}{\sigma_p}$ angeschrieben, das Auskunft über die Größe von $\min \sigma_b$ gibt, was insbesondere im Bereich $\varphi_u < 0$ wichtig ist (Betonzugspannung).

Der Aufbau und Gebrauch der Bemessungstafel 20 entspricht der Tab. 14 des „n-Verfahrens" und ersetzt diese bei der Bemessung im plastischen Bereich. Der Geltungsbereich ist allerdings nicht so allgemein, wie Tab. 14, sondern auf bestimmte Baustoffgüten abgestimmt.

In den Ausdrücken für $\dfrac{N}{\sigma_p\,b\,d}$ und $\dfrac{M}{\sigma\,b\,d^2}$ kann man statt $\dfrac{\sigma_E}{\sigma_p}$ auch

$\dfrac{\sigma_E}{\sigma_B}\dfrac{\sigma_B}{\sigma_p}$ schreiben, da σ_E und σ_p dem Werkstoff entsprechende Festwerte sind und σ_B eine frei wählbare Konstante sein kann. Man setzt σ_B zweckmäßig gleich der Prismenfestigkeit von Beton B 300 und liest in den

Diagrammen statt $\dfrac{\sigma_E}{\sigma_p}\,\mu$ die Größe $\dfrac{\sigma_B}{\sigma_p}\,\mu$ ab, wodurch die Übersicht beim

Bemessungsvorgang erleichtert wird, da $0{,}75 < \dfrac{\sigma_B}{\sigma_p} < 1{,}33$.

Bei Anwendung der Tab. 20 sind die gegebenen Gebrauchslasten selbstverständlich mit der Sicherheit zu vervielfachen.

Beispiel 36. Gegeben: B 225, T.St. 40 $\left(\dfrac{\sigma_p}{\sigma_B} = \dfrac{170}{225} = 0{,}75\right)$.

$b = 0{,}40$ m, $\quad d = 0{,}60$ m, $\quad e/d = 0{,}45;$ $\quad N = 168$ t, $\quad M = 18{,}0$ tm, $\quad s = 1{,}7$.
Gesucht: $\mu = \mu'$, min σ_b.

$$\frac{c}{d} = \frac{18{,}0}{168 \cdot 0{,}60} = 0{,}18, \qquad \frac{s \cdot N}{\sigma_p\,b\,d} = \frac{1{,}7 \cdot 168}{1700 \cdot 0{,}40 \cdot 0{,}60} = 0{,}7.$$

Tab. 20 liefert $\dfrac{\sigma_B}{\sigma_p} \cdot \mu = 0{,}0046$, min $\sigma_b/\sigma_p = -\,0{,}11;$ daher

$$\mu = \mu' = 0{,}75 \cdot 0{,}0046 = 0{,}00345, \qquad F_e = F_e' = 0{,}00345 \cdot 40 \cdot 60 = 8{,}3 \text{ cm}^2.$$

5. Bemerkungen zu den neuen Bemessungstabellen.

Die Bemessungstabellen für das „Traglastverfahren" nach Önorm B 4200, 4. Teil, stellen lediglich die Anwendung des im vorigen Abschnitt entwickelten Rechenschemas auf die im Entwurf zur Önorm festgelegten Bemessungsgrundlagen dar. Wenn auch ihre Anwendung zunächst umständlich erscheint, so wird man bei deren Gebrauch bald feststellen, daß der Bemessungsvorgang in jeder Beziehung dem beim „n-Verfahren" entspricht. Will man eine einigermaßen allgemeine Gültigkeit der Bemessungsbehelfe beibehalten und keine einschränkenden Vereinfachungen treffen, so lassen sich die Bemessungsbehelfe nicht mehr weiter vereinfachen. Das Aufgeben der linearen Beziehungen des *Hooke*schen Gesetzes kann naturgemäß keine Vereinfachung der Bemessungsverfahren bringen.

Die Vielzahl der Werkstoffkonstanten bedingt leider auch eine Vielzahl

der möglichen Kombinationen $\dfrac{\varepsilon_E}{\varepsilon_p}$ und $\dfrac{\sigma_E}{\sigma_p}$; das hat wiederum eine Vielzahl von Bemessungszahlen zur Folge. Eine etwas großzügigere Festsetzung der Grenzwerte hätte viel zur Vereinfachung beitragen können, ohne dem Fortschritt Abbruch zu tun.

Die vorliegenden Bemessungstafeln 16 bis 20 ersetzen die Bemessungstafeln 10, 13 und 14 des n-Verfahrens. Den Tab. 11 und 15 entsprechende Bemessungstafeln fehlen noch; nach deren Ausarbeitung werden alle Behelfe des n-Verfahrens ein Gegenstück für das Traglastverfahren haben.

Es ist leicht einzusehen, daß ein allgemein anwendbares Bemessungssystem den naturgegebenen Tatsachen nur unvollkommen entsprechen kann, da deren Vielfalt unerschöpflich ist. Es muß jedoch gefordert werden, daß eine bestimmte Standsicherheit auf alle Fälle erreicht wird. Demnach müssen die normierten Formänderungslinien und Grenzdehnungen, die dem Bemessungsvorgang zugrunde zu legen sind, Minimaleigenschaften der Werkstoffe darstellen, d. h. die Bruchdehnung des Betons z. B. darf in Balken größer, jedoch nicht kleiner als der angegebene Wert sein. Dasselbe gilt von der Prismenfestigkeit und der Festigkeit und Dehnungsfähigkeit des Bewehrungsstahles. Ob dieser Forderung in ausreichendem Maße nachgekommen wurde, wird die Erfahrung lehren.

Wie man sich durch Vergleichsrechnungen leicht überzeugen kann, ermöglicht das neue Bemessungsverfahren in seiner derzeitigen Festlegung von Baustoffwerten und Sicherheit eine sehr erhebliche Steigerung der zulässigen Belastbarkeit der Bauelemente gleicher Betonabmessungen und gleicher Betongüte. Das hat zur Folge, daß der Bewehrungsgehalt bei voller Ausnützung der Betondruckzone erheblich steigt, da sich die Stahlbeanspruchungen kaum geändert haben. Nach den derzeitigen Preisrelationen zwischen Beton und Stahl wird daher sehr oft der Aufwand für den Bewehrungsstahl der vollen Ausnützung der Betondruckzone hinderlich sein, da das Kostenminimum, ähnlich wie schon bisher bei Plattenbalken, bei nicht ausgenützter Betondruckzone liegen wird. Anderseits werden durch die rechnungsmäßige Steigerung des Tragvermögens bei gleichen Abmessungen und Betonfestigkeiten stille Sicherheitsreserven verschwinden, die früher vorhanden waren. Es werden daher dem Stahlbetonbau zwar neue konstruktive und wirtschaftliche Möglichkeiten eröffnet, jedoch unter Umständen die tatsächliche Sicherheit vermindert. Diese Tatsache belastet selbstverständlich alle, die sich der nenen Bemessungsverfahren bedienen, mit erhöhter Verantwortlichkeit. Der entwerfende Ingenieur wird gesteigerte Sorgfalt bei der Berechnung und Gestaltung der Bauwerke aufwenden müssen. Da viel schlankere Bauwerke möglich sein werden, wird vielen Fragen, die bisher vielfach weniger beachtet wurden, wie der Stabilität und dem Schwingungsverhalten, der räumlichen Standfestigkeit, der Theorie zweiter Ordnung bei Bogen usw., größte Aufmerksamkeit zu schenken sein. Der ausführende Ingenieur wird hinsichtlich der maß- und lagegerechten Ausführung und der tatsächlich erzielten Betongüte höheren Anforderungen entsprechen müssen. Schließlich sei festgestellt, daß auch das Gremium, das die Grundlagen der Bemessung festsetzt und das neue Verfahren zuläßt, ebenfalls einen Teil dieser Verantwortung zu tragen hat.

Das Traglast-Verfahren nach der österreichischen Norm hat sich seit dem Erscheinen der zweiten Auflage nun schon seit Jahren bewährt. Man kann heute ruhig sagen, daß bei Beachtung der im vorigen Absatz aufgestellten Anforderung das neue Bemessungsverfahren ausreichend sichere Bauwerke gewährleistet.

s) Die Bemessung nach den Vorschriften anderer Länder.

Wie im Abschnitt q (S. 105) eingehend dargestellt wurde, ist die Entwicklung von Bemessungstafeln neben der Festsetzung von Standardwerten der Dehnungen ε_p und ε_E, sowie der Spannungen σ_p und σ_E die Kenntnis der $\sigma - \varepsilon$-Linien der beiden Werkstoffe Beton und Stahl erforderlich.

Zur Berechnung der Bemessungszahlen, etwa entsprechend Tafel 16 oder 17, sind zunächst aus dem Spannungs-Dehnungs-Diagramm des Betons die beiden Integrale

$$\varkappa = \frac{1}{\varphi} \int_{\alpha=0}^{\varphi} \bar{\varphi}(\alpha)\,\frac{b(\alpha)}{B}\,d\alpha \tag{96}$$

$$\lambda = 1 - \frac{1}{\varphi^2\,\varkappa} \int_{\alpha=0}^{q} \alpha\,\bar{\varphi}(\alpha)\,\frac{b(\alpha)}{B}\,d\alpha \tag{98}$$

von Seite 108 zu ermitteln.

Tabelle 21. $\varkappa$- und λ-Werte zur Ermittlung der Bruchmomente.

Rechteckquerschnitt.

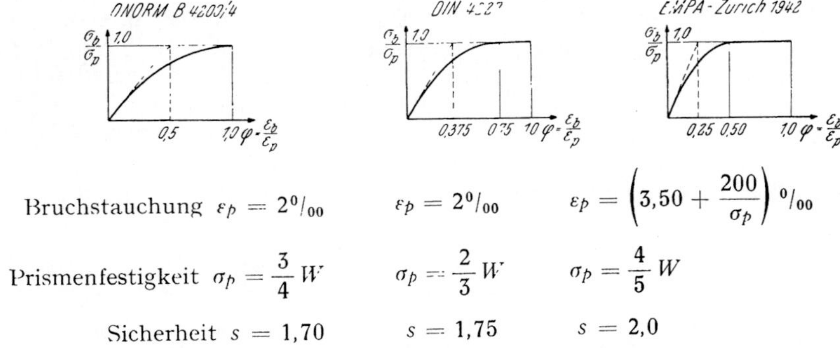

Bruchstauchung $\varepsilon_p = 2\,{}^0/_{00}$	$\varepsilon_p = 2\,{}^0/_{00}$	$\varepsilon_p = \left(3{,}50 + \dfrac{200}{\sigma_p}\right){}^0/_{00}$
Prismenfestigkeit $\sigma_p = \dfrac{3}{4}\,W$	$\sigma_p = \dfrac{2}{3}\,W$	$\sigma_p = \dfrac{4}{5}\,W$
Sicherheit $s = 1{,}70$	$s = 1{,}75$	$s = 2{,}0$

ϱ	$\varkappa_R$	λ_R	ϱ	$\varkappa_R$	λ_R	ϱ	$\varkappa_R$	λ_R
0,00	0,000	0,333	0,00	0,000	0,333	0,00	0,000	0,333
0,05	0,049	0,335	0,05	0,065	0,335	0,05	0,097	0,336
0,10	0,097	0,336	0,10	0,127	0,337	0,10	0,187	0,339
0,15	0,143	0,337	0,15	0,186	0,339	0,15	0,270	0,343
0,20	0,187	0,339	0,20	0,243	0,342	0,20	0,347	0,346
0,25	0,229	0,341	0,25	0,296	0,344	0,25	0,417	0,350
0,30	0,270	0,343	0,30	0,347	0,346	0,30	0,480	0,354
0,35	0,309	0,345	0,35	0,394	0,349	0,35	0,537	0,359
0,40	0,347	0,346	0,40	0,438	0,351	0,40	0,587	0,364
0,45	0,383	0,348	0,45	0,480	0,354	0,45	0,630	0,369
0,50	0,417	0,350	0,50	0,519	0,357	0,50	0,667	0,375
0,55	0,449	0,352	0,55	0,554	0,360	0,55	0,697	0,382
0,60	0,480	0,354	0,60	0,588	0,364	0,60	0,722	0,387
0,65	0,509	0,357	0,65	0,616	0,367	0,65	0,743	0,394
0,70	0,537	0,359	0,70	0,643	0,371	0,70	0,761	0,399
0,75	0,562	0,361	0,75	0,667	0,375	0,75	0,778	0,405
0,80	0,587	0,363	0,80	0,687	0,379	0,80	0,792	0,409
0,85	0,609	0,366	0,85	0,706	0,384	0,85	0,804	0,414
0,90	0,630	0,369	0,90	0,722	0,388	0,90	0,815	0,418
0,95	0,649	0,372	0,95	0,737	0,392	0,95	0,824	0,422
1,00	0,667	0,375	1,00	0,750	0,396	1,00	0,833	0,425

Diese Integration ist sehr einfach, wenn man sich auf Rechteckquerschnitte $[b(\alpha) = B = \text{const}]$ beschränkt und die $\sigma - \varepsilon$-Linie durch ein stetiges analytisches Gesetz darstellbar ist. Wenn diese Linie jedoch nicht stetig differenzierbar ist, so wird diese Integration, da man zwei Bereiche abtrennen muß, mühsam.

Sind jedoch die Werte von $\varkappa$ und λ für eine genügende Anzahl von φ-Werten ermittelt, so geht die weitere Berechnung sehr einfach vonstatten, wenn man sich der in (94), (97), (99), (101), (103) und (104) dargestellten Formeln bedient.

In der vorherigen Tab. 21 sind die mühsam zu berechnenden Werte $\varkappa$ und λ nach den $\sigma - \varepsilon$-Linien des Betons der deutschen „Richtlinien für Spannbeton" bzw. der schweizerischen „Vorschriften für Spannbeton" (vgl. hiezu auch Abschnitt b, S. 16 u. 17), die zur Ermittlung des Bruchsicherheitsnachweises zu verwenden sind, für rechteckige Querschnitte berechnet. Es ist hiebei von der auf diesen Seiten vorgeschlagenen Erleichterung, die unstetig verlaufenden Diagramme durch eine einheitliche stetige Funktion zu ersetzen, nicht Gebrauch gemacht. Zum Vergleich sind auch die der Önorm B 4200, 4. Teil, entsprechenden Werte von $\varkappa$ und λ, alle in Tafelsprüngen von $\Delta\varphi = 0,05$, zusammengestellt.

Für die Berechnung von Bemessungstafeln entsprechend den Tafeln 16 bis 20 ist neben der Kenntnis der $\varkappa$- und λ-Werte allerdings noch die Festlegung normierter $\sigma - \varepsilon$-Diagramme der in Verwendung stehenden oder zugelassenen Stähle notwendig, da mit diesen erst das Bewehrungsverhältnis μ und damit die Bewehrung ermittelt werden kann.

Zweiter Teil

Stahlbeton-Hochbau

A. Die Formen des Stahlbeton-Hochbaues.

a) Die Stabtragwerke.

Die einfachsten, stabförmigen Elemente, die Säule oder Stütze und der Balken, werden im Stahlbetonbau durch monolithische Verbindung zu Stabtragwerken, Trägern über mehreren Feldern, auch Durchlaufträger genannt, Rahmen und Fachwerken zusammengesetzt. Man soll die Eignung des Stahlbetons zum monolithischen Verband möglichst nützen, da dieser die inneren Kräfte der Bauwerke im allgemeinen verkleinert, daher mit kleineren Abmessungen das Auslangen gefunden werden kann.

1. Die Durchlaufträger.

Der Durchlaufträger ist ein über mehrere Stützen, womöglich ohne Zwischengelenke, durchlaufender Balken. Die Biegungsmomente eines Feldes des Durchlaufträgers sind wesentlich kleiner, als die des frei aufliegenden Einfeldträgers gleicher Stützweite. Dem Durchlaufträger annähernd gleichwertig ist der Einfeldträger mit elastischer oder voller Einspannung der Trägerenden. Man soll daher die Träger über mehrere Felder ohne Fugen durchlaufen lassen oder wenn schon Einfeldträger unvermeidlich sind, diese wenigstens an den Auflagern, z. B. in den Säulen, elastisch einspannen. Beide Maßnahmen sind im Stahlbetonbau sozusagen die natürliche Lösung.

2. Die Rahmen.

Die Rahmen bestehen aus biegesteif miteinander verbundenen, geraden oder gekrümmten Stahlbetonstäben. Schon die monolithische Verbindung der Träger mit den Stützen, die bei jeder Stahlbetondecke vorkommt, vereint beide Elemente zu Rahmen. Im Skelettbau findet diese Rahmenform die häufigste Anwendung. Andere Rahmenformen werden aus der besonderen Aufgabenstellung des Industriebaues und der stützenfreien Überdeckung größerer Flächen entwickelt.

3. Die Fachwerke.

Bei den Stahlbetonfachwerken, einer Nachahmung der Stahlfachwerke, sind die biegungssteifen Knoten und die im Vergleich zum Stahlbau größere Steifigkeit der Fachwerkstäbe die Ursache größerer Nebenspannungen. Bei den Zugstäben der Fachwerke ist die Zugkraft nur durch die Bewehrung aufzunehmen. Der Beton ist lediglich Umhüllung und Rostschutz. An den Knoten des Stahlbetonfachwerkes hat der Beton die

Einleitung der Kräfte in die Stäbe zu übernehmen (Rolle des Knotenbleches). Bei der Bewehrung der Zugstäbe sind die üblichen Verankerungsmittel, die Haftung im Beton und Rundhaken, nur bei kleinen Stabkräften ausreichend. Den Stahlbetonfachwerken haften demnach solche Mängel an, daß sie als für den Stahlbeton weniger geeignete Bauform bezeichnet werden müssen. Es sind jedoch eine Reihe von Sonderbauweisen entwickelt worden, die diese Mängel beheben und einwandfreie Bauwerke liefern, die den größten Beanspruchungen standzuhalten vermögen.

b) Die ebenen Flächentragwerke.

Die Stabtragwerke aus Stahlbeton halten jedem Wettbewerb mit solchen aus anderen Baustoffen stand, sie stellen jedoch nicht die volle Ausnützung der Möglichkeiten des Stahlbetonbaues dar. Diese wird erst bei den sich in einer Ebene erstreckenden Platten und Scheiben und den räumlich gestalteten Behältern, Kuppeln und Schalen erreicht. Man nennt diese Tragwerke im Gegensatz zu den Stabtragwerken, da sie aus Flächen zusammengesetzt sind, die Flächentragwerke und bezeichnet die Platten und Scheiben als ebene, die übrigen als räumliche Flächentragwerke.

Als Platte bezeichnet man einen ebenen, tafelförmigen Körper, wenn er vorwiegend durch quergerichtete Kräfte belastet und daher in erster Linie auf Biegung beansprucht wird. Als Scheibe bezeichnet man einen solchen Körper, wenn die Belastung vorwiegend in der Mittelebene erfolgt und über die Dicke gleichmäßig verteilte Druck- und Zugspannungen auslöst.

1. Die Platten.

Die Platten sind eines der wichtigsten Elemente der Stahlbetonbauweise. Man unterscheidet:

Platten mit Hauptbewehrung in einer Richtung, wenn Biegungsmomente vorwiegend nur in einer Richtung entstehen und dementsprechend bewehrt wird. Die Platten über parallel laufenden Träger sind das Hauptanwendungsgebiet.

Kreuzbewehrte Platten, wenn die Biegungsmomente in mehreren Richtungen von gleicher Größenordnung sind. Hieher gehören alle, längs des ganzen Umfanges gelagerten, rechteckigen Platten und die Fahrbahnplatten der Brücken, ferner die besonders im Behälterbau häufig vorkommenden Kreisplatten.

Pilzplatten, das sind Platten, die ohne Vermittlung von Trägern direkt auf die mit sogenannten Pilzköpfen versehenen Säulen abgestützt sind (Abb. 94). Man verwendet sie bei sehr beschränkter Bauhöhe oder, in besonderen Fällen, wenn glatte Untersicht gefordert wird (Decken von Wasserbehältern).

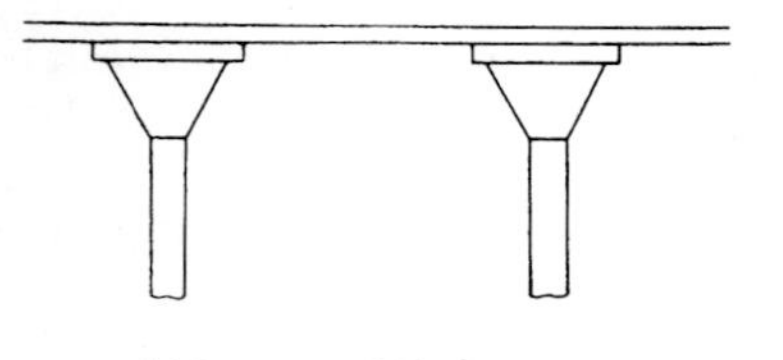

Abb. 94. Pilzdecke.

2. Plattenartige Tragwerke.

Zu den plattenartigen Tragwerken gehören die im Stahlbetonbau häufig verwendeten Hohlsteindecken, Stahlsteindecken und die Glassteindecken. Diese Decken entstehen durch den Einbau von leichten Füllkörpern,

z. B. Hohlsteinen, in die Betonplatte, um das Eigengewicht der Decke bei größerer Bauhöhe zu vermindern und die Schall- und Wärmedämmfähigkeit zu verbessern (Abb. 95). Es entsteht dergestalt eine in einer ausgezeichneten Richtung besonders biegesteife Platte (anisotrope Platte), deren statische Wirksamkeit enge verwandt ist mit der Platte mit Hauptbewehrung in einer Richtung, da wesentliche Biegungsmomente nur in der ausgezeichneten Richtung aufgenommen werden können, nämlich in der Richtung der zwischen den eingebauten Elementen liegenden, bewehrten Rippen.

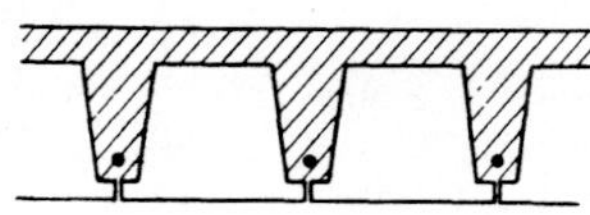

Abb. 95. Hohlsteindecke.

Man kann solche Decken durch entsprechende Anordnung der Füllkörper aber auch mit sich kreuzenden Rippen herstellen. Eine solche Decke entspricht in statischer Beziehung annähernd einer kreuzbewehrten Stahlbetonplatte.

3. Die Scheiben.

Die Scheiben kommen im Stahlbetonbau hauptsächlich als tragende Wände vor (Abb. 96). Ist die Höhe H einer solchen Wand von der Größenordnung der Stützweite L, so gilt die technische Balkenbiegungslehre, d. h. die Annahme vom Ebenbleiben der Querschnitte, nicht mehr. Zur Berechnung der inneren Kräfte muß die Scheibentheorie herangezogen werden. Erst bei $H < 1/5 L$ kann man das Tragwerk als Balken betrachten. Das große Tragvermögen solcher Wände wird hauptsächlich im Silo- und Behälterbau ausgenützt. Auch als aussteifende Wände zur Ableitung der waagrechten Kräfte (Wind, Erschütterungen und Erdbeben, Bremskräfte usw.) in den Boden verwendet man mit Vorteil Stahlbetonscheiben.

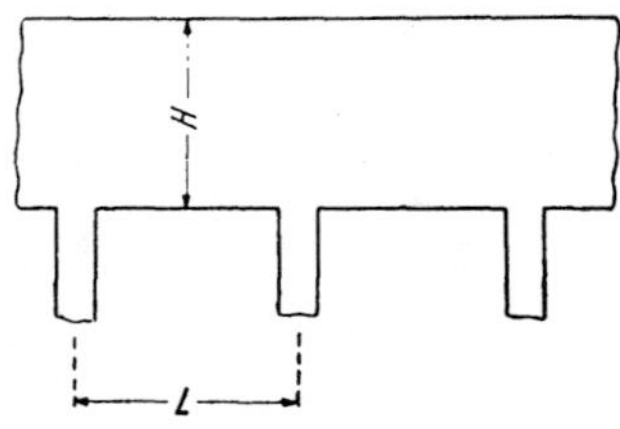

Abb. 96. Die tragende Wand.

c) Die räumlichen Flächentragwerke.

1. Die Behälter.

Die Behälter aus Stahlbeton werden für die verschiedensten Füllgüter gebaut. Für leichte und mittelschwere Schüttgüter (Getreide, Zement, Kohle) verwendet man runde, achteckige, sechseckige oder rechteckige, bzw. quadratische Zellensilos. Für mittelschwere und schwere Schüttgüter (Kohle, Erze, Sand und Kies usw.) baut man großräumige Bunker. Die Behälter für Flüssigkeiten haben als einzeln stehende Behälter die Form eines Zylinders (Rundbehälter) oder die Form einer prismatischen Schachtel.

2. Die Faltwerke.

Als Faltwerk bezeichnet man einen aus ebenen Platten im fugenlosen Verband bestehenden Teil des Mantels eines liegenden Prismas, dessen Endflächen durch ein ebenes Gebilde, die Binderscheibe, ausgesteift sind und das nur an den vier Eckpunkten abgestützt ist (Abb. 97). In den Kanten des Prismenmantels entstehen Schubkräfte, die eine einheitliche Trägerwirkung aller Platten in der Erzeugendenrichtung herbeiführen.

3. Die Schalen.

Wählt man statt des Prismenmantels den Teil eines Zylindermantels, so entsteht eine *Zylinderschale*. Die räumliche Kräftewirkung kann auch hier nur bei Vorhandensein von Binderscheiben entstehen. Der Randträger (Abb. 98) verkleinert die Beanspruchungen der Schale, jedoch entsteht bei der durch Binderscheiben ausgesteiften Zylinderschale auch ohne Randträger die räumliche Trägerwirkung.

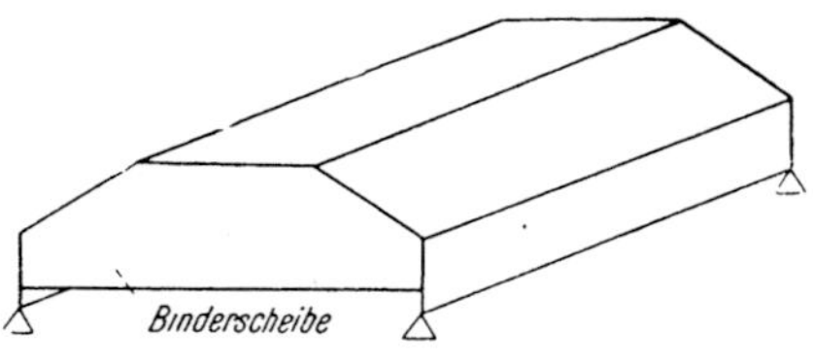

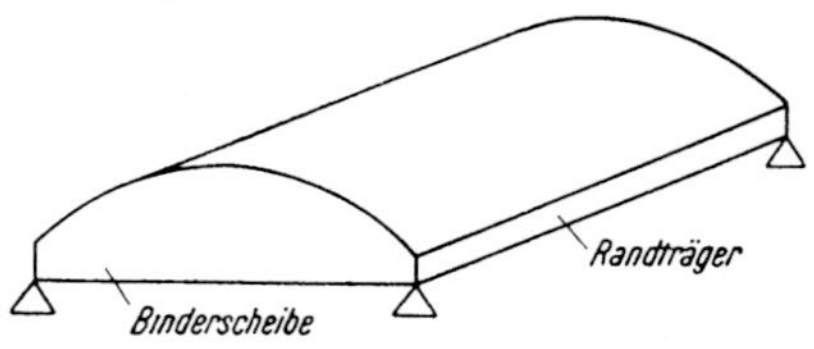

Abb. 97. Faltwerk.   Abb. 98. Zylinderschale.
                            (*Zeiß-Dywidag*-Schale.)

Neben dem Zylinder wählt man als Schalenform auch *doppelt gekrümmte Flächen*. Jede stetig gekrümmte Fläche wird zum Raumträger, wenn man sie an den Rändern mit Scheiben aussteift (Abb. 99). Ein solches Tragwerk braucht nur an den Eckpunkten, an denen die Binderscheiben zusammenstoßen, unterstützt werden.

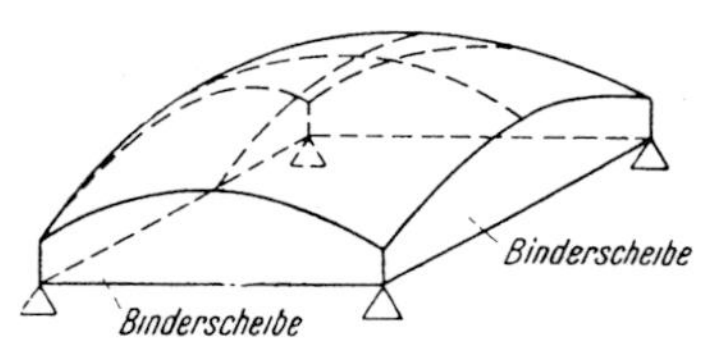

Abb. 99. Durch Binderscheiben ausgesteifte, doppelt gekrümmte Schale.

Mit den Schalen kann man die größten Grundflächen bei kleinstem Baustoffaufwand stützenfrei überdecken. Die Mannigfaltigkeit der Formen ist sehr groß. Sie stellen daher die für den Groß-Hallenbau geeignetste Bauform dar.

B. Stabtragwerke.

a) Die wichtigsten statischen Methoden für die Stabtragwerke des Stahlbeton-Hochbaues.

Für die Berechnung der Stabtragwerke, die im Stahlbeton-Hochbau vornehmlich verwendet werden, sind besonders geeignete Verfahren entwickelt worden, bei deren Verwendung der Aufwand an Rechenarbeit möglichst klein ist. Diese Methoden werden im folgenden kurz dargestellt. Auf Ableitungen und Beweise wird im allgemeinen verzichtet. Die Darstellung beschränkt sich vielmehr auf die Anwendung. Zum Verständnis ist allgemeine Vertrautheit mit den Methoden zur Berechnung statisch bestimmter und statisch unbestimmter Systeme wünschenswert.

Die im Stahlbetonbau am meisten vorkommende Form des Stabtragwerkes ist der über mehrere Felder durchlaufende Träger und der aus der fugenlosen Verbindung der Träger mit den Stützen entstehende Stockwerksrahmen. Für die Berechnung dieser Tragwerke bietet das erst seit 1932 bekannt gewordene *Cross*-Verfahren so viele Vorteile, daß es an die Spitze unserer Betrachtungen gesetzt werden soll und anschließend seine Anwendung für die verschiedenen Rahmenformen gezeigt wird.

Das *Cross*-Verfahren eignet sich jedoch nicht für die Berechnung *aller* Formen der Stabtragwerke. Es wird daher im Anschluß daran auch die Anwendung anderer Verfahren gezeigt.

1. Der Grundgedanke des Cross-Verfahrens.

Das *Cross*-Verfahren, so nach seinem Erfinder benannt, ist ein Iterationsverfahren, bei dem man das Ergebnis durch schrittweise Annäherung erhält. Das Verfahren ist gerade dort am vorteilhaftesten anzuwenden, wo andere Methoden am umständlichsten werden, nämlich bei hochgradig statisch unbestimmten Systemen. Da es ein Näherungsverfahren ist, bei dem die Genauigkeit des Ergebnisses beliebig gesteigert werden kann, ist es jedem anderen Berechnungsverfahren an Genauigkeit gleichwertig. Während man aber bei den anderen Verfahren schon bei Beginn der Berechnung die erforderliche Genauigkeit festlegen und dem entsprechend die Stellenzahl ansetzen muß, ist beim *Cross*-Verfahren die erreichte Genauigkeit während der Rechnung in allen Stufen sichtbar. Man kann daher die Berechnung jederzeit abbrechen und gegebenen Falles auch wieder fortsetzen. Dieser Vorteil ist eine der Ursachen der Überlegenheit des *Cross*-Verfahrens gegenüber anderen Berechnungsweisen.

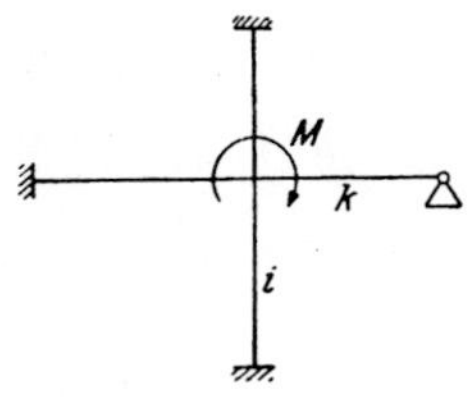

Abb. 100. An einem Stabknoten angreifendes Moment.

Das *Cross*-Verfahren stellt nichts anderes dar als die wiederholte systematische Anwendung der folgenden, einfachen Grundaufgabe.

In einem Knoten laufen mehrere gerade Stäbe zusammen, deren Richtung, Länge und Querschnitt beliebig sein kann und deren andere Enden entweder fest eingespannt oder gelenkig gelagert sind (Abb. 100). Es wird vorausgesetzt, daß der Knoten durch die Stäbe an einer Verschiebung in der Tragwerksebene verhindert wird. An diesem Knoten greife ein Moment M an, das eine Verdrehung des Knotens und Biegungsmomente in den Stäben zur Folge hat. Es sei M_i' das Moment in dem dem Knoten anliegenden Ende des i-ten Stabes und M_i'' das Moment an dessen anderem Ende (Abb. 101). Das Stab-

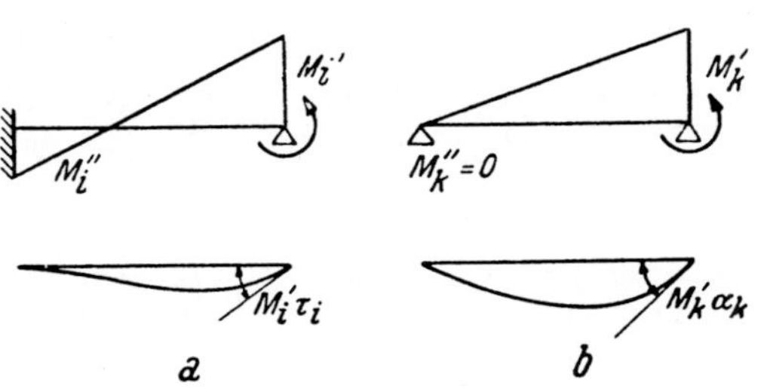

Abb. 101. Biegungsmomente infolge eines Stabendmomentes am *a*) einseitig eingespannten, *b*) beidseitig frei aufliegenden Balken.

ende verdreht sich in diesem Zustand um den Winkel $M_i' \tau_i$, wenn das andere Ende des i-ten Stabes fest eingespannt ist (Abb. 101 *a*), um $M_k' \alpha_k$, wenn das andere Ende des k-ten Stabes gelenkig gelagert ist (Abb. 101 *b*). Die Winkel τ_i, bzw. α_k hängen nur von den Abmessungen des Stabes ab. Ferner steht M_i' mit M_i'' in einem festen Verhältnis, das ebenfalls nur von der Gestalt des Stabes abhängt.

Zur Bestimmung der M_i', bzw. M_k' dient die Gleichgewichtsbedingung

$$M = \Sigma(M_i' + M_k')$$

und die Formänderungsbedingung (Elastizitätsgleichung), daß alle Stabenden die gleiche Verdrehung erleiden.

$$M_i' \, \tau_i = M_k' \, \alpha_k = \varphi \quad \text{für jedes } i, \text{ bzw. } k.$$

Daher wird

$$M_i' = \frac{\varphi}{\tau_i}, \qquad \text{bzw.} \qquad M_k' = \frac{\varphi}{\alpha_k}.$$

Aus der ersten Gleichung folgt somit

$$\varphi = \frac{M}{\sum_i \frac{1}{\tau_i} + \sum_k \frac{1}{\alpha_k}}$$

und

$$M_i' = \frac{\dfrac{1}{\tau_i}}{\sum_i \frac{1}{\tau_i} + \sum_k \frac{1}{\alpha_k}} \cdot M, \qquad \text{bzw.} \qquad M_k' = \frac{\dfrac{1}{\alpha_k}}{\sum_i \frac{1}{\tau_i} + \sum_k \frac{1}{\alpha_k}} \cdot M.$$

Definiert man die Steifigkeit des Stabes mit

$$\varkappa_i = \frac{c}{\tau_i}, \qquad \text{bzw.} \qquad \frac{c}{\alpha_i}, \qquad\qquad (1)$$

worin c eine willkürliche Konstante bedeutet, so wird

$$M_i' = \frac{\varkappa_i}{\sum_i \varkappa_i} M, \qquad\qquad (2)$$

mit $\varkappa_i = \dfrac{c}{\tau_i}$, wenn das andere Ende fest eingespannt ist,

$\varkappa_i = \dfrac{c}{\alpha_i}$, wenn das andere Ende gelenkig gelagert ist.

In Worten: Die Steifigkeit des Knotens $\Sigma\varkappa$ ist gleich der Summe der Steifigkeit der Stäbe und das Stabendmoment M_i' ist verhältnisgleich der Steifigkeit des Stabes.

Die Drehwinkel α und τ und das Verhältnis M''/M' werden aus den Abmessungen des Stabes nach bekannten Verfahren berechnet. Bei Stäben mit konstantem Querschnitt sind diese Größen:

$$\alpha_i = \frac{l_i}{3\,E\,J_i}, \qquad \tau_i = \frac{l_i}{4\,E\,J_i}.$$

Der frei wählbaren Konstante c geben wir einen solchen Wert, daß $\varkappa_i$ möglichst einfach zu berechnen ist. Wir wählen $c = \dfrac{1}{4\,E}$; dann wird im Falle stabweise konstanten Trägheitsmomentes:

$\varkappa_i = \dfrac{J_i}{l_i}$, wenn das andere Ende fest eingespannt ist,

$\varkappa_i = \dfrac{3\,J_i}{4\,l_i}$, wenn das andere Ende gelenkig gelagert ist. $\qquad$ (3 a)

Ferner gilt im Falle stabweise konstanten Trägheitsmomentes bekanntlich

$\dfrac{M_i''}{M_i'} = \dfrac{1}{2}$, wenn das andere Ende fest eingespannt ist, $\qquad\qquad$ (3 b)

$M_i'' = 0$, wenn das andere Ende gelenkig gelagert ist.

Die Ermittlung der Stabmomente infolge des am Knoten angreifenden Momentes M, die sogenannte Momentenverteilung, ist demnach sehr einfach. Man braucht hiezu nur die *Verteilungsziffer*

$$\mu_i = \frac{\varkappa_i}{\Sigma \varkappa_i} \tag{4}$$

und die *Übertragungsziffer* $\lambda_i = \dfrac{M_i''}{M_i'}$, die im Falle stabweise konstanten Trägheitsmomentes nach (3 b) entweder gleich ½ oder 0 gleich ist.

Die Grundaufgabe der „Momentenverteilung und Übertragung" ermöglicht die Lösung der folgenden Aufgabe auf die einfachste Weise. Es seien einige Stäbe des in Abb. 102 dargestellten Stabwerkes belastet; die dadurch hervorgerufenen Biegungsmomente sind zu berechnen.

Man denkt sich das gegebene Stabwerk, dargestellt durch die voll ausgezogenen Stäbe, vor der Aufbringung der Belastung durch einen am Knoten angesetzten, zur Ebene des Stabwerkes senkrechten Stab ergänzt (in der Abb. 102 a strichliert dargestellt), der absolut torsionssteif und am anderen Ende an einer starren Scheibe angeschlossen ist. Dieser Ergänzungsstab verhindert jede Knotenverdrehung. Es werden daher in den belasteten Stäben die Momente des fest eingespannten Stabes, die sogenannten „Ausgangsmomente" entstehen (Abb. 102 b), und zwar beispielsweise im Stab 1, da er am anderen Ende gelenkig gelagert ist,

$$M_1{}^0 = \frac{p\,l_1{}^2}{8},$$ am Stab 2, an

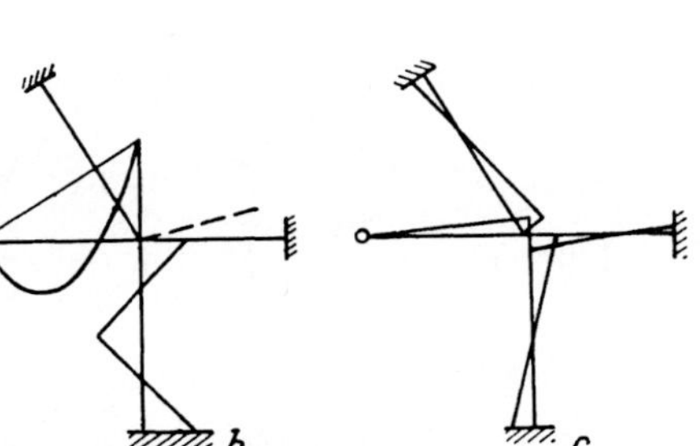

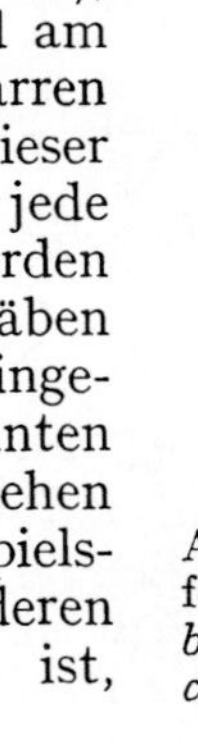

Abb. 102. Einfachstes Stabtragwerk mit festgehaltenem Mittelknoten: *a*) Belastung, *b*) Biegungsmomente infolge der Belastung, *c*) Biegungsmomente infolge einer Knotenverdrehung.

beiden Enden fest gespannt, $M_2{}^0 = \dfrac{P\,l_2}{8}$. Diese beiden Momente drehen am Knoten zwar im entgegengesetzten Sinn, aber sie stehen im allgemeinen nicht im Gleichgewicht. Es wird daher der Ergänzungsstab durch die algebraische Summe $\underset{i}{\Sigma} M_i{}^0$ belastet. Wenn der Ergänzungsstab wieder beseitigt wird, muß der Knoten ins Gleichgewicht gebracht werden, indem man das entgegengesetzte Moment $-\underset{i}{\Sigma} M_i{}^0$ als äußere Last aufbringt.

Die Stabmomente, die dadurch hervorgerufen werden (Abb. 102 c), sind, wie früher gezeigt wurde, sofort zu berechnen. Die Summe beider Zustände gibt die endgültigen Momente an.

Die Anbringung des Knotenmomentes $-\underset{i}{\Sigma} M_i$ ist gleichwertig dem Durchschneiden des Ergänzungsstabes. Daher sind die auf diesem Wege ermittelten Momente die tatsächlich im gegebenen Stabtragwerk entstehenden, vorausgesetzt, daß der Knoten durch die vorhandenen Stäbe so festgehalten ist, daß er sich in der Tragwerksebene nicht verschieben kann.

Bei Stabtragwerken mit mehreren Knoten, dem Regelfall, sind zunächst mehrere Ergänzungsstäbe, pro Knoten je einer, anzubringen, damit alle Knoten unverdrehbar werden. Wollte man alle diese Ergänzungsstäbe gleichzeitig durchschneiden, die Knoten „freimachen", so müßte man den gegenseitigen Einfluß der Knoten in Rechnung stellen, d. h. man müßte Gleichungen aufstellen und lösen (Knotendrehwinkel-Verfahren). Beim *Cross*-Verfahren wird jedoch jeweils nur ein Knoten freigemacht und nach vorgenommener Momentenverteilung wieder an den Ergänzungsstab angeschlossen. Auf diese Weise kann man sich dem Endzustand schrittweise nähern. Der Vorgang wird an dem folgenden, einfachen Beispiel erläutert.

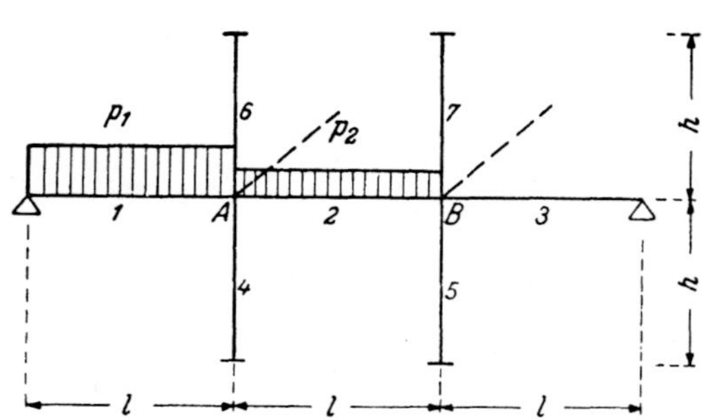

Abb. 103. Einfaches Stabtragwerk mit festgehaltenen Mittelknoten.

Bei dem in Abb. 103 dargestellten Rahmen entsteht im Ausgangszustand im Knoten A die Momentensumme $M_A = l^2 \left(\dfrac{p_1}{8} - \dfrac{p_2}{12} \right)$, im Knoten $B: M_B = \dfrac{p_2\, l^2}{12}$. Wir nehmen an, daß die Abmessungen der Stäbe so seien, daß alle Verteilungsziffern gleich groß seien, d. h. $\mu_i = \mu = 1/4$. Wird zuerst der Knoten A freigemacht, dann entsteht in den Stäben *1*, *2*, *4* und *6* das Moment $M_i' = -1/4\, M_A$ und an den anderen Enden von *2*, *4* und *6* $M_i'' = 1/2\, M_i' = 1/8\, M_A$, bzw. in *1* $M_i'' = 0$. An den Stäben *4* und *6* wird M'' vom Widerlager aufgenommen, am Stab *2* ist aber M_2'' der Momentensumme M_B algebraisch zuzuzählen. Nach der vorgenommenen Momentenverteilung im Knoten A wird der Hilfsstab wieder angeschlossen. Er ist jetzt momentenfrei. Nun wird der Knoten B freigemacht und die vorhandene Momentensumme $M_B \mp \dfrac{1}{8}\, M_A$ „verteilt" und die Teil-Momente übertragen. Es entsteht damit im Stab *2* am Knoten B das Teilmoment $\dfrac{1}{4} \left(M_B \mp \dfrac{1}{8}\, M_A \right)$ und durch Übertragung am Knoten A die Hälfte davon, nämlich $\dfrac{1}{8} \left(M_B \mp \dfrac{1}{8}\, M_A \right) = \dfrac{1}{8}\, M_B \mp \dfrac{1}{64}\, M_A$. Dieses Moment beansprucht zwar den Hilfsstab in A, der Knoten muß also nochmals freigemacht und ausgeglichen werden. Aber man sieht, daß die ursprüngliche Momentensumme M_A nur mehr mit 1/64 daran beteiligt ist. Bei mehrmaliger Wiederholung des Verfahrens werden die zu verteilenden Momentensummen immer kleiner und liegen schließlich unterhalb der Rechnungsgenauigkeit, sind also praktisch verschwunden. Da in diesem Zustand die Ergänzungsstäbe momentenfrei sind, können sie, ohne an der Momentenverteilung etwas zu ändern, wieder weggenommen werden.

Für die Durchführung des Verfahrens, die später an einigen Beispielen am durchlaufenden Träger und an Stockwerksrahmen gezeigt wird, empfiehlt sich die Verwendung der von *Cross* eingeführten Vorzeichenregel für die Biegungsmomente, die von der in der Statik und Festigkeitslehre üblichen Festsetzung, daß die positiven Momente an einer bestimmten Seite eines Stabes Zugspannungen verursachen, abweicht. Das Vorzeichen des Biegungsmomentes wird beim *Cross*-Verfahren nach seinem Drehsinn am freien Stabende bestimmt. *Das Biegungsmoment ist positiv, wenn das am frei gemachten Stabende angreifende Moment entgegen dem Uhrzeiger dreht.*

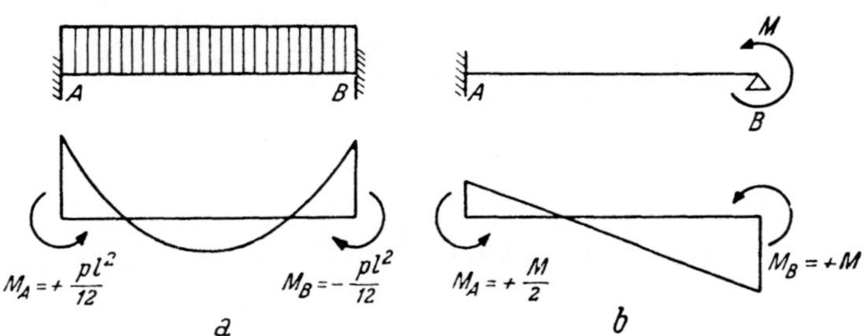

Abb. 104. Vorzeichenregel für die Momente nach *Cross*.

In der Abb. 104 ist die Vorzeichenregel an zwei Beispielen erläutert. Beim beiderseitig eingespannten Balken unter Gleichlast (Abb. 104 *a*) haben die Einspannmomente verschiedene Vorzeichen. Beim einseitig eingespannten Balken mit am nicht eingespannten Ende angreifendem Moment M_B (Abb. 104 *b*) haben M_A und M_B das gleiche Vorzeichen. Die Verwendung dieser Vorzeichenregel beim *Cross*-Verfahren bietet zwei Vorteile: 1. sind die Vorzeichen für die an jedem Knoten zu bildenden Momentensummen maßgebend und 2. bleibt das Vorzeichen des Momentes bei der Übertragung von einem Stabende zum andern erhalten. Durch die besondere Vorzeichenregel werden daher die Berechnungen nach dem *Cross*-Verfahren vereinfacht und Fehlerquellen ausgeschaltet.

Für die Durchführung der Berechnung wird eine schematische Aufschreibung verwendet, die an den später folgenden Beispielen gezeigt wird.

2. Der Durchlaufträger.

Im Hochbau haben die Felder des Durchlaufträgers vielfach gleiche Stützweite und gleiches Trägheitsmoment. Wenn nicht besondere Lastangaben vorliegen, so ist für die Ermittlung der Größtmomente die Nutzlast feldweise voll aufzubringen. In diesen einfachen Fällen benützt man zur Berechnung der Stützmomente und Auflagerkräfte Tab. 22.

Mit Hilfe der Tab. 22 berechnet man zunächst die Stützmomente für die ungünstigste Anordnung der Nutzlast. Dann trägt man die Schlußlinien

entsprechend Abb. 105 in die Momentenlinien der frei aufliegenden Balken
ein. Aus dieser Zeichnung kann man bei nur einmaligem Aufzeichnen der
Parabeln alle in Frage kommenden Momente infolge Nutzlast entnehmen.
Die Momente infolge ständiger Last trägt man von der Schlußlinie aus
auf und fügt mit dem Stechzirkel punktweise die Größt- und Kleinst-
momente infolge Nutzlast hinzu (Abb. 105 b). Auf diese Weise erhält man
mit einem Minimum an Zeichenarbeit die Linie der extremen Momente,
die für die Bemessung maßgebend ist.

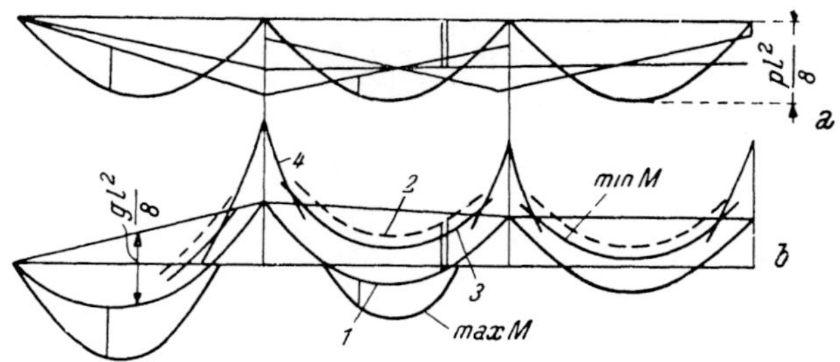

Abb. 105. Ermittlung der Max. Momente im Durchlaufträger.

Bei mehr als fünf Feldern, — in Tab. 22 nicht mehr enthalten, — nimmt
man für das erste und zweite Feld die Momente des ersten und zweiten
Feldes, für die übrigen Innenfelder die des dritten Feldes des 5-Feld-
trägers.

Bei ungleichen Stützweiten darf Tab. 22 noch verwendet werden, solange
die Stützweiten der einzelnen Felder nicht allzu sehr voneinander abweichen, nämlich solange min l/max $l \geq 0,8$ ist. Man berechnet die Stützmomente mit den Werten der Tab. 22, indem man für l das arithmetische
Mittel der benachbarten Stützweiten einsetzt und die Feldmomente sodann aus dem Moment des frei aufliegenden Balkens und den Stützmomenten ermittelt.

Die der Tab. 22 zugrunde liegende Annahme der freien Verdrehbarkeit
der Auflager (Kipplager) trifft im Hochbau selten zu. Infolge des fugenlosen Verbandes der Träger mit den Auflagern (Träger oder Stützen)
wird immer ein elastischer Verdrehungswiderstand an den Stützpunkten
vorhanden sein. Er wird im Hochbau vernachlässigt, wenn der Träger
auf Mauerwerk oder auf anderen Trägern aufliegt. Wenn der Träger jedoch mit nicht zu schlanken Stahlbetonsäulen fugenlos verbunden ist,
dann soll die Verdrehungssteifigkeit der Widerlager auch in der Rechnung
berücksichtigt werden. Dieser Fall wird im nächsten Abschnitt, Rahmen
mit unverschieblichem Netz, behandelt. Wird eine solche Berechnung
als Rahmen nicht vorgenommen, dann dürfen bei fugenloser Verbindung
des Trägers mit seinen Stützen die negativen Feldmomente des frei drehbar
gelagerten Durchlaufträgers infolge Verkehrslast um 1/3 verkleinert werden.
In Abb. 105 b wird diese Ermäßigung vorgenommen, indem man im Feld
den Abstand zwischen der Momentenlinie infolge ständiger Last (1) und
der Linie der negativen Momente (2) in drei Teile teilt und die ober-
sten Drittelpunkte miteinander verbindet (3). Die steil ansteigenden
Spitzen der Stützmomente (4) dürfen in diesen Vorgang nicht einbezogen
werden.

Tabelle 22. *Stützmomente und Auflagerkräfte des gelenklosen Mehrfeldträgers mit gleichen Stützweiten, konstantem Trägheitsmoment und frei drehbarer Lagerung.*
Gleichmäßige Last: $M_i = \varkappa\, p\, l^2$.

Belastungsfälle	Stützmomente				Auflagerkräfte									
	M_B	M_C	M_D	M_E	A_r	B_l	B_r	C_l	C_r	D_l	D_r	E_l	E_r	F_l
1.) *A B C*	-0,125				0,375	-0,625	0,625	-0,375						
2.)	-0,063				0,437	-0,563	0,063	0,063						
1.) *A B C D*	-0,100	-0,100			0,400	-0,600	0,500	-0,500	0,600	-0,400				
2.)	-0,050	-0,050			0,450	-0,550	0	0	0,550	-0,450				
3.)	-0,050	-0,050			-0,050	-0,050	0,500	-0,500	0,050	0,050				
4.)	-0,117	-0,033			0,383	-0,617	0,583	-0,417	0,033	0,033				
5.)	-0,067	+0,017			0,433	-0,567	0,083	0,083	-0,017	-0,017				
1.) *A B C D E*	-0,107	-0,071	-0,107		0,393	-0,607	0,536	-0,464	0,464	-0,536	0,607	-0,393		
2.)	-0,054	-0,036	-0,054		0,446	-0,554	0,018	0,018	0,482	-0,518	0,054	0,054		
3.)	-0,121	-0,018	-0,058		0,380	-0,620	0,603	-0,397	-0,040	-0,040	0,558	-0,442		
4.)	-0,036	-0,107	-0,036		-0,036	-0,036	0,429	-0,571	0,571	-0,429	0,036	-0,036		
5.)	-0,067	+0,018	-0,004		0,433	-0,567	0,085	0,085	-0,022	-0,022	0,004	0,004		
6.)	-0,049	-0,054	+0,013		-0,049	-0,049	0,496	-0,504	0,067	0,067	-0,013	-0,013		
1.) *A B C D E F*	-0,105	-0,079	-0,079	-0,105	0,395	-0,606	0,526	-0,474	0,500	-0,500	0,474	-0,526	0,606	-0,395
2.)	-0,053	-0,040	-0,040	-0,053	0,447	-0,553	0,013	0,013	0,500	-0,500	-0,013	-0,013	0,553	-0,447
3.)	-0,053	-0,040	-0,040	-0,053	-0,053	-0,053	0,513	-0,487	0	0	0,487	-0,513	0,053	0,053
4.)	-0,119	-0,022	-0,044	-0,051	0,380	-0,620	0,598	-0,402	-0,023	-0,023	0,493	-0,507	0,052	0,052
5.)	-0,035	-0,111	-0,020	-0,057	-0,035	-0,035	0,424	-0,576	0,591	-0,409	-0,037	-0,037	0,557	-0,443
6.)	-0,067	+0,018	-0,005	+0,001	0,443	-0,567	0,085	0,085	-0,023	-0,023	0,006	0,006	0,001	0,001
7.)	-0,049	-0,054	+0,014	-0,004	-0,049	-0,049	0,495	-0,505	0,068	0,068	-0,018	-0,018	-0,004	-0,004
8.)	0,013	-0,053	-0,053	+0,013	0,013	0,013	-0,066	-0,006	0,500	-0,500	0,066	0,066	0,013	0,013
	$\cdot\, p\, l^2$				$\cdot\, p\, l$									

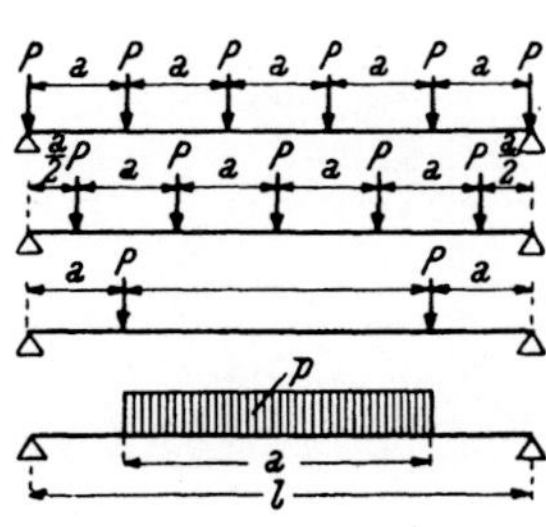

Einzellasten P: $M_i = \omega\, \varkappa\, p\, l^2$, $p = \dfrac{P}{l}$,

n gleiche Teile $\left(n = \dfrac{l}{a}\right)$: $\omega = \dfrac{n^2 - 1}{n}$,

n Einzellasten $\left(n = \dfrac{l}{\alpha}\right)$: $\omega = \dfrac{2\,n^2 + 1}{2n}$,

zwei symmetrische Einzellasten: $\omega = 12\,\dfrac{a}{l}\left(1 - \dfrac{a}{l}\right)$,

eine symmetrische Streckenlast: $\omega = \dfrac{a}{2\,l}\left[3 - \left(\dfrac{a}{l}\right)^2\right]$.

Bei ungleichen Stützweiten (min l/max $l < 0,8$) oder Trägheitsmomenten oder bei ungewöhnlichen Belastungsanordnungen muß man die Schnittkräfte nach den Berechnungsverfahren für Durchlaufträger ermitteln, soferne nicht besondere Tafelwerke (z. B. *Anger*, Zehnteilige Einflußlinien, Berlin, Ernst und Sohn) verwendbar sind. Das *Cross*-Verfahren, dessen Grundlagen unter Ziffer 1 erläutert wurden, ist für die Berechnung solcher Mehrfeldträger besonders zu empfehlen.

Bei diesem Verfahren nimmt man, wie bereits auseinandergesetzt wurde, zunächst jedes Auflager als unverdrehbar an und bestimmt die unter der gegebenen Belastung entstehenden Einspannmomente. In diesem Zustand verschwindet die Summe der Stützmomente links und rechts der Stütze im allgemeinen nicht. Die verbleibenden Knoten-Momente werden in schrittweiser Annäherung beseitigt, indem man nacheinander jeden Knoten (Auflager) „freimacht", das Knotenmoment im Verhältnis der Stabsteifigkeiten J/l aufteilt und die Anteile bis zum nächsten Auflager „überträgt".

Im folgenden Beispiel ist die zweckmäßigste Art der Rechnungsdurchführung erläutert. Vor der Momentenverteilung (Ziffer 4 des folgenden Beispieles) schreibt man die Einspannmomente der eingespannten Stäbe an den Stabenden an. Die an einem Knoten angreifenden Endmomente stehen daher neben dem Knoten. Man bildet deren Summe und notiert sie in einer besonderen Spalte. Mit Hilfe der Verteilungszahlen μ bestimmt man die Momentenverteilung. Es wird jedes Teilmoment mit dem entgegengesetzten Vorzeichen der Momentensumme an das Stabende geschrieben und dann ein Strich gezogen, der anzeigt, daß der Knoten ausgeglichen ist. Sodann sind die Teilmomente, mit der Übertragungszahl multipliziert, an die abliegenden Stabenden ohne Vorzeichenänderung zu übertragen. Damit ist ein Schritt vollendet und der nächste Knoten folgt. Sind alle Knoten einmal ausgeglichen, so sind beim nächsten Gang die Momentensummen nur mehr von den Stabendmomenten zu bilden, die unter dem letzten Strich stehen, also, nur die übertragenen Momente. Beim ersten Durchgang hingegen sind in den Momentensummen die Stabendmomente des Ausgangszustandes und die von den bereits ausgeglichenen Nachbarknoten übertragenen Momente zu summieren und auszugleichen. Ist die Momentenverteilung so oft wiederholt worden, daß die Teilmomente unter der Rechnungsgenauigkeit liegen, wird die Rechnung abgebrochen. Die algebraische Summe aller an einem Stabende angeschriebenen Teilmomente gibt das endgültige Stabend-Moment.

Beispiel: 1. Abmessungen und Belastung.

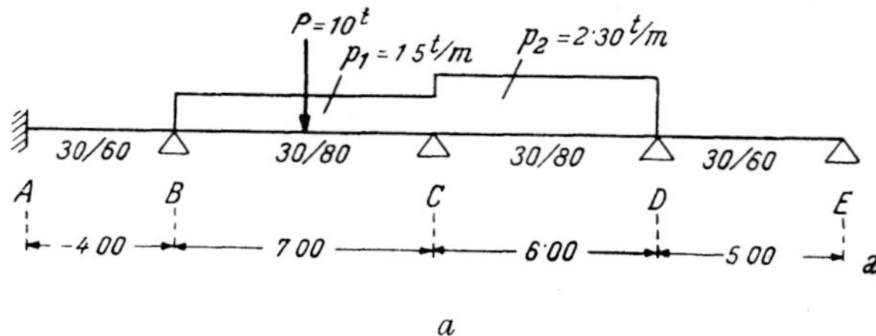

a

2. Trägheitsmomente J, Stabsteifigkeiten $\varkappa = \dfrac{J}{l}$, bzw. $\dfrac{3}{4}\dfrac{J}{l}$.
Knotensteifigkeiten $\varSigma\varkappa$, Verteilungszahlen μ.

(Die Übertragungszahlen sind $\lambda = {}^1/_2$, bzw. 0.)
Schema:

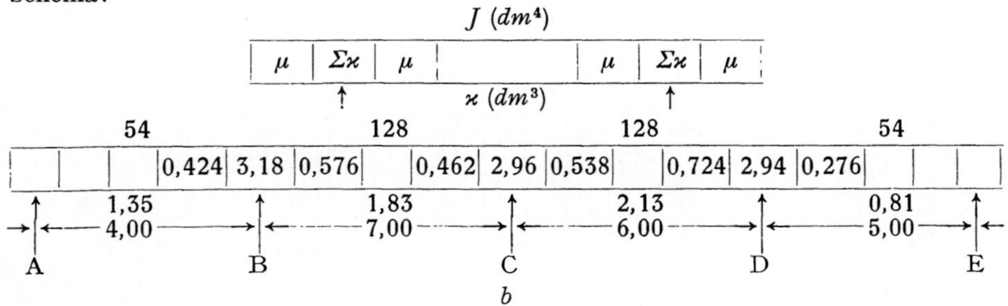

3. Stützmomente der eingespannten Balken:

$$M_{B,r} = -\, M_{C,l} = +\, \frac{1{,}5 \cdot 7{,}0^2}{12} + \frac{10 \cdot 7{,}0}{8} = +\, 14{,}9 \text{ tm,}$$

$$M_{C,r} = -\, M_{D,l} = +\, \frac{2{,}3 \cdot 6{,}0^2}{12} = +\, 6{,}9 \text{ tm.}$$

Rechnungsgenauigkeit: 0,1 tm.

4. Momentenverteilung und Stützmomente.

A	0,424	ΣM	0,576	0,462	ΣM	0,538	0,724	ΣM	0,276	E
0	0		+14,90	−14,90		+6,90	−6,90		0	0
−3,15 ←	−6,30	+14,90	−8,60 →	−4,30						
			+2,85 ←	+5,70	−12,30	+6,60 →	+3,30			
−0,60 ←	−1,21	+2,85	−1,64 →	−0,82		+1,30 ←	+2,60	−3,60	+1,00→0	
			−0,11 ←	−0,22	+0,48	−0,26 →	−0,13			
0 ←	+0,05	−0,11	+0,06 →	0		0 ←	+0,09	−0,13	+0,04→0	
−3,75	−7,46		+7,46	−14,54		+14,54	−1,04		+1,04	0

c

Reihenfolge B, C, D, B, C, D, B.

5. Biegungsmomente.

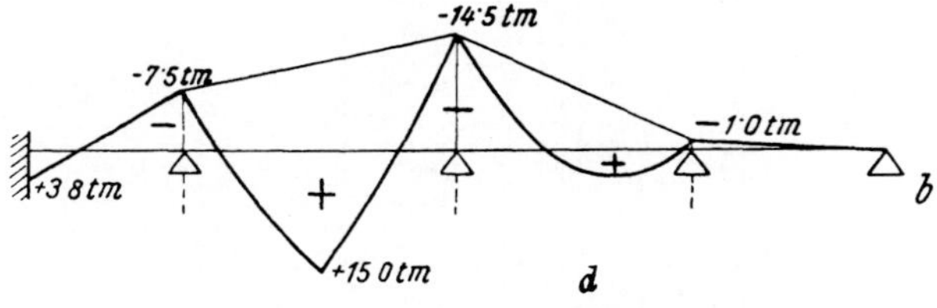

Abb. 106. Durchlaufträger:
1) Belastung, 2) Trägheitsmomente, Steifigkeiten und Verteilungszahlen, 3) Stützmomente der eingespannten Balken, 4) Momentenverteilung, 5) Biegungsmomente.

Wenn der Träger mit der Platte zum Plattenbalken verbunden ist, so ist bei der Ermittlung der Schnittkräfte am statisch unbestimmten Tragwerk in das Trägheitsmoment auch die Platte mit einzubeziehen, und zwar mit

Tabelle 23. *Trägheitsmoment und Schwerpunkt des Plattenbalkens.*
(*Zustand Ia.*)

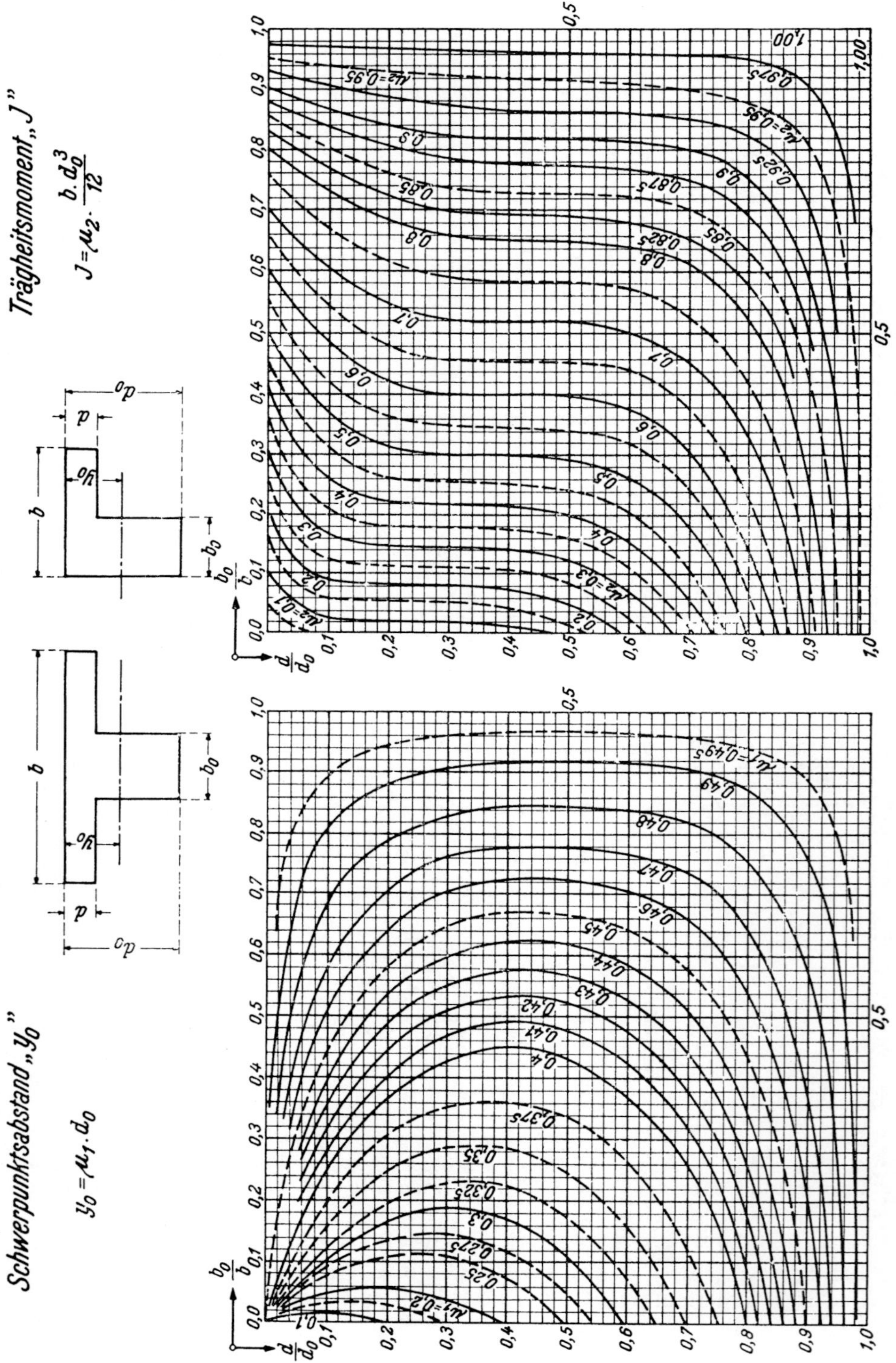

Aus *H. Machatti*. Die Methode *Cross*.

einer den jeweils geltenden Bestimmungen entsprechenden Breite. Die Trägheitsmomente sind für den vollen Betonquerschnitt (Zustand Ia) zu ermitteln. Die Bewehrung kann vernachlässigt werden. Wird jedoch die Bewehrung beim Trägheitsmoment mitgerechnet, so darf sie nur mit $n = 10$ in Rechnung gestellt werden.

Für die Berechnung der Trägheitsmomente und der Schwerpunkte der Plattenbalkenquerschnitte (Zustand Ia, ohne Bewehrung) bedient man sich der Tab. 23.

Bei einfachen Belastungsformen sind die Stützmomente des starr eingespannten Balkens mit konstantem Trägheitsmoment, die den Ausgangspunkt der Momentenverteilung bilden, aus einfachen Formeln zu berechnen, die in jedem Handbuch zu finden sind, ebenso die Momente und

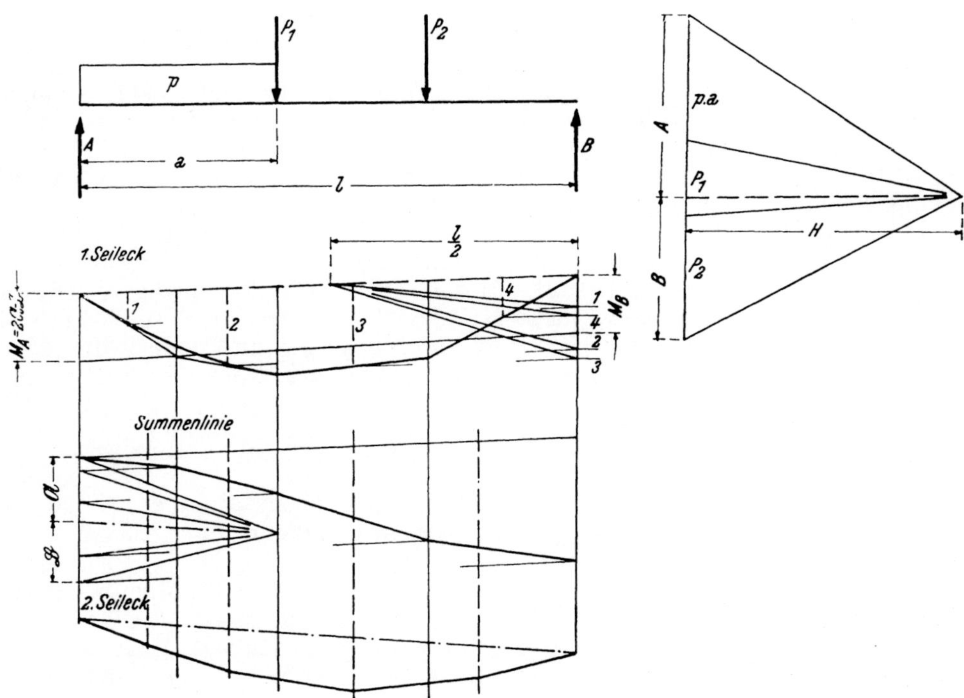

Abb. 107. Graphische Ermittlung der Biegungsmomente des starr eingespannten Balkens.

Querkräfte am frei aufliegenden Balken, die man zur Bestimmung der endgültigen Schnittkräfte des Mehrfeldträgers ebenfalls braucht. Ist jedoch die Belastung eines Feldes vielgestaltig zusammengesetzt, so ist die graphische Ermittlung der Momente und Querkräfte des frei aufliegenden Trägers sowie der Stützmomente des starr eingespannten Balkens zu empfehlen.

Man bestimmt zunächst mit einem Seileck die Momente des frei aufliegenden Balkens (Abb. 107). Die Polweite wählt man so, daß die Seilecksordinaten, in einem üblichen Maßstab gemessen, bereits die Momente angeben. Sei der Längenmaßstab 1 cm der Zeichnung gleich a Meter, der

Kraftmaßstab 1 cm d. Z. = b Tonnen, die Polweite $H = c$ cm d. Z. = $b\,c$ Tonnen, so ist der Momentenmaßstab, in dem die Seilecksordinaten zu messen sind: 1 cm d. Z. = $a\,b\,c$ tm.

Beispiel: L.M. 1 : 50, d. h. 1 cm d. Z. = 0,5 m, Kr.M.: 1 cm d. Z. = 1 t, Polweite: H = 10 cm, so ist der M. M.: 1 cm d. Z. = 0,5 · 1 · 10 = 5 tm.

Das erste Seileck und die Schlußlinie gibt neben den Momenten und Querkräften am frei aufliegenden Balken auch die Grundlage zur Bestimmung der Stützmomente am starr eingespannten Balken. Wenn J = const., was bei solchen Trägern im Hochbau meist der Fall ist oder mit genügender Genauigkeit angenommen werden kann, stehen die Einspannmomente in einfacher Beziehung zu den Stützdrücken $\mathfrak{A}$ und $\mathfrak{B}$ der als Belastung aufgefaßten Momentenfläche. Es ist

$$M_A = \frac{-2}{l}\,(2\,\mathfrak{A} - \mathfrak{B}), \qquad M_B = \frac{-2}{l}\,(2\,\mathfrak{B} - \mathfrak{A}). \tag{5}$$

Um $\mathfrak{A}$ und $\mathfrak{B}$ auf möglichst einfachem Wege zu ermitteln, bestimmt man den Inhalt der einzelnen Teilflächen F der Momentenfläche aus deren mittleren Ordinaten mit einer Summenlinie, deren Steigung mit der Polweite $l/2$ bestimmt wird. Die Teilabschnitte der Summenlinie geben die $2/l$-fachen Flächeninhalte an (Abb. 107). Mit einem zweiten Seileck mit beliebiger Polweite ermittelt man die Größen $2\,\mathfrak{A}/l$ und $2\,\mathfrak{B}/l$ im Momentenmaßstab, woraus man, am einfachsten mittels Zirkeladdition, die Einspannmomente bestimmt und in das erste Seileck einträgt. Dieses graphische Verfahren geht auch bei aus vielen Kräften und Teillasten zusammengesetzten Belastungen rasch und mühelos und liefert die Einspannmomente des voll eingespannten Balkens sowie die Querkräfte und Momente des frei aufliegenden Balkens mit genügender Genauigkeit.

3. Rahmen mit geraden Stäben und unverschieblichem Netz.

Rahmen mit unverschieblichem Netz sind solche Rahmen, die auch nach dem Ersatz der biegungssteifen Stabanschlüsse durch Gelenke kinematisch unbeweglich bleiben.

Die Rahmen mit unverschieblichem Netz kommen im Stahlbeton-Hochbau häufig vor. Sie sind meistens hochgradig statisch unbestimmt. Die Berechnung erfolgt am zweckmäßigsten nach dem *Cross*-Verfahren. Die Berechnung der Biegungsmomente der unverschieblichen Rahmen nach diesem Verfahren ist auch der erste Schritt zur Berechnung der Rahmen mit verschieblichem Netz. Die Verschieblichkeit der Rahmen ist im Hochbau oft von geringem Einfluß auf das Endergebnis, wie das folgende Beispiel zeigen wird. Sie kann dann vernachlässigt werden.

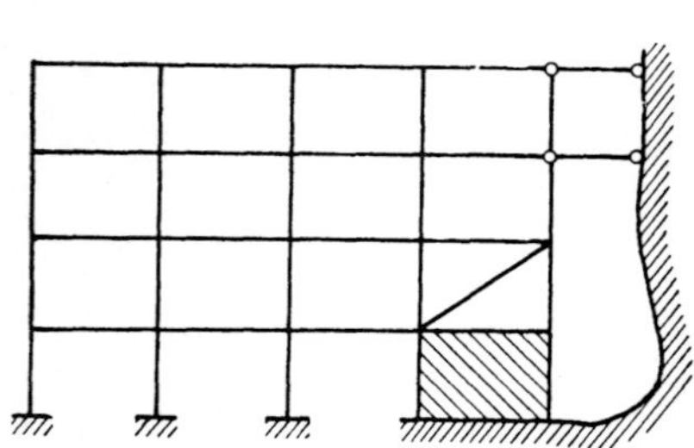

Abb. 108. Stockwerksrahmen mit festgehaltenem Riegel als Beispiel eines Rahmens mit unverschieblichem Netz.

Eine der häufigsten Rahmenformen dieses Typs ist das durch die biegungssteife Verbindung der Träger mit den Stützen entstehende Stabtragwerk (Abb. 108). Diese Rahmenform hat ein verschiebliches Netz; es liegen so viele Freiheitsgrade (Verschiebungsmöglichkeiten) vor, als Riegel vorhanden sind. Man macht den Rahmen unverschieblich, indem man sich an jedem Riegel eine Festhaltung angebracht denkt. Solche Festhaltungen können auch baulich vorgesehen werden. So ist z. B. die Ausmauerung eines Feldes mit Ziegelmauerwerk, eine Diagonale oder der Anschluß an eine steife Scheibe als Festhaltung anzusehen (Abb. 108).

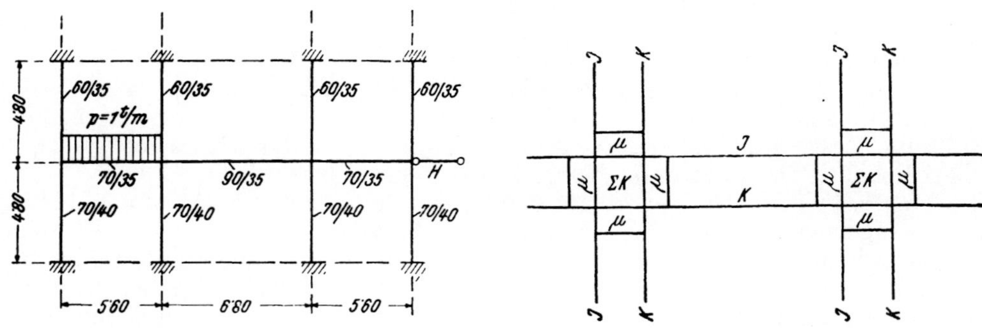

a) Abmessungen und Belastung.

b) Bezeichnungsschema.

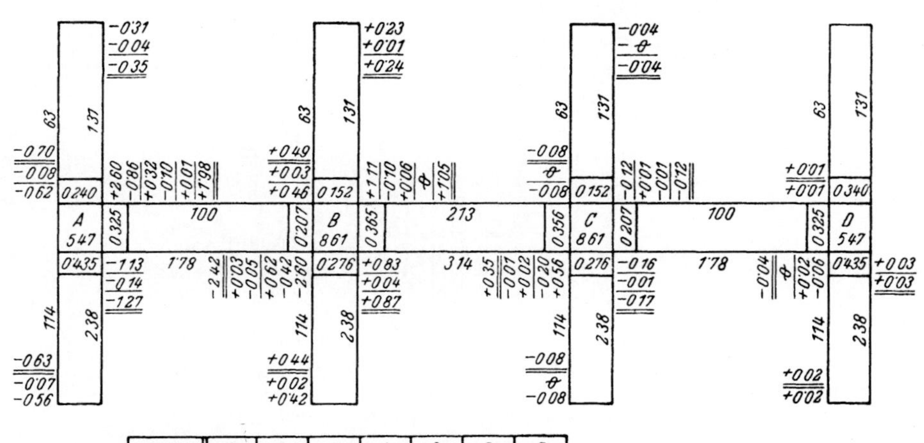

c) Berechnung der Stabendmomente.

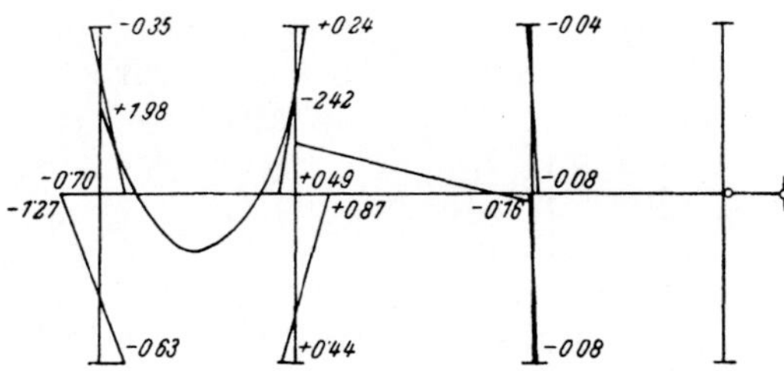

d) Momentenbild.

Abb. 109. Berechnung des Riegels eines Stockwerkrahmens als Durchlaufträger mit elastisch drehbaren Stützen.

Die Biegungsmomente in solchen Rahmen klingen mit der Entfernung vom belasteten Feld sehr rasch ab. Es genügt daher in vielen Fällen, nur einen Riegel mit den oben und unten anschließenden Stützen zu betrachten, deren Enden man starr eingespannt annimmt. Man schneidet somit aus dem ganzen Rahmen einen Teil heraus, der einen Durchlaufträger auf Stützen mit elastischem Verdrehungswiderstand darstellt. Diese vereinfachende Annahme liefert sehr gute Näherungswerte. Das folgende Beispiel zeigt die Durchführung der Berechnung.

Der Riegel und die Stützen haben die in Abb. 109 a angegebenen Abmessungen. Das Seitenfeld sei mit $p = 1$ t/m belastet. Es wird zunächst eine Festhaltung H des Riegels angenommen, und nach Ermittlung der Momente die darin entstehende Festhaltekraft berechnet.

Wie dieses Beispiel zeigt, kann man die Teilmomente infolge Platzmangels nicht mehr, so wie beim Durchlaufträger, quer zu den Stäben anordnen, sondern man muß sie, beim Stabende beginnend, gleichlaufend mit dem Stab anschreiben. Bei einiger Übung bereitet diese Art der Aufschreibung jedoch keine Schwierigkeiten. Die Reihenfolge der Momentenverteilung und die Teilsummen ΣM vermerkt man gesondert. Die Folge der Teilsummen ist auch ein Maßstab für die Konvergenz der Berechnung; diese ist, wie leicht einzusehen, um so besser, je mehr Stäbe in einem Knoten zusammenlaufen.

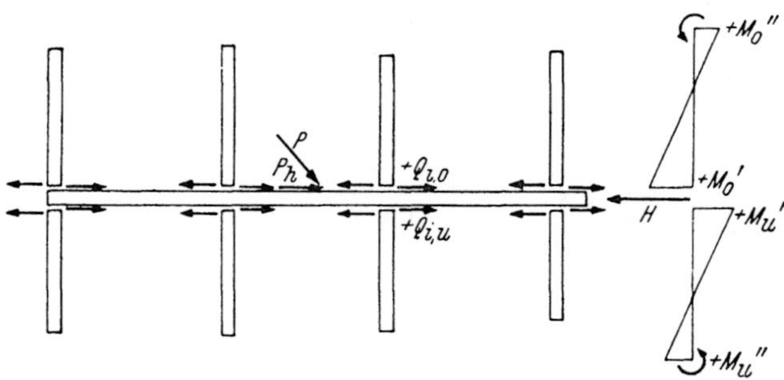

Abb. 110. Stützenquerkräfte und Festhaltekraft.

Die ermittelten Momente gelten für Rahmen mit unverschieblichem Netz. Da bei gelenkigem Anschluß aller Stäbe der Riegel horizontal verschoben werden kann, stellt das vorliegende System keinen solchen Rahmen dar, es muß vielmehr durch Anbringung eines Festhaltestabes die Unverschieblichkeit in diesem Falle herbeigeführt werden. Diese Hinzufügung eines de facto nicht vorhandenen Stabes ist natürlich nur solange zulässig, solange die in diesem Stab entstehende Kraft so klein ist, daß ihr Einfluß auf die Momentenverteilung vernachlässigt werden kann. Man hat daher zunächst die Festhaltekraft zu ermitteln.

Die Festhaltekraft H steht offenbar im Gleichgewicht mit den Horizontalkomponenten P_h der am Riegel angreifenden Lasten und den auf den Riegel wirkenden Querkräften Q_{io} und Q_{iu} der anliegenden Stabenden der Stützen (Abb. 110)

$$H \triangleq \Sigma(P_h + Q_{io} + Q_{iu}).$$

Die positive Richtung der am Riegel wirkenden Horizontalkräfte sei von links nach rechts gerichtet. Dann ist

$$Q_{io} = + \frac{M_{io}' + M_{io}''}{h_{io}},$$

$$Q_{iu} = - \frac{M_{iu}' + M_{iu}''}{h_{iu}}.$$

$$(6)$$

Im vorliegenden Falle ist $P_h = 0$; da $h_{io} = h_{iu} = \text{const.}$, wird

$$\sum Q_{io} = \frac{1}{h} \sum (M_{io}' + M_{io}'') =$$

$$= \frac{1}{4{,}80} (-0{,}70 - 0{,}35 + 0{,}47 + 0{,}24 - 0{,}08 - 0{,}04) = -\frac{0{,}44}{4{,}80} = -0{,}09 \text{ t.}$$

Ferner ist $\qquad \sum Q_{iu} = \frac{-1}{h} \sum (M_{iu}' + M_{iu}'') =$

$$= -\frac{1}{4{,}80} (-1{,}27 - 0{,}63 + 0{,}87 + 0{,}44 - 0{,}17 - 0{,}08 + 0{,}03 + 0{,}02) =$$

$$= + \frac{0{,}79}{4{,}80} = + 0{,}165 \text{ t.}$$

Demnach wird $H = -0{,}09 + 0{,}165 = + 0{,}075$ t. Die Festhaltekraft ist hier so klein, daß ihr Einfluß auf das Endergebnis vernachlässigt werden kann, d. h. man kann den an sich nicht festgehaltenen Riegel als festgehalten betrachten. Wie man vorzugehen hat, wenn diese Annahme nicht mehr zulässig ist, wird im nächsten Abschnitt gezeigt werden.

Bei allen beliebigen Rahmenformen mit unverschieblichem Netz und geraden Stäben kann die im Beispiel gezeigte Berechnungsweise angewendet werden. Bei verschieblichem Netz werden zunächst so viele Festhaltungen angebracht, daß das Netz unverschieblich wird. Die Schnittkräfte des nunmehr unverschieblichen Rahmens sind die Vorstufe für die Berechnung des verschieblichen Rahmens.

4. Rahmen mit geraden Stäben und verschieblichem Netz mit wenigen Freiheitsgraden.

Die Anzahl der Freiheitsgrade des Rahmennetzes bestimmt man, wenn sie nicht ohne weiteres ersichtlich ist, nach der Formel

$$m = 2\,k - s > 0. \qquad (7)$$

Es bedeutet k die Anzahl der Knoten, s die Anzahl der Stäbe einschließlich der Stützstäbe, die das Rahmennetz an eine unbewegliche Scheibe (Bodenscheibe) anschließen. Da im Netz des Rahmens alle Knoten gelenkig gedacht sind, so ist jeder Netzknoten, ob der Rahmenstab in der Bodenscheibe eingespannt oder gelenkig angeschlossen ist, mit höchstens zwei Stützstäben an die Bodenscheibe angeschlossen, anzunehmen. So entspricht der festen Einspannung des Stützenfußes der Abb. 111 a der gleiche zweistäbige Anschluß des Netzknotens wie bei gelenkigem Anschluß (Abb. 111 b). (7) gibt nur, solange m positiv ist, die Zahl der Freiheitsgrade an. Ist $m = 0$, so ist das Netz ein unverschiebliches, statisch bestimmtes Fachwerk, ist $m < 0$, so ist das Netz ebenfalls ein unverschiebliches, jedoch statisch unbestimmtes Fachwerk. Solange in der Berechnung

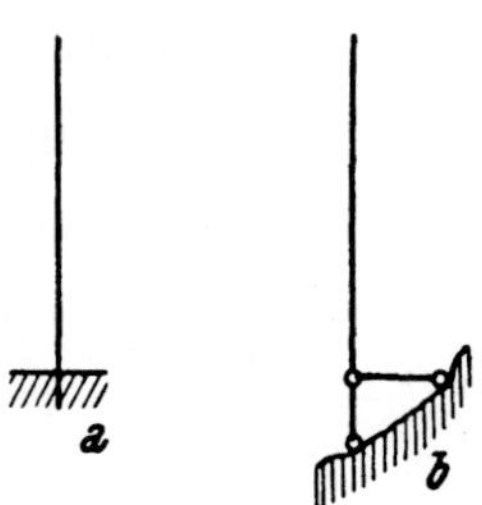

Abb. 111. Stützenfuß:
a) eingespannt, b) mit Fußgelenk.

der Einfluß der Längenänderungen der Stäbe als belanglos vernachlässigt
werden darf, können die Schnittkräfte in letzteren beiden Fällen mit dem
im vorigen Abschnitt verwendeten Schema nach dem *Cross*-Verfahren
bestimmt werden.

Bei Rahmen mit verschieblichem Netz bringt man zunächst so viele
Festhaltestäbe an, daß das Netz unverschieblich wird und berechnet,
wie im vorigen Abschnitt gezeigt wurde, die Biegungsmomente und Festhaltekräfte H.

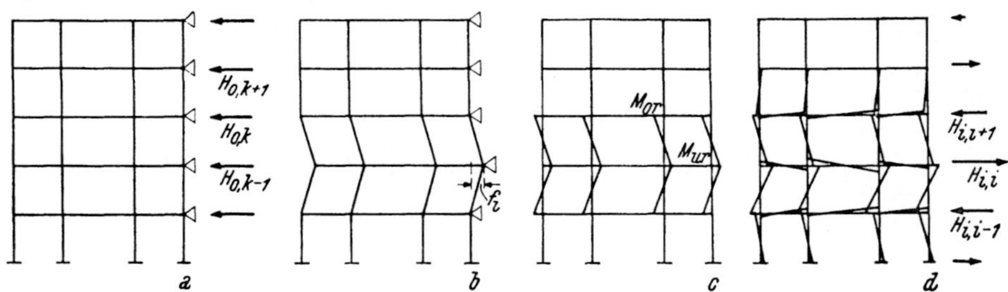

Abb. 112. Festhaltekräfte und Verschiebungszustände an einem Stockwerksrahmen.

Da diese Festhaltekräfte im Stabtragwerk nicht auftreten können,
müssen sie in einer zusätzlichen Berechnung wieder beseitigt werden. Man
hat zu diesem Zweck den Rahmen so vielen Verschiebungen zu unterziehen,
als Freiheitsgrade vorhanden sind. Der Vorgang wird am besten an Hand
eines Beispieles verständlich gemacht. Es wird hiefür die wichtigste Anwendung, der mehrfeldrige, mehrstöckige Stockwerksrahmen, gewählt.
Man bringt an jedem Riegel eine Festhaltung an, in der unter der Belastung
die Reaktionskräfte H_0 entstehen (Abb. 112 a). Nun löst man hinter-
einander jeweils eine Festhaltung H_i, verschiebt den Riegel um die Strecke f_i
(Abb. 112 b) und bestimmt die dadurch im Rahmen verursachten Biegungsmomente. Zu diesem Zwecke denkt man sich zunächst jeden Knoten des
Rahmens an der Drehung verhindert. Dann entstehen in jeder ver-
schobenen Stütze r bei positivem Stabdrehwinkel $\vartheta_r = \dfrac{f_r}{l_r}$ (Abb. 113) die

Stabendmomente

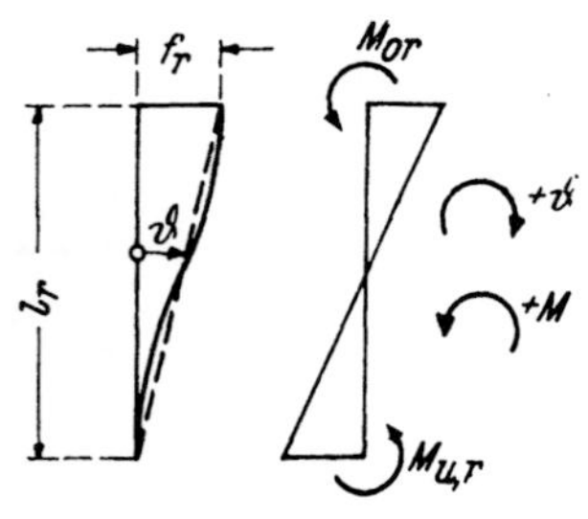

$$M_{or} = M_{ur} = + \frac{6\,E\,J_r}{l_r}\,\vartheta_r = + 6\,E\,J_r\,\frac{f_r}{l_r{}^2},$$

(8)

die übrigen Stützen und die Riegel bleiben
frei von Biegungsmomenten (Abb. 112 c).

Da f_r eine Verschiebung beliebiger Größe
ist, kann man die Stabendmomente in
den verschobenen Stützen auch mit

$$M_{or} = M_{ur} = C\,\frac{J_r}{l_r{}^2} \qquad (8\text{ a})$$

Abb. 113. Stabendmomente
infolge einer Stützenverschiebung.

annehmen. Bei Stützen gleicher Länge kann
daher am einfachsten ein beliebiges Vielfaches des Trägheitsmomentes oder des Ver-
hältnisses der Trägheitsmomente J_r/J_c, bezogen auf einen frei wählbaren
Festwert J_c, als Stabendmoment angenommen werden.

Nun löst man nacheinander die Knotenfesthaltungen und berechnet nach dem *Cross*-Verfahren die dem Verschiebungszustand f_i entsprechenden Biegungsmomente des Rahmens und die Festhaltekräfte H_{ik} infolge der Verschiebung f_i, die an der Festhaltung k entstehen. Diese Berechnung hat man für jede Festhaltung durchzuführen. Wird bei gleich großer Verschiebung jeder Festhaltung ($f_r =$ const.) nur jeweils eine Festhaltung gelöst und verschoben, so wird, wie sich beweisen läßt $H_{ik} = H_{ki}$.

Unter der Belastung wird jeder Riegel des verschieblichen Rahmens eine solche Verschiebung $\psi_i f_i$ erfahren, daß die Festhaltekraft verschwindet, d. h. daß der Riegel ohne jede Festhaltekraft im Gleichgewicht ist. Die Gleichgewichtsbedingung für den k-ten Riegel lautet:

$$H_{0k} + \sum_{i=1}^{m} \psi_i H_{ik} = 0. \tag{9}$$

Man hat (9) auf jeden Riegel ($k = 1, 2, 3 \ldots m — 1, m$) anzuwenden. Es entstehen m lineare Gleichungen, deren Wurzeln die Koeffizienten ψ_1 bis ψ_m sind. Die Matrix dieser Gleichungen ist, wenn man bei der Verschiebung jeweils nur eine Festhaltung löst, wegen $H_{ik} = H_{ki}$ symmetrisch zur Hauptdiagonale. In der Regel sind dann die Koeffizienten der Hauptdiagonale die absolut größten in jeder Gleichung. Die Beträge der übrigen Koeffizienten werden um so kleiner, je weiter sie von der Hauptdiagonale entfernt sind. Es entstehen demnach Gleichungen, die verhältnismäßig wenig fehlerempfindlich sind.

Die endgültigen Biegungsmomente des Rahmens erhält man durch Überlagerung der Momente M_0 des unverschieblichen Rahmens mit den Momenten M_i aus den Verschiebungszuständen. Es wird

$$M = M_0 + \sum_{i=1}^{m} \psi_i M_i. \tag{10}$$

Die Berechnungsdurchführung wird an dem folgenden Zahlenbeispiel erläutert (Abb. 114).

Berechnung der Festhaltekräfte an einem zweifeldrigen Stockwerkrahmen.

1. Abmessungen, Trägheitsmomente und Bezeichnung der Knoten und Festhaltung nach Abb. 114 a.

2. Die Stabendmomente:
Für die Ausgangsmomente wird, da alle verschobenen Stützen die gleiche Länge haben, entsprechend (8 a), ein Vielfaches des Trägheitsmomentes, nämlich 10 J_r/J_c angenommen.

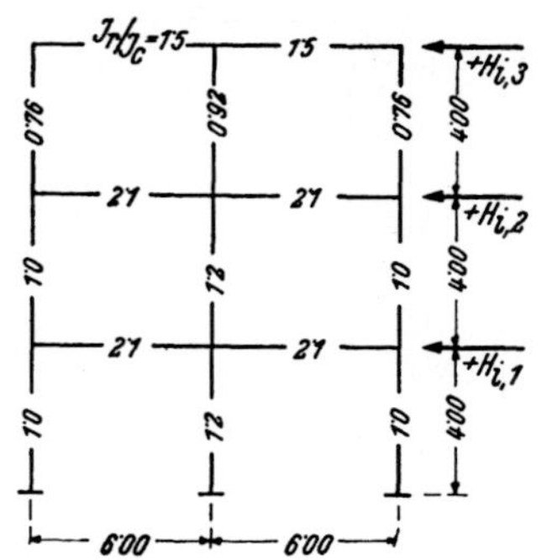

Abb. 114 *a*. Berechnung eines Stockwerkrahmens. Abmessungen und Steifigkeitsverhältnisse.

3. Berechnung der Verschiebungszustände.
Die Berechnung der Verschiebung des zweiten Riegels ist in Abb. 114 *b* dargestellt; die Berechnung der übrigen Verschiebungen ist analog vorzunehmen.

4. Die Biegungsmomente und Festhaltekräfte infolge der Verschiebungen der drei Riegel sind in Abb. 115 *c* zusammengestellt.

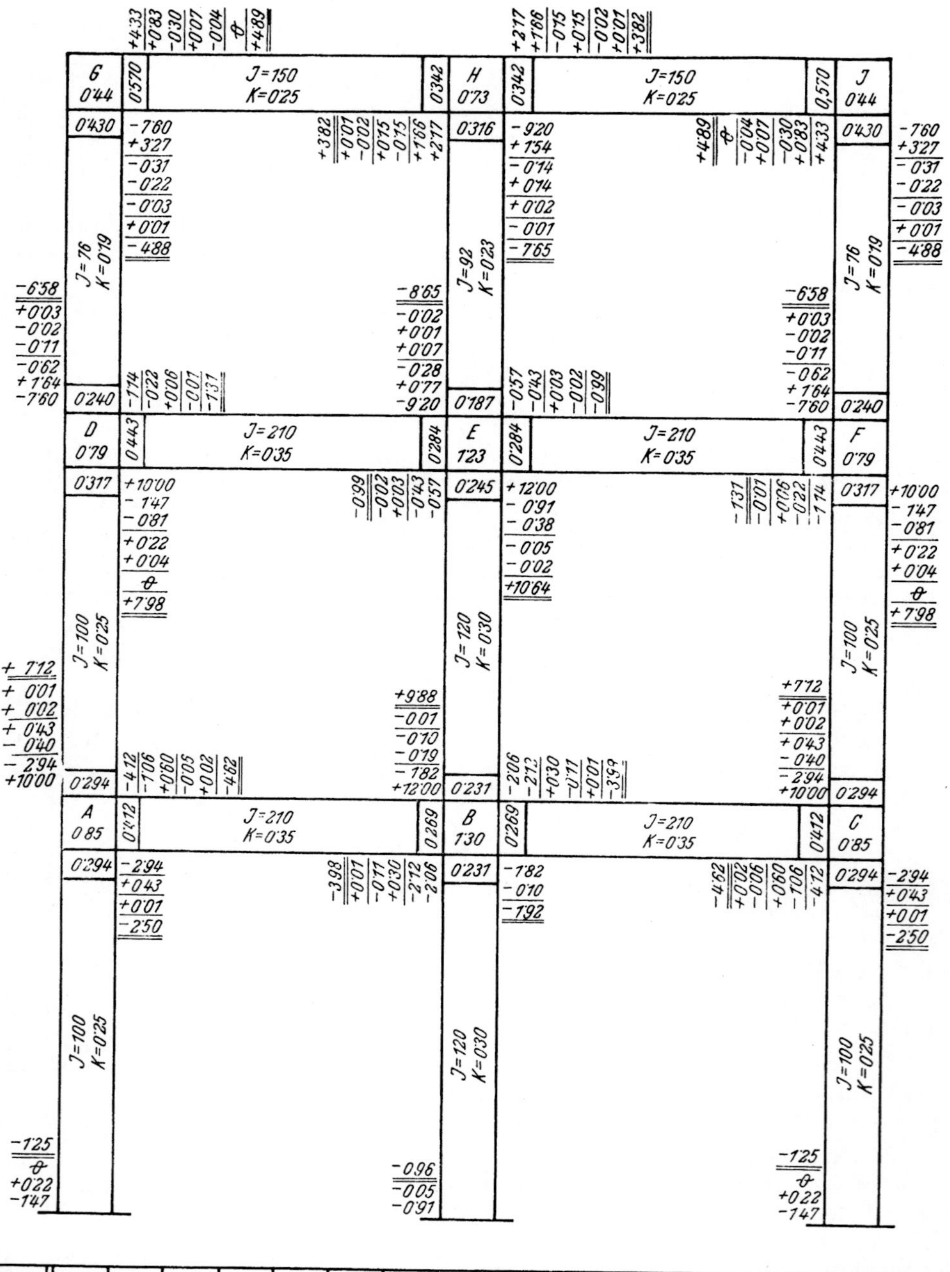

Knoten	G	J	H	A	C	B	D	F	E	A	C	B	G	J	H	G	J
Σh	−7·60	−7·60	−4·85	+10·00	+10·00	+7·88	+2·57	+2·57	+1·52	−1·46	−1·45	+0·41	+0·52	+0·52	−0·44	+0·07	+0·07

Knoten	H	D	F	A	C	E	B
ΣM	−0·04	−0·13	−0·13	−0·04	−0·04	+0·08	+0·01

Abb. 114 *b*. Berechnung eines Stockwerkrahmens. Ermittlung der Stabendmomente infolge Verschiebung des zweiten Riegels.

5. Berechnung der Festhaltekräfte.
Verschiebung des 2. Riegels.

$$H_{21} = \frac{1}{4,00}\,(1,3 + 2,5 + 1,0 + 1,9 + 1,3 + 2,5) +$$

$$+ \frac{1}{4,00}\,(7,1 + 8,0 + 9,9 + 10,6 + 7,1 + 8,0) = + 2,6 + 12,7 = + 15,3\,\text{t},$$

$$H_{22} = \frac{-1}{4,00}\,(7,1 + 8,0 + 9,9 + 10,6 + 7,1 + 8,0) -$$

$$- \frac{1}{4,00}\,(6,6 + 4,9 + 8,7 + 7,6 + 6,6 + 4,9) = - 12,7 - 9,9 = - 22,6\,\text{t},$$

$$H_{23} = \frac{1}{4,00}\,(6,6 + 4,9 + 8,7 + 7,7 + 6,6 + 4,9) = + 9,9\,\text{t}.$$

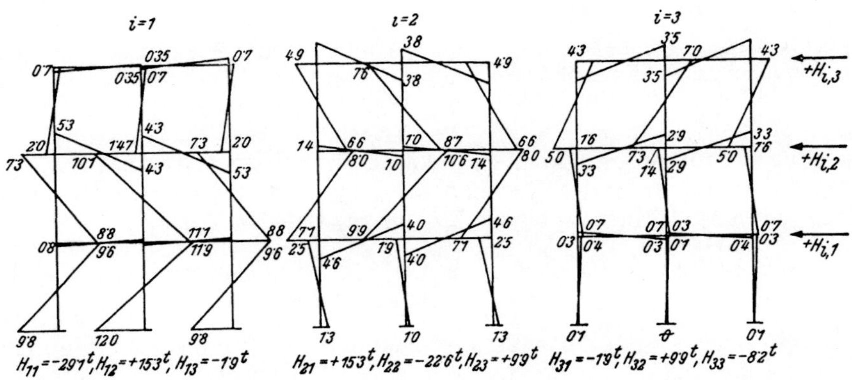

Abb. 114 c. Berechnung eines Stockwerkrahmens. Momente und Festhaltekräfte infolge der Verschiebung der Riegel.

6. Gleichgewichtsgleichungen.

$$-\,29{,}1\,\psi_1 + 15{,}3\,\psi_3 - 1{,}9\,\psi_3 = -\,H_{01},$$
$$+\,15{,}3\,\psi_1 - 22{,}6\,\psi_2 + 9{,}9\,\psi_3 = -\,H_{02},$$
$$-\,1{,}9\,\psi_1 + 9{,}9\,\psi_2 - 8{,}2\,\psi_3 = -\,H_{03}.$$

7. Lösungsgleichungen.

$$\psi_1 = +\,0{,}079\,H_{01} + 0{,}097\,H_{02} + 0{,}099\,H_{03},$$
$$\psi_2 = +\,0{,}097\,H_{01} + 0{,}214\,H_{02} + 0{,}236\,H_{03},$$
$$\psi_3 = +\,0{,}099\,H_{01} + 0{,}236\,H_{02} + 0{,}384\,H_{03}.$$

Mit Hilfe der Lösungsgleichungen berechnet man für jeden Lastfall ψ_1, ψ_2 und ψ_3 und ermittelt die endgültigen Momente, indem man den Momenten des unverschieblichen Rahmens nach (10) die aus der Stützenverschiebung folgenden Momente überlagert. Wenn man, wie bereits erwähnt, jeweils nur eine Festhaltung verschiebt, ist wegen $H_{ik} = H_{ki}$ sowohl die Matrix der Gleichgewichtsbedingungen, als auch die der Lösungsgleichungen symmetrisch. Man hat somit eine sehr gute Kontrolle für die Rechnungsgenauigkeit.

Die Verschiebungszustände ermöglichen auch die Berechnung der Momente infolge der Windbelastung. Bei den Stockwerkrahmen mit vielen Geschossen kann man die Windbelastung als Einzellast W_i in den Knoten i

angreifend, in die Rechnung einführen. Bei festgehaltenen Riegeln geht die Windbelastung unmittelbar in die Festhaltungen; im unverschieblichen Rahmen entstehen daher keine Momente und in den Gleichgewichtsgleichungen ist $H_{oK} = -W_k$ zu setzen. Die Rahmenmomente infolge Wind setzen sich daher, da $M_0 \equiv 0$, nach (10) nur aus den Momenten infolge der Verschiebungszustände zusammen.

Bei dem berechneten Stockwerkrahmen wird: $\psi_1 = +0{,}226\ W$, $\psi_2 = +0{,}429\ W$, $\psi_3 = +0{,}527\ W$; die Momente infolge Wind sind in Abb. 115 dargestellt.

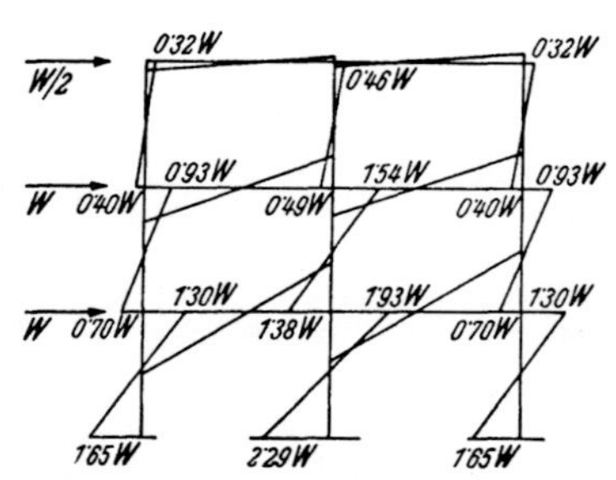

Abb. 115. Biegungsmomente infolge Wind im berechneten Stockwerksrahmen.

Man kann die Berechnung der Verschiebungszustände und die Auflösung der Gleichgewichtsgleichungen umgehen, indem man nach einem von *Haller* und *Kranl*[1] angegebenen Verfahren das Gleichgewicht der Riegel durch Annäherung bestimmt und in die Momentenverteilung miteinbezieht. Eine weitere Vereinfachung der Rechenarbeit, ohne an allgemeiner Anwendbarkeit zu verlieren, bringt eine von *G. Kani* entwickelte Methode[2].

5. Rahmen mit verschieblichem Netz mit vielen Freiheitsgraden und Rahmen mit gekrümmten Stäben.

Das in den vorigen Abschnitten behandelte Rechnungsverfahren eignet sich ganz besonders für hochgradig statisch unbestimmte Rahmen mit geraden Stäben.

Bei Rahmen, deren Netz aus Vielecken von mehr als vier Ecken besteht oder die gekrümmte Stäbe enthalten, ist jedoch das *Cross*-Verfahren nicht mehr am Platze. Solche Rahmen, insbesondere die einfeldrigen Rahmen (Abb. 116), haben viele Freiheitsgrade, sind jedoch von niedriger statischer Unbestimmtheit. Man bedient sich bei diesen Rahmen bei der statischen Berechnung mit Vorteil des Prinzipes der virtuellen Verrückungen.

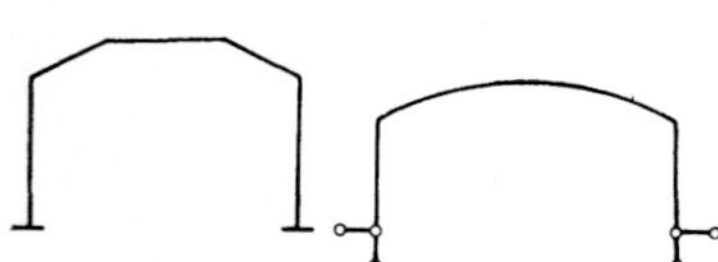

Abb. 116. Einfeldrige Rahmen.

Solange die einzelnen Rahmenstäbe gerade sind und konstantes Trägheitsmoment haben, wird man die Formänderungs- und Belastungsgrößen mit Hilfe der bekannten Hilfsmittel für die Überlagerung zweier Momentenflächen ausrechnen und die Elastizitätsgleichungen auflösen.

Bei Rahmen großer Stützweite wird bedeutende Verminderung des Baustoffaufwandes erreicht, wenn man den einzelnen Rahmenstäben veränderliches Trägheitsmoment gibt. Man kann jedoch die Auswirkung dieser Maßnahmen rechnerisch nie voll erfassen, solange man, wie vielfach üblich, ein „mittleres Trägheitsmoment" und „ein mittleres Gewicht" dieser

---

[1] *H. v. Haller* u. *R. Kranl:* Vereinfachte Berechnung der Rahmenstütze. Bau-Ing. XXIII (1942), S. 65.
[2] *G. Kani*, Die Berechnung mehrstöckiger Rahmen, Stuttgart: Verlag K. Wittwer. 1949.

Rahmenstäbe in die Berechnung einführt. Den vollen Erfolg wird man nur dann nachweisen können, wenn man die Veränderlichkeit der Steifigkeit und des Eigengewichtes längs der Stäbe bei der Berechnung tatsächlich berücksichtigt. Die Formänderungs- und Belastungsgrößen

$$\delta_{mn} = \int M_m M_n \frac{J_c}{J} ds \quad \text{und} \quad \delta_{om} = \int M_0 M_m \frac{J_c}{J} ds \quad \text{müssen numerisch aus-}$$

gewertet werden, was mit Hilfe der *Simpson*schen Regel sehr rasch geht. Bei Stützweiten, die größer als 25 m sind, wird man wohl immer Rahmenstäbe mit veränderlichem Trägheitsmoment vorsehen (Abb. 117).

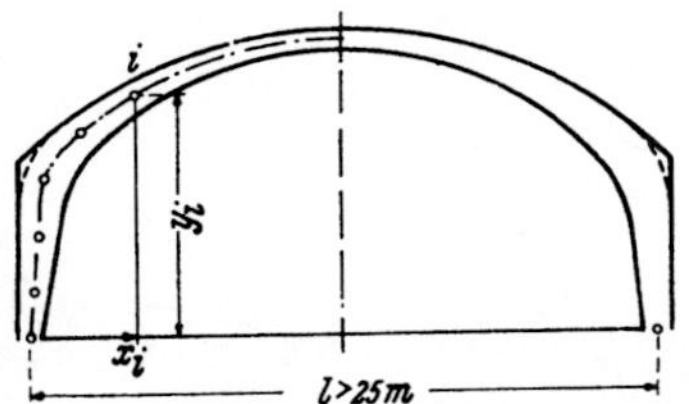

Abb. 117. Zweigelenkrahmen mit stetig gekrümmter Stabachse und veränderlichem Trägheitsmoment.

Der Berechnungsvorgang wird am besten wieder an einem einfachen Beispiel, einem einfeldrigen Zweigelenk-Rahmen größerer Stützweite, erläutert.

Nachdem die Betonabmessungen des Rahmens, etwa auf Grund einer Vorberechnung, angenommen sind, bestimmt man zunächst die Rahmenachse als geometrischen Ort der Schwerpunkte aller Querschnitte. Da die ausspringenden Rahmenecken sowieso nicht mitwirken und die einspringenden Ecken ausgerundet werden (vgl. hiezu B b 4), hat die Rahmenachse keine Unstetigkeiten oder Ecken. An Hand einer maßstäblichen Zeichnung bestimmt man die abgewickelte Länge der Rahmenachse, bei symmetrischen Rahmen der halben Rahmenachse, und teilt diese in eine gerade Anzahl von Teilstücken ein. Die Koordinaten der „Knotenpunkte" x_i und y_i, bezogen auf die Kämpfersehne, mißt man ab. Bei einigermaßen sorgfältiger Zeichnung ist die hiebei erzielbare Genauigkeit ausreichend. Da die Rahmenachse in gleich lange Stücke Δs geteilt wurde, sind die waagrechten Abstände der Knotenpunkte $\Delta x_{i,i+1}$ veränderlich. Nun sind die „Knotenlasten" zu bestimmen, d. h. ein den tatsächlichen Lasten statisch gleichwertiges System von Punktlasten, die in den Knotenpunkten i angreifen. Alle als

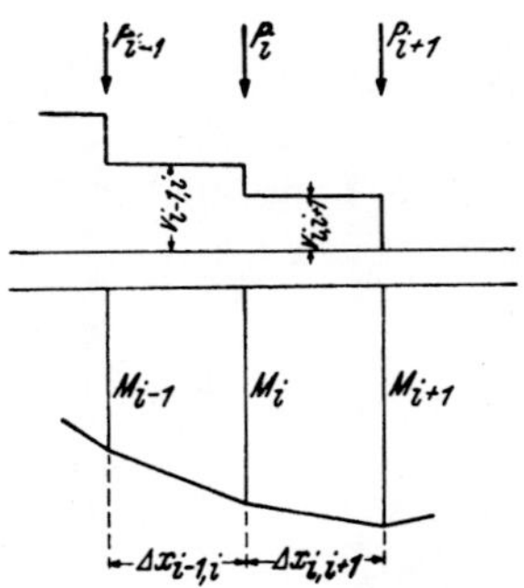

Abb. 118. Querkräfte und Momente infolge von Einzellasten.

Punktkräfte auftretenden Lasten teilt man nach dem Hebelgesetz in die Knotenpunkte auf, die stetig anfallenden Lasten $g = g(s)$ nach der Formel

$$G_i = \frac{\Delta s}{6} (g_{i-1} + 4 g_i + g_{i+1}) \quad \text{mit} \quad G_0 = \frac{\Delta s}{6} (2 g_0 + g_1), \quad (11\,a)$$

oder nach

$$G_i = \frac{\Delta s}{12} (g_{i-1} + 10 g_i + g_{i+1}) \quad \text{mit} \quad G_0 = \frac{\Delta s}{12} (7 g_0 + 6 g_1 - g_2). \quad (11\,b)$$

Aus den Knotenlasten P_i, bzw. G_i berechnet man die Momente M_{0i} (Abb. 118) und die senkrechten Querkräfte V_{0i} des statisch bestimmten

Grundsystemes, in diesem Falle des einfachen Balkens mit gekrümmter Achse, mit Hilfe der Rekursionsformeln

$$V_{i,i+1} = V_{i-1,i} - P_i,$$
$$M_i = M_{i-1} + V_{i-1,i}\,\varDelta x_{i-1,i}.$$

(12)

Die Auswertung dieser Formeln geschieht tabellarisch.

Die Momente $M_{m,i}$ infolge des Angriffes der statisch unbestimmten Einheitskräfte $X_m = -1$ in den Knotenpunkten i sind mit Hilfe der Abmessungen leicht zu ermitteln.

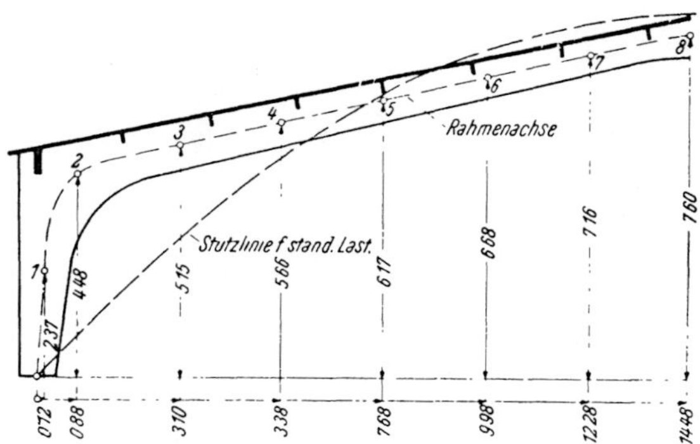

Abb. 119. Berechnung eines Zweigelenkrahmens; Koordinaten der Systemlinie infolge Eigengewicht.

Nun können alle Formänderungs- und Belastungsgrößen berechnet werden, indem man die Integrale, die längs der Rahmenachse zu bilden sind, durch Summen ersetzt (*Simpson*sche Regel). Es wird

$$\delta_{m,n} = \int_0^l M_m M_n \frac{J_c}{J}\,ds \cong \frac{\varDelta s}{3} \sum_{i=0}^r M_{mi} M_{ni} \frac{J_c}{J_i}\,\varkappa_i,$$

$$\delta_{0m} = \int_0^l M_0 M_m \frac{J_c}{J}\,ds \cong \frac{\varDelta s}{3} \sum_{i=0}^r M_{0i} M_{mi} \frac{J_c}{J_i}\,\varkappa_i.$$

(13)

Es bedeutet $\varkappa_i$ einen dimensionslosen Koeffizienten, der jedem Knotenpunkt fest zugeordnet ist, und zwar:

$$i \quad\quad 0,\ 1,\ 2,\ 3,\ 4,\dots r-3,\ r-2,\ r-1,\ r$$
$$\varkappa \quad\quad 1,\ 4,\ 2,\ 4,\ 2,\dots\quad 4,\quad\ 2,\quad\ 4,\quad 1$$

(14)

Da r eine gerade Zahl sein muß, beginnt dieses Schema immer mit 1, 4, 2... und endet mit ...2, 4, 1. Die Berechnung der Summen nach (13) erfolgt ebenfalls tabellarisch. Es ist zweckmäßig, hiebei das vom Kraftangriff unabhängige Produkt $\dfrac{J_c}{J_i}\varkappa_i = \varkappa_i{}'$ in die Berechnung einzuführen.

Die Auflösung der Elastizitätsgleichungen liefert die Überzähligen und diese die Schnittkräfte des Rahmens.

Bei dieser Berechnungsweise ist es gleichgültig, ob die Rahmenstäbe gerade oder gekrümmt sind. Sie liefert in beiden Fällen mühelos gute Ergebnisse.

Das folgende Zahlenbeispiel zeigt die Ermittlung der Momente aus Eigengewicht und die Abweichungen von den Ergebnissen, d:e mittels „mittlerer Trägheitsmomente" und „mittlerer Belastung' berechnet werden. In Abb. 119 ist ein Zweigelenkrahmen von 30 m Stützweite dargestellt und in der Tabelle die Berechnung der Momente des Zweigelenkrahmens durchgeführt.

Berechnung des Zweigelenkrahmens für ständige Last.

m	G_m	V	Δx	$V\Delta x$	M_{0m}	$\dfrac{J_c}{J_m}$	$\varkappa_m$	$\varkappa_m'$	y_m	$y_m^2\varkappa_m'$	$M_{0m}\, y_m\, \varkappa_m'$	$-H\, y_m$	M_m
0	1 10	47,20	—	—	0	1,40	1	1,40	0	0	0	0	0
1	2 70	46,40	0,12	5,54	5,54	0,55	4	2,20	2,37	12,30	28,90	− 91,4	− 85,9
2	5,80	43,40	0,76	33,00	38,54	0,18	2	0,36	4,48	7,24	62,10	−173,0	−134,5
3	7,30	37,60	2,22	83,30	121,84	0,52	4	2,08	5,15	55,15	1305.−	−199,0	− 77,2
4	7,00	30,30	2,28	69,20	191,04	0,63	2	1,26	5,66	40,50	1362,−	−218,0	− 27,0
5	6,80	23,30	2,30	53,70	244,74	0,77	4	3,08	6,17	117,00	4660,−	−238,0	+ 6,7
6	6,70	16,50	2,30	38,00	282,74	0,97	2	1,94	6,68	86,70	3662,−	−258,0	+ 24,7
7	6,50	9,80	2,30	22,50	305,24	1,42	4	5,68	7,16	291,00	12400,−	−277,0	+ 28,2
8	3,30	3,30	2,20	7,26	312,50	1,60	1	1,00	7,60	58,80	2370,−	−293,0	+ 19,5
Σ	47,20		14,48	312,50						667,69	25850,−		

$$\delta_{11} = \frac{\Delta s}{3} \sum_0^l y_m^2\, \varkappa_m' = 2\,\frac{2,36}{3}\,667,29 = 1050 \text{ m}^3,$$

$$\delta_{01} = \frac{\Delta s}{3} \sum_0^l M_{0m}\, y_m\, \varkappa_m' = 2\,\frac{2,36}{3}\,25\,850 = 40\,700 \text{ tm}^3$$

\right\} für beide Hälften!

$$H_g = \frac{\delta_{01}}{\delta_{11}} = \frac{40\,700}{1050} = 38,8 \text{ t},$$
$$M_m = M_{0m} - M\,y_m.$$

Die in die Abb. 119 eingetragene Stützlinie für Eigengewicht zeigt, daß sich der Zustand des Zweigelenkrahmens mit gegen die Mitte schwächer werdendem Riegel bereits sehr stark dem Zustand des Dreigelenkrahmens nähert. Infolge der kleinen Momente in Riegelm:tte können dem Riegel kleinere Abmessungen gegeben werden, die wiederum eine Verminderung der Momente M_0 und damit eine weitere Verkleinerung der Schnittkräfte zur Folge haben.

Die Berechnung des gleichen Rahmens mit „mittleren Trägheitsmomenten und Gewichten", die längs eines Stabes konstant sind, liefert folgende Ergebnisse:

mittlere Trägheitsmomente: Riegel $J_r \doteq J_5$,

Stiel $J_{st} \doteq J_1 = 0,79\, J_r$,

mittlere Belastung: $g = \dfrac{2}{l} \sum_{i=2}^{8} G_m = \dfrac{1}{14,48}\,43,40 = 3,00 \text{ t/m}.$

Der Horizontalschub, berechnet nach bekannten Formeln (z. B. *Schleicher*, Taschenbuch für Bauingenieure) beträgt $H = 34,6$ t und das Moment im Scheitel $M_8 = 315,0 - 34,6 \cdot 7,60 = 52,0$ tm.

Das Moment im Riegel ergibt sich rund dreimal so groß, als bei richtiger Erfassung der Steifigkeitsverhältnisse. Dieses Ergebnis ist nicht einmal als Näherungswert brauchbar.

6. Rahmen mit Zugbändern.

Die Anbringung von Zugbändern zur Aufnahme des Horizontalschubes ist insbesondere bei einfeldrigen Rahmen oft sehr vorteilhaft. Durch ein unter dem Fußboden liegendes Zugband kann man die Widerlager vom größten Teil des Horizontalschubes entlasten (Abb. 120 *a*). Bei Bogenbindern (Abb. 120 *b*) oder bei rechteckigen Rahmen mit hohen Stielen (Abb. 120 *c*) werden die Momente im Riegel und in den Stielen durch hochliegende Zugbänder verkleinert.

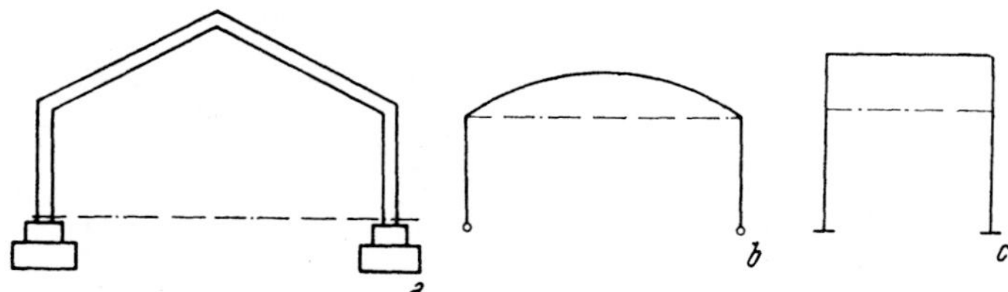

Abb. 120. Rahmen mit Zugbändern: *a*) unter dem Fußboden,
b) und *c*) hochliegende Zugbänder.

Die Zugbänder dürfen in die statische Berechnung, auch wenn sie mit Beton umhüllt sind, nur mit dem Stahlquerschnitt eingeführt werden. Die Zugbänder sind so biegsam, daß man ihr Trägheitsmoment $J_Z = 0$ setzen kann. In die Formänderungs- und Belastungsgrößen geht nur der Beitrag der Normalkräfte ein, der nicht vernachlässigt werden darf.

Da die in die Berechnung einzuführenden Formänderungsgrößen $\delta_{mn} = \int M_m M_n \frac{J_c}{J} ds$ den $E_B \cdot J_c$-fachen Betrag der physikalischen Formänderungsgrößen darstellen, ist auch der Beitrag der Zugbänder $E_B \cdot J_c$-fach einzusetzen. Sei F_Z die Querschnittsfläche und E_Z der Elastizitätsmodul des Zugbandes und F_c ein Festwert, so wird die Formänderungsgröße δ_{mn} einschließlich des Zugbandes

$$\delta_{mn} = \int_R M_m M_n \frac{J_c}{J} ds + \frac{E_B}{E_Z} \frac{J_c}{F_c} \int_Z N_m N_n \frac{F_c}{F_Z} ds, \tag{15}$$

die Belastungsgröße

$$\delta_{0m} = \int_R M_0 M_m \frac{J_c}{J} ds + \frac{E_B}{E_Z} \frac{J_c}{F_c} \int_Z N_0 N_m \frac{F_c}{F_Z} ds. \tag{16}$$

In beiden Gleichungen ist das erste Integral über die biegungssteifen Rahmenstäbe (R), das zweite Integral über die schlaffen Zugbänder (Z) zu erstrecken.

(15) und (16) gelten nur, soferne keine willkürlichen Eingriffe in den Kräftezustand des Zugbandes erfolgen (Vor- oder Nachspannen). Hierauf kann hier nicht näher eingegangen werden.

b) Die Gestaltung der Stabtragwerke.

1. Allgemeine Grundsätze für die Gestaltung der Bewehrung.

Für die Gestaltung der Bewehrung sind einige allgemein gültige Regeln maßgebend, die teils in den Bestimmungen vorgeschrieben sind, teils sich in der Praxis bewährt und durchgesetzt haben.

Die Bewehrung allein muß, wenn sie fertig verlegt ist, ein so steifes Gebilde sein, daß die plangemäße Lage der einzelnen Bewehrungsstäbe während des Betoniervorganges gewährleistet ist. Man muß daher neben den bei der Bemessung ermittelten Bewehrungen noch zusätzliche Bewehrungen, wie Verteilungseisen, Montageeisen, Bügel usw. vorsehen. Die einzelnen Bewehrungsstäbe werden mittels des Bindedrahtes, eines weichen, also entweder warm gezogenen oder ausgeglühten Drahtes, miteinander verbunden. Man nennt diesen Vorgang das Flechten, Binden oder Stricken der Bewehrung. Die einzelnen Bindungen sollen so straff angezogen werden, daß die verbundenen Stäbe nicht mehr aneinander gleiten können. Nach dem Flechten soll die Bewehrung so steif sein, daß sie im einzelnen und im ganzen unverrückbar in der Schalung steht.

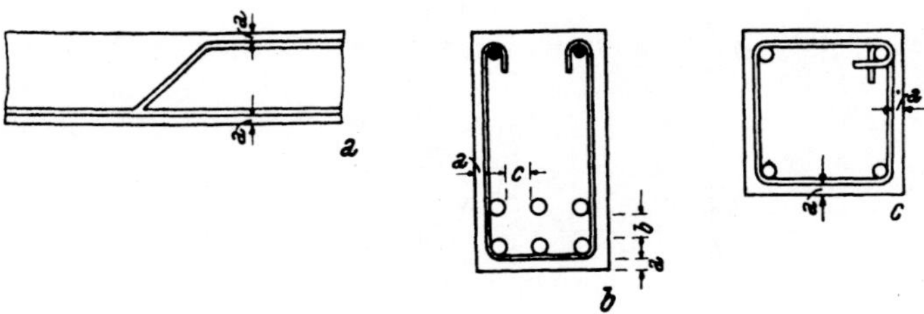

Abb. 121. Betondeckung und Mindestabstände der Bewehrungsstäbe.

Die Haftung zwischen Beton und Stahl und die Rostsicherheit ist nur dann gewährleistet, wenn die Bewehrung genügend tief im Beton eingebettet ist. Der Abstand a der Bewehrung von der Oberfläche des Betons muß bei Platten (Abb. 121 a) im Innern von Gebäuden mindestens 1 cm, im Freien 1,5 cm betragen; bei Trägern (Abb. 121 b) und Säulen (Abb. 121 c) 1,5 cm, bzw. 2,0 cm. Dieser Abstand bezieht sich auf die dem Betonrand zunächst liegende Bewehrungsfaser, bei den Trägern und Säulen demnach auf die Bügel.

Um die Betondeckung, wie a genannt wird, sicherzustellen, werden bei Bewehrungen, die auf der Schalung aufliegen (Platten und Balken), zwischen die Bewehrung und die Schalung Betonplättchen von entsprechender Stärke eingelegt (Abb. 122). Die Plättchen sind meistens prismatisch. Bei Ausführungen, die besondere Sorgfalt erheischen, macht man sie halbkugelförmig mit einer Nut, in denen die Bewehrungsstäbe liegen. Auf jeden Fall soll in die Plättchen ein Bindedraht einbetoniert werden, mit dem sie an der Bewehrung festgebunden werden.

Bei Balken mit schwerer Bewehrung verwendet man statt der Plättchen als Abstandhalter Betonstäbe, in denen die Kerben gleichzeitig den richtigen Abstand der einzelnen Bewehrungsstäbe voneinander regeln (Abb. 123). Diese Abstandhalter muß man mit Bindedraht bewehren, da sie sonst zu leicht brechen.

Liegt in einem Balken die Bewehrung in mehreren Lagen, so muß der lichte Abstand b zwischen zwei Lagen (Abb. 121 b) mindestens gleich dem Bewehrungsdurchmesser, jedoch nicht kleiner als 2 cm sein. Das gleiche gilt für den Abstand c der Bewehrungsstäbe einer Lage. Als Abstandhalter zwischen zwei Bewehrungslagen kann man auch Rundeisen entsprechenden Durchmessers verwenden.

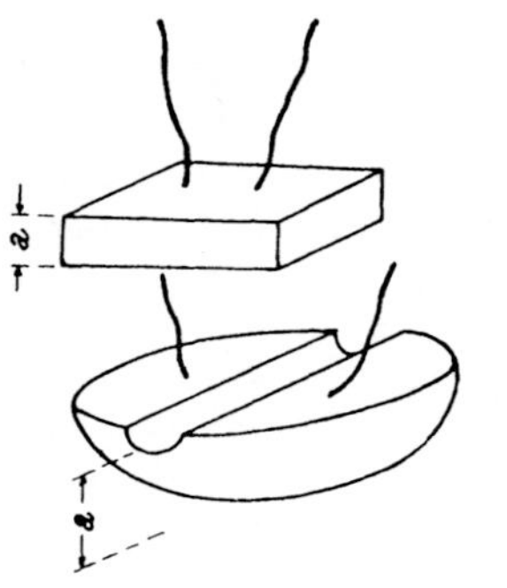

Abb. 122. Abstandhalter aus Beton für Plattenbewehrung.

Die Stahleinlagen werden an den Enden mit Rundhaken versehen, die zur Verankerung im Beton dienen. Die Rundhaken sollen womöglich in der Betondruckzone liegen. Der lichte Durchmesser D muß bei Betonstahl I mindestens 2,5 $\varnothing$, bei Betonstahl II und III mindestens 5 $\varnothing$ sein (Abb. 124).

An den Abbiegestellen der Bewehrung soll der lichte Krümmungshalbmesser R mindestens 10 $\varnothing$ betragen (Abb. 125), solange $\varnothing < 40$ mm; bei $\varnothing \geq 40$ mm muß $R = 15\ \varnothing$ sein.

Die Bewehrungsstäbe sollen im Zugbereich womöglich nicht gestoßen werden. Bei größeren Tragwerken sind jedoch solche Stöße nicht immer zu vermeiden. Die beste Stoßverbindung ist die Schweißung. Es darf jedoch nur die elektrische Widerstands-Stumpfschweißung verwendet werden. Gasschweißung und Lichtbogenschweißung sind unzulässig. Es ist zu beachten, daß bei kalt vergüteten Stählen (z. B. Torstahl) durch den Schweißvorgang die Vergütung verloren geht. Solche Stähle dürfen daher an der Schweißstelle nur wie Betonstahl I beansprucht werden, wenn die Schweißung nicht vermieden werden kann.

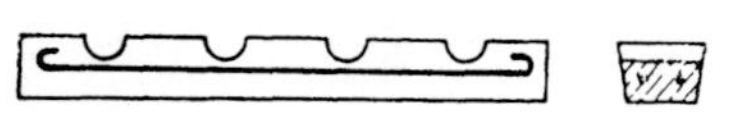

Abb. 123. Abstandhalter aus Beton für Balkenbewehrung.

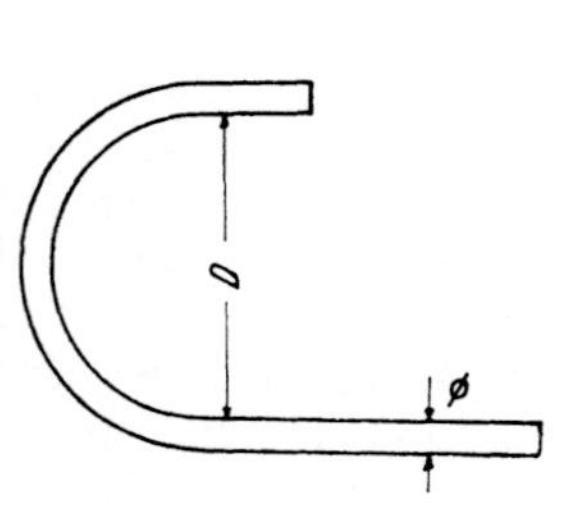

Abb. 124.
Durchmesser der Endhaken.

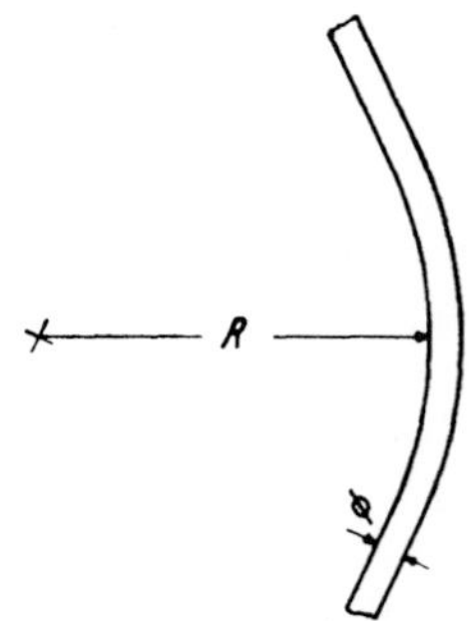

Abb. 125.
Durchmesser der Abbiegungen.

Bei kleineren Tragwerken kann man auch Überdeckungsstöße anordnen, indem man die Stabenden nebeneinander legt und genügend übergreifen läßt (Abb. 126). Die Überdeckungslänge bei Rundstahl ist mit mindestens

$$ü = \frac{\varnothing\ \sigma_{ezul}}{6\,\tau_1}, \qquad \begin{aligned} \varnothing &= \text{Durchmesser der Bewehrung} \\ \tau_1 &= \text{zul. Haftspannung,} \end{aligned} \qquad (17)$$

ohne die Endhaken zu bemessen.

Der lichte Abstand c der zu stoßenden Stäbe muß gleich $\varnothing$, jedoch mindestens 20 mm sein. Für vollständig satte Umhüllung durch den Beton ist zu sorgen. Es ist falsch, die zu stoßenden Stäbe miteinander in Längsberührung zu bringen und mit Bindedraht zu überflechten, wie das früher manchmal gemacht wurde; denn durch diese Maßnahme wird die Umhüllung mit Beton geradezu unmöglich gemacht.

Das Stoßen mittels Spannschlössern ist umständlich und kostspielig. Die Spannschlösser brauchen auch viel Platz und sind infolgedessen schwer unterzubringen. Man verwendet sie daher nur bei großen Tragwerken, bei denen Einbaustöße (Montagestöße) nicht zu vermeiden sind.

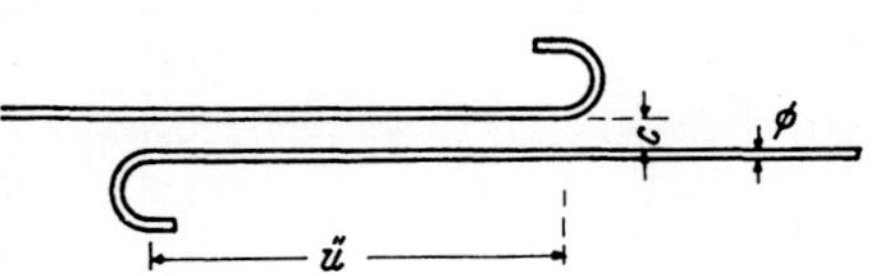

Abb. 126. Länge des Überdeckungsstoßes.

2. Die Stützen und deren Grundkörper.

Die Stützen haben im allgemeinen rechteckigen, vieleckigen oder kreisrunden Querschnitt; ist die Säule umschnürt, so muß sie vieleckig oder kreisrund sein.

Bei Bauwerken, in deren Geschossen die Stützen frei stehen und wo sperrige Stücke transportiert werden (z. B. Lagerhäuser), ist es besser, die Stützen rund oder achteckig zu machen, da bei dieser Form die Kanten nicht so leicht abgestoßen werden. Man kann die Kanten im unteren Teil der Stützen, etwa bis 2 m Höhe, durch Kantenschutzeisen schützen oder man sieht einen ebenso hohen Schutzmantel aus Blech vor.

Für die Mindestabmessungen, das Bewehrungsverhältnis, die Bügelabstände und die Grenzschlankheiten sind die verschiedenen Bestimmungen maßgebend.

Die Stützen gehen bei Hochbauten vielfach durch mehrere Stockwerke durch und ändern hiebei ihren Querschnitt. Man hat die Bewehrung der unteren Stütze so weit in die obere vorzubinden, daß ein einwandfreier Überdeckungsstoß zustande kommt. Die Stöße hat man an die Arbeitsfugen (A. F.) zu legen. Setzt der Querschnitt der Stütze an einer Decke ab, so wird man die Bewehrung am oberen Ende kröpfen (Abb. 127).

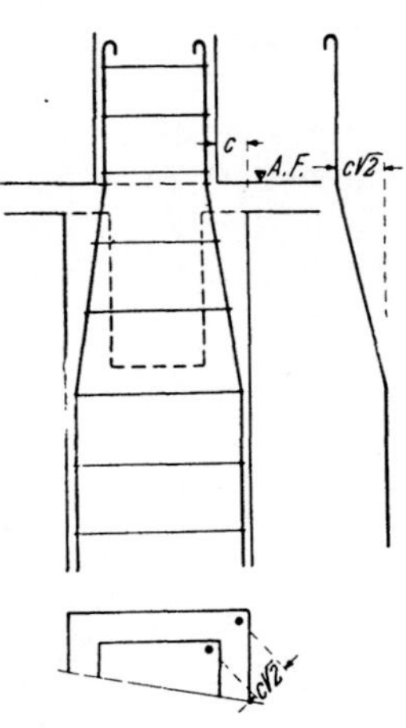

Abb. 127. Stützenbewehrung.

Die Bügel müssen die Bewehrung der Säule vor und während des Betonierens in der plangemäßen Lage erhalten. In der fertigen Stütze haben sie das Ausknicken der Bewehrungsstäbe zu verhindern. Der Bügelabstand darf daher nicht größer als der kleinste Säulendurchmesser oder der 12-fache Durchmesser der Längsbewehrungsstäbe sein.

In den Säulen sind stets geschlossene Bügel vorzusehen (Abb. 128 a). Sind neben den Eckbewehrungen auch noch andere Bewehrungen vorhanden, so sieht man neben den gewöhnlichen Bügeln auch noch solche nach Abb. 128 b vor; diese Bügelformen behindern das Einbringen des Betons am wenigsten. Bei vieleckigen und runden Stützen sind die Bügel kreisrund (Abb. 128 c).

Die umschnürten Stützen werden entweder mit geschweißten Ringen verbügelt oder mit einer Rundstahlspirale. Da das Biegen solcher Spiralen auch mit Biegemaschinen bei stärkeren Bewehrungsstäben sehr mühsam wird, geht man in der Regel über 16 mm starke Bewehrungen bei den Umschnürungsspiralen nicht hinaus.

Bei der Einschalung der Stützen ist Vorsorge zu treffen, daß die unvermeidliche Ansammlung von Schmutz und Holzabfällen am unteren Ende

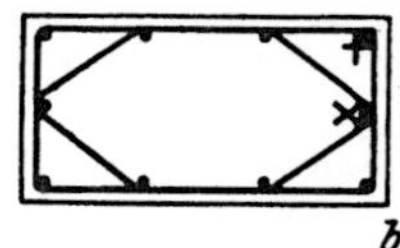
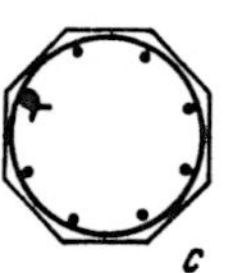

Abb. 128. Verbügelung der Stützen: a) Bei quadratischem Querschnitt, b) bei rechteckigem Querschnitt, c) bei achteckigem und kreisförmigem Querschnitt.

der Stütze entfernt werden kann, wozu ein erst unmittelbar vor dem Betonieren zu schließendes Fenster am unteren Ende der Schalung dient. Beim Betonieren höherer Stützen soll ein Fallrohr verwendet werden, da sich sonst das Betongut beim freien Fall entmischt. Die Verdichtung des Betons erfolgt durch Innenrüttler oder durch Außenrüttler. Das Stochern mit Stangen oder das Beklopfen der Schalung mit Holzschlegeln kann nach dem heutigen Stande der Technik nur als Notbehelf angesehen werden.

Die Stützen des untersten Geschosses stehen auf dem Grundkörper. Je nach der Tiefe des tragfähigen Bodens unter der Kellersohle haben diese Grundkörper verschiedene Formen. Liegt der tragfähige Boden nahe der Kellersohle, so gibt man dem Grundkörper die Form eines Pyramidenstumpfes (Abb. 129). An

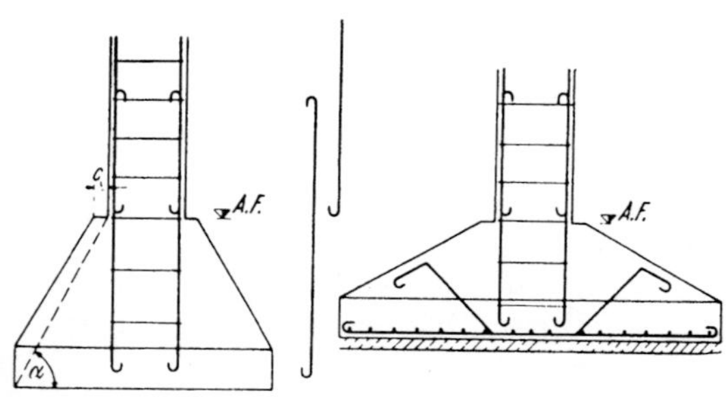

Abb. 129. Bewehrte Stützenfundamente.

der Arbeitsfuge oberhalb des Grundkörpers wird die Säulenbewehrung, die in den Grundkörper einzuführen ist, in der Regel gestoßen. Der Absatz c an der Arbeitsfuge dient zum Aufsetzen der Säulenschalung und soll 3—6 cm breit sein. Der Grundkörper bekommt an der Sohle ein in zwei Richtungen laufendes Bewehrungsnetz, wenn der Winkel $\alpha < 60^0$ ist (Abb. 129). Die Verbügelung des im Grundkörper befindlichen Teiles der Säulenanschlüsse (Bewehrungskorb) kann größere Abstände haben, als die der Säule.

Bei hohem Grundwasserstand oder bei schlechter Tragfähigkeit des Bodens kann man Grundplatten nach Abb. 129, rechts vorsehen. Neben den Stützenanschlüssen und dem Bewehrungsnetz an der Unterseite wird bei dieser Form häufig eine Schubbewehrung gegen das Durchstanzen der Säule durch die Grundplatte erforderlich.

Bei allen Grundkörpern mit einem unteren Bewehrungsnetz ist auf der Sohle der Baugrube eine 5 bis 10 cm starke Magerbetonschicht vorzusehen. Die Bewehrung wird mit Betonplättchen unterlegt, damit eine ausreichende Betondeckung gewährleistet wird.

Bei tieferer Lage der Gründungssohle sind unbewehrte Betongrundkörper nach Abb. 130 a zweckmäßig. Zwischen der Stahlbeton-Stütze und dem Stampfbeton des Grundkörpers wird ein Säulenfuß angeordnet, der die hohen Druckspannungen der Stütze auf ein für den weniger druckfesten Beton des Grundkörpers zulässiges Maß herabsetzt.

Wenn der Baugrund gut ist, so sind Grundkörper, die satt an den senkrecht stehenden Boden anbetoniert werden, sehr einfach herzustellen, da jede Schalarbeit entfällt (Abb. 130 b). Ist bei dieser Form $\alpha < 60^0$, muß so wie bei den Grundkörpern nach Abb. 129 bewehrt und am Boden eine

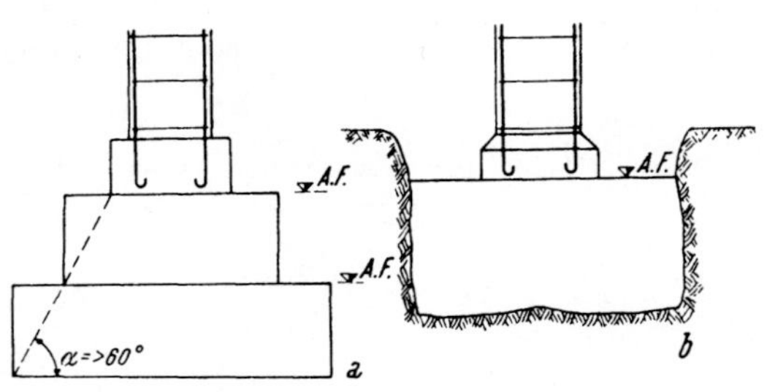

Abb. 130. Unbewehrte Stützenfundamente.

Magerbetonschicht vorgesehen werden. Ist $\alpha > 60^0$, bleibt der Grundkörper unbewehrt und die Säulenbewehrung endet an dessen Oberkante.

3. Die geraden Träger.

Im Stahlbeton-Hochbau haben die meisten Träger Plattenbalken-Querschnitt. Infolge der großen Betondruckzone treten im Bereich positiver Momente schon bei kleinen Betondruckspannungen σ_b erhebliche Schubspannungen im Steg und starke Bewehrungen auf. Man kann aus diesen Gründen bei den Plattenbalken des Hochbaues σ_b meist nicht ausnützen. Je kleiner das Eigengewicht der Rippe im Verhältnis zur Gesamtlast ist, um so kleiner soll die Druckspannung max σ_b infolge der positiven Momente im Verhältnis zu σ_{bzul} gewählt werden. Maßgebend für die Bemessung ist dann die Schubspannung und das Betontragmoment der Rippe für negative Momente.

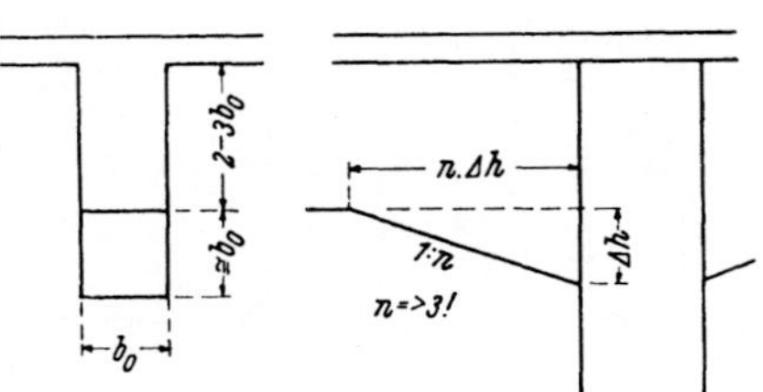

Abb. 131. Ungefähre Längenverhältnisse der Balken und Balkenschrägen.

Die wirtschaftlichste Form des Plattenbalkens ist die hohe und schmale Rippe, da sowohl die Biegungsbewehrung, als auch die Schubbewehrung umgekehrt verhältnisgleich dem Hebelarm $z \doteq h - d/2$ ist. In Abb. 131 sind bewährte Maße solcher Rippen im Verhältnis zur Breite b_0 angegeben. Es ist sehr wirtschaftlich, an den Stützen durchlaufender Träger Balkenschrägen anzuordnen. Die Neigung soll 1 : 4 oder flacher sein. Steilere Schrägen als 1 : 3 dürfen nicht voll in Rechnung gestellt werden. Die Rippenhöhe soll so bemessen werden, daß über den Stützen σ_{bzul} voll ausgenützt, gegebenen Falles eine untere Druckbewehrung erforderlich ist.

Werden aus architektonischen Gründen keine Balkenschrägen vorgesehen, so wird man die in den Bestimmungen vorgesehene Erhöhung von σ_{bzul} für die Stegspannungen im Bereich negativer Momente voll ausnützen. Die Anordnung waagrechter Stegverbreiterungen vermindert zwar σ_b und τ_0, jedoch nicht den Stahlaufwand für Biegung und Schub. Da diese Stegverbreiterungen außerdem plump aussehen, wird man sie nur ausnahmsweise anwenden.

Die Bewehrung der Träger muß so gestaltet werden, daß die Bewehrungsstäbe möglichst gut ausgenützt sind und mit den Bügeln ein in sich standfestes Gerüst bilden, das die plangemäße Lage der Bewehrung auch

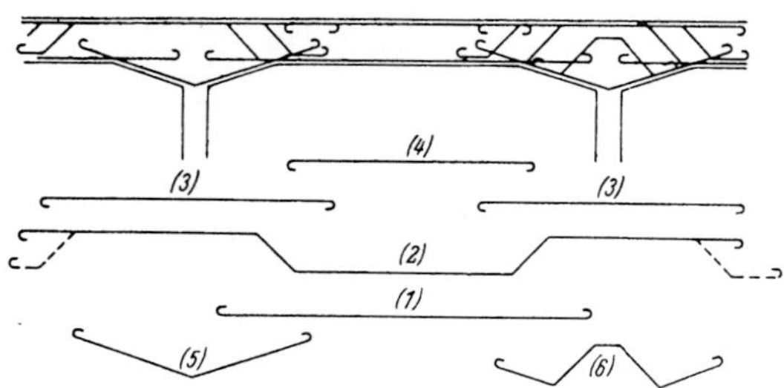

Abb. 132. Kennzeichnende Bewehrungsformen der Träger.

während des Betonierens sicherstellt. Bei über mehrere Felder durchlaufenden Trägern kommen im wesentlichen immer die gleichen, typischen Bewehrungsformen vor (Abb. 132): die gerade untere Feldbewehrung (1), die aufgebogenen und über die Nachbarstützen hinweggeführten Bewehrungsstäbe (2), die nach Bedarf zur Schrägbewehrung in den Nachbarfeldern herangezogen werden (in Abb. 132 strichliert); die oberen Zulagen (3) über den Stützen; die Montagebewehrung (4), die auch die negativen Feldmomente deckt, die Druckbewehrung (5) an den Stützen und die Schubanker (6) an den Stützen.

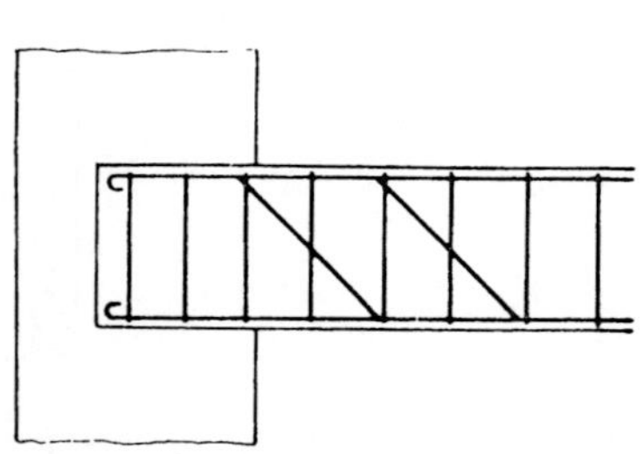

Abb. 133. Schrägbewehrung am Balkenende.

An den Auflagern von Trägern, die in der statischen Berechnung als frei drehbar angenommen werden, entstehen bei den im Hochbau üblichen Lagerungen (Einbindung in Mauerwerk oder fugenlose Verbindung mit einer Stütze) Einspannmomente, die Zugspannungen an der Träger-Oberseite zur Folge haben. An solchen Trägerenden muß, auch wenn es die der Bemessung zugrunde gelegten Momente nicht erfordern, eine obere Zugbewehrung vorgesehen werden; die Weiterführung der aufgebogenen Schrägbewehrung bis über das Auflager ist hiefür meistens ausreichend (Abb. 133), wenn nicht die Montage-Eisen allein genügen.

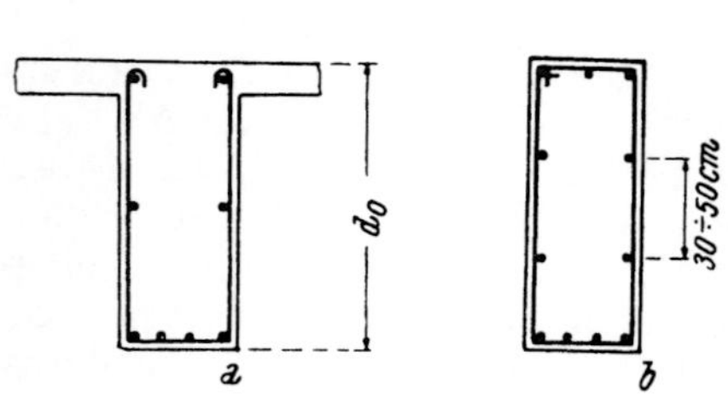

Abb. 134. Zusätzliche Längsbewehrung der Träger (Schwindbewehrung).

Bei allen Trägern sind stets Bügel vorzusehen, die über die ganze Höhe des Balkens gehen und deren Abstand nicht größer als die Rippenbreite sein soll. Ist keine Druckbewehrung vorhanden, so genügen offene Bügel (Abb. 134 a), bei Druckbewehrung müssen geschlossene Bügel vorgesehen werden (Abb. 134 b). Wenn $d_0 > 50$ cm ist, sollen die Bügel durch einen oder mehrere Längsstäbe zwischen Zug- und Druckzone (Schwindbewehrung) ergänzt werden (Abb. 134).

4. Die Rahmen.

Zu der Gestaltung der infolge der biegungssteifen Verbindung der Säulen mit den Trägern entstehenden Rahmentragwerke, z. B. der Stockwerkrahmen, ist nur noch einiges zu ergänzen, da das Wichtigste bereits bei der Gestaltung der Stützen und Träger gesagt wurde. Die Bewehrung solcher Rahmen an den Rahmenknoten ist so zu führen, daß auch tatsächlich die der Bemessung zugrunde gelegten Biegungsmomente aufgenommen und die Zugkräfte umgeleitet werden können. Die Stützen sind neben der Längskraft auch durch Biegungsmomente beansprucht und müssen entsprechend bemessen und bewehrt werden. Die in den Bestimmungen

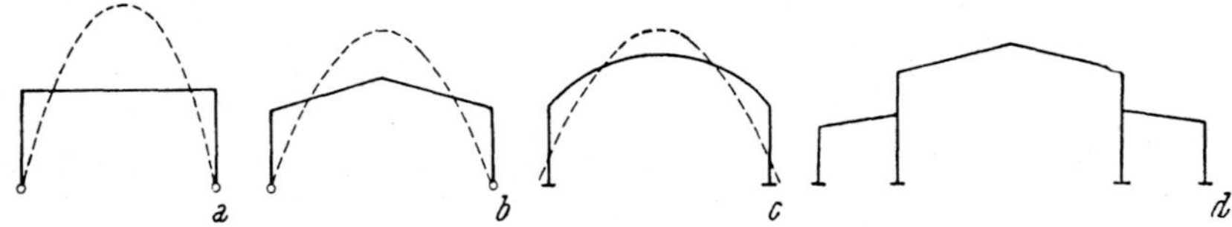

Abb. 135. Verschiedene Rahmenformen und deren Beurteilung mit Hilfe der Stützlinie für Eigengewicht.

vorgesehene Mindestbewehrung ist so reichlich, daß dadurch im Verhältnis zur Längskraft kleine Biegungsmomente im allgemeinen bereits gedeckt sind. Wird daher die Rahmenwirkung eines Bauwerkes aus geraden Trägern und Säulen bei der Momenten-Ermittlung vernachlässigt, so können die Stützen im allgemeinen die unvermeidlichen Biegungsmomente ertragen.

Besonderes Augenmerk muß man den Grundkörpern solcher Rahmen zuwenden. Die Formen der Abb. 129 und 130 können beibehalten werden, jedoch ist bei der Bemessung der Größe der Grundkörper die durch die Biegungsmomente bedingte Ausmitte der Mittelkraft zu berücksichtigen. Ferner muß der Stützenfuß an den Grundkörper biegungssteif angeschlossen sein; die Bewehrung der Stütze muß daher sorgfältig in den Grundkörper eingebunden werden.

Die Gestaltung der Rahmen, deren Netz viele Freiheitsgrade hat, ist ebenso verschieden von der Gestaltung der Stockwerkrahmen, wie deren statische Berechnung. Diese Rahmen werden hauptsächlich als Binder größerer Stützweite verwendet.

Die Abb. 135 zeigt einige Rahmenformen ein- und dreischiffiger Hallen.

Die Rahmen werden bei gleicher Nutzlast um so leichter, je besser sie sich der Stützlinie aus ständiger Last (in Abb. 135 strichliert) anpassen. Deshalb ist der geknickte Riegel dem geraden statisch überlegen und diesem wiederum der stetig gekrümmte.

Die Stiele solcher Rahmen sind mit den Grundkörpern durch ein Gelenk zu verbinden (Gelenkrahmen), wenn der Rahmen im Verhältnis zu seiner Stützweite niedrig ist (Abb. 135 a und b). Im anderen Falle (Abb. 135 c und d) sind die Stützenfüße im Grundkörper einzuspannen (eingespannte Rahmen).

Dreigelenkrahmen werden im Stahlbeton-Hochbau kaum ausgeführt, da wegen der fugenlosen Verbindung der Dachplatte mit dem Rahmen die Scheitelgelenkfuge durch die ganze Dachplatte geführt werden muß. Solche durchlaufende Fugen sind immer ein schwacher Punkt der Dachhaut und deren Abdeckung kostspielig. Man kann, wie im Abschnitt B a 5 (S. 168) gezeigt wurde, durch die Formgebung des Riegels (in Feldmitte schwächer als an den Rahmenecken) auch ohne Scheitelgelenk einen dem Dreigelenkbogen sehr ähnlichen Kräftezustand erzielen, ohne dessen Nachteile in Kauf nehmen zu müssen.

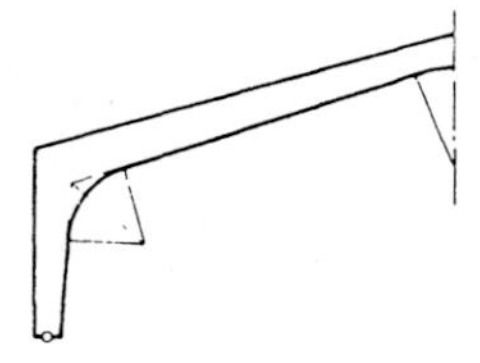

Abb. 136. Eckausrundung an den Rahmen.

Bei den Zweigelenkrahmen mit stetig veränderlichem Querschnitt, z. B. bei einem Rahmen mit geknicktem Riegel (Satteldach), werden die Stiele in der Regel an der Innenseite einen Anzug erhalten, so daß der Stiel oben breiter ist als am Gelenk (Abb. 136). Die innere Leibung wird durch einen eingeschalteten Bogen stetig vom Stiel in den Riegel übergeleitet. Dann kann wieder ein gerades Stück folgen, doch soll die Höhe des Riegels gegen die Mitte zu kleiner werden. Endlich darf die innere Leibung im Scheitel keinen Knick haben, sondern soll wiederum ausgerundet sein. Diese Ausrundung ermöglicht, wie noch gezeigt wird, eine viel bessere Führung der Bewehrung als ein Knick.

Bei höheren Rahmenstielen, die am unteren Ende eingespannt sind, wird in der Regel der Stiel mit gleicher Stärke vom Grundkörper bis zum Übergang gegen den Riegel geführt.

Die Bewehrung der Rahmen muß so entworfen werden, daß wohl Bewehrungsstäbe aus dem Stiel in den Riegel reichen, jedoch nicht umgekehrt. Am Riegelansatz wird oft eine Arbeitsfuge gemacht. Man kann dann die Stiele schon betonieren, bevor noch die Bewehrung der Riegel verlegt ist.

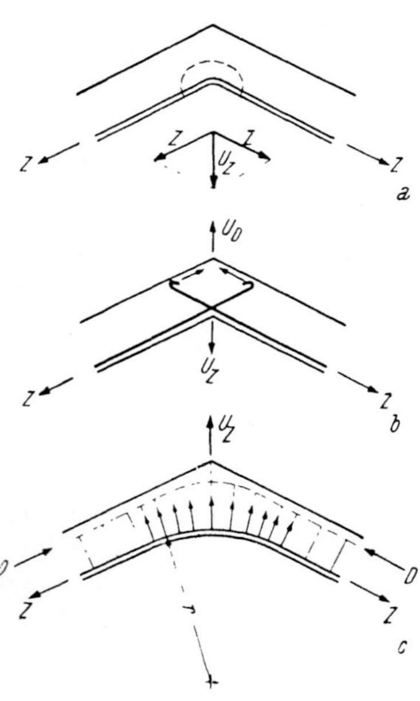

Abb. 137. Führung der Bewehrung über einspringende Ecken: a) Fehlerhafte Ausführung, b) Verankerung in der Druckzone, c) Kraftumleitung durch stetige Krümmung und Bügelbewehrung.

Bei Rahmen mit geknicktem Riegel ist zu beachten, daß eine unter Zug stehende Bewehrung nie über einspringende Ecken geführt werden darf, da die schwache Betondeckung der zur Umlenkung der Zugkraft Z_e notwendigen Umlenkkraft U_Z (Abb. 137 a) nicht widerstehen kann. Infolgedessen brechen so bewehrte Rahmenecken aus. Man muß vielmehr die Zugbewehrung stoßen und in der Druckzone verankern (Abb. 137 b). Dann steht die Umlenkkraft U_Z der Zugkräfte Z_e mit der Umlenkkraft U_D der Druckkräfte D_b im Gleichgewicht. Das Durcheinanderstecken der Bewehrungsstäbe nach Abb. 137 b ist jedoch bei starker Bewehrung wegen Platzmangels nicht möglich. Wird jedoch die Rahmenecke ausgerundet, so kann bei entsprechender Verbügelung die Bewehrung ohne Stoß durchgeführt werden (Abb. 137 c). Dann tritt die Umlenkkraft U_z längs der Ausrundung verteilt auf und kann durch Bügel in die Druckzone geführt werden. Die Bügel sind entsprechend zu bemessen. Pro Längeneinheit (längs der Zugbewehrung gemessen) ist die bezogene Umlenkkraft u_z (z. B. in t/m)

$$u_z = \frac{Z_e}{r} = \frac{F_e \cdot \sigma_e}{r} \qquad (18)$$

($Z =$ Zugkraft in der Bewehrung, $r=$ deren Krümmungsradius).

Sie muß durch zusätzliche Bügelbewehrung gedeckt werden. Demnach sind die Bügel um

$$\Delta f_{eB} = \frac{u_z}{\sigma_e} = \frac{F_e}{r} \qquad (18\,a)$$

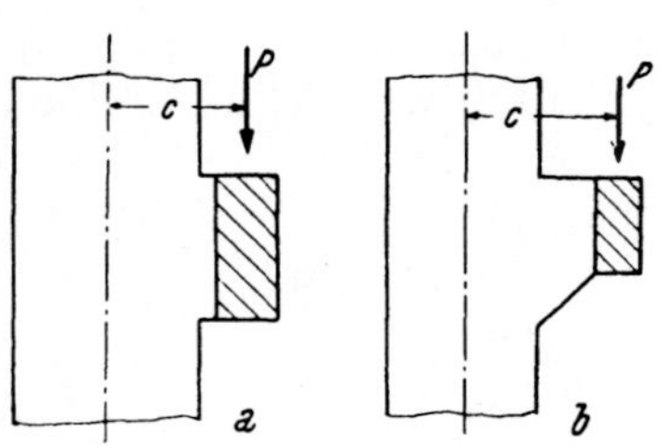

Abb. 138. Verschiedene Formen von Krankonsolen.

pro Längeneinheit (z. B. cm²/m) zu verstärken.

Kranbahnen werden mittels Konsolen auf die Stiele der Hallenbinder abgestützt. Das durch die Kranlast entstehende Moment $M = P\,c$ wird durch den Stiel aufgenommen. Die gebräuchlichen Formen solcher Krankonsolen sind in Abb. 138 gezeigt. Die Form a) wird bei kleinerer Auskragung und kleineren Nutzlasten, Form b) bei größerer Auskragung und schwereren Lasten verwendet. Die Kranbahn selbst kann, wenn sie ebenfalls aus Stahlbeton gemacht wird, zur Längsaussteifung des ganzen Bauwerkes herangezogen werden. Man verbindet sie, wie Abb. 138 zeigt, monolithisch mit der Konsole.

5. Feste Gelenke.

Die im Stahlbeton-Hochbau vorkommenden festen Gelenke, z. B. die Fußgelenke von Rahmen, sind einfacher gestaltet als die des Stahlbeton-Brückenbaues. Im Hochbau erfährt das Gelenk in der Regel nur einmal, nämlich beim Ausrüsten und Belasten durch die ständige Last, eine größere Verdrehung. Die im Verhältnis zur ständigen Last kleinen Nutzlasten (Schnee, Wind, leichte Krane) verursachen nur mehr unerhebliche Verdrehungen.

Die häufigst angewendete Form ist die des unvollkommenen Stahlbetongelenkes (Abb. 139). An der Stelle des Gelenkes wird der Querschnitt auf etwa 1/3 der Breite eingeschnürt. In dem verbleibenden

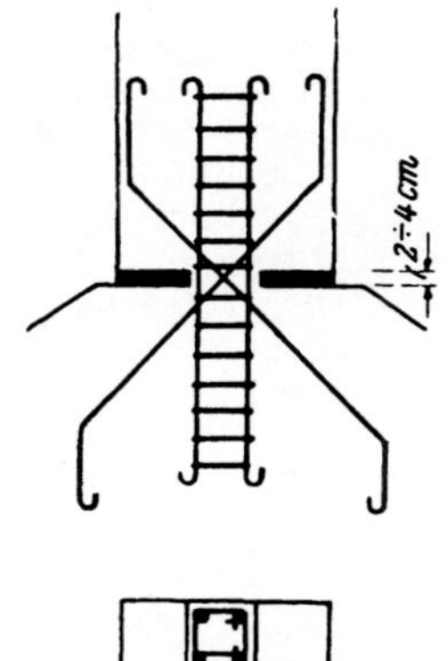

Abb. 139. Festes, unvollkommenes Stahlbetongelenk.

Betonquerschnitt wird als Bewehrung ein sogenannter Gelenkskorb versetzt, der eng verbügelt ist. Sind neben Normalkräften N noch erhebliche Querkräfte Q durch das Gelenk zu übertragen, so wird außerdem noch eine Schrägbewehrung angeordnet.

Bei der Bemessung der Bewehrung vernachlässigt man die Mitwirkung des Betons und ermittelt die Querschnittsfläche der Gelenksbewehrung aus:

$$F_e = \frac{N}{\sigma_e} \cdot \qquad (19)$$

Die Schrägbewehrung wird aus Q auf Abscheren bemessen:

$$F_{es} = \frac{Q}{\sigma_e \sqrt{2}} \, . \tag{20}$$

Bei der Ausführung hat man auf die besonders sorgfältige Betonierung des Gelenkes und dessen Umgebung zu achten. Die Einschnürung an der Gelenkfuge wird durch Einlagen aus nachgiebigen Bauplatten, z.B. mehreren Lagen Teerpappe, vor dem Voll-Laufen mit Beton geschützt. Sind diese Bauplatten gegen Verderben durch Feuchtigkeit genügend widerstandsfähig (Teer- oder bitumenhältig), so bilden sie gleichzeitig einen dauernden Korrosionsschutz für das Gelenk.

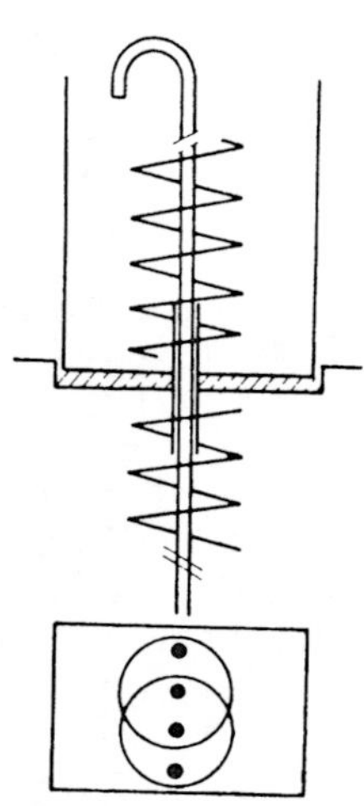

Abb. 140.
Festes Stahlbeton-
gelenk für schwere
Lasten bei einmaliger
Formänderung.

Eine andere Bauweise zeigt Abb. 140. Das eigentliche Gelenk bilden hier mehrere starke Bewehrungsstäbe, die nach (19) bemessen werden. Die beiden Gelenksufer sind im Beton vollständig getrennt und nur durch die Gelenksbewehrung verbunden. Eine Zwischenlage aus nachgiebigen Stoffen in einer abgeschlossenen Vertiefung füllt den Gelenkspalt aus. Die Bewehrungsstähle müssen auf jedem Gelenksufer reichliche Länge (größer als die Haftlänge) haben, sind sorgfältig umschnürt und im Gelenk selbst und auf jeder Seite auf etwa 10 cm Länge mit einer Pappe oder einem dicken Bitumen- oder Teeranstrich umhüllt. Die Verdrehung solcher Gelenke geht im plastischen Bereich der Stahlspannungen vor sich. Die Papphülle und die Umschnürung verhindert das Sprengen des Betons infolge der Querdehnung des Stahles.

Bei den beschriebenen Gelenken entstehen bei der Verdrehung des Gelenkes Spannungen, deren Spitzen bereits im plastischen Bereich liegen. Bei Hochbauten, bei denen das Eigengewicht den verhältnismäßig größten Lastanteil darstellt, entsteht nur beim Ausrüsten des Bauwerkes eine einmalige größere Verdrehung; in diesem Falle sind Ermüdungserscheinungen nicht zu befürchten. Sind jedoch durch große Nutzlasten z. B. schwere Krane, dauernd Verdrehungen zu erwarten, dann sind Gelenke zu verwenden, bei denen keine Ermüdungserscheinungen eintreten können. Ein solches Gelenk ist das Bleigelenk. Zwischen die beiden Gelenksufer wird eine Bleiplatte eingelegt, die nur ein Viertel bis ein Drittel des Querschnittes bedeckt (Abb. 141).

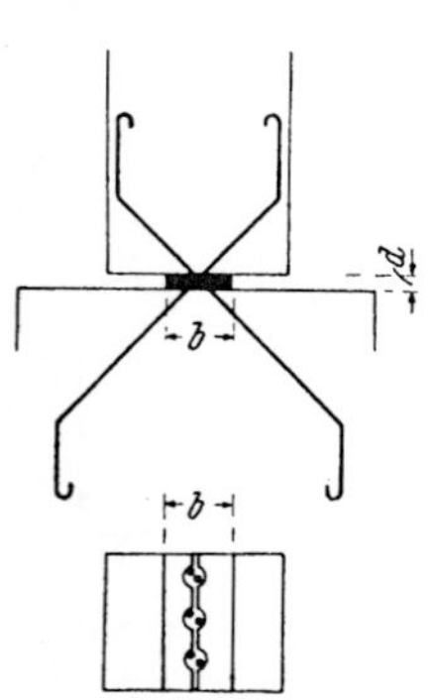

Abb. 141. Bleigelenk.

Die Stärke d der Platte soll etwa 1/8 bis 1/10 der Breite b sein. Die im Gelenk auftretenden Querkräfte werden durch eine zusätzliche Bewehrung aus Schrägeisen aufgenommen. Die Bleiplatten sind zweiteilig. Sie werden nach dem Betonieren und Erhärten des unteren Gelenksufers von beiden Seiten an die Schrägeisen herangeschoben und unmittelbar auf den Beton gelegt. Der frei zu haltende Gelenksspalt wird mit weichen Bauplatten, einer Masse aus Gips und Sägespänen, einem mit Karbol oder Teer getränkten Holzbrett o. ä. ausgefüllt. Nach Betonierung des oberen Gelenksufers kann die Füllmasse gegebenen Falles wieder entfernt werden.

Die mittige Pressung unter der Bleiplatte darf bei Verwendung von Weichblei 100 kg/cm², von Hartblei 150 kg/cm² betragen. Danach ist ihre Größe zu bemessen. Infolge der hohen Bildsamkeit des Bleies besteht auch bei wiederholter gegenseitiger Verdrehung der Gelenksufer keine Gefahr, daß die Bleiplatte infolge Ermüdung bricht. Es können aus demselben Grunde auch keine großen Randspannungen entstehen. Ein solches Bleigelenk kann daher auch bei oftmaligen Gelenksverdrehungen und bei großen Gelenksdrücken verwendet werden.

Werden noch größere Ansprüche an Tragfähigkeit und Verdrehbarkeit des Gelenkes gestellt, dann muß man sich der im Massivbrückenbau verwendeten Gelenke bedienen (vgl. Dritter Teil, Massivbrückenbau, S. 328).

6. Dehnfugen und bewegliche Gelenke.

Jedes größere Bauwerk soll durch Dehnfugen in einzelne, in sich standfeste Abschnitte unterteilt sein. Das Bauwerk kann dann, ohne Schaden zu nehmen, den stets mehr oder minder ungleichmäßigen Setzungen des Baugrundes folgen. Besonders sollen dort Dehnfugen vorgesehen werden, wo die Beschaffenheit des Baugrundes sich stark ändert (z. B. an der Grenze zwischen gewachsenem Boden und Anschüttungen), wo die Gründungsart oder wo die Belastung des Bodens durch das Bauwerk sich stark ändert (z. B. zwischen Turmbauten und niederen Bauwerken).

Bei Stahlbetonbauten müssen die Dehnfugen in solchen Abständen angeordnet werden, daß auch die unvermeidlichen Formänderungen infolge des Schwindens und infolge der Temperaturänderungen für das Bauwerk unschädlich sind. Je nach der inneren Steifigkeit der Bauwerke sollen die Dehnfugen aus diesem Grunde Abstände von 30 bis 60 m erhalten.

Die Dehnfugen müssen vom First bis zu den Fundamenten durch das ganze Gebäude geführt werden Auch die Dachhaut, das Füllmauerwerk und der Putz. müssen den Bewegungen an den Dehnfugen folgen können, sonst sind Risse und Schäden nicht zu vermeiden.

Es gibt verschiedene bauliche Möglichkeiten, die Dehnfugen auszuführen. Am besten ist es, die Stützen und Träger an der Dehnfuge zu spalten und zwei schmalere Binder, sogenannte Dehnfugenbinder, durch eine 1 bis 3 cm breite Fuge getrennt, nebeneinander zu setzen (Abb. 142).

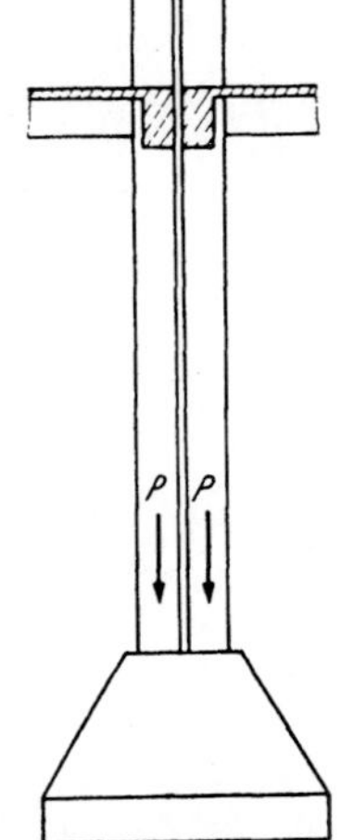

Abb. 142. Dehnfuge, gebildet durch Doppelbinder.

Die Grundkörper dürfen durch die Dehnfugen nicht gespalten werden. Bei Einzelfundamenten würden durch die dann nahe der Kante angreifenden Säulenlasten sehr große Kantenpressungen entstehen, die ein Verkanten der Grundkörper zur Folge hätten. Auch bei Streifenfundamenten entstehen unter den Säulenlasten an den Enden immer große Bodenpressungen und Biegungsmomente.

Statt der Doppelbinder an den Dehnfugen kann man auch die Längsträger und Platten zwischen den Bindern durch ein oder zwei Gelenke unterbrechen (Abb. 143). Die an den Gelenksträgern entstehenden niederen Gelenkskonsolen sind jedoch sehr hoch auf Schub beansprucht und daher schwer bewehrt.

Bei großen Hallen mit Kranbahnen werden manchmal beide Arten von Dehnfugen nebeneinander verwendet, indem man die Binder und die Dach-

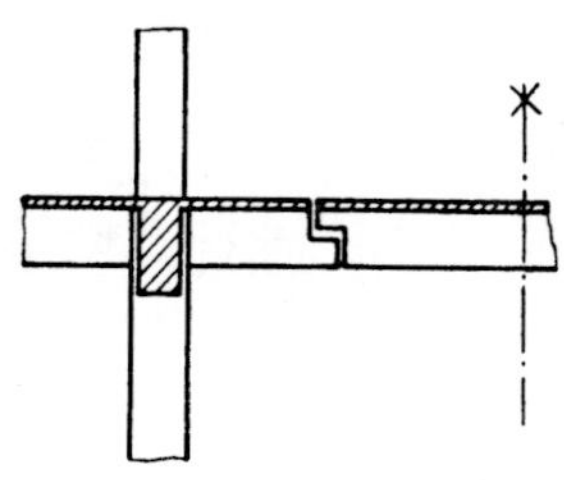

Abb. 143. Dehnfuge, gebildet durch bewegliche Gelenke.

platten und deren Träger nach Abb. 142 in größeren Abständen und dazwischen die viel steiferen Kranbahnen mit beweglichen Gelenken nach Abb. 143 in kleineren Abständen noch weiter unterteilt.

Die beweglichen Gelenke der Träger können, je nach der Größe des Gelenkdruckes und der zu erwartenden Gelenks-Verschiebungen, verschieden ausgeführt werden. Die einfachste Bauart zeigt Abb. 144 a; zwischen den beiden Gelenksufern liegt auf der drucküberragenden Fläche eine doppelte oder dreifache Papplage, die so nachgiebig ist, daß sowohl die gegenseitige Verschiebung als auch die gegenseitige Verdrehung vor sich gehen kann. Bei größeren Lasten werden zwei Platten aus Grobblech angeordnet, die mit Steinpratzen in den Trägern verankert sind (Abb. 144 b). Die Rutschfläche zwischen beiden Blechen soll mit Graphit geschmiert sein. Wenn die Zentrierung des Gelenkdruckes erforderlich wird, so muß die untere Blechplatte rund gehobelt werden (Abb. 144 c). Oft wird die Abschrägung der äußeren Drittel der unteren Gelenkplatte genügen (Abb. 144 d).

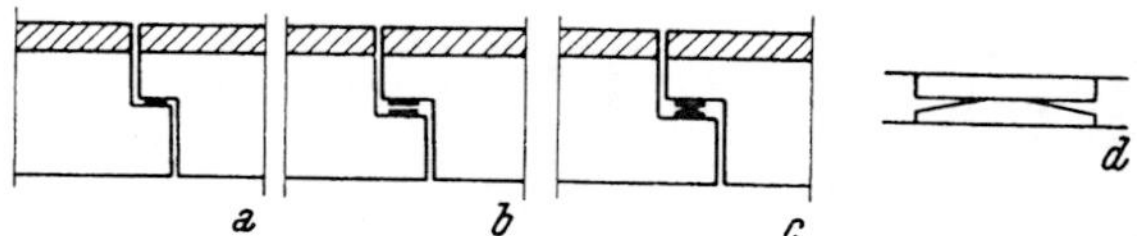

Abb. 144. Bewegliche Gelenke des Stahlbetonhochbaues, gebildet durch: a) einfache Pappe-Einlagen, b) Blechplatten, c) bombierte Stahlplatten, d) abgeschrägte Stahlplatten.

Bei schwer belasteten Trägern unter rollenden Lasten, besonders bei schweren Kranbahnträgern, wird man zu den im Stahlbeton-Brückenbau angewendeten Gelenksbauweisen greifen (vgl. III. Teil, Massivbrückenbau, S. 328).

Die Dehnfugen müssen, wie bereits erwähnt wurde, auch durch die Dachhaut, die Ausmauerung und den Verputz hindurch geführt werden, so daß die Bauteile zu beiden Seiten der Dehnfugen voneinander unabhängig sind. Die dadurch entstehenden Spalten müssen jedoch gegen den Eintritt von Luft und Nässe abgedichtet werden. Diese Abdichtungen werden, je nach dem Zweck des Bauwerkes, verschieden ausgeführt.

Die Fugen müssen nur bei unnachgiebiger Dachhaut auch durch diese hindurch geführt werden. So haben Ziegel-, Schindel- und Schiefereindeckungen genügend Bewegungsfreiheit, um den Bewegungen der darunter liegenden Dehnfuge zu folgen, ohne daß Feuchtigkeit eindringen kann. Besteht die Dachhaut jedoch aus Pappe oder Blech, so muß sie an der Dehnfuge getrennt werden und mit einer nachgiebigen Fugenabdichtung, in der Regel aus Blech, abgedeckt werden. Die Fugen im Mauerwerk werden meistens durch eine dazwischen liegende, mitgemauerte Papplage oder durch geteerte Hanfstricke abgedichtet. Ist besonders sorgfältige Abdichtung erforderlich, so werden auch hier nachgiebige Blechdichtungen verwendet. Diese Fugenabdichtungen haben Ähnlichkeit mit den im Brückenbau oder Wasserbau verwendeten Abdichtungen. Man vergleiche das einschlägige Schrifttum (z. B. *Kleinlogel*, Bewegungsfugen, Verlag Ernst, Berlin).

7. Zugbänder.

Die Zugbänder werden im Stahlbetonbau am besten aus Rundstahlbündeln hergestellt. Bei größerer Länge, wenn Stöße erforderlich werden, müssen die Rundstähle entweder elektrisch stumpfgeschweißt oder durch Spannschlösser gestoßen werden. Letztere Verbindung ist jedoch plump und schwer. Die Verwendung von Walzprofilen, die durch Nietung gestoßen werden, hat seit der Entwicklung der elektrischen Widerstandsschweißung sehr an Bedeutung verloren.

Der Stahl der Zugbänder muß gegen Korrosion sorgfältig geschützt werden. Bei hochliegenden Zugbändern verwendet man Anstriche mit Ölfarben oder Teer- und Bitumenmassen. Bei Korrosionsgefahr durch Rauchgase und aggressive Dämpfe (chemische Industrie), werden die Zugbänder neben dem Anstrich auch noch mit bitumengetränkten Jutebändern mehrfach umwickelt. Das Einbetonieren der Zugbänder ist der beste Korrosionsschutz für im Boden liegende Zugbänder. Es darf jedoch erst nach dem Aufbringen der ständigen Last und der vollzogenen Dehnung des Zugbandes geschehen. Man kann auch hochliegende Zugbänder mit Beton ummanteln, jedoch sehen sie dann viel plumper aus, als wenn sie nur gestrichen werden.

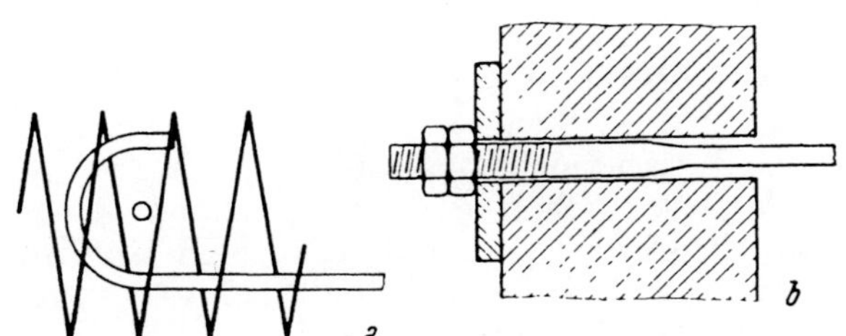

Abb. 145. Verankerung von Zugbändern: *a*) durch Umschnürung der Endhaken, *b*) durch Schraubenmuttern und Ankerplatten.

Wenn die Zugbänder durch willkürliche Eingriffe (Vorspannen) in Spannung versetzt werden, so kann man auch hochwertige Drahtseile verwenden. Ohne Vorspannung sind die Drahtseile für Zugbänder kaum verwendbar, da deren Dehnung infolge der hohen, zulässigen Spannung und des niederen Elastizitätsmoduls ($1{,}6 \cdot 10^6$ kg/cm²) zu groß ist und sie daher unwirksam sind.

Die Verankerung der Zugbänder kann nur bei kleinen Kräften in der im Betonbau sonst üblichen Art mit Rundhaken und durch Haftspannungen erfolgen. Die Verankerung wird verbessert, wenn man die Rundhaken umschnürt (Abb. 145 *a*) und gegebenen Falles durch die Endhaken Querstäbe steckt. Besser ist die Verankerung mittels Ankerplatten, die sich gegen auf einem Gewinde sitzende Schraubenmuttern stützen (Abb. 145 *b*). Man soll hiebei zur Sicherung immer Mutter und Gegenmutter verwenden. So verankerte Rundeisenstränge sollen vor dem Belasten keine Verbindung mit dem Beton haben. Der Strangkanal kann später mit Beton vergossen werden.

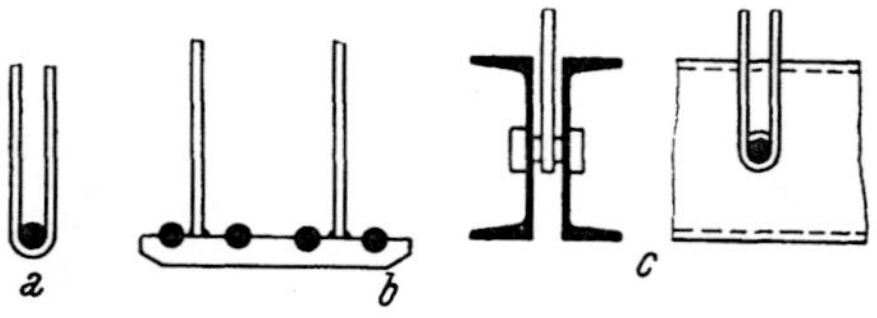

Bei Zugbändern aus Walzprofilen werden Verankerungsplatten angenietet, Drahtseile werden mit Seilköpfen und Ankerplatten verankert.

Hochliegende Zugbänder (vgl. Abb. 120, S. 170) werden in der Regel an den Rahmenriegeln aufgehängt. Man verwendet dazu einfache Rundeisenschlaufen (Abb. 146 *a*) oder aus Blech geschnittene Sättel, die an Rundeisen angeschweißt sind (Abb. 146 *b*). Auch bei Zugbändern aus Walzprofilen kann man Rundeisenschlaufen verwenden (Abb. 146 *c*), die um einen Dorn geschlungen sind.

Abb. 146. Aufhängung der Zugbänder.

Beim Verlegen der Zugbänder soll man darauf achten, daß sie gerade gerichtet und gestreckt werden, bevor sie einbetoniert und unter Last gesetzt werden, da sonst bei der Belastung erst ein toter Gang durchlaufen wird, der bei der Berechnung nicht berücksichtigt ist und der wesentliche Änderungen im Kräftezustand des Tragwerkes herbeiführen kann.

C. Platten und Scheiben. (Ebene Flächentragwerke.)

a) Die Berechnungsmethoden der Platten.

Die Platten sind zweidimensionale Gebilde. Wenn ihr Tragvermögen voll ausgenützt werden soll, muß man der Berechnung der Schnittkräfte das zweidimensionale Kräftespiel zugrunde legen. Es gibt jedoch viele Fälle, bei denen schon die Anschauung lehrt, daß man auch mit einfacheren Betrachtungen brauchbare Ergebnisse erhält. In diesen Fällen sind die Näherungslösungen am Platze.

So wie beim Stab, besteht auch bei der Platte der ursächliche Zusammenhang zwischen Krümmung und Biegungsmoment. Wird die Platte infolge der Belastung gekrümmt, so existiert auch ein Biegungsmoment in der Richtung der Krümmung und umgekehrt. Im zweidimensionalen Kontinuum können Krümmungen jedoch in allen Richtungen auftreten und neben der Krümmung gibt es noch eine Verwindung oder Drillung. Daher sind die Biegungsmomente in der Platte bestimmten Richtungen zugeordnet. Neben den auch beim Balken auftretenden Biegungsmomenten entstehen in der Platte noch Drillungsmomente, die beim Balken kein Analogon finden.

Beim Balken betrachtet man das über die ganze Balkenbreite wirkende Biegungsmoment M (tm). Bei den Platten werden die auf die Längeneinheit und eine bestimmte Richtung n bezogenen Momente m_n (in tm/m) berechnet. Es bedeutet m_n das am Schnitte $n =$ const. angreifende, auf

die Längeneinheit der Schnittlinie bezogene Moment der inneren Kräfte
(Abb. 147). Das an demselben Schnitt angreifende, in der Schnittebene
wirkende Drillungsmoment wird mit m_{ns} be-
zeichnet. Am selben Punkt, jedoch am Schnitt
$s = $ const., also normal zum Schnitt $n = $ const.,
greift das bezogene Moment m_s und das
Drillungsmoment m_{sn} an. Durch diese vier Momente und die zugeordneten Querkräfte q_n und
q_s ist der Spannungszustand eindeutig beschrieben.

Die Bemessung der Platten erfolgt auf Grund
der berechneten Schnittkräfte.

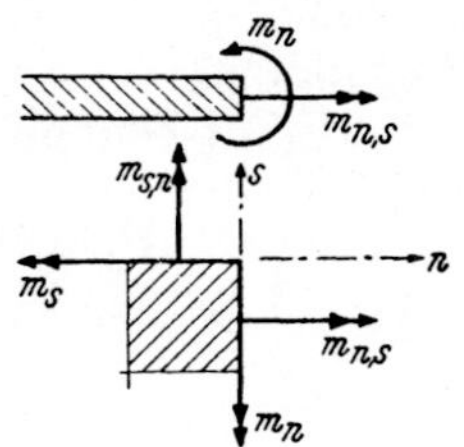

Abb. 147. Die Schnitt-
kräfte der Platten.

1. Die Näherungsmethoden.

Aus den vorstehenden Darlegungen geht hervor, daß wesentliche
Biegungsmomente nur dort auftreten, wo wesentliche Krümmungen vorhanden sind. Aus der Gestalt der Biegefläche kann man daher schon Rückschlüsse auf den Verlauf der Biegungsmomente ziehen. In allen Fällen, in
denen die Gestalt der Biegefläche vorausgesehen werden kann, können
Näherungsmethoden angewendet werden.

Der häufigste dieser Fälle ist die Platte über zwei oder mehreren parallelen
Trägern, deren Abstand l, die Stützweite der Platte, klein ist gegenüber der
Länge L (Abb. 148). Wird die Platte zwar feldweise verschieden belastet, ist
jedoch in jedem Platten-Feld die Belastung von konstanter Größe, so wird
sich die Platte, wie leicht einzusehen ist, — ausgenommen in der Nachbarschaft der kurzen Ränder —, nach einer Zylinder-
fläche verbiegen, deren Erzeugende parallel zu den
unterstützenden Trägern, also der y-Achse (Abb. 148),
sind. In der y-Richtung gibt es keine Krümmung
und daher — von den Auswirkungen der Querdehnung des Baustoffes abgesehen —, kein Biegungsmoment. Es ist auch keine Verwindung vorhanden,
daher entsteht auch kein Drillungsmoment. Da
demnach nur m_x und q_x vorhanden ist, wird der
Kräftezustand eindimensional. Die Platte hat daher
dieselben bezogenen Biegungsmomente wie ein in
der x-Richtung verlaufender 1 m breiter Balken
gleicher Stützung und gleicher Belastung. Die
Platte kann in diesem Falle wie ein Balken berechnet
werden.

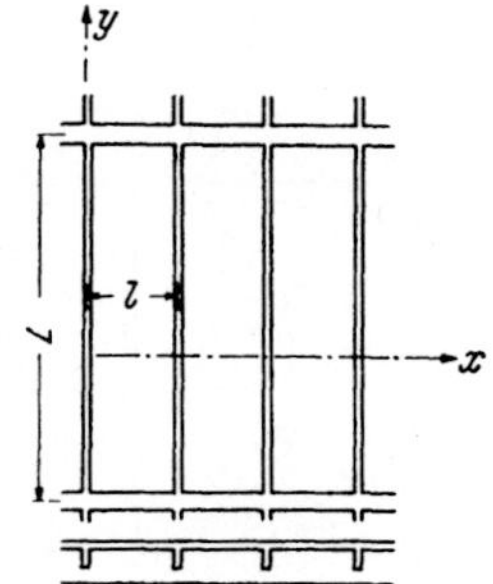

Abb. 148. Platte mit
Hauptbewehrung in
einer Richtung.

In der Regel wird der Verdrehungswiderstand der mit der Platte fugenlos
verbundenen Träger bei der Ermittlung der Momente vernachlässigt und
die Platte so berechnet, als ob sie auf Schneiden gelagert wäre. Dem tatsächlichen Zustand trägt man dadurch Rechnung, daß man die negativen
Feldmomente aus Verkehrslast, ähnlich wie bei den Trägern, auf die Hälfte
reduziert. Ferner darf bei fugenloser Verbindung der Platte mit der
Stahlbetonrippe das der Bemessung zugrunde liegende Stützmoment
nach Abb. 149 a vermindert werden; es darf hiebei jedoch nicht kleiner werden als $q\,w^2/12$ ($w = $ Lichtweite zwischen den Rippen). Liegt
die Platte auf Mauerwerk auf, so darf das Stützmoment nach Abb. 149 b
vermindert werden.

Nähert sich die Form der Plattenfelder dem Quadrat, so ist bei gleichförmiger Last q die Gestalt der Biegefläche verhältnismäßig einfach zu überblicken. Es entsteht in diesem Falle eine stetig doppelt gekrümmte Biegefläche, daher treten auch Biegungsmomente von gleicher Größenordnung in beiden Richtungen x und y auf. Diese Biegungsmomente bedingen auch Bewehrungen von gleicher Größenordnung in zwei sich kreuzenden Richtungen. Daher nennt man diese Platten kreuzweise bewehrte Platten, kurz kreuzbewehrt.

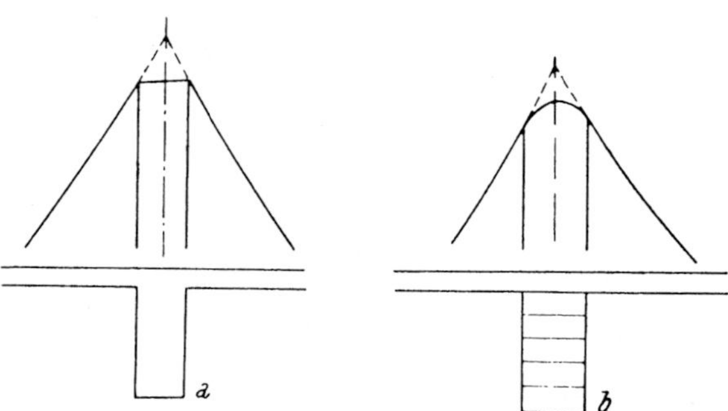

Abb. 149. Abminderung der Stützmomente von Stahlbetonplatten.

Man bekommt einigermaßen brauchbare Ergebnisse, wenn man sich die Platte durch zwei Scharen von Längs- und Querbalken ersetzt denkt, deren Durchbiegungen jeweils gleich groß sind.

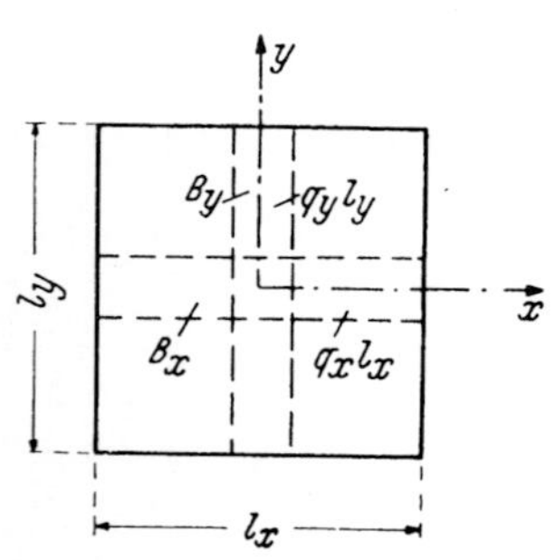

Abb. 150. Die Ersatzbalken zur näherungsweisen Berechnung von kreuzbewehrten Platten.

Im einfachsten Falle $q = $ const. genügt es, die Belastung q so auf die beiden Richtungen x und y aufzuteilen, daß die Durchbiegung der beiden Mittelbalken B_x und B_y unter den Lastanteilen $q_x l_x$ und $q_y l_y$ gleich groß werden (Abb. 150). Je nach der Auflagerung der Platte sind die Ersatzbalken B_x und B_y als frei aufliegend, als elastisch oder starr eingespannt in die Rechnung einzuführen. Der Fall der elastischen Einspannung kann oft durch den Grenzfall der starren Einspannung oder der unbehinderten Verdrehbarkeit ersetzt werden.

Die Lastaufteilung wird aus den beiden Bestimmungsgleichungen

$$q_x + q_y = q$$
$$\varphi_x\, q_x\, l_x^4 = \varphi_y\, q_y\, l_y^4 \tag{1}$$

berechnet. Die Werte φ_x und φ_y sind je nach der Stützungsart der Ersatzbalken einzusetzen (Tab. 24).

Tabelle 24. *Hilfswerte zur näherungsweisen Berechnung kreuzbewehrter Platten.*

Stützungsart	φ	ψ	χ
	5	0,1250	0
	2	0,0703	0,1250
	1	0,0416	0,0833

Aus (1) folgt

$$q_x = \frac{\varphi_y\, l_y^4}{\varphi_x\, l_x^4 + \varphi_y\, l_y^4}\, q,$$

$$q_y = \frac{\varphi_x\, l_x^4}{\varphi_x\, l_x^4 + \varphi_y\, l_y^4}\, q. \tag{1 a}$$

Mit den Teillasten q_x und q_y werden die Biegungsmomente der Ersatzbalken ermittelt. Es wird in Plattenmitte

$$m_x = \psi_x\, q_x\, l_x^2,$$
$$m_y = \psi_y\, q_y\, l_y^2. \tag{2}$$

Die Stützmomente berechnet man aus

$$m_x' = \chi_x\, q_x\, l_x^2,$$
$$m_y' = \chi_y\, q_y\, l_y^2. \tag{3}$$

Die Hilfswerte ψ und χ sind ebenfalls in Tab. 24 enthalten.

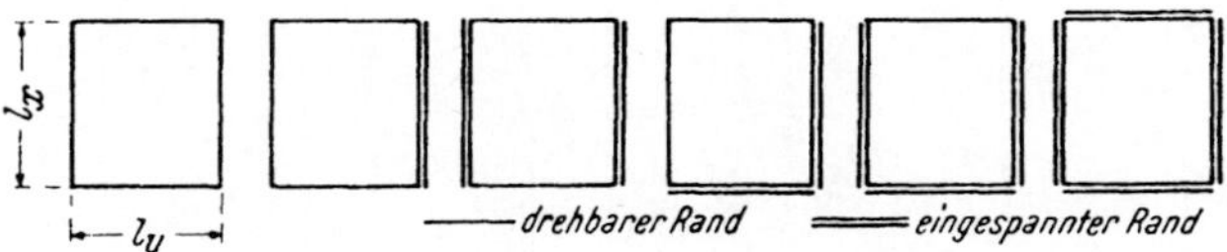

Abb. 151. Die bei Rechteckplatten möglichen Stützungsfälle.

Da die, die Feldmomente entlastende Wirkung der in der Platte als zweidimensionalem Kontinuum wirksamen Drillungsmomente im Näherungsansatz (Ersatzbalken B_x und B_y) nicht berücksichtigt ist, dürfen die nach (2) ermittelten Feldmomente noch verringert werden. Die größten Plattenmomente max m_x und max m_y ermittelt man aus den Feldmomenten m_x und m_y der Ersatzbalken nach folgender Formel:

$$\max m_x = \nu_x\, m_x = m_x\left[1 - \frac{5}{6}\left(\frac{l_x}{l_y}\right)^2 \frac{m_x}{\mathfrak{M}_x}\right],$$

$$\max m_y = \nu_y\, m_y = m_y\left[1 - \frac{5}{6}\left(\frac{l_y}{l_x}\right)^2 \frac{m_y}{\mathfrak{M}_y}\right]. \tag{4}$$

mit

$$\mathfrak{M}_x = \frac{1}{8}\, q\, l_x^2, \qquad \mathfrak{M}_y = \frac{1}{8}\, q\, l_y^2. \tag{4 a}$$

Die nach (1) bis (4) zu berechnenden Biegungsmomente kreuzbewehrter Platten unter der Gleichlast $q = $ const. sind abhängig von der Stützungsart der Platte und dem Seitenverhältnis $\varepsilon = \dfrac{l_x}{l_y}$.

Es sind bei rechteckigen Platten mit frei drehbaren oder starr eingespannten Rändern sechs verschiedene Stützungsarten möglich (Abb. 151). Für diese sechs Fälle ist die Auswertung von (1) bis (4), also mit Berücksichtigung der Drillungssteifigkeit, in Tab. 25 zusammengestellt. Mit den dort angegebenen Hilfswerten können die Feld- und Stützmomente rasch ermittelt werden.

     Platten und Scheiben. (Ebene Flächentragwerke.)

Tabelle 25/1. *Feld- und Stützmomente der kreuzbewehrten Rechteckplatten unter Gleichlast*
$$q = const.$$
(nach *Löser*, Bemessungsverfahren, 9. Aufl.)

$$\varepsilon = l_x : l_y$$
$$q_x = \varkappa\, q, \qquad q_y = \varrho\, q$$
Feldmomente: $m_x = \alpha\, q\, l_x^2, \qquad m_y = \beta\, q\, l_y^2$

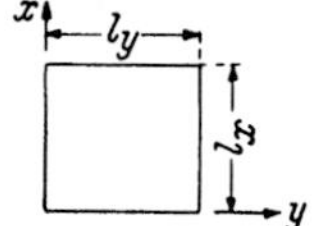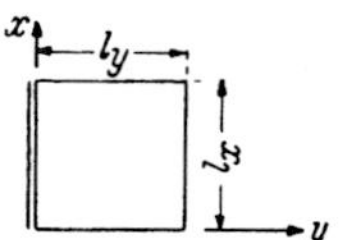

Stützmomente: $m_y = -\dfrac{1}{8}\varrho\, q\, l_y^2$

$\varepsilon = l_x : l_y$	α	β	$\varkappa$	ϱ	$\varepsilon = l_x : l_y$	α	β	$\varkappa$	ϱ
1	2	3	4	5	1	2	3	4	5
0,60	0,08127	0,01053	0,8853	0,1147	0,60	0,07302	0,01172	0,7553	0,2447
0,62	0,07851	0,01160	0,8713	0,1287	0,62	0,06993	0,01273	0,7302	0,2698
0,64	0,07575	0,01271	0,8563	0,1437	0,64	0,06689	0,01375	0,7045	0,2955
0,66	0,07301	0,01385	0,8405	0,1595	0,66	0,06391	0,01479	0,6783	0,3217
0,68	0,07029	0,01503	0,8239	0,1761	0,68	0,06100	0,01584	0,6517	0,3483
0,70	0,06761	0,01623	0,8064	0,1936	0,70	0,05818	0,01691	0,6249	0,3751
0,72	0,06497	0,01746	0,7882	0,2118	0,72	0,05545	0,01799	0,5981	0,4019
0 74	0,06240	0,01871	0,7693	0,2307	0,74	0,05281	0,01908	0,5715	0,4285
0,76	0,05990	0,01998	0,7498	0,2502	0,76	0,05027	0,02017	0,5452	0,4548
0,78	0,05747	0,02127	0,7298	0,2702	0,78	0,04783	0,02128	0,5194	0,4806
0,80	0,05512	0,02258	0,7094	0,2906	0,80	0,04548	0,02239	0,4941	0,5059
0,82	0,05286	0,02390	0,6887	0,3113	0,82	0,04324	0,02351	0,4694	0,5306
0,84	0,05069	0,02524	0,6676	0,3324	0,84	0,04110	0,02463	0,4455	0,5545
0,86	0,04861	0,02659	0.6464	0,3536	0,86	0,03905	0,02574	0,4224	0,5776
0,88	0,04662	0,02796	0,6251	0,3749	0,88	0,03710	0,02686	0,4001	0,5999
0,90	0,04471	0,02934	0,6038	0,3962	0,90	0,03524	0,02798	0,3788	0,6212
0,92	0,04290	0,03073	0,5826	0,4174	0,92	0,03347	0,02908	0,3583	0,6417
0 94	0,04117	0,03214	0,5616	0,4384	0,94	0,03178	0,03018	0,3388	0,6612
0,96	0,03952	0,03357	0,5407	0,4593	0,96	0,03018	0,03127	0,3202	0,6798
0,98	0,03795	0,03501	0,5202	0,4798	0,98	0,02866	0,03235	0,3025	0,6975
1,00	0,03646	0,03646	0,5000	0,5000	1,00	0,02721	0,03341	0,2857	0,7143
1,02	0,03503	0,03792	0,4802	0,5198	1,02	0,02584	0,03445	0,2698	0,7302
1,04	0,03368	0,03940	0,4609	0,5391	1,04	0,02453	0,03547	0,2548	0,7452
1,06	0,03238	0,04088	0,4420	0,5580	1,06	0,02330	0,03648	0,2406	0,7594
1,08	0,03115	0,04238	0,4236	0,5764	1,08	0,02213	0,03746	0,2272	0,7728
1,10	0,02997	0,04388	0,4058	0,5942	1,10	0,02102	0,03842	0,2146	0,7854
1.12	0,02884	0,04538	0,3886	0,6114	1,12	0,01997	0,03936	0,2027	0,7973
1,14	0,02776	0,04689	0,3719	0,6281	1,14	0,01897	0,04027	0,1915	0,8085
1,16	0,02673	0,04840	0 3558	0,6442	1,16	0,01803	0,04116	0,1809	0,8191
1,18	0 02574	0,04990	0,3403	0,6597	1,18	0,01714	0,04202	0,1710	0,8290
1,20	0,02479	0,05141	0,3254	0,6746	1,20	0,01629	0,04286	0,1617	0,8383
1,22	0,02388	0,05290	0,3110	0,6890	1,22	0,01549	0,04367	0,1529	0,8471
1 24	0,02300	0,05439	0,2972	0,7028	1,24	0,01473	0,04446	0,1447	0,8553
1,26	0,02216	0,05586	0,2841	0,7159	1,26	0,01402	0,04522	0,1370	0,8630
1,28	0,02135	0,05732	0,2714	0,7286	1,28	0,01334	0,04595	0,1297	0,8703
1,30	0,02058	0,05877	0,2593	0,7407	1,30	0,01270	0,04667	0,1229	0,8771
1,32	0,01983	0,06020	0,2478	0,7522	1,32	0,01209	0,04736	0,1164	0,8836
1 34	0,01911	0,06161	0,2367	0,7633	1,34	0,01152	0,04802	0,1104	0,8896
1,36	0,01842	0,06300	0,2262	0,7738	1,36	0,01097	0,04867	0,1047	0,8953
1,38	0 01775	0.06437	0.2161	0,7839	1,38	0,01046	0,04929	0,0993	0,9007
1,40	0,01711	0,06572	0,2065	0,7935	1,40	0,00997	0,04989	0,0943	0,9057
1,42	0,01649	0,06705	0,1974	0,8026	1,42	0,00951	0,05047	0,0896	0,9104
1,44	0,01589	0,06835	0,1887	0,8113	1,44	0,00907	0,05102	0,0851	0,9149
1,46	0,01532	0,06962	0,1804	0,8196	1,46	0,00866	0,05156	0,0809	0,9191
1,48	0,01477	0,07087	0,1725	0,8275	1,48	0,00827	0,05208	0,0770	0,9230
1,50	0,01424	0,07210	0,1650	0,8350	1,50	0,00790	0,05258	0,0732	0,9268
1,54	0,01324	0,07447	0,1510	0,8490	1,54	0,00721	0,05353	0,0664	0,9336
1,58	0,01231	0,07673	0,1383	0,8617	1,58	0,00659	0,05441	0,0603	0,9397
1,62	0,01145	0,07889	0,1268	0,8732	1,62	0,00604	0,05526	0,0549	0,9451
1,66	0.01066	0.08094	0,1164	0,8836	1,66	0,00554	0,05600	0,0501	0,9499

Tabelle 25/2. *Feld- und Stützmomente der kreuzbewehrten Rechteckplatten unter Gleichlast q = const.*
(nach *Löser*, Bemessungsverfahren, 9. Aufl.).

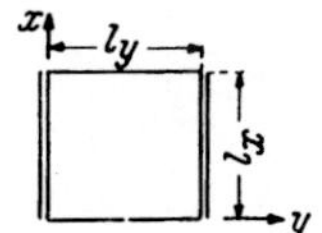 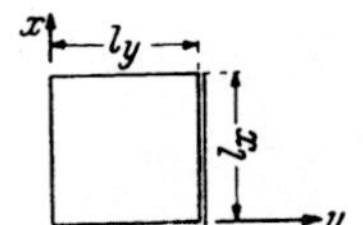

$$\varepsilon = l_x : l_y$$
$$q_x = \varkappa\, q, \qquad q_y = \varrho\, q$$
Feldmomente: $\quad m_x = \alpha\, q\, l_x^2, \qquad m_y = \beta\, q\, l_y^2$

Stützmoment:
$$m_y = -\frac{1}{12}\varrho\, q\, l_y^2$$

Stützmomente:
$$m_x = -\frac{1}{8}\varkappa\, q\, l_x^2, \qquad m_y = -\frac{1}{8}\varrho\, q\, l_y^2$$

$\varepsilon=l_x:l_y$	α	β	$\varkappa$	ϱ	$\varepsilon=l_x:l_y$	α	β	$\varkappa$	ϱ
1	2	3	4	5	1	2	3	4	5
0,60	0,06204	0,01141	0,6068	0,3932	0,60	0,05295	0,00686	0,8853	0,1147
0,62	0,05864	0,01227	0,5751	0,4249	0,62	0,05164	0,00763	0,8713	0,1287
0,64	0,05536	0,01313	0,5438	0,4562	0,64	0,05031	0,00844	0,8563	0,1437
0,66	0,05219	0,01399	0,5132	0,4868	0,66	0,04895	0,00929	0,8405	0,1595
0,68	0,04916	0,01485	0,4833	0,5167	0,68	0,04758	0,01017	0,8239	0,1761
0,70	0,04626	0,01570	0,4544	0,5456	0,70	0,04620	0,01109	0,8064	0,1936
0,72	0,04350	0,01655	0,4267	0,5733	0,72	0,04480	0,01204	0,7882	0,2118
0,74	0,04088	0,01739	0,4001	0,5999	0,74	0,04341	0,01302	0,7693	0,2307
0,76	0,03840	0,01822	0,3748	0,6252	0,76	0,04202	0,01402	0,7498	0,2502
0,78	0,03605	0,01903	0,3508	0,6492	0,78	0,04063	0,01504	0,7298	0,2702
0,80	0,03883	0,01983	0,3281	0,6719	0,80	0,03926	0,01608	0,7094	0,2906
0,82	0,03175	0,02061	0,3067	0,6933	0,82	0,03791	0,01714	0,6887	0,3113
0,84	0,02979	0,02138	0,2866	0,7134	0,84	0,03658	0,01821	0,6676	0,3324
0,86	0,02794	0,02212	0,2677	0,7323	0,86	0,03526	0,01929	0,6464	0,3536
0,88	0,02621	0,02284	0,2501	0,7499	0,88	0,03398	0,02038	0,6251	0,3749
0,90	0,02460	0,02354	0,2336	0,7664	0,90	0,03272	0,02147	0,6038	0,3962
0,92	0,02308	0,02422	0,2183	0,7817	0,92	0,03150	0,02256	0,5826	0,4174
0,94	0,02166	0,02487	0,2039	0,7971	0,94	0,03030	0,02366	0,5616	0,4384
0,96	0,02034	0,02550	0,1906	0,8094	0,96	0,02914	0,02475	0,5407	0,4593
0,98	0,01910	0,02610	0,1782	0,8218	0,98	0,02801	0,02584	0,5202	0,4798
1,00	0,01794	0,02668	0,1667	0,8333	1,00	0,02692	0,02692	0,5000	0,5000
1,02	0,01686	0,02734	0,1560	0,8440	1,02	0,02586	0,02799	0,4802	0,5198
1,04	0,01585	0,02778	0,1460	0,8540	1,04	0,02483	0,02905	0,4609	0,5391
1,06	0,01490	0,02829	0,1368	0,8632	1,06	0,02384	0,03010	0,4420	0,5580
1,08	0,01402	0,02878	0,1282	0,8718	1,08	0,02289	0,03114	0,4236	0,5764
1,10	0,01320	0,02925	0,1202	0,8798	1,10	0,02197	0,03216	0,4058	0,5942
1,12	0,01243	0,02970	0,1128	0,8872	1,12	0,02108	0,03317	0,3886	0,6114
1,14	0,01172	0,03013	0,1059	0,8941	1,14	0,02022	0,03416	0,3719	0,6281
1,16	0,01105	0,03035	0,0995	0,9005	1,16	0,01940	0,03513	0,3558	0,6442
1,18	0,01042	0,03094	0,0935	0,9065	1,18	0,01861	0,03608	0,3403	0,6597
1,20	0,00983	0,03131	0,0880	0,9120	1,20	0,01785	0,03702	0,3254	0,6746
1,22	0,00929	0,03167	0,0828	0,9172	1,22	0,01712	0,03793	0,3110	0,6890
1,24	0,00877	0,03202	0,0780	0,9220	1,24	0,01642	0,03883	0,2972	0,7028
1,26	0,00829	0,03234	0,0735	0,9265	1,26	0,01575	0,03970	0,2841	0,7159
1,28	0,00785	0,03266	0,0693	0,9307	1,28	0,01511	0,04055	0,2714	0,7286
1,30	0,00743	0,03296	0,0654	0,9346	1,30	0,01449	0,04138	0,2593	0,7407
1,32	0,00703	0,03324	0,0618	0,9382	1,32	0,01390	0,04219	0,2478	0,7522
1,34	0,00666	0,03352	0,0584	0,9416	1,34	0,01333	0,04297	0,2367	0,7633
1,36	0,00632	0,03378	0,0552	0,9448	1,36	0,01278	0,04374	0,2262	0,7738
1,38	0,00599	0,03403	0,0523	0,9474	1,38	0,01226	0,04448	0,2161	0,7839
1,40	0,00569	0,03427	0,0495	0,9505	1,40	0,01177	0,04520	0,2065	0,7935
1,42	0,00540	0,03450	0,0469	0,9531	1,42	0,01129	0,04590	0,1974	0,8026
1,44	0,00513	0,03472	0,0444	0,9556	1,44	0,01083	0,04658	0,1887	0,8113
1,46	0,00487	0,03493	0,0423	0,9578	1,46	0,01040	0,04724	0,1804	0,8196
1,48	0,00464	0,03513	0,0400	0,9600	1,48	0,09998	0,04788	0,1725	0,8275
1,50	0,00441	0,03532	0,0380	0,9620	1,50	0,00958	0,04850	0,1650	0,8350
1,54	0,00400	0,03568	0,0343	0,9657	1,54	0,00883	0,04968	0,1510	0,8490
1,58	0,00363	0,03602	0,0311	0,9689	1,58	0,00815	0,05079	0,1383	0,8617
1,62	0,00331	0,03633	0,0282	0,9718	1,62	0,00752	0,05182	0,1268	0,8732
1,66	0,00302	0,03661	0,0257	0,9743	1,66	0,00695	0,05279	0,1164	0,8836

　Platten und Scheiben. (Ebene Flächentragwerke.)

Tabelle 25/3. *Feld- und Stützmomente der kreuzbewehrten Rechteckplatten unter Gleichlast*
$$q = const$$
(nach *Löser*, Bemessungsverfahren, 9. Auflg.).

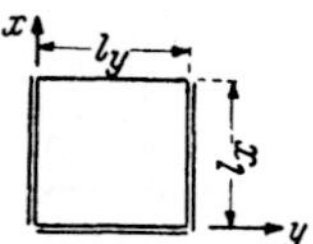

$$\varepsilon = l_x : l_y$$
$$q_x = \varkappa q, \qquad q_y = \varrho\, q$$
Feldmomente:　$m = \alpha\, q\, l_x^2, \qquad m = \beta\, q\, l_y^2$

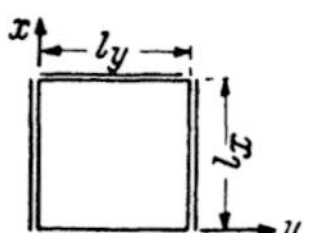

Stützmomente:　　　　　　　　　　　　　　　　　　Stützmomente:

$$m_x = -\frac{1}{8}\varkappa q\, l_x^2, \qquad m_y = -\frac{1}{12}\varrho\, q\, l_y^2 \qquad m_x = -\frac{1}{12}\varkappa q\, l_x^2, \qquad m_y = -\frac{1}{12}\varrho\, q\, l_y^2$$

$\varepsilon = l_x : l_y$	α	β	$\varkappa$	ϱ	$\varepsilon = l_x : l_y$	α	β	$\varkappa$	ϱ
1	2	3	4	5	1	2	3	4	5
0,60	0,04835	0,00722	0,7941	0,2059	0,60	0,03362	0,00436	0,8853	0,1147
0,62	0,04672	0,00794	0,7718	0,2282	0,62	0,03295	0,00486	0,8713	0,1287
0,64	0,04507	0,00869	0,7487	0,2513	0,64	0,03220	0,00540	0,8563	0,1437
0,66	0,04342	0,00945	0,7249	0,2751	0,66	0,03146	0,00597	0,8405	0,1595
0,68	0,04177	0,01023	0,7005	0,2995	0,68	0,03069	0,00656	0,8239	0,1761
0,70	0,04013	0,01103	0,6756	0,3244	0,70	0,02991	0,00718	0,8064	0,1936
0,72	0,03850	0,01184	0,6504	0,3496	0,72	0,02911	0,00782	0,7882	0,2118
0,74	0,03690	0,01265	0,6251	0,3749	0,74	0,02830	0,00849	0,7693	0,2307
0,76	0,03532	0,01347	0,5998	0,4002	0,76	0,02748	0,00917	0,7498	0,2502
0,78	0,03378	0,01428	0,5746	0,4254	0,78	0,02666	0,00987	0,7298	0,2702
0,80	0,03228	0,01509	0,5497	0,4503	0,80	0,02583	0,01058	0,7094	0,2906
0,82	0,03081	0,01590	0,5251	0,4749	0,82	0,02500	0,01130	0,6887	0,3113
0,84	0,02939	0,01670	0,5011	0,4989	0,84	0,02418	0,01204	0,6676	0,3324
0,86	0,02802	0,01750	0,4775	0,5225	0,86	0,02336	0,01278	0,6464	0,3536
0,88	0,02669	0,01828	0,4547	0,5453	0,88	0,02254	0,01352	0,6251	0,3749
0,90	0,02541	0,01905	0,4325	0,5675	0,90	0,02174	0,01426	0,6038	0,3962
0,92	0,02419	0,01980	0,4110	0,5890	0,92	0,02095	0,01501	0,5826	0,4174
0,94	0,02301	0,02053	0,3904	0,6096	0,94	0,02017	0,01575	0,5616	0,4384
0,96	0,02188	0,02125	0,3705	0,6295	0,96	0,01941	0,01649	0,5407	0,4593
0,98	0,02080	0,02195	0,3515	0,6485	0,98	0,01867	0,01722	0,5202	0,4798
1,00	0,01977	0,02263	0,3333	0,6667	1,00	0,01794	0,01794	0,5000	0,0500
1,02	0,01879	0,02329	0,3160	0,6840	1,02	0,01723	0,01865	0,4802	0,5198
1,04	0,01786	0,02394	0,2994	0,7006	1,04	0,01654	0,01935	0,4609	0,5391
1,06	0,01696	0,02456	0,2836	0,7164	1,06	0,01588	0,02004	0,4420	0,5580
1,08	0,01612	0,02516	0,2687	0,7313	1,08	0,01523	0,02072	0,4236	0,5764
1,10	0,01532	0,02574	0,2546	0,7454	1,10	0,01460	0,02138	0,4058	0,5942
1,12	0,01455	0,02631	0,2411	0,7589	1,12	0,01400	0,02303	0,3886	0,6114
1,14	0,01382	0,02685	0,2284	0,7716	1,14	0,01341	0,02266	0,3719	0,6281
1,16	0,01314	0,02737	0,2164	0,7836	1,16	0,01285	0,02327	0,3558	0,6442
1,18	0,01248	0,02788	0,2050	0,7950	1,18	0,01231	0,02387	0,3403	0,6597
1,20	0,01187	0,02835	0,1943	0,8057	1,20	0,01179	0,02445	0,3254	0,6746
1,22	0,01128	0,02882	0,1841	0,8159	1,22	0,01129	0,02502	0,3110	0,6890
1,24	0,01073	0,02926	0,1746	0,8254	1,24	0,01081	0,02556	0,2972	0,7028
1,26	0,01020	0,02969	0,1655	0,8345	1,26	0,01035	0,02609	0,2841	0,7159
1,28	0,00971	0,03010	0,1570	0,8430	1,28	0,00991	0,02661	0,2714	0,7286
1,30	0,00924	0,03050	0,1490	0,8510	1,30	0,00949	0,02710	0,2593	0,7407
1,32	0,00879	0,03088	0,1414	0,8586	1,32	0,00909	0,02758	0,2478	0,7522
1,34	0,00837	0,03124	0,1342	0,8658	1,34	0,00870	0,02805	0,2367	0,7633
1,36	0,00797	0,03159	0,1275	0,8725	1,36	0,00833	0,02849	0,2262	0,7738
1,38	0,00760	0,03192	0,1212	0,8788	1,38	0,00798	0,02893	0,2161	0,7839
1,40	0,00724	0,03224	0,1152	0,8848	1,40	0,00764	0,02934	0,2065	0,7935
1,42	0,00690	0,03255	0,1095	0,8905	1,42	0,00731	0,02974	0,1974	0,8026
1,44	0,00658	0,03285	0,1042	0,8958	1,44	0,00701	0,03013	0,1887	0,8113
1,46	0,00628	0,03313	0,0991	0,9009	1,46	0,00671	0,03050	0,1804	0,8196
1,48	0,00599	0,03340	0,0944	0,9056	1,48	0,00643	0,03086	0,1725	0,8275
1,50	0,00572	0,03366	0,0899	0,9101	1,50	0,00616	0,03121	0,1650	0,8350
1,54	0,00522	0,03415	0,0816	0,9184	1,54	0,00566	0,03186	0,1510	0,8490
1,58	0,00477	0,03460	0,0743	0,9257	1,58	0,00521	0,03246	0,1383	0,8617
1,62	0,00436	0,03501	0,0677	0,9323	1,62	0,00479	0,03302	0,1268	0,8732
1,66	0,00400	0,03539	0,0618	0,9382	1,66	0,00442	0,03354	0,1164	0,8836

Bei Platten größerer Abmessungen und Belastungen empfiehlt es sich, statt der Werte der Tab. 25/1, 2 und 3 Berechnungsbehelfe zu verwenden, die auf Grund der im nachstehenden in ihren Grundzügen dargestellten strengeren Theorie elastischer Platten entwickelt sind. Für Platten mit konstanter Belastung verwendet man die sehr ausführlichen Tabellen von *F. Czerny* (Tafeln für gleichmäßig vollbelastete Rechteckplatten, Bautechnik-Archiv Heft 11/1955, Verlag W. Ernst, Berlin), für hydrostatisch (keilförmig) belastete Rechteckplatten Tabellen, die ebenfalls von *F. Czerny* hiefür entwickelt wurden (Tafeln für hydrostatisch belastete Rechteckplatten, Bautechnik-Archiv, Heft 14/1959, Verlag W. Ernst, Berlin) und für Teilbelastungen die Einflußfelder (S. 200).

Während man die umfangsgelagerten Platten bei der näherungsweisen Berechnung durch sich kreuzende Balken ersetzen darf, werden die Pilzdecken (vgl. A b 1, S. 144) näherungsweise durch Rahmen ersetzt.

Die Pilzdecken sind trägerlose Platten, die mit den sie stützenden Säulen biegungssteif verbunden sind. Man betrachtet den Plattenstreifen zwischen zwei Säulenreihen als Riegel und die Säulen als die Stiele eines mehrfeldrigen Rahmens, und berechnet diese Ersatzrahmen für die gegebene Belastung. In Abb. 152 ist der Ersatzrahmen R_x der x-Richtung schraffiert. Auch in der y-Richtung ist, wie bei den umfangsgelagerten Platten, ein Ersatzrahmen R_y zu berechnen. Während jedoch dort jeder Balken B_x und B_y nur einen Teil der Last — q_x bzw. q_y — zu tragen hatte, ist bei den Pilzplatten jeder Ersatzrahmen (R_x *und* R_y) für die *volle* Belastung zu berechnen. Die so ermittelten, auf der ganzen Riegelbreite wirksamen Momente M (tm) des Riegels des Ersatzrahmens sind in der Platte auf den Feld- und auf den

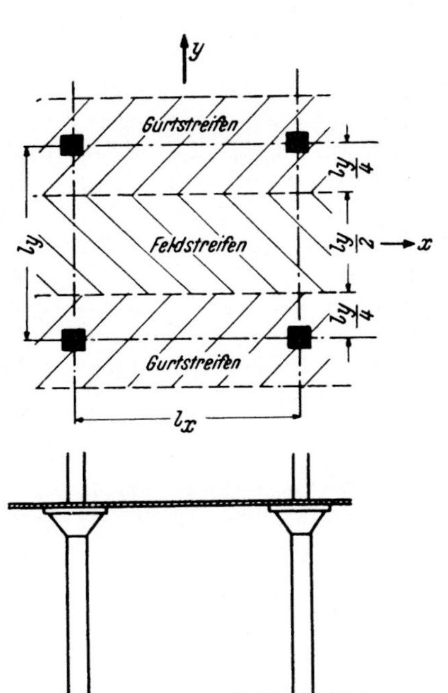

Abb. 152. Feld- und Gurtstreifen bei der näherungsweisen Berechnung der Pilzdecken.

Abb. 153. Verteilung der Momente auf die Feld- und Gurtstreifen der Pilzdecken.

Gurtstreifen nach Abb. 153 aufzuteilen; der Aufteilungsschlüssel ist hiebei für die Feld- und Stützmomente verschieden. Die Momenten-Anteile des Feld- und Gurtstreifens sind zur Bemessung der Platte noch durch die Breite des betreffenden Streifens zu teilen, um das bei den Platten übliche, auf die Längeneinheit bezogene Moment m (tm/m) zu erhalten.

2. Die Theorie elastischer Platten.

Kann die Gestalt der Biegefläche einer Platte nicht genügend genau vorausgesehen werden, — es kommt hiebei auf deren Krümmungen an —, muß man, um zuverlässige Unterlagen für die Bemessung zu erhalten, sich der Theorie der elastischen Platten bedienen. Das trifft bei Platten von anderer als rechteckiger Form und bei Rechteckplatten mit unstetiger Belastung, besonders bei auf kleinen Teilbereichen konzentrierten, großen Lasten (im Grenzfall Punktlasten) zu. Aber auch die Ergebnisse, die durch Näherungsverfahren gewonnen werden, müssen mit Hilfe der Plattentheorie überprüft werden.

Die übliche Theorie elastischer Platten setzt Baustoffeigenschaften voraus, die für Stahlbetonplatten nicht streng zutreffen. Die Erfahrung hat aber gelehrt, daß bei richtiger Bewehrung der Platte eine ausreichende Standsicherheit gewährleistet ist, wenn auf Grund der Ergebnisse dieser Theorie bemessen wird. Es ist jedenfalls besser, auf die Stahlbetonplatten die Ergebnisse der Theorie elastischer Platten anzuwenden, als auf Grund willkürlicher Annahmen zu bemessen, die sich vielfach bei näherer Betrachtung nicht ausreichend begründen lassen. Aber immerhin muß man sich bewußt bleiben, daß auch die Plattentheorie für die Stahlbetonplatten nur als Näherungstheorie gelten kann. Man macht jedoch auch bei der Berechnung statisch unbestimmter Stabtragwerke Annahmen über die Werkstoffeigenschaften (ideal elastische Baustoffe), die nicht umbeschränkt mit der physikalischen Wirklichkeit übereinstimmen. Eine zahlenmäßig hohe Genauigkeit der Endergebnisse braucht man deshalb bei diesen Berechnungen nicht anstreben. Daher kann auch der Einfluß der Querdehnung, der die Ermittlung der Endergebnisse oft sehr viel umständlicher macht, ohne am prinzipiellen Charakter der Lösungen etwas zu ändern, meist vernächlässigt werden.

Die Voraussetzungen der Theorie elastischer Platten sind folgende: Der Werkstoff der Platte sei homogen und isotrop und gehorche dem *Hooke*schen Gesetz, die Dicke der Platte sei klein gegenüber deren Länge und Breite und die entstehende Durchbiegung sei klein gegenüber der Dicke. Schließlich habe die Platte konstante Steifigkeit, das heißt bei homogenem Werkstoff sei deren Dicke konstant.

Beim Stab mit konstanter Steifigkeit können das Biegungsmoment und die Querkraft durch die Differentialquotienten der Biegelinie $w = w(x)$ ausgedrückt werden. Es ist $M(x) = -EJ\dfrac{d^2w}{dx^2}$ und $Q(x) = -EJ\dfrac{d^3w}{dx^3}$.

Bei der Platte kann man die inneren Kräfte ebenfalls durch die höheren Ableitungen der Biegefläche $w = w(x, y)$ ausdrücken. Es erscheint in diesen Ausdrücken jedoch neben dem Elastizitätsmodul E auch noch die Querdehnungszahl ν als werkstoffbedingte Konstante. Man erhält jedoch, wie bereits erwähnt, bei Stahlbetonplatten immer ausreichend genaue Ergebnisse, wenn man näherungsweise $\nu = 0$ setzt.

Im folgenden wird nur ein kurzer Abriß der Theorie gegeben, bei dem, ohne auf Einzelheiten einzugehen, die wesentlichen Überlegungen herausgestellt werden. Bei eingehenderem Studium benütze man das Schrifttum (*Nadai*, Elastische Platten, J. Springer, Berlin. *Biezeno-Grammel*, Technische Dynamik, Springer, Berlin. *A.* u. *L. Föppl*, Drang und Zwang, Oldenbourg, München. Handbuch der Physik, VI. Band, Elastostatik, J. Springer, Berlin 1928. *Girkmann*, Flächentragwerke, Springerverlag Wien.

In Abb. 154 sind die positiven, am Volumelement $d \cdot dx\, dy$ angreifenden, bezogenen Schnittkräfte dargestellt. Es sind dies die Biegungsmomente m_x und m_y, das Drillungs- oder Torsionsmoment $m_{xy} = m_{yx}$ und die den Biegungsmomenten zugeordneten Querkräfte q_x und q_y. Die Biegungsmomente seien, wie in der Baustatik üblich, positiv, wenn sie auf der in Richtung der positiven Durchbiegung vorne liegenden Plattenseite, in der Regel der Unterseite, Zugspannungen erzeugen. Die Betrachtung des Formänderungszustandes des Plattenelementes liefert in Verbindung mit dem erweiterten *Hooke*schen Gesetz die Abhängigkeit der Schnittkräfte von der Durchbiegung. Es wird

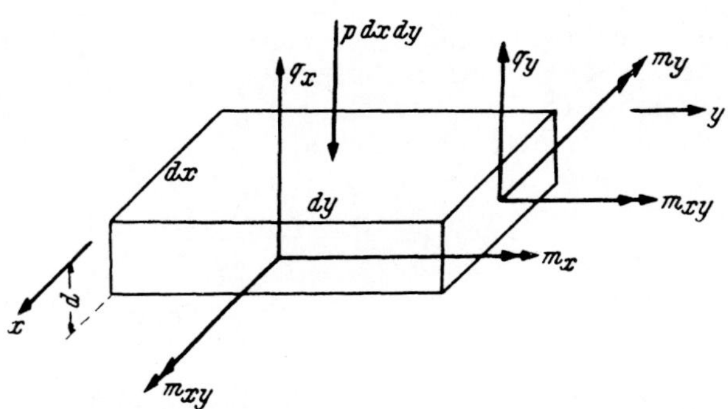

Abb. 154. Die an einem Plattenelement angreifenden Schnittkräfte.

$$m_x = - N \left(\frac{\partial^2 w}{\partial x^2} + v \frac{\partial^2 w}{\partial y^2} \right),$$

$$m_v = - N \left(\frac{\partial^2 w}{\partial y^2} + v \frac{\partial^2 w}{\partial x^2} \right).$$

$$N = \frac{E\, d^3}{12\,(1 - v^2)},$$

$$m_{xy} = - (1 - v)\, N \frac{\partial^2 w}{\partial x\, \partial y},$$

$$q_x = - N \frac{\partial \varDelta w}{\partial x},$$

$$q_y = - N \frac{\partial \varDelta w}{\partial y}.$$

(5)

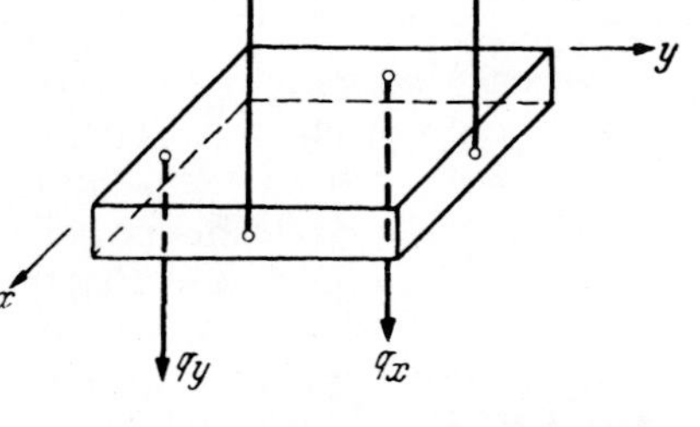

Abb. 155. Die an den Schnittflächen eines Plattenelementes angreifenden Querkräfte.

In diesen Formeln ist N eine von der Plattendicke d und dem Werkstoff abhängige Konstante, $\varDelta = \dfrac{\partial^2}{\partial x^2} + \dfrac{\partial^2}{\partial y^2}$ der *Laplace*sche Differentialoperator.

Das Gleichgewicht am Plattenelement wird durch die Differenz der Querkräfte an den vorderen und hinteren Schnitträndern herbeigeführt, die gleich groß der Belastung des Elementes sein muß (Abb. 155):

$$\frac{\partial q_x}{\partial x} dx\, dy + \frac{\partial q_y}{\partial y} dy\, dx = - p\, dx\, dy.$$

Die Ausführung der Differentiation an den aus (5) folgenden Ausdrücken für q_x und q_y liefert die Differentialgleichung für die Biegefläche der elastischen Platten:

$$\Delta \Delta w(x, y) = \frac{\partial^4 w}{\partial x^4} + 2\frac{\partial^4 w}{\partial x^2\,\partial y^2} + \frac{\partial^4 w}{\partial y^4} = \frac{p(x,\,y)}{N}\,. \tag{6}$$

Der Operator $\Delta \Delta = \Delta\left(\dfrac{\partial^2}{\partial x^2} + \dfrac{\partial^2}{\partial y^2}\right)$ bedeutet die zweimalige Anwendung des *Laplace*schen Operators und stellt lediglich eine abgekürzte, symbolische Schreibweise für den ausführlichen Ausdruck dar.

Die Beziehungen (5) stehen, wie schon erwähnt, in enger Verwandtschaft mit den Beziehungen, in denen das Biegungsmoment und die Querkraft des Balkens durch Ableitungen der Biegelinie ausgedrückt wird. Vernachlässigt man die Querdehnung ($\nu = 0$) und nimmt man an, daß die Biegefläche der Platte ein Zylinder sei, dessen Erzeugende parallel zur y-Achse ist — $w = w(x)$ — so geht (5) über in

$$m_x = -\frac{E\,d^3}{12}\frac{d^2 w}{dx^2}\,, \qquad m_y = m_{xy} = 0,$$

$$q_x = -\frac{E\,d^3}{12}\frac{d^3 w}{dx^3}\,, \qquad q_y = 0.$$

Das sind aber die Ausdrücke für Biegungsmomente und Querkraft eines Balkens in der x-Richtung, dessen Trägheitsmoment pro Breiteneinheit gleich $d^3/12$ ist und in dem das Biegungsmoment m_x pro Breiteneinheit wirksam ist. Ebenso geht (6) mit

$$\frac{\partial^4 w}{\partial x^4} = \frac{12}{E\,d^3}\,p(x)$$

in die Differentialgleichung der elastischen Linie eines solchen Balkens über.

Dieser Übergang lehrt zweierlei. Erstens besteht kein prinzipieller Unterschied zwischen der Theorie der elastischen Balken und der elastischen Platten, wenn auch letztere in der mathematischen Behandlung bedeutend schwieriger ist. Zweitens beweist er die Berechtigung, in besonderen Fällen für die Berechnung die Platte durch Balken zu ersetzen. Dieses Verfahren ist offenbar überall dort zulässig, wo die Biegefläche der Platte mit mehr oder weniger großer Genauigkeit einem Zylinder gleicht. Die übliche näherungsweise Berechnung läßt sich also auch theoretisch begründen.

Die Integration der partiellen, linearen Differentialgleichung (6) für die gegebene Belastung $p(xy)$ unter Beachtung der vorliegenden Randbedingungen liefert die Biegefläche $w(xy)$, aus der durch Differentiation die Schnittkräfte ermittelt werden. Die Biegefläche muß daher so sorgfältig berechnet werden, daß die zweimalige Differentiation noch genügend genau die Biegungsmomente liefert.

Der analytische Ausdruck für die Randbedingungen hängt von der Art der Stützung ab. Falle s in die Richtung des Randes, und sei n die ins Innere des Bereiches gerichtete Normale hierzu, so lauten die Randbedingungen für den eingespannten Rand:

$$w(s) \equiv 0, \qquad \frac{\partial w}{\partial n} \equiv 0, \tag{7}$$

für den drehbar gelagerten Rand:

$$w(s) \equiv 0, \qquad \frac{\partial^2 w}{\partial n^2} \equiv 0. \tag{8}$$

(6) kann im allgemeinen nicht in geschlossener Form integriert werden. Es gibt eine Reihe von besonders einfachen Fällen, bei denen geschlossene Ausdrücke für w und die Schnittkräfte bekannt sind, z. B. bei Kreisplatten unter polarsymmetrischen Belastungen (vgl. z. B. *Beyer*, Statik des Eisenbetonbaues, II. Band, S. 649, Springer-Verlag, Berlin und *Girkmann*, Elastische Platten, 2. Aufl., Springer-Verlag, Wien 1956, S. 238 *ff.*).

Im allgemeinen Fall jedoch, so auch bei der für das Bauwesen wichtigsten Form, der Rechteckplatte unter beliebiger Belastung, gibt es keine geschlossenen Ausdrücke, man muß vielmehr für die gesuchte Durchbiegung Reihen mit zunächst unbestimmten Koeffizienten c_i

$$w = \sum_i c_i \, w_i(x, y) \tag{9}$$

ansetzen, in denen $w_i(x, y)$ nach bestimmten Gesichtspunkten ausgewählte Funktionen sind.

Neben den Methoden mit Hilfe von Reihenansätzen gibt es noch rein numerische Verfahren. Die für die praktische Anwendung wichtigsten Verfahren werden kurz besprochen.

Entwicklung nach der Belastung. Man sucht eine Reihe von Funktionen w_i, die die vorgegebenen Randbedingungen befriedigen. Ein Ansatz nach (9) entspricht dann, unabhängig von der Größe der Koeffizienten c_i, ebenfalls den Randbedingungen. Jeder Funktion w_i ist eine Belastung $p_i(x, y) = N \Delta \Delta w_i (x, y)$ zugeordnet. Man hat die Freiwerte c_i so zu bestimmen, daß die Summe aller Teilbelastungen p_i sich der vorgegebenen Belastung $p_0(x, y)$ möglichst gut anpaßt $[p_0(x, y) \equiv \sum_i c_i \, p_i (x, y)]$. Die Identität wird im allgemeinen nur dann erreicht, wenn man unendlich viele w_i summiert und die c_i so beschaffen sind, daß die Reihensumme gegen einen Grenzwert konvergiert. Vielfach erhält man jedoch auch mit einer endlichen Zahl von Funktionen, $i = 1, 2, 3, \ldots n$, genügend genaue Ergebnisse, wenn man die Freiwerte c_i nach der Methode der kleinsten Quadrate bestimmt:

$$J = \int_F \left[p_0(x, y) - \sum_{i=1}^{n} c_i p_i(x, y) \right]^2 df = \min. \tag{10}$$

Die Bedingung $\partial J/\partial c_i = 0$ $(i = 1, 2, 3, \ldots n)$ liefert n lineare Gleichungen für die Freiwerte c_i:

$$\frac{\partial J}{\partial c_i} = \sum_{k=1}^{n} c_k \int_F p_i \, p_k \, df - \int_F p_0 \, p_i \, df = 0; \qquad i = 1, 2, 3, \ldots n. \tag{11}$$

Ist die Folge $p_i = \Delta \Delta w_i$ im Bereich F orthogonal ($\int_F p_i \, p_k \, df = 0$, wenn $i \approx k$), so entartet das Gleichungssystem (11) in eine Reihe von Gleichungen mit je einer Unbekannten und die Freiwerte c_i sind untereinander und von n unabhängig. Die Hinzufügung einer neuen Funktion w_{n+1} verbessert dann die Genauigkeit, ohne daß sich die vorhergehenden Freiwerte c_1 bis c_n ändern. Die Orthogonalität der Funktionengruppe w_i ist daher anzustreben, jedoch nicht immer möglich.

Ein Beispiel für die Entwicklung nach der Belastung ist die Methode von *Navier* für die Rechteckplatte mit frei aufliegenden Rändern. Die Funktion

$$w_{mn} = \sin\frac{m\,\pi\,x}{a}\sin\frac{n\,\pi\,y}{b} \tag{12}$$

stellt eine doppelt gekrümmte Fläche dar, die längs der Ränder $x = 0$, $x = +\,a$; $y = 0$ und $y = +\,b$ verschwindet. Gleichzeitig verschwinden längs dieser Ränder die zweiten Ableitungen

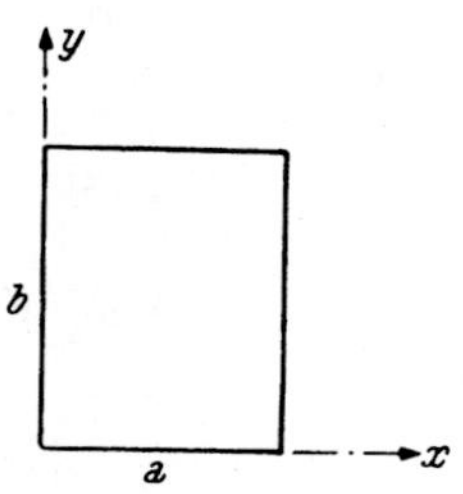

$$\frac{\partial^2 w_{mn}}{\partial x^2} = -\left(\frac{m\,\pi}{a}\right)^2 \sin\frac{m\,\pi\,x}{a}\sin\frac{n\,\pi\,y}{b}$$

und

$$\frac{\partial^2 w_{mn}}{\partial y^2} = -\left(\frac{n\,\pi}{b}\right)^2 \sin\frac{m\,\pi\,x}{a}\sin\frac{n\,\pi\,y}{b}.$$

(12) entspricht demnach längs dieser Ränder den Randbedingungen des frei aufliegenden Randes nach (8). Daher stellt jede beliebige Doppelsumme von Funktionen w_{mn} die Biegefläche einer Rechteckplatte $a \cdot b$ mit frei aufliegenden Rändern (Abb. 156) dar:

Abb. 156. Frei aufliegende Rechteckplatte.

$$w(x, y) = \sum_m \sum_n{}' c_{mn}\, w_{mn}(x,y). \tag{13}$$

Die Durchführung der Differentialoperation nach (6) liefert die Belastung, die diese Biegefläche verursacht:

$$p(x, y) = N\,\pi^4 \sum_m \sum_n c_{mn} \left(\frac{m^2}{a^2} + \frac{n^2}{b^2}\right)^2 \sin\frac{m\,\pi\,x}{a}\sin\frac{n\,\pi\,y}{b}. \tag{14}$$

Es hängt von der Größe der noch frei wählbaren Koeffizienten c_{mn} ab, welche Belastungsverteilung (14) darstellt.

Diese allgemeine Lösung soll nun auf die gleichmäßig verteilte Vollbelastung angewendet werden, d. h. es soll $p_0(x\,y) = p_0 = \mathrm{const.}$ sein. Man kann in diesem Falle die Ermittlung der Freiwerte c_{mn} nach (11) ersparen, da die Entwicklung dieser Belastung in trigonometrische Doppelreihen bekannt ist;

$$p_0 = \frac{16\,p_0}{\pi^2} \sum_m \sum_n \frac{1}{m\,n} \sin\frac{m\,\pi\,x}{a}\sin\frac{n\,\pi\,y}{b}, \qquad m = 1, 3, 5\ldots, \quad n = 1, 3, 5\ldots. \tag{15}$$

(14) und (15) sind identisch, wenn

$$c_{mn} = \frac{1}{N} \cdot \frac{16\,p_0}{\pi^6\,m\,n\left(\dfrac{m^2}{a^2} + \dfrac{n^2}{b^2}\right)^2} \tag{16}$$

ist. Demnach ist die Biegefläche der frei aufliegenden Rechteckplatte $a\,b$ unter Vollbelastung $p_0 = \mathrm{const.}$:

$$w(x, y) = \frac{16\,p_0}{\pi^6\,N} \sum_m \sum_n{}' \frac{\sin\dfrac{m\,\pi\,x}{a}\sin\dfrac{n\,\pi\,y}{b}}{m\,n\left(\dfrac{m^2}{a^2} + \dfrac{n^2}{b^2}\right)^2}, \qquad m = 1, 3, 5\ldots, \quad n = 1, 3, 5\ldots. \tag{17}$$

Die Differentiationen nach (5) liefern die Biegungsmomente. Bei Vernachlässigung der Querdehnung wird

$$m_x = -N\frac{\partial^2 w}{\partial x^2} = \frac{16\,p_0}{\pi^4\,a^2} \sum_m \sum_n \frac{m}{n} \frac{\sin\dfrac{m\,\pi\,x}{a}\sin\dfrac{n\,\pi\,y}{b}}{\left(\dfrac{m^2}{a^2} + \dfrac{n^2}{b^2}\right)^2},$$

$$m_y = -N\frac{\partial^2 w}{\partial y^2} = \frac{16\,p_0}{\pi^4\,b^2} \sum_m \sum_n \frac{n}{m} \frac{\sin\dfrac{m\,\pi\,x}{a}\sin\dfrac{n\,\pi\,y}{b}}{\left(\dfrac{m^2}{a^2} + \dfrac{n^2}{b^2}\right)^2}.$$

$$m_{xy} = -N\frac{\partial^2 w}{\partial x\,\partial y} = \frac{-16\,p_0}{\pi^4 a b}\sum_m\sum_n\frac{\cos\dfrac{m\pi x}{a}\cos\dfrac{n\pi y}{b}}{\left(\dfrac{m^2}{a^2}+\dfrac{n^2}{b^2}\right)^2}\;;$$

$$m = 1, 3, 5\ldots, \qquad n = 1, 3, 5\ldots$$

Die Auswertung der Doppelreihen ist recht mühsam. Es werden daher bei der Entwicklung durch die Belastung andere Methoden angewendet, bei denen die Lösung mit einfachen Reihen dargestellt wird, und deren numerische Auswertung viel schneller vor sich geht. Ein Beispiel hiefür ist die Lösung von *Henky* für die Rechteckplatte (vgl. *A. Henky*, Der Spannungszustand in rechteckigen Platten. Oldenbourg, München 1913).

Die Entwicklung der Lösung nach der Belastung ist aber immer viel umständlicher und ungenauer, als die folgende Methode. Die Entwicklung nach der Belastung hat daher verhältnismäßig wenig praktischen Wert.

Entwicklung nach den Randbedingungen. Diese Methode stimmt mit der bei der Integration von Differentialgleichungen im allgemeinen üblichen überein. Man sucht ein partikuläres Integral w_0, das die inhomogene Differentialgleichung (6), das heißt $\varDelta\varDelta w_0 = \dfrac{p}{N}$, befriedigt, und fügt diesem ein solches, allgemeines Integral der homogenen Differentialgleichung $\varDelta\varDelta\overline{w} = 0$ hinzu, das die Überlagerung

$$w = w_0 - \overline{w} \tag{18}$$

die Randbedingungen befriedigt. $\overline{w}$ ist auch hier im allgemeinen als Reihe anzusetzen:

$$\overline{w}(x, y) = \sum_i c_i\,\overline{w}_i(x, y). \tag{19}$$

Die Funktionen $\overline{w}_i$ sind hiebei ausschließlich biharmonische Funktionen, das heißt Integrale von $\varDelta\varDelta\overline{w}_i = 0$. Die Freiwerte c_i bestimmt man nach der Methode der kleinsten Quadrate aus den Randbedingungen: nach der Überlagerung $w_0 - \overline{w} = w$ muß der an den Rändern dieser Biegefläche verbleibende Widerspruch mit den vorgegebenen Randbedingungen ein Minimum sein. Sei der Rand $R = R_e + R_d$ längs R_e fest eingespannt, längs R_d frei drehbar gelagert, so muß bei Vernachlässigung der Querdehnung ($\nu = 0$)

$$J = \int\limits_R (w_0 - \overline{w})^2\,ds + \int\limits_{R_e}\left(\frac{\partial w_0}{\partial n} - \frac{\partial \overline{w}}{\partial n}\right)^2 ds + \int\limits_{R_d}\left(\frac{\partial^2 w_0}{\partial n^2} - \frac{\partial^2 \overline{w}}{\partial n^2}\right)^2 ds = \text{Min} \tag{20}$$

sein. Man erhält mit $\dfrac{\partial J}{\partial c_i} = 0$ wieder n lineare Gleichungen für die Freiwerte c_1 bis c_n:

$$\sum_{k=1}^{n} c_k\,\omega_{ik} = \omega_{0i}, \qquad i = 1, 2, 3,\ldots n \tag{21 a}$$

mit

$$\omega_{ik} = \int\limits_{R} \overline{w}_i\,\overline{w}_k\,ds + \int\limits_{R_e} \frac{\partial \overline{w}_i}{\partial n}\,\frac{\partial \overline{w}_k}{\partial n}\,ds + \int\limits_{R_d} \frac{\partial^2 \overline{w}_i}{\partial n^2}\,\frac{\partial^2 \overline{w}_k}{\partial n^2}\,ds,$$

$$\omega_{0i} = \int\limits_{R} w_0\,\overline{w}_i\,ds + \int\limits_{R_e} \frac{\partial w_0}{\partial n}\,\frac{\partial \overline{w}_i}{\partial n}\,ds + \int\limits_{R_d} \frac{\partial^2 w_0}{\partial n^2}\,\frac{\partial^2 \overline{w}_i}{\partial n^2}\,ds.$$

(21 b)

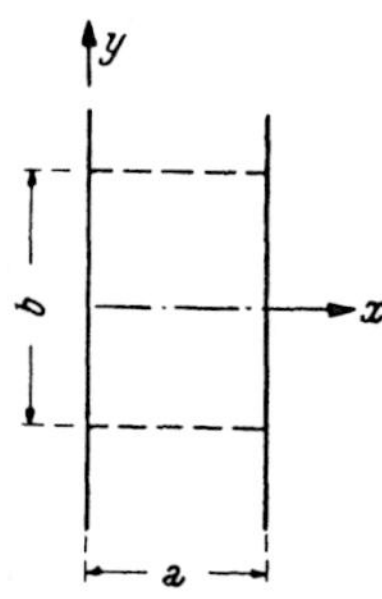

Abb. 157. Frei aufliegender Plattenstreifen.

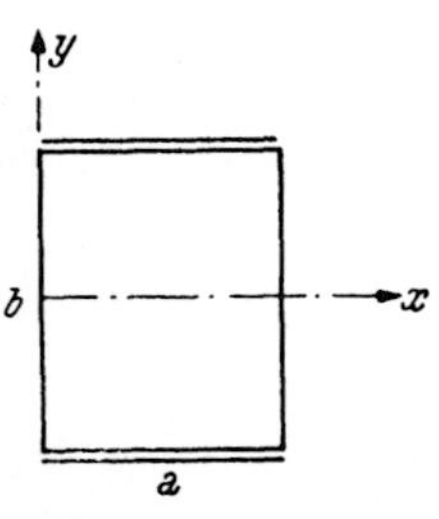

Abb. 158. Rechteckplatte mit zwei eingespannten Rändern.

Sind die Randwerte von $\overline{w}_i$ und deren Abgeleitete längs des Randes orthogonal, so verschwinden in (21 a) alle ω_{ik} ($i \neq k$) und das Gleichungssystem entartet in eine Gruppe von Gleichungen mit je einer Unbekannten $c_i\,\omega_{ii} = \omega_{0i}$. In diesem Falle gilt sinngemäß das zu (11) bei Orthogonalität der Teilbelastungen p Gesagte und die Berechnung der Freiwerte c_i wird sehr einfach.

Wird w_0 so gewählt, daß die Randbedingungen bereits teilweise befriedigt sind, so wird die Rechnung noch einfacher und die Konvergenz der Reihen ist oft so gut, daß in w_0 nur ein bis drei Glieder zu berechnen sind.

Wählt man z. B. für w_0 eine Funktion, die dem Plattenstreifen mit der Stützweite a unter der gegebenen Belastung entspricht (Abb. 157), so sind durch $\overline{w}$ nur mehr zwei Ränder der Rechteckplatte $a \cdot b$ in Ordnung zu bringen.

Die Methode der Entwicklung nach den Randbedingungen wird an folgendem Beispiel, der Rechteckplatte mit zwei eingespannten Rändern (Abb. 158) unter der Belastung $p(xy) = p_0 = $ const. vorgeführt und die ausgezeichnete Konvergenz der Reihen gezeigt.

Die beiden Ränder $y = \pm b/2$ seien eingespannt, die Ränder $x = 0$ und $x = + a$ seien frei drehbar. Man wählt w_0 gleich der Biegefläche des frei aufliegenden Plattenstreifens. Unter der Gleichlast biegt sich dieser nach einer Zylinderfläche, $w_0 = w(x)$, deren Schnitte $y = $ const. mit der Biegelinie des frei aufliegenden Balkens übereinstimmen. Mit der dimensionslosen Koordinate $\xi = x/a$ wird:

$$w_0 = \frac{p_0\,a^4}{24\,N}\,(\xi^4 - 2\,\xi^3 + \xi) \equiv \frac{p_0\,a^4}{N}\,\frac{4}{\pi^5}\,\sum_{n=1,3,5\dots}^{\infty}\frac{1}{n^5}\sin n\,\pi\,\xi.$$

(22)

In den folgenden Entwicklungen wird sowohl die geschlossene Form der Biegefläche, als auch die Entwicklung in die trigonometrische Reihe verwendet. Beide Ausdrücke sind vollkommen gleichwertig.

(22) befriedigt längs der Ränder $\xi = 0$ und $\xi = 1$ ($x = a$) die Randbedingungen (8) des frei aufliegenden Randes. Die Hinzufügung von $\overline{w}$ nach (18) hat daher nur mehr die beiden Ränder $y = \pm b/2$ den Randbedingungen (7) des eingespannten Randes anzupassen. Man setzt zur Abkürzung $b/2\,a = \beta$ und $\eta = y/a$; dann ist längs der eingespannten Ränder $\eta = \pm \beta$. Bei Beachtung von (18) muß demnach längs $\eta = \pm \beta$

$$w_0 - \overline{w} \equiv 0, \qquad \frac{\partial w_0}{\partial y} - \frac{\partial \overline{w}}{\partial y} \equiv 0$$

(23)

werden.

Wegen der Symmetrie von Platte und Belastung setzt man für $\overline{w}$ ebenfalls eine in y, bzw. η symmetrische Funktion an.

Es sei

$$\overline{w} = \sum_n \sin n\pi\xi \, (A_n \mathfrak{Cof}\, n\pi\eta + B_n\, n\pi\eta\, \mathfrak{Sin}\, n\pi\eta). \tag{24}$$

(24) erfüllt alle Forderungen; es ist sowohl $\sin n\pi\xi \cdot \mathfrak{Cof}\, n\pi\eta$, als auch $\sin n\pi\xi\, n\pi\eta \cdot \mathfrak{Sin}\, n\pi\eta$ ein Integral von $\varDelta\varDelta w = 0$, beide Funktionen sind symmetrisch zur x-Achse und beide entsprechen den Randbedingungen längs $x = 0$ und $x = a$, bzw. $\xi = 0$ und $\xi = 1$, so daß deren Hinzufügung zu w_0 an diesen beiden Rändern die von w_0 bereits befriedigten Randbedingungen nicht stört.

Wegen der Symmetrie braucht man weiterhin nur den Rand $\eta = +\beta$ betrachten. Zur Bestimmung der Freiwerte A und B stehen die beiden Bedingungen (23) zur Verfügung; aus der ersten folgt bei Verwendung der entwickelten Form von w_0 mit $\eta = +\beta$:

$$\frac{p_0\,a^4}{N}\,\frac{4}{\pi^5}\, \sum_{n=1,3,5\ldots}^{\infty}\frac{1}{n^5}\sin n\pi\xi - \sum_n \sin n\pi\xi\,(A_n \mathfrak{Cof}\, n\pi\beta + B_n\, n\pi\beta\, \mathfrak{Sin}\, n\pi\beta) \equiv 0. \tag{25 a}$$

Ferner ist

$$\frac{\partial \overline{w}}{\partial y} = \frac{\pi}{a}\sum_n n\sin n\pi\xi\,[A_n \mathfrak{Sin}\, n\pi\eta + B_n\,(\mathfrak{Sin}\, n\pi\eta + n\pi\eta\, \mathfrak{Cof}\, n\pi\eta)].$$

Damit wird die zweite der Bedingungen (23) wegen $\partial w_0/\partial y \equiv 0$:

$$\frac{\pi}{a}\sum_n n\sin n\pi\xi\,[A_n \mathfrak{Sin}\, n\pi\beta + B_n\,(\mathfrak{Sin}\, n\pi\beta + n\pi\beta\, \mathfrak{Cof}\, n\pi\beta)] \equiv 0. \tag{25 b}$$

Die Gleichungen (25) können nur dann für jedes ξ identisch erfüllt sein, wenn

$$A_n \mathfrak{Cof}\, n\pi\beta + B_n\, n\pi\beta\, \mathfrak{Sin}\, n\pi\beta = \frac{4}{n^5}\,\frac{p_0\,a^4}{\pi^5\,N},$$

und

$$\frac{n\pi}{a}\,[A_n \mathfrak{Sin}\, n\pi\beta + B_n\,(\mathfrak{Sin}\, n\pi\beta + n\pi\beta\, \mathfrak{Cof}\, n\pi\beta)] = 0$$

für $n = 1, 3, 5, \ldots$ besteht.

Aus diesen beiden linearen Gleichungen folgt:

$$A_n = \frac{\mathfrak{Sin}\, n\pi\beta + n\pi\beta\, \mathfrak{Cof}\, n\pi\beta}{\tfrac{1}{2}\,\mathfrak{Sin}\, 2n\pi\beta + n\pi\beta}\,\frac{4}{n^5}\,\frac{p_0\,a^4}{\pi^5\,N} = \lambda_n\,\frac{4}{n^5}\,\frac{p_0\,a^4}{\pi^5\,N}\,.$$

$$B_n = -\frac{\mathfrak{Sin}\, n\pi\beta}{\tfrac{1}{2}\,\mathfrak{Sin}\, 2n\pi\beta + n\pi\beta}\,\frac{4}{n^5}\,\frac{p_0\,a^4}{\pi^5\,N} = -\mu_n\,\frac{4}{n^5}\,\frac{p_0\,a^4}{\pi^5\,N}\,. \tag{26}$$

Die Biegefläche ist somit

$$w = w_0 - \overline{w} = \frac{p_0\,a^4}{N}\left[\frac{\xi^4 - 2\xi^3 + \xi}{24} - \right.$$

$$\left. -\frac{4}{\pi^5}\sum_{n=1,3,5\ldots}^{\infty}\frac{\sin n\pi\xi}{n^5}\,(\lambda_n \mathfrak{Cof}\, n\pi\eta - \mu_n\, n\pi\eta\, \mathfrak{Sin}\, n\pi\eta)\right]. \tag{27}$$

Die Biegungsmomente gewinnt man daraus durch zweimalige Differentiation. Für Feldmitte ($\xi = 1/2$, $\eta = 0$) wird:

$$m_x = p_0\,a^2\left[\frac{1}{8} - \frac{4}{\pi^3}\sum_{n=1,3,5\ldots}^{\infty}\frac{(-1)^{\frac{n-1}{2}}}{n^3}\lambda_n\right]. \tag{28 a}$$

$$m_y = \frac{4}{\pi^3}\,p_0\,a^2\sum_{n=1,3,5\ldots}^{\infty}\frac{(-1)^{\frac{n-1}{2}}}{n^3}\,(\lambda_n - 2\mu_n). \tag{28 b}$$

Das Einspannmoment in Seitenmitte ($\xi = \frac{1}{2}$, $\eta = \pm \beta$) wird:

$$m_y = \frac{4}{\pi^3}\, p_0\, a^2 \sum_{n=1,3,5\ldots}^{\infty} \frac{(-1)^{\frac{n-1}{2}}}{n^3} \left[(\lambda_n - 2\,\mu_n)\, \mathfrak{Cof}\, n\,\pi\,\beta - \mu_n\, n\,\pi\,\beta\, \mathfrak{Sin}\, n\,\pi\,\beta) \right]. \qquad (28\,c)$$

Die Reihen für die Biegungsmomente konvergieren, da n^3 im Nenner steht, so gut, daß man in (28 a und b), je nach dem Seitenverhältnis $\beta = b/2\,a$, nur ein bis drei Glieder, in (28 c) zwei bis vier Glieder zu berechnen braucht, um das Ergebnis mit $\pm 1\%$ Fehler zu erhalten. Diese gute Konvergenz ist bei der Entwicklung nach der Belastung nicht zu erreichen.

Um die Rechteckplatte mit vier frei aufliegenden Rändern nach demselben Verfahren zu berechnen, hat man die gleichen Ansätze zu verwenden; lediglich die Randbedingungen längs $\eta = \pm \beta$ sind nach (8) anzusetzen. Es ergeben sich andere Bedingungsgleichungen für A_n und B_n, das Ergebnis ist aber ebenso übersichtlich und die Konvergenz gleich gut, wie beim vorigen Beispiel.

Die Entwicklung nach den Randbedingungen ist, wie die gute Konvergenz der Reihen zeigt, der Entwicklung nach der Belastung in der Regel weit überlegen. Die theoretische Entwicklung der Lösung mag zwar etwas schwieriger sein; bei der Gewinnung von in Zahlen ausgedrückten Ergebnissen ist aber die Konvergenz der Reihen für die Rechenarbeit ausschlaggebend.

Bei der Entwicklung der Biegefläche nach den Randbedingungen kommt es sehr darauf an, durch geschickte Wahl von w_0 und der Funktionen $\overline{w}_i$ die Durchführung so einfach wie möglich zu machen, wozu einige Übung gehört.

Die Singularitätenmethode (Methode der Einflußfelder). Bei der Entwicklung der Biegefläche nach der Belastung oder nach den Randbedingungen werden die für die Bemessung der Platten maßgebenden Größen, die Biegungsmomente, durch Differentiation aus der Biegefläche gewonnen. Diesen Umweg kann man vermeiden, wenn man sich der Einfluß-Felder für die Biegungsmomente bedient. Die Einflußfelder von Platten sind durch Erweiterung des Begriffes der Einflußlinien für eindimensionale Balken auf die zweidimensionalen Platten entstanden.

Für die elastischen Platten gilt, wie für alle ideal elastischen Körper, der *Maxwell*sche Satz von der Gegenseitigkeit der Verschiebungen und das Superpositionsgesetz. Daher kann man die Durchbiegung w, — ähnlich wie bei den Stäben, aus den Einflußlinien —, aus Einflußfeldern als Flächenintegral berechnen.

$$w(u, v) = \frac{1}{N} \int\!\!\int_F K(u, v;\, x, y)\, p(x, y)\, dx\, dy. \qquad (29)$$

Es bedeutet $\frac{1}{N} K(u, v;\, x, y)$ die Durchbiegung der Platte im Punkte (xy) unter der Punktlast $Q = 1$ im Aufpunkt $P(u, v)$, $p(xy)$ die gegebene Belastung und $w(u, v)$ die Durchbiegung im Aufpunkt. Aus (29) gewinnt man durch Differentiation nach den Koordinaten u, v des Aufpunktes die Schnittkräfte der Platte, z. B. das Biegungsmoment ($\nu = 0$):

$$m_u(u, v) = -\,N\, \frac{\partial^2 w}{\partial u^2} = -\int\!\!\int_F \frac{\partial^2 K(u, v;\, x, y)}{\partial u^2}\, p(x, y)\, dx\, dy. \qquad (30)$$

(30) sagt aus, daß die Einflußfunktion für die Schnittkräfte, auch Einflußfeld genannt, aus der Biegefläche für die Punktlast durch Differentiation nach den Koordinaten des „Aufpunktes" gewonnen wird.

Im Falle der Gleichlast $p = $ const., die sich jedoch nur über Teilbereiche $\mathfrak{B}$ der Platte erstreckt, wird

$$m_u(u, v) = -p \int\int_{\mathfrak{B}} \frac{\partial^2 K}{\partial u^2}\, dx\, dy, \qquad (30\,a)$$

das heißt das Biegungsmoment ist gleich dem Produkt aus der Belastungsintensität p und dem Volumen des über dem belasteten Bereich befindlichen Teiles des Einflußfeldes. Die Berechnung der Schnittkräfte ist somit auf einfache Kubaturen zurückgeführt, wenn das Einflußfeld bereits berechnet ist. Der Umweg über die Biegefläche ist dann nicht mehr erforderlich.

Die Einflußfelder für die Biegungsmomente und Querkräfte sind nur von der Gestalt der Platte und der Art der Lagerung abhängig, nicht jedoch von der Größe der Platte. Ihre Ermittlung stellt somit eine einmalige Arbeit dar.

Bei der Berechnung der Einflußfelder bedient man sich der Entwicklung nach den Randbedingungen. An die Stelle des partikulären Integrales w_0 tritt jedoch eine höhere Singularität von $\Delta\,\Delta w = 0$. Eine zusammenfassende Darstellung der wichtigsten Ergebnisse der Singularitätenmethode findet man vom Verfasser im Ingenieur-Archiv, XII. Bd. (1941), S. 76.

Eine reichhaltige Darstellung von Einflußfeldern wurde vom Verfasser veröffentlicht (*A. Pucher*, Einflußfelder elastischer Platten 2. Aufl., Wien: Springer-Verlag, 1958). Einflußfelder von Platten mit zwei frei aufliegenden und zwei freien Rändern wurden von *Olsen* und *Reinitzhuber* (Die zweiseitig gelagerte Platte, 1. und 2. Bd., Berlin, Verlag W. Ernst u. Sohn) mitgeteilt.

Die Einflußfelder werden in Schichtenplänen zeichnerisch dargestellt und numerisch ausgewertet. Die Volumsberechnung, auf die die Auswertung hinausläuft, erfolgt so, wie etwa die Kubatur eines Erdkörpers aus den Schichtenplänen ermittelt wird. Die Genauigkeit der Ergebnisse ist sehr gut. Im Abschnitt Brückenbau ist die Auswertung der Einflußfelder an einem Beispiel gezeigt (vgl. S. 268).

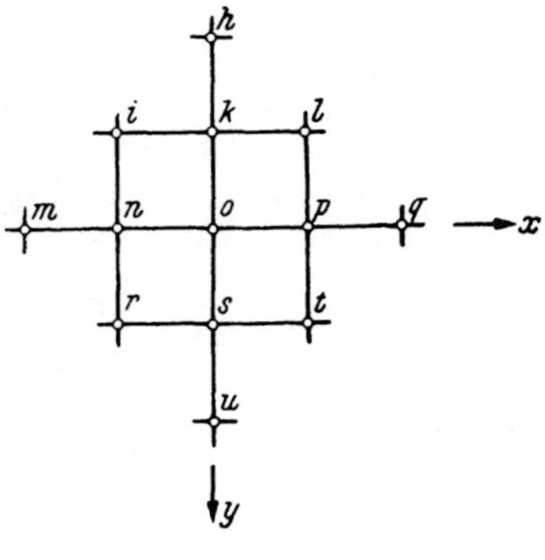

Numerische Methoden. Zur Integration von (6) kann auch jedes geeignete Verfahren der praktischen Analysis verwendet werden. Das wird besonders dort leicht durchzuführen sein, wo die partielle Differentialgleichung durch Abspaltung einer nur von einer Variablen abhängigen Funktion in eine

Abb. 159. Bezeichnung der Knotenpunkte bei der Differenzenrechnung.

totale Differentialgleichung umgewandelt werden kann. Das ist besonders bei Kreisplatten unter polarsymmetrischer Belastung möglich.

Ist eine solche Abspaltung nicht durchführbar, so sucht man u. a. Näherungslösungen durch Differenzengleichungen zu gewinnen. Man legt durch den Punkt 0 der Biegefläche und die 12 benachbarten „Gitterpunkte", $h, i, k, l, m, n, p, q, r, s, t, u$ (Abb. 159) ein sich der Biegefläche anschmiegendes Paraboloid 4. Ordnung und ersetzt die 4. Differentialquotienten der tatsächlichen Biegefläche durch die des Schmiegungsparaboloids, die gleich den vierten Differenzenquotienten der Gitterwerte sind. Die Differentialgleichung $\varDelta \varDelta w = p/N$ der elastischen Platten wird damit in die Differenzengleichung

$$20\,w_0 - 8\,(w_k + w_n + w_p + w_s) + 2\,(w_i + w_l + w_r + w_t) +$$
$$+ (w_k + w_m + w_q + w_u) = \frac{p\,h^4}{N} \qquad (31)$$

übergeführt (h = Maschenweite).

Die Biegungsmomente werden als zweite Differenzenquotienten der Gitterwerte dargestellt. Es gilt für den Punkt 0:

$$m_x = \frac{w_p - 2\,w_0 + w_m}{h^2}\,, \qquad m_y = \frac{w_s - 2\,w_0 + w_k}{h^2}\,, \qquad m_{xy} = \frac{w_t - w_l - w_r + w_i}{4\,h^2}\,.$$
$$(32)$$

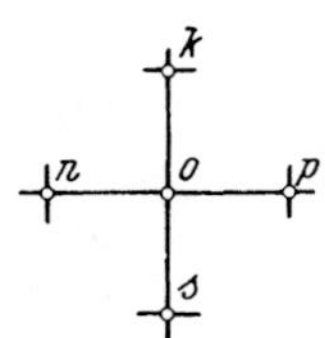

Abb. 160. Der Randpunkt 0 und seine Nachbarn.

Die Randbedingungen werden durch einfache lineare Beziehungen zwischen den Gitterwerten am Rande selbst und den „äußeren" und „inneren" Gitterpunkten ausgedrückt. Aus (32) folgt für den Rand k—o—s im Punkte O (Abb. 160) bei freier Verdrehbarkeit wegen $m_x = 0$:

$$w_o = 0, \qquad w_p = -\,w_n; \qquad (33)$$

am eingespannten Rand gilt wegen $\dfrac{\partial w}{\partial n} = \dfrac{w_p - w_n}{2\,h} = 0$

$$w_o = 0, \qquad w_p = +\,w_n. \qquad (34)$$

Indem man (31) auf jeden „inneren Gitterpunkt" anwendet und die „äußeren Gitterwerte" entsprechend den Randbedingungen nach (33) oder (34) durch die zugeordneten inneren Gitterwerte ausdrückt, erhält man so viele lineare Gleichungen, als Unbekannte, nämlich innere Gitterwerte vorhanden sind. Nach Auflösung des Gleichungssystemes werden die Biegungsmomente durch Differenzenbildung nach (32) berechnet.

Die Genauigkeit der Lösungen hängt von der Maschenweite h und der Form der Belastung ab. Bei Vollbelastung p = const., oder bei wenig und stetig veränderlichem p kann man mit verhältnismäßig wenig inneren Gitterpunkten auskommen. Bei Belastungsunstetigkeiten wird die Methode ungenau und ist bei Punktlasten, zum mindesten in der Nähe des Lastangriffspunktes, ohne besondere Kunstgriffe unbrauchbar. Die Methode hat jedoch den Vorteil, daß sie auch der mathematisch weniger Geübte anwenden kann; sie erfordert allerdings einen hohen Aufwand an Zahlenrechnungen (vgl. auch *Girkmann*, Flächentragwerke, 4. Aufl., Springer-Verlag Wien 1956, S. 292).

b) Die Gestaltung der Platten.

Bei der Gestaltung der Platten ist zur eigentlichen Form wenig zu sagen; es ist jedoch einer dem Kräftespiel der Platten entsprechenden Bewehrung größte Aufmerksamkeit zu widmen.

Die Platten haben, abgesehen von den manchmal am Auflager vorhandenen Schrägen, meistens ebene Ober- und Unterflächen und gleichbleibende Dicke.

Die Stahlbetonplatten dürfen Mindestdicken nicht unterschreiten, einerseits weil sehr dünne Platten ($d \leq 5$ cm) wohl in einem Fertigteile erzeugenden Betonwerk, nicht aber an der Baustelle mit Sicherheit in der erforderlichen Qualität hergestellt werden können, andererseits weil die Platten neben ihrer statischen Aufgabe als tragendes Organ auch noch witterungsbeständig und, wenn auch nur in beschränktem Maße, Wärme und Schall dämmend sein sollen.

Bei der Bewehrung der Platten hat man deren zweidimensionalen Gestalt Rechnung zu tragen. Die parallel zu einer Schnittebene liegende Bewehrung sieht in der Schnittansicht zwar genau so aus wie die eines Balkens. Bei der Platte hat man aber auch darauf zu achten, daß eine stetige Verteilung der Bewehrung in der Breitenrichtung bei der Bemessung vorausgesetzt ist; daher muß diese stetige Verteilung auch gewährleistet sein.

1. Platten mit Hauptbewehrung in einer Richtung.

In den Bestimmungen sind Mindestdicken für diese Platten vorgeschrieben.

Bei der Bemessung der Platten berechnet man neben der Plattenstärke

$h = \gamma_E \sqrt{\dfrac{m}{\sigma_e}}$ die Bewehrung $f_e = \dfrac{m}{\sigma_e \, \zeta \, h}$ in cm²/m, das heißt die Bewehrungsfläche, die auf 1 m Plattenbreite vorhanden sein muß, die sogenannte bezogene Bewehrung. Die Platte ist jedoch nicht einen, sondern viele Meter breit. Es ist daher nicht notwendig, daß f_e mit einer ganzen Stückzahl von Bewehrungsstäben pro Meter gedeckt wird, wie etwa bei einem 1 m breiten Balken. Es ist lediglich der Abstand der Stäbe und deren Querschnittsfläche maßgebend. Sei $\varnothing$ die Querschnittsfläche der Bewehrungsstäbe und a deren Abstand, so ist

$$f_e = \frac{\varnothing}{a} \qquad (35)$$

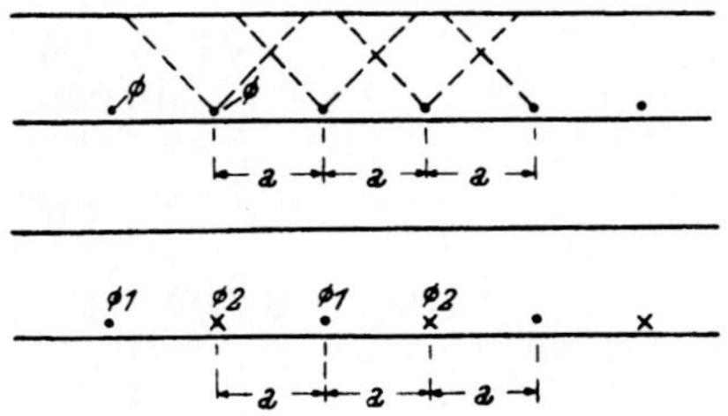

Abb. 161. Bewehrungsverteilung in Platten.

in cm²/m, wenn man ϕ in cm² und a in Metern ausdrückt. Soferne man auf eine ganze Stückzahl $n = 1/a$ pro Meter Breite verzichtet ($f_e = n \, \varnothing$), hat man viel mehr Möglichkeit bei der Auswahl der Plattenbewehrung. Der Abstand a kann um halbe Zentimeter abgestuft werden. Eine engere Stufung ist auf der Baustelle wenig angebracht.

Die Forderung nach stetiger Verteilung der Bewehrung in der Breitenrichtung ist zweifellos erfüllt, wenn gleich starke Bewehrungsstäbe in gleichem Abstand verlegt sind (Abb. 161 oben), soferne der Abstand bei dünneren Platten nicht größer als $2\,h$ wird. In den Bestimmungen ist als größter Abstand die 1,5-fache Plattenstärke d, bzw. 20 cm bei Platten bis zu 60 cm Dicke zugelassen, bei dickeren Platten darf der Abstand nicht größer als $d/2$ sein. Liegen entsprechend Abb. 161 unten abwechselnd zwei verschiedene Querschnitte $\varnothing_1$ und $\varnothing_2$ in gleichem Abstand, so kann man auch noch von stetiger Querverteilung sprechen. Mit diesen beiden Bewehrungsformen kommt man in der Regel aus. Eine Bewehrung nach Abb. 161 oben bezeichnet man beispielsweise kurz mit $\varnothing$ 8, $a = 18$ cm, eine nach Abb. 161 unten beispielsweise mit $\varnothing$ 8 + $\varnothing$ 10, $a = 18$ cm, das heißt die beiden Kaliber liegen abwechselnd im angegebenen Abstand; richtiger, aber umständlicher ist die Bezeichnung $\varnothing$ 8, $a = 36$ cm + $\varnothing$ 10, $a = 36$ cm.

Ist die Platte nur über ein Feld gespannt, so ist mit Hilfe von (35) sehr leicht eine passende Bewehrung zu finden. Man wird womöglich nur Bewehrungsstäbe eines Durchmessers verwenden.

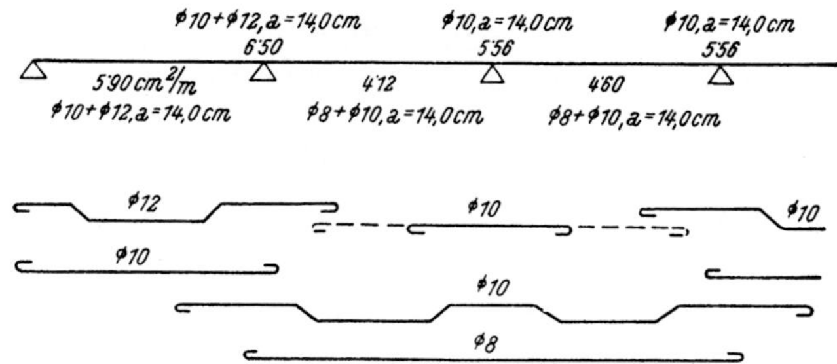

Abb. 162. Kennzeichnende Bewehrung einer Platte.

Die Bewehrung von über mehreren Feldern durchlaufenden Platten einwandfrei zu entwerfen, erfordert etwas mehr Überlegung und Sorgfalt. Da in der Regel jeder zweite Stab der Feldbewehrung vor den Stützen aufgebogen wird und dort die von beiden Seiten kommenden Stäbe zur Deckung der negativen Stützenmomente dienen, soll in einer durchlaufenden Platte in allen Feldern der gleiche Abstand a vorhanden sein und die Abstufung von f_e durch Wechsel der Kaliber erfolgen. Anderen Falles ist die Verteilung der Bewehrung über den Stützen wenig befriedigend. Das folgende Beispiel wird einen für die durchlaufende Platte typischen Bewehrungsplan zeigen, der nicht nur den theoretischen Anforderungen genügt, sondern auch sehr einfach zu verlegen und außerdem im Stahlverbrauch sehr sparsam ist. Aus der Bemessung seien die Bewehrungen f_e für die ersten drei Felder und Stützen einer über viele Felder gleicher Stützweite durchlaufenden Platte bekannt (Abb. 162). Für den Stahlbedarf ist ausschlaggebend, daß die Bewehrung der Innenfelder, die sich oft wiederholen, sparsam ist. Man beginnt daher mit dem inneren Stützmoment und sucht eine passende Bewehrung aus lauter gleichen Durchmessern,

im vorliegenden Falle $\varnothing$ 10, $a = 14{,}0$ cm, $\left(f_e = \dfrac{0{,}785}{0{,}14} = 5{,}60 \text{ cm}^2/\text{m}\right)$,

Die Feldbewehrung hat denselben Abstand, dort müßte demnach ein idealer Bewehrungsstab von $\varnothing_i = 0{,}646$ cm^2 Querschnitt verlegt werden. Das arithmetische Mittel zwischen $\varnothing$ 10 mm und $\varnothing$ 8 mm ist $0{,}643$ cm^2; es kann daher im Feld $\varnothing$ 8 + $\varnothing$ 10, $a = 14{,}0$ cm verlegt werden. Diese Bewehrung gilt auch für das erste Innenfeld, da die Differenz gegenüber den anderen Innenfeldern unbedeutend ist. An der ersten Innenstütze ist bei 14 cm Abstand $\varnothing_i = 0{,}91$ cm^2 erforderlich; $\varnothing$ 10 + $\varnothing$ 12 entspricht einem mittleren $\varnothing = 0{,}96$ cm^2. Es wird daher $\varnothing$ 10 + $\varnothing$ 12, $a = 14{,}0$ cm gewählt. Dieselbe Bewehrung kann auch für das Endfeld angenommen werden.

In Abb. 162 ist der Bewehrungsplan dargestellt, der allen gestellten Anforderungen entspricht. Die aufgebogenen Stäbe sollen in der Regel über nicht mehr als zwei Felder und die benachbarten Stützen durchlaufen, da bei längeren Stäben die Schrägaufbiegungen, wenn die Bewehrung nicht sehr sorgfältig gebogen wird, nicht mehr in einer Ebene liegen. Wo die aufgebogenen Stäbe über der Stütze gestoßen sind, sind die von links und rechts kommenden Stäbe im Grundriß gegeneinander um a versetzt. Daher müssen auch die zwischen ihnen liegenden, geraden Stäbe im Grundriß gegeneinander versetzt sein; sie können deshalb nicht über mehr Felder durchlaufen, als die aufgebogenen Stäbe. An den Stützen, wo kein Bewehrungsstoß vorhanden ist, ist noch ein oberes, gerades Eisen zuzulegen, das gegebenen Falles auch zur Deckung negativer Feldmomente dient (in Abb. 162 strichliert).

Die Schrägaufbiegungen in den dünnen Platten können nicht, wie bei einem Balken, als Schubbewehrung angesprochen werden. Sind die Schubspannungen in einer Platte so groß, daß die Schubbewehrung nachgewiesen werden müßte, so muß die Platte dicker gemacht werden. Die Schrägaufbiegungen liegen viel zu weit auseinander, um die stetig im Beton verteilten Schubkräfte tatsächlich aufnehmen zu können. Ebensowenig kann eine dünne Platte durch Druckbewehrung verstärkt werden, da diese meistens gerade in der neutralen Achse oder sehr nahe daran liegen würde und eine Verbügelung nicht möglich ist.

Bei den Platten mit Hauptbewehrung in einer Richtung ist eine ausreichende Verteilungsbewehrung (quer zur Hauptbewehrung) vorzusehen. Sie soll mindestens 1/5 der Hauptbewehrung betragen.

2. Kreuzbewehrte Platten.

Die Mindestdicken kreuzbewehrter Platten sind in den Bestimmungen vorgeschrieben.

Für die Bewehrung sind die gleichen Grundsätze maßgebend wie für die Platten mit Hauptbewehrung in einer Richtung. Während jedoch bei diesen Platten die oben liegende Bewehrung im wesentlichen aus den aus der unten liegenden Bewehrungslage aufgebogenen Bewehrungsstäben gebildet wird, ist es bei den kreuzbewehrten Platten oft zweckmäßig, die beiden Bewehrungsmatten voneinander unabhängig zu machen, da sonst die Verlegung der aufgebogenen Bewehrungsstäbe, insbesondere in den Ecken, wegen der Verflechtung der beiden Richtungen sehr mühsam wird.

Die unten liegende Bewehrungsmatte besteht aus zwei Bewehrungsbahnen f_{ex} und f_{ey}, die aus den größten Feldmomenten m_x und m_y ermittelt werden. Die Bewehrung wird dem Momentenverlauf, entsprechend

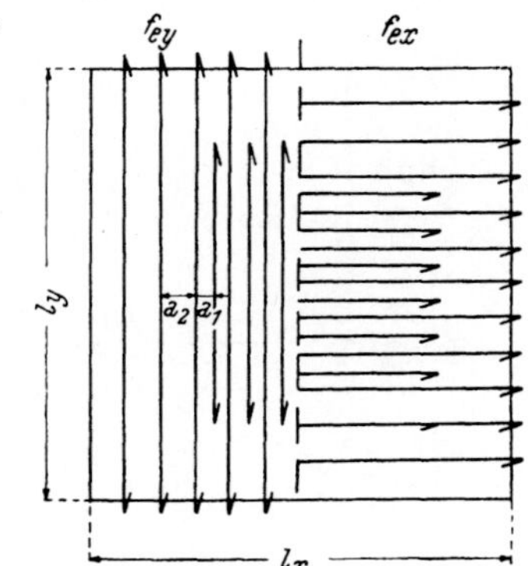

Abb. 163. Bewehrung der kreuzbewehrten Platten.

Abb. 163, angepaßt, indem man in jeder Richtung etwa jeden zweiten Bewehrungsstab über die ganze Stützweite zieht, die restlichen nur über 2/3 derselben. Bei weitgespannten, schwer bewehrten Platten kann man auch noch die Abstände der einzelnen Stäbe abstufen, indem man gegen den

Rand der Platte zu, etwa in den Drittelpunkten, den Abstand vergrößert (a_1 und a_2 in Abb. 163). Diese Abstufung gilt nur für Platten, die nicht durch unsymmetrische Kräfte belastet sind. Bei befahrenen Platten (Tordurchfahrten, Brücken-Fahrbahnplatten usw.) darf die Bewehrung gegen den Plattenrand zu nicht so stark vermindert werden.

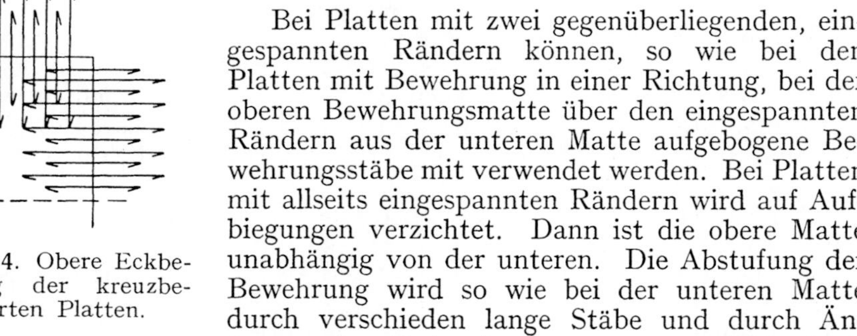

Abb. 164. Obere Eckbewehrung der kreuzbewehrten Platten.

Bei Platten mit zwei gegenüberliegenden, eingespannten Rändern können, so wie bei den Platten mit Bewehrung in einer Richtung, bei der oberen Bewehrungsmatte über den eingespannten Rändern aus der unteren Matte aufgebogene Bewehrungsstäbe mit verwendet werden. Bei Platten mit allseits eingespannten Rändern wird auf Aufbiegungen verzichtet. Dann ist die obere Matte unabhängig von der unteren. Die Abstufung der Bewehrung wird so wie bei der unteren Matte durch verschieden lange Stäbe und durch Änderung des Abstandes vorgenommen (Abb. 164).

Bei Platten mit frei aufliegenden Rändern muß die Mitwirkung der Ecken durch eine besondere Bewehrung gesichert sein, wie den Bestimmungen zu entnehmen ist.

Abb. 165. Abstandhalter aus Rundstahl (Frosch).

Wenn keine oder nicht genügend Bewehrungsstäbe aufgebogen sind, muß man zwischen den beiden Bewehrungsmatten Abstandhalter vorsehen, damit die plangemäße Lage der oberen Matte gewährleistet ist. Man verwendet dazu entweder würfelförmige Betonklötzel oder aus Rundstahl gebogene Bügel, sogenannte Frösche (Abb. 165), die zwischen die beiden Bewehrungsmatten gestellt werden und deren Gesamthöhe gleich dem Lichtabstand zwischen den beiden Bewehrungsmatten ist.

3. Pilzdecken.

Die Mindestabmessungen der Pilzplatten sind in den Bestimmungen vorgeschrieben.

Die Pilzplatten liegen nicht direkt auf dem Schaft der Säule auf, sondern es wird zwischen Platte und Säulenschaft ein Pilzkopf eingeschaltet. Eine einfache Form eines solchen Pilzkopfes zeigt Abb. 166. Die Mindestabmessungen der Pilzköpfe und Säulenschäfte sind ebenfalls in den Bestimmungen festgelegt. Dort sind auch noch andere Formen der Pilzköpfe dargestellt.

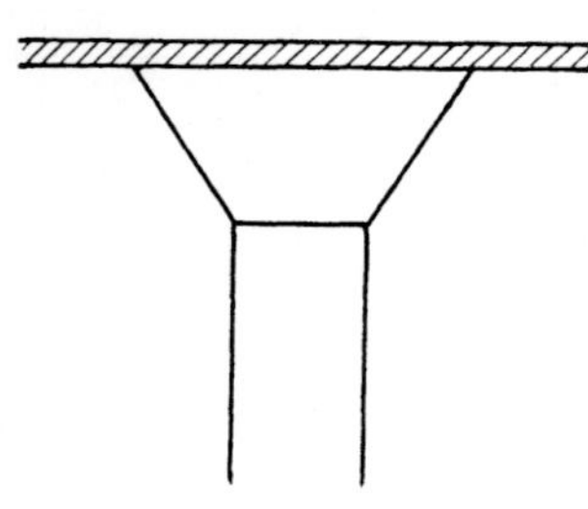

Abb. 166. Pilzkopf.

Die Bewehrung der Pilzplatten besteht aus zwei Bahnen, bei denen ebenfalls die stetige Verteilung in der Breite beachtet werden muß. Die Bahn jeder Richtung ist entsprechend der statischen Berechnung in einen Feldstreifen und einen Gurtstreifen zu trennen. Da sich an den Stützenköpfen beide Bahnen kreuzen, wird bei den Gurtstreifen am besten auf aufgebogene Bewehrungsstäbe verzichtet und die obere Lage von der unteren unabhängig gemacht. Die Feldstreifen können so bewehrt werden, wie Platten mit Hauptbewehrung in einer Richtung.

Bei der Bemessung der Stützen müssen die aus der Berechnung mit Ersatzrahmen sich ergebenden Biegungsmomente mit berücksichtigt werden. Mit besonderer Sorgfalt sind die Pilzköpfe und die benachbarten Teile der Platte zu bewehren, da die Endmomente der Stützen in die Platte geführt werden müssen, die bei den Pilzplatten den Rahmenriegel vertritt.

4. Plattenartige Tragwerke.

Die im Stahlbetonhochbau verwendeten plattenartigen Deckenbauweisen sind die Stahlbetonrippendecken, die Hohlsteindecken, die Stahlsteindecken und die Glassteindecken. Diese Deckenarten bieten bei größerer Stützweite verschiedene Vorteile gegenüber den monolithischen Platten. Sie sind sparsamer im Stahlverbrauch und haben besseres Wärme- und Schalldämmungsvermögen; ihre Herstellung braucht weniger Schalung. Das Hauptanwendungsgebiet ist der Wohn- und Bürohausbau. Den Vorteilen stehen aber auch einige Nachteile gegenüber. Sie haben größeres Eigengewicht und eine viel kleinere Durchstoßfestigkeit. Größere Einzellasten, z. B. die Stützen eines stehenden Dachstuhles, können daher ohne besondere Vorkehrungen nicht aufgenommen werden.

Diese Decken unterscheiden sich in statischer Hinsicht von den echten Platten dadurch, daß sie auch nicht annähernd homogen und isotrop sind, sondern eine bevorzugte Richtung haben, in der die Biegesteifigkeit wesentlich größer ist als in jeder anderen Richtung. Die Ergebnisse der Theorie homogener und isotroper Platten dürfen daher auf sie nicht angewendet werden, vielmehr sind die Näherungsverfahren hier die angebrachte Berechnungsart.

Die *Stahlbetonrippendecken* sind Plattenbalkendecken mit kleiner Plattenstützweite und mindestens 5 cm dicker Platte. Die genaue Begriffsbestimmung und die Mindestabmessungen sowie weitere bauliche Vorschriften sind in den Bestimmungen festgelegt.

Die Stahlbetonrippendecken werden auf verlorenen oder wiedergewonnenen Schalformen betoniert. Bei den verlorenen Schalformen ist die Unterfläche meist als Putzträger für den Deckenputz ausgebildet. Bei Verwendung von wiedergewonnenen Schalformen (z. B. Blechformen) ist es zweckmäßig, herausstehende Drähte in die Rippen mit einzubetonieren, die zur Befestigung eines Putzträgers (z. B. Rabitznetz, Staußziegelgewebe oder Rohrmatten) dienen.

Zur Verbesserung der Schall- und Wärmedämmung solcher Decken werden oft verlorene Schalformen

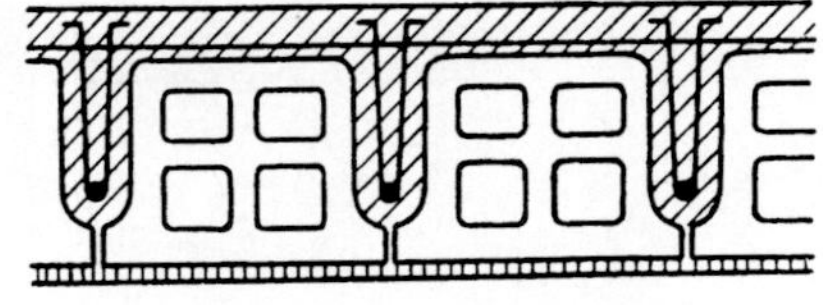

Abb. 167. Hohlsteindecke.

(Hohlsteine) verwendet. Man spricht dann von *Hohlsteindecken*. Die Hohlsteine dürfen zur Kräfteübertragung nicht herangezogen werden, sondern wirken statisch nur als Ballast.

Die Hohlsteine sollen aus porösen, möglichst leichten Stoffen mit hohem Dämmvermögen bestehen. Sie werden aus gebranntem Ton, Schlackenoder Bimsbeton usw. in den mannigfaltigsten Formen hergestellt. Der Hohlstein soll mit einem Ansatz unter die Rippe greifen (Abb. 167). Fehlt dieser Ansatz, so zeichnen sich im Deckenputz die Rippenunterflächen ab. Nach der Begriffsbestimmung der Bestimmungen ist die Hohlsteindecke eine Stahlbetonrippendecke; daher sind bei den Hohlsteindecken alle für diese gültigen Vorschriften zu beachten.

Die Stahlbetonrippendecken und die Hohlsteindecken können sowohl als einfache Rippendecken, wie auch als solche mit einem Rippenrost nach Art der kreuzbewehrten Platten ausgeführt werden. Die Biegungsmomente und Querkräfte der Rippen sind dann nach den Näherungsverfahren für die Platten zu ermitteln (vgl. C a 1, S. 185). Es ist jedoch zu beachten, daß bei Decken mit gekreuzten Rippen wegen der fehlenden Drillungssteifigkeit die nach (1) bis (3) ermittelten Biegungsmomente maßgebend sind und nicht mehr nach (4) weiter vermindert werden dürfen. Daher dürfen die Rippenroste auch nicht mit den Hilfswerten der Tab. 25 berechnet werden.

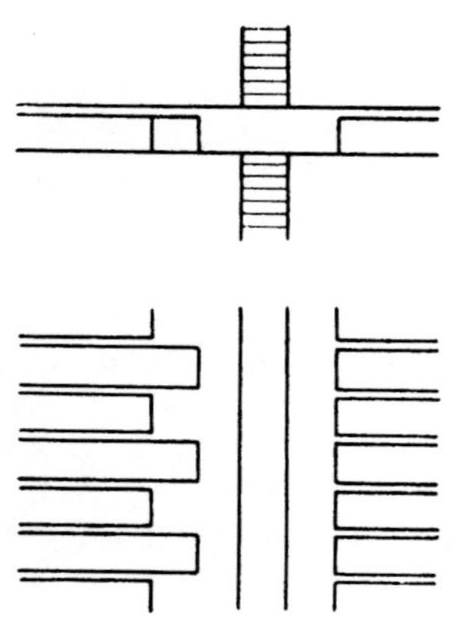

Abb. 168. Rippenverstärkung der Hohlsteindecken am Auflager.

Die Bemessung der Rippen erfolgt als Plattenbalken. Die Betondruckspannung bei positiven Momenten braucht in der Regel nicht nachgewiesen werden, wohl aber die Schubspannung.

Wenn die Stahlbetonrippendecken oder die Hohlsteindecken über mehrere Felder durchlaufen, so sind die schmalen Stege der Rippen meistens nicht imstande, innerhalb der zulässigen Spannungen die negativen Stützmomente aufzunehmen. Man verbreitert daher in der Nähe der Auflager die Rippen stufenweise, indem man eine Anzahl schmälerer Hohlsteine oder Formen einsetzt oder diese ganz wegläßt und die Platte auf ein kleines Stück voll ausführt (Abb. 168).

Die *Stahlsteindecken* unterscheiden sich von den Hohlsteindecken durch die Annahme, daß die Füllsteine sich an der Kraftübertragung beteiligen. Diese Mitwirkung der Deckensteine darf nur dann in Rechnung gestellt werden, wenn die über ihnen befindliche Betondeckschicht dünner als 5 cm ist; ansonsten gilt die Decke als Hohlsteindecke.

Abb. 169. Glassteindecken.

Für die Stahlsteindecken sind die „Bestimmungen für Ausführung von Stahlsteindecken", maßgebend. Die Biegungsmomente der Stahlsteindecken, die sowohl mit Bewehrung in einer Richtung, als auch kreuzbewehrt ausgeführt werden, ermittelt man nach den Näherungsverfahren für die Platten. Bei kreuzbewehrten Stahlsteindecken darf, wie bei den Rippenrosten, keine Abminderung der Feldmomente durch Drillungsmomente angenommen werden.

Die *Glassteindecken* werden für lichtdurchlässige Decken verwendet. Die Glassteindecken sind Stahlsteindecken mit gläsernen Deckensteinen zwischen bewehrten Betonrippen ohne obere Betonschicht und ohne Deckenputz. Die Glassteine sind an der Unterseite profiliert, um eine bessere Lichtverteilung herbeizuführen. Bei größeren Glassteinen wird der Stein auch kassettiert (Abb. 169).

c) Die Berechnungsmethoden der Scheiben.

Wird ein plattenartiger Körper von Kräften beansprucht, deren Wirkungslinien in dessen Mittelebene liegen, so spricht man von Scheiben und der Scheibenwirkung. Da das Kräftespiel in solchen Scheiben nicht so einfach vorstellbar ist, wie das bei den Platten mit Hilfe der Biegefläche häufig möglich ist, muß hier die Theorie vorangestellt werden, um daraus Näherungsverfahren abzuleiten. Die Scheibe kann als ein im Verhältnis zur Stützweite sehr hoher Balken betrachtet werden. Es ist daher zweckmäßig, den Unterschied zwischen beiden Tragwerken zunächst zu behandeln.

In der technischen Balkenbiegungslehre setzt man voraus, daß die Querschnitte senkrecht zur Stabachse während der Formänderung eben bleiben und leitet daraus die bekannte Beziehung zwischen Krümmung und Biegungsmoment ab. Diese Annahme, die durch zahlreiche Versuche bestätigt wurde, gilt jedoch nur für Stäbe, das sind solche Gebilde, deren Gestalt *eine* bevorzugte Dimension, die Länge, erkennen läßt. Man hat gefunden, daß bei Balken, deren Höhe H ein Fünftel der Stützweite L oder mehr beträgt (Abb. 170 a), die Querschnitte bei der Formänderung nicht mehr eben bleiben und daher die technische Balkenbiegungslehre keine zutreffenden Ergebnisse liefert, da sie auch nicht mehr annähernd mit der Wirklichkeit übereinstimmen, wenn die Höhe H etwa gleich der Stützweite L oder größer wird (Abb. 170 b). Der Spannungszustand in einer solchen Scheibe oder tragenden Wand, die ein wichtiges Bauelement des modernen Stahlbetonbaues darstellt, wird auf Grund der Theorie elastischer Scheiben ermittelt.

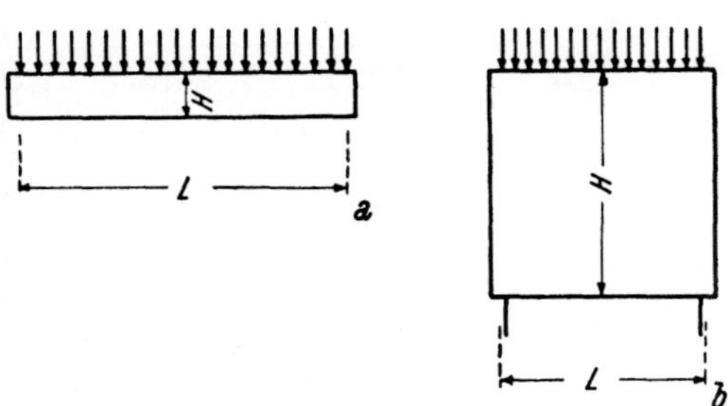

Abb. 170. Balken (a) und tragende Wand (b).

1. Die Theorie elastischer Scheiben.

Man gewinnt eine Differentialgleichung für den Spannungszustand in einer Scheibe, indem man die Gleichgewichtsbedingungen am Scheibenelement mit den Formänderungsbedingungen verknüpft. Da voraussetzungsgemäß die Scheibe nur durch Kräfte beansprucht wird, die in ihrer Mittelebene wirken, so müssen aus Gründen des Gleichgewichtes die Spannungen σ und τ über die Dicke d der Scheibe gleichmäßig verteilt sein. Es treten nur Dehnungen, aber keine Verbiegungen auf.

Die Resultierende der Spannungen σ_x längs der Schnittfläche $d \cdot dy$ (Abb. 171) ist $\sigma_x d \cdot dy = n_x dy$. Man nennt $n_x = \sigma_x d$ die bezogene Schnittkraft (in t/m); sie ist eine mittig angreifende Normalkraft pro Längeneinheit und ist das Analogon zu dem „bezogenen Moment m_x" bei den

Platten. Die Spannungen σ_y und τ_{xy} werden ebenfalls zu bezogenen Schnittkräften zusammengefaßt. Es ist demnach

$$n_x = d \cdot \sigma_x, \qquad n_y = d \cdot \sigma_y, \qquad n_{xy} = d \cdot \tau_{xy}. \tag{36}$$

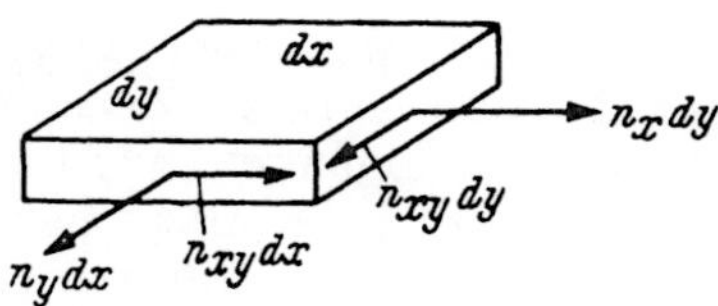

Abb. 171. Schnittkräfte der Scheibe.

Man betrachtet weiterhin bei Scheiben mit konstanter Dicke nur mehr die bezogenen Schnittkräfte.

Das Gleichgewicht an einem Volumselement $d \cdot dx \cdot dy$ der Scheibe (Abb. 172), an der keine Massenkräfte angreifen, bedingt:

$$\frac{\partial n_x}{\partial x} + \frac{\partial n_{xy}}{\partial y} = 0, \qquad \frac{\partial n_y}{\partial y} + \frac{\partial n_{xy}}{\partial x} = 0. \tag{37}$$

(37) wird identisch befriedigt, wenn man die bezogenen Schnittkräfte als die zweiten Differentialquotienten einer stetigen Funktion $F = F(xy)$ ansetzt:

$$n_x = \frac{\partial^2 F}{\partial y^2}, \qquad n_y = \frac{\partial^2 F}{\partial x^2}, \qquad n_{xy} = - \frac{\partial^2 F}{\partial x \, \partial y}. \tag{38}$$

Man bezeichnet F als die *Airy*sche Spannungsfunktion oder Spannungsfläche. Aus (38) in Verbindung mit (37) geht hervor, daß jeder stetig gekrümmten Fläche ein ebenes, in jedem Teilstück im Gleichgewicht befindliches Kräftesystem zugeordnet ist. Von allen möglichen Flächen $F(xy)$ können jedoch nur solche als Spannungsflächen eines ebenen, elastischen Kontinuums, wie es eine Scheibe ist, angesehen werden, bei denen die $F(xy)$ zugeordneten, bezogenen Schnittkräfte elastische Formänderungen verursachen, die weder zu Zerreißungen, noch zu Überschiebungen führen; oder anders ausgedrückt, daß jedes Flächenelement nach der durch die Normal- und Schubspannungen verursachten Formänderung wieder lückenlos und zwanglos an die ebenfalls elastisch verformten Nachbarelemente anschließt. Das ist der Fall, wenn die elastischen Formänderungen der Verträglichkeitsbedingung

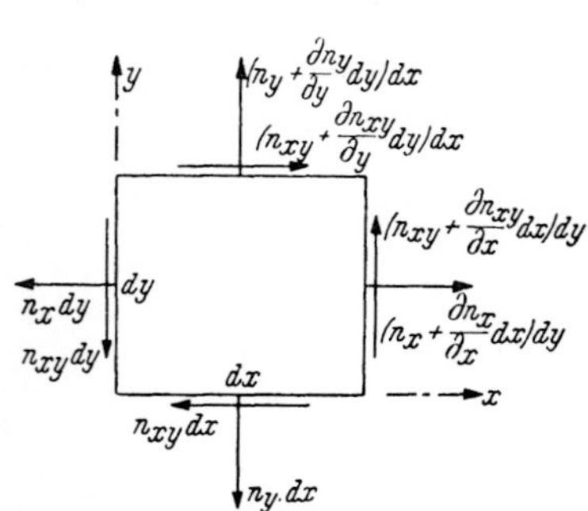

Abb. 172. Die Schnittkräfte am Scheibenelement.

$$\frac{\partial^2 \varepsilon_x}{\partial y^2} + \frac{\partial^2 \varepsilon_y}{\partial x^2} = \frac{\partial^2 \gamma_{xy}}{\partial x \, \partial y} \tag{39}$$

entsprechen.

Die Dehnungen sind durch das *Hooke*sche Gesetz mit den Spannungen verknüpft. Es ist im ebenen Spannungszustand

$$\varepsilon_x = \frac{1}{E\,d}\,(n_x - v\,n_y),$$

$$\varepsilon_y = \frac{1}{E\,d}\,(n_y - v\,n_x), \tag{40}$$

$$\gamma_{xy} = \frac{2\,(1+v)}{E\,d}\,n_{xy}.$$

Drückt man in (40) die Schnittkräfte durch die Spannungsfunktion nach (38) aus und führt diese Ausdrücke in (39) ein, so erhält man nach Ausführung der Differentialoperationen die Differentialgleichung der elastischen Scheiben:

$$\Delta\,\Delta F = \frac{\partial^4 F}{\partial x^4} + 2\,\frac{\partial^4 F}{\partial x^2\,\partial y^2} + \frac{\partial^4 F}{\partial y^4} = 0. \tag{41}$$

Diese Differentialgleichung kann in Verbindung mit (37), bzw. (38) auch so gedeutet werden. Von allen durch stetig gekrümmte Spannungsflächen representierten, ebenen Gleichgewichtssystemen sind nur solche in einem ebenen, elastischen, zweidimensionalen Kontinuum (Scheibe) möglich, deren zugeordnete Spannungsfläche $F(xy)$ die Differentialgleichung (41) befriedigt. (41) beschreibt den inneren Spannungszustand einer Scheibe eindeutig, wenn die Scheibe im äußeren Gleichgewichte ist, da F als Integral einer homogenen Differentialgleichung nur von den Randbedingungen, das heißt von der Form der Scheibe und den am Rande angreifenden Kräften abhängig ist.

Liege der Rand der Scheibe in der Richtung s und sei die darauf normale Richtung n, so sind die in einem Randpunkt angreifenden Schnittkräfte n_n und $n_{s,n}$ gegeben durch die zweiten Ableitungen von F:

$$n_n = \frac{\partial^2 F}{\partial s^2}\,, \qquad n_{s,n} = -\,\frac{\partial^2 F}{\partial s\,\partial n}\,. \tag{42}$$

Sind längs des ganzen Randes die angreifenden, bezogenen Schnittkräfte gegeben und im Gleichgewicht, so kann man aus (42) die Randwerte F der Spannungsfläche und die Neigung deren Randnormalen bis auf unwesentliche Glieder nullten und ersten Grades eindeutig ermitteln. (41) ist demnach so zu integrieren, daß $F(xy)$ diese Randbedingungen befriedigt.

(41) zeigt die enge Verwandtschaft des Scheibenproblems mit dem Plattenproblem, da $F(xy)$ als die Biegefläche einer unbelasteten Platte aufgefaßt werden kann, der vorgegebene Randwerte $F(s)$ und Randverdrehungen $\partial F/\partial n$ aufgezwungen werden. Natürlich stehen auch die Integrationsmethoden in enger Beziehung zu denen für die elastischen Platten. Bei den Scheiben ist wegen $\Delta\Delta F = 0$ stets nur die homogene Differentialgleichung zu integrieren. Man kann die Methoden der Plattentheorie sofort auf die Scheiben übertragen.

Eine der Entwicklung nach der Belastung analoge Methode gibt es bei den Scheiben wegen $\Delta\Delta F = 0$ allerdings nicht. Die übrigen Methoden können den Gegebenheiten der Scheibentheorie leicht angepaßt werden.

Die Entwicklung nach den Randbedingungen. Die Methode entspricht vollkommen der bei den Platten mit eingespannten Rändern angewendeten. An die Stelle der aus dem partikulären Integral gewonnenen Randwerte w_0 und $\partial w_0/\partial n$ sind die Randwerte der Spannungsfläche F und $\partial F/\partial n$ in (20) und (21 b) einzuführen. Da die Spannungsfläche gleich der Biegefläche einer längs des ganzen Randes eingeklemmten Platte ist $(R = R_e,\ R_d = 0)$, verschwindet in (20) und (21 b) das Integral über R_d.

Ist die Spannungsfläche bekannt, so findet man durch Differentiation die bezogenen Schnittkräfte n_x, n_y und n_{xy}.

Methode der Differenzengleichungen. Diese Methode ermöglicht auch dem mathematisch weniger Geschulten, die Spannungsfläche zu berechnen. Die Formel (31), in der wegen $p = 0$ die rechte Seite verschwindet, ist auf jeden inneren Netzpunkt anzuwenden. Die Randbedingungen enthalten die Randwerte der Spannungsfläche, sie sind gegenüber (34), die für den eingeklemmten Rand elastischer Platten gilt, um die Randwerte selbst zu erweitern. Man setze im Randpunkt 0 (Abb. 173):

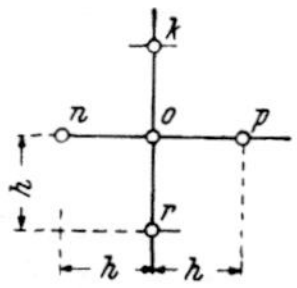

$$w_o = F_o, \qquad w_p = w_n + 2\,h\,\frac{\partial F_o}{\partial n}. \tag{43}$$

Abb. 173. Der Randpunkt 0 und seine Nachbarn.

Die Auflösung des Gleichungssystems liefert die Ordinaten der Spannungsfläche in den Gitterpunkten. Durch Differenzenbildung gewinnt man daraus die bezogenen Schnittkräfte. Es ist (vgl. Abb. 159, S. 201)

$$n_x = \frac{w_s - 2\,w_0 + w_k}{h^2}, \qquad n_y = \frac{w_p - 2\,w_0 + w_n}{h^2}, \qquad n_{xy} = \frac{w_t - w_l - w_r + w_t}{4\,h^2}. \tag{44}$$

Die Anwendung der Singularitätenmethode auf das Scheibenproblem ist ebenfalls möglich, jedoch kann diese Methode bei den Scheiben keine so guten Ergebnisse liefern, als bei den Platten. Bei den Platten erhält man das Ergebnis als Flächenintegral, in das neben der Belastung die Ordinaten des Einflußfeldes eingehen. Bei den Scheiben als reinem Randwertproblem muß ein Randintegral gebildet werden, in das neben den Randwerten der Spannungsfunktion die Randwerte des Einflußfeldes und die Randverdrehungen eingehen. Diese Randwerte können nie mit der gleichen Genauigkeit berechnet werden, als die Feldwerte, ausgenommen, man kennt geschlossene Ausdrücke für die Einflußfelder. Solche sind aber allgemein noch nicht gefunden worden. Daher sind die Ergebnisse der Singularitätenmethode bei den Scheiben reichlich ungenau.

Auf Grund der Ergebnisse der Theorie, die über die Spannungsverteilung in den Scheiben Aufschluß geben, kann für die im Stahlbetonbau wichtigste Form, die tragende Wand, eine Näherungsberechnung angegeben werden.

2. Das Näherungsverfahren für die tragende Wand.

Besonders im Behälterbau werden die hohen Stahlbetonwände als Balken über mehreren Feldern verwendet, denen man vermöge ihrer großen Steifigkeit bedeutende Belastungen zumuten kann. Die Näherungsmethode zur Bemessung solcher Wände stützt sich auf die Ergebnisse der Theorie elastischer Scheiben.

Die Schnittkräfte n_x in einer tragenden Wand, die den Biegungsspannungen des Balkens entsprechen, sind in Abb. 174 dargestellt, und zwar für senkrechte Schnitte in der Feldmitte (Schnitt I) und über der Stütze (Schnitt II). Die Abweichung vom Geradliniengesetz ist erheblich. Bei der Scheibe ist der Hebelarm der inneren Kräfte viel kleiner als bei schlanken Stäben, bei denen $z = 2/3\,H$ ist. Im Felde treten die größten Zugspannungen am unteren Rand der Wand auf und die resultierende

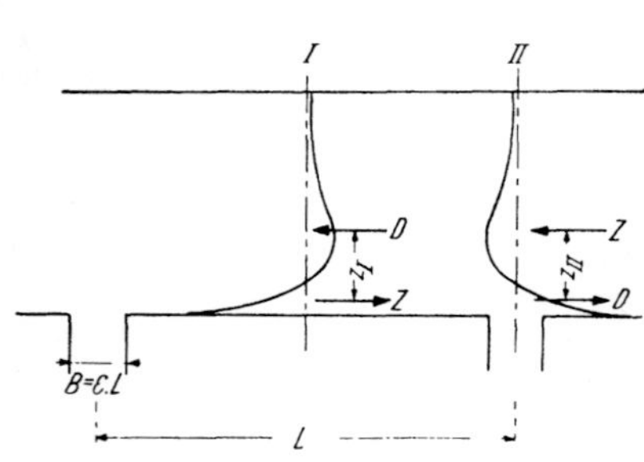

Abb. 174. Die Trägerschnittkräfte der tragenden Wand.

Zugkraft Z liegt in dessen Nähe. Die größte Druckspannung liegt jedoch nicht am oberen Rand, sondern mitten in der Scheibe. Über der Stütze ist zwar die größte Druckspannung am unteren Rand, der größte Zugspannung jedoch nicht am oberen Rand, sondern viel tiefer. Eine am oberen Rand verlegte Zugbewehrung ist daher vollkommen wirkungslos, solange der Beton nicht gerissen ist.

Wegen des Gleichgewichtes muß in jedem senkrechten Schnitt $D = Z$ und $Z z = M$ gleich dem Moment der äußeren Kräfte sein. Kennt man daher z, so kann man die Gesamtzugkraft Z in jedem Querschnitt und damit die erforderliche Gesamtbewehrung angeben.

Bei den tragenden Wänden bleibt die Druckspannung σ_b im Feld meist weit unter dem zulässigen Betrag, ebenso die Schubspannung. Die Normalspannung σ_y sind in der Größenordnung der angreifenden äußeren Kräfte, daher mit Ausnahme der längs $B = \varepsilon L$ gestützten unteren Ränder ebenfalls klein. Für die Bemessung der Scheiben ist in der Regel nur die Zugkraft Z maßgebend; man kann die Bemessung daher vornehmen, wenn man den Hebelarm z kennt.

Der Hebelarm z hängt bei einer tragenden Wand über mehreren Stützen von dem Verhältnis ε der Stützenbreite B zur Stützweite L ($\varepsilon = B/L$), der Art der Belastung und dem Verhältnis der Wandhöhe H zu L ab, strebt aber mit wachsendem H/L sehr rasch einem festen Grenzwert zu.

Diese Grenzwerte für z wurden von *Dischinger*[1] für verschiedene Belastungsfälle und mehrere Werte von $\varepsilon = \dfrac{B}{L}$ berechnet und sind der folgenden Tab. 26 zu entnehmen.

Die Verwendung der Tab. 26 ist sehr einfach. Bei hohem Träger ($H/L > 1/5$) setzt man den Hebelarm $z = 2/3\,H$, solange dieser Wert kleiner ist, als der in der Tabelle für den entsprechenden Belastungsfall und das Verhältnis ε angegebene. Andernfalls gilt dieser Wert. Die erforderliche Zugbewehrung wird aus $F = \dfrac{Z}{\sigma_e}$ ermittelt.

Die Schubspannungen werden ebenfalls mit Hilfe des Hebelarmes z ermittelt. Es ist die bezogene Schubkraft

$$S = \frac{Q}{z} = \tau_0\,d. \tag{45}$$

Somit wird $\tau_0 = \dfrac{Q}{z\,d}$.

Die größte waagrechte Druckspannung σ_x tritt an den Stützen auf und ist immer in der Größenordnung der senkrechten Druckspannungen am Stützenanschnitt. Man kann daher näherungsweise

$$\max \sigma_x \cong \frac{\max C}{B\,d} \quad (\max C = \text{größter Stützdruck}) \tag{46}$$

setzen.

Über die Anordnung der Zug- und Schubbewehrung wird das Wichtigste im nächsten Abschnitt, Gestaltung der Scheiben, angegeben.

---

[1] *F. Dischinger:* Beitrag zur Theorie der Halbscheibe und des wandartigen Trägers. Abh. Int. Ver. für Brückenbau u. Hochbau, Zürich 1 (1932).

Tabelle 26. *Grenzwerte des Hebelarmes z der inneren Kräfte der tragenden Wand* (nach Prof. Dr. Ing. *Franz Dischinger*).

$$z = \frac{2}{3} H, \text{ wenn } \frac{2}{3} H < \zeta L \qquad L = \text{Stützweite der Wand.}$$

$$z = \zeta L, \text{ wenn } \frac{2}{3} H > \zeta L \qquad H = \text{Höhe der Wand.}$$

$$\zeta = \zeta(\varepsilon), \qquad \varepsilon = \frac{B}{L} \qquad\qquad B = \text{Stützenbreite.}$$

1. Vollbelastung der über mehrere Felder durchlfd. Wand

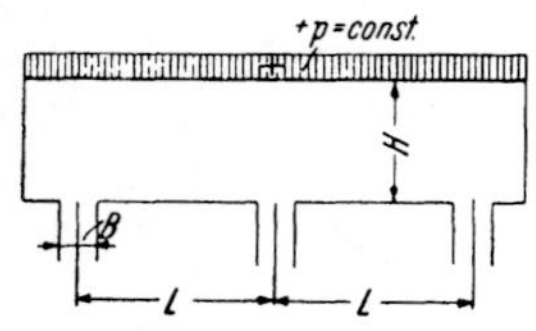

ε	$\frac{1}{2}$	$\frac{1}{5}$	$\frac{1}{10}$	$\frac{1}{20}$	$\frac{1}{\infty}$
in Feldmitte ζ	0,437	0,465	0,468	0,469	0,470
in Stützenmitte ζ	0,437	0,373	0,337	0,312	0,302

2. Feldweise wechselnde Last oder Vollbelastung einer Einfeld-Wand.

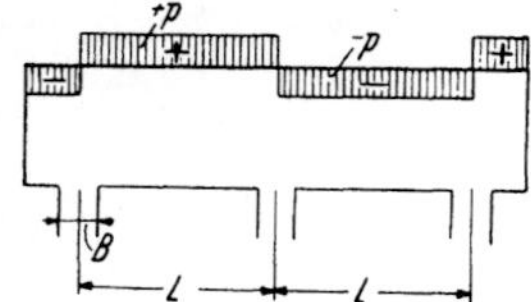

ζ ist unabhängig von ε!
in Feld- und Stützenmitte: $\zeta = 0,437$.

3. Belastung durch konzentrierte Streckenlasten $p = \frac{P}{C}$.
(Annahme $C = B$)

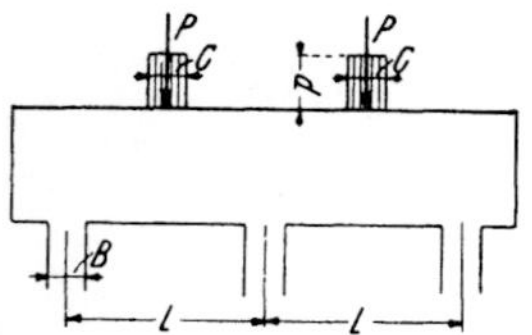

ζ ist in Feldmitte und Stützenmitte gleich groß.

ε	$\frac{1}{2}$	$\frac{1}{5}$	$\frac{1}{10}$	$\frac{1}{20}$	$\frac{1}{\infty}$
ζ	0,437	0,420	0,412	0,405	0,401

d) Die Gestaltung der Scheiben.

1. Die Formgebung der Scheiben.

Die Gestalt der tragenden Stahlbetonwand wird meist durch ihre Aufgabe als raumabschließendes Bauelement bedingt. Die Wandstärke ist oft dadurch gegeben, daß infolge von Querbelastungen auf die Wand (z. B. Druck des Füllgutes auf die Wand eines Behälters), diese nicht nur als Scheibe, sondern auch noch als Platte wirkt. In diesem Falle sind für die Wandstärke in der Regel die Platten-Biegungsmomente maßgebend. Aus baulichen Gründen soll im allgemeinen eine Mindestdicke von 10 bis 15 cm nicht unterschritten werden. Die Beulsicherheit sowie die Druck- und Schubspannungen der Scheibe sind, ausgenommen an der Einführung der Stützen, in der Regel nicht maßgebend.

Man gibt den Stahlbeton-Wänden entweder konstante oder mit der Höhe linear veränderliche Wandstärke. Die Anordnung eines stärkeren Balkens am unteren Rande einer Wand (Abb. 175a) ist ebenso überflüssig wie besondere Träger an den Ansätzen der Silo-Trichter an den Wänden und Bunkern. Die richtige Gestaltung zeigt Abb. 175 b.

Die Einleitung der Stützkräfte aus den Säulen in die Wand erfordert besondere Sorgfalt. Keinesfalls darf die Säule am unteren Rand der Wand aufhören. Sie soll vielmehr noch in die Wand gezogen werden, entweder über die ganze

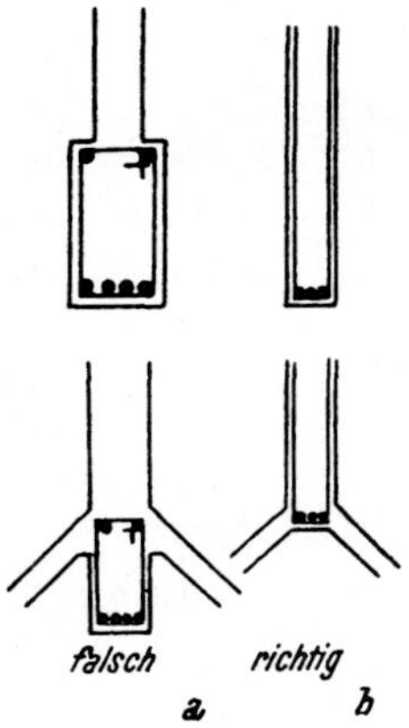

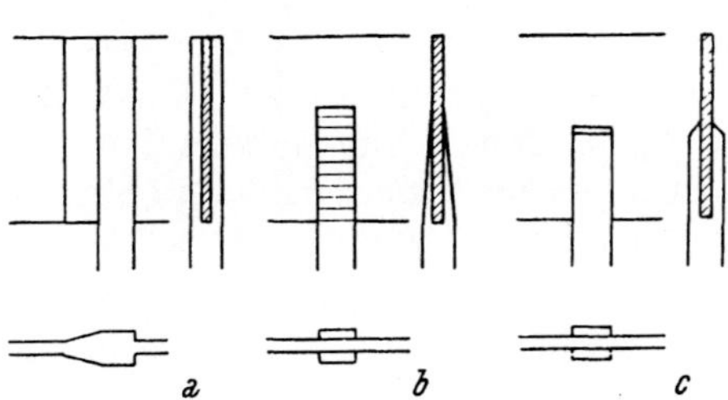

Abb. 175. Die Gestaltung des unteren Randes der tragenden Wand: a) falsch, b) richtig.

Abb. 176. Einführung der Stützen in die tragende Wand.

Höhe (Abb. 176 a), die Säule gegen die Wand abgesetzt oder mit Schrägen in die Wand übergeführt oder in die Wand der Höhe nach verlaufend (Abb. 176 b) oder in angemessener Höhe über dem unteren Rand endend (Abb. 176 c).

2. Die Bewehrung der Scheiben.

Die Bewehrung einer tragenden Wand muß dem Kräfteverlauf in der Scheibe angepaßt werden, das heißt die statisch erforderliche Bewehrung muß dort liegen, wo nennenswerte Zug- und Schubspannungen auftreten und sie muß eine solche Richtung haben, daß sie die Zug- und Schubkräfte auch tatsächlich aufnehmen kann.

Man kann die Bewehrung der Scheiben auf zweierlei Art ausbilden, als Trajektorienbewehrung oder als Netzbewehrung.

Bei der Trajektorienbewehrung liegen die Bewehrungsstäbe annähernd in der Richtung der Haupt-Zugspannungstrajektorien. Aus den Schnittkraftkomponenten n_x, n_y und n_{xy} werden die Hauptschnittkräfte n_z (Zug) und n_d (Druck) und deren Winkel mit der x-Achse berechnet:

$$n_{d,z} = \frac{n_z + n_y}{2} \pm \sqrt{\left(\frac{n_x - n_y}{2}\right)^2 + n_{xy}^2} \quad \text{(Druckspannungen sind positiv)}.$$

$$\operatorname{tg} 2\varphi = \frac{2\,n_{xy}}{n_x - n_y}. \tag{47}$$

An Stelle von (47) kann man auch den *Mohr*schen Spannungskreis zur Bestimmung der Hauptspannungen benützen.

Die Zugbewehrung pro m Schnittlänge folgt aus

$$f_e = \frac{n_z}{\sigma_{e\,zul}} \quad (\text{in } \text{cm}^2/\text{m}). \tag{48}$$

Man hat daraus, wie bei den Platten, den Durchmesser und den Abstand der Bewehrung zu ermitteln $\left(f_e = \dfrac{\varnothing}{a}\right)$ und für die stetige Verteilung in der Wand zu sorgen.

Da die Bewehrungsstäbe den Zugspannungstrajektorien folgen müssen, erhalten sie krumme Formen. Die Krümmungen sind jedoch in der Regel so schwach, daß man die Stäbe nicht vor dem Verlegen nach einem Biegeplan biegen muß, sondern erst beim Flechten in die Form biegen kann.

Die Netzbewehrung, bei der die Zug- und Schubkräfte durch ein rechtwinkliges Bewehrungsnetz aufgenommen werden, ist einfacher zu verlegen, hat aber einen größeren Stahlbedarf, als die Trajektorienbewehrung und ist auch bezüglich der Rissesicherheit dieser unterlegen.

Seien n_x, n_y und n_{xy} die bezogenen Schnittkraftkomponenten in der Richtung x und y, in der die Netzbewehrung f_{ex} und f_{ey} verlegt wird, so ist

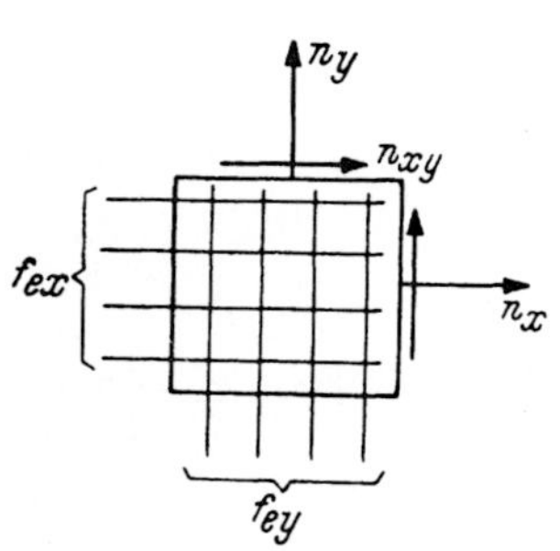

Abb. 177. Orthogonalbewehrung der Scheibe.

$$f_{ex} = \frac{n_x + n_{xy}}{\sigma_e}, \quad \text{sofern } n_x \text{ Zugkraft,}$$

$$f_{ex} = \frac{n_{xy}}{\sigma_e}, \quad \text{sofern } n_x \text{ Druckkraft,}$$

$$f_{ey} = \frac{n_y + n_{xy}}{\sigma_e}, \quad \text{sofern } n_y \text{ Zugkraft,} \tag{49}$$

$$f_{ey} = \frac{n_{xy}}{\sigma_e}, \quad \text{sofern } n_y \text{ Druckkraft}$$

ist.

(49) bedeutet, daß die Normalkraft n_x, bzw. n_y dem Beton zugewiesen wird, solange sie Druckkraft ist und durch Bewehrung aufzunehmen ist, wenn sie eine Zugkraft ist; die Schubkraft n_{xy} muß durch zwei Bewehrungsbahnen von entsprechender Größe aufgenommen und der reinen Zugbewehrung hinzugefügt werden. Den Beweis für (49) und weitere Ausführungen über die Bewehrung von Scheiben findet man bei *H. Leitz* (Die Bewehrung von Eisenbetonscheiben, Abhandlungen des I. Int. Kongresses für Eisenbeton, Lüttich 1928).

Bei den tragenden Stahlbetonwänden wird meist eine vereinfachte Trajektorienbewehrung angewendet, zu deren Ermittlung die Näherungsberechnung ausreicht. Bei diesem Verfahren erhält man aus der Zugkraft im Felde Z_I und über der Stütze Z_{II} die in diesen Querschnitten erforderliche Gesamtbewehrung F_{eI} und F_{eII}. Da die Zugzone im Felde nahe am unteren Scheibenrand liegt (vgl. Schnitt I in Abb. 174), wird die Feldbewehrung F_{eI}, wie bei einem Balken, an den unteren Rand verlegt. Die Zugspannungen über der Stütze sind über einen größeren Bereich verteilt (vgl. Schnitt II in Abb. 174). Man muß daher die Bewehrung F_{eII} auseinanderziehen (Abb. 178). Der Schwerpunkt von F_{eII} soll annähernd den

Abstand des Hebelarmes z_{II} vom unteren Rand haben. Die Schrägbewehrung führt man unter 60^0 und biegt sie längs einer Geraden, die von dem Stützenrand ebenfalls unter 60^0 ausgeht, in die Horizontale ab (Abb. 178). Auf diese Weise entsteht eine Bewehrung, die annähernd den Hauptzugspannungslinien folgt. Außer dieser statisch ermittelten Bewehrung ist in der ganzen Wand auch noch eine schwache Netzbewehrung zur Aufnahme der Schwind- und Nebenspannungen anzuordnen.

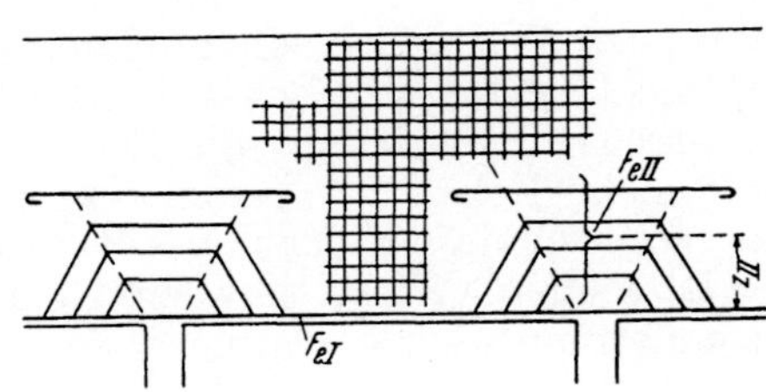

Abb. 178. Vereinfachte Trajektorenbewehrung der tragenden Wand.

D. Behälter und Schalen.
(Räumliche Flächentragwerke.)

a) Die prismatischen Behälter.

1. Die Berechnungsverfahren.

Bei den prismatischen Behältern sind je nach dem Verhältnis der waagrechten Querschnittsfläche F_h des Behälters zu dessen Höhe H verschiedene Rechnungsverfahren anzuwenden. Ist das Verhältnis $\dfrac{\sqrt{F_h}}{H}$ groß, so liegt ein niederer Behälter vor, ist $\dfrac{\sqrt{F_h}}{H}$ klein, so ist der Behälter im Verhältnis zu seinem Querschnitt hoch. Die Grenze zwischen den beiden liegt etwa bei $H = 1{,}5 \sqrt{F_h}$.

Die *niederen Behälter* von rechteckiger oder vieleckiger Form können immer aus ebenen Platten zusammengesetzt betrachtet werden und dementsprechend kann im allgemeinen jede Platte für sich berechnet werden.

Die Belastung der waagrechten Platten (Boden und Decke) besteht aus Eigengewicht und dem Gewicht des Füllgutes des Behälters, bzw. der Nutzlast der Decke.

Wenn der Behälter einen frei tragenden Boden hat, d. h., wenn unter diesem Luft ist, so ist er als umfangsgelagerte Platte zu berechnen, gleichgültig, ob er auf einer durchgehenden Wand oder einem streifenförmigen Gründungskörper aufruht oder nur auf einzelnen, in den Ecken befindlichen Säulen abgestützt ist; auch in diesem Falle gewährleisten die senkrechten Platten als tragende Wände zwischen den Säulen die Unverschieblichkeit des Randes der Bodenplatte.

Die Randeinspannung des Bodens und der Decke durch die Wände liegt zwischen der freien Verdrehbarkeit und der vollen Einspannung. Man muß diesen Einspannungsgrad nach den vorliegenden Verhältnissen einschätzen und die Schnittkräfte in der Platte dementsprechend zwischen den beiden der Rechnung leichter zugänglichen Grenzfällen der vollen Einspannung und der freien Drehbarkeit der Ränder einschalten.

Die Berechnung der beiden Grenzfälle wird nach den im Abschnitt C a, Berechnungsmethoden der Platten (S. 184) dargestellten Methoden vorgenommen. Bei rechteckigen Behältern wird man sich in der Regel der Näherungsmethode bedienen und erst bei oft sich wiederholenden Ausführungen, bei denen ein größerer Aufwand an Rechenarbeit vertretbar ist, die Theorie elastischer Platten heranziehen. Bei Behältern, deren waagrechter Querschnitt die Form eines regelmäßigen Vieleckes von sechs oder mehr Ecken hat, kann man Boden und Decke als Kreisplatte mit einem Durchmesser, der etwas kleiner als der des umgeschriebenen Kreises ist, berechnen. Hiezu verwendet man bekannte Formeln (z. B. *Girkmann*, Flächentragwerke, 4. Aufl., Wien: Springer-Verlag, 1956, S. 238).

Bei frei tragenden Böden oder Decken größerer Stützweite ist an Stelle der rippenlosen Platte eine Rippenplatte oder eine Trägerrostplatte anzuordnen. Die Rippen sind wohl an den Rändern unterstützt, aber eine Einspannung in den Wänden wird man in der Regel nicht annehmen können.

Liegt der Behälterboden ganz auf dem Baugrund auf, so ist er im allgemeinen von den Wänden zu trennen und als Sohle auszubilden. Die Wände müssen in diesem Falle besondere Grundkörper erhalten.

Bei der Bemessung der Böden und Decken hat man neben den Biegungsmomenten auch noch die Zugkräfte zu berücksichtigen, die die Wände an den waagrechten Rändern auf die Boden- und Deckenplatten ausüben, da diese die horizontalen Auflagerkräfte der Wände aufzunehmen haben.

Die senkrechten Wände sind als ebene Platten zu berechnen, die an jeder Kante, an der sie mit anderen Platten fugenlos verbunden sind, unterstützte Ränder haben. Sie sind demnach ebenfalls als umfangsgelagerte Platten zu berechnen. Für die Einspannungsverhältnisse der Ränder gilt sinngemäß das bei Boden und Decke Gesagte.

Die Belastung der Wände setzt sich aus drei Gruppen von Kräften zusammen:

1. Die Belastung in der Ebene der Wand (Scheibenwirkung), durch die Auflagerdrücke der Decke und des Bodens infolge des Eigengewichtes sowie des Füllgutes und der Nutzlasten und etwa auftretender Reibungskräfte zwischen Wand und Füllgut.

2. Die Belastung senkrecht zur Ebene der Wand infolge des Seitendruckes des Füllgutes, der als hydrostatischer Druck bei flüssigem Inhalt und als Erddruck in voller Größe bei Schüttgütern in Rechnung zu stellen ist.

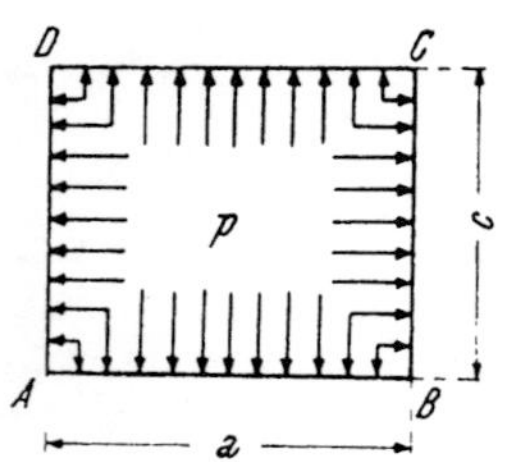

Abb. 179. Druck auf die Behälterwände.

3. Die in der Ebene der Wand wirkenden Längskräfte, hervorgerufen durch die Auflagerkräfte der benachbarten Wände. So sind z. B. bei einem Behälter mit rechteckigem Querschnitt (Abb. 179) die Wände $A\,B$ und $C\,D$ Auflager für die Wände $B\,C$ und $C\,A$ und erhalten von diesen einen Auflagerdruck pro Längeneinheit der Wandhöhe, der als Zugkraft über die ganze Länge von A bis B, bzw. von C bis D wirkt. Anderseits erhalten die Wände $B\,C$ und $D\,A$ eine Auflagerkraft von den Wänden $A\,B$ und $C\,D$. Die Größe der Auflagerkräfte wird bei der Berechnung der umfangsgelagerten Platten ermittelt. Diese Zugkraft darf bei der Bemessung keinesfalls vergessen werden.

Bei den *hohen Behältern* ist das Verhältnis von Länge (Höhe) zu Breite der einzelnen Wände so groß, daß diese als Platte mit Hauptbewehrung in einer Richtung zu bewehren sind. Da man an Stelle der zweidimensionalen Platte für die Berechnung einen eindimensionalen Ersatzbalken betrachtet, kann man auch die Einspannungsverhältnisse in der Rechnung besser berücksichtigen.

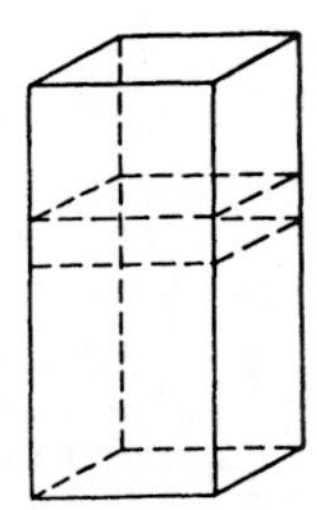

Abb. 180. Prismatischer hoher Behälter.

Man denkt sich aus dem hohen Behälter, der im Grenzfalle eine weite Röhre darstellt, einen ein Meter breiten Streifen herausgeschnitten und berechnet diesen als geschlossenen Rahmen unter der Wirkung des Innendruckes (Abb. 180).

Bei unregelmäßiger Form des Behälterquerschnittes berechnet man diese geschlossenen Rahmen nach dem *Cross*-Verfahren. Ist der Querschnitt ein regelmäßiges Vieleck, so entstehen in der Wand infolge des Innendruckes p t/m² die Momente des voll eingespannten Balkens mit der Stützweite l (Abb. 181) und die Zugkraft $p\,a$ pro Längeneinheit der Wandhöhe (a = Radius des eingeschriebenen Kreises). Da die Stützweite l im Verhältnis zu a um so kleiner wird, je größer die Seitenzahl des Vieleckes ist, so werden die Momente bei gleicher Zugkraft um so kleiner, je mehr Ecken vorhanden sind, um beim Kreis ganz zu verschwinden. Daher entsteht beim kreisrunden Behälter als Einzelzelle der kleinste Baustoffbedarf.

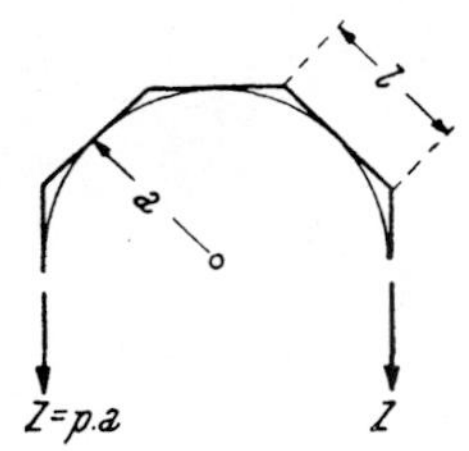

Abb. 181. Zugkraft im prismatischen Behälter.

Werden mehrere Behälterzellen miteinander verbunden, so sind die Biegungsmomente der Wände an einem mehrzelligen Rahmen zu ermitteln. Man hat dabei zu beachten, daß nicht alle Zellen gleichzeitig gefüllt sein müssen und die ungünstigsten Zustände der Bemessung zugrunde zu legen.

Der Innendruck auf die Wände ist bei flüssigem Füllgut gleich dem hydrostatischen Druck, er nimmt mit der Tiefe linear zu. Die Bemessung ist daher stufenweise vorzunehmen.

Der Innendruck von Schüttgütern ist wegen der Wandreibung in den engen Zellen wesentlich kleiner als der Erddruck. Es wäre daher Baustoffvergeudung, die Wände für den vollen Erddruck zu bemessen. Aus demselben Grund ist auch der Bodendruck nur ein Bruchteil des Gewichtes des über dem Boden liegenden Schüttgutes.

In einem waagrechten Schnitt in der Tiefe h unter der Oberfläche des Schüttgutes (Abb. 182) sei der Bodendruck $p = p(h)$, der Seitendruck p_s und die Reibung $f\,p_s$ vorhanden. Auf ein Element von der Höhe dh und der Querschnittsfläche F mit dem Umfang u (Abb. 182) wirken folgende Kräfte:

das Gewicht des Schüttgutes $\gamma\,F\,dh$,

der Druck auf die obere Schnittfläche $p\,F$,

der Druck auf die untere Schnittfläche $(p + dp)\,F$,

die Reibung infolge des Seitendruckes $f\,p_s\,u\,dh$,

die miteinander im Gleichgewicht stehen:

$$\gamma\, F\, dh - F\, dp - f\, p_s\, u\, dh = 0.$$

Da der Seitendruck verhältnisgleich dem Bodendruck ist, kann man

$$f\, p_s = \varkappa\, p$$

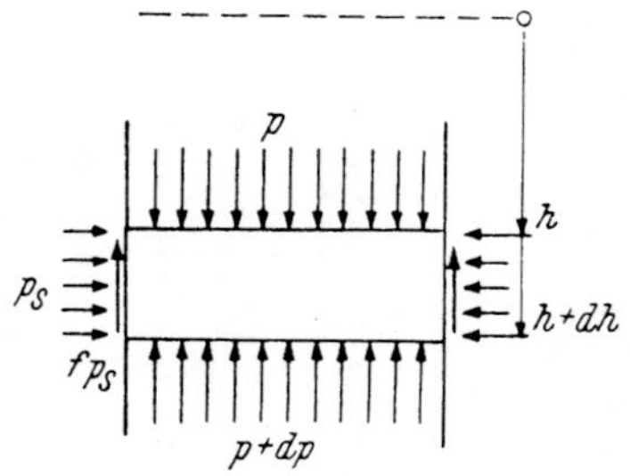

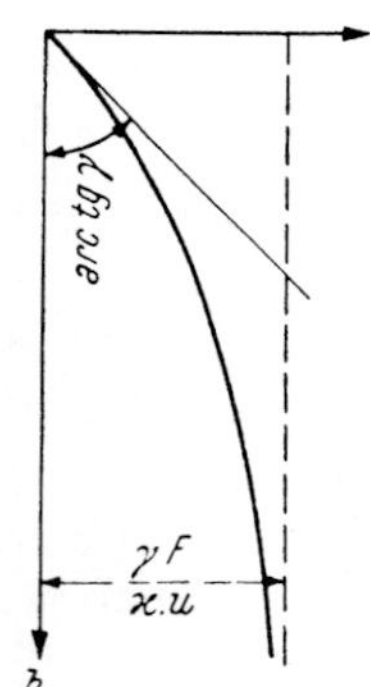

Abb. 182. Bodendruck, Seitendruck und Wandreibung im Zellensilo.

setzen. Somit gilt die Differentialgleichung erster Ordnung für den Bodendruck:

$$\frac{dp}{dh} + \frac{\varkappa\, u}{F}\, p - \gamma = 0. \qquad (1)$$

Das Integral von (1) mit der Anfangsbedingung $p\,(0) = 0$ ist

$$p = \frac{\gamma\, F}{\varkappa\, u}\left(1 - e^{-\frac{\varkappa\, u}{F}\, h}\right). \qquad (2)$$

Der Bodendruck bleibt, wie Abb. 183 zeigt, sehr bald hinter den ohne Reibung entstehenden Drücken $\gamma\, h$ merkbar zurück und strebt asymptotisch dem Grenzwert

$$\max p = \frac{\gamma\, F}{\varkappa\, u} \qquad (3)$$

zu.

Der Wert von $\varkappa = f\, p_s/p$ hängt nicht nur von der Wandbeschaffenheit und dem Füllgut, sondern auch von der Verdichtung des Gutes beim Füllen der Zellen ab. Er kann durch Versuche bestimmt werden, indem man den Bodendruck mißt. Die gemessenen Werte streuen jedoch auch bei mehrmaliger Messung unter gleichen Verhältnissen ziemlich stark.

Nach *R. Bortsch* kann man

$$\varkappa = 0{,}200 - 0{,}250$$

setzen.

Für die Bemessung der Wände ist der Seitendruck maßgebend. Man berechnet ihn aus $\varkappa$, p und f mit

Abb. 183. Bodendruckverteilung im Zellensilo.

$$p_s = \frac{\varkappa}{f}\, p. \qquad (4)$$

Für das Raumgewicht γ, den natürlichen Böschungswinkel φ und den Reibungswinkel zwischen Wand und Schüttgut $\varphi' = \operatorname{arc\,tg} f$ kann man die Werte der Tabelle 27 ansetzen.

Die hohen Behälter (Zellensilo) sind häufig statt durch ebene Böden durch pyramiden- oder kegelförmige Trichter abgeschlossen, die an den Behälterwänden aufgehängt sind. Für die Berechnung dieser Trichter ist der Druck des Füllgutes und das Eigengewicht maßgebend.

Sei die Fall-Linie der Trichterplatten unter dem Winkel α gegen die Waagrechte geneigt, so wird der Druck p_α normal auf die schräge Platte

$$p_\alpha = p \cos^2 \alpha + p_s \sin^2 \alpha \qquad (5\,\text{a})$$

und die Komponente $\bar{p}_a$ in der Richtung der Fall-Linie ist

$$\bar{p}_a = p \sin^2 \alpha + p_s \cos^2 \alpha. \tag{5 b}$$

Tabelle 27. *Raumgewichte und Reibungswinkel von Schüttgütern.*

Füllgüter	γ kg/m³	φ	φ' an Stahl-Platten	Holz	Beton
Bituminöse Kohle	750—800	35⁰	18⁰	35⁰	35⁰
Steinkohle	800—950	27,5⁰	16⁰	25⁰	27⁰
Braunkohle	700—800	35⁰—50⁰			
Koks	360—500	38⁰		40⁰	40⁰
Schlacke	640—1400	32⁰—40⁰	25⁰—30⁰	30⁰—40⁰	30⁰—40⁰
Getreide	700—800	25⁰—30⁰	∼22⁰	18⁰—24⁰	18⁰—25⁰
Zement, lose	1000—1400	40⁰			25⁰
Holzschnitzel	300—450	∼45⁰			
Eisenerz	4200—5200	∼45⁰			

Die einzelnen Wände von pyramidenförmigen Trichtern sind als umfangsgelagerte, also kreuzweise bewehrte Dreiecksplatten zu berechnen. Die Belastung dieser Platten besteht aus:

1. Dem Normaldruck p_a des Füllgutes und der Normalkomponente des Eigengewichtes. Diese Belastung beansprucht die Trichterwand als Platte auf Biegung;

2. der Tangentialkomponente $\bar{p}_a$ des Füllgutes und der Tangentialkomponente der Stützenreaktion am oberen Plattenrand. Diese Kräfte rufen Zugspannungen in der Fall-Linie hervor (Scheibe);

3. der in die Wandebene fallenden Komponenten der Stützenreaktionen der Nachbarwände. Diese Kräfte rufen waagrechte Zugspannungen in der Ringrichtung der Trichterwände hervor (Ringwirkung).

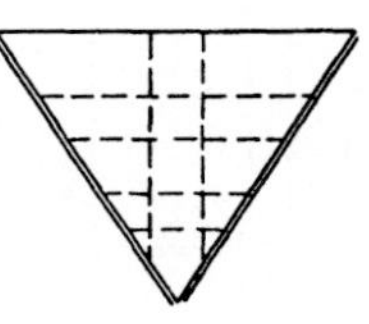

Abb. 184.
Silotrichter-Platte.

Die Ermittlung der inneren Kräfte ist, wenn man das Kräftespiel genau erfassen will, recht mühselig. Bei Trichtern an Zellen, deren Querschnitt ein regelmäßiges Vieleck bilden, sind die Stützbedingungen der dreieckigen Platten noch leichter zu erfassen, da die in die Grate der Pyramide fallenden Ränder wegen der Symmetrie von Form und Belastung unverdrehbar sind (in Abb. 184 mit Doppellinien angedeutet). In diesem Falle kann man die Platte näherungsweise berechnen, indem man die Durchbiegungen eines senkrechten, in der Mitte liegenden Ersatzbalkens mit denen zweier in den Drittelpunkten liegenden, waagrechten Ersatz-Balken gleichsetzt und somit die Näherungsmethode, die bei den Rechteckplatten üblich ist, auf die Dreiecksplatten überträgt.

Genauere Ergebnisse erzielt man mit der Methode der Differenzengleichungen (vgl. Abschnitt C a 2, S. 201). Schließlich kann man auch andere Methoden der Theorie elastischer Platten anwenden, jedoch wird der dadurch entstehende Aufwand an Rechenarbeit nur bei großen Bauvorhaben gerechtfertigt sein.

Ist der Zellenquerschnitt kein regelmäßiges Vieleck, so muß man die gegenseitige Beeinflussung der einzelnen Trichterwände entweder in Rechnung stellen oder einschätzen.

Die Berechnung der kegelförmigen Trichter ist hingegen sehr einfach, da hiefür die Schalentheorie geschlossene, einfache Formeln zur Verfügung stellt (vgl. den Abschnitt D b 2, S. 229, u. D b 3, S. 234).

2. Die Gestaltung.

Die *niederen Behälter* sind, wie bereits erwähnt, aus einzelnen ebenen Platten zusammengesetzt. Die Dicke von Boden und Decke ist in der Regel gleichbleibend, die der Wände kann stetig verändert werden, indem man die Wände nach oben zu schwächer macht. Jedoch wird man aus Gründen der einfacheren Ausführbarkeit bei Wandstärken bis etwa 15 cm diese nicht ändern. Bei schwächeren Wänden muß bei der Einbringung des Betons sehr sorgfältig vorgegangen werden, um Nesterbildungen zu vermeiden.

Wenn die am Baugrund aufliegende Behältersohle von den Wänden getrennt wird, so erhält die Wand ein besonderes Streifenfundament, das die Standsicherheit gewährleistet. Dieses kann entweder durch eine gedichtete Fuge von der Sohle getrennt sein (Abb. 185 a) oder es wird zunächst

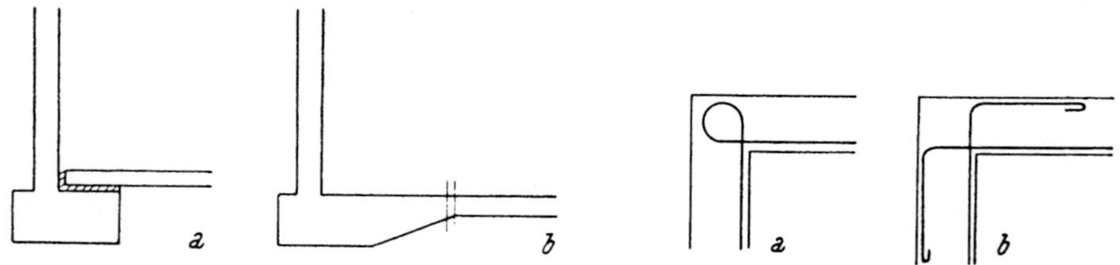

Abb. 185. Anschluß des Behälterbodens an   Abb. 186. Bewehrung der Behälter-
die Wand.   Wand-Ecken.

zwischen Fundament und Sohle eine Fuge offen gelassen, die erst nach Fertigstellung der Sohle und der Ausschalung der Wände, also nachdem der größte Teil des Schwindens bereits vollzogen ist, zubetoniert wird (Abb. 185 b); in diesem Falle muß die Fuge durch Anschlußeisen gedeckt sein, da sie sonst schwer abzudichten ist.

Für die Bewehrung der Wände und Decken der niederen Behälter gelten die Gesichtspunkte, die in Abschnitt C b (S. 202) für die kreuzbewehrten Platten dargelegt wurden. Besondere Sorgfalt muß man der Bewehrung an den Ecken zuwenden, da diese die Einspannungsmomente und Auflagerkräfte von einer Platte in die andere überzuleiten haben. Keinesfalls darf die im Zug liegende Bewehrung über eine einspringende Ecke geführt werden (vgl. auch Abschnitt B b 4, S. 178). Man muß die innere Eckbewehrung daher in einer Schlinge nach Abb. 186 a über die Ecke führen oder nach Abb. 186 b für genügende Haftlänge der Bewehrung sorgen. Die Ausführung nach Abb. 186 a hat den Nachteil, daß sowohl die Einbringung der Bewehrung, als auch des Betons nicht einfach ist.

Wenn die Ausbildung von Eckschrägen möglich ist, dann kann man die innere Eckbewehrung nach Abb. 187 führen. Auch hier ist auf die Haftlänge zu achten. Die Eckschräge erleichtert überdies die Einbringung des Betons, da die Bewehrung in der Ecke etwas aufgelockert wird.

Die Wandstärken der *hohen Behälter* (Zellensilos) hat man früher häufig den statischen Erfordernissen angepaßt und von oben nach unten stetig verstärkt. Seit der Verwendung von Gleitschalungen ist man jedoch davon abgekommen und macht die Behälterwände oben und unten gleich stark. Die Ersparnisse an der Schalung und Bewehrung und der beschleunigte Baufortschritt, der mit Gleitschalungen erzielt werden kann, macht den größeren Aufwand an Beton mehrfach wett. Wegen des einfacheren Ansetzens der Gleitschalung werden auch kaum mehr Silotrichter gemacht, sondern man setzt die Silowand auf einem ebenen Boden mit Abfüllöffnungen auf und füllt die toten Winkel mit Magerbeton im entsprechenden Gefälle aus (Abb. 188). Auf diese Weise erspart man die teure und zeitraubende Schal- und Bewehrungsarbeit an den Trichtern und vereinfacht außerdem die statische Berechnung.

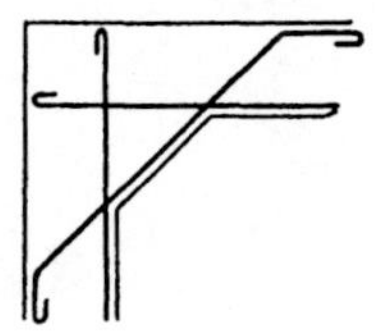

Abb. 187. Bewehrung der Behälter-Wand-Ecke mit Schräge.

Da der Baustoffaufwand um so kleiner wird, je vieleckiger der Querschnitt des Behälters ist, soll man womöglich die Kreisform bevorzugen. Bei frei stehenden Einzelzellen wird das auch meistens gemacht. Sind jedoch mehrere nebeneinander stehende Zellen zu errichten, so geht bei der Aneinanderreihung von kreisrunden (Abb. 190) oder mehr als sechseckigen Zellen Zwischenraum verloren. Wo dies nicht angängig ist, wird man daher quadratische oder sechseckige Zellen vorsehen. Bei Verwendung achteckiger Zellen (Abb. 189) entstehen Zwischenräume, die, mit einem Boden versehen, kleinere Zellen ergeben, was oft aus betrieblichen Gründen erwünscht ist. Ohne Boden kann man diese Zwischenräume für Aufzüge, Lüftungen, Versorgungsleitungen, Steigleitern usw. verwenden, so daß der Raum sehr gut genützt werden kann.

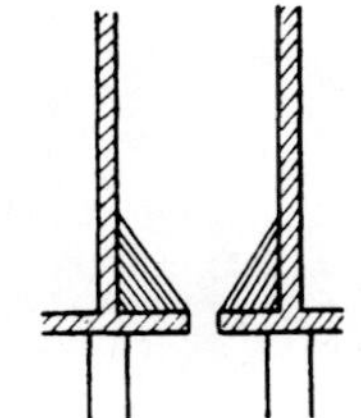

Abb. 188. Magerbetonzwickel in Silos mit ebener Bodenplatte.

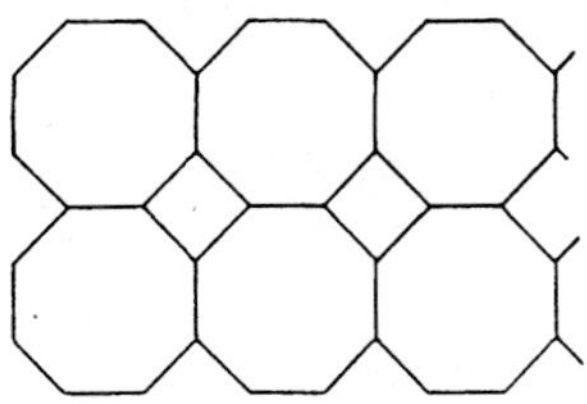
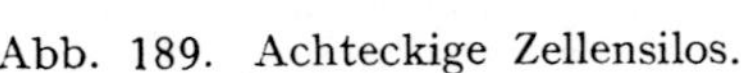

Abb. 189. Achteckige Zellensilos.

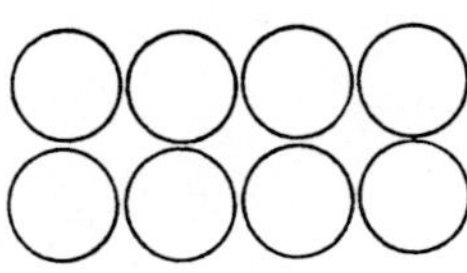

Abb. 190. Kreiszylindrische Zellensilos.

Dasselbe gilt für kreisrunde Zellensilos. Während jedoch die vieleckigen Formen fugenlos miteinander verbunden werden, ist dies bei kreisrunden Zellen nicht zu empfehlen, da an den Nahtstellen Biegungsmomente in der Zellenwand entstehen würden, die den Vorteil des unter Innendruck biegungsfreien Zylindermantels wieder aufheben würden. Man soll daher die kreisrunden Zellen durch Fugen voneinander trennen und zur Vermeidung lästiger Zwickel den Beton an der Fuge nach Abb. 191 gestalten.

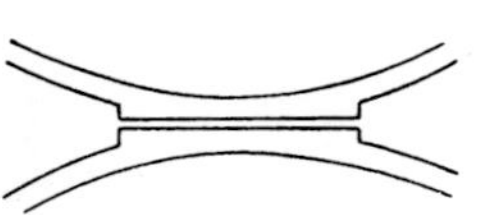

Abb. 191. Trennung der Zylindermäntel.

Zur Bewehrung der Zellensilos ist nicht viel Neues mehr zu bemerken. Die Wände sind im größten Teil des Bereiches als Platten mit Hauptbewehrung in einer Richtung (Ringrichtung) anzusehen. Die Verteilungseisen müssen so ausreichend bemessen sein, daß sie die Ringbewehrung in plangemäßer Lage halten können. Für die Führung der Bewehrung um die Ecken gelten die gleichen Gesichtspunkte, wie bei den niederen Behältern. Bei sich kreuzenden Wänden ist die Bewehrung sehr einfach, wenn keine Eckverstärkungen vorhanden sind, da sie dann durchgezogen werden kann (Abb. 192). Sind jedoch Eckschrägen vorhanden, so müssen diese zur Vermeidung von Zugrissen auch bewehrt werden. Es ist am einfachsten, zu der durchgehenden Wandbewehrung noch Zulagen vorzusehen, die die Eckschrägen bewehren (in Abb. 192 strichliert).

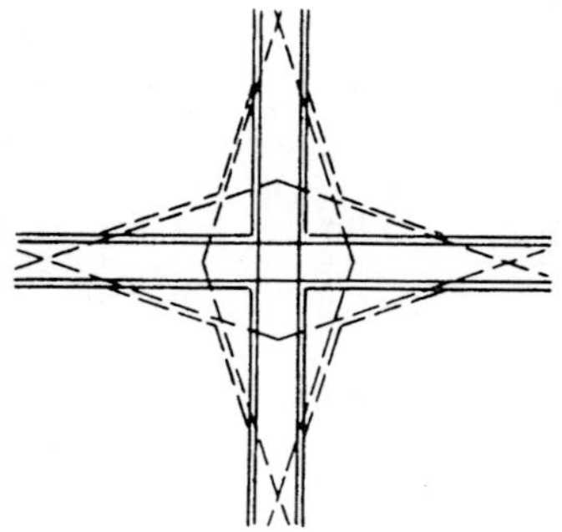

Abb. 192. Bewehrung eines Silowand-Kreuzungspunktes.

Die Bewehrung der Silotrichter besteht aus einer Ringbewehrung und aus einer in der Fallrichtung liegenden Bewehrung. Die Bewehrungsanordnungen der kreuzbewehrten Platten und die Eckausbildung sind auch hier sinngemäß anzuwenden.

b) Die Berechnungsverfahren der drehsymmetrischen Behälter und Rotationsschalen.

1. Der zylindrische Behälter.

Der Innendruck p des Füllgutes dehnt den Zylindermantel. Es entsteht eine in der Ringrichtung wirkende, bezogene Zugkraft (Kraft/Längeneinheit):

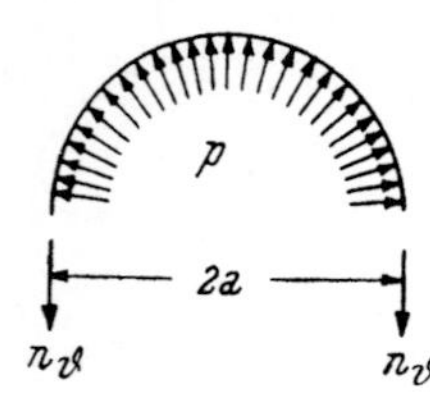

Abb. 193. Innendruck- und Ringkraft im Zylindermantel.

$$n_{\vartheta,0} = p\,a \quad (a = \text{Halbmesser des Zylinders, Abb. 193}).$$
$$(6)$$

Es läßt sich beweisen, daß durch den mit der Tiefe stetig sich ändernden Innendruck des Füllgutes bei der verhältnismäßig kleinen Wandstärke weder in der Ringrichtung, noch in der Erzeugenden-Richtung Biegungsmomente von Bedeutung entstehen. Daher verschwinden bei *unbehinderter* Dehnung des Zylindermantels infolge des Innendruckes alle Schnittkräfte bis auf die Ringkraft n_ϑ.

Der Zylindermantel ist aber überall dort an der Dehnung behindert, wo er monolithisch mit anderen Elementen verbunden ist, z. B. dem Boden

(Abb. 194 *a*), der Decke (*b*), von außen anlaufenden Zwischendecken (*c*) oder ringförmigen Verstärkungen (*d*). In der Umgebung dieser Stellen kann sich die Ringdehnung nicht unbehindert vollziehen. Die Folge davon ist die Verbiegung der Erzeugenden, Biegungsmomente in der Richtung der Erzeugenden und die Änderung der Ringkräfte. In Abb. 195 ist die Verbiegung der Erzeugenden infolge der fugenlosen Verbindung des Mantels mit dem Boden schematisch dargestellt.

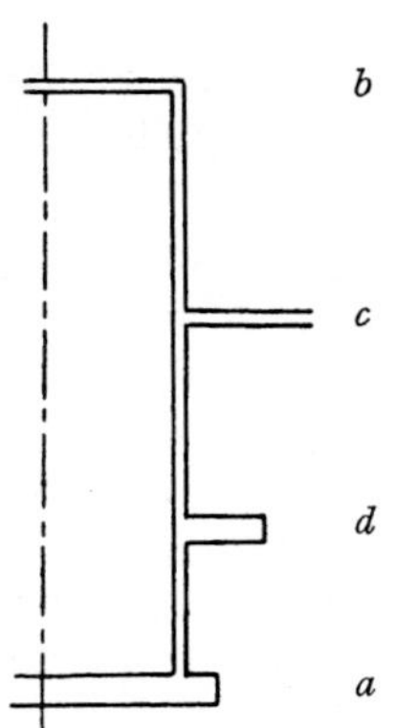
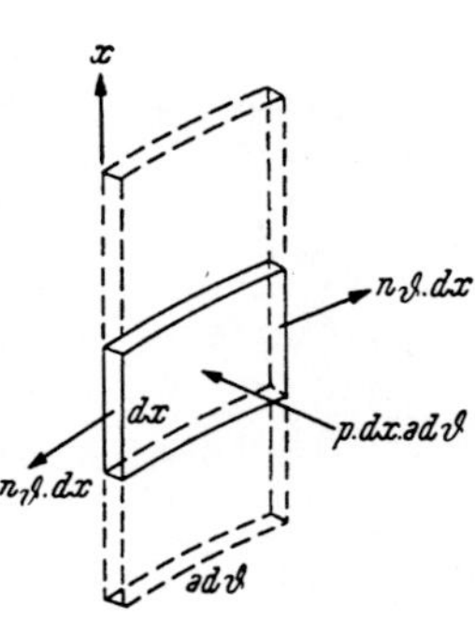

Abb. 194. Dehnungsbehindernde Elemente: *a*) Boden, *b*) Decke, *c*) Zwischendecke, *d*) Verstärkungsring

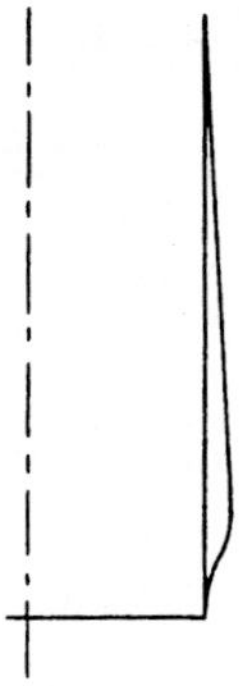

Abb. 195. Randstörung am Zylinderboden.

Abb. 196. Die an einem Zylinder-Element angreifenden Schnittkräfte.

Um diese Randstörung, die bei Stahlbetonbehältern keines Falles vernachlässigt werden darf, zu berechnen, betrachten wir das Gleichgewicht und die Biegelinie eines von zwei Erzeugenden im Abstand $a\,d\vartheta$ begrenzten Mantelstreifens (Abb. 196). Auf die Längeneinheit dieses Streifens wirkt neben dem Innendruck $p\,a\,d\vartheta$ noch die durch die Dehnung der Ringe entstehende bezogene Ringkraft n_ϑ. Die Ringkraft n_ϑ ist abhängig von der Vergrößerung des Halbmessers a; dieser geht bei der Dehnung in $a + w$ über. Der Umfang des Ringes beträgt nach der Dehnung $2\,\pi\,(a + w)$. Die Verlängerung ist somit $2\,\pi\,(a + w) - 2\,\pi\,a = 2\,\pi\,w$. Da die Dehnung als Verlängerung pro Längeneinheit definiert ist, so wird die Ringdehnung

gleich $\dfrac{2\,\pi\,w}{2\,\pi\,a}$, d. h. $\varepsilon_\vartheta = \dfrac{w}{a}$. Aus der Dehnung folgt die Ringspannung $\sigma_\vartheta = E\,\varepsilon_\vartheta$ und mit der Wandstärke d die Ringkraft

$$n_\vartheta = \sigma_\vartheta\,d = E\,d\,\frac{w}{a}\,. \tag{7}$$

Diese Ringkraft, bei positivem, d. h. nach außen gerichtetem w eine Zugkraft, hat eine in die Richtung des Halbmessers fallende Komponente $n_\vartheta\,d\vartheta$ (Abb. 197), die dem Innendruck entgegenwirkt. Diese Komponente ist mit Berücksichtigung von (7) gleich $E\,d\,w\,d\vartheta/a$. Somit wirkt auf die Längeneinheit des Mantelstreifens die Belastung

$$p\,a\,d\vartheta - E\,d\,\frac{w}{a}\,d\vartheta = \left(p\,a - E\,d\,\frac{w}{a}\right)d\vartheta.$$

Für den Mantelstreifen gilt, da er Biegesteifigkeit besitzt, die Differentialgleichung für die elastische Linie der Balken, d. h. bei konstanter Wandstärke ist die $E\,J$-fache, vierte Ableitung der Biegelinie gleich der Belastung. Da die Vergrößerung w des Ringhalbmessers gleich der Durchbiegung des Mantelstreifens und $J = 1/12\ a\ d\vartheta\ d^3$ ist, wird bei vernachlässigter Querdehnung:

$$\frac{1}{12}\,E\,a\,d\vartheta\,d^3\,\frac{d^4 w}{dx^4} = \left(p\,a - E\,d\,\frac{w}{a}\right)d\vartheta$$

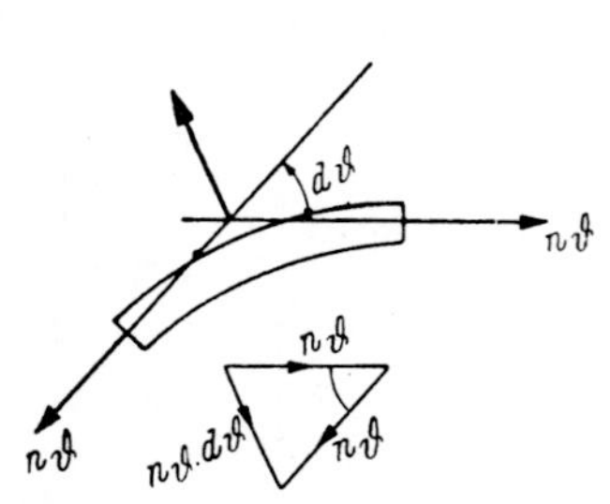

Abb. 197. Radialkomponente der Ringkraft.

Man erhält daraus die Differentialgleichung für die Biegelinie der Erzeugenden

$$\frac{d^4 w}{dx^4} + \frac{12}{a^2 d^2}\,w = \frac{12}{E\,d^3}\,p(x) \qquad (8)$$

Es sei

$$k = \sqrt[4]{\frac{a^2 d^2}{3}}, \qquad (9)$$

das die Dimension einer Länge hat, als die kennzeichnende Wellenlänge bezeichnet.

Das allgemeine Integral $\overline{w}$ der homogenen Differentialgleichung (8) ist bekannt; es lautet mit $\xi = x/k$:

$$\overline{w} = e^{-\xi}\,(c_1 \cos \xi + c_2 \sin \xi) + e^{+\xi}\,(c_3 \cos \xi + c_4 \sin \xi). \qquad (10)$$

Auch ein partikuläres Integral von (8) kann leicht angegeben werden, wenn man annimmt, daß mit genügender Genauigkeit

$$\frac{d^4 p}{dx^4} \equiv 0$$

gesetzt werden kann. Diese Annahme kann man bei Innendruck von Behältern immer machen, da bei niederen Behältern p linear mit der Tiefe wächst, d. h. bereits $d^2 p/dx^2 = 0$ ist, bei hohen Behältern, abgesehen von der oberen Randzone, jedoch $p = $ const. angesehen werden kann [vgl. (2) und Abb. 185, S. 220].

Unter diesen Voraussetzungen lautet das partikuläre Integral:

$$w_0(x) = \frac{a^2}{E\,d}\,p(x). \qquad (11)$$

Im allgemeinen Integral (10) kann man durch Umformung die Integrationskonstanten in die Form einer Phasenverschiebung bringen und damit die Zahlenrechnung sehr vereinfachen.

Man setzt z. B. $\omega_1 = \text{arc tg}\,\dfrac{c_1}{c_2}$, d. h. $\sin \omega_1 = \dfrac{c_1}{\sqrt{c_1{}^2 + c_2{}^2}}$, $\cos \omega_1 = \dfrac{c_2}{\sqrt{c_1{}^2 + c_2{}^2}}$ und $C_1 = \sqrt{c_1{}^2 + c_2{}^2}$ und erhält

$$c_1 \cos \xi + c_2 \sin \xi = C_1\,(\sin \omega_1 \cos \xi + \cos \omega_1 \sin \xi) = C_1 \sin (\xi + \omega_1).$$

Somit lautet das vollständige Integral von (10):

$$w = w_0 + \overline{w} = \frac{a^2}{E\,d}\,p(x) + C_1\,e^{-\xi} \sin (\xi + \omega_1) + C_2\,e^{+\xi} \sin (\xi + \omega_2). \qquad (12)$$

Mit (12) sind die Schnittkräfte bekannt, da aus (7) die Ringkraft n_ϑ folgt und Biegungsmomente m_x und Querkraft q_x im Zylindermantel durch Differentiation aus (12) zu berechnen sind.

Man beachtet, daß

$$\frac{d}{d\xi} e^{-\xi} \sin(\xi + \omega) = -e^{-\xi} [\sin(\xi + \omega) - \cos(\xi + \omega)] =$$

$$= -\sqrt{2}\, e^{-\xi} \left[\sin(\xi + \omega) \cos\frac{\pi}{4} - \cos(\xi + \omega) \sin\frac{\pi}{4} \right] =$$

$$= -\sqrt{2}\, e^{-\xi} \sin\left(\xi + \omega - \frac{\pi}{4}\right) \quad \text{und in gleicher Weise}$$

$$\frac{d}{d\xi} e^{+\xi} \sin(\xi + \omega) = +\sqrt{2}\, e^{+\xi} \sin\left(\xi + \omega + \frac{\pi}{4}\right) \quad \text{ist.}$$

Demnach wird

$$\frac{dw}{dx} = \frac{dw}{k\, d\xi} = \frac{a^2}{E\, d} \frac{dp}{dx} - \frac{C_1 \sqrt{2}}{k} e^{-\xi} \sin\left(\xi + \omega_1 - \frac{\pi}{4}\right) +$$

$$+ \frac{C_2 \sqrt{2}}{k} e^{+\xi} \sin\left(\xi + \omega_2 + \frac{\pi}{4}\right), \tag{13}$$

$$m_x = -\frac{E\, d^3}{12} \frac{d^2 w}{dx^2} = -\frac{a^2\, d^2}{12} \frac{d^2 p}{dx^2} -$$

$$-\frac{E\, d^2}{a\, \sqrt{12}} \left[C_1 e^{-\xi} \sin\left(\xi + \omega_1 - \frac{\pi}{2}\right) + C_2 e^{+\xi} \sin\left(\xi + \omega_2 + \frac{\pi}{2}\right) \right], \tag{14}$$

$$q_x = -\frac{E\, d^3}{12} \frac{d^3 w}{dx^3} = -\frac{a^2\, d^2}{12} \frac{d^3 p}{dx^3} +$$

$$+ \frac{E\, d^2}{a\, \sqrt{12}} \frac{\sqrt{2}}{k} \left[C_1 e^{-\xi} \sin\left(\xi + \omega_1 - \frac{3\pi}{4}\right) - C_2 e^{+\xi} \sin\left(\xi + \omega_2 + \frac{3\pi}{4}\right) \right]. \tag{15}$$

und die Ringkraft

$$n_\vartheta = \frac{E\, d}{a} w = a\, p(x) + \frac{E\, d}{a} \left[C_1 e^{-\xi} \sin(\xi + \omega_1) + C_2 e^{+\xi} \sin(\xi + \omega_2) \right]. \tag{16}$$

Das vollständige Integral (12) zeigt, daß neben der Ausbiegung w_0 infolge der Füllung zwei Biegewellen entstehen, von denen die eine mit wachsendem $\xi = x/k$ abklingt, die andere größer wird. Eine allgemeine Überlegung sagt, daß die Wirkung der Randstörung mit der Entfernung vom Rande nicht größer werden kann, sondern abklingen muß. Man braucht daher im allgemeinen bei der Betrachtung einer Randstörung nur eine, die abklingende Biegewelle in Rechnung zu stellen. Nur wenn die Entfernung zweier gestörter Ränder (z. B. Boden und Decke eines Behälters) nicht groß ist (kleiner als etwa $2\pi k$) müssen beide Wellen bei gleichzeitiger Behandlung beider Ränder in Rechnung gestellt werden. Sonst kann jeder Rand für sich betrachtet werden.

Die Integrationskonstanten C und ω bestimmt man aus den Randbedingungen, die aussagen, daß der Rand des vom aussteifenden Element (z. B. dem Boden) gelösten Zylindermantels dieselben Formänderungen erleidet, als das aussteifende Element.

Das folgende, einfache Beispiel zeigt die Durchführung der Berechnung.

Die untere Randstörung eines auf Fundamentstreifen stehenden, kreisrunden Zementsilos mit den in Abb. 198 angegebenen Abmessungen ist zu berechnen.

Der Silo ist ein hoher Behälter, da $1,5 \sqrt{F_h} = 5,3 < H = 10,0$ m ist.

Der Bodendruck beträgt mit $\gamma = 1,4$ t/m³, $\varkappa = 0,25$ nach (3) S. 220, $\max p =$
$$= \frac{1,4\,\pi\,2,0^2}{0,25 \cdot 2\,\pi \cdot 2,0} = 5,6 \text{ t/m}^2; \quad \text{der Seitendruck ist nach (4) mit } f = \operatorname{tg} 25^0 = 0,47:$$

$$p_s = \frac{0,25}{0,47}\,5,6 = 3,0 \text{ t/m}^2 = \text{const.}$$

Die kennzeichnende Wellenlänge ist nach (9):

$$k = \sqrt[4]{\frac{2,0^2 \cdot 0,15^2}{3}} = 0,415 \text{ m.}$$

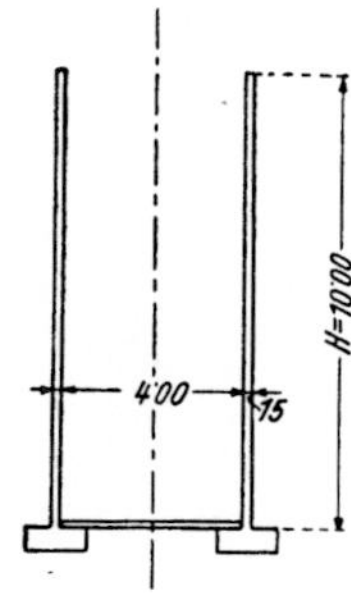

Abb. 198.
Abmessungen einer
Silozelle.

Der Fundamentstreifen steht unverrückbar am Boden. Der untere Rand ist daher unverschieblich und unverdrehbar. Die Randbedingungen für den unteren Rand ($\xi = 0$) lauten wegen $p(x) = p_s = \text{const.}$ und $\dfrac{dp}{dx} = 0$:

$$w(0) = \frac{a^2}{E\,d}\,p_s + C_1 \sin \omega_1 = 0,$$

$$\frac{dw}{dx}\bigg|_{\xi=0} = -C_1 \frac{\sqrt{2}}{k} \sin\left(\omega_1 - \frac{\pi}{4}\right) = 0.$$

Da $H = 10$ m $> 2\,\pi\,k = 2,61$ m, kann $C_2 = 0$ gesetzt werden. Aus der zweiten Gleichung folgt, da $C_1 \neq 0$ sein muß,

$$\sin\left(\omega_1 - \frac{\pi}{4}\right) = 0, \quad \text{d. h.} \quad \omega_1 = +\frac{\pi}{4}\,.$$

Die erste Gleichung liefert mit $\sin \omega_1 = \dfrac{1}{\sqrt{2}} = 0,707$:

$$C_1 = -\frac{a^2}{E\,d}\,\frac{p_s}{\sin \omega_1} = -\frac{1}{E}\,\frac{2,0^2}{0,15}\,\frac{3,0}{0,707} = -\frac{1}{E}\,113.2 \text{ t/m.}$$

Demnach wird

$$E\,w(x) = 80,0 - 113,2\,e^{-\xi} \sin\left(\xi + \frac{\pi}{4}\right).$$

Daraus folgen die für die Bemessung maßgebenden Schnittkräfte:

$$n_\vartheta = \frac{E\,d}{a}\,w = \frac{0,15}{2,0}\left[80,0 - 113,2\,e^{-\xi} \sin\left(\xi + \frac{\pi}{4}\right)\right] = 6,0 - 8,50\,e^{-\xi} \sin\left(\xi + \frac{\pi}{4}\right),$$

$$m_x = \frac{0,15^2}{2,0\,\sqrt{12}}\,113,2\,e^{-\xi} \sin\left(\xi - \frac{\pi}{4}\right) = 0,369\,e^{-\xi} \sin\left(\xi - \frac{\pi}{4}\right),$$

$$q_x = -\frac{0,15^2}{2,0\,\sqrt{12}}\,\frac{\sqrt{2}}{0,415}\,113,2\,e^{-\xi} \sin\left(\xi - \frac{\pi}{2}\right) = -1,26\,e^{-\xi} \sin\left(\xi - \frac{\pi}{2}\right).$$

In Abb. 199 ist der Verlauf der Ringkraft und der Biegungsmomente angegeben. Die Querkraft verursacht im Zylindermantel nur kleine Schubspannungen, es interessiert daher nur deren Wert am unteren Rand ($\xi = 0$), der gleichzeitig der Größtwert ist: $\max q_x = q(0) = +1,26$ t/m. Die Berechnung der Biegungsmomente und Ringkräfte wird sehr einfach, wenn man sie für die Stellen ermittelt, an denen $\xi = x/k$ ein Vielfaches von $\pi/4$ ist, d. h. $x = n\,k\,\pi/4$.

Die Randstörung erstreckt sich nur auf den untersten Teil des Mantels und ist in 1,50 m Höhe über dem Boden praktisch verschwunden. Da der obere Rand über dieser Höhe liegt, kann er die untere Randstörung nicht mehr beeinflussen. Es ist daher berechtigt gewesen, $C_2 = 0$ anzusetzen.

Die Randstörung am oberen Rand braucht bei Behältern meist nicht berechnet werden, da dort der Innendruck des Füllgutes verschwindet und infolgedessen keine Ringdehnung, die die Randstörung auslöst, auftritt.

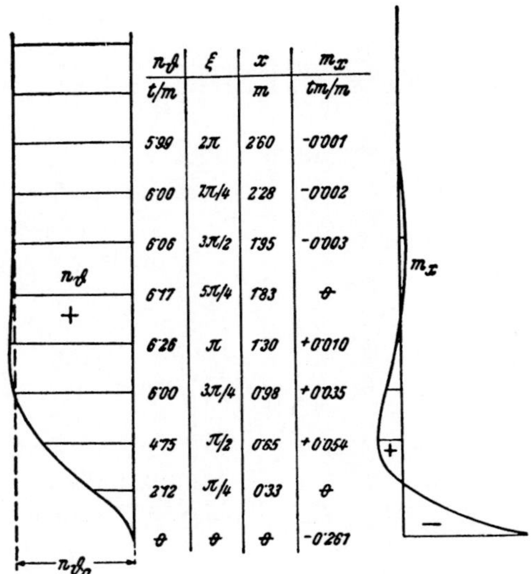

n_ϑ	ξ	x	m_x
t/m		m	tm/m
5·99	2π	2·60	−0·001
6·00	$7\pi/4$	2·28	−0·002
6·06	$3\pi/2$	1·95	−0·003
6·17	$5\pi/4$	1·83	0
6·26	π	1·30	+0·010
6·00	$3\pi/4$	0·98	+0·035
4·75	$\pi/2$	0·65	+0·054
2·72	$\pi/4$	0·33	0
0	0	0	−0·267

Abb. 199. Schnittkräfte infolge der Randstörung.

2. Die Membranspannungen der doppelt gekrümmten Rotationsschalen.

In einer doppelt gekrümmten Schale sind unter stetig über die Schalenfläche verteilten Lasten Gleichgewichtszustände möglich, bei denen die Normalspannungen und die Schubspannungen sich über die Querschnittsdicke nicht ändern, sondern gleich groß sind. Sie können daher zu in der Tangentialebene an die Mittelfläche der Schale liegenden resultierenden, auf die Längeneinheit bezogenen Normalkräfte n_u, bzw. n_v und Schubkräfte $n_{u,v}$ zusammengefaßt werden (Abb. 200). Biegungsmomente sind zur Herbeiführung des Gleichgewichtes nicht notwendig, sondern entstehen nur als Folge-Erscheinung von elastischen Formänderungen (Nebenspannungen). Man nennt diesen Gleichgewichtszustand den Membranspannungszustand. Da keine Biegungsmomente auftreten, braucht die Schale, — theoretisch —, auch keine Biegungssteifigkeit, kann also auch eine Membran sein; daher kommt der Name.

Abb. 200. Die Membranschnittkräfte einer doppelt gekrümmten Schale.

Es ist klar, daß solche Zustände eine sehr wirtschaftliche Ausnützung des Baustoffes ermöglichen. Man muß im Schalenbau daher bestrebt sein, die Schalen so zu gestalten, daß der Membranzustand in einem möglichst großen Teil der Schale ungestört bestehen kann. Diese Möglichkeiten werden im nächsten Abschnitt D c (S. 240) erörtert werden. Hier seien die Voraussetzungen hiefür aufgezählt.

In einer doppelt gekrümmten Schale kann ein Membranzustand bestehen, wenn

    1. die Schale im Verhältnis zu den Krümmungsradien genügend dünn ist;

    2. die Krümmung und die Dicke der Schale keine Unstetigkeiten aufweist;

    3. die Belastung sich nur stetig ändert;

    4. die Randbedingungen einen Membranzustand möglich machen.

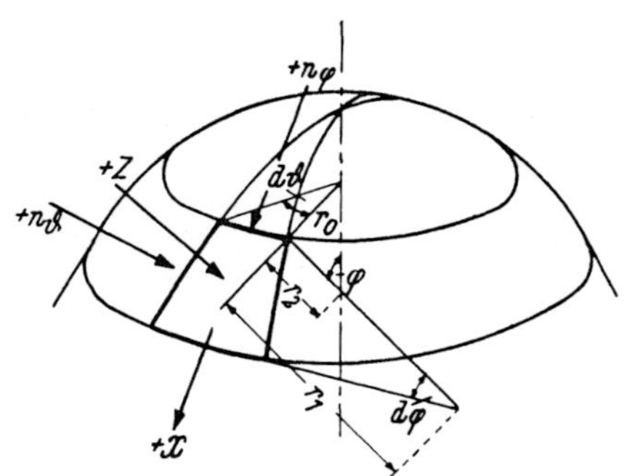

Abb. 201. Das von zwei Breitenkreisen und zwei Meridianen begrenzte Flächenelement der Rotationsschale.

Theoretisch ist zwar in jeder doppelt gekrümmten Schale ein Membranzustand möglich, wenn die Voraussetzungen 1 bis 4 gegeben sind, doch sind für das Bauwesen vorwiegend solche Schalenformen geeignet, die ein positives *Gauß*sches Krümmungsmaß haben, d. h. bei denen die Krümmungsmittelpunkte zweier durch einen Punkt gehenden Normalschnitte auf derselben Seite der Fläche liegen. Solche Flächen heißen, da die *Dupint*sche Indicatrix eine Ellipse ist, auch elliptische Flächen. Schalen mit negativem *Gauß*schen Krümmungsmaß — die Krümmungsmittelpunkte liegen auf verschiedenen Seiten der Schalen, die *Dupint*sche Indicatrix ist eine Hyperbel, daher auch hyperbolische Flächen genannt — sind im Stahlbetonbau nur beschränkt verwendbar und erfordern sehr sorgfältige Untersuchungen, ob nicht der Membranzustand Biegungsmomente im Gefolge hat, die zu groß sind, um noch als Nebenspannungen angesehen zu werden. Aus diesem Grunde werden die folgenden Betrachtungen auf elliptische Schalen beschränkt.

Wir beschränken uns ferner auf drehsymmetrische Belastungen, da allgemeinere Betrachtungen zu weit führen würden.

Die Form der Rotationsschale ist durch die Form des Meridianes $r_0 = r_0(\varphi)$ gegeben. Der Krümmungsradius des Meridianes sei r_1 und der des Schnittes normal dazu $r_2 = \dfrac{r_0}{\sin \varphi}$ (Abb. 201). Die Belastung sei gegeben durch die Komponenten $X = X(\varphi)$ in der Richtung der Meridiantangente und $Z = Z(\varphi)$ in Richtung der Flächennormale, deren positive Richtung in Abb. 201 angegeben sind. Wegen der angenommenen Drehsymmetrie der Belastung gibt es keine Komponente Y normal auf die XZ-Ebene. Da wir nur Membranzustände betrachten, verschwinden alle Biegungsmomente und Querkräfte und es sind nur die bezogenen Schnittkraft-Komponenten n_φ, Meridiankraft genannt und n_ϑ, die Ringkraft, sowie $n_{\varphi\vartheta} = n_{\vartheta\varphi}$, die Schubkraft, vorhanden. Bei Beschränkung auf drehsymmetrische Belastungen muß ferner $n_{\varphi,\vartheta} \equiv 0$ sein. Es sind daher nur die beiden Schnittkräfte n_φ und n_ϑ, beide positiv als Druckkräfte, zu berechnen, wofür zwei Gleichgewichtsbedingungen notwendig und hinreichend sind.

Wegen der Drehsymmetrie ist die Meridiankraft n_φ längs jedes Breitenkreises $\varphi = $ const. von gleicher Größe. Es müssen die Vertikalkomponenten $n_\varphi \sin \varphi$ dieser Schnittkräfte mit der auf der Calotte über dem Breitenkreis befindlichen Belastung im Gleichgewicht stehen. Sei die Last mit $Q = Q(\varphi)$ bezeichnet, so ist

$$Q(\varphi) = 2\, r_0\, \pi\, n_\varphi \sin \varphi,$$

woraus

$$n_\varphi = \frac{Q(\varphi)}{2\, r_0\, \pi \sin \varphi} \qquad (17)$$

folgt.

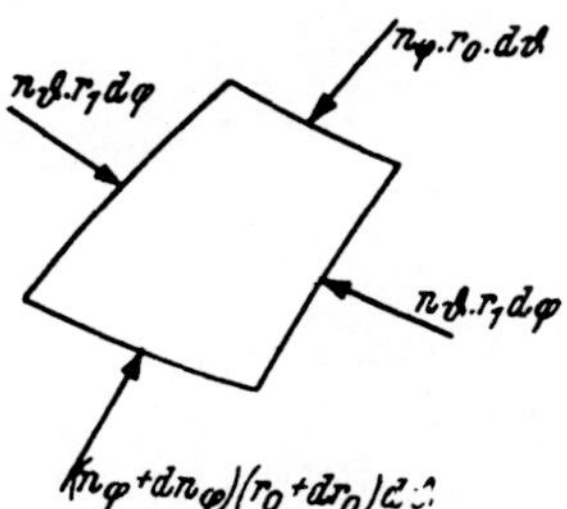

Abb. 202. Die Schnittkräfte am Flächenelement der Rotationsschale.

Nun sei das Gleichgewicht eines Flächenelementes $r_0\, d\vartheta\, r_1\, d\varphi$, das von zwei Meridianen und zwei Breitenkreisen begrenzt wird, in der Richtung der Flächennormalen betrachtet (Abb. 202). Die längs $r_0\, d\vartheta$ am oberen Rand angreifende Meridiankraft $n_\varphi\, r_0\, d\vartheta$ schließt mit der am unteren Rand angreifenden Kraft $(n_\varphi + dn_\varphi)\,(r_0 + dr_0)\, d\vartheta$ den Winkel $d\vartheta$ ein und liefert, abgesehen von Größen klein von höherer Ordnung, in der Richtung der Flächennormalen die Komponente $n_\varphi\, r_0\, d\vartheta\, d\varphi$; die Ringkraft $n_\vartheta\, r_1\, d\varphi$ des linken Randes steht zu der gleich großen des rechten Randes im Winkel $d\vartheta$ und liefert in der Richtung von r_0, also senkrecht zur Drehachse, $n_\vartheta\, r_1\, d\varphi\, d\vartheta$, und in der Richtung der Flächennormale die Komponente $n_\vartheta\, r_1\, d\varphi\, d\vartheta \sin \varphi$. Die am Flächenelement angreifende Belastungskomponente ist $Z\, r_0\, d\vartheta\, r_1\, d\varphi$.

Somit lautet die zweite Gleichgewichtsbedingung:

$$n_\varphi\, r_0\, d\vartheta\, d\varphi + n_\vartheta\, r_1\, d\varphi\, d\vartheta \sin \varphi = Z\, r_0\, d\vartheta\, r_1\, d\varphi.$$

Mit $r_0 = r_2 \sin \varphi$ wird

$$n_\varphi\, r_2 + n_\vartheta\, r_1 = Z\, r_1\, r_2.$$

Daraus folgt

$$n_\vartheta = r_2 \left(Z - \frac{n_\varphi}{r_1} \right). \qquad (18)$$

(17) und (18) werden zur Berechnung der für den Stahlbetonbau wichtigsten Schalenformen und Belastungen ausgewertet, deren Ergebnis im folgenden angegeben ist (nach *Girkmann*, Flächentragwerke, 4. Aufl., Wien: Springer-Verlag, 1956, S. 358 ff.).

Die geschlossene Kugelschale ($a = $ Halbmesser).

Eigengewicht $g = $ const.

$$n_\varphi = \frac{g\, a}{1 + \cos \varphi}, \qquad n_\vartheta = g\, a \left(\cos \varphi - \frac{1}{1 + \cos \varphi} \right); \qquad (19)$$

Schneebelastung p

$$n_\varphi = \frac{1}{2}\, p\, a, \qquad n_\vartheta = \frac{1}{2}\, p\, a \cos 2\, \varphi \qquad (20)$$

(n_φ und n_ϑ als Druckkraft positiv).

Die offene Kugelschale (Kuppel mit Laterne).

Am oberen Rand $\varphi = \alpha$ wirke die Last G pro Längeneinheit, das Eigengewicht der Schale sei $g = $ const.

$$n_\varphi = \frac{1}{\sin^2 \varphi} [g\, a\, (\cos \alpha - \cos \varphi) + G \sin \alpha], \tag{21}$$

$$n_\vartheta = \frac{-1}{\sin^2 \varphi} [g\, a\, (\cos \alpha - \cos \varphi) + G \sin \alpha] + g\, a \cos \varphi.$$

Das geschlossene Rotationsellipsoid.

Die Halbachsen seien a und b (Abb. 203).
Eigengewicht $g = $ const.:

Die Oberfläche der über φ gelegenen Calotte ist

$$O = O(\varphi) = \pi \left[a^2 - z \frac{a}{b^2} \sqrt{b^4 + e^2 z^2} + \frac{a\, b^2}{e} \ln \frac{b\,(a + e)}{e\,z + \sqrt{b^4 + e^2 z^2}} \right] \tag{22 a}$$

mit

$$z = \frac{b}{a} \sqrt{a^2 - r_0{}^2}, \qquad e = \sqrt{a^2 - b^2}, \tag{22 b}$$

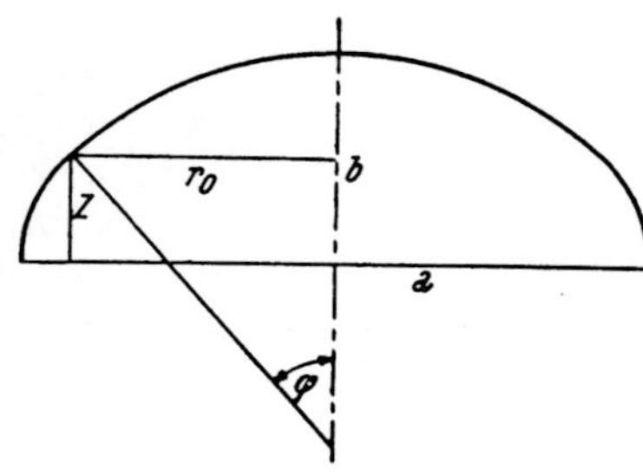

$$n_\varphi = \frac{g\, O \sqrt{b^4 + e^2 z^2}}{2\,\pi\, a\, (b^2 - z^2)},$$

$$n_\vartheta = \frac{g\, a\, b^2 O}{2\,\pi\, (b^2 - z^2) \sqrt{b^4 + e^2 z^2}} - \frac{g\, a^2}{b^2}\, z. \tag{22 c}$$

Abb. 203. Rotationsellipsoid.

Für den Scheitel ($\varphi = 0$) gilt

$$n_\varphi = n_\vartheta = \frac{g\, a^2}{2\, b}. \tag{22 d}$$

Schneebelastung p:

$$n_\varphi = \frac{p\, a}{2\, b^2} \sqrt{b^4 + e^2 z^2}, \qquad n_\vartheta = \frac{-p\, a^3 (b^2 - 2 z^2)}{2\, b^2 \sqrt{b^4 + e^2 z^2}}. \tag{23}$$

Für den Scheitel ($\varphi = 0$) wird

$$n_\varphi = n_\vartheta = \frac{p\, a^2}{2\, b}. \tag{23 a}$$

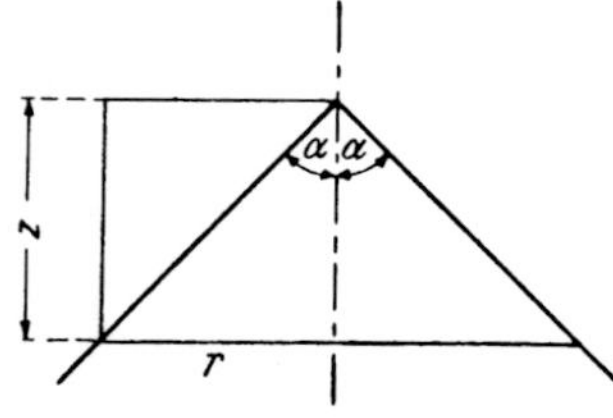

Abb. 204. Kegelschale.

Die Kegelschale.

Der Öffnungswinkel des Kegels ist $2\,\alpha$, daher $\varphi = \pi/2 - \alpha = $ const. Als unabhängig Veränderliche wird z (Abb. 204) eingeführt. Eigengewicht $g = $ const.

$$n_\varphi = \frac{g\, z}{2 \cos^2 \alpha}, \qquad n_\vartheta = g\, z\, \mathrm{tg}^2\, \alpha. \tag{24}$$

Da die Neigung der Kegelschale konstant ist, gelten diese Formeln auch für Schneebelastung, soferne man $g = p \sin \alpha$ setzt.

Die nach (19) bis (24) zu berechnenden Membranspannungen treten nur dann ungestört im Bauwerk auf, wenn die früher angegebenen Bedingungen erfüllt sind.

Die ersten drei Bedingungen sind bei Stahlbetonschalen und Behältern in der Regel erfüllt; die vierte Bedingung bezieht sich auf die Randbedingungen. Die Randkräfte, d. h. die Stützkräfte, müssen mit den am Rande der Schale vorhandenen Membrankräften im Gleichgewichte stehen. Der Membranzustand kann daher nur bestehen, wenn die Schale längs des Breitenkreises (des Kämpfers) stetig unterstützt ist und die Stützkräfte $n_{\varphi K}$ stetig und von gleicher Größe sind und nur in der Richtung der Meridiantangenten wirksam sein können (Abb. 205). Diese Bedingung ist im Bauwesen im allgemeinen nur dann streng zu erfüllen, wenn die Schale am Kämpfer eine lotrechte Meridiantangente hat ($\varphi_K = \pi/2$).

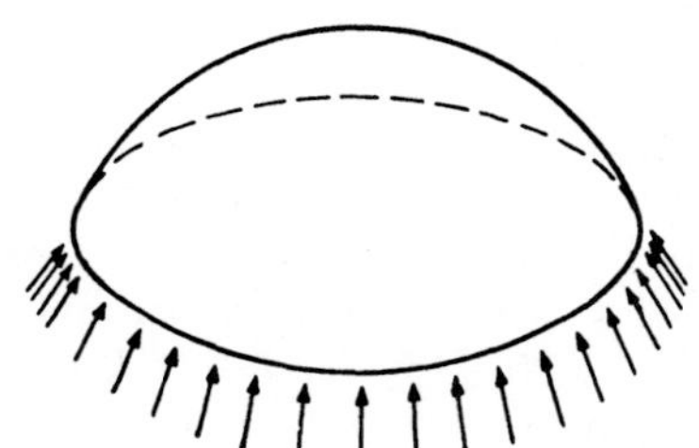

Abb. 205. Längs eines Breitenkreises stetig gestützte Rotationsschale.

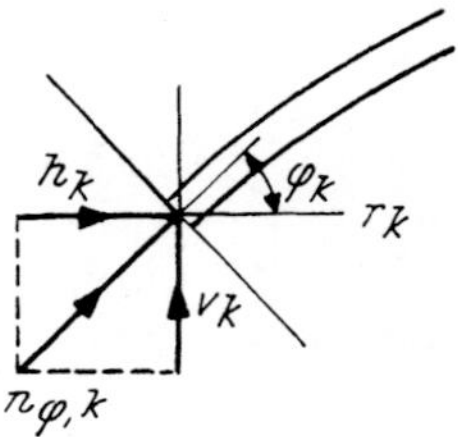

Abb. 206. Kämpferkräfte der Rotationsschale.

Die meisten Schalenkuppeln haben aber aus architektonischen und wirtschaftlichen Gründen keine senkrechte Endtangente. Man zerlegt die Kämpferkraft $n_{\varphi K}$ in eine lotrechte und eine waagrechte Komponente
$$v_K = n_{\varphi K} \sin \varphi_K \quad \text{und} \quad h_K = n_{\varphi K} \cos \varphi_K$$
(Abb. 206). Die lotrechte Komponente wird von dem unter dem Kämpfer liegenden Mauerwerk oder Betonauflager (Tambour) in den Boden abgeleitet, die waagrechte Seitenkraft h_K wird einem Fußring am Kämpfer der Kuppel zugewiesen, der so ausreichend bemessen ist, daß er die durch h_K verursachte Zugkraft

$$Z_{R,0} = - h_K\, r_K \qquad (25)$$

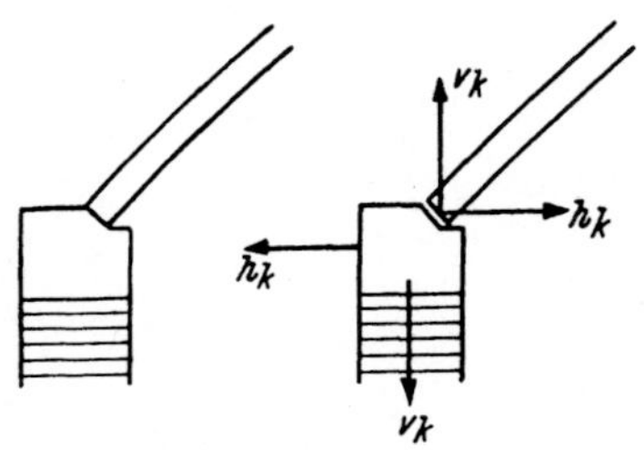

Abb. 207. Rotationsschale und Fußring.

(r_K = Halbmesser des Breitenkreises am Kämpfer) aufnehmen kann.

Der Kämpfer wird demnach so ausgebildet, wie es in Abb. 207 schematisch dargestellt ist. Damit sind baulich alle Maßnahmen getroffen, die die Aufnahme der auftretenden Kräfte innerhalb der zulässigen Beanspruchungen gewährleisten. Eine Betrachtung des Formänderungszustandes zeigt aber sofort, daß diese Maßnahmen den Membranzustand in größerem Maße stören, als unbedeutende Nebenspannungen.

Man denke sich den Fußring von der Schale abgeschnitten und am Schnitt die Schnittkräfte des Membranzustandes angebracht. Dann wird sich der Fußring infolge der radial nach außen gerichteten Kräfte h_K dehnen, die Schale wird sich am Kämpfer zusammenziehen, solange am Kämpfer die Ringkraft $n_{\vartheta K}$ positiv (Druck) ist, sie wird sich, wenn $n_{\vartheta K}$ negativ (Zug) ist, zwar dehnen, aber anders als der Fußring. Jedenfalls passen im allgemeinen Fußring und Schale nicht mehr aufeinander, es entsteht eine klaffende Fuge. Um diese Fuge zu schließen, muß man an Schalenrand und Fußring eine zusätzliche Kräftegruppe, bestehend aus einem Moment m_q und einer Horizontalkraft h anbringen, die die Fuge wieder schließt. Diese zwei Kräfte haben aber Meridian-Biegungsmomente und zusätzliche Meridian- und Ringspannungen zur Folge, die den Membranzustand stören.

Bei richtiger Gestaltung der Schale kann diese Störung jedoch klein gehalten werden und auf eine verhältnismäßig schmale Randzone beschränkt werden (vgl. hiezu Abschnitt D c 2, S. 241).

3. Die drehsymmetrische Randstörung an der doppelt gekrümmten Rotationsschale.

Die drehsymmetrische Randstörung der Rotationsschale hat eine der Randstörung am Zylinder ähnlichen Verlauf; auch sie verläuft nach einer gedämpften Schwingung und klingt vom Rand weg sehr rasch ab, wenn die Schale richtig gestaltet ist. Die Ableitung der Differentialgleichung der Randstörung an den Rotationsschalen ist jedoch wesentlich umständlicher als am Zylinder und kann hier nicht wiederholt werden. Es werden daher nur die Ergebnisse der von *Geckeler*[1] durchgeführten Untersuchungen angegeben und deren Anwendung im Schalenbau gezeigt.

Beim Zylinder ergab sich eine Differentialgleichung vierter Ordnung für die Radialverschiebung w. Bei der Rotationsschale ist es zweckmäßig, die Verdrehung ψ der Meridiantangente als Formänderungsgröße einzuführen (Abb. 208).

Die Schalendicke sei d, die Querdehnung wird vernachlässigt. Ferner sei angenommen, daß der Winkel φ nicht allzu klein sei; die Lösung kann daher in der Nähe des Scheitels nicht angewendet werden.

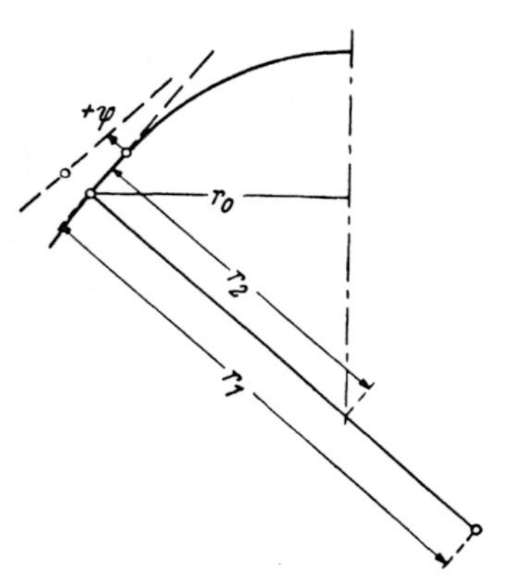

Abb. 208. Krümmungsradien der Rotationsschalen und Meridianverdrehung.

Unter diesen Voraussetzungen und Einschränkungen gilt die Differentialgleichung für die Meridianverdrehung infolge der Randstörung:

$$\frac{d^4\psi}{d\varphi^4} + 4\varkappa^4\psi = 0, \qquad \varkappa = \sqrt[4]{\frac{3\,r_1^4}{r_2^2\,d^2}}. \tag{26}$$

Diese lineare Differentialgleichung vierter Ordnung kann, solange $\varkappa = $ const. ist, leicht integriert werden. Ist $\varkappa$ veränderlich, so wird bei großen Schalen, bei denen ein größerer Aufwand an Rechenarbeit vertretbar ist, (26) nach den Methoden der angewandten Mathematik integriert, soferne

---

[1] *J. Geckeler*, Über die Festigkeit achsensymmetrischer Schalen; Forscharb., Ing. Wes. 1926, Heft 276.

sich eine strenge Lösung nicht angeben läßt. Bei kleineren Schalen wird man jedoch abschätzen, mit welchem Mittelwert von $\varkappa$ noch brauchbare Ergebnisse zu erwarten sind und diesen konstanten Wert in die Rechnung einführen. Ein solches Vorgehen erfordert jedoch schon einige Erfahrung im Schalenbau.

Für die am häufigsten vorkommende Rotationsschale, die Kugel, ist

$$\varkappa = \sqrt[4]{\frac{3\,a^2}{d^2}} = \text{const.}$$

Mit $\varkappa = \text{const.}$ lautet das allgemeine Integral von (26):

$$\psi = C_1\,e^{-\varkappa\varphi}\sin\left(\varkappa\,\varphi + \omega_1\right) + C_2\,e^{+\varkappa\varphi}\sin\left(\varkappa\,\varphi + \omega_2\right). \tag{27}$$

Aus ψ erhält man die von der Randstörung verursachten Formänderungen und Schnittkräfte:

$$m_\varphi = + E\,J\,\frac{d\psi}{r_1\,d\varphi} =$$

$$= +\frac{E\,d^3}{12}\frac{\varkappa}{r_1}\sqrt{2}\left[C_1\,e^{-\varkappa\varphi}\sin\left(\varkappa\,\varphi + \omega_1 - \frac{\pi}{4}\right) + \right.$$

$$\left. + C_2\,e^{+\varkappa\varphi}\sin\left(\varkappa\,\varphi + \omega_2 + \frac{\pi}{4}\right)\right], \tag{28}$$

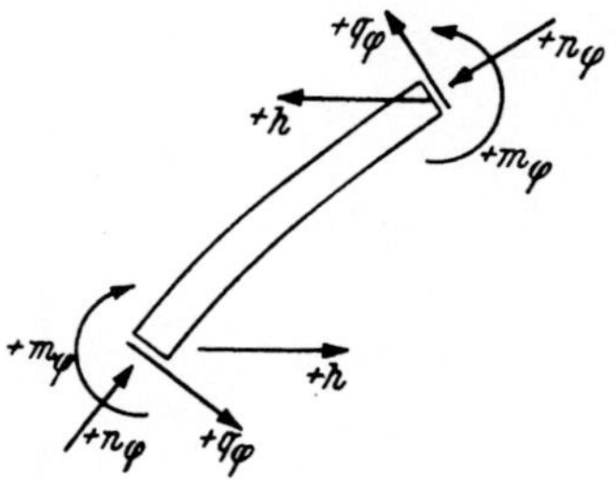

$$q_\varphi = \frac{1}{r_1}\frac{dm_\varphi}{d\varphi} =$$

$$= -2\frac{E\,d^3}{12}\frac{\varkappa^2}{r_1^2}\left[C_1\,e^{-\varkappa\varphi}\sin\left(\varkappa\,\varphi + \omega_1 - \frac{\pi}{2}\right) - \right.$$

$$\left. - C_2\,e^{+\varkappa\varphi}\sin\left(\varkappa\,\varphi + \omega_2 + \frac{\pi}{2}\right)\right]. \tag{29}$$

Abb. 209. Die positiven Schnittkräfte der Rotationsschalen.

$$n_\varphi = + q_\varphi\,\text{ctg}\,\varphi, \tag{30}$$

$$n_\varphi = + \frac{r_2}{r_1}\frac{dq}{d\varphi} =$$

$$= +2\frac{E\,d^3}{12}\frac{r_2\,\varkappa^3}{r_1^3}\sqrt{2}\left[C_1\,e^{-\varkappa\varphi}\sin\left(\varkappa\,\varphi + \omega_1 - \frac{3\,\pi}{4}\right) + \right.$$

$$\left. + C_2\,e^{+\varkappa\varphi}\sin\left(\varkappa\,\varphi + \omega_2 + \frac{3\,\pi}{4}\right)\right], \tag{31}$$

$$h = + \frac{q_\varphi}{\sin\varphi} \tag{32}$$

$[h = h(\varphi) = $ waagrechte, längs $\varphi = \text{const.}$, angreifende Kraft].

Der Richtungssinn der positiven Schnittkräfte ist in Abb. 209 dargestellt.

In der Differentialgleichung (26) und deren Integral (27) ist im ganzen Bereich der Schale die Belastung $X = Z = 0$ vorausgesetzt, d. h. die Schnittkräfte werden nur durch Randkräfte längs $\varphi = \text{const.}$ ausgelöst, die in sich im Gleichgewicht stehen und keine Stützenreaktion auslösen. Die längs des ganzen Breitenkreises wirkenden Biegungsmomente m_φ bilden eine Gleichgewichtsgruppe für sich. Die Querkraft q_φ und die Meridiankraft n_φ müssen daher ebenfalls eine Gleichgewichtsgruppe bilden; sie sind die Komponenten einer in der Ebene des Breitenkreises gelegenen, nach dem Mittelpunkt gerichteten Horizontalkraft h (Abb. 210 a). Die (27) entsprechende Randstörungswelle wird demnach durch ein am Schalenrand angreifendes Biegungsmoment m_φ und eine nach dem Mittelpunkt gerichtete Horizontalkraft h ausgelöst (Abb. 210 b).

Die Differentialgleichung (26) für die Meridianverdrehung und deren Integral (27) entspricht formal der Differentialgleichung (12) für die Randstörung am Zylinder; sie kann daher auch ähnlich behandelt werden.

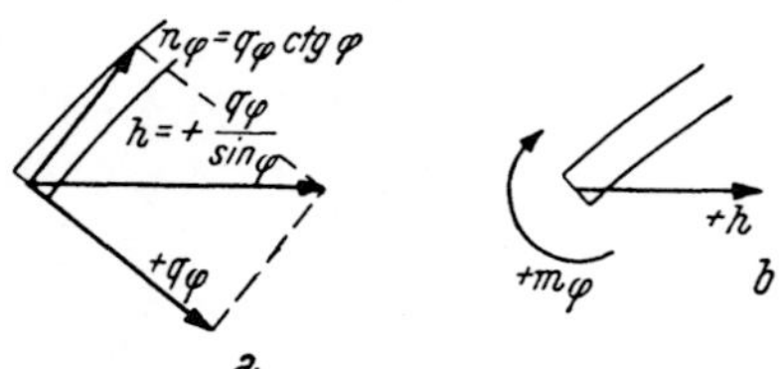

Abb. 210.
Schnittkräfte infolge der Randstörung.

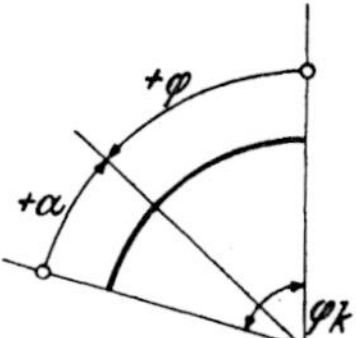

Abb. 211.
Zenithdistanz und Kämpferwinkel.

Die Integrationskonstanten C_1, C_2, ω_1 und ω_2, — die letzteren wieder in Form von Phasenverschiebungen, — werden durch die Randbedingungen bestimmt. Man hat die Formänderung des Schalenrandes gleich der Formänderung des stützenden Bauelementes zu setzen. Die bei der Randstörung des Zylinders gezogenen Schlußfolgerungen bezüglich des Bereiches der Randstörung gelten auch hier. Es genügt demnach bei den meisten Randstörungsberechnungen, nur *eine*, mit der Entfernung vom Rande abklingende Störungswelle anzusetzen und entweder C_1 oder C_2 vorweg gleich Null zu setzen. Man führt dann zweckmäßig für den *unteren* Rand $\varphi = \varphi_K$ statt der Zenithdistanz φ eine neue Variable $\alpha = \varphi_K - \varphi$ ein (Abb. 211). Das allgemeine Integral lautet dann:

$$\psi = C \, e^{-\varkappa a} \sin (\varkappa \, \alpha + \omega). \tag{27 a}$$

Auch die Ausdrücke für die Schnittkräfte werden einfacher. Unter Beachtung von $d\alpha = - d\varphi$ wird:

$$m_\varphi = - \frac{E \, d^3}{6 \sqrt{2}} \frac{\varkappa}{r_1} C \, e^{-\varkappa a} \sin \left(\varkappa \, \alpha + \omega - \frac{\pi}{4} \right), \tag{28 a}$$

$$q_\varphi = - \frac{E \, d^3}{6} \frac{\varkappa^2}{r_1{}^2} C \, e^{-\varkappa a} \sin \left(\varkappa \, \alpha + \omega - \frac{\pi}{2} \right), \tag{29 a}$$

$$n_\varphi = + q_\varphi \, \text{ctg} \, \varphi, \tag{30 a}$$

$$n_\vartheta = - \frac{E \, d^3}{3 \sqrt{2}} \frac{r_2 \, \varkappa^3}{r_1{}^3} C \, e^{-\varkappa a} \sin \left(\varkappa \, \alpha + \omega - \frac{3 \pi}{4} \right), \tag{31 a}$$

$$h = + \frac{q_\varphi}{\sin \varphi} . \tag{32 a}$$

Für den *oberen* Rand gilt $\alpha = \varphi - \varphi_0$. Da in diesem Falle $d\alpha = + d\varphi$ ist, gelten die Vorzeichen von (28) bis (32); man hat lediglich α statt φ und $C_2 = 0$ zu setzen.

Wie bereits erwähnt, tritt bei jeder Rotationskuppel mit Fußring eine mehr oder minder große Randstörung ein. Wir wollen die gewonnenen Beziehungen auf diesen Fall anwenden.

Im Membranzustand entsteht am Schalenkämpfer $\varphi = \varphi_K$ die Meridiankraft $n_{\varphi K}$ und die Ringkraft $n_{\vartheta K}$. Wegen des Gleichgewichtes greift am Fußring $n_{\varphi K}$ im entgegengesetzten Sinne an (Abb. 212 a), das in die Komponenten v_K und h_K zerlegt wird. Während v_K in die Abstützung des Fußringes (Mauerwerk oder eng stehende Einzelstützen) weitergeleitet wird, versetzt h_K den Fußring in Zugspannungen. Die Dehnung des Schalenrandes und dessen Verdrehung stimmt mit der Formänderung des Fußringes nicht überein, es entsteht eine klaffende Fuge.

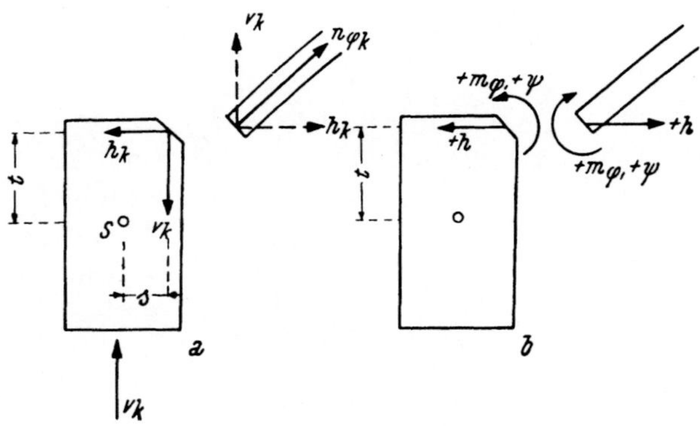

Abb. 212. Die Schnittkräfte zwischen Schale und Fußring.

Die Kräftegruppe m_φ und h, am Kämpfer und am Fußring angreifend, hat die Aufgabe, diese Fuge zu schließen (Abb. 212 b).

Es sei: $F =$ Querschnittsfläche des Fußringes,

$\quad Q =$ Querpunkt des Querschnittes des Fußringes (bei symmetrischem Querschnitt mit dem Schwerpunkt zusammenfallend),

$\quad r_k =$ Halbmesser des Kämpferkreises,

s und $t =$ Abstände des Schalenanschnittes vom Querpunkt (Abb. 212 a),

$\quad \tau =$ Verdrehungswinkel des Fußringes infolge des Momentes $m_\varphi = +1$.

Da wir voraussetzen, daß die Schale und der Fußring aus dem gleichen Baustoff (Stahlbeton) besteht, kann an Stelle der Dehnung in der Randbedingung die Spannung gesetzt werden.

Es entstehen folgende Formänderungen (Druckspannung ist positiv):

Ursache	Schale		Fußring	
Membran- zustand	$\sigma_{S,0} = + \dfrac{n_{\vartheta K}}{d}$,	$\psi_{S,0} \doteq 0$	$\sigma_{R,0} = - \dfrac{h_K r_k}{F}$,	$\psi_{R,0} = + (h_K \cdot t - v_K \cdot s)\, \tau$
Rand- störung	$\overline{\sigma}_S = + \dfrac{\overline{n_\vartheta}}{d}$,	$\overline{\psi}_S$ nach (27a)	$\overline{\sigma}_R = - \dfrac{\overline{h}\, r_K}{F}$,	$\overline{\psi}_R = (+ \overline{m}_\varphi + \overline{h}\, t)\, \tau$ (33)

Die Bedingung für das Schließen der Fuge ist:

$$\sigma_{S,0} + \overline{\sigma}_S = \sigma_{R,0} + \overline{\sigma}_R. \tag{34}$$

$$\overline{\psi}_S = \psi_{R,0} + \overline{\psi}_R. \tag{35}$$

In der zweiten Bedingung kann man manchmal Vereinfachungen vornehmen. Wenn der Fußring und die mit ihm biegungssteif verbundenen Stützen sehr steif sind, kann (35) durch

$$\overline{\psi}_S = 0 \tag{35 a}$$

ersetzt werden; wenn der Fußring sehr schlank ist, also keine nennenswerte Verdrehungssteifigkeit hat $\left(\dfrac{1}{\tau} \to 0\right)$, oder wenn s und t sehr klein sind, so setzt man das Kämpfermoment

$$\overline{m}_{\varphi|a=0} = 0. \tag{35 b}$$

Bei der Berechnung der Randstörung hat man zunächst in (33) alle Größen mit Hilfe der Beziehungen (27 a) bis (32 a) mit $\alpha = 0$ durch C und ω auszudrücken und dann diese mit Hilfe der Gleichungen (34) und (35) zu berechnen.

Beispiel. Es wird die Randstörung einer durch Eigengewicht $g = 200$ kg/m² belasteten, 8 cm starken Kugelschale mit einem $25 \cdot 30$ cm² starken Fußring berechnet; Abmessungen nach Abb. 213. (Beton B 225, B.St. II.)

Nach (19) wird für $\varphi = \varphi_K$:

$$n_{\varphi,K} = \frac{+\,g\,a}{1 + \cos \varphi_K} = \frac{+\,0{,}200 \cdot 29{,}00}{1 + 0{,}723} =$$
$$= +\,3{,}36 \text{ t/m},$$

$$n_{\vartheta K} = g\,a \left(\cos \varphi_K - \frac{1}{1 + \cos \varphi_K}\right) =$$
$$= 0{,}200 \cdot 29{,}00 \left(0{,}723 - \frac{1}{1{,}723}\right) =$$
$$= +\,0{,}84 \text{ t/m},$$

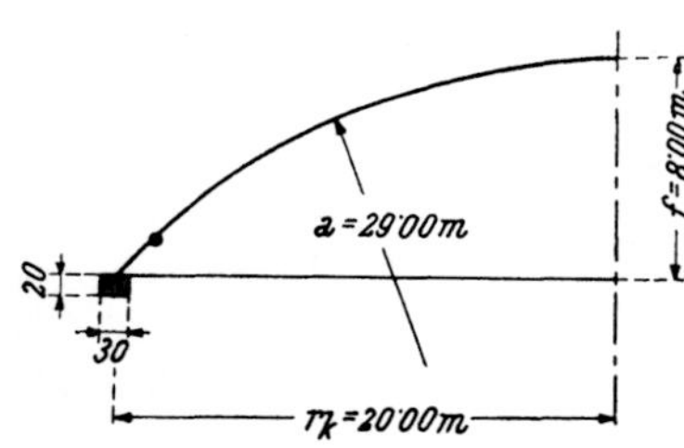

Abb. 213.
Abmessungen einer Kugelschale.

$$\sigma_{S,0} = +\,\frac{n_{\vartheta K}}{d} = +\,\frac{0{,}84}{0{,}08} = +\,10{,}5 \text{ t/m}^2,$$

$$h_K = n_{\varphi K} \cos \varphi_K = +\,3{,}36 \cdot 0{,}723 = +\,2{,}43 \text{ t/m}.$$

Nach (25): $Z_{R,0} = -\,h_K\,r_K = -\,2{,}43 \cdot 20{,}00 = -\,48{,}6$ t (Zugkraft). Die Bewehrung des Fußringes darf nicht zu knapp gehalten werden, denn je größer der Dehnungsunterschied im ungestörten Zustand zwischen Schale und Fußring ist, desto größer ist die Randstörung. Man bemißt daher die Bewehrung für die Kraft $Z_{R,0}$, obwohl Z_R infolge der Randstörung kleiner ist als $Z_{R,0}$. Daher wird $F_{eR} = \dfrac{48{,}6}{1{,}8} = 27{,}2$ cm² und die ideelle Querschnittsfläche des Fußringes, da es sich um die Ermittlung von Formänderungen handelt, mit $n = 10$:

$$F = F_b + 10\,F_e = 25 \cdot 30 + 10 \cdot 27{,}2 = 1022\,\text{cm}^2 = 0{,}1022\,\text{m}^2,$$

$$\sigma_{R,0} = -\,\frac{h_K\,r_K}{F} = -\,\frac{48{,}6}{0{,}1022} = -\,475\,\text{t/m}^2 \text{ (Zugspannung)}.$$

Die Verdrehungssteifigkeit dieses sehr schlanken Ringes kann vernachlässigt werden. Nach (26) ist mit $r_1 = r_2 = a = 29{,}00$ m:

$$\varkappa = \sqrt[4]{\frac{3 \cdot 29{,}0^2}{0{,}08^2}} = 25{,}1.$$

Die Schnittkräfte am Schalenkämpfer ($\varphi = \varphi_K$, $\alpha = 0$) infolge der Randstörung sind nach (28a) bis (32a):

$$\overline{m}_\varphi = - \frac{0,08^3}{6\sqrt{2}}\,\frac{25,1}{29,0}\,E\,C\,\sin\left(\omega - \frac{\pi}{4}\right) = -\,52,1 \cdot 10^{-6}\,E\,C\,\sin\left(\omega - \frac{\pi}{4}\right),$$

$$\overline{h} = +\,\frac{q_\varphi}{\sin\varphi_K} = -\,\frac{0,08^3}{6}\,\frac{25,1^2}{29,0^2}\,\frac{1}{0,690}\,E\,C\,\sin\left(\omega - \frac{\pi}{2}\right) =$$

$$= -\,92,4 \cdot 10^{-6}\,E\,C\,\sin\left(\omega - \frac{\pi}{2}\right),$$

$$\overline{n}_\vartheta = -\,\frac{0,08^3}{3\sqrt{2}}\,\frac{25,1^3}{29,0^2}\,E\,C\,\sin\left(\omega - \frac{3\,\pi}{4}\right) = -\,2275 \cdot 10^{-6}\,E\,C\,\sin\left(\omega - \frac{3\,\pi}{4}\right).$$

Somit wird

$$\overline{\sigma}_S = +\,\frac{\overline{n}_\vartheta}{d} = -\,\frac{2275}{0,08}\,10^{-6}\,E\,C\,\sin\left(\omega - \frac{3\,\pi}{4}\right) =$$

$$= -\,284 \cdot 10^{-4}\,E\,C\,\sin\left(\omega - \frac{3\,\pi}{4}\right),$$

$$\overline{\sigma}_R = -\,\frac{\overline{h}\,r_K}{F} =$$

$$= +\,\frac{92,4 \cdot 20,00}{0,1022}\,10^{-6}\,E\,C\,\sin\left(\omega - \frac{\pi}{2}\right) =$$

$$= +\,181,5 \cdot 10^{-4}\,E\,C\,\sin\left(\omega - \frac{\pi}{2}\right).$$

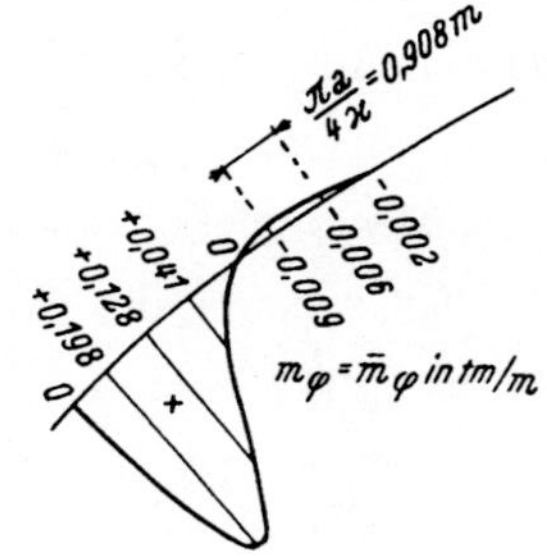

Damit sind alle in die Bedingungsgleichungen eingehenden Größen durch C und ω ausgedrückt. Aus (34) folgt:

$$+\,10,5 - 284 \cdot 10^{-4}\,E\,C\,\sin\left(\omega - \frac{3\,\pi}{4}\right) =$$

$$= -\,475 + 181,5 \cdot 10^{-4}\,E\,C\,\sin\left(\omega - \frac{\pi}{2}\right).$$

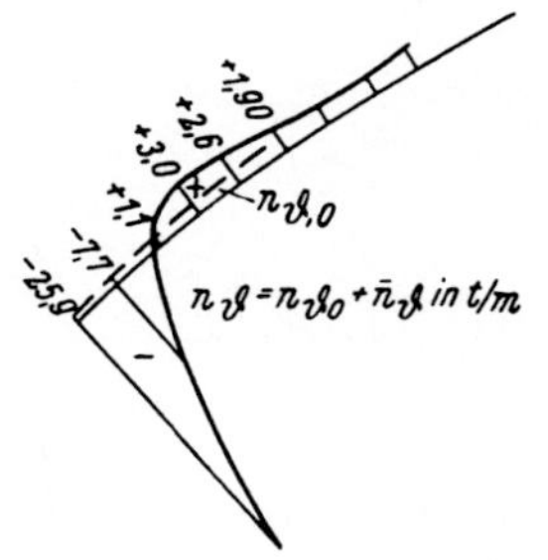

Wegen der verschwindenden Verdrehungssteifigkeit ist für die zweite Bedingung (35b) maßgebend:

$$\overline{m}_\varphi\,|_{\varphi=0} = -\,52,1 \cdot 10^{-6}\,E\,C\,\sin\left(\omega - \frac{\pi}{4}\right) = 0.$$

Daraus folgt die Phasenverschiebung

$$\omega = +\,\frac{\pi}{4}.$$

Mit diesem Wert ergibt sich aus der ersten Gleichung:

$$E\,C = -\,1,18 \cdot 10^4.$$

Die Schnittkräfte infolge der Randstörung sind demnach:

$$\overline{m}_\varphi = +\,0,615\,e^{-\varkappa a}\,\sin\alpha \quad \text{in } tm/m,$$

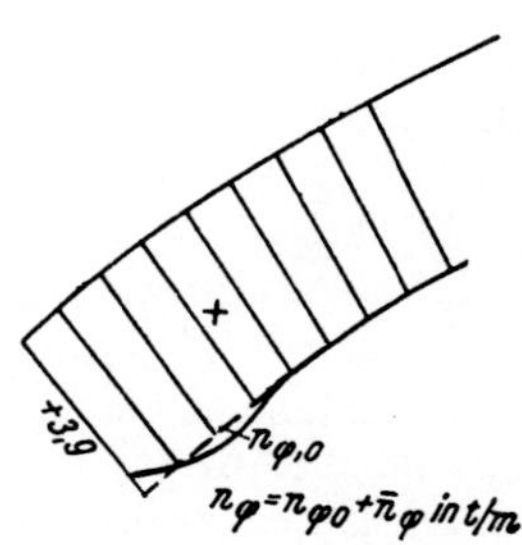

Abb. 214 Die Schnittkräfte infolge der Randstörung.

$$\overline{n}_\vartheta = +\,26,75\,e^{-\varkappa a}\,\sin\left(\varkappa\,\alpha - \frac{\pi}{2}\right) \quad \text{in } t/m,$$

$$\overline{q}_\varphi = +\,\frac{0,08^3}{6}\,\frac{25,1^2}{29,0^2}\,1,18 \cdot 10^4\,e^{-\varkappa a}\,\sin\left(\varkappa\,\alpha - \frac{\pi}{4}\right) =$$

$$= +\,0,750\,e^{-\varkappa a}\,\sin\left(\varkappa\,\alpha - \frac{\pi}{4}\right) \quad \text{in } t/m,$$

$$\overline{n}_\varphi = -\,\overline{q}_\varphi \,\mathrm{ctg}\,\varphi,$$

$$\overline{h}_K = +\,\frac{\overline{q}_\varphi}{\sin\varphi}\Big|_{\varphi=\varphi_K} = +\,0{,}750\sin\left(-\frac{\pi}{4}\right)\frac{1}{0{,}690} = -\,0{,}772\ \text{t/m},$$

$$Z_R = -\,\overline{h}_K\,r_K = +\,15{,}44\ \text{t}.$$

Die Zugkraft im Fußring im Endzustand ist $Z_R \triangleq Z_{R0} + \overline{Z}_R = -\,48{,}6 + 15{,}4 = -\,33{,}2$ (Zugkraft). Es entsteht die Zugspannung

$$\sigma_R = -\,\frac{33{,}2}{0{,}1022} = -\,325\ \text{t/m}^2.$$

Die Schnittkräfte in der Schale folgen aus der Überlagerung der Randstörung über den Membranzustand. In Abb. 214 ist der Membranzustand strichliert, die Über-

lagerung mit der Randstörung voll ausgezogen. Da $\max q_\varphi = -\,0{,}785\sin\left(-\frac{\pi}{4}\right) =$

$= +\,0{,}555$ t/m, also klein ist, braucht man q_φ nicht weiter zu beachten.

Am Schalenrand entsteht die Ringkraft $n_\vartheta = n_{\vartheta K} + \overline{n}_\vartheta = +\,0{,}84 + 26{,}75\sin\left(-\frac{\pi}{2}\right) =$

$= -\,25{,}9$ t/m, die die Ringspannung

$$\sigma_S = -\,\frac{25{,}9}{0{,}08} = -\,325\ \text{t/m}^2$$

auslöst; sie ist gleich groß wie die des Fußringes (Kontrolle!).

Der Verlauf der Schnittkräfte (Abb. 214) zeigt, daß zwar die Meridiankraft n_φ von der Randstörung kaum beeinflußt wird, jedoch die Ringkraft n_ϑ einen ganz anderen Verlauf erhält; die Biegungsmomente m_φ entstehen überhaupt erst durch die Randstörung.

c) Die Gestaltung der Rotationsschalen und drehsymmetrischen Behälter.

1. Der zylindrische Behälter.

Bei der Gestaltung der zylindrischen Behälter hat man neben Maßnahmen, die den Spannungszustand beeinflussen, auch auf den Ausführungsvorgang zu achten. Wegen des einfachen Arbeitsvorganges und der Holzersparnis werden heute die hohen zylindrischen Behälter fast ausschließlich in Gleitschalungen betoniert. Daher ist die konstante Wandstärke zur Regelausführung geworden. Man nimmt den größeren Betonbedarf auch gerne in Kauf, da man mit der Gleitschalung einen sehr schnellen Baufortschritt erzielen kann. Bei niederen Behältern, d. h., wenn etwa $H < 2\,D$ ist, — $H =$ Höhe des Zylinders, $D =$ Durchmesser —, bietet die Gleitschalung keine Vorteile mehr. Solche Behälter werden in stehender Schalung betoniert; man kann dann veränderliche Wandstärken vorsehen, indem man die Wand der Größe der Ringkraft entsprechend, nach oben zu verjüngt.

Die Bewehrung des Zylindermantels besteht aus Ringen, die von der stehenden Bewehrung in der plangemäßen Lage gehalten werden. Je nach der Wandstärke werden ein in der Mitte liegender Ring oder zwei an den Rändern liegende Ringe vorgesehen. Bis etwa 7 cm Wandstärke genügt ein Ring und eine stehende Bewehrung (Abb. 215 a), bis $d = 12$ cm zwei Ringe und eine stehende Bewehrung (Abb. 215 b); bei Wandstärken größer als etwa 12 cm wird man zwei Ringe und zwei stehende Bewehrungen vorsehen.

Die Wandstärke und die Ringbewehrung wird nach der Ringzugkraft bemessen. Man hat hiebei auch auf die Rissesicherheit des Betons zu achten (vgl. I. Teil, C d, S. 46). Die stehende Bewehrung muß so steif sein, daß sie vor und während des Betonierens sich nicht verbiegt.

Bei Verwendung von Gleitschalungen müssen Kletterstangen vorgesehen werden. Dieses Bauverfahren kann nur bei einer Wandstärke von $d = 12$ cm oder mehr angewendet werden, da bei dünneren Wänden das Frischbetongewicht nicht groß genug wäre, die Reibung an der emporgleitenden Schalung zu überwinden.

Die Wandbewehrung nach Abb. 215 *a* und *b* kann man nur außerhalb des Bereiches der Randstörung anwenden. In deren Bereich, also besonders am unteren Rand des Mantels, muß die stehende Bewehrung am gezogenen Rand liegen.

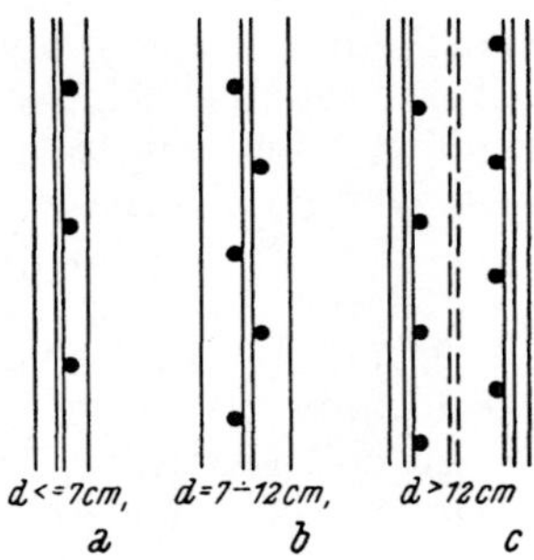

Abb. 215.
Bewehrung der Behälterwände.

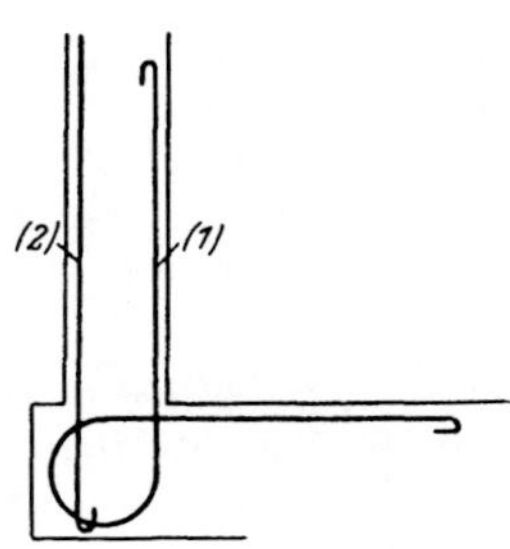

Abb. 216.
Bewehrung am Behälterboden.

Die Bewehrung ist so in die Bodenplatte oder den Grundkörper einzuführen, daß die Verankerung gewährleistet ist. Die Bewehrung wird etwa nach Abb. 216 zu führen sein. Die Pos. (*1*) liegt an der Innenseite, sie ist so weit hoch zu ziehen, als die Biegungsmomente infolge der Randstörung an der Innenseite Zugspannungen verursachen und sie muß in der Sohle auf Haftlänge vorgebunden werden. Da diese Bewehrung über eine einspringende Ecke geht, muß sie als Schleife geführt werden. Die außen liegende Bewehrung Pos. (*2*) liegt am unteren Ende in der Druckzone, sie kann daher gerade in die Sohle eingebunden werden.

Die bei den prismatischen Behältern angestellten Überlegungen über den Anschluß der Bodenplatte oder der Sohle an die Wand gelten sinngemäß auch hier (vgl. D a 2, S. 222).

Die Randstörung an der Behälterdecke ist oft von untergeordneter Bedeutung und wird dann nicht berechnet. Es empfiehlt sich jedoch, eine beidseitig liegende, stehende Bewehrung in der Nähe des oberen Randes für die infolge Temperaturänderung und Schwinden auftretenden, kleinen Biegungsmomente vorzusehen.

2. Die doppelt gekrümmten Rotationsschalen.

Für die Wahl der Meridianform der Rotationsschalen sind meistens architektonische Gesichtspunkte maßgebend; es dürfen jedoch hiebei konstruktive Überlegungen nicht außer acht gelassen werden. Jede stetig monoton gekrümmte Linie ist als Meridiankurve für Kuppeln verwendbar, wenn ihre konvexe Seite nach außen zeigt. Die Kegelschale ist für kleine Kuppeln noch brauchbar; sie erhält jedoch infolge der Unstetigkeiten am Kämpfer größere und weiter reichende Randstörungen als Schalen mit gekrümmtem Meridian. Nach innen konvexe Meridiane erzeugen Rotationsflächen mit negativem *Gauß*schen Krümmungsmaß, deren Tragvermögen schlecht ist.

Die Größe der Randstörung am Fußring hängt, — wie das Beispiel im vorigen Abschnitt (S. 238) zeigt —, von der Größe des Spannungsunterschiedes zwischen Schalenkämpfer und Fußring im Membranzustand ab. Man muß daher trachten, diesen Unterschied möglichst klein zu machen. Da die Ringkraft n_ϑ, die in der Nähe des Scheitels der Rotationsschalen eine Druckkraft ist, wie aus (17) und (18) hervorgeht, mit wachsender Zenithdistanz φ kleiner wird und in eine Zugkraft übergeht, wird die Membranringspannung im Schalenkämpfer bei genügend großem φ eine Zugspannung sein, deren Unterschied gegenüber der Zugspannung im Fußring klein ist oder ganz verschwindet. Man hat daher in der Formgebung der Meridianlinie ein Mittel zur Hand, die Randstörung zu verkleinern. Es sind alle die Kurven als Meridianform besonders geeignet, deren Neigung φ gegen den Kämpfer zu stark zunimmt. Daher sind Kugelschalen für hohe Kuppeln die geeignete Form; für

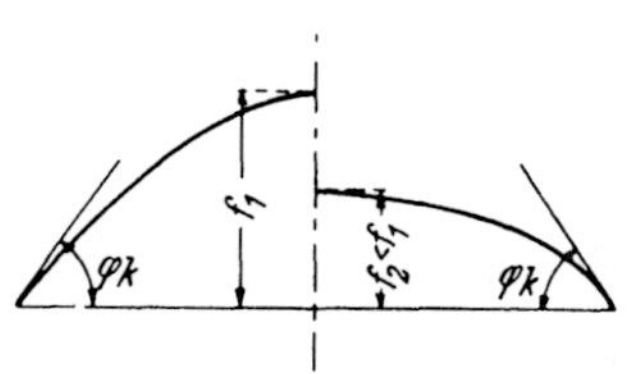

Abb. 217. Am Kämpfer überkrümmte Rotationsschale.

flache Kuppeln wird man Ellipsen oder andere passende Kurven wählen, die bei stetiger Krümmung einen entsprechend großen Neigungswinkel φ_K am Kämpfer haben (Abb. 217).

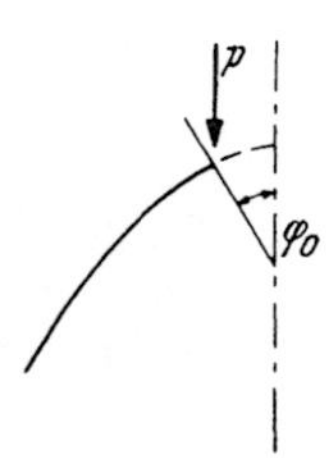

Abb. 218. Rotationsschale mit Laterne.

Man kann die Randstörung am Kämpfer ganz beseitigen, wenn man im Kämpferbereich der Schale einen Meridian-Übergangsbogen anordnet, der eine solche Form hat, daß die Ringspannung in der Schale gleich der Spannung im Fußring ist. Die Form dieses von *Dischinger*[1] ersonnenen Übergangsbogens kann analytisch oder auch empirisch gefunden werden. Man wird zum besseren Ausgleich des Spannungsunterschiedes zwischen Schalenkämpfer und Fußring auch noch die Schalendicke stetig verändern. Auf diesem Wege kann tatsächlich jeder Spannungssprung und damit die Hauptursache der Randstörung beseitigt werden.

Bei Kuppeln, die im Scheitel eine Laterne tragen (Abb. 218), ist der Randstörung am oberen Rand besondere Aufmerksamkeit zu widmen. Die Laterne belastet den oberen Schalenrand mit der Last p pro Längeneinheit. Da am oberen Rand $n_\varphi = 0$ sein muß, löst die Laternenlast eine Störungswelle aus, die mit Hilfe von (27) bis (32) berechnet wird. Die Randbedingungen für den oberen Rand liefern die Integrationskonstanten.

Die Größe der Randstörung an der Laterne hängt im wesentlichen von der Zenithdistanz φ_0 am oberen Schalenrand ab. Je größer φ_0, desto kleiner die Randstörung. Man wird bei Kuppeln mit Laternen daher Meridian-

---

[1] *F. Dischinger:* Schalen und Rippenkuppeln, Handbuch für Eisenbetonbau VI, Bd., 4. Auflage, S. 179. Berlin: Verlag W. Ernst. 1928.

formen wählen, die in der Nähe des Scheitels eine rasch wachsende Zenithdistanz haben. Demnach sind Spitzkuppeln (Abb. 219) oder Ellipsoide,
deren senkrechte Achse größer ist als die waagrechte, dafür besonders
geeignet.

Wenn auf flache Kuppeln eine Laterne aufgesetzt werden soll, kann
man auch einen Übergangsbogen nach Art eines Flaschenhalses (Abb. 220)
anordnen. Jedoch muß die
Krümmungsänderung im
Bereich dieses Überganges
stetig sein, damit keine oder
nur unschädliche Biegungsmomente entstehen.

Die Schalenstärke der
Rotationskuppeln ist im allgemeinen konstant. Im
Kämpferbereich kann man,
wie beim Übergangsbogen
bereits erwähnt wurde, mit
Hilfe veränderlicher Schalenstärken den Spannungs-

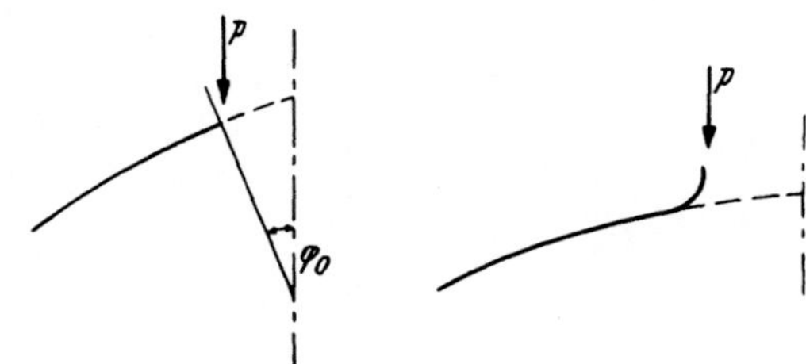

Abb. 219. Spitzkuppel
mit Laterne.

Abb. 220. Übergangs-
bogen am Laternenring.

zustand so beeinflussen, daß die Randstörung vermindert wird. Darüber
hinaus läßt sich aber der Membranzustand der Schalen im großen durch
veränderliches Eigengewicht, d. h. veränderliche Schalenstärke, verändern.
Bei großen Kuppeln hat man damit ein weiteres Mittel zur Hand, den
Kräftezustand der Rotationsschalen abzuändern und gegebenen Falles
günstiger zu gestalten.

d) Die Schalentragwerke.

Die längs eines Breitenkreises stetig unterstützte Rotationsschale hat
einen sehr beschränkten Anwendungsbereich und eignet sich nicht für die
stützenfreie Überdeckung größerer, viereckiger Flächen. Da diese Aufgabe
aber sowohl im Industriebau, als auch bei Hallenbauten für Bahnhöfe,
Flugplätze, bei Vortrags-, Versammlungs- und Festsälen, Theatern,
Sporthallen usw. immer wieder gestellt wird, sind Schalenformen, die
eigentlichen Schalentragwerke, entwickelt worden, die hiefür hervor-
ragend geeignet sind und mit anderen Bauweisen, — Stahl oder Holz —
erfolgreich in Wettbewerb zu treten vermögen.

1. Die Bauformen der Zylinderschalen.

Die Zylinderschalen sind von *Dischinger* und *Finsterwalder*[1] entwickelt
worden. Diese Schalen machen die räumliche Tragfähigkeit der mit Endscheiben ausgesteiften Zylinderflächen dem Bauwesen dienstbar. Daß ein
geschlossenes Rohr, auch bei sehr dünner Wand, ein außerordentlich
steifer Träger ist, wenn die Endquerschnitte so ausgesteift sind, daß sie
die Kreisform nicht ändern können, etwa durch ein Endschott (Abb. 221 *a*),
war schon lange bekannt. Solche ausgesteifte Rohre sind auch im Bauwesen wiederholt als Träger verwendet worden, wenn z. B. größere Rohrleitungen über eine Schlucht oder einen Wasserlauf übergeführt werden

---

[1] *F. Dischinger* u. *U. Finsterwalder*, Eisenbeton-Schalendächer, System Zeiß-
Dywidag, Bau-Ing. X (1928), S. 807.

mußten. Es ist das Verdienst *Dischingers*, erkannt zu haben, daß die Tragfähigkeit auch für das halbe Rohr erhalten bleibt, wenn nur die Endquerschnitte des Zylindermantels ausgesteift sind (Abb. 221 b). Damit war das
Bauelement gefunden, das bei kleinem Gewicht genügende Steifigkeit besaß und somit weitgespannte Dächer mit kleinem Massenaufwand zu errichten gestattete.

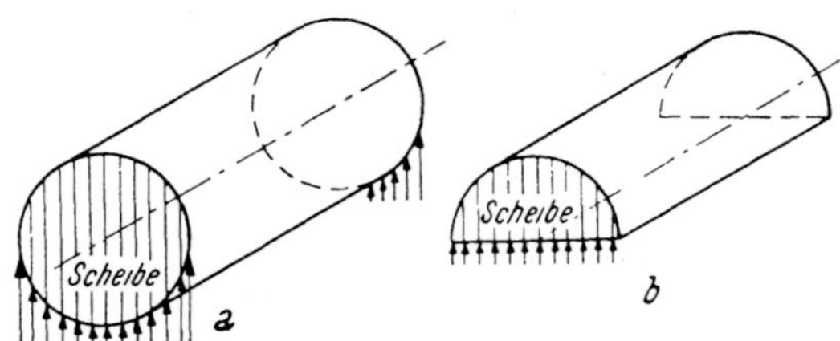

Abb. 221. Durch Scheiben ausgesteifte Zylinder als Träger: *a*) als volles Rohr,
b) als halbes Rohr.

Bauersfeld wies durch Betrachtung des Gleichgewichtes an einem
Flächenelement des Zylindermantels nach, daß unter bestimmten Voraussetzungen in der ausgesteiften Zylinderschale ein Membranspannungszustand besteht, bei dem in der Schale keine nennenswerten Biegungsmomente entstehen, da das Gleichgewicht zwischen inneren und äußeren
Kräften nur durch Zug- und Druckbeanspruchungen der Schale hergestellt wird. Solche Gleichgewichtszustände gibt es, wie schon erwähnt,
auch bei den doppelt gekrümmten Schalen (Membranzustände). Sie haben
für die Beurteilung der Tragfähigkeit der verschiedenen Schalenformen
große Bedeutung.

Ein Membranzustand tritt nur ein, wenn bestimmte Auflagerbedingungen erfüllt sind. Nun sind gerade bei den Zylinderschalen diese
Auflagerbedingungen so streng, daß sie der baulichen Entwicklung hemmend
im Wege standen. Dieses Hindernis beseitigte *Finsterwalder*. Er fand, daß
die Biegungsmomente, die in der Zylinderschale entstehen, wenn die Randbedingungen des Membranzustandes nicht erfüllt sind, den Charakter einer Randstörung haben. Es stellte sich heraus, daß die Biegungsmomente infolge der
Randstörung bei richtiger Gestaltung so klein gehalten werden können, daß die
kleinen Schalenstärken beibehalten werden können.

Somit war die Eignung der dünnwandigen Zylinderschalen für die Überspannung großer Stützweiten bei kleinstem Baustoffaufwand unter Beweis gestellt.

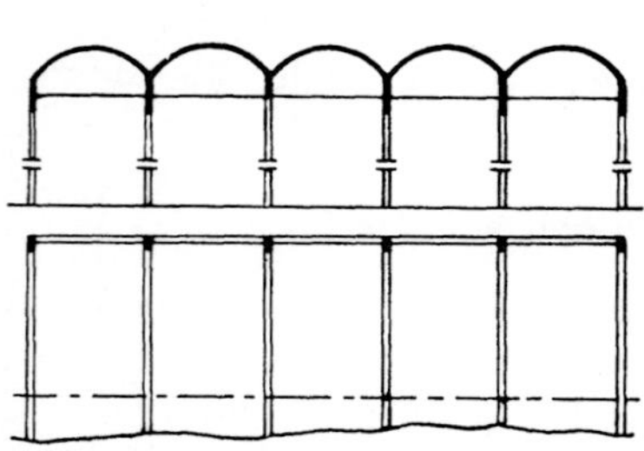

Abb. 222.
Zylinderschalen als Quertonnen.

Bei den Zylinderschalen unterscheidet man ja nach dem Verhältnis von
Schalenbreite B zum Binderabstand L verschiedene Formen.

Schmale Schalen ($L/B > 1$) nennt man Quertonnen (Abb. 222); das
sind nebeneinander gereihte Schalenträger, die sich quer über die Schmalseite
eines rechteckigen Hallengrundrisses spannen. Bei diesen Quertonnen

werden neben den auf zwei End-Binderscheiben gestützten Schalenträgern, also gewissermaßen frei aufliegenden Balken, auch über mehrere Binderscheiben durchlaufende Schalen, dem kontinuierlichen Träger entsprechend, ausgeführt.

Bei der Längstonne ($L/B < 1$) liegt die Erzeugende in der Längsrichtung der Halle, die Breite der Schale reicht über den ganzen Grundriß; die Binderscheibe wird zweckmäßig die Form eines Rahmens haben (Abb. 223).

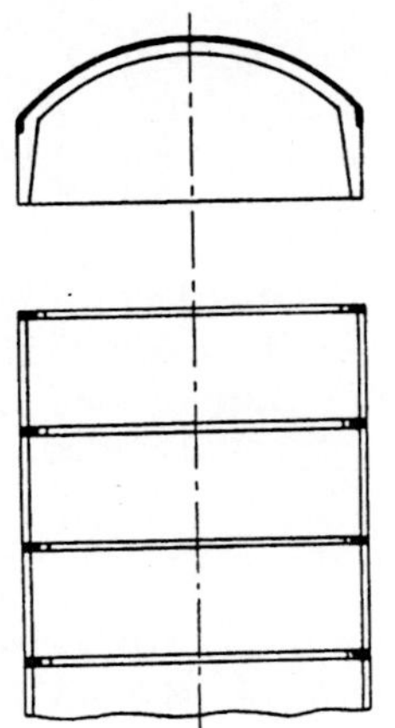

Abb. 223.
Zylinderschalen als Längstonnen.

Abb. 224. Durch Querrippen ausgesteiftes Oberlicht in einer Zylinderschale.

Solche Längstonnen unterscheiden sich von den bisher üblichen Bogendächern durch den Wegfall der Längspfetten und der Zugbänder und durch den großen Binderabstand, den man erreichen kann, wenn man die Schalenwirkung in Rechnung stellt. Mit Quer- und Längstonnen aus Kreiszylinderschalen kann man so ziemlich alle Aufgaben, die der Industriehallenbau im weitesten Sinne stellt, bewältigen.

Bei allen großflächigen Hallen, die industriellen Zwecken dienen, ist der Frage der Belichtung und Belüftung besondere Aufmerksamkeit zu widmen. Bei den länglichen Grundrissen, die durch Längs- oder Quertonnen überdeckt werden, wird durch die Fenster an den Längswänden viel Licht

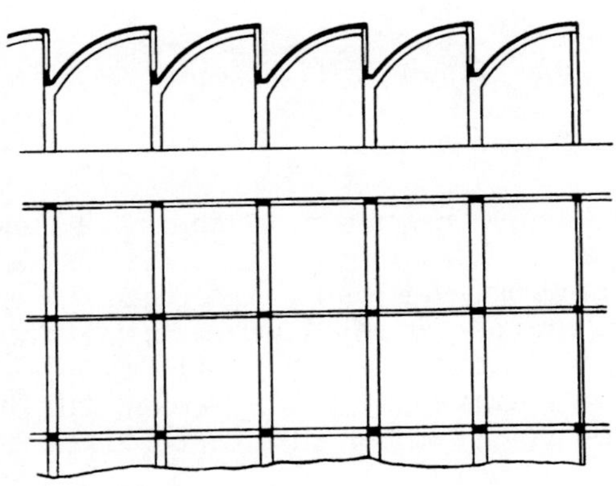

Abb. 225. Sheddach aus unsymmetrischen Zylinderschalen.

in die Hallen kommen. Wenn das nicht ausreichend ist, so kann man noch Oberlichte in die Schalen einsetzen (Abb. 224). Im Scheitel der Schale wird eine rechteckige Öffnung freigelassen, die durch Randzargen eingefaßt ist und deren Längsränder durch Querrippen gegeneinander abgesteift sind.

Bei den großflächigen Hallen großer Länge und Breite, wie sie in der Industrie neuerdings bevorzugt werden, ist jedoch bei größerer Anforderung an die Beleuchtung die Anordnung solcher Oberlichter in den Schalen nicht ausreichend. Hier sind die Sheddächer am Platze.

Die Zylinderschalen sind auch für solche Sheddächer in hervorragendem Maße geeignet (Abb. 225). Die unsymmetrischen Zylinderschalen laufen über mehrere Binderreihen durch und bilden im Verein mit Rinnenboden und Rinnenwand einen einheitlich wirkenden Träger. Hierbei ist der obere Schalenrand durch die Fenstersprossen mit der darunterliegenden, mit der nächsten Schale zusammenwirkenden Rinnenwand so verbunden, daß er dieselbe Durchbiegung erhält wie der untere Rand der nächstfolgenden Schale. Es entsteht auf diese Weise eine Kette sich stützender Schalen, in der sich die letzte Schale gegen die Abschlußwand der Halle stützt. Dieses System ist so leistungsfähig, daß mit einem verblüffend kleinen Massenaufwand sehr große Abstände der Binderstiele möglich werden. Die Belichtungsverhältnisse unter solchen Schalensheds müssen geradezu als ideal bezeichnet werden, da die rippenfreie und pfettenlose Innenfläche der Schalen gleichmäßig ausgelichtet und durch kein Schattenband unterbrochen ist und somit eine ausgezeichnete Lichtzerstreuung bewirkt wird. Die Schalensheds bieten demnach für die Betriebsgestaltung in großflächigen Hallen derart viele Vorteile, die von anderen Bauweisen nicht so leicht nachgeahmt werden können, daß sie sich in kurzer Zeit ein sehr großes Anwendungsgebiet gesichert haben.

Die Vielseitigkeit der Zylinderschalen ist mit Längs- und Quertonnen jedoch noch nicht erschöpft. Die schon den Baumeistern des Mittelalters bekannten Formen des Kreuzgewölbes und des Klostergewölbes sind auch als Schalenbauten als Durchdringung von zwei oder mehreren Zylindern ausgeführt worden. Besondere Bedeutung haben hier die sogenannten Klostergewölbe erlangt (Abb. 226), die aus mehreren zylindrischen Sektoren zusammengesetzt sind. Die Theorie dieser Schalenform hat *Dischinger*[1] entwickelt; er hat dabei nachgewiesen, daß in den Graten zwar konzentrierte Kräfte auftreten und daher besondere Gratbinder zur Ableitung dieser Kräfte erforderlich werden, daß aber diese Gratbinder sowohl infolge des Eigengewichtes der Kuppel als auch infolge der Windkräfte biegungsfrei bleiben.

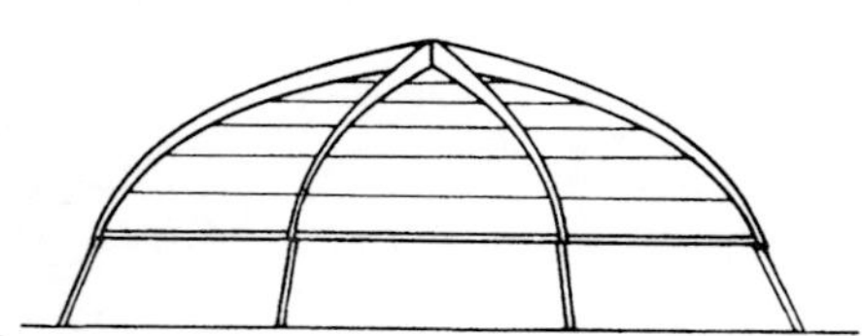

Abb. 226. Aus Zylinderschalen zusammengesetzte Kuppel in Form eines Klostergewölbes.

Diese Vieleckskuppeln haben ein derart gut verteiltes Kräftespiel, daß man für die Kuppel der Markthalle Leipzig, mit 75 m Durchmesser auf nur acht Stützen, seinerzeit die größte Kuppel, diese Schalenform gewählt hat.

---

[1] *F. Dischinger*, Die Theorie der Vieleckskuppeln und die Zusammenhänge mit den einbeschriebenen Rotationsschalen. B. u. E XVIII (1929), S. 100.

2. Das Kräftespiel in den Zylinderschalen.

Eine ausführliche Darstellung der Theorie der Zylinderschalen und deren Anwendung für die Berechnung von Schalentragwerken würde ein recht umfangreiches Werk darstellen. Eine anschauliche und begriffsmäßige Erklärung des Kräftespieles wird aber dem Verständnis für die Schalentragwerke und einem etwa darauf folgenden Studium der Theorie sehr förderlich sein. Wer eingehende Kenntnisse auf diesem Gebiete erwerben will, muß sich in das mühevolle theoretische Studium versenken. Eine zusammenfassende Darstellung der wichtigsten theoretischen Abhandlungen findet man bei *Girkmann*, Flächentragwerke, 4. Aufl., Wien, Springer-Verlag, 1956.

In einem liegenden, dünnwandigen zylindrischen Rohr, das an zwei Querschnittsflächen, an denen es unterstützt ist, durch Scheiben ausgesteift ist, entstehen aus dem Eigengewicht der Zylinderwand Spannungen, die, wie sich zeigen läßt, über die Wanddicke gleichmäßig verteilt sind, also zu einer zentrisch angreifenden, resultierenden Schnittkraft zusammengefaßt werden können. Die Betrachtung des Gleichgewichtes eines Flächenelementes, das durch zwei Erzeugende und zwei Parallelkreise begrenzt ist, liefert das Verteilungsgesetz der Schnittkräfte (Abb. 227). Es entsteht eine Kraft in der Ringrichtung

$$n_\varphi = - g\, a \cos \varphi,$$

eine Schubkraft

$$n_{\varphi x} = 2\, g\, x \sin \varphi$$

und eine Kraft in der Erzeugenden-Richtung

$$n_x = \frac{L^2 - 4\, x^2}{4\, a}\, g \cos \varphi.$$

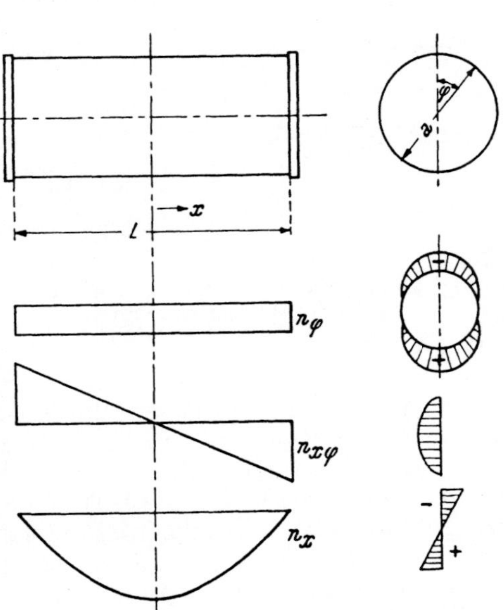

Abb. 227. Membranspannungen eines zylindrischen Rohres infolge Eigengewicht.

Jeder dieser Kräfte fällt eine besondere Aufgabe zu. Die Ringkraft steht im Gleichgewicht mit der normal auf die Schale wirkenden Belastungskomponente. Nur wenn dieses Gleichgewicht besteht, bleibt die Schale frei von Biegungsmomenten. Während demnach die Ringkraft die Aufgabe hat, die örtlich anfallende Last zu tragen, bewirken die Schubkraft und die Erzeugendenkraft die Trägerwirkung zwischen den Endscheiben, die ein solches Rohr hervorbringt. Die Vertikalkomponenten der in einem Querschnitt vorhandenen Schubkräfte stehen mit der Querkraft, das ganze Rohr als Balken aufgefaßt, im Gleichgewicht, während die Schnittkräfte in Richtung der Erzeugenden, die verhältnisgleich sind dem Abstand von der waagrechten Ebene durch die Zylinderachse, dem äußeren Biegungsmoment das Gleichgewicht halten.

Es ist leicht einzusehen, daß der beschriebene Kräftezustand, der Membranzustand, nur dann vorhanden sein kann, wenn die Schale durch

Scheiben ausgesteift ist, die die auch an den Endquerschnitten auftretenden Schubkräfte aufnehmen können.

Ein so ausgesteiftes, dünnwandiges Rohr bildet also in statischer Hinsicht einen Träger, bei dem die Schale selbst biegungsfrei bleibt. Ein geschlossenes Rohr ist aber als Bauelement, etwa für ein Dach, wenig geeignet. Es soll nun untersucht werden, ob Teile eines Rohres noch die Eigenschaft der räumlichen Trägerwirkung behalten.

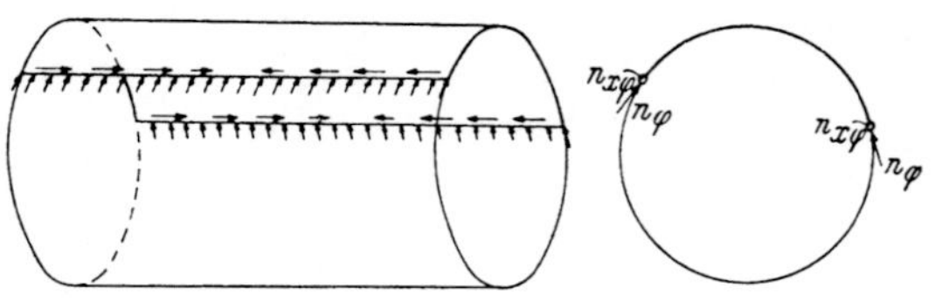

Abb. 228. Ersatz der Schnittkräfte an einem Teil des Zylinders durch äußere Kräfte.

Um in einem Teil eines Zylindermantels, der durch Endscheiben ausgesteift ist, den Membranzustand zu erhalten, muß man in den durch Abschneiden eines Teiles des Mantels neu entstandenen Rändern die Schnittkräfte durch die äußeren Kräfte ersetzen (Abb. 228). Man hat demnach die Ringkraft n_φ und die Schubkraft $n_{x\varphi}$ anzubringen. Man erkennt nun leicht, daß es wohl nicht allzu schwer ist, die Schubkraft am geraden Rand durch ein Randglied aufzunehmen, in dem eine von der Binderscheibe bis zur Mitte anwachsende Zugkraft entsteht, daß jedoch die Einleitung der Ringkraft um so schwerer wird, je flacher das Schalensegment ist.

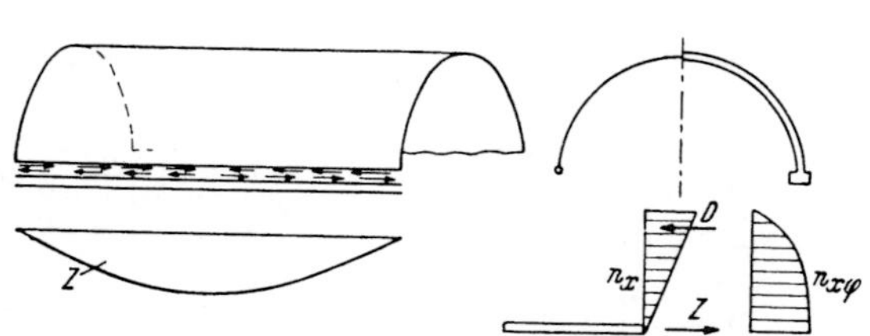

Abb. 229. Membranzustand im halben Zylinder infolge Eigengewicht.

Wird vom vollen Rohr jedoch die Hälfte genommen (Abb. 229), so verschwindet die Ringkraft an diesem neuen Rande. Die noch verbleibende Rand-Schubkraft kann durch ein Randglied aufgenommen werden. Es entsteht auf diese Weise, statisch gesehen, wieder ein Träger, bei dem das äußere Moment im Gleichgewicht steht mit dem Kräftepaar, gebildet aus der Resultierenden aller Längskräfte in der Schale und der im Randglied durch die Schubspannungen verursachten, konzentrierten Zugkraft.

Dieser Kräftezustand ist aber nicht möglich, da das unter Zug stehende Randglied bedeutenden Dehnungen unterworfen ist, die unmittelbar anschließende Schale jedoch wegen der am Kämpfer verschwindenden Längskraft n_x nicht gedehnt wird. Die Formänderungen zweier benachbarter Fasern sind nicht miteinander in Übereinstimmung. Außerdem ist das Gewicht des Randgliedes in den Gleichgewichtsbetrachtungen nicht berücksichtigt. Obwohl wir also im halben Zylinder mit Randglied bereits einen statisch möglichen Träger vor uns haben, müssen wir doch noch Veränderungen am Kräftezustand vornehmen, um einen auch mit den Formänderungen verträglichen Zustand zu finden.

Um dieses Problem zu lösen, muß man die Formänderungen der Schale und die dabei auftretenden Schnittkräfte untersuchen. Während beim Membranzustand Gleichgewicht am Flächenelement der nur durch das

Eigengewicht belasteten Schale ohne Biegungsmomente besteht, hat man jetzt einen anderen Belastungszustand und die entstehenden Formänderungen, die Randstörung, zu betrachten. Ohne hier auf Einzelheiten der Ableitung näher einzugehen, werden nur die zum Verständnis des Folgenden notwendigen Ergebnisse gebracht.

Ein ausgesteifter unvollständiger Zylinder ist, wie man sich auch an einem Modell leicht überzeugen kann, sehr widerstandsfähig gegen Randbelastungen. Allerdings treten bei solchen Belastungen auch nicht zu vernachlässigende Biegungsmomente m_φ und Querkräfte q_φ in der Ringrichtung auf. Die analytische Betrachtung der dabei entstehenden Formänderungen und Schnittkräfte nach den Methoden der Elastizitätstheorie lehrt, daß diese nach gedämpften Schwingungen verlaufen und vom Rande weg nach dem Gesetz $e^{-a\varphi}\cos(\beta\varphi+\omega)$ abklingen, d. h. mit der Entfernung vom belasteten Rand rasch kleiner werden. Die Randstörung längs der Erzeugenden des Zylinders folgt demnach einem ähnlichen Gesetz, wie alle bisher betrachteten Randstörungen. In Abb. 230 sind die in Frage kommenden Randstörungen, die Ringkraft n_φ, die Schubkraft $n_{x\varphi}$, ein Biegungsmoment m_φ und eine Querkraft q_φ und die dadurch in der Schale entstehenden Schnittkräfte, bzw. ihr Verlauf längs eines Parallelkreises vereinfacht dargestellt. Die gleichzeitig auftretenden Formänderungen verlaufen ebenfalls nach gedämpften Schwingungen, sind jedoch nicht dargestellt.

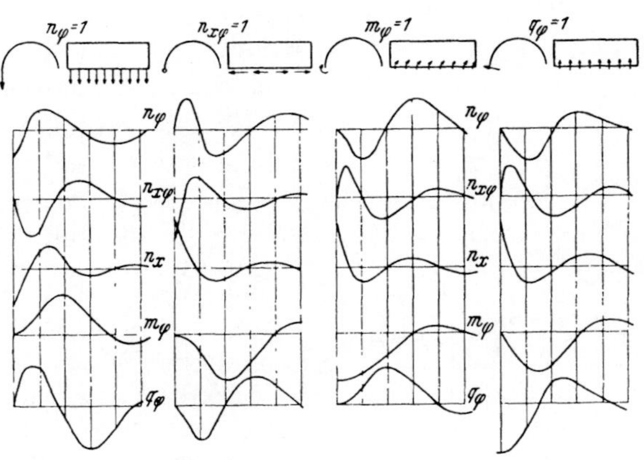

Abb. 230. Die Schnittkräfte an der biegungssteifen Zylinderschale infolge längs einer Erzeugenden angreifenden äußeren Kräfte. Die Diagramme stellen die Schnittkräfte längs der Ringrichtung (Längen abgewickelt) dar.

Die Kenntnis der Formänderungen infolge von Randstörungen setzt uns in Stand, Unstimmigkeiten im Dehnungszustand zweier benachbarter Fasern, etwa die bereits früher beschriebenen, zu beseitigen. Aber wir können noch viel weiter gehen und damit die Schnittkräfte von Schalenformen berechnen, die viel geeigneter für das Bauwesen sind als das halbe Zylinderrohr.

Die Trägerwirkung einer beliebig aus Zylindersektor und Randträger zusammengesetzten und durch Endbinderscheiben ausgesteiften Schale entsteht dadurch, daß infolge der monolithischen Verbindung zwischen Schale und Randträger Längskräfte n_x in beiden Baugliedern auftreten, die im größten Teil der Schale Druckspannung auslösen, in der Nähe des Schalenkämpfers und im Randträger jedoch Zugspannungen.

Zur Ermittlung dieser Spannungen denkt man sich zunächst den Randträger von der Schale durch einen Schnitt getrennt. Man hat dann an den Schnittflächen die zur Herbeiführung eines Gleichgewichtszustandes erforderlichen Kräfte anzubringen. Man nimmt in der Schale Membranzustand an; die am Kämpfer auftretende Ringkraft n_φ und Schubkraft $n_{x\varphi}$ hat man als Gegenkraft auch am Randträger anzubringen. Die in diesem Zustand in Schale und Randträger entstehenden Formänderungen stimmen natürlich nicht miteinander überein, die beiden Ränder klaffen. Nun hat man an der Schale und am Randträger als Gegenkräfte die vier Randstörungskräfte anzubringen, und zwar in solcher Größe, daß sich die klaffende Fuge schließt. Der mathematische Ausdruck hiefür ist die Übereinstimmung der Verschiebung und Verdrehung eines Punktes am Schalenkämpfer mit der des Nachbarpunktes am Randträger. Man erhält die vier Bedingungsgleichungen

$$\delta_v,\ \text{Schale} \equiv \delta_v,\ \text{Randträger},$$

$$\delta_h,\ \text{Schale} \equiv \delta_h,\ \text{Randträger},$$

$$\delta_\varphi,\ \text{Schale} \equiv \delta_\varphi,\ \text{Randträger},$$

$$\varepsilon\ \text{Schale} \equiv \varepsilon\ \text{Randträger}.$$

Es stehen vier Gleichungen zur Verfügung, die gerade ausreichen, um die Größe der vier Randstörungskräfte eindeutig zu bestimmen. Die Überlagerung der aus der Randstörung folgenden Schnittkräfte über die des Membranzustandes in Schale und Randträger liefert die endgültigen Schnittkräfte des Schalenträgers.

Dieses Verfahren zur Berechnung der Schalenträger ist vollkommen gleichartig der Methode der virtuellen Arbeit für die statisch unbestimmten Stabwerke. Der Membranzustand in der Schale und der von der Schale abgetrennte und durch die aus der Schale austretenden Kräfte belastete Randträger entspricht dem mit den vorgegebenen, äußeren Kräften belasteten, statisch bestimmten Grundsystem, und die zur Schließung der klaffenden Fuge angesetzten Kräfte sind die Überzähligen. Die vier Bedingungsgleichungen treten an die Stelle der Elastizitätsgleichungen.

Die Randstörung längs eines Randes wird bei schmalen Tonnen ($L/B > 1$) von der Randstörung, die am anderen Rand entsteht, beeinflußt. Bei breiten Tonnen ($L/B < 1$) sind die beiden Randstörungen voneinander unabhängig. Daher ist die Umlagerung der Schnittkräfte des Membranzustandes zu den endgültigen Schnittkräften in Längs- und Quertonne sehr verschieden voneinander. Bei den Längstonnen (Abb. 223) beschränkt sich die Beeinflussung der Schnittkräfte auf eine verhältnismäßig schmale Randzone. In Abb. 231 sind die Schnittkräfte in einer solchen Längstonne längs eines Breitenkreises (in der Abwicklung) dargestellt. Die voll ausgezogene Linie stellt die endgültigen Schnittkräfte, die gestrichelte die des Membranzustandes dar. Im größten Teil der Schale bleibt der Membranzustand bestehen. Die Biegungsmomente, die von der Randstörung ausgelöst werden, erstrecken sich naturgemäß auch nur auf die schmale Randzone. Solche Längstonnen haben kleine Schnittkräfte und sind dort, wo das Bauvorhaben ihre Anwendung gestattet, sehr wirtschaftlich, sie erfordern jedoch eine verhältnismäßig große Bauhöhe.

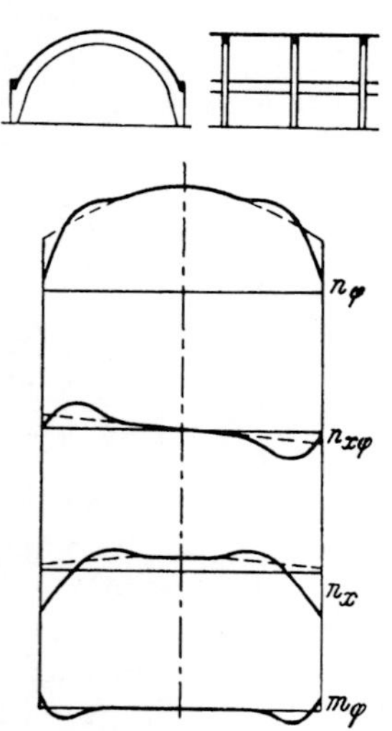

Abb. 231. Schnittkräfte in einer Längstonne (----- Membranzustand).

Das Kennzeichen der Quertonnen ist der im Vergleich zur Breite der Schale zwischen den Randträgern große Binderabstand. Bei diesen ausgesprochenen Schalenträgern, erstreckt sich, wie in Abb. 232 dargestellt, der Einfluß der Randstörung auf die ganze Schalenbreite. Die Schnittkräfte sind um ein Vielfaches größer als im Membranzustand. Die Biegungsmomente erstrecken sich ebenfalls über die ganze Schalenbreite, sind aber der Größe nach nur ein Bruchteil der Biegungsmomente einer ebenen Platte, deren Stützweite gleich der Schalenbreite ist.

Es hängt bei dieser Schalenbauart sehr von der richtigen Wahl der Abmessungen des Randträgers ab, ob die Biegungsmomente in der Schale möglichst klein werden, wozu einige Erfahrung im Schalenbau gehört.

Hinsichtlich der statischen Bewertung nehmen die Shedschalen (Abb. 225) eine Sonderstellung ein. Da sie im Vergleich zum Binderabstand schmal sind, ist die Randstörung über die ganze Schalenbreite wirksam. Die Schnittkräfte dieser Schalen, insbesondere Größe und Verlauf der Ringbiegungsmomente, werden außerordentlich stark von dem Verhältnis der Steifigkeit von Schale zu Randträger beeinflußt. Ein etwas zu steifer Randträger kann ebenso wie ein zu schwacher sehr große Ringbiegungsmomente auslösen. Daß am oberen Rande der Shedschalen Zugspannungen in der Erzeugenden-Richtung entstehen, befremdet zunächst den oberflächlichen Betrachter. Die Ursache ist darin zu sehen, daß diese Schalen nicht in der Lotrechten allein durchgebogen werden, sondern daß auch eine waagrechte Verschiebung auftritt. So entsteht der in Abb. 233 dargestellte Spannungszustand. Die Mitte der Schale und der obere Teil des Randträgers erhalten Druckspannungen in der Erzeugenden-Richtung, der obere und untere Schalenrand und der Rinnenboden stehen unter Zugspannungen.

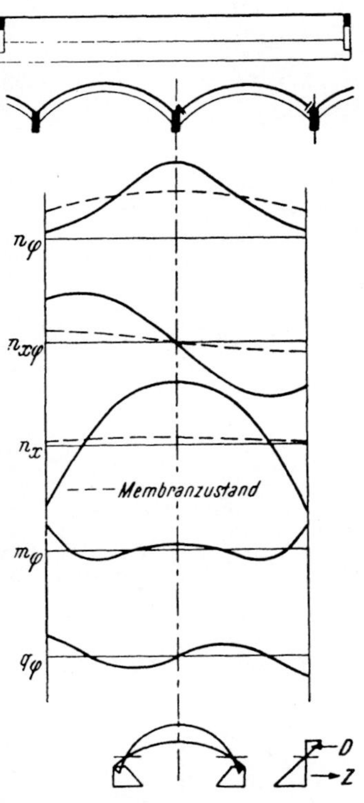

Abb. 232. Schnittkräfte in einer Quertonne
(----- Membranzustand).

Kräfte ist lange nicht so groß im Verhältnis zur Bauhöhe wie etwa bei einer symmetrischen Tonne. Daher treten bei solchen Shedschalen auch größere Schnittkräfte auf als bei den gewöhnlichen Schalenträgern.

Bei allen Zylinderschalen entsprechen die in Schale und Randträger entstehenden Schnittkräfte n_x den Biegungsspannungen eines Trägers; sie stehen in jedem, normal zu den Erzeugenden geführten Schnitt im Gleichgewicht mit dem äußeren Biegungsmoment.

Die Schnittkräfte $n_{x\varphi}$ vertreten die Schubspannungen des Trägers und stehen im Gleichgewicht mit der äußeren Querkraft.

Auf Grund dieser Tatsachen kann man durch verhältnismäßig einfache Näherungsrechnungen die Größe der Schnittkräfte n_x und $n_{x\varphi}$ abschätzen.

Die für den Bestand der Schale maßgebenden Ringbiegungsmomente m_φ kann man jedoch nur durch Anwendung der theoretischen Erkenntnisse der Elastizitätstheorie ermitteln. Erst dadurch bekommt man Aufschluß, ob die Abmessungen des Randträgers im Verhältnis zur Schale richtig gewählt sind und daher die Momente m_q genügend klein bleiben.

3. Die doppelt gekrümmten Schalen.

Die bereits eingehend behandelte, längs eines Breitenkreises stetig unterstützte Rotationsschale kann nur zur Überdeckung eines kreisförmigen Raumes verwendet werden. Die Schalen mit doppelter Krümmung eignen sich jedoch bei anderen Stützungsarten in hervorragendem Maße zur Überdeckung rechteckiger oder vieleckiger Grundrisse mit nur wenigen am Rande stehenden Stützen in großem Abstand.

Aus jeder doppelt gekrümmten Fläche mit positivem *Gauß*schem Krümmungsmaß, z. B. einer Rotationsschale, kann eine im Grundriß geradlinig begrenzte Calotte ausgeschnitten werden, die, durch Binderscheiben an den Rändern ausgesteift, über große Stützweiten zu tragen vermag und nur in den Ecken abgestützt werden muß (Abb. 234). Dieser Konstruktionsgedanke liegt den doppelt gekrümmten Schalen von elliptischem Typ über geradlinig begrenztem Grundriß zugrunde.

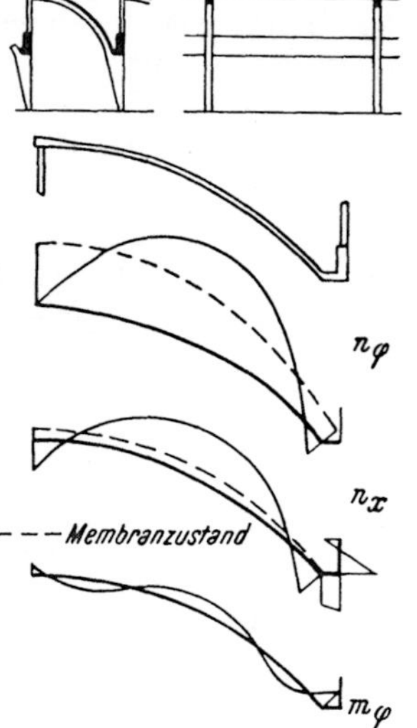

Abb. 233. Schnittkräfte in einer Shedschale (----- Membranzustand).

Der Grundriß solcher ausgesteiften, doppelt gekrümmten Schalen braucht nicht rechteckig zu sein, sondern kann ein Vieleck bilden (Abb. 235). Die auf diese Weise entstehende Kuppel auf Einzelstützen ist besonders geeignet für nach der Mitte ausgerichtete Bauten und hat viel Ähnlichkeit mit der Rotationskuppel auf wenigen Einzelstützen, die statt der vertikalen Binderscheiben einer waagerechten Aussteifung des Kämpfers zwischen den Stützen bedarf (Abb. 236).

Neben den Umdrehungsflächen, die man einer Schale nach Abb. 235 oder 236 zugrunde legen wird, kommen für Schalen über rechteckigem Grundriß auch Rückungsflächen in Frage, die durch die Translation einer erzeugenden, ebenen Kurve längs einer ebenen Leitkurve entstehen. Man kann bei diesen Flächen die Krümmungsverhältnisse von Schalen, deren rechteckiger Grundriß stark vom Quadrat abweicht, so gestalten, daß sich Vorteile in der Verteilung der inneren Kräfte ergeben.

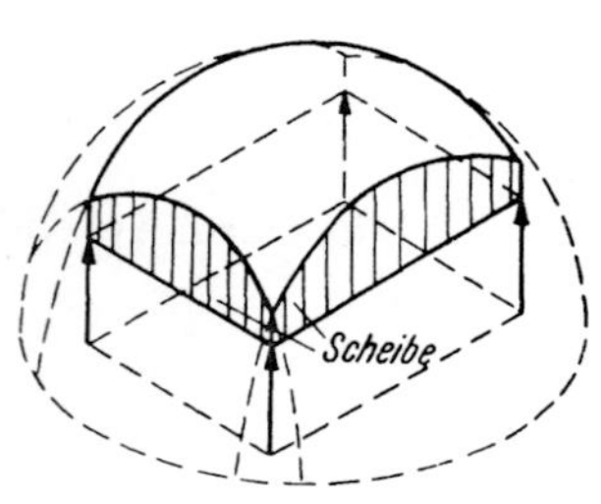

Abb. 234. Doppelt gekrümmte Schale über rechteckigem Grundriß, durch Binderscheiben ausgesteift.

Es gibt jedoch noch viele andere Möglichkeiten. Die in Abb. 237 und 238 dargestellten Schalen sind aus nicht abwickelbaren Regelflächen zusammengesetzt. In Abb. 237 ist gezeigt, wie ein Teil eines Konoides als

Schale verwendet werden kann. Aus solchen aneinandergereihten Elementen kann man Hallendächer zusammensetzen, die durch die senkrechten Oberlichter ähnlich wie die Shedhallen belichtet werden. Jedoch sind die Konoidschalen hinsichtlich der Belichtung und der architektonischen Wirkung den Zylindersheds nicht gleichwertig. Eine Anwendung solcher Konoidschalen käme erst in Frage, wenn sie sich den Zylindersheds als konstruktiv bedeutend überlegen zeigen würden, d. h. wesentlich größere Stützenabstände ermöglichen würden, als bisher erreicht wurden. Diese Möglichkeit müßte aber erst nachgewiesen werden.

In Abb. 238 ist ein Dach über einem rechteckigen Grundriß dargestellt, das aus vier hyperbolischen Paraboloiden zusammengesetzt ist. In den zwei Mittelgraten und an den äußeren Schalenrändern entstehen konzentrierte Druckkräfte, die durch Randglieder aufgenommen werden. Die dreieckigen Binderscheiben an den Giebeln bestehen im wesentlichen aus den Randgliedern der Schalen und einem Zugband und gewährleisten die räumliche

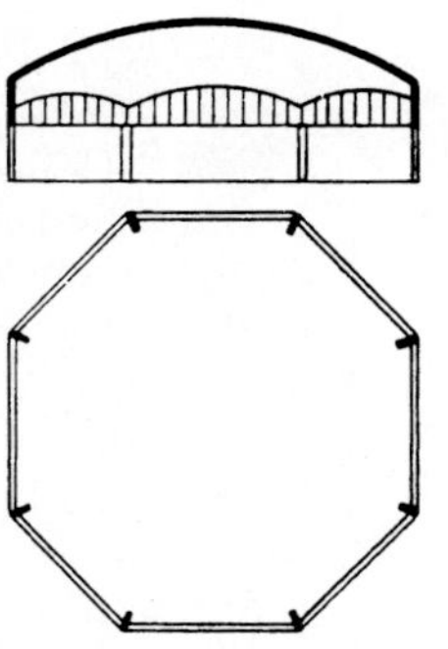

Abb. 235. Rotationsschale über vieleckigem Grundriß, durch Binderscheiben ausgesteift.

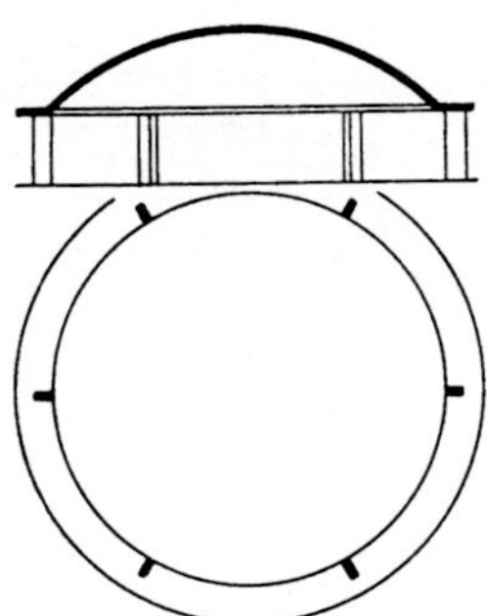

Abb. 236. Rotationsschale auf wenigen Einzelstützen, durch eine horizontale Ringscheibe ausgesteift.

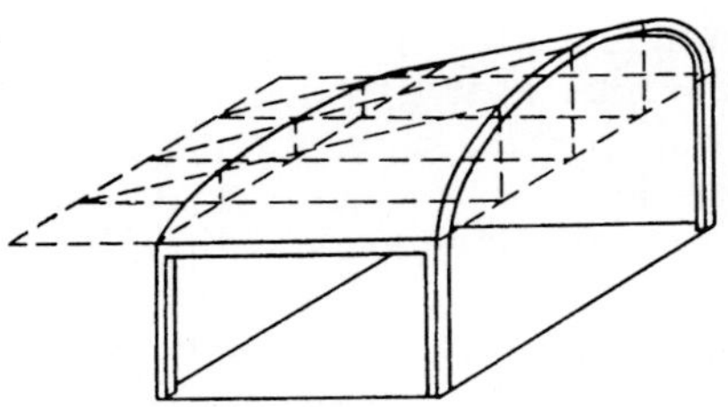

Abb. 237. Konoidschale.

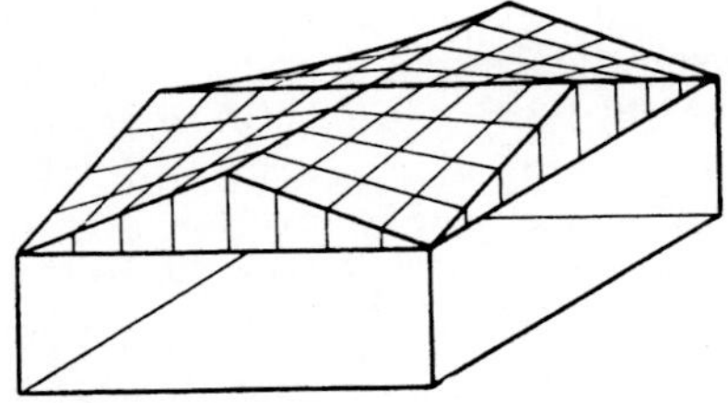

Abb. 238. Aus vier hyperbolischen Paraboloiden zusammengesetztes Schalendach.

Trägerwirkung des ganzen Daches, so daß nur in den vier Eckpunkten Abstützungen vorzusehen sind. Solche Paraboloidschalen wurden in Frankreich u. a. wegen ihres bei kleinen Stützweiten außerordentlich geringen Baustoffaufwandes und ihrer Feuersicherheit als Wohnhausdächer verwendet. Da die Schalenberandung den gewohnten Anblick eines Dachgiebels vermittelt, so sehen größere Hallen, die mit einer solchen Schale überdeckt sind, sicher auch bei strengen Forderungen an die Form befriedigend aus. Das hyperbolische Paraboloid enthält zwei Geradenscharen als Erzeugende; daher sind danach geformte Schalen auch sehr leicht einzurüsten und einzuschalen. Es scheint demnach diese Schalenform viele Vorteile zu bieten, so daß man ihre Ausführung als Hallendach ernstlich in Betracht ziehen sollte.

Schließlich ist noch eine Schalenform zu erwähnen, die aus der Aufgabenstellung entwickelt wurde, einen rechteckigen Grundriß mit einer stetig gekrümmten, aber geradlinig und waagrecht begrenzten Schale zu überdecken, die nur an den vier Ecken abgestützt ist. Eine solche Schalenform ist in Abb. 239 dargestellt. Die monoton doppelt gekrümmte Fläche hat an den vier Ecken singuläre Punkte. Die Flächentangenten liegen dort nicht in einer berührenden Ebene, sondern bilden einen berührenden Kegel. Diese neuartige Form befähigt eben die Schale dazu, die konzentriert an den Ecken angreifenden Stützkräfte ohne die Vermittlung von Binderscheiben, die man für alle anderen Formen braucht, in die Schale überzuleiten. An den Schalenrändern treten jedoch Schubspannungen auf, die durch ein nur durch Zug beanspruchtes Randglied aufzunehmen sind.

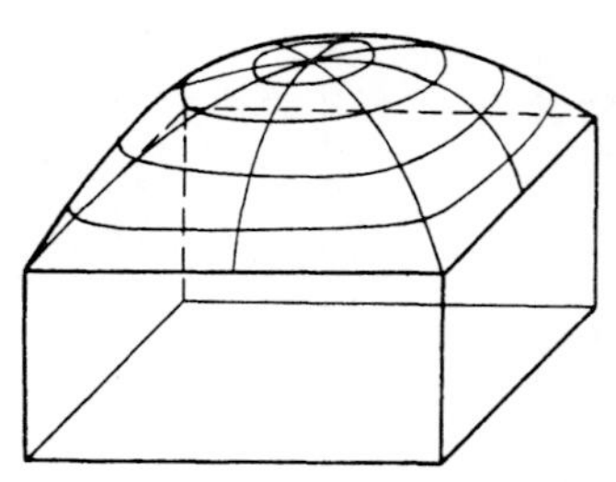

Abb. 239. Stetig doppelt gekrümmte Schale über rechteckigem Grundriß mit ebener, gerader Berandung.

Diese Schalenform, die vor einigen Jahren vom Verfasser entwickelt wurde, ist dem rechteckigen Grundriß ebenso organisch zugeordnet wie etwa die Rotationsschale dem Kreis. Sie ist jedoch sowohl theoretisch als auch konstruktiv viel schwieriger zu behandeln als etwa eine Rückungsfläche oder eine Rotationsschale. Sie wird in erster Linie dort am Platze sein, wo aus architektonischen Gründen an allen vier Seiten eines Hallenbaues eine gerade Dachtraufe gefordert wird.

Das Kräftespiel in den doppelt gekrümmten Schalen ist noch schwieriger zu berechnen, als in den Zylinderschalen. Es sei erwähnt, daß bei den Schalen mit positivem *Gauß*schem Krümmungsmaß der Membranzustand durch die Randstörung, die auch hier am Binder auftritt, viel weniger beeinflußt wird, als bei Zylinderschalen. Vor allem tritt keine so weitgehende Umlagerung der Kräfte ein, als etwa bei den Quertonnen. Die Randstörung hat daher bei den doppelt gekrümmten Schalen nicht die gleiche Bedeutung, wie bei den Zylinderschalen.

Jedenfalls sind mit den doppelt gekrümmten Schalen sehr große Stützweiten erreichbar. Bei diesen Großausführungen ist neben den Schnittkräften auch die Stabilität der Schale zu gewährleisten. Man ist aus diesem Grunde oft gezwungen, statt der glatten Schale Rippenschalen auszuführen, die bei kleinem Gewicht eine große Biegefestigkeit aufweisen.

Die Theorie der doppelt gekrümmten Schalen liefert uns bereits heute das Rüstzeug, um auch größere Schalenbauten berechnen und ausführen zu können.

Anhang.

Tabelle 28. *Im Stahlbetonhochbau zulässige Spannungen in kg/cm² nach DIN 1045.*

Bauteile und Beanspruchungsart	Baustoff und Anwendungsbereich		Zulässige Spannungen				Zeile
			Güteklasse des Betons				
			B 120	B 160*)	B 225*)	B 300*)	
1	2	3	4	5	6	7	8
A. Platten und Balken mit Rechteckquerschnitt auf Biegung	Beton in Platten u. Balken mit Rechteckquerschnitt (auch in kreuzweise bewehrten Platten und Pilzdecken)						
	$d \leqq 8$ cm	σ_b	40	50	70	90	1
	$d > 8$ cm	σ_b	40	60	80	100	2
	Stahl in Platten:						
	Betonstahl I	σ_e	1200	1400	1400	1400	3
	Betonstahl II	σ_e	—	2000	2000	2000	4
	Betonstahl III	σ_e	—	2200	2200**)	2200**)	5
	Betonstahl IV	σ_e	—	2200	2400	2400	6
	Stahl in Balken:						
	Betonstahl I	σ_e	1200	1400	1400	1400	7
	Betonstahl II	σ_e	—	1800	1800	1800	8
	Betonstahl III und IV	σ_e	—	—	2000	2000	9
B. Plattenbalken und Rippendecken auf Biegung	Beton bei Berücksichtigung der Spannungen in der Platte	σ_b	40	50	70	90	10
	Werden die Spannungen in der Platte nicht berücksichtigt, so gelten die unter A angegebenen Werte.						
	Beton in den Stegen von Plattenbalken und Rippendecken im Bereiche der negativen Momente	σ_b	50	70	90	110	11
	Betonstahl I	σ_e	1200	1400	1400	1400	12
	Betonstahl II	σ_e	—	1800	1800	1800	13
	Betonstahl III und IV	σ_e	—	—	2000	2000	14
C. Biegung mit Längskraft bei Platten, Balken mit Rechteckquerschnitt, Plattenbalken, Rahmen, Bogen (wegen der Mindestbewehrung s. § 16, 3) und Säulen (auch von Pilzdecken)	Beton bei						
	a) Rechteckquerschnitten mit einachsiger Biegung	σ_b	—	70	90	110	15
	b) Rechteckquerschnitten mit zweiachsiger Biegung (Eckspannung)	σ_b	—	80	100	120	16
	c) Plattenbalkenquerschnitten bei Berücksichtigung der Druckspannungen in der Platte	σ_b	—	60	80	100	17
	Werden die Spannungen in der Platte nicht berücksichtigt oder liegt die Platte in der Zugzone, so gelten die unter a) und b) für Rechteckquerschnitte angegebenen Betonspannungen.						

Bauteile und Beanspruchungsart	Baustoff und Anwendungsbereich	Zulässige Spannungen					Zeile
		Güteklasse des Betons					
			B 120	B 160*)	B 225*)	B 300*)	
1	2	3	4	5	6	7	8
als Teilen rahmenartiger Tragwerke, *wenn diese ausführlich nach der Rahmentheorie berechnet werden, und zwar bei gewöhnlichen Hochbauten unter Annahme ungünstigster Laststellung, bei anderen Bauten außerdem unter Berücksichtigung der Warmewirkung, des Schwindens und etwaiger Reibungs- und Bremskräfte*	Stahl in Platten:						
	Betonstahl I	σ_e	—	1400	1400	1400	18
	Betonstahl II	σ_e	—	2000	2000	2000	19
	Betonstahl III	σ_e	—	2200	2200**)	2200**)	20
	Betonstahl IV	σ_e	—	2200	2400	2400	21
	Stahl in anderen Bauteilen:						
	Betonstahl I	σ_e	—	1400	1400	1400	22
	Betonstahl II	σ_e	—	1800	1800	1800	23
	Betonstahl III und IV	σ_e	—	—	2000	2000	24
D. Schub infolge Biegung	Ohne Nachweis der Schubsicherung:						
	in Platten	τ_0	6	8	9	10	25
	in anderen Bauteilen	τ_0	4	6	7	8	26
	Höchstwerte ohne Einrechnung der Schubbewehrung	$\max \tau_0$	14	16	18	20	27
E. Verdrehung in Rechteckquerschnitten	Ohne Nachweis der Verdrehungsbewehrung	τ_0	4	5	6	7	28
	Höchstwerte ohne Einrechnung der Verdrehungsbewehrung	$\max \tau_0$	14	16	18	20	29
F. Verdrehung und Schub aus Biegung bei Rechteckquerschnitten	Ohne Nachweis der Verdrehungsbewehrung	τ_0	6	8	9	10	30
	Höchstwerte ohne Einrechnung der Schub- und Verdrehungsbewehrung	$\max \tau_0$	17	20	23	26	31
G. Haftung der Stahleinlagen in Bauteilen, die auf Biegung beansprucht werden	Haftspannung	τ_1	4	5	6	8	32

*) Die angegebenen Stahlspannungen gelten

bei der Betongüte B 160 für Stähle mit einem $\varnothing \leqslant 30$ mm (7,07 cm²),

„ „ „ B 225 „ „ „ „ $\varnothing \leqslant 40$ mm (12,57 cm²),

„ „ „ B 300 „ „ „ „ $\varnothing \leqslant 50$ mm (19,64 cm²).

Bei größeren Durchmessern sind die angegebenen Stahlspannungen um 200 kg/cm² herabzusetzen.

**) Bis auf weiteres können bei Platten mit mehr als 8 cm Dicke und bei Anwendung von Betongüte B 225 oder B 300 die mit **) versehenen zulässigen Stahlspannungen (Zeile 5 und 20) um 200 kg/cm² erhöht werden.

Tabelle 29. *Im Stahlbetonhochbau zulässige Spannungen in kg/cm² nach Önorm B 4200, vierter Teil (n-Verfahren).*

Beton		B 160	B 225	B 300	B 400
Biegedruckspannung $\sigma_{b\,zul}$		60	90	120	150
Schubspannung ohne . . . . Nachweis der Sicherung τ_0		6	8	10	12
Schubspannung mit . . . . Nachweis der Sicherung τ_{max} . . .		15	20	25	30
Haftspannung τ_1		6	8	10	12
Stahl					
0		1000		1000	
0/I	$d \leq 10$	1200		1200	
0/I	$d = 12 \rightarrow 18$	1100		1100	
I		1400		1400	
II		1800		1800	
III		2200		2460	
IV		—*)		3000	
V		—*)		3500	

*) Zulässige Stahlspannung nach besonderer Vereinbarung.

Die Spannungen σ_b und σ_e sind für Platten mit $d < 8$ cm um 10% herabzusetzen.

Bei zweiachsiger Biegung darf die zulässige Betondruckspannung um 10% gegenüber den Werten der Tabelle 29 erhöht werden.

Bei Verwendung von Betonformstählen der Gruppen III und V dürfen die zulässigen Werte der Tafel 3 für Haftspannungen um 50% erhöht werden.

Dritter Teil

Massiv-Brückenbau.

A. Einteilung der Massiv-Brücken.

a) Nach dem Baustoff.

Massivbrücken werden gebaut als Brücken aus Mauerwerk, aus Beton und aus Stahlbeton.

1. Brücken aus Mauerwerk.

Das Mauerwerk kann aus Natursteinen oder aus Kunststeinen bestehen. Gemauerte Brücken müssen so gestaltet werden, daß in den tragenden Teilen keine oder nur sehr kleine Zugspannungen entstehen. Daher kommen nur Pfeiler und gewölbte Brücken aus Mauerwerk in Frage.

Bei Verwendung von Natursteinen ist auf ausreichende Druckfestigkeit und Verwitterungsbeständigkeit des verwendeten Gesteines zu achten. Es können vom lagerhaften Bruchstein bis zum allseitig bearbeiteten Quader alle Stufen der steinmetzmäßigen Bearbeitung der einzelnen Steine zugelassen werden. Lagerhafte Bruchsteine wird man wohl nur bei kleineren, gewölbten Durchlässen verwenden. Je größer das Bauwerk ist, desto sorgfältiger sind die Steine auszuwählen und zu bearbeiten. Für größere Bogenbrücken wird man wohl nur den voll bearbeiteten Quader verwenden.

Die einzelnen Steine müssen sorgfältig und im regelrechten Verband vermauert werden. Bei voll bearbeiteten Quadern macht das keine Schwierigkeiten, da bei diesen der Steinschnitt bereits im Plane festgelegt wurde. Bei lagerhaft brechenden, nur teilweise bearbeiteten (Hackelsteinen) oder gar nicht bearbeiteten Bruchsteinen ist die Handfertigkeit und Sorgfalt des Maurers für den Verband maßgebend. Man sollte deshalb für solche Arbeiten nur verläßliche Steinmaurer heranziehen.

Die wichtigsten, im Steinbrückenbau verwendeten Gesteine und deren Druckfestigkeiten sind:

Granite und andere körnige Erstarrungsgesteine .	1000—2000 kg/cm²,
Erußgesteine (Porphyr, Basalt u. ä.)	1000—2500 kg/cm²,
Sandsteine	500—1200 kg/cm²,
Quarzite	800—2000 kg/cm²,
Dichte Kalksteine und Marmor	500—1600 kg/cm²,
Gneise mit genügender Scherfestigkeit in der
    Schieferung	800—2000 kg/cm².

Für die Verwendbarkeit als Bausteine sind neben der Druckfestigkeit und Wetterbeständigkeit (unter Beachtung auch von Verfärbungen) die Größe rißfreier, im Steinbruch anfallender Stücke, die Bruchform, Spaltbarkeit und Bearbeitbarkeit maßgebend.

Folgende Kunststeine werden verwendet: Gewöhnliche Mauerziegel für kleinere Objekte, Hartbrandziegel, Klinker; ferner zementgebundene Kunststeine, vorwiegend Betonsteine.

Die gewöhnlichen Mauerziegel sind nicht sehr verwitterungsbeständig. Hartbrandsteine und Klinker hingegen sind nicht nur wetterbeständig, sondern sie haben auch eine gute Druckfestigkeit. Sie werden sehr oft auch als Verblendsteine an Massivbrücken verwendet.

Die Betonsteine sind die für die Großbauten am besten geeigneten Kunststeine, da deren Druckfestigkeit innerhalb gewisser Grenzen nach den Erfordernissen des Bauwerkes gerichtet werden kann und die Formgebung sehr einfach ist. Die Gewinnung der Zuschlagstoffe wird oft an der Baustelle oder in deren Nähe erfolgen. So sind mindestens 75% des Steingewichtes frei von Transportbelastungen, da die Erzeugung der Steine an Ort und Stelle erfolgt. Bei Anwendung moderner Erzeugungsverfahren (Rütteln, Pressen, Heizen) sind auch räumlich kleinere Anlagen sehr leistungsfähig. Da die Erzeugung in geschützte Räume verlegt werden kann, ist sie vom Wetter unabhängig und kann dem übrigen Baufortschritt voraneilen.

Als Bindemasse stehen Zementmörtel und verlängerter Mörtel zur Verfügung. Die Verwendung von Kalkmörtel sollte wegen seiner geringen Druck- und Scherfestigkeit und seiner mangelhaften Verwitterungsbeständigkeit ganz vermieden werden oder nur auf untergeordnete Bauten beschränkt werden. Der Zementmörtel soll bei nicht wasseraufnehmenden Steinen wasserarm (erdfeucht) sein. Die Stoßfugen müssen sehr sorgfältig ausgestopft werden. Wasseraufnehmende Steine, das sind in erster Linie Mauerziegel, in geringem Maße auch Kalksteine, Hartbrandsteine und Betonsteine, sollten vor dem Vermauern benetzt werden.

Trockenmauerwerk (Bruchsteinmauerwerk), das in älteren Objekten zu finden ist, sollte nicht verwendet werden, da seine Standfestigkeit, auch bei kleineren Objekten, allzusehr von dem Können des Maurers abhängt.

2. Brücken aus Beton.

Auch in Bauwerken aus unbewehrtem Beton dürfen keine Zugspannungen entstehen. Die Formen der unbewehrten Betonbrücken sind daher dieselben, wie die der gemauerten Brücken, d. h. Pfeiler und Gewölbe.

Die Betonbrücken sind schneller und einfacher herzustellen als die gemauerten Brücken, da bei der Bereitung, der Förderung und der Verarbeitung des Betons alle maschinellen Einrichtungen für die Massenerzeugung und Massenförderung anwendbar sind. Es kann gegenüber der Herstellung von Mauerwerk bei Betonierungsarbeiten ein verhältnismäßig größerer Anteil ungelernter Arbeitskräfte angesetzt werden. Ferner werden die Zuschlagstoffe an der Baustelle oder in deren Nähe gewonnen, so daß, wie bei Verwendung von Betonsteinen, auch weniger Ferntransporte erforderlich sind. Auch kann die Festigkeit des Betons den Erfordernissen des Bauwerkes besser angepaßt, bzw. gesteigert werden als bei Mauerwerk.

Neben diesen Vorteilen stehen aber auch einige Nachteile. Bei den Betonbrücken wirkt sich das Schwinden des Betons voll auf das Bauwerk aus, bei den gemauerten Brücken schwindet nur die Mörtelfuge. Die ungünstigen Wirkungen des Schwindens betragen daher bei den Betonbrücken ein Mehrfaches gegenüber den gemauerten Brücken. Ferner wird der Holzbedarf wegen der erforderlichen Schalungen größer. Schließlich ist auch die architektonisch befriedigende Gestaltung einer gemauerten Brücke aus Natursteinen im allgemeinen leichter zu erreichen, als bei einem Betonbauwerk, obwohl man durch Sorgfalt bei der Herstellung und geeigneter Oberflächenbehandlung auch bei Betonbrücken zu architektonisch befriedigenden Ausführungen kommt.

3. Brücken aus Stahlbeton.

Im Gegensatz zu Mauerwerk und Beton können dem Stahlbeton auch größere Zugkräfte zugemutet werden. Man hat daher bei Brücken aus Stahlbeton viel mehr Gestaltungsmöglichkeiten, da dieser Baustoff auch den Bau von Balken- und Rahmenbrücken gestattet. Aber auch Bogenbrücken aus Stahlbeton können viel schlanker bemessen werden. Schließlich können die Fahrbahnkonstruktionen aus Stahlbeton so leicht gehalten werden, daß Brücken aus Stahlbeton nur einen Bruchteil des Gewichtes der Brücken aus Mauerwerk oder aus unbewehrtem Beton mit ebensolchen Fahrbahnaufbauten haben.

Die Fülle der Gestaltungsmöglichkeiten der Stahlbetonbrücken, die von den schweren Formen der Massivgewölbe bis zu den an die Schlankheit von Stahlbrücken herankommenden Balken und Rahmen reicht, eröffnet natürlich auch für die architektonische Formgebung Möglichkeiten, die die übrigen Massivbrücken nicht aufweisen.

Die Massivbrücken haben zwar ein größeres Eigengewicht, als Stahl- oder Holzbrücken, daher sind größere Gründungskörper erforderlich. Diesem Nachteil steht aber die größere Unempfindlichkeit gegenüber einer Steigerung der Verkehrslasten als Vorteil gegenüber. Infolge des im Verhältnis zur Verkehrslast hohen Eigengewichtes ist der Anteil der Verkehrslast an der Größtspannung wesentlich kleiner als bei Stahlbrücken. Daher können Massivbrücken viel größere Überschreitungen der der Planung zugrunde liegenden Verkehrslast ertragen, ohne Schaden zu leiden, als Stahl- oder Holzbrücken. Ein weiterer Vorteil der Massivbrücken sind ihre kleinen Unterhaltskosten, da keinerlei Anstriche erforderlich sind.

b) Nach dem Zweck.

1. Die Straßenbrücken und Fußgängerstege.

Sie sind ein Hauptanwendungsgebiet der Massivbrücken. Sowohl gemauerte Gewölbe, als auch die unbewehrten und die bewehrten Betonbrücken unter Straßen haben sich ihren sicheren Platz im Brückenbau erobert. Die gemauerten Gewölbe haben ihre lange Lebensdauer bereits bewiesen, da es solche Brücken noch aus der spätrömischen Zeit gibt, die den Stürmen der Jahrhunderte standgehalten haben und auch heute noch den Anforderungen des Verkehrs gerecht werden.

Auch die Eignung der Balken und Rahmenbrücken aus Stahlbeton als Straßenbrücken ist unbestritten.

2. Eisenbahnbrücken.

Schon seit Beginn des Eisenbahnwesens hat man Brücken unter Eisenbahngeleisen als massive Bogen ausgeführt, in der Frühzeit nur aus Mauerwerk, später auch aus bewehrtem und unbewehrtem Beton. Alle diese Brücken haben eine große Lebensdauer bewiesen.

Bei Balken und Rahmenbrücken unter Vollbahngeleisen war man viel vorsichtiger. Man fürchtete, daß unter der andauernden dynamischen Belastung durch schwere Züge der Verbund zwischen Beton und Stahl leiden könnte. Jedoch hat die Erfahrung gelehrt, daß auch hier bei sachgemäßer Ausführung die Stahlbetonbrücken den Anforderungen durchaus entsprechen.

3. Brücken für besondere Zwecke.

Die vielseitige Gestaltungsmöglichkeit des Stahlbetons macht ihn gerade für aus der Regel herausfallende Bauwerke geeignet, ja in manchen Fällen unentbehrlich. So werden heute z. B. Brückenkanäle aus einem anderen Baustoff, als aus Stahlbeton, kaum mehr in Betracht gezogen. Aber auch für Verladerampen, Kaibrücken usw. eignen sich Brücken aus Stahlbeton sehr gut.

c) Nach der statischen Kennzeichnung des Haupttragwerkes.

Es werden vier Gruppen unterschieden.

1. Bogen.

Das sind solche Haupttragwerke, deren Systemlinie nahe an der Stützlinie für Eigengewicht liegt oder mit dieser zusammenfällt. Die Bogen üben unter Belastung durch Gewichte allein neben lotrechten Auflagerkräften auch einen Horizontalschub auf die Widerlager aus.

2. Rahmen.

Bei diesen weicht die Systemlinie von der Stützlinie für Eigengewicht stark ab. Auch bei den Rahmen entsteht unter Gewichten allein ein Horizontalschub. Die Rahmen nehmen eine Mittelstellung zwischen Bogen und Balken ein.

3. Balken.

In der Regel ist die Systemlinie der Balken eine Gerade oder eine sehr gestreckte Linie. Unter Gewichtsbelastung allein entsteht an den Lagern kein Horizontalschub (von Reibungskräften abgesehen).

Es gibt eine Reihe von statischen Systemen, die zwischen 1 und 2, bzw. zwischen 1 und 3 stehen. Das sind die Bogen und Rahmen mit aufgehobenem Horizontalschub und der versteifte Stabbogen.

4. Sonderbauweisen.

In jüngster Zeit sind eine Reihe von Sonderbauweisen entwickelt worden, die hier nur kurz gestreift werden können. Dazu gehören die Plattenbrücken, bei denen das Haupttragwerk eine ungegliederte Platte bildet, die wie ein Balken oder Rahmen gestützt ist. Diese Brückenform ist durch besonders kleine Bauhöhen ausgezeichnet. Weitere Sonderbauweisen sind die Scheibenbogenbrücken, die Trägerroste, die Stahlbeton-Fachwerke moderner Bauart, die unterspannten Balken und die Spannbetonbalken.

B. Die für die Massivbrücken maßgebenden Bestimmungen.

ÖNORM B 4002, Straßenbrücken, allgemeine Grundlagen.
ÖNORM B 4003, I. Teil, Eisenbahnbrücken, allgemeine Grundlagen.
ÖNORM B 4003, II. Teil, Straßenbahnbrücken, allgemeine Grundlagen.
ÖNORM B 4200, III. Teil, Betonbauwerke, Berechnung und Ausführung.
ÖNORM B 4200, IV. Teil, Stahlbetontragwerke, Berechnung und Ausführung.
ÖNORM B 4202, Straßenbrücken, Massivbau, Berechnung und Ausführung.
ÖNORM B 4203, Eisenbahnbrücken, Massivbau, Berechnung und Ausführung, (im Entwurf).
Din 1072, Straßenbrücken, Belastungsannahmen.
Din 1075, Berechnungsgrundlagen für massive Brücken.
Vorläufige Bestimmungen über den Ausbau der Landstraßen.
Mit Ausnahme der zulässigen Beanspruchungen gelten sinngemäß auch
für Massivbrücken:
Din 1045, Bestimmungen für Ausführung von Bauwerken aus Stahlbeton.
Din 1047, Bestimmungen für Ausführung von Bauwerken aus Beton.
Din 1053, Berechnungsgrundlagen für Bauteile aus künstlichen und natürlichen Steinen.

C. Die Gliederung der Massivbrücken.

Man kann im Aufbau der Massivbrücken folgende Elemente unterscheiden: die Fahrbahntafel, die Abstützung der Fahrbahntafel auf das
Haupttragwerk und das Haupttragwerk.

Bei den Balkenbrücken ruht die Fahrbahntafel in der Regel unmittelbar auf den Hauptträgern. Dann entfällt eine besondere Fahrbahnabstützung.

Bei den Plattenbrücken ist die Fahrbahntafel gleichzeitig Haupttragwerk, so daß die Funktionen aller drei Bauelemente zusammen von einem
einzigen ausgeübt werden.

Die Lage der Fahrbahntafel beeinflußt den Aufbau der Bogenbrücken ganz entscheidend. Liegt die Fahrbahntafel oberhalb des Bogens
(Abb. 240 a), so muß die Fahrbahn durch Wände, Rahmen, Säulen oder
volle Übermauerung ohne oder mit Sparbögen auf den Bogen abgestützt
werden. Die Fahrbahntafel stellt somit eine auf den Bogen abgestützte
Balken- oder Plattenbrücke dar. Liegt
der Bogen über der Fahrbahntafel
(Abb. 240 b), so wird diese mit nur auf
Zug beanspruchten Hängestangen am
Bogen aufgehängt.

Die Massivbrücken brauchen in der
Regel keine besonderen Windverbände,
Bremsverbände usw. Die Windkräfte
auf die Fahrbahn und die Fahrzeuge und
die Bremskräfte nimmt die steife Fahrbahntafel auf und leitet sie bei Balken

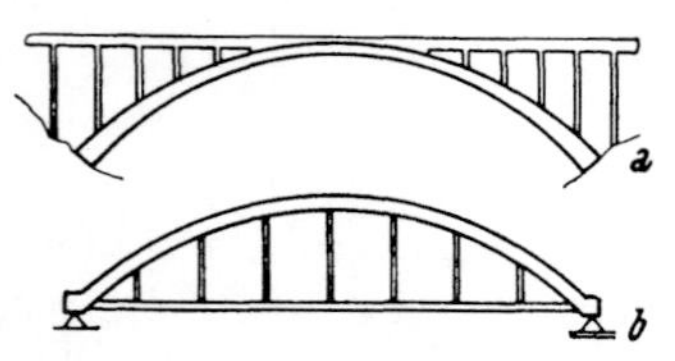

Abb. 240. Bogenbrücke: *a)* Mit
Fahrbahn oben. *b)* Mit Fahrbahn
unten.

brücken unmittelbar in die Widerlager. Bei Bogenbrücken mit Fahrbahn
oben muß die Fahrbahnabstützung die Windkräfte in den Bogen leiten,

der sie in der Regel ohne große Spannungssteigerung aufnehmen kann. Lediglich bei den Bogenbrücken mit unten liegender Fahrbahn ist ein oberer Windverband zwischen den Bogenrippen vorzusehen. Die an den Fahrzeugen und der Fahrbahn anfallenden Windkräfte werden von dieser in die Widerlager abgeleitet.

Die Gestaltung der Fahrbahntafel, der Fahrbahnabstützung und des Haupttragwerkes stellen sehr unterschiedliche Aufgaben dar und verlangen dementsprechend auch sehr verschiedene Berechnungsmethoden. Sie werden daher weiterhin getrennt behandelt.

D. Die Fahrbahntafel.

Die Fahrbahntafel besteht aus der Fahrbahndecke, bzw. Gehwegdecke, der Wasser abweisenden Dichtung, der Fahrbahnplatte und den Quer- und Längsträgern. Ferner sind zwischen Fahrbahn und Gehwegen, bzw. Radfahrwegen, radabweisende Randsteine und schließlich sind Geländer vorzusehen. Ferner sind die Versorgungsleitungen (Gas, Wasser, Strom) und die Fernmeldeleitungen in der Fahrbahntafel unterzubringen.

Von besonderer Bedeutung für den Bestand und die Lebensdauer der Brücken ist die Dichtung und die Ableitung des anfallenden Oberflächenwassers und des sich an der Dichtung sammelnden Sickerwassers. Die an der Fahrbahntafel gesammelten Wässer müssen von dem Bauwerk weggeführt werden, so daß sie weder an diesem, noch an der Gründung Schaden anrichten können.

Die Fahrbahntafel enthält demnach zwei Gruppen von Bauelementen, nämlich die bauliche Ausgestaltung der Fahrbahn und die tragende Konstruktion. Zur ersten Gruppe gehören die Bauelemente, die den Schutz des Bauwerkes gegen Beschädigungen durch den Verkehr und die Witterung gewährleisten, sowie die Einrichtungen zur Regelung und Sicherung des Verkehrs. Zur zweiten Gruppe gehören Fahrbahnplatte und Fahrbahnträger.

a) Die bauliche Ausgestaltung der Fahrbahn.

1. Die Fahrbahndecke.

Die Fahrbahndecke der Straßenbrücken muß eine für die Befahrung geeignete Oberfläche haben. Sie hat gleichzeitig die Aufgabe, die Fahrbahnplatte gegen Beschädigungen zu schützen. Man unterscheidet eine leicht erneuerbare Verschleißschicht, die Schutzschicht und die Dichtung. Die Stärke und Widerstandsfähigkeit dieser Schichten richtet sich nach der Verkehrsdichte und den zugelassenen Raddrücken.

Decken für schweren und mittelschweren Verkehr.

Für gemischten Verkehr (motorisiert und bespannt):
7—15 cm Granitwürfelpflaster,
3—5 cm Sand oder Sand-Zementgemisch,
4—6 cm Betonschutzschicht, gegebenenfalls mit Baustahlgewebe bewehrt.
1 cm Dichtung.
Gewicht: 0,36—0,68 t/m², Stärke: 15—28 cm.

Für vorwiegend motorisierten Verkehr:
4—5 cm Gußasphalt,
5—8 cm Schutzschicht, wie oben,
  1 cm Dichtung.
  Gewicht: 0,22—0,31 t/m², Stärke: 10—14 cm.
Für ausschließlich motorisierten Verkehr (Autobahn):
8—12 cm Beton-Verschleißschicht,
5—8 cm Schutzschicht, wie oben.
  1 cm Dichtung.
 Gewicht: 0,30—0,45 t/m², Stärke: 14—21 cm.

Decken für leichten Verkehr.

 4—10 cm Teer- oder bitumengebundene Steinschlagdecke gewalzt,
 4—6 cm Schutzschicht, wie oben,
   1 cm Dichtung.
   Gewicht: 0,19—0,35 t/m², Stärke: 9—17 cm.
10—12 cm Holzstöckelpflaster,
 · 2 cm Glattstrich,
 4—6 cm Schutzschicht, wie oben,
   1 cm Dichtung.
   Gewicht: 0,22—0,28 t/m², Stärke: 17—21 cm.

Bei dichten Decken (z. B. Gußasphalt oder Granitwürfelpflaster mit Fugenverguß aus Zementmörtel oder Bitumen) wird manchmal die Dichtung weggelassen. Jedoch muß in diesem Falle die Fahrbahndecke peinlich gepflegt und dichtgehalten werden.

An Stelle des Betons kann man auch in Zementmörtel verlegte Platten (Beton oder gebrannte Platten) als Schutzschicht verwenden.

Für die Dichtung werden teer- oder bitumengetränkte Pappen, Wollfilzpappen und Metallfolien (Pb, Cu, Al und Al-Cu-Legierungen) in mehrfacher Lage verwendet, die mit teer- oder bitumenhältigen Massen geklebt werden. Neuerdings werden Gummifolien und solche aus Kunststoffen für Dichtungszwecke erzeugt. Man hat auch Versuche mit Lehm als Dichtungsmittel angestellt (vgl. Bau-Techn. XXII (1944), S. 101).

Bei Massivbrücken unter Bahngeleisen wird man wohl immer das Geleise im Schotterbett lagern. Unter dem Schotterbett liegt die Schutzschicht und die Dichtung. Jedoch muß die Schutzschicht stärker und widerstandsfähiger gegen Schlag sein, als bei Straßenbrücken, da sie sonst beim Unterstopfen der Schwellen beschädigt werden könnte.

2. Radfahr- und Gehwege.

Für Radfahr- und Gehwege verwendet man womöglich wasserabweisende Decken, es wird dann eine besondere Dichtung überflüssig. Gußasphaltbelag von 2—3 cm Stärke hat sich sehr gut bewährt. Auch Betonplatten oder keramische Platten, in Zementmörtel verlegt, werden verwendet.

Unter den Gehwegen und Radfahrbahnen ist meist Platz zur Unterbringung der Versorgungsleitungen. Die Kabelleitungen führt man am besten durch Kabelkästen. Für Wasserleitungen und Gasrohre werden Hohlräume vorgesehen, die mit in Weißkalkmörtel verlegten Betondielen (Fertigbauteile) abgedeckt werden. Diese Dielen kann man bei Bedarf abheben, um zu den Leitungen zu gelangen.

3. Randsteine, Geländer und Entwässerungen.

Die Randsteine werden in einem Bett aus Zementmörtel verlegt. Man verwendet Randsteine aus Naturstein, am besten Granit oder Fertigbauteile aus Beton mit Kantenschutz aus Stahl (Abb. 241).

Die Geländerpfosten werden aus Fertigbauteilen versetzt. In der Randverstärkung der Fahrbahnplatte werden Löcher vorgesehen, in denen die Pfosten mit Zementmörtel vergossen werden. Am besten sind Geländerpfosten aus Stahl, jedoch sind auch solche aus Holz als Provisorien verwendet worden. Auch Betonfertigteile können verwendet werden, besonders solche aus Spannbeton, da man diese recht schlank halten kann. Werden Geländerpfosten aus Stahl verwendet, so soll der Gußasphaltbelag der Gehwege noch über die Pfosten hinausreichen, da sonst an der Berührungsfläche zwischen Metall und Zementverguß die Korrosion fördernde elektrochemische Vorgänge auftreten.

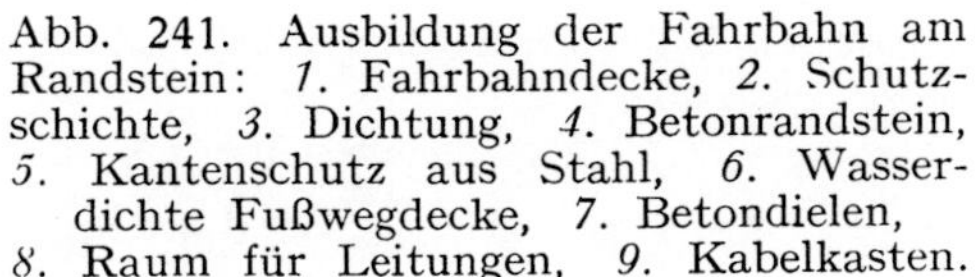

Abb. 241. Ausbildung der Fahrbahn am Randstein: *1.* Fahrbahndecke, *2.* Schutzschichte, *3.* Dichtung, *4.* Betonrandstein, *5.* Kantenschutz aus Stahl, *6.* Wasserdichte Fußwegdecke, *7.* Betondielen, *8.* Raum für Leitungen, *9.* Kabelkasten.

In Abb. 241 ist der Anschluß des Gehweges an die Randsteine aus Betonfertigteilen dargestellt, die Abb. 242 zeigt die Ausbildung der Gehwege mit Kabelkästen, Geländerpfosten und Randsteinen aus Granit. Für die Oberflächenentwässerung und die Abfuhr der Sickerwässer sind Abfallkästen und Rohrleitungen vorzusehen. Man vergleiche die einschlägige Literatur (z. B. *Weiß* und *König*, Bautechnik XVIII (1940), S. 603).

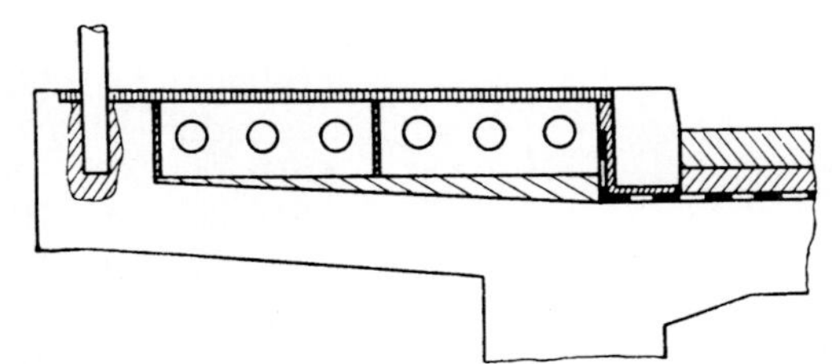

Abb. 242. Fußweg- und Geländerausbildung bei Massivbrücken.

b) Die Fahrbahnplatte.

Die Berechnung und Bewehrung der Fahrbahnplatte hängt von der Lage der die Platte stützenden Längs- und Querträger ab. Ist der Abstand der Querträger wesentlich größer als der der Längsträger (mehr als das 1,5-fache), so entstehen längliche Plattenfelder. Die für die Bemessung maßgebenden Biegungsmomente treten in der Richtung der kleinen Spannweite auf. Daher liegt auch die maßgebende Biegungsbewehrung in dieser Richtung. Man spricht von Platten mit Hauptbewehrung in einer Richtung.

Ist der Abstand der Querträger etwa so groß wie der der Längsträger, so entstehen annähernd quadratische Plattenfelder. Die Biegungsmomente sind in beiden Richtungen von gleicher Größenordnung, daher sind auch zwei gleichwertige Bewehrungsbahnen vorzusehen. Man spricht von kreuzbewehrten Platten.

Die Fahrbahnplatten werden neben der über die ganze Fläche gleichmäßig verteilten Belastung aus Eigengewicht durch die auf kleinem Bereich angreifenden Radlasten beansprucht. Unter den Raddrücken entstehen bei jeder Plattenform Biegeflächen mit doppelter Krümmung und daher auch Hauptbiegungsmomente in zwei aufeinander senkrechten Richtungen. Es ist Aufgabe der Elastizitätstheorie, diese Biegungszustände zu untersuchen und Berechnungsverfahren zu entwickeln, die in der Praxis mit einfachen Rechnungen zuverlässige Ergebnisse liefern. Bei den Platten mit Hauptbewehrung in einer Richtung kann der Biegungszustand der Platte mit dem eines Balkens verglichen werden. Bei den kreuzbewehrten Platten verwendet man mit Vorteil Einflußfelder, d. h. man erweitert den Begriff und die Auswertung der Einflußlinie für eindimensionale Stabtragwerke auf die Einflußfelder für die zwei-dimensionalen Platten.

1. Platten mit Hauptbewehrung in einer Richtung.

Bei dieser Plattenform beträgt die Entfernung der Querträger ein Mehrfaches der Entfernung der Längsträger (Abb. 243). Unter gleichförmiger Last (Eigengewicht) wird sich der größte Teil der Platte mit großer An

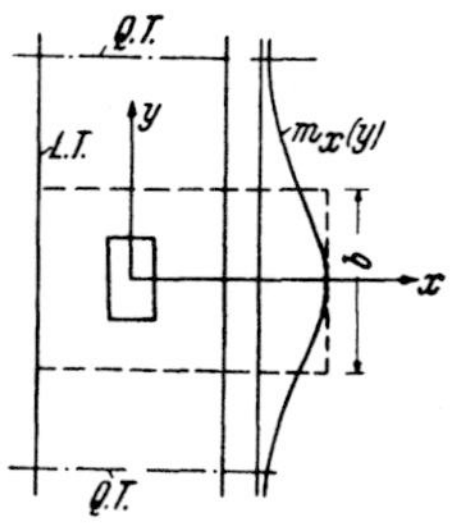

Abb. 243. Fahrbahnplatte mit Hauptbewehrung in einer Richtung; maßgebendes Biegungsmoment m_x und mitwirkende Breite b.

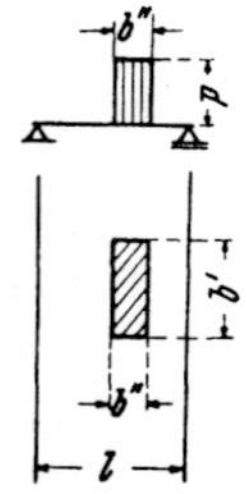

Abb. 244. Durch Raddruck belasteter Bereich eines Plattenstreifens.

näherung nach einem Zylinder mit den Erzeugenden parallel zu den Längsträgern verbiegen und es werden Biegungsmomente — bei Vernachlässigung der Querdehnung — nur in der x-Richtung entstehen. Unter einer auf kleinem Bereich angreifenden Belastung (Radlast) verbiegt sich die Platte jedoch nach einer doppelt gekrümmten Fläche! Die Biegungsmomente m_x sind unter der Last am größten und klingen in der y-Richtung ab (Abb. 243). Man definiert nun als „Mitwirkende Breite" die Breite jenes Balkens, der bei gleichen Stützungsverhältnissen in der x-Richtung dieselben größten Biegungsspannungen erleidet, wie die Platte. (Es wäre besser, von der Breite des Ersatzbalkens zu sprechen.)

Für die mitwirkende Breite b' von Platten mit Hauptbewehrung in einer Richtung kann

$$b' = 0{,}7\,l \tag{1}$$

gesetzt werden. Die mitwirkende Breite erstreckt sich immer *quer* zur Hauptbewehrung (Abb. 244).

In der Richtung der Hauptbewehrung kann der Raddruck auf die Strecke $b'' = t + 2\,s$ ($t =$ Felgenbreite, $s =$ Stärke der Fahrbahndecke) verteilt werden (Abb. 244).

Man erhält somit auf der Platte einen belasteten Bereich $b'\,b''$, auf den sich der Raddruck P verteilt. Der Raddruck ist mit einer Stoßzahl φ zu vervielfachen. Mithin entsteht unter dem Rad die Belastung pro Flächeneinheit

$$p = \frac{\varphi\,P}{b'\,b''}\,. \tag{2}$$

Mit dieser Belastung berechnet man einen Plattenstreifen von 1 m Breite wie einen Balken, der ebenso gestützt ist wie die Platte in der Richtung der Hauptbewehrung und der längs b'' mit p belastet ist.

Beispiel: Plattenbrücke mit 10 cm Würfelpflaster ($s = 20$ cm) über einem Durchlaß von 3,00 m Lichtweite, Straßenbrücke I. Kl. Stützweite $l = 3,30$ m.

Maßgebend ist das Walzenvorderrad. Die Hauptbewehrung liegt in der Fahrtrichtung, daher für Walzenvorderrad:

$$b' = 0,7 \cdot 3,30 = 2,31 \text{ m},$$

$$t'' = 10 \text{ cm}, \quad b'' = 0,10 + 2 \cdot 0,20 = 0,50 \text{ m}.$$

Mit $\varphi = 1,4$ (nach Önorm B 4202, Tafel 1) und $P = 10$ t wird $p = \dfrac{1,40 \cdot 10,0}{2,31 \cdot 0,50} = 12,1$ t/m².

Mit der längs b'' in Feldmitte wirkenden Last p wird der Plattenstreifen von 1 m· Breite berechnet. Man erhält aus der Einflußlinie des frei aufliegenden Balkens (Abb. 245) mit max $m_v = 1/2 \, (0,825 + 0,700) \cdot 0,50 \cdot 12,1 = 4,61$ tm/m das größte Moment infolge Verkehr. Das Eigengewicht der 30 cm starken Platte einschließlich Fahrbahndecke beträgt $g = 1,21$ t/m². Mithin $m_g = 1/8 \cdot 1,21 \cdot 3,30^2 = 1,65$ tm/m, $m_v + m_g = 6,26$ tm/m. Mit $\sigma_{e\,zul} = 1800$ kg/cm² (hochwertiger Betonstahl) wird

$$\gamma_E = \frac{h}{\sqrt{\dfrac{m}{\sigma_e}}} = \frac{27}{\sqrt{\dfrac{6,26}{1,8}}} = 14,45, \qquad \sigma_b = \frac{1800}{30} = 60 \text{ kg/cm}^2,$$

$$f_{ex} = \frac{6,26}{1,8 \cdot 0,889 \cdot 0,27} = 14,5 \text{ cm}^2/\text{m}; \qquad \varnothing\ 20, \ a = 21,5 \text{ cm}.$$

Man beachte: Die berechneten Momente sind auf 1 m Breite bezogen, daher mit „klein m" zu bezeichnen, ferner bedeutet f_{ex} die auf 1 m Breite bezogene Bewehrungsfläche in der x-Richtung.

Da sich die Platte unter dem Rand auch quer zur Richtung der Hauptbewehrung krümmt, entstehen in der y-Richtung ebenfalls Biegungsmomente; es ist auch eine in dieser Richtung liegende Bewehrungsbahn vorzusehen. Während jedoch die oben angegebene Näherungsrechnung für die Momente m_x einigermaßen zutreffende Werte liefert, sind die Momente m_y ohne die Verwendung der Theorie elastischer Platten kaum richtig zu erfassen; sie werden am besten nach dem in folgendem Abschnitt über kreuzbewehrte Platten angegebenen Verfahren der Einflußfelder ermittelt.

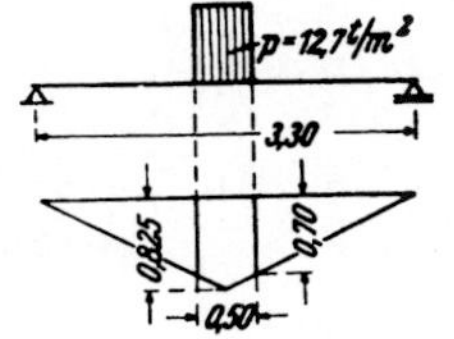

Abb. 245. Einflußlinie für das Feldmoment.

Die Platten mit Hauptbewehrung in einer Richtung sind meist über mehrere Felder durchlaufend. Man benützt zur Ermittlung der größten Momente infolge Verkehr mit Vorteil Einflußlinientafeln (z. B. *Anger*, Zehnteilige Einflußlinientafeln, Verlag Ernst, Berlin). Der Vorgang zu deren Auswertung entspricht dem im Beispiel gezeigten.

Für den Nachweis der Schubspannungen ist bei Platten mit Hauptbewehrung in einer Richtung ein Näherungsverfahren zulässig (Önorm B 4200, 4. Teil, § 12, Ziffer 1 b, bzw. Din 1045, § 19, Ziffer 2).

Überschreitet die Schubspannung in einer Platte die Werte, die noch ohne Nachweis der Schubbewehrung zugelassen sind, so ist die Platte zu verstärken. Die Schubbewehrung kann im Gegensatz zu den Balken in den verhältnismäßig dünnen Platten nicht so stetig im Beton verteilt werden, daß sie überall dort wirksam ist, wo Schubkräfte auftreten. Daher sind zur Verkleinerung von τ_0 die Betonabmessungen zu vergrößern.

2. Kreuzbewehrte Platten.

Wenn sich der Umriß der Plattenfelder dem Quadrat nähert, so wird sich die Platte unter jeder Belastung, auch unter Gleichlast $q =$ const., nach einer doppelt gekrümmten Fläche verbiegen, deren Krümmungen in jeder Richtung von gleicher Größenordnung sind, daher auch die Biegungsmomente m_x und m_y. Solche Platten müssen auf jeden Fall zwei Hauptbewehrungsbahnen bekommen.

Bei den kreuzbewehrten Platten sind die Biegungsmomente außerordentlich stark abhängig vom Seitenverhältnis und der Art der Randabstützung (drehbarer oder eingespannter Rand). Man sollte zur Berechnung der Schnittkräfte solcher Platten immer die Ergebnisse der Theorie elastischer Platten heranziehen. Für die Momente infolge Gleichlast (Eigengewicht) wird es im allgemeinen genügen, hierfür die Näherungsformeln, bzw. die mit diesen berechneten Zahlentabellen zu benützen (vgl. II. Teil, Anwendungen im Hochbau, S. 188). Um die Schnittkräfte aus der Verkehrsbelastung zu berechnen, muß man jedoch auf die Elastizitätstheorie zurückgreifen. Die umfangsgelagerten Platten von annähernd quadratischer Gestalt haben im Vergleich zu der Stützweite sehr kleine Biegungsmomente. Man kann daher solche Platten viel weiter spannen, als Platten mit Hauptbewehrung in einer Richtung. Da der Achsabstand der Regelfahrzeuge 3,00 m beträgt, tragen erst bei Platten von mehr als 6,00 m Stützweite mehrere Räder zum größten Moment bei. Die Berechnung der Schnittkräfte infolge der Verkehrsbelastung geschieht am einfachsten und genauesten mit Hilfe der Einflußfelder. Die Theorie der Einflußfelder ist im zweiten Teil (S. 200) kurz dargestellt.

Bei Kenntnis der Einflußfelder, die nur von der Gestalt der Platte und der Art der Randstützung abhängen, jedoch nicht von deren Größe, sind die Schnittkräfte infolge einer beliebigen Belastung auf einfachste Weise zu berechnen.

Sei $\varkappa\,(u, v; x, y)$ die Ordinate im Punkte (xy) des Momenteneinflußfeldes für den Aufpunkt (u, v), so entsteht unter der Belastung $p\,(x, y)$ im Aufpunkt das bezogene Biegungsmoment

$$m\,(u, v) = \int\!\!\int_F \varkappa\,(u, v; x, y)\, p\,(x, y)\, dx\, dy. \tag{3}$$

Im Falle einer Teilbelastung $p =$ const. über dem belasteten Bereich $\mathfrak{B}$ wird

$$m\,(u, v) = p \int\!\!\int_{\mathfrak{B}} \varkappa\,(u, v; x, y)\, dx\, dy = p\, V, \tag{3 a}$$

d. h. das Biegungsmoment ist das Produkt des Inhaltes V des Einflußfeldes über dem belasteten Bereich mal der Belastung pro Flächeneinheit. Da die Ordinate $\varkappa$ dimensionslos ist, hat der Inhalt V die Dimension l^2.

Bei Einzellasten P_i tritt an die Stelle des Flächenintegrales eine Summe; es wird

$$m\,(u, v) = \sum_i P_i\, \varkappa\,(u, v;\, x_i,\, y_i).\qquad\qquad (3\text{ b})$$

Die Einflußfelder werden in Schichtenplänen dargestellt. Ihre Auswertung, die auf die Inhaltsberechnung von Körpern hinausläuft, erfolgt numerisch.

Zur Auswertung der Momenteneinflußfelder wird (3 a) zweckmäßig umgeformt, indem man dimensionslose Koordinaten $\xi = \dfrac{x}{l}$, $\eta = \dfrac{y}{l}$ einführt; l soll der längeren Seite der Platte gleichgesetzt werden. Man erhält dann (3 a) in der Form

$$m\,(u, v) = p\,l^2 \int\!\!\!\int_{\mathfrak{B}} \varkappa\,(u, v;\, \xi,\, \eta)\, d\xi\, d\eta = p\,l^2\,\mathfrak{B};\qquad\qquad (3\text{ c})$$

$\mathfrak{B}$ ist eine dimensionslose Zahl.

Sinngemäß hat man bei Benützung von (3 c) alle Längen mit der längeren Seite der Platte als Längeneinheit zu messen, d. h. in Bruchteilen von l anzusetzen.

Bei Verwendung der Einflußfelder darf man den Raddruck natürlich nicht auf die „Mitwirkende Breite" $b' = 0{,}7\,l$ verteilen. Vielmehr ist für den belasteten Bereich $\mathfrak{B}$ das Rechteck $b_1\,b_2$ in folgender Größe anzusetzen:

$$\begin{aligned}
b_1 &= 10\ \text{cm} + 2\,(s + h) && \text{in der Fahrtrichtung,}\\
b_2 &= t + 2\,(s + h) && \text{quer zur Fahrtrichtung;}
\end{aligned}\qquad (4)$$

($t = $ die Felgenbreite, $s = $ Stärke der Fahrbahndecke bis Plattenoberkante, $h = $ Nutzhöhe der Platte).

Man braucht jedoch nur die über dem Aufpunkt stehende Radlast, in der Regel die größte, auf $b_1\,b_2$ verteilen. Alle anderen Raddrücke führt man als Einzellasten nach (3 b) in die Berechnung ein.

Die Momenteneinflußfelder werden mit den $8\,\pi$-fachen Werten dargestellt. Man hat daher alle daraus gewonnenen Ergebnisse durch $8\,\pi$ zu dividieren.

Die mit Schichtenlinien dargestellten Einflußfelder für Rechteckplatten mit verschiedenen Seitenverhältnissen und Stützungsarten sind in ausreichender Zahl berechnet und mit Anwendungsbeispielen veröffentlicht (*A. Pucher*, Einflußfelder elastischer Platten, Wien: Springer-Verlag, 1958). Für Rechteckplatten mit frei drehbar gelagerten Rändern sind für verschiedene Belastungsbereiche die Einflußfelder bereits ausgewertet und in Zahlentafeln zusammengestellt (*E. Bittner*, Momententafeln und Einflußflächen für kreuzweise bewehrte Eisenbetonplatten, Wien: Springer-Verlag, 1938). Auch für nur an zwei gegenüberliegenden Rändern gelagerte Platten sind Einflußfelder für verschiedene Seitenverhältnisse berechnet worden (*Olsen* und *Reinitzhuber*, Die zweiseitig gelagerte Platte, 1. und 2. Band, Berlin: Verlag W. Ernst & Sohn). Es stehen demnach eine genügende Zahl von Einflußfeldern für die Berechnung der Fahrbahnplatten zur Verfügung.

Beispiel: Berechnung des Innenfeldes der Fahrbahnplatte einer Straßenbrücke mit zwei Hauptträgern in 7,50 m Abstand, Querträgerentfernung 9,00 m (Abb. 246). Fahrbahndecke: 10 cm Betonverschleißschicht, 5 cm Schutzschicht, 1 cm Dichtung ($s = 16$ cm). Die Platte ist für eine 24 t-Walze und 12 t-LKW zu bemessen.

Die Platte läuft über mehrere Felder durch. Für Vollbelastung erleiden die Ränder über den Querträgern keine Verdrehung, man nimmt sie als volleingespannt an. Diese Annahme darf auch für die Verkehrsbelastung gemacht werden. Die Ränder über den Hauptträgern nimmt man als frei drehbar gelagert an; wegen des Torsionswiderstandes der Hauptträger, die durch die Querträger ausgesteift sind, ist diese Annahme sehr vorsichtig.

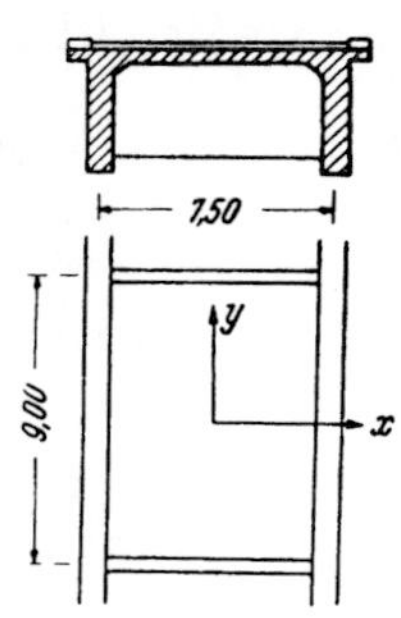

Das Seitenverhältnis ist $l_y/l_x = 1,20$. Die längere Seite ($l = l_y = 9,00$ m) ist Längeneinheit. Berechnet wird m_y in Plattenmitte als das im vorliegenden Falle für die Plattenstärke maßgebende Moment. Es wird mit $h = 25$ cm (zunächst geschätzt) für die schwerste Last, das Walzenvorderrad $P = 10$ t, und $\varphi = 1,4$:

$$b_1 = 10 + 2\,(16 + 25) = 92 \text{ cm}, \qquad \beta_1 = \frac{b_1}{l} = \frac{0,92}{9,00} = 0,102,$$

$$b_2 = 100 + 2\,(16 + 25) = 182 \text{ cm}, \qquad \beta_2 = \frac{b_2}{l} = \frac{1,82}{9,00} = 0,202;$$

$$p = \frac{1,4 \cdot 10,00}{0,92 \cdot 1,82} = 8,35 \text{ t/m}^2.$$

Abb. 246. Kreuzbewehrte Fahrbahnplatte einer Balkenbrücke.

Der Radstand der Regelfahrzeuge ist 3,00 m oder $3,00/9 = 0,333\,l$, die Spurweite $1,60/9 = 0,178\,l$. Man zeichnet in das Einflußfeld den Belastungsbereich $\beta_1 \cdot \beta_2$ des Walzenvorderrades über dem Aufpunkt ein und vermerkt die übrigen Radlasten, das sind die Walzenhinterräder und die Räder von zwei Lastwagen, in richtiger Stellung (Abb. 247).

Zur Berechnung des über $\beta_1 \cdot \beta_2$ befindlichen Inhaltes $\mathfrak{B}$ des Einflußfeldes mißt man entweder mit Hilfe des Planimeters die Horizontalschnitte aus oder man berechnet den Inhalt von Vertikalschnitten mit Hilfe der *Simpson*schen Regel, wie es im folgenden am Schnitt I (Abb. 248) gezeigt wird. Man beachte, daß die Ordinaten des Momenteneinflußfeldes dimensionslos sind.

Mit $\Delta \varkappa = 1$ folgt aus Abb. 248 der Inhalt der halben Schnittfläche:

$$F_I = \frac{1}{3}\,(1 \cdot 0,005 + 4 \cdot 0,012 + 2 \cdot 0,020 + 4 \cdot 0,032 + 1 \cdot 0,051) + 3 \cdot 0,051 = 0,244.$$

Die übrigen Schnitte sind: $F_{II} = 0,237$, $F_{III} = 0,215$, $F_{IV} = 0,192$, $F_V = 0,180$.

Aus den Schnitten berechnet man den 8π-fachen Inhalt $\mathfrak{B}$ mit dem Abstand der Schnitte $\Delta \xi = \beta_2/8 = 0,0253$:

$$8\,\pi\,\mathfrak{B} = 4\frac{1}{3}\,0,0253\,(1 \cdot 0,244 + 4 \cdot 0,237 + 2 \cdot 0,215 + 4 \cdot 0,192 + 1 \cdot 0,180) = 0,0937.$$

Das Moment m_y aus Walzenvorderrad wird:

$$m_{y1} = p\,l^2\,\mathfrak{B} = \frac{1}{8\,\pi}\,8,35 \cdot 9,00^2 \cdot 0,0937 = 2,52 \text{ tm/m}.$$

Das Moment m_{y2} infolge der übrigen Raddrücke wird als Summe berechnet. Die Einflußwerte $\varkappa_i$ entnimmt man dem Schichtenplan (sie sind jeweils über den Raddrücken angeschrieben). Es wird

$$m_{y2} = \sum_i P_i\,\varkappa_i = \frac{1}{8\,\pi}\,2\,[5,60 \cdot 2,20 + 5,60 \cdot 0,50 + (9,80 + 2,80 + 2,80)\,0,2] = 1,45 \text{ tm/m}.$$

Der Einfluß des Menschengedränges auf dem von Fahrzeugen freien Bereich der Platte wird genügend genau mit einem angenäherten Inhalt von

$$8\,\pi\,\mathfrak{B} = 1/3 \cdot 0,9 \cdot 0,333 \cdot 0,833 = 0,083$$

berechnet. Mithin wird $m_{y3} = 1/8\,\pi \cdot 0,700 \cdot 9,00^2 \cdot 0,083 = 0,185$ tm/m. Das Moment infolge Verkehrslast beträgt somit $m_y = 2,52 + 1,45 + 0,19 = 4,16$ tm/m.

Das Eigengewicht der 30 cm starken Platte ist $g = 0,380 + 0,30 \cdot 2,4 = 1,10$ t/m². Das Moment in Feldmitte wird $m_{yg} = 0,0219\,g \cdot l^2 = 0,0219 \cdot 1,10 \cdot 9,0^2 = 1,95$ tm/m. Für die Bemessung ist maßgebend: max $m = 1,95 + 4,16 = 6,11$ tm/m. Nach Önorm B 4202 sind bei Verwendung von Betonstahl III und Beton B 225 die Spannungen 80/2200 zulässig.

Mit $\sigma_e/\sigma_b = 27{,}5$, $\gamma_E = 13{,}29$ und $\zeta = 0{,}883$ wird

$$h = 13{,}29 \sqrt{\frac{6{,}11}{2{,}2}} = 22\,\text{cm},$$

$$f_{ey} = \frac{6{,}11}{2{,}2 \cdot 0{,}883 \cdot 0{,}22} = 14{,}3\ \text{cm}^2/\text{m}, \qquad \varnothing\ 20,\ a = 22{,}0\ \text{cm}.$$

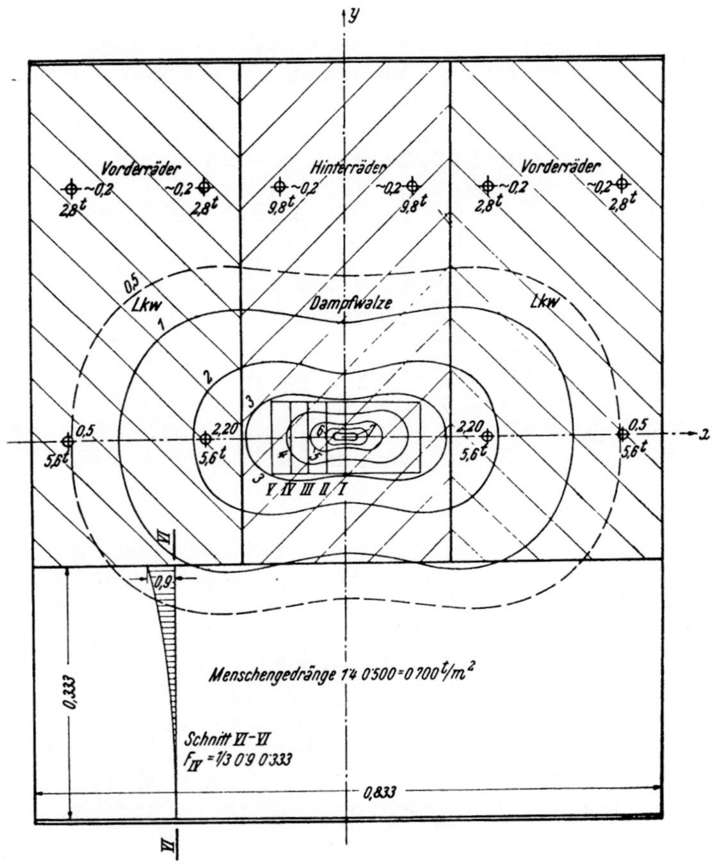

Abb. 247. m_y — Einflußfeld (8 π-fach) in Feldmitte einer Platte, $l_y : l_x = 1{,}2$ mit zwei eingespannten Rändern (———). Auswertung für ein Plattenfeld $7{,}50 \cdot 9{,}00$ m².

Auf dieselbe Weise berechnet man mit Benützung der entsprechenden Einflußfelder noch das Moment m_x in Feldmitte für die Bewehrungsbahn f_{ex} und das Stützmoment in der Mitte des Querträgers. Man hat dann genügend Anhaltspunkte für das Entwerfen der Bewehrung.

Die Schubspannungen der weitgespannten Fahrbahnplatten sind klein und brauchen in der Regel nicht nachgewiesen werden. Gegebenenfalls bedient man sich für die Bestimmung der maßgebenden Querkräfte aus Verkehr der Querkrafteinflußfelder, deren Auswertung in gleicher Weise erfolgt, wie die der Momenteneinflußfelder.

Die den Einflußfeldern zugrunde liegende Theorie setzt Drillungssteifigkeit der Platte voraus. Man hat diese durch bauliche Maßnahmen und entsprechende Bewehrung zu gewährleisten. Wenn die Platte mit den stützenden Trägern monolithisch verbunden ist und überdies an den Rändern die Verdrehung behindert wird (eingespannter Rand), so ist in der Regel keine zusätzliche Bewehrung erforderlich.

Die kreuzbewehrten Fahrbahnplatten sind sehr widerstandsfähig gegen örtlich begrenzt wirkende Belastungen. Man kann mit ihnen daher große Stützweiten überspannen. Die dadurch möglich werdenden großen Längsträgerabstände tragen entscheidend zur Verringerung des Eigengewichtes der Massivbrücken bei.

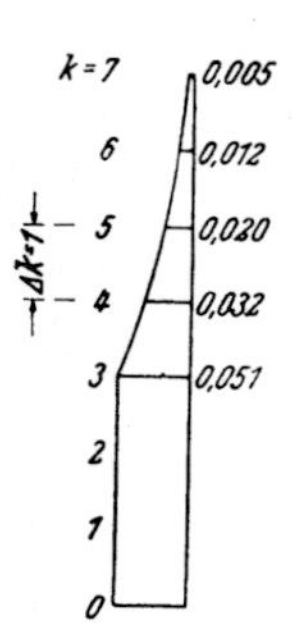

Abb. 248. Der halbe Schnitt I.

c) Die Fahrbahnträger.

Die unmittelbar die Fahrbahnplatte stützenden Längs- und Querträger sind für die ungünstigste Stellung der Verkehrslasten zu berechnen. Man hat immer das schwerste Rad über den Träger zu stellen. Es ist daher zwecklos, die Abstände der Längsträger kleiner als die Spurweite der Regelfahrzeuge, die der Querträger kleiner als den Radstand zu machen. Es wird vielmehr das Eigengewicht der Fahrbahntafel viel kleiner, wenn man größere Abstände der Längs- und Querträger wählt.

1. Die Längsträger.

Zur Berechnung der Längsträger als in der Regel über mehrere Felder durchlaufende Träger ist nichts Besonderes zu bemerken. Man benützt zur Ermittlung der Momente infolge Verkehrslast die Einflußlinien unter weitgehender Verwendung von Zahlentafeln (z. B. *Anger*, Zehnteilige Einflußlinien, Berlin: Ernst). Bei der Ermittlung der Querübertragungszahlen für die nicht unmittelbar über dem Träger stehenden Lasten verzichtet man auf die genaue Verfolgung der Lastverteilung durch die Fahrbahnplatte und legt das einfache Hebelgesetz zugrunde. Es ist zu beachten, daß bei Längsträgern kurzer Stützweite häufig die Schubspannungen für die Wahl der Betonabmessungen maßgebend sind.

Sekundäre Längsträger werden heute bei Bogen mit oben liegender Fahrbahn fast ausschließlich mit gleichbleibender Höhe ausgeführt, da deren Vergrößerung über den Stützen aus architektonischen Gründen abgelehnt wird. Man wird die Stützquerschnitte erforderlichenfalls durch Verbreiterungen verstärken. Ruht die Fahrbahnplatte unmittelbar auf den Hauptträgern (Balkenbrücken), so erfolgt deren Gestaltung nach den in Abschnitt G b (S. 322) erläuterten Grundsätzen.

2. Die Querträger.

Die Querträger sind nicht nur Auflager der Fahrbahnplatte, sondern sie haben auch in Verbindung mit den Fahrbahnstützen die Seitensteifigkeit der Fahrbahntafel zu gewährleisten. Bei mehr als zwei Längsträgern bewirken sie auch einen Lastenausgleich zwischen den verschieden belasteten Längsträgern (Trägerrost). Bei der Bemessung und Bewehrung sind diese drei Punkte zu berücksichtigen. Auch bei den Querträgern ist häufig die Schubspannung für die Größe des Betonquerschnittes maßgebend.

Man macht die Querträger so hoch und schmal als möglich. In der Regel werden 25 bis 35 cm Breite genügen. Die Bewehrung darf besonders dann nicht zu sparsam sein, wenn man die Trägerrostwirkung nicht rechnerisch verfolgt.

E. Die Abstützung der Fahrbahntafel.

Bei den Balkenbrücken liegt die Fahrbahntafel unmittelbar auf den Längsträgern. Besondere Abstützungen sind nur bei den Bogenbrücken notwendig. Diese Abstützungen sind bei oben liegender Fahrbahn anders beschaffen als bei unten liegender Fahrbahn.

a) Fahrbahn oberhalb des Haupttragwerkes.

1. Massive Aufbauten.

Bei aus Mauerwerk gewölbten Brücken werden in der Regel auch die Aufbauten aus Mauerwerk ausgeführt. Bei Bogen kleiner Stützweite oder bei flachen Bogen wird der Aufbau voll ausgeführt. Er besteht aus den Stirnmauern aus hochwertigem und verwitterungsbeständigem Mauerwerk und

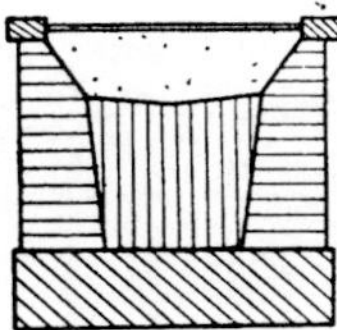

Abb. 249. Querschnitt durch den massiven Aufbau einer Bogenbrücke.

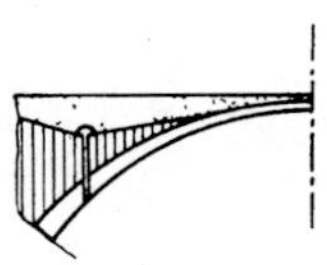

Abb. 250. Längsschnitt durch den massiven Aufbau einer Bogenbrücke.

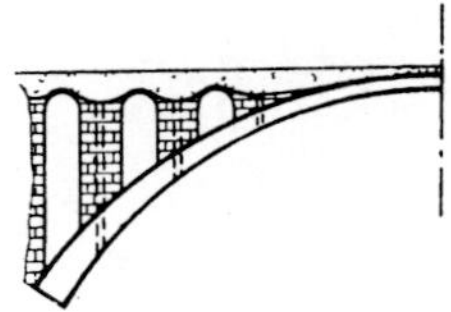

Abb. 251. Massive Aufbauten mit Sparbögen.

dem dazwischenliegenden Füllmauerwerk aus entsprechend leichteren Baustoffen (Abb. 249). Man verwendet hierzu vielfach Magerbeton oder Schlackenbeton. Auf dem Füllmauerwerk liegt die Dichtung und darüber die Fahrbahndecke. Man gibt der Dichtung ein entsprechendes Quergefälle und führt die Sickerwässer durch ein Abfallrohr ab (Abb. 250). Bei größerer Stützweite wird die volle Übermauerung zu schwer. Man ordnet Sparöffnungen an, die durch kleine Gewölbe überdeckt sind. Anordnung und Führung der Entwässerung ist in Abb. 251 dargestellt. Die massiven Aufbauten sind gegebenenfalls durch Fugen zu unterteilen. Sie werden sonst sehr steif und erhalten leicht Risse, insbesondere die Stirnmauern.

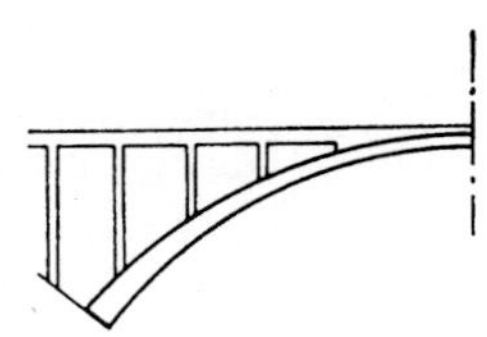

Abb. 252. Aufgelöste Aufbauten (Längsschnitt).

2. Aufgelöste Aufbauten.

Bei Beton- und Stahlbetonbogen oder bei gemauerten Bogen, bei denen möglichst leichte Aufbauten erwünscht sind, stützt man die aus Platten und Trägern bestehende Fahrbahntafel mit Wänden, Rahmen oder Säulen auf das Gewölbe ab (Abb. 252). Diese Abstützungen haben neben dem Gewicht der Fahrbahn und den Verkehrslasten auch den Wind auf Fahrbahntafel und Fahrzeuge auf den Bogen zu übertragen.

Volle Wände als Abstützung sind nur bei kleiner Höhe zu empfehlen, da sie sonst zu schwer werden. Zur Begehung der Gewölberücken sind in den Wänden Durchgänge auszusparen (Abb. 253).

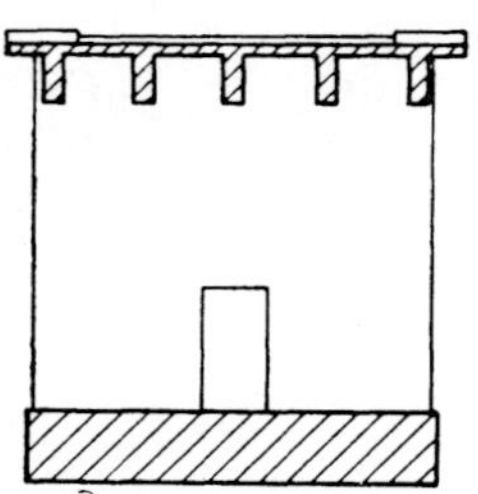

Abb. 253. Fahrbahnabstützung durch volle Wand.

Liegt die Fahrbahn in größerer Höhe über dem Boden, so wählt man Rahmen ohne oder mit Zwischenriegel (Abb. 254). Der oberste Riegel ist gleichzeitig Querträger. Solche Rahmen müssen so bemessen werden, daß sie dem seitlichen Windangriff auf die Fahrbahn standhalten können. Bei hohen Rahmen kann man die Zwischenriegel vermeiden, wenn man den Rahmen portalartig ausgestaltet. Der oben liegende Querträger wird sehr hoch und steif, ebenso sind die Stützen breit. Damit sie bei großer Biegesteifigkeit nicht zu schwer werden, macht man sie gegebenenfalls hohl. In diesem Falle wird auch der Querträger als Kastenquerschnitt auszubilden sein (Abb. 255).

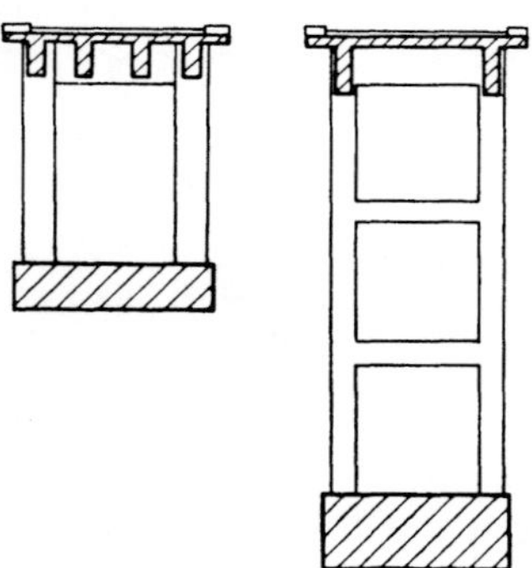

Abb. 254. Fahrbahnabstützung durch zweistielige Rahmen ohne und mit Zwischenriegeln.

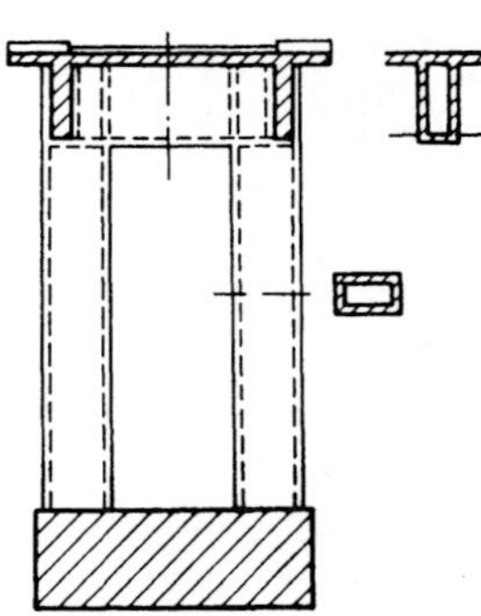

Abb. 255. Fahrbahnabstützung durch Portalrahmen mit Hohlpfeilern und zweiwandigem Querträger.

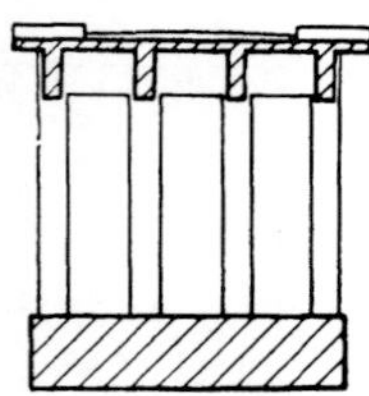

Abb. 256. Fahrbahnabstützung mit Säulen.

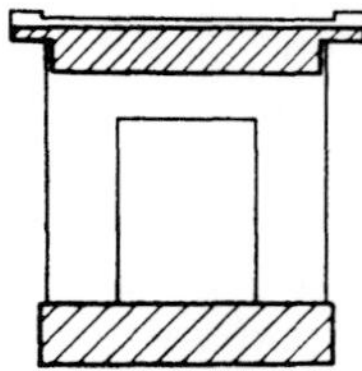

Abb. 257. Fahrbahnplatte ohne Längsträger (Plattenbrücke), mit Portalrahmen abgestützt.

Hat die Fahrbahn mehrere Längsträger, so kann man statt der vollen Wand auch mehrere Einzelstützen vorsehen (Abb. 256). Bei größerer Höhe ist diese Anordnung nicht zu empfehlen, da die Stützen wegen der erforderlichen Knicksteifigkeit im Verhältnis zu ihrer Belastung zu schwer werden. Es ist besser, die Längsträger mit einem starken Querträger abzufangen und nur zwei Rahmenstützen zu machen.

Besonders niedere, jedoch schwere Fahrbahntafeln erhält man, wenn man die Fahrbahnplatte ohne Längsträger von Querträger zu Querträger spannt (Abb. 257).

Die Abfallrohre für die Entwässerung werden bei aufgelösten Aufbauten längs oder in den Wänden, Säulen oder Rahmenstielen geführt, bei Hohlstützen innerhalb des Hohlraumes.

b) Fahrbahnen unterhalb des Haupttragwerkes.

Bei den Bogenbrücken mit untenliegender Fahrbahn ist das Haupttragwerk in zwei Bogenrippen aufgelöst, an denen die Fahrbahntafel hängt. Die Hängestangen sind nur auf Zug beansprucht. Um Betonzugrisse in den Hängestangen auszuschließen, dürfen diese erst nach der Belastung mit Beton ummantelt werden, wenn man sie nicht überhaupt nur durch Anstrich gegen Rost schützt. Die Hängestangen werden unten meistens im Querträger verankert (Abb. 258).

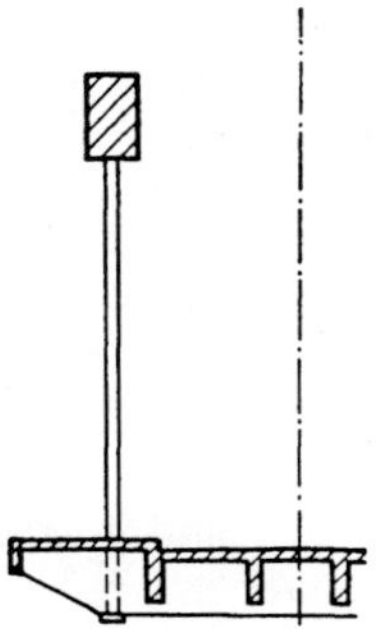

Abb. 258. Aufhängung der Fahrbahn bei Bogenbrücken mit unten liegender Fahrbahn.

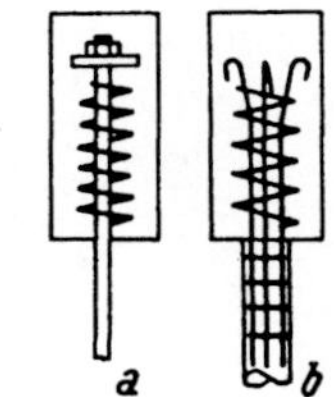

Abb. 259. Verankerung der Hängesäulen.

Man macht die Hängestangen entweder aus einem entsprechend starken Rundstahl oder aus Rundeisenbündel. Im ersteren Falle muß die Verankerung mit Ankerplatten und Schraubenmuttern erfolgen, da die Haftspannungen hiezu nicht ausreichen (Abb. 259 a). Die Rundeisenbündel können hingegen durch Haftung und Rundhaken allein verankert werden. Die Bewehrungsstäbe werden am Ende pilzartig auseinandergebogen (Abb. 259 b). In beiden Fällen ist die Verankerung durch Umschnürung (Spiralen) zu verbessern. Der lediglich die Korrosion der Hängestangen verhindernde Betonmantel ist durch Rundbügel zu sichern.

Wenn die Bogenrippen des Haupttragwerkes den Horizontalschub an die Widerlager abgeben, so ist die Fahrbahntafel durch Dehnfugen vom Kämpfer zu trennen. Wird der Bogenschub jedoch durch ein Zugband aufgenommen, das in der Fahrbahntafel liegt, so ist dafür zu sorgen, daß sich das Zugband unabhängig von der Fahrbahntafel dehnen kann, da in dieser Risse sonst nicht zu vermeiden sind.

F. Bogenbrücken.

a) Die Form der Bogenachse.

1. Geometrische und statische Form.

Bei Gewölben und Bogen kleinerer Stützweite wird oft die geometrische Form der inneren Leibung (z. B. ein Kreisbogen) vorgegeben; auch die älteren Brückenbauwerke haben nach geometrischen Gesetzen geformte innere Leibungen. Es wird dann auch die äußere Leibung geometrisch geformt (z. B. ebenfalls ein Kreisbogen mit anderem Mittelpunkt). In diesem Falle folgt auch die Bogenachse als geometrischer Ort der Schwerpunkte aller Bogenquerschnitte einem rein geometrischen Gesetz.

Die geometrische Formgebung versagt jedoch bei großen Bogenbrücken und führt bei mittleren zu unnötig großen Abmessungen. Solche Bogen sind so zu gestalten, daß die Bogenachse die Form der Stützlinie für Eigengewicht hat.

Soll bei Bogen größerer Stützweite die Bogenform aus irgend welchen Gründen rein geometrischen Gesetzen gehorchen, so hat man durch bauliche Maßnahmen den Aufbauten eine solche Gewichtsverteilung zu geben, daß die vorgeschriebene Bogenachse Stützlinie für Eigengewicht wird.

Es ist unwesentlich, ob die Form der Stützlinie, bzw. der Bogenachse durch ein analytisches Gesetz festgelegt wird oder durch eine Reihe von genügend dicht liegenden ausgezeichneten Punkten, deren Koordinaten gegeben sind. Da das numerische Berechnungsverfahren jedoch den veränderlichen Gewichts- und Steifigkeitsverhältnissen einfacher angepaßt werden kann als das analytische, wird hier nur die numerische Methode behandelt.

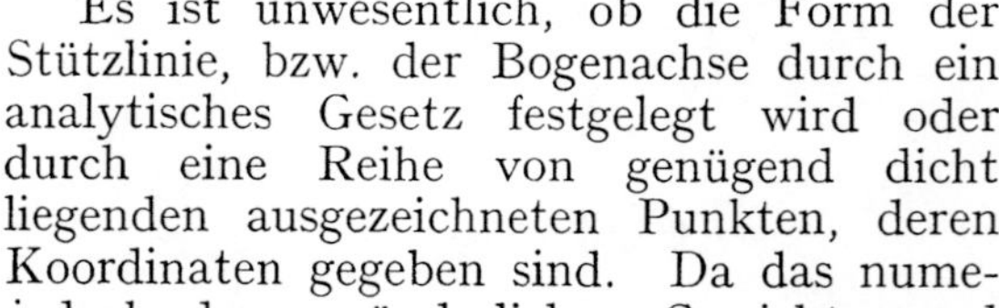
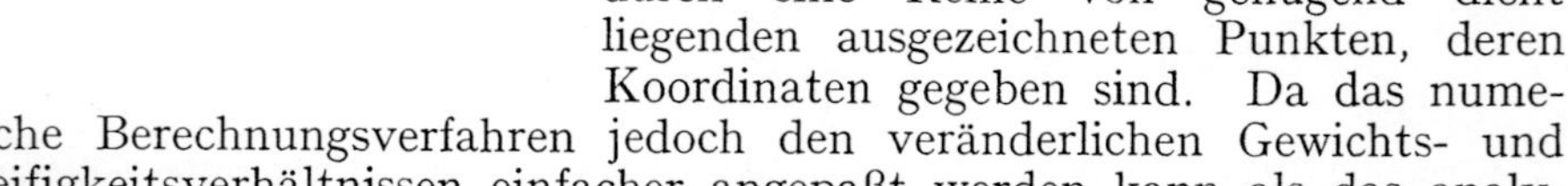

Abb. 260. Gliederung des Eigengewichtes von Bogenbrücken.

2. Die Ermittlung der Bogenachse als Stützlinie.

Die Bogenachse ist dann eine mögliche Stützlinie für Eigengewicht, wenn sie affin ist zu der Momentenlinie $\mathfrak{M}$, die am frei aufliegenden Balken gleicher Stützweite infolge der Gewichte des Bogens und der Aufbauten entsteht. Die Stützlinie ist demnach unabhängig von der Art der Stützung des Bogens.

Die Beziehungen zwischen den Bogenordinaten y, von der Kämpfersehne aus gemessen, und $\mathfrak{M}$ gewinnt man über den Bogenschub H_S der Stützlinie.

$$H_S = \frac{\mathfrak{M}_c}{f} \quad (\mathfrak{M}_c = \text{Moment } \mathfrak{M} \text{ im Scheitel}, \quad f = \text{Pfeilhöhe}) \qquad (5)$$

und

$$y = \frac{\mathfrak{M}}{H_S} \qquad (6)$$

Das Gewicht der Brücke setzt sich aus mehreren Anteilen zusammen: aus dem Gewicht des Bogens oder Gewölbes selbst (in Abb. 260 mit (*1*) bezeichnet), aus dem Gewicht der Fahrbahntafel (*2*), aus dem Fahrbahnzwickel in der Nähe des Scheitels (*3*) und aus dem Gewicht der Fahrbahnabstützung (*4*). (*1*) und (*3*) fallen als stetig verteilte Last an, ebenso (*2*) und (*4*) bei voller Übermauerung, bei aufgelösten Aufbauten greifen (*2*) und (*4*) als Punktlasten am Bogen an.

Um die Momentenlinie $\mathfrak{M}$ zu berechnen, ersetzt man die stetig verteilten Lasten durch eine Gruppe statisch gleichwertiger Punktlasten; in der weiteren Berechnung hat man es dann nur mehr mit Punktkräften zu tun.

Die statisch gleichwertigen Ersatzlasten G_m einer stetig verteilten Belastung g sollen in den als Lastscheiden gewählten ausgezeichneten Punkten angreifen (Abb. 261). Es wird

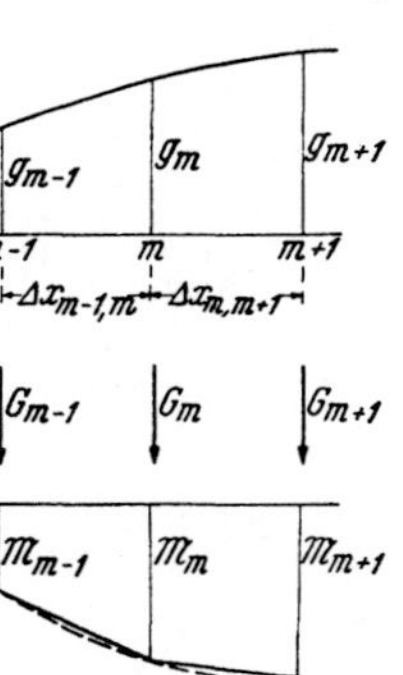

Abb. 261. Die statisch gleichwertigen Ersatzlasten G_m einer stetigen Belastung g.

$$G_m = \frac{\Delta x_{m-1,m}}{6} (g_{m-1} + 2\,g) +$$

$$+ \frac{\Delta x_{m,m+1}}{6} (2\,g_m + g_{m+1}). \tag{7 a}$$

Sind die ausgezeichneten Punkte m äquidistant, d. h. $\Delta x_{m,m+1} = \Delta x = $ const. so wird einfacher

$$G_m = \frac{\Delta x}{6} (g_{m-1} + 4\,g_m + g_{m+1}). \tag{7 b}$$

Den Gleichungen (7 a) und (7 b) liegt die Annahme zugrunde, daß die Belastungsfunktion zwischen den ausgezeichneten Punkten geradlinig verläuft. Man hat Δx so klein zu wählen, daß die Abweichung davon innerhalb der Rechnungsgenauigkeit liegt.

Setzt man voraus, daß die Belastung von $m-1$ bis $m+1$ einer Parabel zweiter Ordnung entspricht, so erhält man G_m bei äquidistanter Teilung aus

$$G_m = \frac{\Delta x}{12} (g_{m-1} + 10\,g_m + g_{m+1}). \tag{7 c}$$

Man kann bei Verwendung dieser Formel etwas großzügiger teilen, jedoch gibt (7 c) keine wesentlich besseren Ergebnisse als (7 a) oder (7 b).

Zur Berechnung der senkrechten Querkräfte V und der Momente $\mathfrak{M}$ infolge der Ersatzlasten verwendet man die Rekursionsformel

$$V_{m,m+1} = V_{m-1,m} - G_m,$$

$$\mathfrak{M}_m = \mathfrak{M}_{m-1} + V_{m-1,m}\,\Delta x_{m-1,m}, \tag{8}$$

deren Auswertung in Tabellen sehr einfach und übersichtlich ist, wie folgendes Beispiel zeigt, bei dem einfache Symmetrie der Belastung vorausgesetzt ist.

Das Versetzen der Zeilen der an die Spanne $m-1$, m gebundenen Größen V und Δx gegenüber den Zeilen der an die ausgezeichneten Punkte m gebundenen Größen G, $\mathfrak{M}$ und y ist sehr übersichtlich und schließt Fehlerquellen aus.

Ermittlung von $\mathfrak{M}$ und der Stützlinie.

m	G_m	V	Δx	$V\,\Delta x$	$\mathfrak{M}$	y_1	y_0	Δy
		$A = 254,-$						
0	$38,-$ t				0	0	0	0
		$216,-$	4,50	$974,-$				
1	$68,-$				$974,-$	2,02	1,93	$+\,0,09$
		$148,-$	4,20	$622,-$				
2	$62,-$				$1596,-$	3,31	3,18	$+\,0,13$
		$86,-$	3,90	$336,-$				
3	$58,-$				$1932,-$	4,00	3,95	$+\,0,05$
		$28,-$	3,60	$101,-$				
4	$56,-$				$2033,-$	4,20	4,20	0

$$H_S = \frac{2033}{4,20} = 483 \text{ t.}$$

Bei zur Brückenmitte symmetrischen Lasten, — wie im obigen Beispiel angenommen —, ist V links und rechts neben der Brückenmitte bekannt, nämlich gleich $\pm$ der halben Knotenlast G in Brückenmitte. Daher kann die Spalte der V von der Mitte aus beginnend, berechnet werden. Bei unsymmetrischer Lastanordnung müssen erst die Auflagerkräfte A und B in bekannter Weise ermittelt werden, bevor die V und die übrigen Größen berechnet werden können. Die Momente $\mathfrak{M}$ erhält man als fortlaufende Summe der Produkte $V\,\Delta x$. Am Auflager A ($m = 0$) ist $\mathfrak{M} = 0$, auch am Auflager B muß M verschwinden. Das gibt bei unsymmetrischer Lastanordnung eine Kontrolle für die Rechnungsgenauigkeit, insbesondere für die Auflagerkräfte A und B.

Da G_m an den Lastscheiden m angreift, ist die Momentenlinie infolge der Ersatzlasten das Sehneneck der tatsächlichen Momentenlinie. In den ausgezeichneten Punkten m ist daher das berechnete Moment infolge der Ersatzlasten G_m gleich dem tatsächlichen Moment infolge der stetig verteilten Belastung g (Abb. 261).

Bei der Auswahl der ausgezeichneten Punkte m hat man zu beachten, daß an jedem Angriffspunkte einer Punktlast (Aufbauten) und an jeder Unstetigkeitsstelle der Belastung ein solcher Punkt anzunehmen ist. Dazwischen sollen ausgezeichnete Punkte in solchem Abstand gewählt werden, daß die Belastungsfunktion genügend genau durch die Ersatzlasten G_m beschrieben ist.

Die Gewichte G_m sind, da sie das Gewicht des Bogens und der Aufbauten enthalten, abhängig von der Bogenform. Man kann daher die Bogenachse als Stützlinie für Eigengewicht nur durch schrittweise Annäherung gewinnen. Man nimmt zunächst eine erste Bogenform y_0 an, in der Regel eine Parabel zweiter Ordnung oder einen Kreis, und ermittelt auf Grund eines maßstäblichen Längsschnittes die Bogengewichte. Hierauf berechnet man, wie oben gezeigt, nach (5) den Stützlinienschub H_S und schließlich nach (6) die Ordinaten der ersten Stützlinie y_1 und deren Abweichung $\Delta y = y_1 - y_0$ von der ersten Bogenachse. Sind diese Abweichungen größer als 1 bis 2 cm, so wiederholt man das Verfahren, indem man von y_1 als Bogenachse ausgeht und die G_m entsprechend berichtigt. In der Regel wird schon die zweite Stützlinie y_2 genügend genau mit y_1 übereinstimmen.

3. Die Berechnung der Stützlinienbelastung zu der gegebenen Bogenform.

Soll bei einer größeren Brücke aus architektonischen Gründen eine nach geometrischen Gesetzen geformte Bogenachse gewählt werden, so ist es, wie bereits erwähnt, zweckmäßig, die Aufbauten so zu bemessen, daß deren Gewicht eine der Bogenform affine Stützlinie zugeordnet ist.

Wenn die Bogenform Stützlinie aus Eigengewicht sein soll, muß die Beziehung $H_S\, y(x) = \mathfrak{M}(x)$ bestehen. Durch zweimalige Differentiation erhält man

$$g(x) = -\frac{d^2\mathfrak{M}}{dx^2} = -H_S\frac{d^2y}{dx^2}\,. \tag{9}$$

Den Stützlinienschub H_S berechnet man aus der zweiten Ableitung und dem Gewicht der Brücke g im Scheitel ($x = 0$).

$$H_S = \frac{-g_c}{\left|\dfrac{d^2y}{dx^2}\right|_{x=0}}\,. \tag{10}$$

Man wird bei geometrischer Form der Bogenachse in der Regel einen analytischen Ausdruck für $y(x)$ kennen und die Differentialquotienten berechnen können. Man kann aber statt des Differentialquotienten auch den Differenzenquotienten

$$\frac{\Delta^2 y}{\Delta x^2} = \frac{y_{m+1} - 2\,y_m + y_{m-1}}{\Delta x^2} \cong \frac{d^2y}{dx^2} \tag{11}$$

setzen, indem man auf der Bogenachse eine genügende Anzahl ausgezeichneter Punkte im Abstand Δx = const. ausmißt.

b) Die Statik der Stützlinienbogen.

Es wird bei allen Bogen einfache Symmetrie vorausgesetzt. Die Erweiterung der Methode auf unsymmetrische Tragwerke ist leicht durchzuführen.

1. Der gelenklose (eingespannte) Bogen.

Es werden die in Abb. 262 eingetragenen Bezeichnungen verwendet. Insbesondere sind die Bogenordinaten y auf die Kämpfersehne bezogen, die Ordinaten z auf den elastischen Schwerpunkt 0 als Ursprung des Koordinatensystems.

Man denke sich die Festhaltung der Kämpfer durch Ergänzung des Bogens zu einem geschlossenen Ring durch einen starren Balken ($J = \infty$, $F = \infty$) vorgenommen, der an jedem Kämpfer ein elastisches Element E enthält. Bogen und Versteifungsbalken seien äußerlich statisch bestimmt gestützt (Abb. 263). Das statisch bestimmte Grundsystem — ein Balken auf zwei Stützen — entsteht durch Zerschneiden des Versteifungsbalkens in der Mitte. Die Überzähligen X_1, X_2 und X_3 werden im elastischen Schwerpunkt im Abstand y_0 über der Kämpfersehne angebracht. Die elastische Nachgiebigkeit der Elemente E_A und E_B sei gleich groß. Es sei

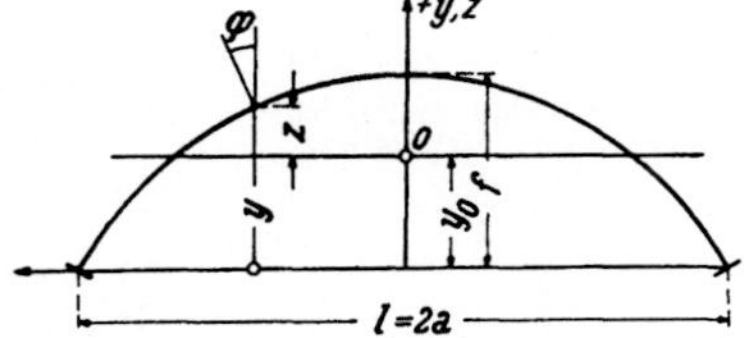

Abb. 262. Bezeichnungen bei den Bogen.

ξ deren $E\,J_c$-fache elast. Verschiebung infolge $H = 1$,
η deren $E\,J_c$-fache elast. Verschiebung infolge $V = 1$,
ε deren $E\,J_c$-fache elast. Verdrehung infolge $M = 1$ (Abb. 264).

Es entstehen folgende Schnittkräfte infolge der Überzähligen $X_i = -1$:

Zustand	im Bogen			im elast. Element E		
	M_ι	N_ι	Q_ι	M_ι	N_ι	Q_i
$X_1 = -1$	$z = y - y_0$	$-\cos\varphi$	$+\sin\varphi$	$-y_0$	$+1$	0
$X_2 = -1$	$+x$	$-\sin\varphi$	$-\cos\varphi$	$+a$	0	$+1$
$X_3 = -1$	$+1$	0	0	$+1$	0	0

$$(12)$$

Vorzeichenregel:
Positives Moment M erzeugt Zug an der inneren Leibung.
Positive Normalkraft N erzeugt Druck.

Positive Querkraft Q hebt das rechte Schnittufer an. Während die Balkenquerkraft V (bei der Ermittlung der Stützlinie verwendet) senkrecht wirkt, ist die im Bogen wirkende Querkraft Q normal zur Bogenachse gerichtet.

X_1 und X_3 sind symmetrische Kraftangriffe, X_2 ist ein antimetrischer Kraftangriff. Daher verschwinden die Formänderungsgrößen δ_{12} und δ_{23}. Um den vollständigen Zerfall der Elastizitätsgleichungen in drei Gleichungen mit je einer Unbekannten herbeizuführen, bringt man X_1 im elastischen Schwerpunkt an, dessen Lage durch y_0 gegeben ist. Soll

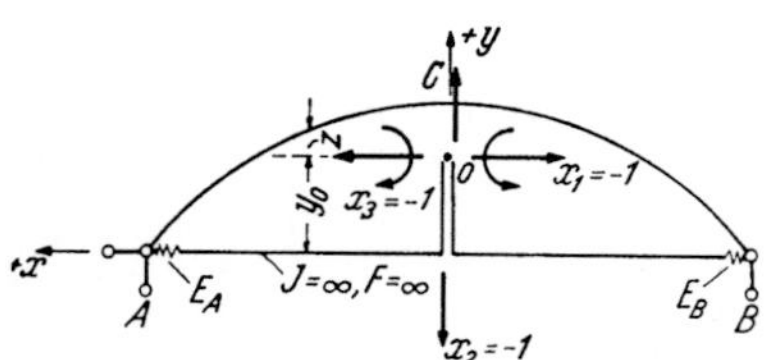

Abb. 263. Das statisch bestimmte Grundsystem des gelenklosen Bogens; E_A und E_B sind elastische Elemente.

$$\delta_{13} = \int (y - y_0)\,\frac{J_c}{J}\,ds - 2\,y_0\,\varepsilon = 0 \quad \text{sein, so muß}$$

$$y_0 = \frac{\displaystyle\int y\,\frac{J_c}{J}\,ds}{\displaystyle\int \frac{J_c}{J}\,ds + 2\,\varepsilon} \qquad (13)$$

werden.

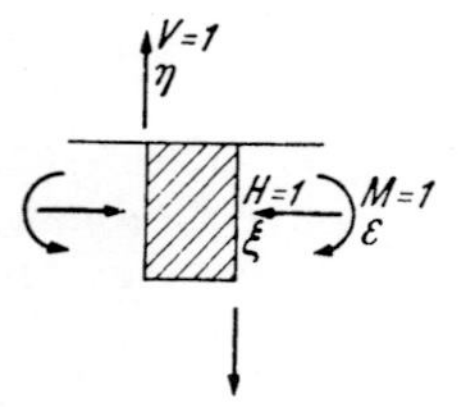

Abb. 264. Die Einheitslasten am elastischen Element.

Bei den Formänderungs- und Belastungsgrößen wird der Beitrag der Querkräfte als unbedeutend nicht berücksichtigt. Den Beitrag der Normalkräfte braucht man bei Stützlinienbogen nur in δ_{11} und δ_{01} in Rechnung stellen. Es wird

$$\delta_{11} = \int_0^l z^2\,\frac{J_c}{J}\,ds + i_c^2\int_0^l \cos^2\varphi\,\frac{F_c}{F}\,ds + 2\,(\xi + y_0^2\,\varepsilon), \qquad i_c^2 = \frac{J_c}{F_c},$$

$$\delta_{22} = \int_0^l x^2\,\frac{J_c}{J}\,ds + 2\,(\eta + a^2\,\varepsilon), \qquad \delta_{33} = \int_0^l \frac{J_c}{J}\,ds + 2\,\varepsilon. \qquad (14)$$

Die Belastungsgrößen infolge der am Bogen selbst angreifenden Kräfte sind:

$$\delta_{01} = \int_0^l M_0\, z\, \frac{J_c}{J}\, ds - i_c^2 \int_0^l N_0 \cos\varphi\, \frac{F_c}{F}\, ds,$$

$$\delta_{02} = \int_0^l M_0\, x\, \frac{J_c}{J}\, ds, \qquad \delta_{03} = \int_0^l M_0\, \frac{J_c}{J}\, ds. \tag{15}$$

Bemerkung: δ_{ii} und δ_{0i} sind die EJ_c-fachen Werte der physikalischen Verschiebungen. Für die Festwerte J_c und F_c sollen beim gelenklosen Bogen Trägheitsmomente und Fläche des kleinsten Bogenquerschnittes gewählt werden. Dann ist für den ganzen Bogen $\dfrac{J_c}{J} \leqq 1$ und $\dfrac{F_c}{F} \leqq 1$, was für die Zahlenrechnung von Vorteil ist. Die Integrale sind über den ganzen Bogen zu erstrecken.

Die Überzähligen X_1, X_2 und X_3 berechnet man aus

$$X_1 = \frac{\delta_{01}}{\delta_{11}}, \qquad X_2 = \frac{\delta_{02}}{\delta_{22}}, \qquad X_3 = \frac{\delta_{03}}{\delta_{33}}. \tag{16}$$

Die Schnittkräfte im statisch unbestimmten Bogen folgen aus den Schnittkräften am Grundsystem und den Schnittkräften infolge der Überzähligen:

$$\begin{aligned}
M_m &= M_{0m} - z_m X_1 - x_m X_2 - X_3,\\
N_m &= N_{0m} + \cos\varphi_m X_1 + \sin\varphi_m X_2,\\
Q_m &= Q_{0m} - \sin\varphi_m X_1 + \cos\varphi_m X_2.
\end{aligned} \tag{17}$$

Die Normal- und Querkräfte im Bogen kann man auch aus den Komponenten H und V zusammensetzen; dieser Weg ist meistens vorzuziehen. Es wird

$$\begin{aligned}
H_m &= H_{0m} + X_1,\\
V_m &= V_{0m} + X_2
\end{aligned} \tag{18}$$

und (Abb. 265)

$$\begin{aligned}
N_m &= H_m \cos\varphi_m + V_m \sin\varphi_m,\\
Q_m &= - H_m \sin\varphi_m + V_m \cos\varphi_m.
\end{aligned} \tag{19}$$

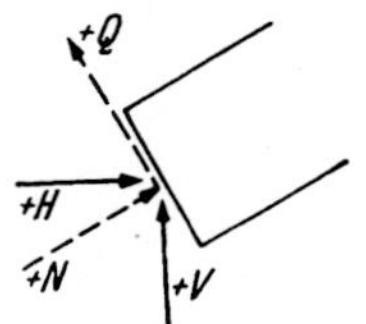

Abb. 265. Die positiven Längs- und Querkräfte an Balken (H und V) und Bogen(N und Q).

Die bestimmten Integrale in den Ausdrücken für die Formänderungs- und die Belastungsgrößen berechnet man numerisch unter Verwendung bekannter Verfahren. Alle Funktionen sind durch die Funktionswerte in den ausgezeichneten Punkten gegeben. Diese ausgezeichneten Punkte müssen genügend nahe aneinanderliegen und so ausgewählt werden, daß zwischen denselben die Funktion einen stetigen und glatten Verlauf hat. Unter solchen Voraussetzungen kann man das bestimmte Integral immer durch eine Summe von folgender Form genügend genau ersetzen

$$\int_a^b f(x)\, \frac{J_c}{J}\, dx = \beta\, \Delta x_c \sum_{m=0}^{n} f(x_m)\, \frac{J_c}{J_m}\, \varkappa_m. \tag{20}$$

Der Faktor β, ein echter Bruch, und die integrierenden Faktoren $\varkappa_m$ sind von der Funktion selbst unabhängig und stellen Festwerte dar, die nur durch die Auswahl der ausgezeichneten Punkte bedingt werden.

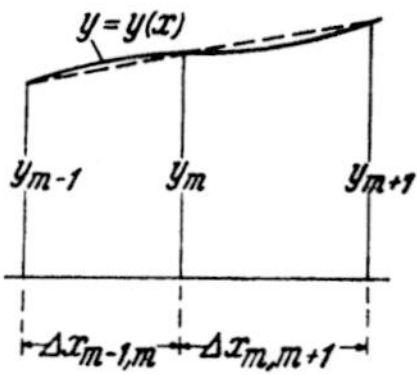

Abb. 266. Ersatz einer stetigen Funktion $y(x)$ durch Trapeze.

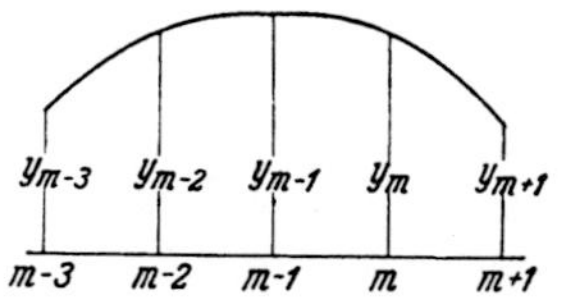

Abb. 267. Ersatz einer stetigen Funktion $y(x)$ durch Parabeln 2. Grades.

Bei ungleichen Abständen Δx ersetzt man die Funktion durch Trapeze (Abb. 266). Die Teilung muß so eng sein, daß der durch die Abweichung der Trapeze vom tatsächlichen Funktionsverlauf entstehende Fehler innerhalb der geforderten Genauigkeit liegt. Es wird

$$\beta = \frac{1}{2},$$

$$\varkappa_m = \frac{\Delta x_{m-1,m} + \Delta x_{m,m+1}}{\Delta x_c} \tag{21}$$

mit $\Delta x_{-1,0} = \Delta x_{n,n+1} = 0$.

Bei äquidistanter Teilung ($\Delta x = $ const.) wendet man die *Simpson*sche Regel an, indem man zwischen je drei aufeinanderfolgenden Punkten $f(x)$ stückweise durch Parabeln zweiter Ordnung ersetzt (Abb. 267). Es wird

$$\beta = \frac{1}{3}, \quad \Delta x = \text{const.} = \Delta x_c; \quad \varkappa_0 = 1, \quad \varkappa_{2i-1} = 4, \quad \varkappa_{2i} = 2, \quad \varkappa_n = 1; \tag{22}$$

n muß eine gerade Zahl sein.

Bei voller Übermauerung des Bogens wird man $n = 8$, 10 oder 12 ausgezeichnete Punkte auf der Bogenhälfte annehmen, bei flachem Bogen in konstantem Horizontalabstand, bei steilem Bogen sind gleichlange Bogenelemente anzunehmen.

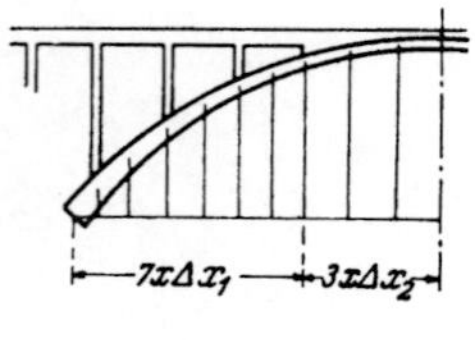

Bei Brücken mit aufgelösten Aufbauten oder mit angehängter Fahrbahn hat man in jedem Punkte, in dem eine Fahrbahnstütze am Bogen anläuft, einen ausgezeichneten Punkt anzunehmen, zwischen diesen Punkten je einen weiteren, bei sehr großen Stützenabständen deren zwei, einzuschalten. Im Bereich des Zwickels am Bogenscheitel sind ebenfalls mehrere Punkte anzunehmen, einer davon an der Stelle, an der die Fahrbahntafel im Bogen anläuft (Abb. 268). Die Fahrbahnstützen haben meist gleichen Horizontalabstand. Die ausgezeichneten Punkte haben daher im Bereich der abgelösten Fahrbahn ebenfalls gleichen Horizontalabstand Δx_1. Im Scheitelbereich wird man sie ebenfalls mit gleichem Horizontalabstand Δx_2 festlegen, der im allgemeinen ein anderer sein

Abb. 268. Anlage der ausgezeichneten Punkte bei Bogenbrücken.

wird, als der zwischen den Fahrbahnstützen. Man kann aber auch in diesem Falle für die bestimmten Integrale *eine* Summe nach (20) setzen, indem man aus beiden zunächst für jeden Bereich getrennt aufzustellenden Summen Δx_1 heraushebt, d. h. also in der zweiten Summe die summierenden Faktoren $\varkappa_m$ noch mit $\Delta x_2/\Delta x_1$ multipliziert. Man kann auch die Trapezregel benützen, rechnet dann allerdings etwas weniger genau.

Bei flachem Bogen führt man demnach als unabhängige Veränderliche die Abszisse x ein. Man hat dann alle Integrale umzuformen. Da $ds = dx/\cos \varphi$

ist, wird $\displaystyle\int_a^b f(s)\,\frac{J_c}{J}\,ds = \int_a^b f(x)\,\frac{J_c}{J\cos\varphi}\,dx$. Die Faktoren $J_c/J\cos\varphi$ und

$F_c/F\cos\varphi$ sind für jeden ausgezeichneten Punkt konstant. Man zieht sie mit dem summierenden Faktor $\varkappa$ zusammen und setzt

$$\varkappa_m{}' = \frac{J_c}{J_m\cos\varphi_m}\,\varkappa_m, \qquad \varkappa_m{}'' = \frac{F_c}{F_m\cos\varphi_m}\,\varkappa_m, \tag{23 a}$$

wenn man die Horizontalabstände Δx (bei flachem Bogen) in die Summe einführt; man setzt jedoch

$$\varkappa_m{}' = \frac{J_c}{J_m}\,\varkappa_m, \qquad \varkappa_m{}'' = \frac{F_c}{F_m}\,\varkappa_m, \tag{23 b}$$

wenn längs der Bogenlängen (Δs) integriert werden soll.

Die bestimmten Integrale werden bei der Zahlenrechnung demnach durch folgende Summen ersetzt:

$$y_0 = \frac{\beta\,\Delta x_c \displaystyle\sum_{m=0}^{n} y_m\varkappa_m{}'}{\beta\,\Delta x_c \displaystyle\sum_{m=0}^{n} \varkappa_m{}' + \varepsilon}; \tag{13 a}$$

$$\delta_{11} = 2\,\beta\,\Delta x_c\left(\sum_{m=0}^{n} z_m{}^2\,\varkappa_m{}' + i_c{}^2 \sum_{m=0}^{n} \cos^2\varphi_m\,\varkappa_m{}''\right) + 2\,(\xi + y_0{}^2\,\varepsilon), \tag{14 a}$$

$$\delta_{22} = 2\,\beta\,\Delta x_c \sum_{m=0}^{n} x_m{}^2\,\varkappa_m{}' + 2\,(\eta + a^2\,\varepsilon), \qquad \delta_{33} = 2\,\beta\,\Delta x_c \sum_{m=0}^{n} \varkappa_m{}' + 2\,\varepsilon;$$

$$\delta_{01} = 2\,\beta\,\Delta x_c\left(\sum_{m=0}^{n} M_{0m}\,z_m\,\varkappa_m{}' - i_c{}^2 \sum_{m=0}^{n} N_{0m}\cos\varphi_m\,\varkappa_m{}''\right). \tag{15 a}$$

$$\delta_{02} = 2\,\beta\,\Delta x_c \sum_{m=0}^{n} M_{0m}\,x_m\,\varkappa_m{}', \qquad \delta_{03} = 2\,\beta\,\Delta x_c \sum_{m=0}^{n} M_{0m}\,\varkappa_m{}'.$$

Die Summierung von $0 - n$ wird wegen der Symmetrie nur über den halben Bogen erstreckt. Die Summen werden tabellarisch berechnet.

Man benützt (15) und (16) beim Stützlinienbogen nur zur Berechnung der Stützkräfte infolge Eigengewicht, infolge Temperaturänderung und Schwinden und infolge von Widerlagerbewegungen. Die Schnittkräfte infolge der Verkehrsbelastung findet man mit Hilfe von Einflußlinien.

Eigengewicht.

Zur Ermittlung der Überzähligen infolge Eigengewicht belastet man das Grundsystem neben dem Brückengewicht mit dem Stützlinienschub H_S, den man sich am Versteifungsbalken angreifend vorstellt (Abb. 269). Da die Bogenachse Stützlinie für Eigengewicht ist, werden die Momente $M_{0g} = \mathfrak{M} - H_S y \equiv 0$; die Längskraft wird $N_{0g} = + \dfrac{H_S}{\cos \varphi}$. Im Versteifungsbalken, bzw. in den elastischen Elementen, entsteht die Normalkraft $N = - H_S$. Somit wird nach (15), ergänzt um den Beitrag der elastischen Elemente

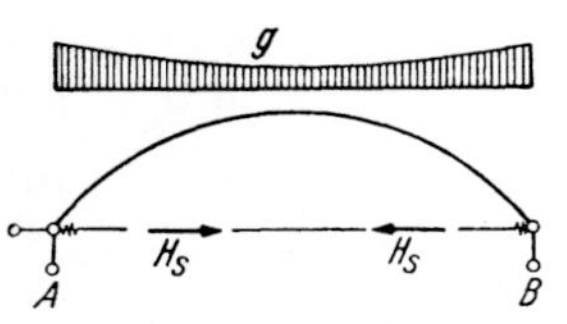

Abb. 269. Belastung durch Eigengewicht und Stützlinienschub H_S des statisch bestimmten Grundsystems der Stützlinienbogen.

$$\delta_{01} = - H_S \left(i_c^2 \int_0^l \frac{F_c}{F} ds + 2 \xi \right), \qquad \delta_{02} = \delta_{03} = 0$$

und

$$X_1 = - H_S \cdot \frac{i_c^2 \displaystyle\int \frac{F_c}{F} ds + 2 \xi}{\delta_{11}} = - \Delta H_S, \qquad X_2 = X_3 = 0. \tag{24}$$

Nach Ersetzung des Integrals durch eine Summe wird

$$X_1 = - H_S \frac{2 \left(\beta \, \Delta x_c \, i_c^2 \displaystyle\sum_{m=0}^n \varkappa_m'' + \xi \right)}{\delta_{11}} = - \Delta H_S, \tag{24 a}$$

$\Delta H_S = - X_1$ ist die Änderung des Horizontalschubes H_S der Stützlinie infolge der Verkürzung der Bogenachse durch die Normalkräfte.

Die Momente des Stützlinienbogens infolge Eigengewicht sind $M_g = M_{0g} - z X_1 - x X_2 - X_3 = + \Delta H_S z$ und der Bogenschub wird $H_g = H_S - \Delta H_S$. Mit genügender Genauigkeit ist $N_g = \dfrac{H_g}{\cos \varphi}$ und $Q_g \equiv 0$. ΔH_S ist ein kleiner Bruchteil von H_S, etwa 0,25 bis 3,00%. Daher sind auch die Biegungsmomente aus Eigengewicht im Stützlinienbogen sehr klein.

Temperatur und Schwinden.

Infolge einer gleichmäßigen Abkühlung des Bogens um Δt^0 wird

$$\delta_{t1} = - E J_c \alpha \Delta t \, l, \qquad \delta_{t2} = \delta_{t3} = 0$$

und

$$X_1 = - \frac{E J_c \alpha \Delta t \, l}{\delta_{11}}, \qquad X_2 = X_3 = 0. \tag{25}$$

Die Momente infolge einer Temperaturänderung sind ähnlich denen infolge des Eigengewichtes.

Die Überzähligen infolge des Schwindens der Beton- und Stahlbetonbogen erhält man, indem man für Schwinden eine Temperaturabnahme von 15° bis 30° einsetzt.

Widerlagerbewegung.

Werden an den Widerlagern fertiger Brücken Widerlagerbewegungen beobachtet, so muß deren Auswirkung auf den Bogen untersucht werden.

Infolge des *waagerechten Ausweichens* der Widerlager entsteht eine Änderung der Stützweite Δl, die positiv sei bei Vergrößerung der Stützweite. Die Überzähligen sind

$$X_1 = -\frac{E J_c \Delta l}{\delta_{11}}, \qquad X_2 = X_3 = 0. \tag{26}$$

Infolge einer *ungleichen lotrechten Setzung* der Widerlager $v_A - v_B$ wird

$$X_2 = -\frac{E J_c (v_A - v_B)}{\delta_{22}}, \qquad X_1 = X_3 = 0. \tag{27}$$

Infolge der *Verdrehung* der Kämpfer $\Delta\varphi_A$ und $\Delta\varphi_B$, beide positiv im Uhrzeigersinn, wird

$$X_1 = +\frac{E J_c y_0 (\Delta\varphi_A - \Delta\varphi_B)}{\delta_{11}}, \qquad X_2 = \frac{-E J_c a (\Delta\varphi_A + \Delta\varphi_B)}{\delta_{22}},$$
$$X_3 = +\frac{E J_c (\Delta\varphi_A - \Delta\varphi_B)}{\delta_{33}}. \tag{28}$$

Bei Bogen mit vollkommen unverschieblichen, starren Widerlagern ist $\xi = \eta = \varepsilon = 0$. Das ist ein in der Natur nicht vorkommender Grenzfall. Die elastische Verdrehung des Widerlagers (ε) verkleinert, wie sich mit Hilfe von (13), (14), (15), (24), (25) und (26) beweisen läßt, die Momente im Stützlinienbogen infolge Eigengewicht, Temperatur und Schwinden im Kämpfer und im Scheitel, ist also unschädlich. Bei horizontaler elastischer Ausweichung der Widerlager (ξ) werden hingegen die Momente im Bogen größer, man hat diesem Umstand daher alle Aufmerksamkeit zu schenken und durch bauliche Maßnahmen das waagerechte Ausweichen der Kämpfer möglichst zu unterbinden.

Die Momente infolge Verkehrsbelastung werden bei elastisch drehbaren Widerlagern im Scheitel größer, in der Nähe des Kämpfers kleiner, als bei starren Widerlagern.

Die entwickelten Gleichungen dienen auch für die Berechnung von Bogen, bei denen elastische Nachgiebigkeit der Bogenwiderlager vorhanden und rechnungsmäßig erfaßt ist. Das kommt bei Bauwerken vor, bei denen der Bogen nicht gegen guten Baugrund abgestützt ist, sondern an Pfeiler, Balken oder an Nachbarbogen angeschlossen ist (Bogenreihe, Bogen ober der Fahrbahn mit Seitenfeldern, mit Zugband usw.) oder wo die Widerlager auf Pfählen gegründet sind. In diesen Fällen kann ξ, η, ε berechnet oder gemessen werden. Auch bei nicht ganz festem Baugrund kann man dessen Nachgiebigkeit, wenigstens näherungsweise, berücksichtigen.

2. Der Zweigelenkbogen.

Der Zweigelenkbogen ist einfach statisch unbestimmt. Die Überzählige ist der Horizontalschub. Eine besondere Ableitung der Formänderungs- und Belastungsgrößen erübrigt sich, wenn man das elastische Element im Versteifungsbalken des gelenklosen Bogens (Abb. 263) als Gelenk annimmt. Dessen Nachgiebigkeit unter einem Moment ist unendlich groß. Man hat lediglich in den für den gelenklosen Bogen geltenden Beziehungen den Grenzübergang $\lim\limits_{\varepsilon \to \infty} \delta_{iK}$ und $\lim\limits_{\varepsilon \to \infty} X_K$ durchzuführen.

Aus (13) folgt $y_0 = 0$, wenn $\varepsilon \to \infty$ geht, d. h. der elastische Schwerpunkt des Zweigelenkbogens liegt in der Kämpfersehne; daher wird $z = y$. Von den Formänderungsgrößen werden nach (14) $\delta_{22} = \delta_{33} = \infty$, während δ_{11} endlich bleibt ($y_0{}^2 = 0^2$, $\varepsilon = \infty^1$, daher $y_0{}^2 \varepsilon = 0^1$). In den Belastungsgrößen (15) kommt ε nicht vor, sie bleiben daher endlich. Somit werden die Überzähligen $X_2 = X_3 = 0$, der Übergang vom dreifach zum einfach statisch unbestimmten System vollzieht sich zwangsläufig.

Mithin wird beim Zweigelenkbogen:

$$\delta_{11} = \int_0^l y^2 \frac{J_c}{J}\, ds + i_c{}^2 \int_0^l \cos^2 \varphi \, \frac{F_c}{F}\, ds + 2\,\xi,$$

$$\delta_{01} = \int_0^l M_0\, y\, \frac{J_c}{J}\, ds - i_c{}^2 \int_0^l N_0 \cos \varphi \, \frac{F_c}{F}\, ds. \tag{29}$$

Die Schnittkräfte im Bogen berechnet man nach den einfachen Beziehungen:

$$\begin{aligned}
M_m &= M_{0m} - X_1\, y_m, \\
N_m &= N_{0m} + X_1 \cos \varphi_m, \\
Q_m &= Q_{0m} - X_1 \sin \varphi_m.
\end{aligned} \tag{30}$$

Für die Ermittlung von N und Q verwendet man auch hier mit Vorteil die Komponenten H und V. Es wird

$$H_m = H_{0m} + X_1, \qquad V_m = V_{0m},$$

und

$$N_m = H_m \cos \varphi_m + V_m \sin \varphi_m, \qquad Q_m = -H_m \sin \varphi_m + V_m \cos \varphi_m. \tag{31}$$

Für die Berechnung der bestimmten Integrale und die Auswahl der ausgezeichneten Punkte am Bogen gelten sinngemäß die bereits beim gelenklosen Bogen gemachten Ausführungen (S. 281).

Zur Ermittlung der Schnittkräfte infolge „*Eigengewicht*" bringt man am Grundsystem die gleichen Kräfte an, wie beim eingespannten Bogen (vgl. S. 284). Es wird bei Bogen auf unverschieblichen Widerlagern

$$X_1 = -\varDelta H_S = -H_S \frac{i_c{}^2 \displaystyle\int_0^l \frac{F_c}{F}\, ds}{\delta_{11}}. \tag{32}$$

Die Schnittkräfte aus Eigengewicht sind demnach: $M_g = \varDelta H_S\, y$, $H_g = H_S - \varDelta H_S$ und mit ausreichender Genauigkeit $N_g = \dfrac{H_g}{\cos \varphi}$, $Q_g \equiv 0$.

Beim Zweigelenkbogen ist $\varDelta H_S$ ein kleinerer Bruchteil von H_S, als beim eingespannten Bogen. Es läßt sich zeigen, daß, gleiche Bogenform und Belastung vorausgesetzt, die Momente infolge des Eigengewichtes im Scheitel des Zweigelenkbogens wesentlich kleiner sind, als beim gelenklosen Bogen mit starren Widerlagern ($\varepsilon = 0$). Bei wachsendem ε gehen sie stetig in die des Zweigelenkbogens über.

Für „*Temperaturabfall und Schwinden*" gilt:

$$X_1 = -\frac{E\, J_c\, \alpha\, \varDelta t\, l}{\delta_{11}}. \tag{33}$$

Auch die Momente aus Temperatur und Schwinden sind kleiner, als beim gelenklosen Bogen.

Das *„waagerechte Ausweichen"* der Widerlager um Δl verursacht den Bogenschub:

$$X_1 = -\frac{E\,J_c\,\Delta l}{\delta_{11}} \tag{34}$$

Gegen *„ungleiche Setzung"* der Widerlager und deren *Verdrehung* ist der Zweigelenkbogen unempfindlich. In (29) bis (34) wird bei sehr gutem Baugrund $\xi = 0$ gesetzt; gegebenenfalls kann man mit einer Annahme die Nachgiebigkeit des Baugrundes in der Berechnung näherungsweise erfassen.

Beim Zweigelenkbogen mit Zugband ist ξ die $E_B\,J_c$-fache Dehnung des Zugbandes. Sei E_z und F_z dessen Elastizitätsmodul und Querschnittsfläche, so wird

$$\xi = \frac{E_B}{E_z}\frac{J_c}{F_c}\,a. \tag{35}$$

Die Änderung des Horizontalschubes aus Eigengewicht berechnet man bei Berücksichtigung der Nachgiebigkeit des Zugbandes an Stelle von (32) aus

$$X_1 = -\Delta H_S = -H_S\,\frac{i_c^2 \displaystyle\int_0^l \frac{F_c}{F}\,ds + 2\,\xi}{\delta_{11}}. \tag{35 a}$$

Die Schnittkräfte infolge der Verkehrsbelastung werden am besten mit Hilfe der Einflußlinien ermittelt.

3. Der Dreigelenkbogen.

Der Horizontalschub des statisch bestimmten Dreigelenkbogens wird aus dem Moment $\mathfrak{M}_c$ berechnet, das im Scheitel des Bogens entstehen würde, wenn er ohne Scheitelgelenk als Bogenträger auf ein festes und ein bewegliches Lager gestützt wäre (Abb. 270 a). Es wird

$$H = \frac{\mathfrak{M}_c}{f} \tag{36}$$

und

$$M_m = \mathfrak{M}_m - H\,y_m, \tag{37}$$

$$N_m = H\cos\varphi_m + V_m\sin\varphi_m, \qquad Q_m = -H\sin\varphi_m + V_m\cos\varphi_m.$$

Ist die Bogenachse Stützlinie für die Belastung, so wird nach (37) $M_m \equiv 0$. Es entsteht jedoch im Dreigelenkbogen bei der Stützlinienbelastung (Eigengewicht), genau so wie bei den statisch unbestimmten Bögen, durch die elastische Zusammendrückung der Bogenachse eine Verkürzung der Kämpfersehne:

$$\Delta l = \frac{H_S}{E\,F_c}\int_0^l \frac{F_c}{F}\,ds. \tag{38}$$

Infolge Δl wird sich der Scheitel um Δf senken:

$$\Delta f = \frac{l}{4\,f}\,\Delta l. \tag{39}$$

Diese Scheitelsenkung, die gegenüber der Pfeilhöhe klein ist, entsteht durch Verdrehung der beiden Bogenschenkel um die Kämpfergelenke A und B um den Winkel $\alpha = \Delta f/a$ (Abb. 270 b). Die Ordinaten der Bogenachse werden um $\Delta y = \alpha\,(a - x) = \Delta f\left(\dfrac{a - x}{a}\right)$ kleiner. Auch der Horizontalschub wird durch die Scheitelsenkung beeinflußt, da nunmehr $H_g = \mathfrak{M}_c/(f - \Delta f) = H_S\,(1 + \Delta f/f)$ wird. Es entsteht, ähnlich wie bei den statisch unbestimmten Bogen, ein

$$\Delta H_S = + \frac{\Delta f}{f}\,H_S, \qquad (40)$$

jedoch wird beim Dreigelenkbogen der Horizontalschub H_g größer als H_S, da $H_g = H_S + \Delta H_S$ ist. Infolge der Änderung der Bogenordinaten und des Schubes entstehen auch im statisch bestimmten Dreigelenkbogen Momente infolge Eigengewicht, die bei ausreichender Knicksicherheit genügend genau aus der Beziehung $M_g = \mathfrak{M} - H_g\,(y - \Delta y)$ folgt; nach Unterdrückung der Glieder klein von höherer Ordnung wird

$$M_g = - \Delta H_S\left(y - f\,\frac{a - x}{a}\right). \qquad (41)$$

$[y - f\,(a - x)/a]$ ist der Teil der Bogenordinate zwischen Bogenachse und der Sehne $A\,C$ vom Kämpfergelenk zum Scheitelgelenk (Abb. 270 c). Das Momentbild M_g ist in Abb. 270 d dargestellt.

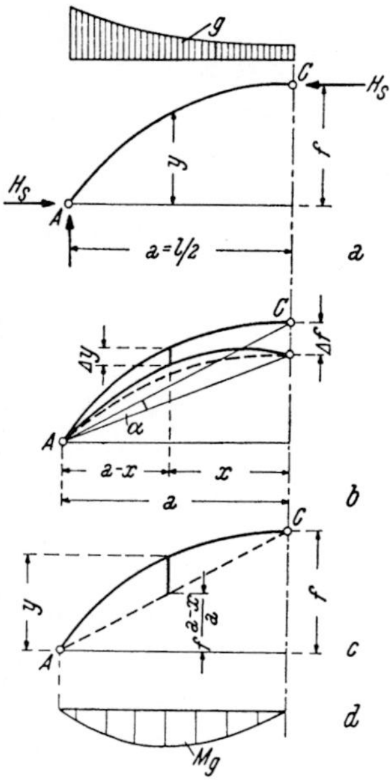

Abb. 270. Einfluß der Bogenverkürzung auf den Dreigelenkbogen.

Auch infolge *Temperaturänderung und Schwinden* entstehen gleichartige Momente; es ist in (39) zur Berechnung von Δf aus diesen Ursachen

$$\Delta l = \alpha\,\Delta t\,l \qquad (42)$$

einzusetzen.

Die Momente infolge einer gemessenen *Widerlagerlagerausweichung* Δl werden ebenfalls mittels (39), (40), (41) berechnet.

Zur Ermittlung der Schnittkräfte infolge der Verkehrslasten benützt man die Einflußlinien.

4. Bogen mit stützliniennaher Achse.

Bei Bogen, deren Achse nicht genau affin zur Stützlinie für Eigengewicht ist, die jedoch nahe an dieser liegt, soll bei der Ermittlung der Überzähligen infolge Eigengewicht ebenfalls der Horizontalschub H_S des Dreigelenkbogens in die am statisch bestimmten Grundsystem angreifenden Kräfte miteinbezogen werden. Dieses Verfahren bringt, so wie bei den Stützlinienbogen, eine erhebliche Steigerung der Genauigkeit des Endergebnisses, da mit der Überzähligen X_1 nicht mehr der ganze Bogenschub H_g, sondern nur die Änderung von H_S zu berechnen ist.

Allerdings wird bei diesen Bogen unter Eigengewicht bei Symmetrie nur $X_2 = 0$, während neben X_1 auch noch X_3 auftritt.

Für die Ermittlung der Formänderungsgrößen gelten, so wie bei jedem Bogen, die Formeln (14), bzw. (14 a). Aus den allgemein gültigen Formeln (15) gewinnt man die Belastungsgrößen, in dem man für M_0 und N_0 die Schnittkräfte einsetzt, die dem Lastzustand $\mathfrak{M}_0 \mp H_S$ entsprechen.

$$H_S = \frac{\mathfrak{M}_c}{f}, \qquad M_0 = \mathfrak{M}_0 - H_S \cdot y, \qquad N_0 = \frac{H_S}{\cos \varphi}, \qquad Q \equiv 0. \quad (43)$$

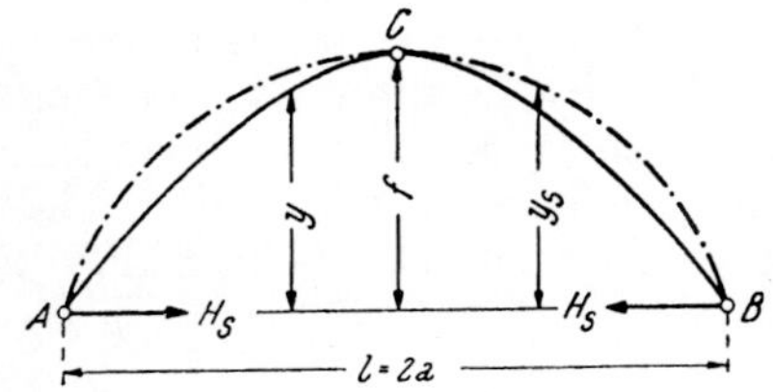

Der Ausdruck für M_0 in der angegebenen Form ist fehlerempfindlich, da das Produkt $H_S \cdot y$ sehr genau berechnet werden müßte, damit M_0 als Differenz genügend genau erhalten wird. Es ist deshalb zu empfehlen, die Ordinaten der Stützlinie y_S und die der Bogenachse y_0 zu verwenden:

$$y_S = \frac{\mathfrak{M}_0}{H_S}, \qquad M_0 = H_S (y_S - y). \quad (43\text{ a})$$

Abb. 271. Bogen, dessen Achse y nahe der Stützlinie für Eigengewicht y_S liegt.

Die Differenz $(y_S - y)$ ist die Abweichung der Bogenachse von der Stützlinie; sie ist, da y_S aus einer Division gewonnen wird, genauer als der Ausdruck in (43).

Die Ausdrücke für N_0 und Q_0 sind Näherungsformeln, die jedoch bei stützliniennahen Bogen genau genug sind. Mit (43) und (43 a) erhält man für die Belastungsgrößen infolge Eigengewicht

$$\delta_{01} = H_S \left[\int_0^l (y_S - y) \, z \, \frac{J_c}{J} \, ds - i_c^2 \int_0^l \frac{F_c}{F} \, ds - 2\,\xi \right]$$

$$\delta_{02} = 0, \qquad \delta_{03} = H_S \int_0^l (y_S - y) \frac{J_c}{J} \, ds. \qquad (44)$$

Damit ergeben sich die Überzähligen infolge Eigengewicht

$$X_1 = \frac{H_S}{\delta_{11}} \left[\int_0^l (y_S - y) \, z \, \frac{J_c}{J} \, ds - i_c^2 \int_0^l \frac{F_c}{F} \, ds - 2\,\xi \right] = -\Delta H_S$$

$$X_2 = 0, \qquad X_3 = \frac{H_S}{\delta_{33}} \int_0^l (y_S - y) \frac{J_c}{J} \, ds \qquad (45)$$

und die Momente aus Eigengewicht:

$$M = M_0 - X_1 z - X_2 x - X_3 = H_S (y_S - y) + \Delta H_S z \cdot - X_3. \quad (46)$$

Da ΔH_S gegenüber H_S bei stützliniennahen Bogen noch immer klein ist, kann mit genügender Genauigkeit infolge Eigengewicht $N \equiv N_0$ und $Q \equiv 0$ gesetzt werden.

Zur Durchführung der Berechnung ersetzt man die bestimmten Integrale, so wie bereits beim Stützlinienbogen dargelegt, durch Summen.

Die Berechnung der Schnittkräfte infolge Temperatur, Schwinden und Widerlagerbewegungen, sowie der Einflußlinien erfolgt wie bei jedem anderen Bogen, es können daher die hiefür beim Stützlinienbogen angegebenen Formeln und Verfahren verwendet werden.

c) Die Einflußlinien der Bogentragwerke.

Die Einflußlinien für die Schnittkräfte werden nur für die Verkehrslasten in der ungünstigsten Stellung ausgewertet. Da die diesen Belastungen zugehörige Stützlinie von der Bogenachse erheblich abweicht, — es werden ja gerade die größten Abweichungen gesucht, — so ist der Einfluß der Normalkräfte auf die Biegelinien und Formänderungsgrößen bedeutungslos. Sie werden daher bei der Berechnung der Einflußlinien vernachlässigt.

Die Einflußlinien sollen niemals zur Berechnung der Schnittkräfte für Vollbelastung verwendet werden, da die Ergebnisse viel zu ungenau werden. Insbesondere können die Schnittkräfte des Stützliniengewölbes infolge Eigengewicht mit den Einflußlinien überhaupt nicht ermittelt werden.

1. Der gelenklose Bogen.

Die Einflußlinien der statisch unbestimmten Bogen werden aus den Einflußlinien am statisch bestimmten Grundsystem, also dem einfachen Balken und den Biegelinien infolge der Überzähligen zusammengesetzt.

Die Biegelinien berechnet man mit Hilfe der elastischen Gewichte. Es gilt bei Vernachlässigung des Einflusses der Normalkräfte mit

$$\tau_m = \frac{J_c}{J_m \cos \varphi_m} \tag{47}$$

für die Biegelinie infolge $X_1 = -1$:

$$w_{1m} = \frac{\Delta x_{m-1,\,m}}{6}(z_{m-1}\tau_{m-1} + 2\,z_m\,\tau_m) + \frac{\Delta x_{m,\,m+1}}{6}(2\,z_m\,\tau_m + z_{m+1}\,\tau_{m+1}), \tag{48 a}$$

für die Biegelinie infolge $X_2 = -1$:

$$w_{2m} = \frac{\Delta x_{m-1,\,m}}{6}(x_{m-1}\tau_{m-1} + 2\,x_m\,\tau_m) + \frac{\Delta x_{m,\,m+1}}{6}(2\,x_m\,\tau_m + x_{m+1}\,\tau_{m+1}), \tag{48 b}$$

für die Biegelinie infolge $X_3 = -1$:

$$w_{3m} = \frac{\Delta x_{m-1,\,m}}{6}(\tau_{m-1} + 2\,\tau_m) + \frac{\Delta x_{m,\,m+1}}{6}(2\,\tau_m + \tau_{m+1}). \tag{48 c}$$

Die Einflußlinie für $X_i = -1$ ist gleich dem $1/\delta_{ii}$-fachen Moment der w_i-Gewichte am Grundsystem, also am einfachen Balken. Man berechnet mit den w_i-Gewichten das Sehneneck der tatsächlichen Biegelinie. Zur Berechnung benützt man die gleiche Zahlentafel, wie zur Ermittlung der Stützlinie (S. 278). Die Biegelinien der drei Überzähligen haben typische Gestalt; sie sind in Abb. 273 dargestellt.

Zwischen den elastischen Gewichten und den Formänderungsgrößen bestehen folgende Beziehungen, die man zur Rechnungskontrolle verwendet:

$$\sum_l w_{1m} = 2\,y_0\,\varepsilon, \tag{49 a}$$

$$\sum_l w_{1m}\,z_m = \int_0^l z^2\,\frac{J_c}{J}\,ds, \tag{49 b}$$

$$\sum_l w_{2m}\,x_m = \int_0^l x^2\,\frac{J_c}{J}\,ds, \tag{49 c}$$

$$\sum_l w_{3m} = \int_0^l \frac{J_c}{J}\, ds, \qquad\qquad (49\ d)$$

$$\sum_l w_{3m}\, z_m = 2\, y_0\, \varepsilon, \qquad\qquad (49\ e)$$

$$\sum_l w_{1m}\, x_m = \sum_l w_{2m} = \sum_l w_{2m}\, z_m = \sum_l w_{3m}\, x_m = 0. \qquad (49\ f)$$

Die letzten Beziehungen (49 f) bestehen zwar, stellen jedoch keine eigentliche Rechnungskontrolle dar, da die Summe von Produkten aus einer symmetrischen und einer antimetrischen Zahlenfolge immer verschwindet.

Die Momenteneinflußlinien setzen sich nach folgender Gleichung zusammen:

$$M_m = M_{0m} - z_m X_1 - x_m X_2 - X_3. \qquad\qquad (50)$$

Dieser Ausdruck entspricht formal der ersten Gleichung (17), hat aber einen anderen Inhalt. Während bei der Zustandslinie (17) die X_i Festwerte sind und z_m, x_m Veränderliche, sind in (50) z_m und x_m vom Aufpunkt abhängige Festwerte und die X_i die Veränderlichen.

Die Zusammensetzung nach (50) erfolgt am einfachsten graphisch. Auch die affine Verzerrung der $1/\delta_{ii}$-fachen Biegelinien wird graphisch vorgenommen. Um z. B. X_1 mit z_m affin zu verzerren, bestimmt man sich den $\sphericalangle\ BAC$ (Abb. 272 a) so, daß die Seite $\overline{AB}$ gleich der Einheit im Maßstab der X_1-Einflußlinie, die Seite $\overline{BC}$ gleich z_m im Maßstab der M_m-Einflußlinie ist. Die affine Verzerrung von X_1 mit z_m findet

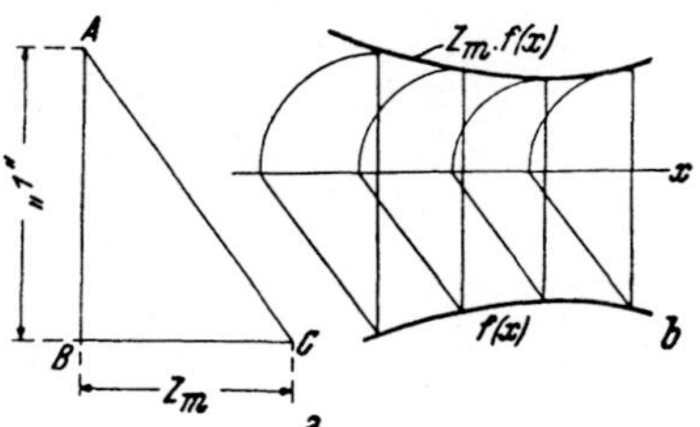

Abb. 272. Affine Verzerrung, graphisches Verfahren.

man durch Anlegen dieses Winkels an den Ordinaten der X_1-Linien und Übertragen der an der Bezugsachse abgeschnittenen Strecken mit dem Stechzirkel (Abb. 272 b). Dieses Verfahren ist bei einigermaßen sorgfältiger Arbeit genügend genau und geht viel schneller als die rechnerische Durchführung.

Bei der Ermittlung der Momenteneinflußlinie ist folgende Reihenfolge zu empfehlen. Man zeichnet zuerst die drei Einflußlinien der Überzähligen auf. X_1 und X_2 sind zwar gleichartige Größen (Kräfte), man wird jedoch verschiedene Maßstäbe wählen, da X_2 viel kleinere Werte hat als X_1 (Abb. 273). Den Ordinatenmaßstab von X_3 nimmt man im endgültigen Maßstab der Momenteneinflußlinien an. Nun zeichnet man die M_0-Einflußlinien für die in Aussicht genommenen Aufpunkte über die X_3-Linie, greift die Differenz $M_{0m} - X_3$ ab und überträgt sie für jeden Aufpunkt in je eine Zeichnung. Dann verzerrt man die X_2-Linie mit x_m und überlagert sie vorzeichengerecht. Als letzter Schritt folgt die Verzerrung der X_1-Linie mit z_m und die Übertragung in die Einflußlinie. In Abb. 273 ist der Vorgang für einige Aufpunkte dargestellt.

Um die Einflußlinie für N und Q zu ermitteln, geht man von der Einflußlinie für V_0 am statisch bestimmten Grundsystem aus. Es wird für die Normalkraft im Bogen

$$N_m = \cos \varphi_m \left[(V_0 + X_2)\,\mathrm{tg}\,\varphi_m + X_1\right] \tag{51}$$

und für die Querkraft im Bogen

$$Q_m = \cos \varphi_m \left[(V_0 + X_2) - X_1\,\mathrm{tg}\,\varphi_m\right]. \tag{52}$$

Mit dem Beiwert $\cos \varphi_m$ wird erst nach der Auswertung der Einflußlinien vervielfacht (Multiplikator). Die Zusammensetzung dieser Einflußlinien wird ebenfalls graphisch durchgeführt (Abb. 273).

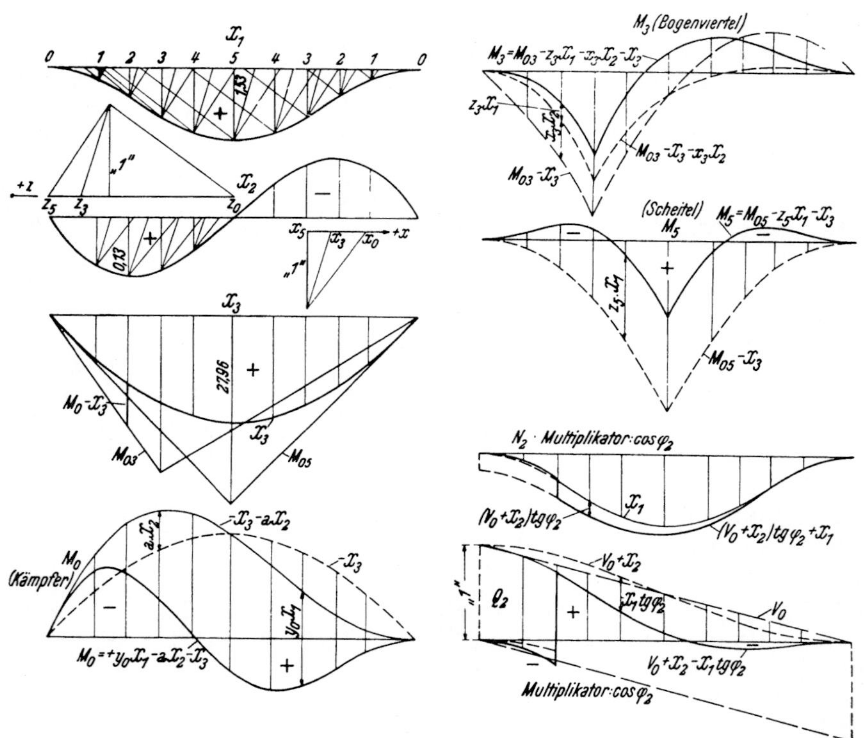

Abb. 273. Die Einflußlinien für X_1, X_2, X_3, Biegungsmoment, Normal- und Querkraft des gelenklosen Bogens.

2. Der Zweigelenkbogen.

Die Biegelinie infolge der einzigen Überzähligen $X_1 = -1$ berechnet man mittels der elastischen Gewichte:

$$w_m = \frac{\Delta x_{m-1,m}}{6}\left(y_{m-1}\,\tau_{m-1} + 2\,y_m\,\tau_m\right) + \frac{\Delta x_{m,m+1}}{6}\left(2\,y_m\,\tau_m + y_{m+1}\,\tau_{m+1}\right),$$

$$\tau_m = \frac{J_c}{J_m \cos \varphi_m}. \tag{53}$$

Die zwischen den w-Gewichten und der Formänderungsgröße bestehende Beziehung

$$\sum w_m\,y_m = \int_0^{} y^2 \frac{J_c}{J}\,ds \tag{54}$$

liefert eine Rechnungskontrolle.

Bei der Zusammensetzung der Momenteneinflußlinie benützt man den Multiplikator y_m. Es wird

$$M_m = y_m \left(\frac{M_{0m}}{y_m} - X_1 \right). \quad (55)$$

In Abb. 274 ist die zeichnerische Ermittlung der Momenteneinflußlinien dargestellt. Für die Normalkrafteinflußlinie gilt:

$$N_m = \cos \varphi_m \, (V_{0m} \, \mathrm{tg} \, \varphi_m + X_1) \quad (56)$$

und für die Querkrafteinflußlinie

$$Q_m = \cos \varphi_m \, (V_{0m} - X_1 \, \mathrm{tg} \, \varphi_m). \quad (57)$$

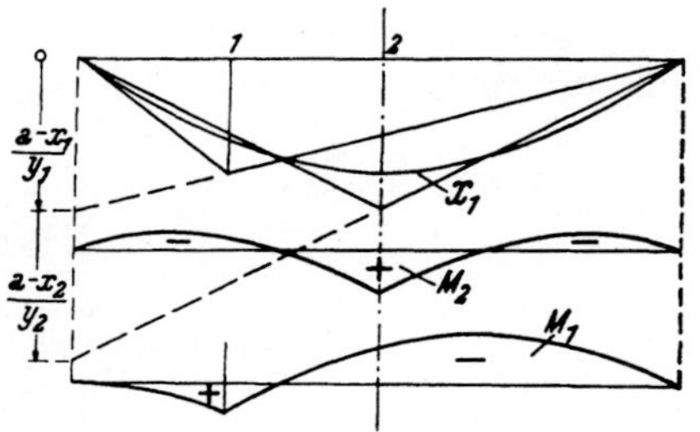

Abb. 274. Die Einflußlinien für X_1 und Biegungsmoment des Zweigelenkbogens.

3. Der Dreigelenkbogen.

Die Einflußlinien am Dreigelenkbogen setzt man aus den Einflußlinien am Balken AB ohne Scheitelgelenk und der Einflußlinie für den Horizontalschub H zusammen. Da bei allen Bogen Symmetrie vorausgesetzt wurde, ist die H-Einflußlinie das gleichschenkelige Dreieck mit der Höhe $l/4\,f$. (54), (56) und (57) gelten auch für den Dreigelenkbogen, wenn man X durch H ersetzt. Auch der Vorgang zur Ermittlung der Einflußlinie kann übernommen werden. Er wird beim Dreigelenkbogen nur einfacher, da an Stelle der stetig gekrümmten X_1-Einflußlinie des Zweigelenkbogens die dreieckige H-Einflußlinie des Dreigelenkbogens tritt.

4. Kernpunktmoment-Einflußlinien.

Bei den angegebenen Gleichungen (50) und (55) beziehen sich die Ordinaten z_m und y_m auf die Bogenachse, d. h. auf den Schwerpunkt des Querschnittes m. Die Einflußlinie liefert daher bei der Auswertung das Biegungsmoment, bezogen auf den Schwerpunkt.

Will man die Einflußlinien für die Kernpunktmomente, so hat man in (50) und (55) z_m, bzw. y_m durch z_{om} und z_{um}, bzw. durch y_{om} und y_{um} zu ersetzen. Mit den Kernweiten k_{om} und k_{um} erhält man

$$z_{om} = z_m + \frac{k_{om}}{\cos \varphi_m}, \qquad z_{um} = z_m - \frac{k_{um}}{\cos \varphi_m}, \quad (58)$$

bzw.

$$y_{om} = y_m + \frac{k_{om}}{\cos \varphi_m}, \qquad y_{um} = y_m - \frac{k_{um}}{\cos \varphi_m}. \quad (59)$$

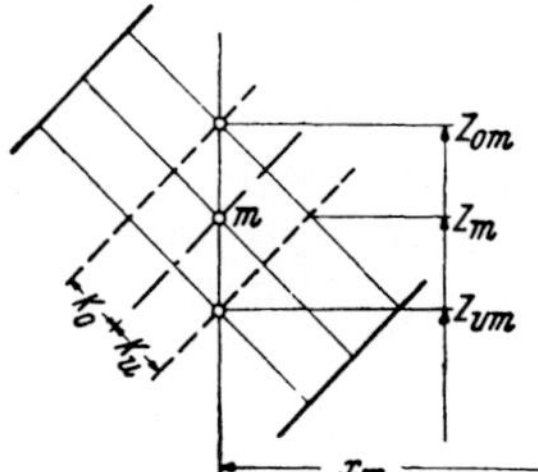

Abb. 275. Kernpunkte und Schwerpunkt dreier benachbarter Querschnitte.

Im übrigen ändern sich weder die Formeln, noch der angegebene Vorgang. Man bestimmt auf diese Weise die Kernpunktmomente in zwei dem Querschnitt m benachbarten Schnitten, deren Kernpunkte in denselben Ordinaten liegen, wie der Schwerpunkt des Querschnittes m (Abb. 275).

Die Kernpunktmomenteinflußlinien werden nur bei gemauerten Gewölben und unbewehrtem Betonbogen verwendet, um die extremen Randspannungen infolge der Verkehrslast zu ermitteln. Bei bewehrten Betonbogen oder Stahlbetonbogen sind die Schwerpunktmoment- und die Normalkraft-Einflußlinien für gleiche Laststellungen als Grundlage für die Bemessung auszuwerten. Meist ist die Laststellung maßgebend, die die größten Biegungsmomente hervorruft.

d) Die Verformungsmomente und die Knicksicherheit der Stützlinienbogen.

1. Die elastische Verformung der Stützlinienbogen.

Bei den üblichen Berechnungsmethoden der im Bauwesen verwendeten Tragwerke wird vorausgesetzt, daß die Änderungen der Systemabmessungen infolge der elastischen Verschiebungen so klein sind, daß sie keinen merklichen Einfluß auf das Endergebnis der Berechnung (die Schnittkräfte) haben. Bei den Stützlinienbogen trifft diese Voraussetzung nur dann zu, wenn ihre Knicksicherheit sehr groß ist. Es ist daher von größter Bedeutung, einerseits diese Knicksicherheit einwandfrei zu berechnen oder abzugrenzen, anderseits den Einfluß der elastischen Verformung selbst rechnungsmäßig zu erfassen.

Sowohl die Knicksicherheit als auch die durch die elastische Formänderung hervorgerufenen zusätzlichen Schnittkräfte können nur berechnet werden, wenn die Formänderungen in den Kalkül miteinbezogen werden. Ohne auf die strenge Darstellung der Theorie einzugehen, werden zunächst an Hand einfacher Überlegungen die grundlegenden Tatsachen unter Verzicht auf Beweise erklärt und anschließend eine allgemein anwendbare, numerische Methode zur Berechnung der Verformungsmomente und der Knicksicherheit der Stützlinienbogen angegeben.

In einem Stützlinienbogen entstehen infolge der Stützlinienbelastung (des Eigengewichtes) verhältnismäßig kleine Biegungsmomente, z. B. beim gelenklosen Bogen $M_g = \Delta H_S z$ (vgl. Abschn. F, b, S. 279). Diese Biegungsmomente verursachen eine senkrechte Durchbiegung v. Die Bogenachse hat nach Eintreten der Durchbiegung nicht mehr die Ordinate z, sondern $z - v$. Nehmen wir zunächst an, diese Änderung der Form des Bogens habe keinen Einfluß auf die Überzähligen $X_1 = -\Delta H_S$, X_2 und X_3. Die Anwendung von (17) unter Berücksichtigung der Änderung der Bogenordinate liefert dann für den Stützlinienbogen im statisch bestimmten Grundsystem, belastet durch die Gewichte und H_S, da $\mathfrak{M} = H_S y$, das Biegungsmoment

$$M_0 = \mathfrak{M} - H_S (y - v) = + H_S v$$

und das Moment im gelenklosen Bogen wird mit $X_1 = -\Delta H_S$, $X_2 = X_3 = 0$,

$$M_g = + H_S v + (z - v) \Delta H_S = (H_S - \Delta H_S) v + z \Delta H_S.$$

Da früher $H_S - \Delta H_S = H_g$ als Eigengewichtsschub bezeichnet wurde, erhalten wir

$$M_g = H_g v + z \Delta H_S. \tag{60}$$

Die oben gemachte Voraussetzung, daß die Änderung der Bogenordinate um v keinen Einfluß auf den Kräftezustand des Bogens hat, wird nur solange zutreffen, als in (60) $H_g v \ll z \Delta H_S$ ist; da ΔH_S ein kleiner Bruchteil von H_g (0,25% bis 3,00%) ist, müßte v noch viel kleiner gegenüber z sein. Das ist nur bei sehr steifen Bogen der Fall. In allen anderen Fällen muß sich der Einfluß der Bogenverformung auf die Überzähligen und die Schnittkräfte bemerkbar machen.

Um den Einfluß der Bogenverformung besser zu erkennen, wollen wir uns den Stützlinienbogen, z. B. einen gelenklosen Bogen, wieder durch das Grundsystem ersetzt denken, an dem neben den Lasten und den Stützkräften die Überzähligen $X_1{}^I$, $X_2{}^I$, $X_3{}^I$ in der nach (24) ermittelten Größe angreifen. In diesem Zustand entstehen die nach der allgemeinen Methode ermittelten Biegungsmomente.

$$M^I = z\,\Delta H_S. \tag{61}$$

die die Durchbiegung v^I verursachen (der Einfluß der Normalkräfte auf die Durchbiegung kann vernachlässigt werden). Infolge v^I werden, wie oben gezeigt wurde, im Grundsystem zusätzliche Momente

$$M_0{}^{II} = H^I v^I, \qquad H^I = H_g = H_S - \Delta H_S \tag{62}$$

entstehen, die zusätzliche Formänderungen verursachen. Diese Formänderungen sind mit den Stützbedingungen des statisch unbestimmten Bogens zunächst im Widerspruch. Man unterwirft daher den Bogen neuerlich den Elastizitätsbedingungen; es werden die neu entstehenden Überzähligen $X_1{}^{II}$, $X_2{}^{II}$ und $X_3{}^{II}$ die Schnittkräfte derart beeinflussen, daß die Biegungsmomente

$$M^{II} = H^I v^I - z\,X_1{}^{II} - x\,X_2{}^{II} - X_3{}^{II} \tag{63}$$

mit den Stützbedingungen des Bogens verträglich sind. Von M^{II} werden neuerlich Durchbiegungen v^{II} verursacht, für die die gleichen Überlegungen gelten wie für v^I. Es entsteht $M_0{}^{III} = H^{II} v^{II}$, $H^{II} = H^I + X_1{}^{II}$, die Überzähligen $X_1{}^{III}$, $X_2{}^{III}$, $X_3{}^{III}$ und schließlich ein weiteres, zusätzliches Biegungsmoment

$$M^{III} = H^{II} v^{II} - z\,X_1{}^{III} - x\,X_2{}^{III} - X_3{}^{III}, \qquad H^{II} = H^I + X_1{}^{II},$$

das wiederum Durchbiegungen v^{III} im Gefolge hat usw.

Ein Gleichgewichtszustand im Bogen wird offenbar dann erreicht, wenn von Schritt zu Schritt die Überzähligen X und die Biegungsmomente M^r kleiner werden und wenn deren Summe einem festen, endlichen Grenzwert zustrebt.

Die exakte mathematische Behandlung des Einflusses der Bogenverformung nennt man die „Theorie zweiter Ordnung", deren Ergebnisse wir für die Entwicklung einer numerischen Methode verwerten wollen. Diese Theorie liefert die Beweise, daß:

1. bei knicksicheren Bogen die Teilmomente M^r auf dem oben angedeuteten Weg berechnet werden können;

2. die Summe aller Teilmomente bei knicksicheren Bogen gleich dem Biegungsmoment im verformten Bogen ist,

$$M = M^I + M^{II} + M^{III} + \ldots; \tag{64}$$

3. mit wachsender Schrittzahl r die Teilmomente der ersten Eigenfunktion zustreben, d. h. untereinander affin werden;

4. das Verhältnis zweier aufeinanderfolgender Teilmomente die Knicksicherheit des Bogens angibt, wenn die Anzahl der Schritte genügend groß war.

Auf Grund dieser Tatsachen können sowohl die Verformungsmomente der Bogenbrücken, als auch deren Knicksicherheit ohne Verwendung von Differentialgleichungen und ohne analytische Methoden mit den in der Baustatik üblichen Mitteln numerisch berechnet werden.

2. Die Verformungsmomente infolge Eigengewicht.

Man berechnet die Verformungsmomente, indem man die Teilmomente schrittweise so berechnet, wie deren Entstehung eben erklärt wurde und die Schritte so oft wiederholt, bis die Teilmomente im Rahmen der Rechnungsgenauigkeit genügend klein geworden sind oder bis Affinität zwischen M^r und M^{r+1} eingetreten ist; wenn das erreicht ist, bildet man die Summe aller Teilmomente. Dieser Vorgang erfordert keine anderen Hilfsmittel, als die Berechnung von Biegelinien und von statisch unbestimmten Größen.

Es sei Symmetrie der Belastung und der Form vorausgesetzt. Wir nennen wieder, wie bereits in (47) eingeführt:

$$\tau_m = \frac{J_c}{J_m \cos \varphi_m}.$$

und nehmen auf der Bogenachse eine Reihe von ausgezeichneten Punkten, 9 bis 13 pro Bogenhälfte, an. In den folgenden Formeln ist angenommen, daß diese Punkte gleichen Horizontalabstand Δx haben. Das elastische Gewicht im Knoten m infolge der Momente M^r des r-ten Schrittes wird

$$w_m{}^r = \frac{\Delta x}{6\,E\,J_c}\,(M_{m-1}{}'\,\tau_{m-1} + 4\,M_m{}^r\,\tau_m + M_{m+1}{}'\,\tau_{m+1}). \qquad (65\ \text{a})$$

Bezeichnen wir die ausgezeichneten Punkte mit $0, 1, 2 \ldots m \ldots n$, so wird

$$\Delta x = \frac{a}{n}.$$

Da Symmetrie vorausgesetzt ist, erstrecken wir die Berechnung nur über den halben Bogen und führen für das w-Gewicht in Bogenmitte nur den halben Wert ein:

$$w_n{}^r = \frac{\Delta x}{6\,E\,J_c}\,(M_{n-1}{}'\,\tau_{n-1} + 2\,M_n{}^r\,\tau_n). \qquad (65\ \text{b})$$

Wir nennen abkürzend

$$\mathfrak{w}_m{}^r = M_{m-1}{}'\,\tau_{m-1} + 4\,M_m{}^r\,\tau_m + M_{m+1}{}'\,\tau_{m+1}; \quad \mathfrak{w}_n{}^r = M_{n-1}{}'\,\tau_{n-1} + 2\,M_n{}^r\,\tau_n;$$

damit wird, da $\Delta x = \dfrac{a}{n}$ ist,

$$w_m{}^r = \frac{a}{6\,n\,E\,J_c}\,\mathfrak{w}_m{}^r. \qquad (65\ \text{c})$$

Die Momente der elastischen Gewichte (65 c) sind gleich der Biegelinie v^r. Zu deren Berechnung ermitteln wir zunächst den Auflagerdruck A^r der w-Gewichte, der wegen der Symmetrie gleich der Summe der w-Gewichte des halben Bogens ist:

$$A^r = \frac{a}{6\,n\,E\,J_c}\,\sum_{m=0}^{n} \mathfrak{w}_m{}^r = \frac{a}{6\,n\,E\,J_c}\,\mathfrak{A}^r. \qquad (66)$$

Die Querkraft der w-Gewichte wird

$$Q_k{}^r = A^r - \sum_{m=0}^{k} w_m{}^r = \frac{a}{6\,n\,E\,J_c}\left(\mathfrak{A}^r - \sum_{m=0}^{k} \mathfrak{w}_m{}^r\right).$$

Wir führen für den Klammerausdruck die Abkürzung $\mathfrak{Q}_k{}^r$ ein und erhalten:

$$Q_k{}^r = \frac{a}{6\,n\,E\,J_c}\,\mathfrak{Q}_k{}^r. \qquad (67)$$

Aus der bekannten und bereits verwendeten Rekursionsformel (8) für die Momente folgt, da $\Delta x = $ const. und am Auflager $v_0{}' = 0$ ist:

$$v_i{}' = \Delta x \sum_{k=0}^{i} Q_k{}' = \frac{a^2}{6\,n^2\,E\,J_c} \sum_{k=0}^{i} \mathfrak{Q}_k{}' = \frac{a^2}{6\,n^2\,E\,J_c} \cdot \mathfrak{v}_i{}'. \qquad (68)$$

Damit ist die Biegelinie v' infolge der Momente M' berechnet. Diese Biegelinie verursacht zunächst am statisch bestimmten Grundsystem die Biegungsmomente des nächsten Schrittes $r + 1$

$$M_0{}^{r+1} = H'\, v';$$

unter Beachtung von (68) wird

$$M_{0,\,m}{}^{r+1} = \frac{H'\, a^2}{6\,n^2\,E\,J_c}\, \mathfrak{v}_m{}'; \qquad H' = H^{r-1} + X_1{}^r. \qquad (69)$$

Nun berechnet man die von $M_0{}^{r+1}$ verursachten Überzähligen $X_1{}^{r+1}$, $X_2{}^{r+1}$, $X_3{}^{r+1}$ und damit die Biegungsmomente des statisch unbestimmt gelagerten Bogens:

$$M_m{}^{r+1} = M_{0m}{}^{r+1} - z_m\, X_1{}^{r+1} - x_m\, X_2{}^{r+1} - X_3{}^{r+1}, \qquad (70)$$

womit der Schritt von r nach $r + 1$ abgeschlossen ist.

Die tabellarische Auswertung von (65) bis (69) erfordert lediglich einige Additionen und die Multiplikation mit $\dfrac{H'\, a^2}{6\,n^2\,E\,J_c}$. Die Berechnung der Überzähligen $X_i{}^{r+1}$ erfolgt nach dem bekannten Verfahren. Die Bogenverformung braucht hiebei nicht berücksichtigt werden, da stets $v \ll z$ ist; man kann demnach die Formänderungsgröße δ_{ii} von der Theorie erster Ordnung verwenden.

Die für den gelenklosen Bogen angegebenen Formeln (61) bis (69) sind auch für den Zweigelenkbogen verwendbar, wenn man z durch y ersetzt und $X_2 = X_3 = 0$ setzt.

Bei der Anwendung des Verfahrens auf den Dreigelenkbogen muß das Scheitelgelenk bei der Berechnung der Biegelinie berücksichtigt werden. Während die w-Gewichte an allen Stellen nach (65 a) zu ermitteln

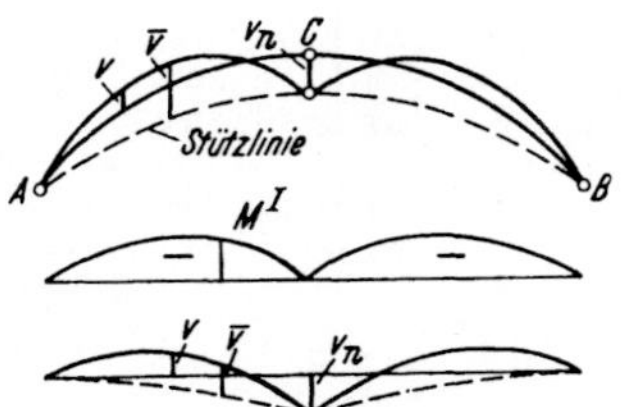

Abb. 276. Die erste Eigenfunktion am Dreigelenkbogen.

sind, lautet der Ausdruck für das halbe w-Gewicht im Scheitel, dem n-ten ausgezeichneten Punkt:

$$w_n = + \frac{\Delta x}{6}\, M_{n-1}\, \tau_{n-1} - \frac{1}{f} \int_0^a M\, y\, \tau\, dx. \qquad (71)$$

Ferner darf nicht die Durchbiegung v in (62), bzw. (69) eingeführt werden, sondern der Abstand $\bar{v}$ der Stützlinie von der verformten Bogenachse (Abb. 276). Es ist

$$\bar{v} = v - \frac{y}{f}\, v_n. \qquad (72)$$

Hierin bedeutet v_n die Durchbiegung im Scheitelgelenk, die mittels der w-Gewichte nach (65) und (71) berechnet wurde. Beim Dreigelenkbogen ist die Stützlinie durch das Scheitelgelenk festgelegt; sie macht daher, wie bereits im Abschnitt F, b 3, auseinandergesetzt wurde, die Scheitelsenkung mit. In (72) ist diese Tatsache berücksichtigt.

Die Änderung von H wird beim Dreigelenkbogen als statisch bestimmtes System nicht aus einer Elastizitätsgleichung, sondern nach (38) bis (40) (s. S. 287) aus der Änderung von f berechnet.

Die rechnungsmäßige Durchführung des Verfahrens wird an einem Beispiel gezeigt. Es werden die Verformungsmomente eines absichtlich sehr schlank gehaltenen Zweigelenkbogens von $l = 2\,a = 126$ m Stützweite und $f = 14{,}32$ m Pfeilhöhe berechnet. Die statische Berechnung ergab mit $J_c = 0{,}500$ m⁴ und $F_c = 4{,}30$ m² (Scheitelquerschnitt):

$$\delta_{11} = 14\,500 \text{ m}^3, \qquad H_S = 1680 \text{ t}, \qquad \varDelta H_S = 0{,}001\,13\,H_S = 1{,}9 \text{ t},$$

$$n = 8, \qquad \varDelta x = \frac{126}{2\cdot 8} = 7{,}88 \text{ m}.$$

m	y	τ	M^I	$M^I\tau$	$4\,M^I\tau$	$\mathfrak{w}^I$	$\mathfrak{Q}^I$	v^I	$M_0{}^{II}$	$y\varkappa'$	$M_0{}^{II}\,y\varkappa'$	$-X^{II}\,y$	M^{II}
0	0	5,07	0	0	0	12,46	948,57	0	0	0	0	0	0
1	3,36	1,95	6,39	12,46	49,84	66,64	936,11	936,11	15,42	26,20	404,—	−16,86	−1,46
2	6,28	1,31	12,82	16,80	67,20	97,96	869,47	1805,58	29,80	16,45	491,—	−31,50	−1,50
3	8,74	1,10	16,63	18,30	73,20	111,62	771,51	2577,09	42,50	38,45	1634.—	−43,80	−1,30
4	10,74	1,06	20,41	21,62	86,48	127,59	659,89	3236,98	53,85	22,76	1214,—	−53,85	−0,50
5	12,30	1,02	22,38	22,81	91,24	138,62	532,30	3769,28	62,15	50,20	3120.—	−61,65	+0,50
6	13,44	1,01	25,54	25,76	103,04	152,57	393,68	4162,96	68,60	27,16	1861,—	−67,35	+1,25
7	14,08	1,00	26,72	26,72	106,88	159,89	241,11	4404,07	72,27	56,32	4065,—	−70,50	+1,77
8	14,32	1,00	27,25	27,25	54,80	81,22	81,22	4485,29	74,00	14,32	1061,—	−71,18	+1,82
Σ					$\mathfrak{A}^I =$	948,57					13850,—		

$$H^I = H_S - \varDelta H_S = 1680 - 1{,}9 = 1678 \text{ t},$$

$$\frac{H^I\,a^2}{6\,n^2\,E\,J_c} = \frac{1678\cdot 63{,}0^2}{6\cdot 64\cdot 2{,}1\cdot 10^6\cdot 0{,}500} = 1{,}65\cdot 10^{-2},$$

$$\delta_{01} = 2\,\frac{7{,}88}{3}\,13\,850 = 72\,800 \text{ tm}^3, \qquad X_1^{II} = \frac{72\,800}{14\,500} = +5{,}02 \text{ t}.$$

Die viermalige Wiederholung dieses Berechnungsganges ergab die in der folgenden Tabelle zusammengestellten Teilmomente, deren Größe beim letzten Schritt schon genügend klein geworden ist. Die Summe aller Teilmomente gibt die endgültigen Biegungsmomente im Zweigelenkbogen.

Da zwischen M^{III} und M^{VI} noch keine Affinität besteht, wurde noch ein fünfter, sechster und siebenter Schritt berechnet; M^{VI} und M^{VII} sind mit genügender Genauigkeit affin, um daraus auf die Knicksicherheit für symmetrisches Knicken zu schließen. Die Sicherheit des Bogens gegenüber symmetrischem Knicken ist dreifach; da die für die Stabilität des Zweigelenkbogens maßgebende Sicherheit gegenüber antimetrischem Knicken kleiner ist, ist der Bogen für die Ausführung zu schwach. Er ist vielmehr nur als Rechenbeispiel zu bewerten, an dem die Verformung deutlicher in Erscheinung tritt, als bei steiferen Bogen.

	X^r	H^r	$M_m{}^r$									
			0	1	2	3	4	5	6	7	8	
0	—	1680										
I	$-1,9$	1678	0	$+6,39$	$+12,82$	$+16,63$	$+20,41$	$+22,38$	$+25,54$	$+26,72$	$+27,25$	
II	$+5,0$	1683	0	$-1,46$	$-1,50$	$-1,30$	$-0,50$	$+0,50$	$+1,25$	$+1,77$	$+1,22$	
III	$+0,071$	1683	0	$-0,42$	$-0,59$	$-0,53$	$-0,29$	$+0,02$	$+0,32$	$+0,53$	$+0,60$	
IV	$+0,028$	1683	0	$-0,13$	$-0,18$	$-0,17$	$-0,09$	$+0,01$	$+0,12$	$+0,19$	$+0,22$	
$M_m \doteq \sum\limits_{r=I}^{IV} M_m{}^r$			0	$+4,38$	$+10,55$	$+14,63$	$+18,53$	$+22,91$	$+27,23$	$+29,21$	$+29,89$	
VI	$4,14 \cdot 10^{-4}$	1683	0	$-1,393$	$-2,080$	$-1,964$	$-1,182$	$-0,053$	$+1,120$	$+1,988$	$+2,308$	$\cdot 10^{-3}$
VII	$1,31 \cdot 10^{-4}$	1683	0	$-4,570$	$-6,837$	$-6,461$	$-3\,946$	$-0\,176$	$+3,692$	$+6,577$	$+7,644$	$\cdot 10^{-4}$
M^{VI}/M^{VII}			—	3,05	3,05	3,04	3,00	3,02	3,03	3,02	3,01	$= r_s$

Im allgemeinen ist nach fünf bis sechs Schritten die Affinität zwischen M^r und M^{r+1} erreicht. Wenn Affinität nach s Schritten eintritt, bevor die absolute Größe der Teilmomente M^s unter der Rechnungsgenauigkeit liegt, dann braucht man keine weiteren Schritte mehr berechnen, sondern man bildet die Restsumme aller Teilmomente aus dem letzten Teilmoment M^s und der symmetrischen Knicksicherheit v_s mit

$$\sum_{r=s}^{\infty} M^r = M^s \frac{v_s}{v_s - 1}. \tag{73}$$

Die Methode der „Schrittweisen Annäherung", wie man dieses Verfahren bezeichnet, ist eine einfache und genaue Methode zur Ermittlung der Verformungsmomente von Bogen mit beliebig veränderlichem Trägheitsmoment.

3. Die Knicksicherheit der Stützlinienbogen im elastischen Bereich.

Die Knicksicherheit eines Bogens wird naturgemäß vom Abfall des Elastizitätsmoduls des Betons bei steigenden Spannungen stark beeinflußt. Es wäre sehr mühsam, in einem Rechnungsgang neben den Einflüssen der Form und Abmessungen des Bogens auch noch das plastische Verhalten zu berücksichtigen. Im folgenden wird gezeigt, daß man bei den Stützlinien üblicher Form in einem ersten Schritt die Bogenform und die Abmessungen berücksichtigen und mit den so gewonnenen Ergebnissen den Einfluß des E-Modul-Abfalles in einem zweiten Rechnungsgang berücksichtigen kann.

Allen Ermittlungen der Knicksicherheit ist der größte Bogenschub H zugrunde zu legen, der aus Eigengewicht und aus Vollbelastung durch Verkehr entsteht. Bei diesem Belastungszustand folgt die Stützlinie nicht mehr genau der Bogenachse. Jedoch kann, besonders bei Bogen größerer Stützweite, diese Abweichung vernachlässigt werden.

Die Knicksicherheit der Stützlinienbogen mit beliebig veränderlichem Trägheitsmoment wird ebenfalls nach der Methode der schrittweisen Annäherung ermittelt. Man bedient sich hiezu des im vorigen Abschnitt für die Verformungsmomente entwickelten Rechenschemas.

Die Ermittlung der Verformungsmomente von symmetrischen Bogen infolge Eigengewicht führt auf die symmetrische Knicksicherheit. Das symmetrische Knicken ist jedoch nur für die Stabilität der flachen Dreigelenkbogen maßgebend. Daher liefert die Verformungsrechnung nur beim Dreigelenkbogen, sozusagen als Nebenprodukt, die tatsächliche Knicksicherheit. Der gelenklose Bogen und der Zweigelenkbogen knicken antimetrisch. Für diese Bogen muß daher neben der bei der Berechnung der Verformungsmomente sich ergebenden symmetrischen Knicksicherheit v_s auch noch die antimetrische Knicksicherheit $v_a < v_s$ ermittelt werden.

Zur Berechnung der antimetrischen Knicksicherheit geht man von einem Verformungszustand des Bogens aus, dessen Verlauf und Größe beliebig sein kann. Er muß lediglich antimetrisch und mit den Stützbedingungen des Bogens verträglich sein. Um einen solchen Zustand zu erhalten, nimmt man eine willkürliche, jedoch antimetrische Momentenlinie $M_0{}^I$ am statisch bestimmten Grundsystem an und berechnet damit die Überzähligen $X_i{}^I$ und die gesuchte, mit den Stützbedingungen des Bogens verträgliche Momentenlinie M^I.

Es ist zu bemerken, daß sich bei antimetrischer Verformung die statisch unbestimmten Größen, die symmetrische Biegungsmomente verursachen, nicht ändern. Daher wird beim Zweigelenkbogen, da bei diesem bei Antimetrie die einzige Überzählige $X_1{}^r = 0$ ist, $M_0{}^r = M^r$ und die Berechnung der einzelnen Schritte besonders einfach. Beim gelenklosen Bogen wird $X_1{}^r = X_3{}^r = 0$; es ist bei Antimetrie lediglich $X_2{}^r$ und $M^r = M_0{}^r - x\, X_2{}^r$ zu berechnen.

Man hat so viele Schritte durchzuführen, bis innerhalb der erforderlichen Genauigkeit $\dfrac{M^r}{M^{r+1}} \equiv \text{const.}$, dann wird die Knicksicherheit

$$v_a = \frac{M^r}{M^{r+1}}. \tag{74}$$

Obwohl für die Wahl von $M_0{}^I$ nur Antimetrie und die Verträglichkeit mit den Stützbedingungen notwendige Voraussetzung ist, kann man doch die Zahl der Schritte verringern, wenn man $M_0{}^I$, bzw. M^I ungefähr dem Verlauf der ersten Eigenfunktion angleicht.

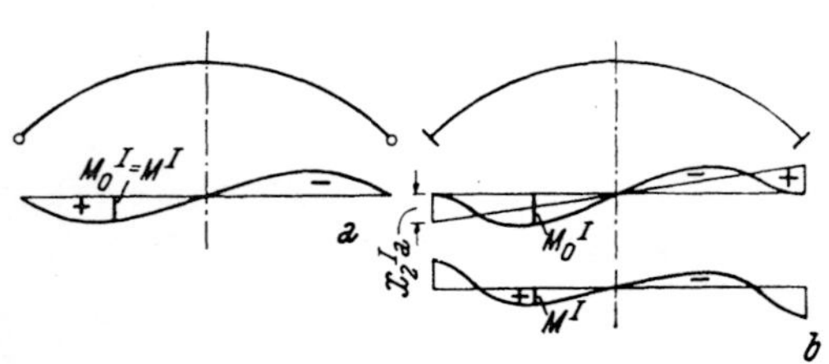

Abb. 277. Ungefähre Gestalt der ersten antimetrischen Eigenfunktion am: *a)* Zweigelenkbogen, *b)* eingespannten Bogen.

Beim Zweigelenkbogen ist die erste (antimetrische) Eigenfunktion eine monoton gekrümmte Linie, die in den Gelenken und im Scheitel Nullpunkte und an denselben Stellen Wendepunkte hat. Man wird daher $M_0{}^I = M^I$ nach Abb. 277 *a* annehmen; es ist darauf zu achten, daß an den Nullpunkten, — im Scheitel und in den Kämpfergelenken —, die Krümmung dieser Linie verschwindet. Man legt dort am besten ein kurzes, gerades Stück in die M-Linie ein. Natürlich nimmt man die Linie nur für den halben Bogen an und berücksichtigt die Antimetrie bei der Rechnung.

Beim gelenklosen Bogen nimmt man $M_0{}^I$ nach Abb. 277 *b* an. Im Kämpferquerschnitt wird zweckmäßig $M_0{}^I = 0$ und die Tangentenneigung $\dfrac{d}{dx} M_0{}^I = 0$ angenommen. Im Scheitel ist durch Einlegen eines kurzen, geraden Stückes wieder der verschwindenden Krümmung Rechnung zu tragen. Mit $M_0{}^I$ wird die statisch unbestimmte Rechnung durchgeführt, das heißt $\delta_{02}{}^I = \int M_0{}^I \, x \, \dfrac{J_c}{J} \, ds$ und $X_2{}^I = \dfrac{\delta_{02}{}^I}{\delta_{22}}$ berechnet und sodann $M_m{}^I = M_{0m}{}^I - x_m \, X_2{}^I$ ermittelt.

Die Biegelinie v^I wird mit Hilfe der w-Gewichte so wie bei den Verformungsmomenten berechnet. Man braucht bei der Ermittlung der Knicksicherheit $v^I = \dfrac{a^2}{6\,n^2\,E\,J_c}\,v^I$, bzw. $M_0{}^{II} = \dfrac{H^I\,a^2}{6\,n^2\,E\,J_c}\,v^I$ gar nicht zu berechnen, sondern man setzt

$$m_0{}^{II} = v^I, \quad \text{das heißt} \quad M_0{}^{II} = \dfrac{H^I\,a^2}{6\,n^2\,E\,J_c}\,m_0{}^{II} \tag{75}$$

und berechnet mit $m_0{}^{II}$ beim gelenklosen Bogen die Überzählige $\mathfrak{X}_2{}^{II}$ und

$$m^{II} = m_0{}^{II} - x_m\,\mathfrak{X}_2{}^{II} \tag{76}$$

und

$$M^{II} = \dfrac{H^I\,a^2}{6\,n^2\,E\,J_c}\,m^{II}. \tag{76 a}$$

Beim Zweigelenkbogen ist bei Antimetrie aus den bereits erörterten Gründen $\mathfrak{X}_1{}' = 0$, daher $m^{II} = m_0{}^{II} = v^I$; d. h. man kann mit v^I unmittelbar den zweiten Schritt berechnen.

Nach genügender Schrittzahl wird m^{r-1} affin zu m^r. Da $M^{r+1} = \dfrac{H^r\,a^2}{6\,n^2\,E\,J_c}\,m^{r+1}$ ist, wird die Knicksicherheit

$$\nu_a = \dfrac{M^r}{M^{r+1}} = \dfrac{6\,n^2\,E\,J_c}{H^r\,a^2}\,\dfrac{m^r}{m^{r+1}}. \tag{77}$$

Die Berechnung der Biegelinie und der Formänderungsgrößen wird auch bei Antimetrie nur über eine Bogenhälfte erstreckt. Der Rechnungsgang ist der gleiche, wie bei Symmetrie, lediglich die Ermittlung des Stützdruckes der elastischen Gewichte ist anders als bei Symmetrie. Während bei dieser der Stützdruck A^r gleich der Summe der w-Gewichte einer Bogenhälfte war, muß bei Antimetrie A^r erst berechnet werden. Man kann sich auch hiebei auf eine Bogenhälfte beschränken und ermittelt

$$A^W = \sum_{i=0}^{n} w_i\,\xi_i = -B^W, \qquad \xi_i = \dfrac{x_i}{a}. \tag{78}$$

Für die übrige Rechnung verwendet man die Formeln und Tabellen, die bei der Ermittlung der Verformungsmomente angewendet werden.

Wie bereits erwähnt, knicken die Dreigelenkbogen, — ausgenommen solche mit großem Pfeilverhältnis f/l —, symmetrisch. Wenn nur die Knicksicherheit bestimmt werden soll, so kann man von einem beliebigen, symmetrischen Verformungszustand M^I ausgehen. Die Form von M^I ist in Abb. 276 dargestellt. Die w-Gewichte sind nach (65) zu berechnen, ausgenommen das w-Gewicht im Scheitel, für das (71) gilt. Dann berechnet man die Biegelinie v für symmetrischen Zustand. Für die weitere Rechnung darf jedoch nicht v verwendet werden, sondern $\bar{v}$ nach (72). Somit unterscheidet sich die Ermittlung der Knicksicherheit beim Dreigelenkbogen von der Verformungsrechnung nur durch den Ausgangszustand.

Den Verformungszustand $M_0{}^I$, von dem man bei der Ermittlung der Knicksicherheit ausgeht, gewinnt man am einfachsten aus einer Zeichnung, indem man eine stetig gekrümmte Linie entwirft, die den oben dargelegten Bedingungen (Abb. 276 und Abb. 277 *a, b*) entspricht. Der Maßstab, in dem $M_0{}^I$ in der Zeichnung abgemessen wird, ist hiebei ohne Einfluß auf das Ergebnis.

Die Knicksicherheit in der Form von (77) ermöglicht es, mit dem numerischen Verfahren auch Werte von allgemeiner Gültigkeit zu berechnen. Die Abmessungen und die Belastung des Bogens sind nur in dem Bruch $\dfrac{E\,J_c}{H\,a^2}$ enthalten, während die Gestalt des Bogens in $6\,n^2\,\dfrac{m^r}{m^{r+1}}$ enthalten ist. Man kann daher mit (77) auch Bogen verschiedener Größe und Belastung miteinander vergleichen, wenn die Steifigkeitsverhältnisse $\dfrac{J_c}{J\cos\varphi}$ und die Bogenordinaten y paarweise zueinander affin sind. In diesem Falle nimmt $6\,n^2\,\dfrac{m^r}{m^{r+1}}$ einen festen Wert an. Wenn zwei Bogen der absoluten Affinität von $\dfrac{J_c}{J\cos\varphi}$ und y nur nahe kommen, so sind die Ergebnisse des einen noch immer mit mehr oder weniger großer Genauigkeit auf den anderen übertragbar. Der Einfluß einer Abweichung in den Bogenordinaten von der Affinität ist hiebei wesentlich kleiner, als der Einfluß einer Abweichung der Steifigkeitsverhältnisse $\dfrac{J_c}{J\cos\varphi}$ von der Affinität.

Bei allen Betrachtungen der Bogenverformung und der Knicksicherheit wurden die Horizontalverschiebungen u vernachlässigt und nur die senkrechten Verschiebungen v berücksichtigt. Man kann mit der Methode der schrittweisen Annäherung auch den Einfluß der u-Verschiebungen mitberücksichtigen. Die Berechnung besteht auch dann im wesentlichen aus der Ermittlung von Biegelinien, sie wird jedoch langwieriger. Infolge der u-Verschiebungen wird die Knicksicherheit der Bogen kleiner, als die Berechnung mit den v-Verschiebungen allein ergibt. Ihr Einfluß auf die Knicksicherheit ist bei Bogen mit kleinem Pfeilverhältnis klein und wird umso größer, je größer f/l wird; schließlich kann bei sehr steilen Bogen die Knicksicherheit erheblich kleiner werden, als man mit den v-Verschiebungen allein ermittelt. Man darf diese Tatsache gegebenenfalls nicht übersehen.

Die Bestimmung der Knicksicherheit nach der Methode der schrittweisen Annäherung verursacht einige Arbeit. Bedeutend schneller geht die Berechnung von unteren und oberen Grenzen der Knicksicherheit. In vielen Fällen, besonders bei reichlicher Knicksicherheit des Bogens wird die besonders einfache Ermittlung unterer Grenzwerte genügen.

4. Untere Grenzwerte der Knicksicherheit.

Die Knicksicherheit der Stützlinienbogen wird vom Verlauf der Trägheitsmomente und wegen der u-Verschiebungen vom Pfeilverhältnis bedeutend beeinflußt, von der Form der Bogenachse hingegen weniger. Eine untere Schranke ist zweifellos die Knicksicherheit eines Bogens gleicher Stützungsart mit $J\cos\varphi = J_c = \text{const.}$, wenn $J_c = \min\,(J\cos\varphi)$ des vorliegenden Bogens ist. Für solche Bögen mit parabolischer Bogenachse sind die Knicksicherheiten in Abhängigkeit vom Pfeilverhältnis f/l mit Berücksichtigung der u-Verschiebungen von *Dischinger* berechnet worden. Man erhält einen unteren Grenzwert

$$\nu_u = \lambda^2 \frac{E J_c}{H a^2} < \nu, \qquad J_c = \min\ (J \cos \varphi), \qquad a = \frac{l}{2}; \qquad (79)$$

λ^2 ist der Tab. 30 zu entnehmen.

Tabelle 30. *Knicksicherheit parabolischer Stützlinienbogen mit $J \cos \varphi = $ const.*

Pfeilverhältnis f/l	0	0,1	0,2	0,3	0,4	0,5
Gelenkloser Bogen	20,19	19,60	17,63	14,44	11,02	8,20
Zweigelenkbogen	9,87	9,25	7,70	6,00	4,58	3,50
Dreigelenkbogen	7,43	7,27	6,80	(6,12)*	(5,33)*	(4,56)*

*) Es gelten die kleineren Werte des Zweigelenkbogens.

Bei allen Bogen sind unverschiebliche Widerlager vorausgesetzt.

Da alle Werte von λ^2 für den Dreigelenkbogen sich auf symmetrische Knickung beziehen, zeigt die Tab. 30 an, daß für solche Bogen mit $f/l > 0,3$ bereits die antimetrische Knickung maßgebend wird; bei dieser besteht zwischen Zweigelenkbogen und Dreigelenkbogen wegen des Momentennullpunktes und des Wendepunktes im Scheitel kein Unterschied. Daher sind für die tatsächliche Knicksicherheit von Dreigelenkbogen mit $f/l > 0,3$ die Werte des Zweigelenkbogens maßgebend.

Die auf so einfache Weise berechneten unteren Grenzwerte liegen naturgemäß ziemlich weit unter dem wahren Wert, wenn stark veränderliches Trägheitsmoment vorliegt. Es ist dann erwünscht, auch eine obere Schranke zu kennen, wenn nicht die untere Schranke bereits ausreichende Knicksicherheit nachweist.

5. Obere Grenzwerte der Knicksicherheit.

Zur Berechnung oberer Schranken der Knicksicherheit benützt man zweckmäßig ein Verfahren von *Grammel* zur Bestimmung von Eigenwerten, das, auf die Bogenbrücken angewendet, die folgenden Rechnungsoperationen erfordert:

Man belaste den Bogen mit einer mit dem System verträglichen, sonst willkürlichen Momentenlinie M^I, deren Gestalt ungefähr die der ersten Eigenfunktion sei, und berechne die entstehenden, senkrechten Durchbiegungen v^I. Eine obere Schranke für den ersten Eigenwert, das ist die Knicksicherheit, liefert der Ausdruck

$$\nu_0 = \frac{\displaystyle\int_0^l (M^I)^2\, \tau\, dx}{H^I \displaystyle\int_0^l M^I v^I \tau\, dx} > \nu, \qquad \tau = \frac{J_c}{J \cos \varphi}. \qquad (80)$$

Über die Annahme der willkürlichen, mit den Stützbedingungen verträglichen Momentenlinie M^I ist das Notwendige beim Verfahren der schrittweisen Annäherung (vgl. S. 299) bereits dargelegt worden. Auch das Verfahren zur Ermittlung der Biegelinien kann von dort übernommen werden. Aus M^I ermittelt man mit Hilfe der w-Gewichte zunächst v', ohne die Multiplikation $v^I = \dfrac{a^2}{6\,n^2\,E\,J_c}\,v'$ auszuführen. Sodann bildet man mit Hilfe der *Simpson*schen Regel die beiden Integrale $\displaystyle\int_0^l (M^I)^2\,\tau\,dx$ und $\displaystyle\int_0^l M^I\,v^I\,\tau\,dx$. Die obere Schranke der Knicksicherheit wird dann

$$\nu_0 = \frac{6\,n^2\,E\,J_c}{H^I\,a^2}\,\frac{\displaystyle\int_0^l (M^I)^2\,\tau\,dx}{\displaystyle\int_0^l M^I\,v^I\,\tau\,dx}\,. \tag{80 a}$$

(80 a) steht in enger Beziehung mit (77). An die Stelle des Bruches $\dfrac{m^r}{m^{r+1}}$ tritt der Quotient der Integrale.

Die Bestimmung von ν_0 ist bedeutend kürzer als das Verfahren der schrittweisen Annäherung, da man an Stelle der stets erforderlichen vier bis fünf Schritte bis zur Affinität von m^r und m^{r+1} nur eine Biegelinie und die beiden Integrale zu berechnen hat.

Es ist zu beachten, daß bei Anwendung dieses Verfahrens auf die symmetrische Knickung die Eigengewichtsmomente infolge der Bogenverkürzung ($z\,\varDelta H_S$) nicht als Ausgangsmomente M^I angenommen werden dürfen. Diese Momente sind nur bei Berücksichtigung der Längenänderung der Bogenelemente mit den Stützbedingungen in Übereinstimmung. Die Längenänderungen werden bei der Berechnung der Biegelinie nach (65) bis (71) vernachlässigt. Die durch $\varDelta H_S$ verursachte Biegelinie steht daher mit den Stützbedingungen ohne Berücksichtigung der Längenänderung im Widerspruch und entspricht demnach nicht den Voraussetzungen. Man darf aber die Momente M^{II} und die Biegelinie v^{II} der Verformungsrechnung heranziehen, da bei diesen die Längenänderungen als unwesentlich bereits wieder vernachlässigt wurden.

Das Verfahren kann sowohl für den antimetrischen Knickfall, als auch für den symmetrischen verwendet werden. Für die Annahme der Momentenlinie M^I ist für das antimetrische Knicken der gelenklosen und der Zweigelenkbogen Abb. 277 (S. 300) maßgebend. Für das symmetrische Knicken nimmt man beim Zweigelenkbogen für $M_0{}^I$ eine monoton gekrümmte, symmetrische Linie nach Abb. 278 a an, deren Krümmung am Kämpfer verschwindet; für den gelenklosen Bogen soll $M_0{}^I$ am Kämpfer tangentiell anlaufen (Abb. 278 b). Aus $M_0{}^I$ werden die Überzähligen und die Momente M^I berechnet, deren ungefähre Gestalt ebenfalls in Abb. 278 a, b angegeben ist.

Für den Dreigelenkbogen ist das symmetrische Knicken maßgebend; M^I hat ungefähr die in Abb. 276 angegebene Gestalt. Momente M^I, die zur antimetrischen Knicksicherheit des Dreigelenkbogens führen, sind nach Abb. 277 a so wie für das antimetrische Knicken des Zweigelenkbogens anzunehmen.

Während die unteren Grenzwerte ν_u nach (79) bei stark veränderlichem Trägheitsmoment oft erheblich kleiner sind, als die tatsächliche Knicksicherheit ν, liegen die nach (80) ermittelten oberen Grenzwerte ν_0 sehr nahe an ν, solange die u-Verschiebungen klein bleiben. Der Einfluß der u-Verschiebungen ist bei flachem Bogen kleiner als bei steilem und ist bei antimetrischem Knicken größer, als bei symmetrischem.

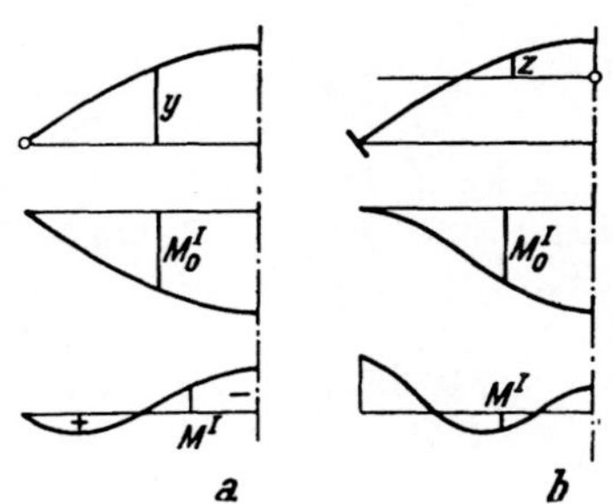

Abb. 278. Ungefähre Gestalt der ersten symmetrischen Eigenfunktion des a) Zweigelenkbogens, b) gelenklosen Bogens.

6. Die Knicksicherheit der Stützlinienbogen im plastischen Bereich.

Es wird empfohlen, vor dem Studium dieses Abschnittes jenen über das Knicken der Säulen (S. 34) durchzuarbeiten.

Die *Euler*-Formel mit dem Elastizitätsmodul E_0 gilt nur für sehr schlanke Stäbe, bei gedrungenen Stäben ist der E-Modul, der der jeweiligen Spannungsstufe $\dfrac{\sigma}{\sigma_p}$ bzw. der Dehnungsstufe $\dfrac{\varepsilon}{\varepsilon_p}$ entspricht, maßgebend.

Nach der bisherigen Gepflogenheit hat man das plastische Verhalten durch Einführung des *Engesser*schen Moduls T berücksichtigt. Nach neueren Anschauungen, die auf Betrachtungen von *Shanley* zurückgehen (s. S. 41), verwendet man statt T den Modul $E(\sigma) = \dfrac{d\sigma}{d\varepsilon}$.

Beide Moduli können in den folgenden Berechnungen verwendet werden, da es lediglich darauf ankommt, die Biegesteifigkeit EI des gedrückten Stabes richtig in die Rechnung einzuführen. Nach *Engesser* ist die Biegesteifigkeit gleich TI, nach der *Shanley*schen Auffassung mit $E(\sigma) \cdot I$ anzusetzen. Im weiteren Rechnungsgang besteht dann kein Unterschied mehr.

Es sei hier wiederholt, daß sich nach *Shanley* etwas kleinere Knicklasten ergeben, daher etwas vorsichtiger gerechnet wird. Ein weiterer Vorteil ist darin zu sehen, daß der Modul $E(\sigma)$ nur vom Werkstoff abhängt, während *Engesser*'s Modul T außerdem noch durch die Form des Querschnittes bedingt ist, was zum mindesten eine Erschwernis der Berechnung bringt. Man sollte daher den Modul $E(\sigma)$ bei allen Stabilitätsuntersuchungen bevorzugen.

Es ist leicht einzusehen, daß auch bei den Stützlinienbogen, die vorwiegend oder ausschließlich durch eine gleichmäßig über jedem Querschnitt verteilte Druckspannung σ_D beansprucht werden, die kritische Last nur solange unter der Annahme von der uneingeschränkten Gültigkeit des *Hooke*schen Gesetzes (elastischer Bereich) berechnet werden kann, als der Bogen sehr schlank ist. Anderen Falles ist, — ebenso wie bei den Säulen —, das plastische Verhalten des Baustoffes zu berücksichtigen.

Da der Knickmodul, nach *Engesser* und nach *Shanley*, von der Spannungsstufe σ_D/σ_p, genauer von der Dehnungsstufe $\varepsilon/\varepsilon_p$, und vom Modul E_0 abhängt, nicht aber von der Gestalt des gedrückten Stabes, so gilt er auch für den Stützlinienbogen, der nichts anderes als ein gekrümmter Stab unter besonderen Last- und Stützbedingungen ist.

Auf S. 37 wurde die Differentialgleichung (13 a) für die plastische Knickung des zentrisch belasteten, geraden Stabes abgeleitet, deren kleinster Eigenwert die Knicklast (16) liefert. Es wurde dort festgestellt, daß der Charakter der Differentialgleichung (13 a) nicht geändert wird, so lange in jedem Querschnitt des Stabes die gleiche Druckspannung σ_D vorhanden ist, da dann T von der Integrationsvariablen unabhängig ist, somit $k^2 = P/T\,J$ konstant ist, jedoch T die Spannungsstufe σ/σ_p als Parameter enthält. Im Falle $\sigma_D = $ const. ändern sich demnach die Eigenwerte von (13 a), deren kleinster die Knicklast liefert, nicht.

Ganz ähnliche Verhältnisse liegen beim Stützlinienbogen mit $\sigma_D = $ const. vor, der zwar in der Praxis kaum vorkommen wird, jedoch für die Ermittlung unterer Grenzwerte der Knicksicherheit wertvoll ist.

Ein parabolischer Stützlinienbogen habe rechteckigen Querschnitt, der dem Gesetz $J\cos\varphi = J_c = $ const., $F\cos\varphi = F_c = $ const. folgt. Dieses Gesetz ist z. B. mit $d = d_c$, $b\cos\varphi = b_c$ erfüllt.

Im Stützlinienbogen ist die Normalkraft in jedem Querschnitt $N = \dfrac{H}{\cos\varphi}$, die Druckspannung demnach

$$\sigma_D = \frac{N}{F} = \frac{H}{\cos\varphi}\,\frac{\cos\varphi}{F_c} = \frac{H}{F_c} = \text{const.}$$

Wegen $\sigma_D = $ const. ist im ganzen Bogen das Verhältnis $\dfrac{E(\sigma)}{E(0)}$ und damit $T(\sigma)$ konstant. Es kann infolgedessen die plastische Knickung eines solchen Bogens formal wie die elastische Knickung behandelt werden; es ist lediglich E durch die Konstante T zu ersetzen.

Für den oben beschriebenen Bogen sind die Eigenwerte der Differentialgleichung in Verbindung mit den gegebenen Grenzbedingungen bekannt. Allgemein gilt für Stützlinienbogen im elastischen Bereich

$$H_K = \lambda^2 \frac{E\,J_c}{a^2}. \tag{81}$$

In dieser Formel ist die Vorzahl λ^2 von den Grenzbedingungen (Einspannung oder Gelenke), dem Steifigkeitsverhältnis $\dfrac{J_c}{J}$, dem Pfeilverhältnis f/l und der Form der Bogenachse abhängig. Der Faktor λ^2 kann wie bereits im vorhergehenden Abschnitt gezeigt wurde, im Wege der schrittweisen Annäherung mit beliebiger Genauigkeit bestimmt werden; obere Grenzwerte findet man mit (80), untere Grenzwerte liefert Tab. 30.

Ersetzt man im Falle $\sigma_D = H/F_c = $ const. E durch $T(\sigma_D)$ oder $E(\sigma_K) = $ const., so gilt (81) auch für den plastischen Bereich.

Bei einem Pfeilverhältnis $f/l = 0{,}2$ ist z. B. für einen eingespannten Bogen im elastischen Bereich die Knicklast

$$H_K = 17{,}63\,\frac{E\cdot J_c}{a^2}; \qquad (a = l/2),$$

im plastischen Bereich hingegen

$$H = 17{,}63\,\frac{E(\sigma_K)\,J_c}{a^2},$$

bzw.

$$\sigma_K = 17{,}63\left(\frac{i_c}{a}\right)^2 E(\sigma_K). \tag{82}$$

Man sieht, daß man, wie bei den Säulen, wohl im elastischen Bereich nach (81) sofort den kritischen Bogenschub angeben kann, im plastischen Bereich jedoch nicht. Nun könnte man für die einfach unendliche Mannigfaltigkeit der beschriebenen Stützlinienbogen eine Knicktabelle anlegen, in der zu jeder Knickspannung σ_K die „Schlankheit" a/i_c verzeichnet ist. Das hat jedoch wenig Sinn, denn im Einzelfall führt ein anderes Verfahren schneller zum Ziel.

Nimmt man zunächst eine beliebige Druckspannung σ_D an und berechnet mit dem zugeordneten $E(\sigma_D)$ mit (82) eine Spannung $\sigma_K{}^*$, so ist der so ermittelte Wert nur dann die richtige Knickspannung σ_K, wenn $\sigma_K{}^* = \sigma_D$ wird, denn nur dann wurde die Konstante T mit dem der vorhandenen Druckspannung entsprechenden Wert in (82) eingeführt.

Das wird im allgemeinen jedoch nicht der Fall sein. Eine einfache Überlegung zeigt, daß jedenfalls

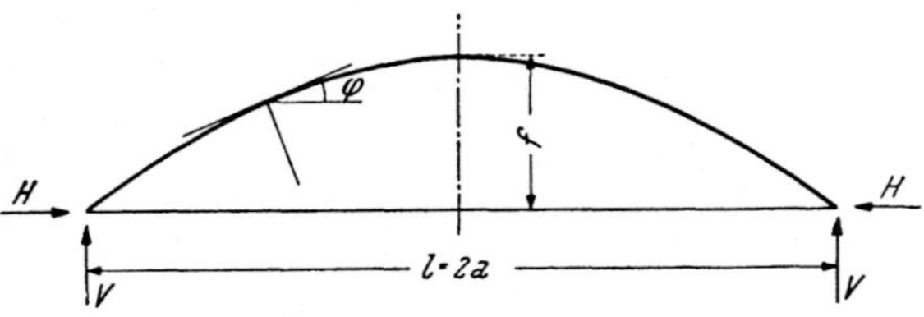

Abb. 279. Parabolischer Stützlinienbogen mit der Stützweite $l = 2\,a$ und der Pfeilhöhe f.

$$\sigma_D \gtrless \sigma_K \gtrless \sigma_K{}^* \tag{83}$$

ist, die Knickspannung also schon mit der ersten Rechnung eingeschränkt ist. Man wird nun mit verbesserten Werten von σ_D die Rechnung so lange wiederholen, bis $\sigma_D = \sigma_K{}^* = \sigma_K$ und damit der kritische Bogenschub $H_K = \sigma_K F_c$ und die Knicksicherheit $\nu = H_K/H$ berechnet sind.

Man kann den Vorgang abkürzen, wenn man σ_D und $\sigma_K{}^*$ als Funktion des Dehnungsgrades $\varphi = \varepsilon/\varepsilon_p$, der ja zur Ermittlung von $E(\sigma)$ bekannt sein muß, in einem Diagramm aufträgt. Am Schnittpunkt der σ_D-Linie mit der $\sigma_K{}^*$-Linie liegt der Knickwert σ_K.

Ein *Zahlenbeispiel* wird die Methode erläutern. Wir nehmen einen, den oben beschriebenen Voraussetzungen entsprechenden Stützlinienbogen an, dessen Abmessungen $b_c = 8{,}00$ m, $d_c = 1{,}00$ m; $l = 2\,a = 100$ m, $f = 20$ m seien. Der Baustoff sei Beton B 300 ($\sigma_p = 240$ kg/cm², $E(0) = 300\,000$ kg/cm²). Für die Spannungs-Dehnungslinie gelte $\sigma_b = \sigma_p\varphi\,(2 - \varphi)$, $E(\sigma) = E_0\,(1 - \varphi)$.

Es ist $i_c = \sqrt{\dfrac{d_c^2}{12}} = 0{,}288$ m, die „Schlankheit" $\dfrac{a}{i_c} = \dfrac{50}{0{,}288} = 174$.

Nach (82) gilt für die Knickspannung

$$\sigma_K = 17{,}63\left(\frac{i_c}{a}\right)^2 \cdot E(\sigma_K) = \frac{17{,}63}{174^2} \cdot E(\sigma_K) = 5{,}83 \cdot 10^{-4} \cdot E(\sigma_K).$$

Für die schrittweise Annäherung setzen wir

$$\sigma_K{}^* = 5{,}83 \cdot 10^{-4}\, E(\sigma_D).$$

Der Knickmodul $E(\sigma)$ kann ins Verhältnis zu $E(0)$ gesetzt werden:

$$E(\sigma) = E_0\,(1 - \varphi).$$

Demnach wird
$$\sigma_K{}^* = 5{,}83 \cdot 10^{-4} \cdot (1 - \varphi) \cdot E(0) = 5{,}83 \cdot 3{,}0 \cdot 10^2 \,(1 - \varphi) = 1745 \cdot (1 - \varphi) \text{ t/m}^2,$$
$$\sigma_D = \sigma_p\,\varphi\,(2 - \varphi) = 2400\,\varphi\,(2 - \varphi) \text{ t/m}^2.$$
Die weitere Berechnung erfolgt tabellarisch.

φ	0,2	0,3	0,4	0,5
$(1 - \varphi)$	0,800	0,700	0,600	0,500
σ_D	865	1225	1536	1800 t/m²
$\sigma_K{}^*$	1395	1225	1050	873 t/m²

Das in Abb. 280 dargestellte Diagramm liefert die Knickspannung:
$$\varphi_K = 0{,}30, \qquad \sigma_K = 1225 \text{ t/m}^2.$$
Demnach ist der kritische Bogenschub
$$H_K = \sigma_K \cdot F_\ell = 1225 \cdot 8{,}0 \cdot 1{,}0 = 9800 \text{ t.}$$

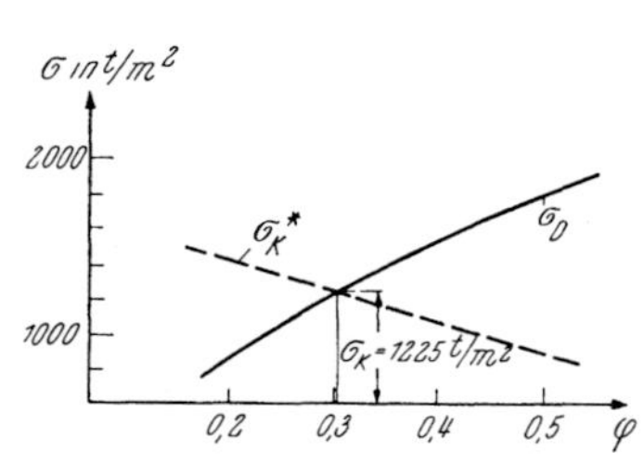

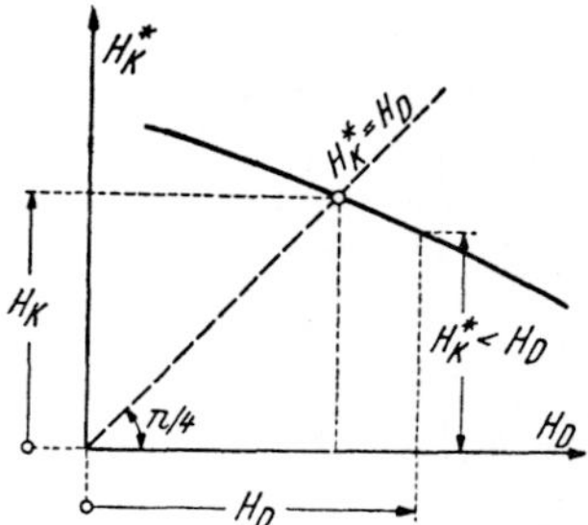

Abb. 280. Ermittlung der Knickspannung σ_K aus den Wertepaaren $\sigma_D - \sigma_K{}^*$.　　Abb. 281. Ermittlung des kritischen Bogenschubes H_K aus den Wertepaaren $H_D - H_K{}^*$.

Die Knickbedingung $\sigma_K = \sigma_D$ kann man auch analytisch fassen:
$$1745\,(1 - \varphi) = 2400\,\varphi\,(2 - \varphi),$$
bzw.
$$\varphi^2 - 2{,}720\,\varphi + 0{,}728 = 0.$$
Die Wurzel $\varphi_K = 1{,}36 - \sqrt{1{,}36^2 - 0{,}728} = 0{,}30$ liefert übereinstimmend mit der vorhin gezeigten Methode des Wertevergleichens
$$\sigma_D = \sigma_K = 1745\,(1 - 0{,}30) = 1225 \text{ t/m}^2.$$

Bei anderen Annahmen für die $\sigma - \varepsilon$-Linie des Betons (z. B. Deutschland oder Schweiz) führt die Knickbedingung auf Gleichungen höheren Grades oder von noch komplizierterem Bau. In diesen Fällen ist die Methode des Wertevergleichens nach den Abb. 280 und 281 zu empfehlen, da diese immer, auch bei Verwendung des *Engesser*schen Moduls T, zum Ziele führt.

Bei einem Stützlinienbogen beliebig veränderlichen Querschnittes ist
$$\sigma_D = \frac{N}{F}$$ von Querschnitt zu Querschnitt veränderlich; es kann daher $E(\sigma_D)$ nicht mehr als Konstante angesehen werden.

In der Differentialgleichung für die Vertikalverschiebungen
$$\frac{d^2 v}{dx^2} + \frac{H}{E(\sigma)\,J \cos \varphi} \cdot v = 0, \tag{84}$$
deren Eigenwerte in Verbindung mit den maßgebenden Grenzbedingungen die Knicklast liefern, ist nunmehr $E(\sigma)$ nicht nur mit σ_D, sondern auch

mit x veränderlich. (84) wird zur Differentialgleichung mit veränderlichen Koeffizienten $\dfrac{H}{E(\sigma)\,J\,\cos\varphi}$, selbst dann, wenn $J\cos=\varphi=$ const. ist.

Die direkte Integration von (84) ist wegen des veränderlichen Koeffizienten meist nicht möglich. Es können jedoch die numerischen Verfahren, die für die Knickung im elastischen Bereich angegeben wurden, — die schrittweise Annäherung und die Ermittlung sehr guter, oberer Grenzwerte nach (80) —, auch hier angewendet werden.

Im plastischen Bereich ist die Berechnung der Knicksicherheit jedoch umständlicher als im elastischen, da sie mehrere Rechnungsgänge erfordert. Der Vorgang ist im großen gesehen derselbe wie bei dem vorhin beschriebenen Bogen. Man nimmt zunächst einen Bogenschub H_D an, den man möglichst nahe dem kritischen Bogenschub H_K einschätzt und berechnet hierfür in jedem Querschnitt $\sigma_D = \dfrac{H}{F\cos\varphi}$ und damit über $E(\sigma) = (1-\varphi)\,E_0$, die „bezogene Biegesteifigkeit"

$$\tau(\sigma_D,\,x) = \frac{E_c J_c}{E(\sigma_D)\,J\,\cos\varphi}. \tag{85}$$

Dieser Faktor stellt lediglich eine Erweiterung des im elastischen Bereich gebrauchten Steifigkeitsverhältnisses $\dfrac{J_c}{J\,\cos\varphi}$ dar. Dann ermittelt man mit Hilfe von (80) die zugeordnete Größe $H_K{}^*$, die nur dann die kritische Last H_K darstellt, wenn sich $H_K{}^* = H_D$ ergibt. Dies wird beim ersten Rechnungsgang kaum der Fall sein. Die Ungleichung

$$H_D \gtrless H_K \gtrless H_F{}^* \tag{86}$$

gibt auch hier eine Einschränkung von H_K und den Hinweis, in welchem Sinne H_D verbessert werden muß, um die richtige Knicklast zu erhalten. Mit diesem verbesserten Wert von H_D muß die Rechnung wiederholt werden. Kennt man einige Wertepaare $H_D - H_K{}^*$, so liefert ein Diagramm mit den Koordinaten H_D und $H_K{}^*$ nach Abb. 281 rasch die richtige Knicklast, nämlich die Laststufe, in der $H_D = H_K{}^* = H_K$ ist. Bei der Ermittlung von H_K kann dessen oberer Grenzwert nach (80) $(H_K = \nu H)$ verwendet werden, da diese Beziehung Werte liefert, die sehr nahe am wahren Wert liegen.

Jedenfalls ist die Ungenauigkeit, die die Werkstoff-Kennwerte in die Rechnung bringen, größer als die Ersetzung des wahren Wertes durch den Grenzwert nach (80). Es ist somit für jedes Wertepaar $H_D = H_K{}^*$ nur eine Biegelinie zu berechnen.

Bei dem beschriebenen Rechenvorgang wechselt bei jeder Änderung der Belastungsstufe die von dieser abhängige Biegesteifigkeit $E(\sigma_D)\cdot J$ des Bogens, bzw. die bezogene Biegesteifigkeit $\tau(\sigma_D,\,x)$; sie ist daher bei jedem Rechnungsgang neu zu ermitteln.

Wenn man sich mit einem unteren Grenzwert der Knicksicherheit begnügen kann, der nicht allzu scharf am wahren Wert liegt, so kann man die Rechenarbeit sehr vereinfachen, indem man die Aufgabe auf den im vorigen Abschnitt behandelten Fall des Stützlinienbogens mit $\sigma_D =$ const. zurückführt. Man wählt den im Bogen vorhandenen Größtwert von $\sigma_D = \dfrac{N_i}{F_i}$ für den ganzen Bogen und erhält einerseits $H_D = N_i\cos\varphi_i$ und kann anderseits, da dann $E(\sigma_D) =$ const. ist, $H_K{}^*$ aus (81) berechnen, da λ^2 in diesem Falle von der Spannungsstufe unabhängig ist. Damit ist eine viel kürzere Rechnung nach Art des Beispieles im vorigen Abschnitt durchzuführen. Wenn sich zeigt, daß der so erhaltene Grenzwert schon genügende Knicksicherheit verbürgt, ist es nicht notwendig, die genauere Rechnung mit $\sigma_D \neq$ const. anzustellen.

Bei den angestellten Untersuchungen haben wir einen Stützlinienbogen vorausgesetzt, der frei von Biegungsmomenten ist. Ein solcher Bogen ist zwar mit Hilfe willkürlicher Krafteingriffe (z. B. Verkürzung von Zugbändern) wenigstens für ständige Last realisierbar, aber der Regelfall ist er nicht. Er ist jedoch für die Beurteilung der Stabilität von gleicher Bedeutung, wie es die Knicklast des zentrisch gedrückten, jedoch biegungsfreien geraden Stabes für diesen ist. Daher ist es sehr wertvoll, wenigstens die kritische Last für den momentenfreien Bogen mit Berücksichtigung der plastischen Eigenschaften des Baustoffes zutreffend erfassen zu können.

Infolge der plastischen Eigenschaft der Baustoffe, die sich bei Beton schon in niederen Laststufen bemerkbar macht, tritt eine Verminderung der kritischen Last ein, die durch das Verhältnis $E(\sigma)/E_0$ quantitativ gegeben ist. Dieser Verlust ist nur von der Gestalt des $\sigma - \varepsilon$-Diagrammes und, wie oben dargelegt, von der Laststufe σ_D/σ_p, bzw. — was dasselbe ist — von der Dehnungsstufe $\varphi = \varepsilon/\varepsilon_p$ abhängig. Die Güte des Werkstoffes (E_0, σ_p) bedingt wohl den Absolutwert der Knicklast, sie hat jedoch auf den relativen Verlust infolge der Plastizität gegenüber dem rein elastischen Zustand keinen Einfluß.

Schließlich sei noch bemerkt, daß insbesondere das für den allgemeinen Stützlinienbogen angegebene Verfahren recht mühsam erscheint. Bei richtiger Organisation der Berechnung ist der Arbeitsaufwand durchaus vertretbar, ganz besonders dann, wenn die Stabilität größerer Objekte, z. B. von Bogenbrücken mit Stützweiten über 100 m, beurteilt werden soll. Bei solchen Objekten sollte die Untersuchung des plastischen Einflusses auf die Knicksicherheit im Interesse der Standsicherheit einerseits und der Wirtschaftlichkeit anderseits auf keinen Fall versäumt werden.

e) Die Schnittkräfte der Bogen infolge von Querbelastungen.

1. Die Querbelastungen und deren Angriffe am Bogentragwerk.

Neben dem Eigengewicht und den Verkehrslasten werden die Brücken auch noch durch Kräfte beansprucht, deren Richtung nicht lotrecht ist. Solche Kräfte sind die Windkräfte, die Seitenstöße der Fahrzeuge und die Fliehkräfte von Fahrzeugen bei Fahrtrichtungsänderungen.

Von diesen Kräften, — besonders von den Windkräften — werden zusätzliche Schnittkräfte hervorgerufen, die man besonders bei schlanken Bogen kennen muß, da sie einerseits zusätzliche Spannungen hervorrufen, die sich den Spannungen infolge der Hauptkräfte überlagern, anderseits bei Stahlbetonbogen u. U. zusätzliche Bewehrungen notwendig machen.

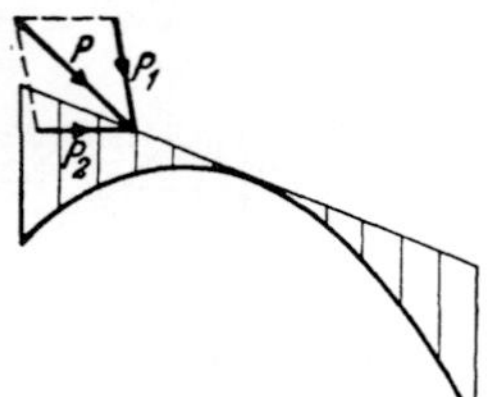

Abb. 282. Zerlegung einer beliebigen Kraft in eine in der Bogenebene und eine normal zur Bogenebene wirkende Komponente.

Eine an der Brücke, z. B. an der Fahrbahn angreifende Kraft P (Abb. 282), deren Richtung nicht in die Ebene der Bogenachse, — die wir im folgenden als Hauptebene bezeichnen —, fällt, kann immer in eine in der Hauptebene liegende Komponente P_1 und in eine normal zur Hauptebene gerichtete Komponente P_2 zerlegt werden. Die Schnittkräfte, die von P_1 verursacht werden, werden nach den bekannten Verfahren für ebene Stabtragwerke berechnet. Die Komponente P_2 verursacht Schnittkräfte, mit denen wir uns eingehender befassen wollen.

Wenn die Querlasten nicht am Bogen selbst, sondern an den Aufbauten angreifen, müssen sie von diesen erst auf den Bogen übertragen werden. Die an den Aufbauten in der Höhe h über der Bogenachse angreifende Querlast P ist statisch gleichwertig der Querlast $\overline{P}$ in der Bogenachse und dem Querbiegungsmoment $P\,h$, das um die im Schwerpunkt und in der Hauptebene liegende Waagerechte dreht (Abb. 283). Man kann jede Querlast durch die im Schwerpunkt angreifenden Lasten $\overline{P}$ und $P\,h$ ersetzen, daher werden im folgenden nur mehr diese Kräfte betrachtet.

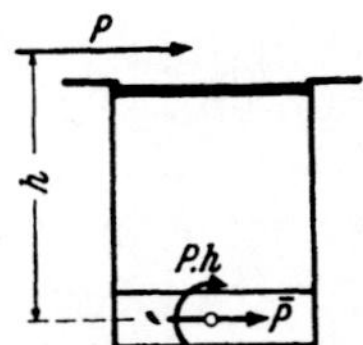

Abb. 283. Beziehung der quergerichteten Kräfte auf die Bogenachse.

2. *Das statisch bestimmte Grundsystem und die Überzähligen.*

Die Querlasten verursachen im Bogentragwerk weder einen Horizontalschub, noch Biegungsmomente M oder eine Normalkraft N. Es entsteht nur ein Querbiegungsmoment $\overline{M}$, eine diesem zugeordnete Querkraft $\overline{Q}$ und ein Torsionsmoment T (Abb. 284 a). Der Vektor T fällt in die Tangente, der Vektor $\overline{M}$ in die Hauptnormale und $\overline{Q}$ in die Binormale der Bogenachse. Diese Komponenten sind für die Formänderungen des Bogenelementes und die Spannungen im Querschnitt maßgebend. Es ist zweckmäßig, die äußeren Kräfte zunächst nicht auf das begleitende Dreibein Tangente — Hauptnormale — Binormale, sondern auf ein Dreibein fester Richtung (Abb. 284 b) mit den Komponenten M_H, M_T und $\overline{Q}$ zu beziehen und daraus $\overline{M}$ und T zu berechnen. Es gilt:

$$\overline{M} = M_H \cos\varphi + M_T \sin\varphi,$$
$$T = -M_H \sin\varphi + M_T \cos\varphi, \tag{87}$$
$$\overline{Q} = \overline{Q}.$$

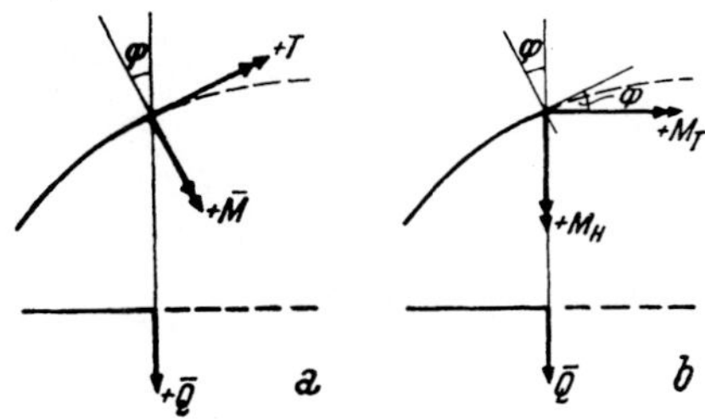

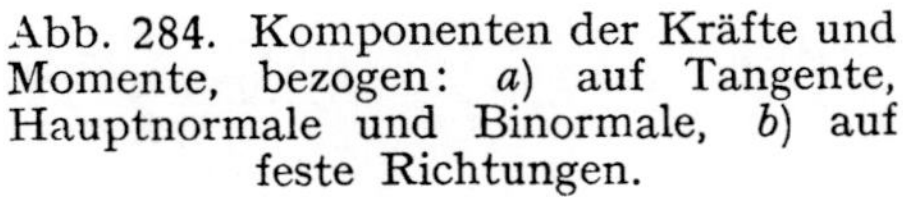

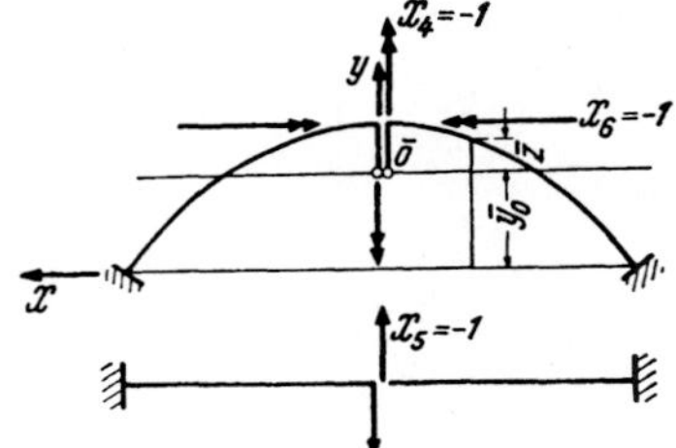

Abb. 284. Komponenten der Kräfte und Momente, bezogen: a) auf Tangente, Hauptnormale und Binormale, b) auf feste Richtungen.

Abb. 285. Die infolge der quergerichteten Kräfte entstehenden Überzähligen X_4, X_5 und X_6 und der zweite elastische Schwerpunkt $\overline{0}$.

Die Ermittlung der Schnittkräfte M_{0H}, M_{0T} und $\overline{Q}_0$ im Grundsystem infolge der Belastung ist eine elementare Aufgabe.

Die bei den Massiv-Bogenbrücken üblichen Gelenke haben nur einen Freiheitsgrad, die Drehung um die Binormale. Da diese Drehachse normal auf die Momentenvektoren $\overline{M}$ und T steht, kommen die Gelenke bei Querbelastung nicht zur Wirkung; d. h. alle Bogentragwerke, gleichgültig ob gelenklose Bogen, Zwei- oder Dreigelenkbogen, wirken bei Querbelastung als beidseitig eingespannter, eben gekrümmter Stab, der dreifach statisch unbestimmt ist.

Wir führen als Grundsystem den im Scheitel aufgeschnittenen Bogen ein und bringen dort die Überzähligen X_4, X_5 und X_6 an (Abb. 285). X_4 sei das im Scheitel wirkende Querbiegungsmoment, X_5 die im Abstand $\overline{y}_0$ über der Kämpfersehne im zweiten elastischen Schwerpunkt $\overline{0}$ angreifende Kraft $\overline{Q}$ und X_7 das Torsionsmoment im Scheitel.

Die Schnittkräfte infolge der Überzähligen sind:

Zustand	M_{iH}	M_{iT}	$\overline{M}_i$	T_i	$\overline{Q}_i$
$X_4 = -1$	$+1$	0	$\cos\varphi$	$-\sin\varphi$	0
$X_5 = -1$	$+x$	$-\overline{z} = -(y-\overline{y}_0)$	$x\cos\varphi - \overline{z}\sin\varphi$	$-(x\sin\varphi + \overline{z}\cos\varphi)$	$+1$
$X_6 = -1$	0	$+1$	$\sin\varphi$	$\cos\varphi$	0

$$(88)$$

Da X_5 und X_6 antimetrische Schnittkräfte verursachen, X_4 jedoch symmetrische, wird $\delta_{45} = \delta_{46} = 0$. Man kann den Freiwert $\overline{y}_0$ so annehmen, daß auch $\delta_{56} = 0$ wird.

Sei $\overline{J}$ das Trägheitsmoment des Bogenquerschnittes um die Hauptnormale, J_T das Torsionsträgheitsmoment, J_c ein beliebiger Festwert und G der Schubmodul, so gilt für die Formänderungsgrößen δ_{ik}, den $E\,J_c$-fachen physikalischen Verschiebungen

$$\delta_{ik} = \int_0^l \overline{M}_i\,\overline{M}_k\,\frac{J_c}{\overline{J}}\,ds + \frac{E}{G}\int_0^l T_i\,T_k\,\frac{J_c}{J_T}\,ds. \qquad (89)$$

Demnach wird

$$\delta_{56} = \int_0^l [x\cos\varphi - (y-\overline{y}_0)\sin\varphi]\sin\varphi\,\frac{J_c}{\overline{J}}\,ds -$$

$$- \frac{E}{G}\int_0^l [x\sin\varphi + (y-\overline{y}_0)\cos\varphi]\cos\varphi\,\frac{J_c}{J_T}\,ds = 0;$$

daraus folgt

$$\overline{y}_0 = -\frac{\displaystyle\int_0^l (x\cos\varphi - y\sin\varphi)\sin\varphi\,\frac{J_c}{\overline{J}}\,ds - \frac{E}{G}\int_0^l (x\sin\varphi + y\cos\varphi)\cos\varphi\,\frac{J_c}{J_T}\,ds}{\displaystyle\int_0^l \sin^2\varphi\,\frac{J_c}{\overline{J}}\,ds + \frac{E}{G}\int_0^l \cos^2\varphi\,\frac{J_c}{J_T}\,ds}.$$

$$(90)$$

3. Die Elastizitätsgleichungen und die Schnittkräfte.

Mit dem Angriff von $X_5 = -1$ im zweiten elastischen Schwerpunkt $\overline{0}$ wird die Matrix der Elastizitätsgleichungen auf die Hauptdiagonale reduziert und man kann jede Unbekannte aus einer Gleichung für sich berechnen. Mit $\overline{y}_0$ ist auch $\overline{z} = y - \overline{y}_0$ bekannt. Die Formänderungsgrößen sind:

$$\delta_{44} = \int_0^l \cos^2 \varphi \, \frac{J_c}{J} \, ds + \frac{E}{G} \int_0^l \sin^2 \varphi \, \frac{J_c}{J_T} \, ds,$$

$$\delta_{55} = \int_0^l (x \cos \varphi - \overline{z} \sin \varphi)^2 \frac{J_c}{J} \, ds + \frac{E}{G} \int_0^l (x \sin \varphi + \overline{z} \cos \varphi)^2 \frac{J_c}{J_T} \, ds, \quad (91)$$

$$\delta_{66} = \int_0^l \sin^2 \varphi \, \frac{J_c}{J} \, ds + \frac{E}{G} \int_0^l \cos^2 \varphi \, \frac{J_c}{J_T} \, ds,$$

$$\delta_{45} = \delta_{46} = \delta_{56} = 0.$$

Die Belastungsgrößen lauten:

$$\delta_{04} = \int_0^l \overline{M}_0 \cos \varphi \, \frac{J_c}{J} \, ds - \frac{E}{G} \int_0^l T_0 \sin \varphi \, \frac{J_c}{J_T} \, ds,$$

$$\delta_{05} = \int_0^l \overline{M}_0 (x \cos \varphi - \overline{z} \sin \varphi) \frac{J_c}{J} \, ds - \frac{E}{G} \int_0^l T_0 (x \sin \varphi + \overline{z} \cos \varphi) \frac{J_c}{J_T} \, ds, \quad (92)$$

$$\delta_{06} = \int_0^l \overline{M}_0 \sin \varphi \, \frac{J_c}{J} \, ds + \frac{E}{G} \int_0^l T_0 \cos \varphi \, \frac{J_c}{J_T} \, ds.$$

Die Überzähligen berechnet man aus je einer Gleichung:

$$X_4 = \frac{\delta_{04}}{\delta_{44}}, \qquad X_5 = \frac{\delta_{05}}{\delta_{55}}, \qquad X_6 = \frac{\delta_{06}}{\delta_{66}} \qquad (93)$$

Die Schnittkräfte folgen aus dem Grundsystem und den Überzähligen:

$$\overline{M} = \overline{M}_0 - X_4 \cos \varphi - X_5 (x \cos \varphi - \overline{z} \sin \varphi) - X_6 \sin \varphi,$$
$$T = T_0 + X_4 \sin \varphi + X_5 (x \cos \varphi + \overline{z} \sin \varphi) - X_6 \cos \varphi, \qquad (94)$$
$$\overline{Q} = \overline{Q}_0 - X_5.$$

Die in (88) und in den folgenden Gleichungen enthaltenen Längen haben eine einfache geometrische Bedeutung. Es ist nach Abb. 286

$$x \cos \varphi - y \sin \varphi = M\,3,$$
$$x \sin \varphi + y \cos \varphi = M\,4,$$
$$x \cos \varphi - \overline{z} \sin \varphi = \overline{O}\,1, \qquad (95)$$
$$x \sin \varphi + \overline{z} \cos \varphi = \overline{O}\,2.$$

Die Größen stellen die Lote von $\overline{O}$, bzw. von M auf die Hauptnormale und auf die Bogentangente dar. Man erspart viel Rechenarbeit, wenn man diese Größen aus einer maßstäblichen Zeichnung abmißt.

Für das Trägheitsmoment $\bar{J}$ ist, wie bereits erwähnt, das Trägheitsmoment des Bogenquerschnittes um die Hauptnormale einzusetzen.

Bei vollen Rechteckquerschnitten ist $J_T = \dfrac{b\,d^3}{\eta_3}\,(b > d!)$; η_3 hängt vom Seitenverhältnis d/b ab und ist Tabelle 12 (I. Teil, S. 82) zu entnehmen. Für andere Querschnittsformen findet man Angaben über J_T z. B. in *Hütte*, I. Band, 27. Auflage, S. 686, oder in *Schleicher*, Taschenbuch f. Bau.-Ing., II. Auflage, I. Bd., S. 220.

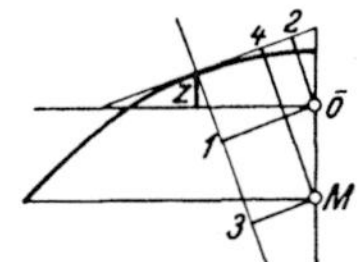

Abb. 286. Beziehungen zwischen den Hebelarmen.

Für aus Rechtecken zusammengesetzte Querschnitte, z. B. I- oder T-Querschnitte, oder für ein- und mehrzellige Hohlquerschnitte sind eingehende Angaben über die Ermittlung von J_T von *K. Marguerre* [Torsion von Voll- und Hohl-Querschnitten; Bau-Ing. XXI (1940), S. 317] gemacht worden.

Die für die Standsicherheit der Bogentragwerke bedeutendste Querbelastung ist die Windbelastung, die eine symmetrische Lastgruppe darstellt. Daher wird infolge Wind $X_5 = X_6 = 0$. Man braucht in diesem Falle die Ordinate $\bar{y}_0$ des elastischen Schwerpunktes gar nicht zu berechnen; es ist nur δ_{04} und δ_{44} und daraus X_4 zu ermitteln; die Schnittkräfte folgen aus (94) mit $X_5 = X_6 = 0$.

f) Gestaltung und Ausführung der Bogenbrücken.

1. Wahl des statischen Systems.

Es hängt vom Pfeilverhältnis f/l und den Gründungsverhältnissen ab. welches statische System zweckmäßig ist. Steile Bogen soll man ohne Gelenke ausführen. Gemauerte Bogen und Betonbogen können bis etwa $f/l = 1/5$ noch gelenklos ausgeführt werden, Stahlbetonbogen bei gutem Baugrund auch noch bis $f/l = 1/7$. Flachere Bogen führt man als Zweigelenk- und Dreigelenkbogen aus. Man soll bestrebt sein, solange als möglich Gelenke, insbesondere im Scheitel, zu vermeiden.

2. Form des Bogenquerschnittes.

Die meist verwendete Form ist das volle Rechteck, das für gemauerte Gewölbe und unbewehrte Betonbogen ausschließlich in Frage kommt. Bei bewehrten Betonbogen und Stahlbetonbogen kann man aber auch aufgelöstere Querschnitte verwenden.

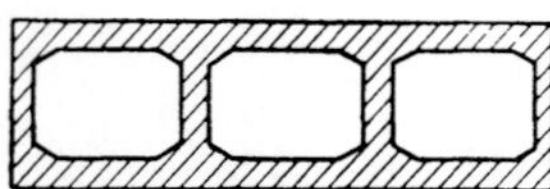

Abb. 287. Dreizelliger Hohlquerschnitt von Bogenbrücken mit obenliegender Fahrbahn.

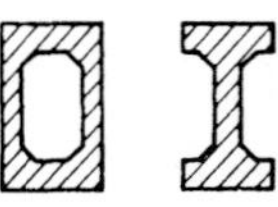

Abb. 288. Aufgelöste Querschnitte von Rippenbogen.

Den Hohlquerschnitt (Abb. 287), in der Regel dreizellig, verwendet man bei flachen Bogen. Der Hohlquerschnitt hat einen viel größeren Kern, als das volle Rechteck, er erträgt daher größere Ausmitten der Stützlinie ohne Zugspannungen. Außerdem wird das Eigengewicht der Bogen bei gleicher Steifigkeit kleiner als bei Vollbogen. Der Hohlquerschnitt ist daher bei Bogen größerer Stützweite unentbehrlich. Die Dicke der Gurtplatten wird durch Biegungsmoment und Normalkraft bedingt, die Dicke der Stege durch die Querkraft. Während bei Vollbogen der Schubspannungsnachweis in der Regel entfallen kann, ist bei Hohlbogen die größte Schubspannung oder die Hauptzugspannung in den Stegen nachzuweisen.

Bei Bogen über der Fahrbahn wird neben dem vollen Rechteck und dem einzelligen Kastenquerschnitt noch der I-förmige Querschnitt angewendet (Abb. 288). Er hat in der Bogenebene, ebenso wie der Kastenquerschnitt, große Kernweite, seine Steifigkeit normal zur Bogenebene (Windbelastung) ist jedoch kleiner. Von Vorteil ist seine einfache Ausführbarkeit.

3. Bogenstärke und Bogenbreite.

Das Gesetz, nach dem Bogenstärke und Bogenbreite verlaufen, bestimmt auch den Verlauf der Trägheitsmomente und beeinflußt somit, besonders beim gelenklosen Bogen, die inneren Kräfte sehr stark.

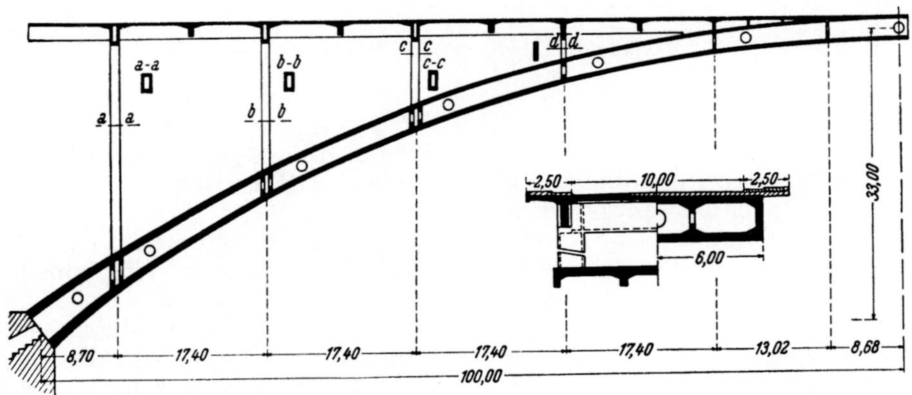

Abb. 289. Gelenkloser Stahlbeton-Hohlbogen mit unverschieblichen Kämpfern (Entwurf). Stützweite $l = 200$ m, Pfeilverhältnis $f/l = 1/6$; $d = d_s (1 + \xi^8)$, $b = $ const., Krümmungsradius im Scheitel $R = 189$ m, Horizontalschub aus E.G.: $H_S = 6830$ t, $\Delta H_S = 115$ t $= 1,7\%$ von H_S; Knicksicherheit $4,9 < \nu_a < 7,4$. Spannungen in den verschiedenen Bogenquerschnitten (nach der Theorie erster Ordnung ohne Wind): Obere Leibung max $\sigma = 52$ bis 111 kg/cm², min $\sigma = 6$ bis 67 kg/cm²; untere Leibung max $\sigma = 68$ bis 107 kg/cm², min $\sigma = 24$ bis 107 kg/cm², nur Druckspannungen! Die Brücke benötigt für die tragende Konstruktion einschließlich aller Aufbauten 20 m³ Stahlbeton pro m Brückenlänge, bzw. 1,33 m³ pro m² Verkehrsfläche.

Die Breite der Bogen wird bei den meisten Brücken über die ganze Länge gleich bleiben. Erst bei großen Stützweiten wird man b veränderlich machen, und zwar an den Kämpfern größer als im Scheitel. Die Zunahme wird nicht linear, sondern nach einer Parabel zweiter oder höherer Ordnung anzunehmen sein.

Die Bogenstärke wird, abgesehen von gemauerten Gewölben kleiner Stützweite, immer veränderlich gemacht.

Bei gelenklosem Bogen ist der Kämpfer stärker als der Scheitel. Man wählt folgendes Gesetz für die Bogenstärke d:

$$d(\xi) = d_s\,(1 + \alpha\,\xi^n), \qquad d_s = \text{Scheitelstärke}, \qquad \xi = \frac{x}{a}, \tag{96}$$

$$n = 4 - 10, \qquad \alpha = 0{,}5 - 1{,}20.$$

Man darf n nicht zu klein wählen, damit der elastische Schwerpunkt nicht zu hoch rückt (zu steife Bogen).

Bei Zweigelenkbogen ist die größte Stärke im Scheitel des Bogens anzunehmen. Daher kann etwa folgendes Gesetz angewendet werden:

$$d(\xi) = d_s\,(1 - \alpha\,\xi^n), \qquad \alpha = 0 - 0{,}50, \qquad n = 6 - 12. \tag{97}$$

Beim Dreigelenkbogen sind die größten Bogenstärken im Viertelspunkt erforderlich. Man wählt

$$d(\xi) = d_s\,[1 + \alpha\,\xi + 4\,\beta\,\xi\,(1 - \xi)], \qquad \alpha = \sec\varphi_K - 1, \qquad \beta = 0{,}2 - 0{,}4, \tag{98}$$

$$(\varphi_K = \text{Neigungswinkel des Kämpfers}).$$

Abb. 289 zeigt den Entwurf einer flachen, weitgespannten Stahlbetonbogenbrücke, bei der die dargelegten Gestaltungsgesetze angewendet sind. Die gleichmäßige Beanspruchung an beiden Leibungen, das Fehlen von Zugspannungen, die gute Knicksicherheit und der kleine Baustoffaufwand beweisen deren Zweckmäßigkeit.

4. Die Herstellung der Bogenbrücken.

Die Bogenbrücken werden auf Lehrgerüsten hergestellt, die genau der inneren Leibung des Gewölbes folgen. Bei gemauerten Brücken genügt eine genügend feste Lattenschalung, bei betonierten Gewölben muß Boden- und Seitenschalung vorhanden sein; bei steilem Bogen ist in der Nähe des Kämpfers auch der Gewölberücken einzuschalen.

Die Bogen müssen in einzelnen Lamellen hergestellt werden, zwischen denen Fugen von 30—50 cm Breite offen bleiben. Erst wenn alle Lamellen fertiggestellt und die Setzungen des Lehrgerüstes vollzogen sind, dürfen diese Fugen geschlossen werden. Bei betonierten Gewölben muß außerdem der größte Teil des Schwindens bereits eingetreten sein.

Bei gemauerten Gewölben ist es üblich, das Gewölbe in Ringen auszuführen. Nach Schließung des innersten Ringes trägt dieser bereits die Lasten des nächsten Ringes mit, das Lehrgerüst kann daher leichter gehalten werden.

Dieses Verfahren wurde auch bei Hohlquerschnitten angewendet, indem man zuerst die Bodenplatte in Lamellen betonierte und die Stoßfugen schloß. Dieser Gewölbering trägt dann bereits die Wandlamellen und, nach dem Schluß der Stoßfugen Wände und Bodenplatte zusammen die obere Gurtplatte. Man erzielt auf diese Weise zwar erhebliche Ersparnisse am Lehrgerüst, verursacht jedoch im Bogen unklare Spannungsverhältnisse, die infolge des Schwindens und Kriechens des Betons zu schwer übersehbaren Spannungsverteilungen führen.

Bei größeren Brücken wird das Lehrgerüst in der Regel bereits nach Fertigstellung des Bogens abgesenkt und die Aufbauten erst später aufgebracht. In diesem Falle muß die Wirkung der einzelnen Bauzustände auf den Bogen untersucht werden.

Das Lehrgerüst muß gegenüber der geplanten Lage des Bogens überhöht werden. Die Überhöhung dient zum Ausgleich der elastischen Zusammendrückung und der Zusammendrückung an den Stoßstellen des

Lehrgerüstes und schließlich der Setzung von dessen Grundkörpern. Zum Teil können die Größen dieser Setzungen berechnet werden, zum Teil muß man sie schätzen.

Bei größeren Brücken hat man den unvermeidlichen Bewegungen des Lehrgerüstes Beachtung zu schenken. Hölzerne Lehrgerüste bewegen sich infolge des Austrocknens und Quellens des Holzes, stählerne Lehrgerüste sind infolge des täglichen Ganges der Temperatur und der Sonnenbestrahlung andauernd in Bewegung. Gerüste aus Stahlbeton sind gegen diese Einflüsse zwar unempfindlicher, dafür unterliegen sie dem Schwinden und Kriechen; das sind jedoch mit der Zeit abklingende Vorgänge. Jedenfalls müssen diese Erscheinungen zur Zeit des Bogenschlusses berücksichtigt werden.

G. Balkenbrücken.

a) Statische Systeme der Balkenbrücken.

Die statischen Verfahren, die zur Berechnung der Balkenbrücken dienen, unterscheiden sich nicht von den Verfahren für die Berechnung der Stabtragwerke des Hochbaues mit stabweise konstantem und stabweise veränderlichem Trägheitsmoment. Sie sind lediglich durch die Verwendung von Einflußlinien für die Ermittlung der Schnittkräfte infolge der Verkehrslasten zu ergänzen. Es erübrigt sich daher, hier näher darauf einzugehen, da die allgemeine Vertrautheit mit der Berechnung statisch unbestimmter Systeme und der Biegelinien mit Hilfe der elastischen Gewichte in Verbindung mit den Verfahren, die bei den Stabtragwerken des Hochbaues und bei den Bogenbrücken dargestellt wurden, ausreichende Hinweise für die bei den Balkenbrücken anzuwendenden Berechnungsweisen darbieten.

1. Der Einfeldbalken.

Der Einfeldbalken bietet am wenigsten Möglichkeiten, die Größtmomente infolge Verkehr und Eigengewicht gegenüber dem einfachen Balken zu verkleinern.

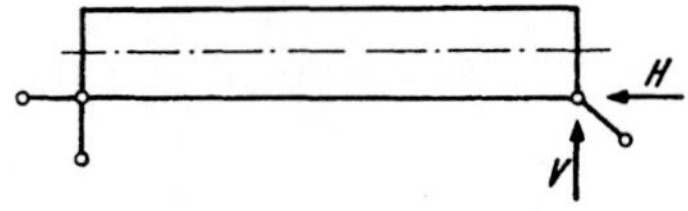

Abb. 290. Einfacher Balken mit waagerecht verschieblichem Lager.

Abb. 291. Einfacher Balken mit schräg verschieblichem Lager.

Bei dem „Einfachen Balken", d. i. dem Balken auf einem festen und einem in der Waagerechten beweglichen Lager (Abb. 290) ist das möglichst sparsame Konstruieren und damit die Herabsetzung des Eigengewichtes die einzige Möglichkeit zur Verringerung der Größtmomente. Die Momente infolge Verkehr können durch bauliche Maßnahmen überhaupt nicht beeinflußt werden.

Bei sehr guten Gründungsverhältnissen (z. B. Fels) kann die Bewegungsrichtung des beweglichen Lagers schräg gestellt werden (Abb. 291).

Der Horizontalschub verkleinert, da er unter der Balkenmitte angreift, das Größtmoment aus Eigengewicht und Verkehr und ermöglicht die Verringerung der Zugbewehrung um N/σ_e. Statisch ist dieses System eigentlich ein Rahmen, seiner Gestalt nach jedoch ein Balken.

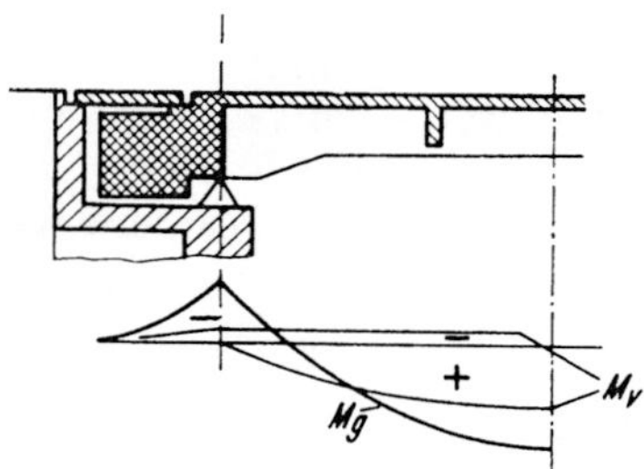

Abb. 292. Einfacher Balken mit Kragarmen.

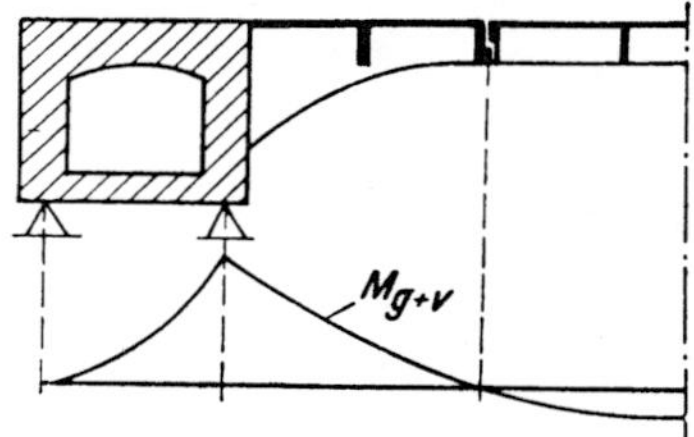

Abb. 293. Auslegerbalken.

Eine ausgiebigere Verkleinerung des Eigengewichts-Momentes erzielt man beim Balken mit Kragarmen (Abb. 292). Die Kragarme werden recht schwer ausgebildet (mit Ballast); das entstehende Stützmoment verringert wohl das Eigengewichtsmoment, das Verkehrsmoment ist jedoch das des einfachen Balkens. Eine Kammer im Widerlager sorgt für die unbehinderte Beweglichkeit des Kragarmes. Der Übergang vom Widerlager auf das Tragwerk muß durch eine Schlepp-Platte überbrückt werden.

Die weitestgehende Verminderung der Eigengewichts-Momente und der Verkehrsmomente erzielt man mit der Auslegerbrücke (Abb. 293), da die Gelenke bei beiden Belastungsfällen Momenten-Nullpunkte sind. Bei dieser Brückenform kann man die Gelenke sehr weit ins Feld rücken. Den dadurch entstehenden, großen Stützmomenten trägt man durch Vergrößerung der Trägerhöhe in Auflagernähe Rechnung. Der Einhängträger hat in Feldmitte verhältnismäßig kleine Bauhöhe, die nicht allein durch das größte Moment bedingt ist, sondern auch durch die Querkraft an den Gelenken. Die Gründung und Verankerung der Ausleger ist der schwierigste und kostspieligste Punkt. Auslegerbrücken kommen daher nur bei größeren Ausführungen dort in Frage, wo möglichst kleine Bauhöhe erzielt werden soll, anderseits jedoch die Gründungsverhältnisse eine Rahmen- oder Bogenbrücke ausschließen.

Die elastische Einspannung der Balkenenden, das beste Mittel zur Verringerung der Größtmomente des Einfeldbalkens, erreicht man durch monolithische Verbindung des Balkens mit den Widerlagern. Diese Systeme werden bei den Rahmenbrücken besprochen.

Alle angeführten Einfeldbalken sind statisch bestimmte Tragwerke. Zu ihrer Berechnung reichen die allgemein bekannten Verfahren der Statik aus. Bei veränderlicher Trägerhöhe wird man gegebenenfalls die Momente und Querkräfte aus Eigengewicht mit den statisch gleichwertigen Punktlasten nach dem bei den Bogenbrücken (Abschnitt F, a, 2, S. 276) gezeigten Verfahren berechnen. Die Größtmomente aus Verkehr liefern die Einflußlinien, die max. Querkraftlinie folgt aus dem sogenannten „A-Polygon".

2. Der gelenklose Mehrfeldbalken.

Der gelenklose Mehrfeldbalken bietet als statisch unbestimmtes System die Möglichkeit, durch das veränderliche Trägheitsmoment der Hauptträger den Verlauf der Momente erheblich zu beeinflussen. Werden die Träger in der Nähe der Stützen steifer gemacht, als in den Feldmitten, so wachsen die Stützenmomente und die Feldmomente werden kleiner. Man kann infolgedessen die Querschnitte und damit die Gewichte in Feldmitte verkleinern, wodurch wiederum die Balkenmomente verringert werden.

Wie stark ein verhältnismäßig kleiner Steifigkeitszuwachs die Feldmitten entlastet, zeigt folgendes Beispiel. Ein beidseitig starr eingespannter Träger mit $J = $ const hat unter $q = $ const ein Feldmoment $M_F = q\,l^2/24$ und ein Stützmoment $M_{St} = q\,l^2/12$. Werden die Trägheitsmomente durch Balkenschrägen gegen die Auflager zu entsprechend Abb. 294 vergrößert, so wird $M_{St} = q\,l^2/9$, d. h. das Stützmoment ist auf das 1,33-fache gewachsen. Das Feldmoment wird $M_F = q\,l^2/8 - q\,l^2/9 = q\,l^2/72$;

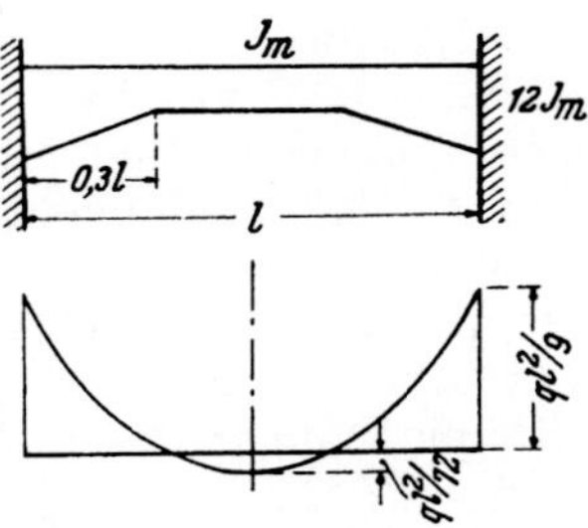

Abb. 294. Momentenverlagerung am eingespannten Balken bei veränderlichem Trägheitsmoment.

das Feldmoment geht demnach auf ein Drittel seines Betrages zurück. Infolge der gar nicht großen Erhöhung der Steifigkeit auf den 12-fachen Betrag am Kämpfer wird diese außerordentliche Verkleinerung des Feldmomentes herbeigeführt. Die dadurch ermöglichte Querschnittsverminderung bringt natürlich eine noch weitergehendere Verringerung des maßgebenden Momentes in Feldmitte.

Man macht von der Umlagerung der Momente infolge der veränderlichen Steifigkeit bei den mehrfeldrigen Balkenbrücken Gebrauch, indem man die Hauptträger bei größerer Stützweite an den Stützen ausgiebig verstärkt, so daß das Trägheitsmoment bis zum 50-fachen Betrag und mehr ansteigt. Die baulichen Mittel hiezu werden im nächsten Abschnitt G, b 2, Gestaltung der Balkenbrücken, besprochen.

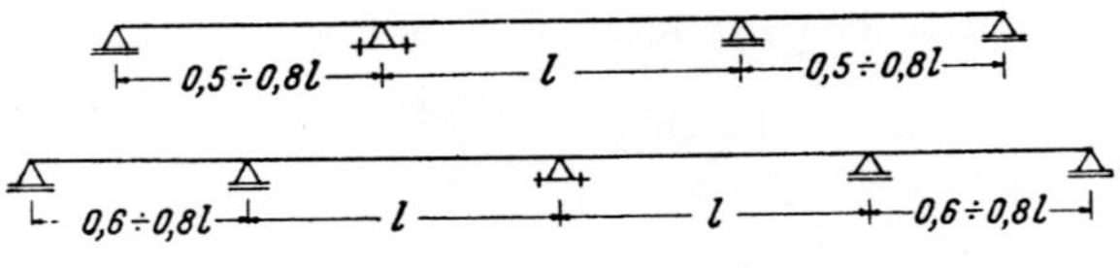

Abb. 295. Statisch günstige Stützweitenverhältnisse des Mehrfeldbalkens.

Bei den Mehrfeldbalken muß man das Verhältnis der Stützweiten der einzelnen Felder sorgfältig auswägen. Wenn die Lage der Zwischenpfeiler nicht aus anderen Gründen festliegt, so wird man immer trachten, die Mittelfelder weiter zu spannen, als die Endfelder. In Abb. 295 sind als Richtlinien die statisch günstigen Stützweitenverhältnisse des Drei- und Vierfeldbalkens angegeben. Man hat aber bei der Festlegung der Zwischenpfeiler immer die Gründungsverhältnisse und die zu überbrückenden Hindernisse (Fluß, Talsenke, Bahngeleise, Straße usw.) als mindestens ebenso maßgebend, wie die rein statischen Gesichtspunkte, im Auge zu behalten.

Bei der Festlegung der Stützweiten nach den statischen Gesichtspunkten hat man neben den max-Momenten auch zu beachten, daß die Stützdrücke an den Brückenenden immer positiv bleiben. Ein Abheben der Balkenenden soll nicht eintreten und ist gegebenenfalls durch entsprechenden Ballast oder Verankerung zu verhindern.

Die Seitenöffnungen der Mehrfeldbalken wird man oft steifer machen, als dies unbedingt erforderlich ist. Die dadurch entstehende Entlastung der Mittelöffnung rechtfertigt meist den Mehraufwand.

Bei der statischen Berechnung muß selbstverständlich das veränderliche Trägheitsmoment berücksichtigt werden. Bei den Stahlbetonbalken ist das Trägheitsmoment in der Regel stetig veränderlich und nicht sprungweise, wie etwa bei den Stahlvollwandbalken. Auch das sich stetig ändernde Gewicht der Hauptträger muß bei den Eigengewichtsmomenten richtig eingeführt werden. Mit Mittelwerten von J_c/J und g für etwa eine ganze Öffnung kann man den Effekt der Momentenverlagerung, wie sie oben gezeigt wurde, rechnerisch nicht erfassen.

Für die statische Berechnung sind die allgemein bekannten Verfahren, Dreimomentengleichung für das Eigengewicht, Einflußlinien für die Verkehrslast, anwendbar. Bei der genauen statischen Berechnung, die erst nach Festlegung der Abmessungen stattfindet, wird man das als stetige Last anfallende Eigengewicht wieder, wie bei den Bogenbrücken, für die Rechnung durch ein System statisch gleichwertiger Kräfte G_m ersetzen, die man nach (7 a), bzw. (7 b) (S. 277) berechnen wird. Die Momente M_0 und die Querkräfte Q_0 des frei aufliegenden Balkens als statisch bestimmtes Grundsystem findet man mit Hilfe der Rekursionsformeln (8) und der auf S. 278 angegebenen Zahlentabelle.

Die Formänderungsgrößen $\delta_{ik} = \int_0^l M_i \, M_k \, \dfrac{J_c}{J} \, ds$ werden, wie bereits

früher gezeigt wurde, als Summen berechnet, in die nur die Funktionswerte an den ausgezeichneten Punkten eingehen (vgl. hiezu Abschnitt F, b 1, der gelenklose Bogen, S. 279).

Die Berechnung der Biegelinien infolge der Überzähligen erfolgt mit Hilfe der w-Gewichte, die bei dem Balken der Form

$$w_m = \frac{\Delta x_{m-1,m}}{6} \left(M_{m-1}\,\tau_{m-1}'' + 2\,M_m\,\tau_m' \right) + \frac{\Delta x_{m,m+1}}{6} \left(2\,M_m\,\tau_m'' + M_{m+1}\,\tau_{m+1}' \right)$$

$$(99)$$

mit

$$\tau_m' = \frac{J_c}{J_m'}, \qquad \tau_m'' = \frac{J_c}{J_m''}$$

folgen. In (99) ist eine sprungweise Änderung des Trägheitsmomentes an den ausgezeichneten Punkten m berücksichtigt. Es bedeutet J_m' das Trägheitsmoment unmittelbar links von dem Punkt m, J_m'' das Trägheitsmoment unmittelbar rechts dahinter. Ist $J_m' = J_m''$, also keine Unstetigkeit vorhanden, so wird $\tau_m' = \tau_m'' = \tau_m$ und (99) entsprechend einfacher.

Die unstetige Änderung des Trägheitsmomentes ist bei den Stahlbetonbalken eine Ausnahme und kommt nur dort vor, wo eine untere Druckplatte ansetzt (vgl. Abschnitt G, b 2, S. 323). An diesen Stellen ist aber unbedingt ein ausgezeichneter Punkt m vorzusehen.

Die Biegelinie wird mit den w-Gewichten und derselben Zahlentabelle berechnet, wie die Balkenmomente M_{0m} aus den Gewichten G_m.

Nicht nur bei der endgültigen Berechnung ist das stetig veränderliche J zu berücksichtigen. Auch schon bei der Vorberechnung muß es in den Drehwinkeln erscheinen, sonst erhält man kein zutreffendes Bild von der Momentenverteilung. Man kann das veränderliche Trägheitsmoment ohne große Mühe in die Vorberechnung einführen, wenn man Tabellen für die Drehwinkel von Stäben mit stark veränderlichem J benützt (z. B. *Straßner*, Neuere Methoden zur Statik der Rahmentragwerke, Ernst, Berlin; *Guldan*, Rahmentragwerke und Durchlaufträger, Springer-Verlag, Wien; *Schleicher*, Taschenbuch f. Bauingenieure, Springer, Berlin 1943, S. 1388 ff.).

Der gelenklose Mehrfeldträger hat nur ein festes Lager, an dem die Horizontalkräfte der ganzen Brücke (Bremskräfte, Reibungskräfte usw.) in die Gründungssohle abgeleitet werden. Man soll dieses feste Lager am schwerst belasteten Auflager vorsehen, da dort die waagerechten Kräfte die kleinste Abweichung der Mittelkraft zur Folge haben.

Die gelenklosen Mehrfeldbalken erhalten als statisch unbestimmte Tragwerke infolge ungleicher Stützensenkungen zusätzliche Spannungen. Diese sind jedoch nicht so groß, als man nach dem üblichen Verfahren im rein elastischen Bereich ermittelt; sie werden vielmehr durch das Kriechen des Betons verkleinert (vgl. hierüber *Dischinger*, Bau-Ing. XIX (1938), S. 617). Der Mehrfeldbalken aus Stahlbeton kann daher verhältnismäßig größere ungleiche Setzungen ertragen als etwa ein Stahlträger gleicher Steifigkeit.

3. Der Gelenkträger (Gerberträger).

Statisch bestimmte Gelenkträger sollen nur dort ausgeführt werden, wo so ungleiche Setzungen zu erwarten sind, daß der gelenklose Träger zu große zusätzliche Beanspruchungen erleiden würde. Die Gelenke sind stets weniger widerstandsfähige Punkte des Trägers und erfordern besonders große Sorgfalt bei der Bauausführung. Man soll sie daher nach Möglichkeit vermeiden.

Durch die Gelenke sind die Momenten-Nullpunkte festgelegt. Die Lage der Gelenke beeinflußt daher die Momentenverteilung ganz entscheidend. Man soll sie immer im größten Feld annehmen, damit nicht nur die Eigengewichtsmomente, sondern auch die Verkehrsmomente des größten und für die Bemessung maßgebenden Feldes aufgespalten werden. In Abb. 296 a ist ein Dreifeldträger mit den Gelenken in der größten Öffnung gezeigt. Die Eigengewichtsmomente haben wegen der entstehenden Stützmomente in allen Feldern Null-Punkte, die Momente infolge Verkehr nur im Mittelfeld; in den Seitenfeldern entstehen die Größtmomente des Einfeldbalkens. In Abb. 296 b sind die Gelenke in den Seitenfeldern so angenommen, daß die gleichen Eigengewichtsmomente wie oben entstehen. Dieser Träger ist jedoch viel

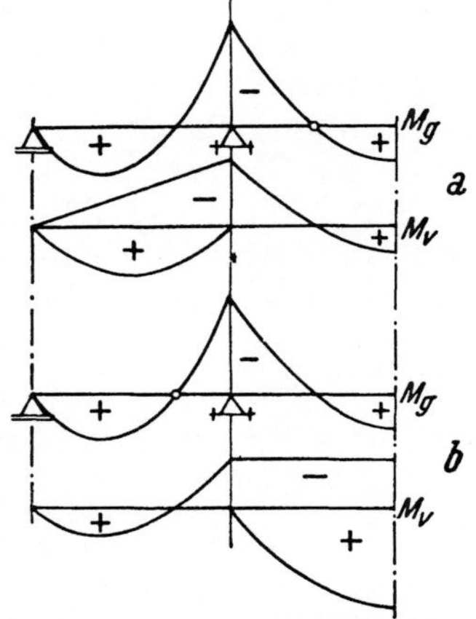

Abb. 296. Momentenverteilung aus Eigengewicht und Verkehr des dreifeldrigen *Gerber*trägers: *a)* mit Gelenken im Mittelfeld, *b)* mit Gelenken in den Endfeldern.

unwirtschaftlicher, da die Verkehrsmomente des Einfeldbalkens jetzt in der größten Öffnung auftreten, daher ein viel größeres Größtmoment entsteht, als bei der ersten Anordnung. Diese Überlegung gilt sinngemäß auch für Brücken mit mehr als drei Feldern.

Von den beiden Gelenken eines Feldes wird in der Regel eines als festes Lager, eines als bewegliches Lager ausgebildet. Man kann dann an den beiden Mittelpfeilern, an denen die größten Lagerdrücke entstehen, feste Lager vorsehen.

Die Momentenverteilung des Gelenkträgers ist, wie man sieht, ähnlich wie beim gelenklosen Träger, nur nicht so vollkommen. Wohl wird das Eigengewichtsmoment in jedem Feld aufgespalten. Die Momente infolge Verkehr können jedoch nur in den Gelenkfeldern aufgespalten werden, in den anderen Feldern entstehen die Momente des Einfeldbalkens.

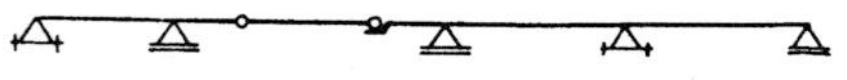

Abb. 297. Unterbrechung des vielfeldrigen Durchlaufbalkens durch ein Feld mit zwei Gelenken.

Gerberträger haben daher immer einen ungünstigeren Momentenverlauf als die gelenklosen Mehrfeldbalken.

Abb. 298. Unterbrechung des vielfeldrigen Durchlaufbalkens durch ein Feld mit einem beweglichen Gelenk.

Bei sehr langen gelenklosen Brücken über viele Felder entstehen, da nur ein festes Lager vorgesehen werden darf, an den von diesen am weitesten entfernten Lagern große Horizontalverschiebungen, die wiederum besondere bauliche Vorkehrungen erfordern. Man kann diesen Nachteil vermeiden, wenn man in dem sonst gelenklosen Träger in einem Feld zwei Gelenke, ein festes und ein bewegliches, nach Art eines Gerberträgers vorsieht (Abb. 297). Man trennt dadurch die Brücke in zwei statisch voneinander unabhängige Teile, die je ein festes Lager haben müssen. Die Momente des Feldes mit den Gelenken sind statisch bestimmt.

Man erreicht die Verminderung der Lagerverschiebungen auch, wenn man nur ein bewegliches Gelenk vorsieht (Abb. 298). Allerdings sind dann die beiden Trägerteile nicht mehr voneinander statisch unabhängig.

Die Berechnung der Schnittkräfte des Gerberträgers ist wegen der statischen Bestimmtheit einfach. Die Eigengewichtsmomente bestimmt man aus der Zustandslinie, die Verkehrsmomente mit Hilfe der Einflußlinien.

b) Die Gestaltung der Balkenbrücken.

1. Der Brückenquerschnitt.

Abb. 299 zeigt die wichtigsten, bei den Balkenbrücken mit obenliegender Fahrbahn vorkommenden Querschnittsformen. Der Querschnitt *a* findet bei Brücken kleinerer Stützweite Anwendung. Die Fahrbahnplatte mit Hauptbewehrung in einer Richtung liegt auf den mit Querträgern im größeren Abstand ausgesteiften Hauptträgern auf, deren Abstand 2,0—3,0 m, jedenfalls größer als die Spurweite der Regelfahrzeuge, sein soll.

Querschnitt *b* wird bei Balkenbrücken großer Stützweite angewendet. Die Fahrbahnplatte ist kreuzbewehrt und der Querträgerabstand annähernd gleich groß wie der Hauptträgerabstand, der je nach der

Breite der Fahrbahn mit 6,0—10,0 m anzunehmen ist. Die Platte wird
20—30 cm stark. Die Hauptträger sollen möglichst schmal sein, ebenso
die Querträger (20—40 cm). Die mitwirkende Plattenbreite solcher Brücken ist den Ergebnissen der Elastizitätstheorie entsprechend anzunehmen.

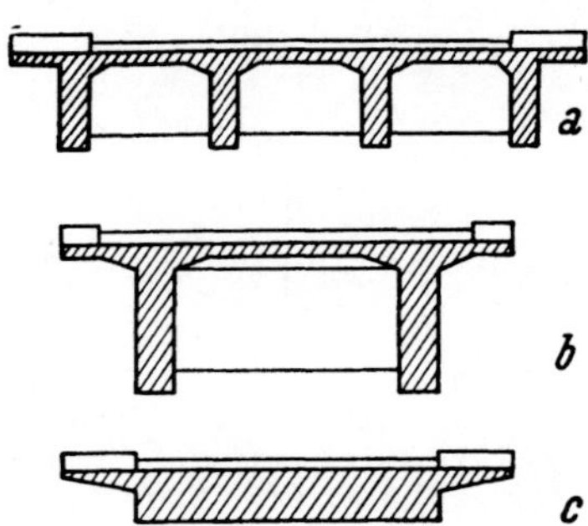

Abb. 299. Querschnittsformen der Balkenbrücken mit
obenliegender Fahrbahn: *a*) mit Fahrbahnplatten mit
Hauptbewehrung in einer Richtung, *b*) mit kreuzbewehrten Fahrbahnplatten, *c*) mit trägerlosen Platten (Plattenbrücken).

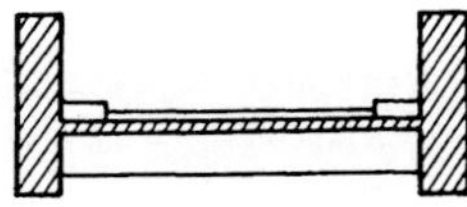

Abb. 300. Querschnitt
einer Balkenbrücke mit
untenliegender Fahrbahn
(Trogbrücke).

Der Querschnitt *c* entspricht einer Plattenbrücke, bei der die Fahrbahnplatte gleichzeitig Hauptträger ist. Diese Brückenform ist nur bei Brücken
kleinerer Stützweite am Platze, bei denen die Bauhöhe auf das äußerste
gedrückt werden muß.

Bei kleiner Bauhöhe werden auch Trogbrücken (Abb. 300) ausgeführt.
Bei dieser Brückenform liegt die Fahrbahnplatte nicht in der Druckzone,
die Hauptträger werden daher schwerer, als bei obenliegender Fahrbahn.

Für die Breite der Hauptträger nach Abb. 299 *a* und *b* ist neben
der Querkraft maßgebend, daß die Bewehrungsstäbe mit den vorgeschriebenen Abständen unterzubringen sind.

2. Die Hauptträger.

Die Hauptträger sind so zu gestalten, daß die vorgesehene Zunahme
des Trägheitsmomentes an den Stützen erreicht wird. Die ausgiebigste
Vergrößerung von J erzielt man durch Vergrößerung der Trägerhöhe. Diese Maßnahme ist auch für das Aussehen der Brücke maßgebend. Gerade Schrägen (Abb. 301 *a*) sind nur bei mäßigem Höhenzuwachs erträglich; bei ausgiebiger Trägerverstärkung an den Stützen wählt man eine stetig gekrümmte untere Leibung. Enthält diese gar keine geraden Strecken (Abb. 301 *b*), so kann man Kreis- oder Ellipsenbogen wählen, keinesfalls Korbbogen, da das Auge die Unstetigkeit in der Krümmung unangenehm empfindet. Sind in der unteren Leibung gerade Strecken vorgesehen (Abb. 301 *c*), so begrenzt man die Schrägen durch Parabeln höherer Ordnung.

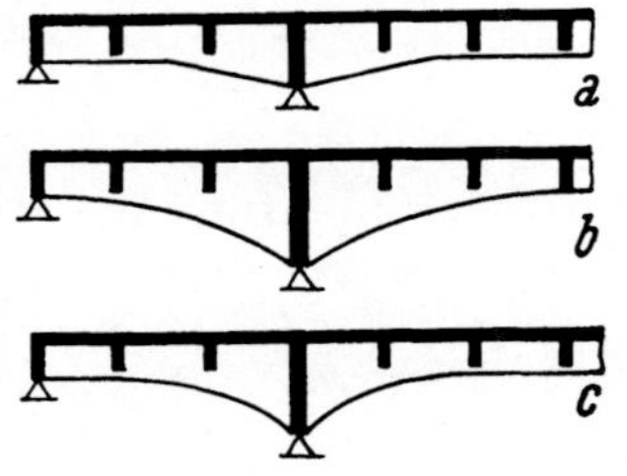

Abb. 301. Die Formen von
Schrägen von Balkenbrücken.

Soll die Brücke eine gerade untere Leibung erhalten, so vergrößert
man die Steifigkeit an den Auflagern durch Verbreiterung der Hauptträger

(Abb. 302 *a*), doch ist durch diese Maßnahme allein keine ausreichende Momentenverlagerung zu erzielen. Die Verbreiterung der Hauptträger kann auch bei den Balkenschrägen nach Abb. 301 vorgesehen werden (Abb. 302 *b*). Der Steifigkeitzuwachs wird dadurch vergrößert.

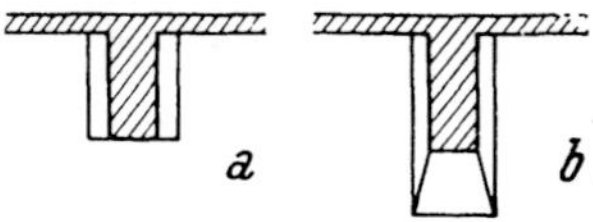

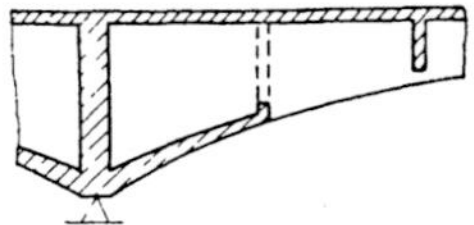

Abb. 302. Verstärkung von Balken an den Stützen: *a*) durch Verbreiterung, *b*) durch Verbreiterung und Vergrößerung der Höhe.

Abb. 303. Untere Druckplatten zur Vergrößerung der Steifigkeit der Balkenbrücken an den Stützen.

Mit den bisher geschilderten Maßnahmen kann das Trägheitsmoment bis auf den etwa 30-fachen Betrag gesteigert werden. Größere Zuwächse bis zum 50- und mehrfachen erzielt man durch Anordnung einer unteren Druckplatte im Bereich der Auflager (Abb. 303). Es empfiehlt sich, die Plattendicke gegen das Auflager zu stetig zunehmen zu lassen, damit die Unstetigkeit im Trägheitsmoment, die am Plattenansatz entsteht, nicht allzugroß wird. Den Ansatz der Platte kann man mit einem Querträger abschließen (in Abb. 303 strichliert). Bleibt er offen, so ist ein Drahtgitter anzubringen, da sonst der Winkel zwischen Fahrbahnplatte und unterer Druckplatte allerlei Getier als Unterschlupf dient.

Bei Plattenbrücken (Abb. 299 *c*) ist die Verstärkung der Plattendicke das einzige Mittel zur Vergrößerung des Trägheitsmomentes an der Stütze. Man kann daher bei dieser Querschnittsform die Momentenverteilung nicht so weitgehend beeinflußen, wie bei den aufgelösten Querschnitten.

Die Balkenbrücken sollen eine Überhöhung erhalten, die nicht nur die elastische Durchbiegung und die zu erwartende Setzung ausgleicht, sondern daß darüber hinaus nach dem Ausrüsten noch die obere Leibung überhöht bleibt. Die Brücken erhalten dadurch ein gefälligeres Aussehen.

H. Rahmenbrücken.

Auch bei den Rahmenbrücken sind die allgemeinen Verfahren an statisch unbestimmten Systemen anwendbar. Der Veränderlichkeit des Trägheitsmomentes ist bei den Rahmenbrücken naturgemäß besondere Aufmerksamkeit zu schenken. Das im II. Teil dargestellte statische Verfahren für weitgespannte Rahmen ist auch auf die Rahmenbrücken sinngemäß anzuwenden. Die Schnittkräfte infolge der Verkehrslasten berechnet man im Brückenbau aus Einflußlinien. Hiefür sind die Entwicklungen der Einflußlinien der Bogentragwerke sinngemäß anzuwenden.

a) Die statischen Systeme der Rahmenbrücken.

Die Rahmenbrücken entstehen durch die biegesteife Verbindung der Hauptträger mit den Pfeilern und Stützen. Man hat bei den Rahmenbrücken durch die bauliche Gestaltung viel mehr Möglichkeiten, den

Momentenverlauf zu beeinflussen, als bei den Balkenbrücken. Die Anwendung von Rahmenbrücken ist jedoch, da die Widerlager auch durch bedeutende Horizontalkräfte beansprucht werden, nur bei entsprechenden Gründungsverhältnissen möglich.

1. Einfeldrige Rahmenbrücken.

Die einfeldrige Rahmenbrücke wird in der Regel als Zweigelenkrahmen ausgeführt. Infolge der elastischen Einspannung der Balkenenden in den Stielen sind nicht nur das Eigengewichtsmoment, sondern auch das Verkehrsmoment aufgespalten (Abb. 304).

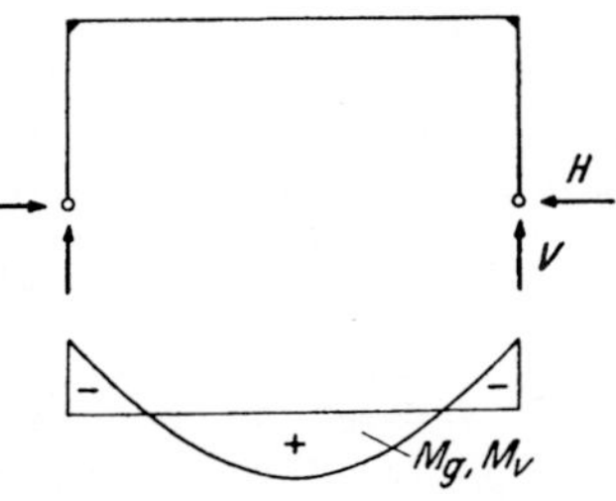

Abb. 304. Zweigelenkrahmen.

Für die statische Berechnung des Zweigelenkrahmens können die Formeln des Zweigelenkbogens (29) bis (35) und (53) bis (57) (III. Teil), verwendet werden, in denen jedoch der Beitrag der Normalkräfte, ausgenommen etwa ein vorhandenes Zugband, als belanglos vernachlässigt werden darf. Die Momente aus Eigengewicht sind infolge der Abweichung der Rahmenachse von der Stützlinie natürlich viel größer, als beim Zweigelenkbogen und werden statt nach (32) folgendermaßen berechnet:

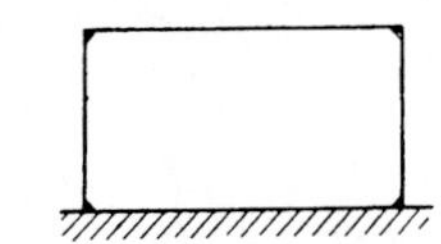

Abb. 305. Geschlossener Rahmen.

$$\delta_{01} = \int_0^l M_0\, y\, \frac{J_c}{J}\, ds; \qquad X_1 = \frac{\delta_{01}}{\delta_{11}}, \qquad M_m = M_{0m} - X_1\, y_m. \qquad (100)$$

Die bestimmten Integrale und die Biegelinie werden numerisch berechnet; es gelten sinngemäß die bereits früher gezeigten Verfahren.

Bei wenig tragfähigem Baugrund und mäßiger Stützweite kann man die beiden Widerlager unter der Brücke vereinen und einen geschlossenen Rahmen ausführen (Abb. 305). Solche Bauwerke verursachen nur kleine Bodenpressungen. Der im Rahmen entstehende Horizontalschub wird durch den unteren Riegel aufgenommen. Die geschlossenen Rahmen haben verhältnismäßig großen Baustoffaufwand, da der untere Riegel ein schwerer belastetes Gegenstück des oberen Riegels ist; sie sind daher nur bei schlechtem, aber gleichmäßigem Baugrund und kleiner Stützweite am Platze.

Die statische Berechnung solcher Brücken erfolgt als geschlossener Rahmen. Es können hiebei die Formeln des gelenklosen Bogens (12) bis (28) und (47) bis (52) verwendet werden. Die Normalkräfte können hierin vernachlässigt werden, jedoch muß die Integration auch über den unteren Riegel erstreckt werden.

2. Mehrfeldrahmen.

Bei den Mehrfeldrahmen werden die senkrechten Endstiele immer mit dem Riegel biegungssteif verbunden. Bei im Verhältnis zur Riegelstützweite niederen Stielen wird man Fußgelenke vorsehen und die Zwischenstiele außerdem gelenkig am Riegel anschließen (Abb. 306 a). Höhere Stiele werden am unteren Ende eingespannt und auch die Zwischenstiele biegungssteif mit dem Riegel verbunden (Abb. 306 *b*).

Bei der Überbrückung von Einschnitten können die Enden des Riegels auf beweglichen Lagern an den Endwiderlagern abgestützt werden. Nur die Mittelstiele bilden mit den Riegeln den eigentlichen Rahmen (Abb. 307 *a*). Sind ungleiche Setzungen zu erwarten, so wird man in den Endfeldern auch Gelenke vorsehen (Abb. 307 *b*).

Eine für die Überbrückung von Bahngeleisen im Einschnitt besonders wirtschaftliche Rahmenform zeigt Abb. 308. Durch die Schrägstellung der Stiele kann bei Freihaltung des Lichtraumprofiles die

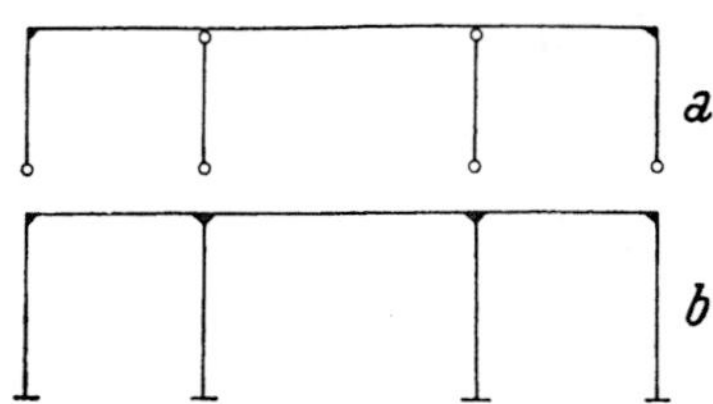

Abb. 306. Mehrfeldrahmen: *a*) mit gelenkig-, *b*) mit biegungssteif angeschlossenen Zwischenstielen.

Stützweite der Mittelöffnung erheblich verkleinert werden. Außerdem paßt sich diese Rahmenform der Stützlinie für Eigengewicht besser an. Aus diesen Gründen werden die Biegungsmomente kleiner, als bei senkrechten Stielen.

Die statischen Berechnungsverfahren der Mehrfeldrahmen lehnen sich enger an die für den durchlaufenden Träger an, als an die des Einfeldrahmens. Man wendet, besonders bei drei und mehr Feldern nicht mehr das Prinzip der virtuellen Verrückungen und die daraus folgenden Elastizitätsgleichungen in der klassischen Form an, sondern andere Verfahren, wie die Festpunktmethode, das Drehwinkelverfahren und neuerdings das *Cross*-Verfahren der Momentenverteilung. Diese Methode ist im II. Teil, B: Die statischen Methoden der Stabtragwerke, eingehend behandelt (S. 146). Man muß jedoch bei diesem Verfahren gegebenenfalls das stetig veränderliche Trägheitsmoment der Stäbe in der Rechnung berücksichtigen.

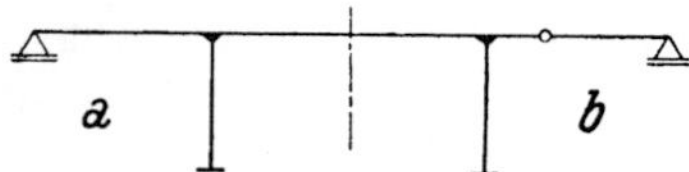

Abb. 307. Rahmen über Einschnitten.

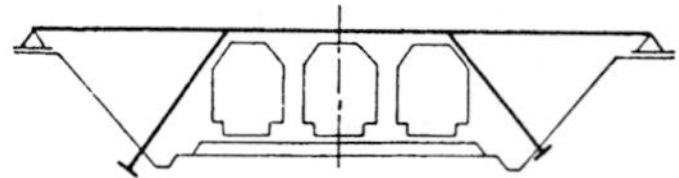

Abb. 308. Rahmenbrücke über Bahngleisen im Einschnitt.

Die Momente aus Eigengewicht werden aus der Zustandslinie abgeleitet. Die Schnittkräfte infolge der Verkehrslasten findet man mit Hilfe der Einflußlinien. Man soll auch bei den Rahmenbrücken die Einflußlinien nur mit den extremen Laststellungen der Verkehrslasten auswerten. Die Auswertung für Vollbelastung (Eigengewicht) liefert zu ungenaue Ergebnisse.

b) Die Gestaltung der Rahmenbrücken.

Die für die Rahmenbrücken am meisten verwendete Querschnittsform ist die in Abb. 299 *a* dargestellte. Soll besonders kleine Bauhöhe erzielt werden, so kann man den Querschnitt auch nach Abb. 299 *c* (Plattenrahmen) wählen. Die Form 299 b ist für die Rahmen weniger geeignet, da die beiden schmalen Hauptträger bei negativen Momenten zu kleine Betondruckzonen aufweisen; man müßte ausgiebig verstärken. Die Vergrößerung der Trägerhöhe kann man bei den Rahmen nicht in dem Maße durchführen, wie bei den weitgespannten Balkenbrücken, da einerseits das Lichtraumprofil dadurch zu sehr verkleinert wird, anderseits aber auch eine sehr unruhige Linienführung entsteht. Die Verstärkung der Druckzone im Bereich negativer Momente wird bei den Rahmen daher in der Regel durch Verbreiterung der Stege und durch mäßige Vergrößerung der Trägerhöhe vorgenommen. In besonderen Fällen kann auch eine untere Druckplatte vorgesehen werden.

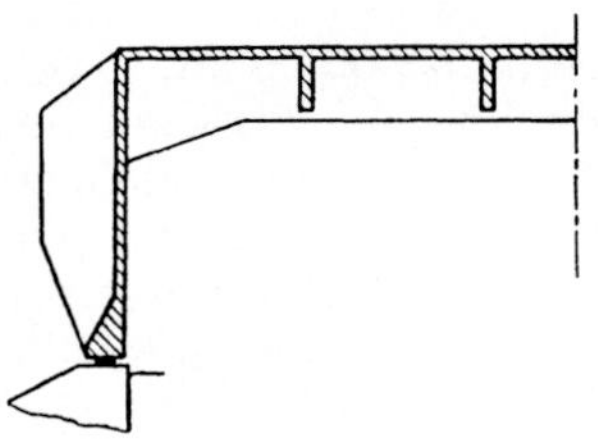

Abb. 309.
Eckausbildung bei Rahmenbrücken.

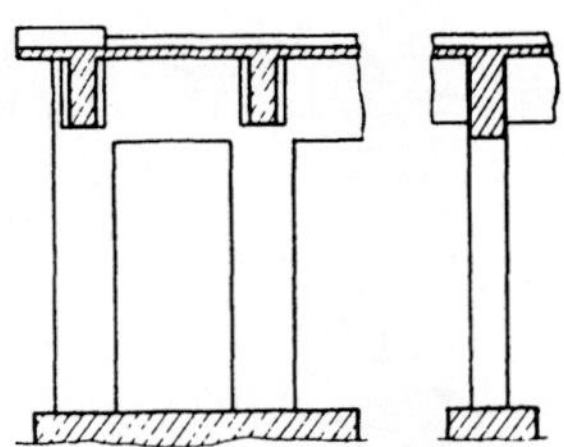

Abb. 310.
Aufgelöste Zwischenstützen.

Die Momentenverteilung wird bei den Rahmen nicht so sehr durch das veränderliche Trägheitsmoment des Riegels, — bei den Balkenbrücken von ausschlaggebender Bedeutung —, beeinflußt, als durch das Verhältnis der Steifigkeit von Riegel und Stützen.

Bei den Rahmenbrücken mit Endstielen verbindet man diese biegungssteif mit den Trägern der Fahrbahntafel. Die Stiele werden hiebei zweckmäßig auch in Rippen und eine innere Druckplatte aufgelöst (Abb. 309). Die Verstärkung der Rahmenecke durch eine Balkenschräge ist erwünscht. Ist die Fahrbahntafel als volle Platte ausgebildet (Plattenrahmen), so wird auch der Stiel voll ausgeführt.

Die Zwischenstützen der Mehrfeldrahmen sollen möglichst schlank gehalten werden; das wird besonders dann möglich sein, wenn sie gelenkig an den Riegel angeschlossen sind (System nach Abb. 306 a), weil sie dann frei von Biegungsmomenten sind. Man muß nicht unbedingt die Gelenke tatsächlich ausführen. Wenn das Trägheitsmoment der Stützen ein genügend kleiner Bruchteil von dem des Riegels ist, so sind die Biegungsmomente auch bei gelenklosem Anschluß in der Stütze so klein, daß man sie in die statische Berechnung als Pendelstütze einführen kann.

In der Regel wird man die Mittelstützen in einzelne, rechteckige Säulen auflösen, um nicht den Eindruck eines Pfeilers zu erwecken, der der Rahmenbrücke nicht entspricht. Die einzelnen Stützen müssen oben durch einen steifen Querträger und unten durch ein gemeinsames Bankett zusammengefaßt werden (Abb. 310). Bei Plattenbrücken werden auch die Zwischenstiele als volle Wände auszuführen sein.

Sind steife Zwischenstiele vorgesehen (Abb. 306 b und 307), so soll dies auch im Aussehen durch kräftigere Abmessungen zum Ausdruck kommen.

I. Lager, Gelenke und Bewegungsfugen.

a) Feste Lager und Gelenke.

Die im Stahlbetonhochbau in der Regel ausgeführten, unvollkommenen Gelenke können im Brückenbau meist nicht verwendet werden, da sie infolge der durch die großen Verkehrslasten hervorgerufenen, andauernden Bewegungen großen Ermüdungserscheinungen ausgesetzt wären. Es sind vielmehr für den Massivbrückenbau einige Formen entwickelt worden.

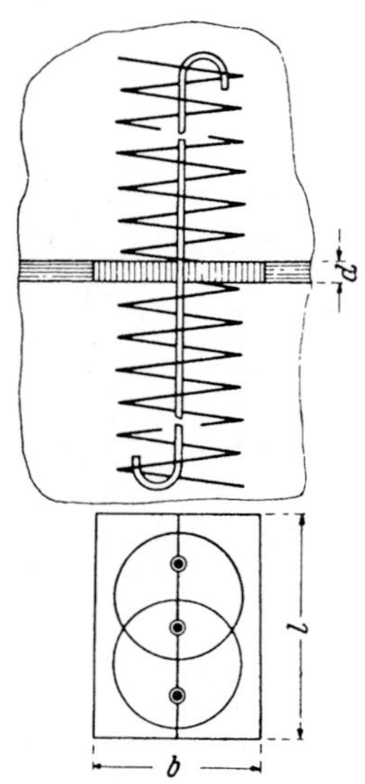

Abb. 311. Bleilager.

Die wichtigste Form ist das Bleilager (Abb. 311). Die Bleiplatten bestehen aus zwei Teilen, die Einkerbungen für die Gelenksbewehrung haben. Nachdem das untere Gelenksufer mit der Bewehrung bereits betoniert und glatt abgezogen ist, werden die Bleiplatten aufgelegt und an der Gelenksbewehrung zusammengeschoben. Beiderseits der Bleiplatten werden zur Aussparung des Gelenkspaltes leicht zusammendrückbare Stoffe, z. B. mehrfache Papplagen, Faltpappen, weiche Bauplatten oder ein Mörtel aus Gips und Sägespänen (dieser muß später wieder entfernt werden), angebracht. Sodann wird das obere Gelenkufer betoniert.

Die Bleiplatten sollen vor dem Einbringen mit einem säurebeständigen Lack, z. B. Asphaltlack, gestrichen werden, da der frische Beton das Blei angreift. Bereits abgebundener und erhärteter Beton kann dem Blei nicht mehr schaden.

Die Gelenksbewehrung dient einerseits zur Zentrierung des Gelenkdruckes, anderseits zur Aufnahme der im Gelenk auftretenden Querkräfte. Wenn man die Gelenksufer senkrecht zur Mittellage der resultierenden Gelenkskraft stellt, sind die Querkräfte meist klein und es genügt die in Abb. 311 dargestellte Bewehrung. Bei größeren Querkräften hat man Schrägbewehrung vorzusehen. Die Gelenksbewehrung soll umschnürt werden.

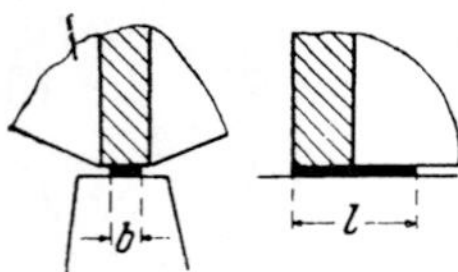

Abb. 312. Anordnung der Bleilager.

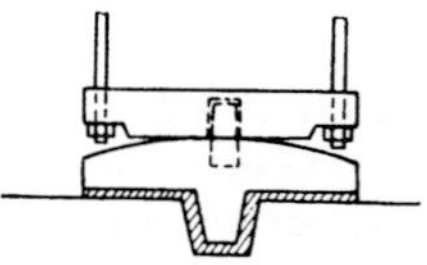

Abb. 313. Festes Lager aus Stahlplatten.

Die Bleiplatten ermöglichen die Verdrehung des Gelenkes durch plastische Formänderung. Damit diese vor sich gehen kann, müssen die Bleiplatten entsprechend dick sein. Es soll d gleich 1/8 — 1/10 von b sein (Abb. 311).

Platten aus Weichblei dürfen mit 100 kg/cm² beansprucht werden, solche aus Hartblei mit 150 kg/cm²; danach ist die Fläche $b \cdot l$ zu bemessen.

Man soll trachten, b möglichst klein zu machen. Bei den festen Lagern der Balkenbrücken kann man dieser Forderung im allgemeinen leicht nachkommen, da über den Stützen immer ein starker Querträger vorhanden sein muß (Seitensteifigkeit der Brücke). Man zieht das Lager über die Breite der Hauptträger hinweg unter den Querträger (Abb. 312). Ist eine in der Schräge liegende, untere Druckplatte vorhanden, so soll man den Gelenkstreifen überhaupt über die ganze Breite durchziehen.

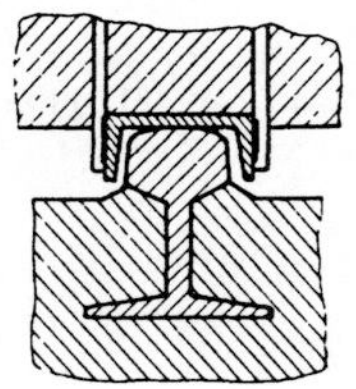

Abb. 314. Festes Lager für kleinere Lagerdrücke.

Eine andere Form der festen Lager sind Stahlgußplatten, von denen die obere eben, die untere zylindrisch bearbeitet ist (Abb. 313). Der Gelenkdorn dient zur Zentrierung und zur Aufnahme der Querkräfte. Die obere Platte muß im Beton durch verbügelte Anker festgehalten werden. Die untere Platte wird in Zementmörtel verlegt, an die obere wird satt anbetoniert.

Die Platten sind auf Biegung und auf örtlichen Druck an der Berührungsgeraden (*Hertz*-Formel) zu bemessen. Für die Verteilung der Platten in der Querrichtung gilt dasselbe, wie für die Bleiplatten.

Bei geringerem Gelenkdruck kann man die Stahlplatten auch aus Grobblech durch spanabhebende Verformung erzeugen.

Bei kleineren Brücken macht man feste Lager aus U-Profilen und Schienen nach Abb. 314. Die Anker werden an die Gurte der U-Eisen angeschweißt.

Die Blei- und Stahlplattenlager können auch als Gelenke der Bogenbrücken verwendet werden. Für diesen Zweck werden auch gern Wälzgelenke aus Stahlbeton verwendet (Abb. 315). Die Breite der Berührungsfläche und die größte Spannung wird aus der Differenz der Krümmung der beiden Wälzflächen nach der *Hertz*-Formel berechnet. Die größte

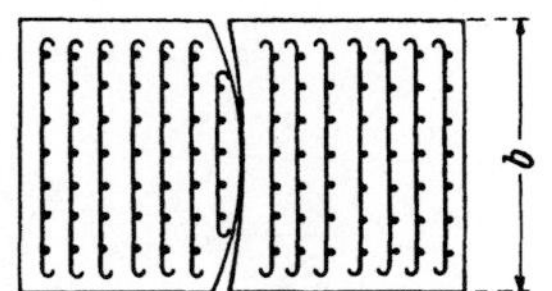

Abb. 315. Wälzlager aus Stahlbetonquadern.

Berührungsspannung darf $\dfrac{W_{28}}{2} \leq 300$ kg/cm² sein, die Berührungsbreite darf $1/5\,b$ nicht überschreiten. Die quergerichteten Zugkräfte im Quader sind durch Bewehrung zu decken. Bei quadratischen Gelenkquadern darf diese Zugkraft zu $1/4$ des Gelenkdruckes angenommen werden.

Die Quader der Wälzgelenke nach Abb. 315 sind auch aus Granit gemacht worden. Sie dürfen in diesem Falle nicht allzu groß sein. Es darf nur bester Stein nach sorgfältiger Auswahl und Bearbeitung verwendet werden.

Häufig legt man zwischen die beiden Quader der Wälzgelenke an den Berührungsflächen Bleistreifen von einigen mm Dicke und rund $b/5$ Breite ein. Etwa vorhandene Unregelmäßigkeiten der Wälzfläche werden dadurch unschädlich gemacht.

Sehr gut haben sich im Massiv-Brückenbau auch die Panzergelenke nach *Burckhardt*, sowohl als feste Lager bei Balkenbrücken als auch als Wälzlager bei Bogenbrücken bewährt (*Burckhardt*, Bautechnik XI (33), S. 651).

b) Bewegliche Lager.

Ein säulenartiger Körper, der an den beiden Enden durch feste Gelenke zwei sonst voneinander unabhängige Körper verbindet, liefert ein bewegliches Lager (Pendelstütze, Abb. 316). Man macht von den Pendelstützen bei den Balkenbrücken gerne Gebrauch, indem man kurze Stahlbeton-

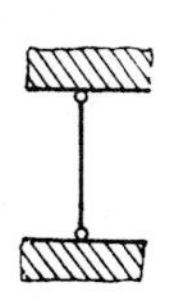

Abb. 316. Schematische Darstellung einer Pendelstütze.

säulen durch eine der oben geschilderten Gelenksarten unten gegen das Widerlager, oben gegen das Tragwerk abstützt. Die Pendelstütze wird in das Widerlager versenkt (Abb. 317). Der Spalt zwischen Pendelstütze und Widerlager soll oben gegen das Eindringen von Schmutz und Ungeziefer durch ein Schleifblech abgedeckt sein. Unten muß ein Wasserabfluß vorgesehen werden, den man ebenfalls mit einem Drahtgitter oder Siebblech abschließt. Die Pendelstütze ist sorgfältig zu bewehren, gegebenenfalls durch Umschnürung.

Wenn mehr Bauhöhe zur Verfügung steht, so kann man die Stütze höher und schlanker machen und die Gelenke fortlassen. Solche schlanke Stützen oder Wände sind elastisch genügend nachgiebig, daß sie für das viel steifere Haupttragwerk wie ein kinematisch bewegliches Lager wirken. Die Spannungen, die infolge der aufgezwungenen Bewegungen in der elastischen Stütze entstehen, müssen nachgewiesen werden.

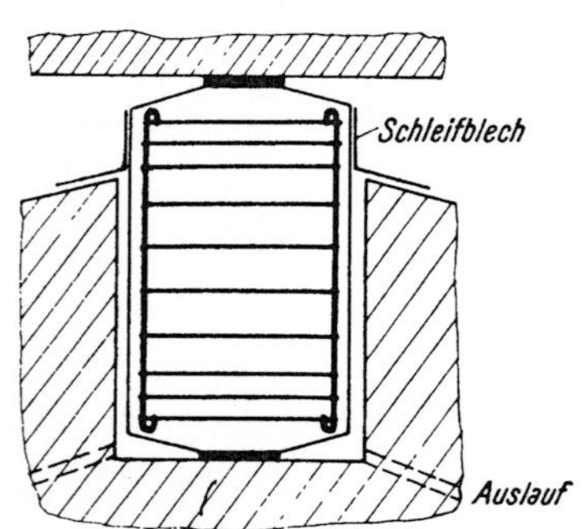

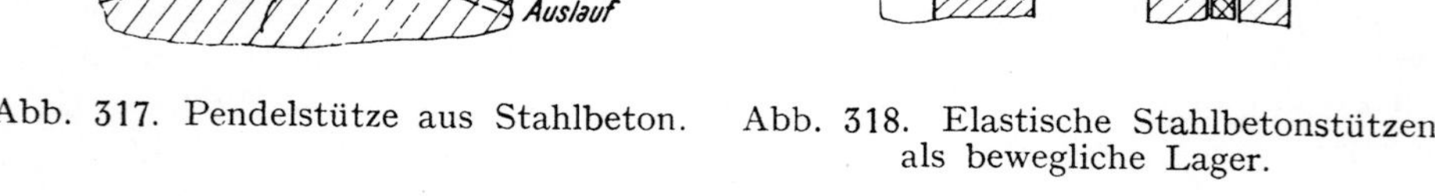

Abb. 317. Pendelstütze aus Stahlbeton.   Abb. 318. Elastische Stahlbetonstützen als bewegliche Lager.

Diese Bauart ist besonders an Endwiderlagern angebracht, sie kann jedoch auch an Mittelpfeilern angewendet werden (Abb. 318). Dort macht allerdings die Ausführung etwas mehr Umstände.

Die elastischen Stützen oder Wände müssen hochwasserfrei liegen, da sonst durch Eisbildung in den Spalten schwere Schäden entstehen können.

Die Pendelstützen und die elastisch nachgiebigen Stützen erfordern verhältnismäßig große Bauhöhen. Wo diese nicht zur Verfügung stehen, besonders bei Gerberträgern, muß man Rollenlager verwenden.

Das einfachste Rollenlager besteht aus zwei Grobblechen mit einer Rolle aus Rundstahl (Abb. 319). Das untere Blech wird in Zementmörtel verlegt, gegen das obere wird anbetoniert.

Ist der Lagerdruck für eine Rolle zu groß, so nimmt man deren zwei. Um die Verdrehbarkeit des Lagers ohne Überlastung einer Rolle sicherzustellen, muß zwischen oberer Platte und Haupttragwerk ein Bleigelenk eingeschaltet werden (Abb. 320). Rollen und Platten können aus Walzmaterial herausgeschnitten werden. Bei großen Lagerdrücken haben sich Panzerrollen nach *Burckhardt* sehr gut bewährt.

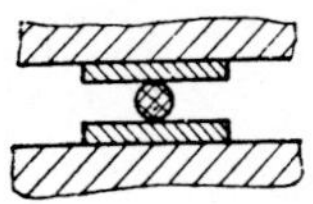

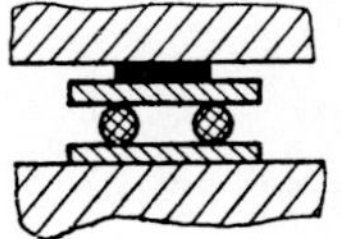

Abb. 319. Einfaches Einrollenlager.   Abb. 320. Zweirollenlager mit Bleigelenk.

Man kann im Massivbrückenbau natürlich auch feste und bewegliche Stahllager nach den im Stahlbau entwickelten Bauweisen verwenden. Diese Lager sind jedoch teuer. Außerdem ist es bei sehr großen Lagerdrücken schwer, die dann stark konzentrierten Kräfte im Tragwerk aufzunehmen und fortzuleiten, während bei den gezeigten Bauarten die Kräfte im Bauwerk besser verteilt werden können.

c) Bewegungsfugen.

Längere Brücken über mehreren Öffnungen müssen durch Bewegungsfugen unterteilt werden, da sonst die Bewegungen infolge der Temperaturänderungen und der elastischen Formänderungen in einer Fuge zu groß werden. Jedes bewegliche Endlager stellt eine solche Bewegungsfuge dar. Aber auch an jedem festen Lager muß die Lagerfuge die beiden Gelenksufer vollständig trennen, da sonst deren gegenseitige Verdrehung nicht ohne Beschädigungen möglich ist.

Die bei den mehrfeldrigen Balkenbrücken notwendigen Maßnahmen wurden bereits behandelt (vgl. G, a 3, S. 321).

In den Aufbauten der Bogen- und Rahmenbrücken muß man besondere Bewegungsfugen vorsehen. Insbesondere ist die Fahrbahntafel größerer Bogenbrücken durch Fugen in mehrere Abschnitte zu teilen.

Abb. 321. Bewegungsfuge in der Fahrbahntafel über dem Kämpfer.

Bei oben liegender Fahrbahn wird man in der Regel eine Bewegungsfuge über dem Widerlager des Bogens annehmen (Abb. 321). Man kann, wie bei den Balkenbrücken, ein Feld der Fahrbahnlängsträger mit einem beweglichen Gelenk versehen. Bei kreuzbewehrten Fahrbahnplatten ist es besser, die Fuge in die Fahrbahnabstützung zu verlegen, indem man diese am oberen Teil spaltet und als elastische Stütze ausbildet (Abb. 322). Man kann die Bewegungsfuge auch nach Abb. 318 ausbilden, wenn über dem Bogenwiderlager ein stärkerer Pfeiler vorhanden ist.

Besonders zu beachten ist, daß die Fugen von Gelenkbogen auch durch die Aufbauten geführt werden. Bei den Zweigelenkbogen muß eine Fuge nach Abb. 321 vorhanden sein, beim Dreigelenkbogen ist auch die Scheitelfuge durch die Fahrbahntafel und Fahrbahndecke zu führen.

Bei den Bogenbrücken mit unten liegender Fahrbahn muß am Anlauf an den Bogen zwischen diesem und der Fahrbahntafel eine Bewegungsfuge vorhanden sein. Da die Fahrbahntafel gleichzeitig unterer Windverband ist, muß diese Fuge so ausgebildet werden, daß die horizontalen Windkräfte aus der Fahrbahn übertragen werden können.

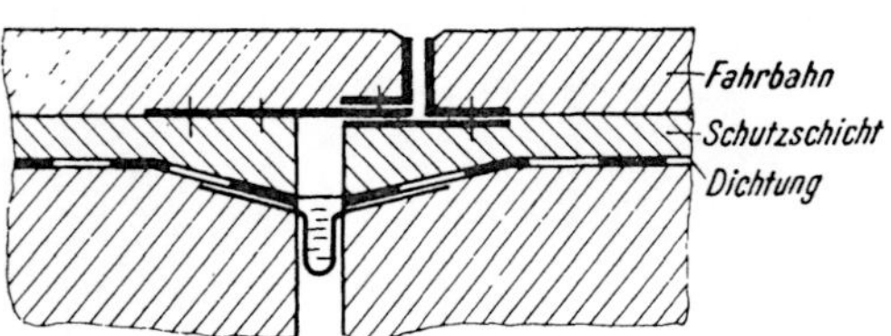

Abb. 323. Abdeckung der Bewegungsfuge bei unnachgiebiger Fahrbahndecke.

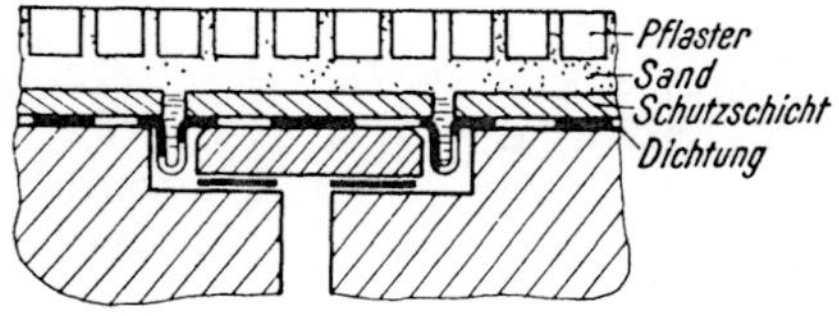

Abb. 324. Abdeckung der Bewegungsfuge bei nachgiebiger Fahrbahndecke.

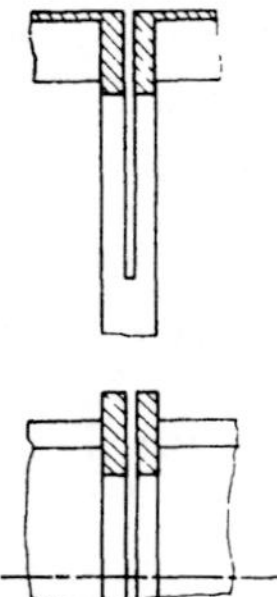

Abb. 322. Gespaltene Fahrbahnstützen an der Bewegungsfuge.

Die Bewegungsfugen in der Fahrbahn müssen wasser- und schmutzfest abgedichtet werden. Man verwendet dazu gefalzte Fugenbleche aus nicht korrodierenden Metallen, zum Fugenverguß plastische, wasserabweisende Stoffe, z. B. Bitumen- oder Teermassen.

In Abb. 323 ist die bauliche Ausgestaltung einer solchen Fuge an einer Beton-Fahrbahndecke gezeigt. Bei allen dichten Decken muß die Decke selbst getrennt und über der Fuge längsverschieblich gemacht werden, wobei Schleifbleche vorzusehen sind. Nur bei im Sand verlegten Würfelpflaster, bei wassergebundenen Steinschlagdecken, u. U. bei Holzstöckelpflaster kann die Decke ohne Unterbrechung über die abgedeckte Fuge geführt werden, wenn nur kleine Bewegungen zu erwarten sind, da dann die Nachgiebigkeit dieser Decken ausreicht, um die Bewegung der Fuge mitzumachen. In diesem Falle kann man die Fugenabdeckung einfacher gestalten und hiezu Betonplatten verwenden, die auf einer Papplage liegen (Abb. 324). Die Dichtungsbahnen muß man einfalzen, damit sie den Gelenksbewegungen folgen können. Die Falze werden mit Bitumen vergossen.

Sachverzeichnis.